화학분석기사를 대비한

최신 분석화학

ANALYTICAL CHEMISTRY

유은순 | 차상원 | 최재성 지음

 북스힐

머리말

세계는 이미 나노, 바이오, 의료, 신약, 신에너지 등 많은 분야에서 기술 축적이 숙성단계에 들어갔고, 각종 과학의 빠른 발달과 함께 화학분석 기술도 날로 발전하고 있다.

분석화학은 물질의 구성 성분을 확인·검출하고 각 성분의 분리와 함유량 분석에 관한 원리와 기술을 배우는 학문분야로 순수화학뿐만 아니라 화공, 생명, 환경, 신소재, 의·약학 등 여러 분야에서 응용되고 있으며 현대과학의 발전에 크게 기여하고 있다.

지난 수십 년간 화학분석 기술은 큰 변혁을 겪게 되었고 특히, 여러 가지 새로운 기기분석법이 개발되었다. 기기분석법은 물질의 물리·화학적 특성을 정밀한 기기로 측정 분석하는 것으로 최근에는 많은 부분의 분석이 기기분석에 의해 수행된다.

분석자는 여러 가지 분석방법의 원리와 응용에 대해 충분한 지식을 갖추고 있어야 복잡한 혼합물을 분석할 때 가장 적합한 방법을 택하여 정확하게 분석할 수 있다.

세계 각국에서 여러 가지 분석화학과 기기분석 교재가 출판되어 있으나 그들 대부분은 화학 이외의 전공분야에서 화학분석을 필요로 하는 학생들을 대상으로 하여 한두 학기의 강의용으로 사용하기에는 내용이 너무 방대하고 이론에 치우친 것들이 많다. 또, 분석화학과 기기분석을 함께 취급한 개론서는 거의 없다. 이런 점들을 고려하여 이 책은 한두 학기의 강의에 적당하도록 분석화학과 기기분석의 원리와 개론에 중점을 두어 엮었다.

그리고 이 책에서 취급한 내용보다 더 세부적이고 전문적인 분야에 대해서는 각주에 문헌을 제시하고 기기분석법에 관한 각종 참고문헌은 각 단원의 끝에 수록했다.

이 책에서 제6장까지는 분석화학의 원리, 무게 및 부피 분석법을 다루고 제7장부터는 자외선－가시선 분광법, 분자 형광분광법, 적외선 분광법, 핵자기 공명 분광법, 원자 분광법, X－선 분광법 및 질량분석법과 같은 분광학적 방법, 크로마토그래피법, 전기화학적 분석법, 표면 및 열법 분석법 등에 관한 각종 기기분석법의 원리와 응용을 취급했다.

끝으로 이 책의 출판에 수고하여 주신 도서출판 북스힐의 조승식 사장님과 직원 여러분께 감사를 드린다.

저자 일동

차례

CHAPTER 01 ● 서 론

1.1 분석화학

분석화학은 물질에 함유된 성분의 종류와 그 함유량 또는 화학조성을 조사하여 화학 구조나 존재 상태에 대한 지식을 얻기 위한 학문으로 분석화학은 화학 이외에 광물학, 금속학, 식품과학, 농학, 의·약학, 생명과학, 환경과학, 재료과학, 전자공학 등의 각종 응용 및 산업 분야에서 광범위하게 응용된다.

화학분석은 정성분석(qualitative analysis)과 정량분석(quantitative analysis)으로 나누며, 정성분석은 화합물이나 원소의 혼합물에 대한 각 성분의 구성을 알아내어 화합물과 원소를 확인하는 것이고, 정량분석은 시료의 구성 성분비를 결정하거나 화합물의 원자 조성이나 구조를 밝히는 것을 말한다. 정량분석의 경우에 보통은 시료의 성분을 알고 있다. 그렇지 않다면 먼저 정성분석을 해야 한다. 정성분석을 하는 과정에서 생성된 침전의 양이나 용액 색깔의 진하기 등으로 성분 물질의 양적 관계를 대략 아는 수도 있다. 반면에 오늘날의 분석기기 사용과 이용 가능한 여러 가지의 화학적 측정에 의해서 고유성과 충분한 선택성을 얻을 수 있으므로 정량분석을 함으로써 정성분석도 함께 이루어지는 경우가 있다.

화학분석법은 높은 정확도로 빠르고, 경제적으로 간단하게 분석할 수 있으면 좋은 분석법이라 할 수 있고, 이들은 화학분석에서 필수적으로 요구된다.

분석방법은 화학분석법과 기기분석법으로 나눌 수 있다. 화학분석법은 용액 내에서의 화학반응에 기초를 두므로 습식분석법(wet analysis)이라고 부르기도 한다. 이러한 분석방법에는 무게분석법(gravimetric analysis)과 부피분석법(volumetric analysis)이 있다. 이들에 비해 기기분석법(instrumental analysis)은 시료에서 분석성분의 물리적 또는 물리·화학적 특성을 정밀기기로 측정하여 정성 및 정량 분석하는 것을 말한다.

기기분석법은 분석화학의 빠른 발전과 더불어 분석의 신속화와 미량화가 필요하므로 이를 충족시키기 위해서, 또 오늘날의 전자공학이나 컴퓨터 과학의 빠른 발전에 힘입어 여러 가지 정밀한 분석기기가 개발됨에 따라 발전하게 된 분석법으로 분석화학에서 매우 중요한 역할을 하게 되었다.

화학분석에서는 오랫동안의 숙련된 기술과 비교적 긴 시간이 소요된다. 그러나 기기분석은 일반적으로 간편하고 신속하며, 또 분석 감도가 향상되었고 미량의 시료로 분석이 가능하다는 장점을 지니므로 오늘날에는 대부분의 분석이 기기분석법에 의해 이루어지고 있다. 그렇다고 기기분석이 언제나 장점만을 지니는 것은 아니고, 분석원리를 잘못 이해하고 대처하면 오히려 큰 오차를 가져올 수도 있고 때로는 값비싼 기기를 사용해야 한다는 단점도 있다. 따라서 분석화학자는 여러 가지 분석방법의 원리와 특성을 잘 이해해야 하고 시료에 대한 충분한 정보, 요구되는 정확도, 신속성, 경제성 등에 대한 구체적인 조사와 평가에 의해 적당한 분석방법을 선택하여 분석해야 한다.

1.2 분석방법의 종류

무게분석과 부피분석법은 고전적 정량분석법이라고도 부르며, 이들 분석방법은 원리와 이론이 대략 1920년대까지 발전되었고 오늘날까지도 널리 이용되고 있다.

무게분석은 시료용액에 적당한 침전제를 가하여 정량하고자 하는 성분을 침전시킨 후에 침전을 걸러서 씻고 말리거나 가열하여 일정한 화학적 조성을 갖는 화합물로 만들어 그 무게를 달고 최후에 얻은 물질의 화학식과 그 무게로부터 분석성분의 양을 계산하는 분석방법이다. 부피분석은 기체 또는 용액의 부피를 측정하여 분석하는 방법으로 가장 널리 이용되고 있으며 중요한 부피분석법에는 적정법이 있다. 적정(titration)은 시료물질과 화학량론적으로 반응하는 적당한 시약의 표준용액을 시료에 조금씩 가하여 반응이 끝날 때까지 소비된 표준용액의 부피를 측정하고, 이 표준용액의 부피와 농도로부터 미지 물질의 양을 계산하는 분석방법이다.

기기분석법에는 물질과 전자기 복사선의 상호작용에 대한 물리적 성질을 이용하는 여러 가지 광학적 방법, 물질의 전기화학적 성질을 이용하는 전기분석법, 물질의 서로 다른 상(phase) 사이의 상호작용을 이용하는 크로마토그래피에 의한 물질의 분리·분석법 등이 있다. 이들 방법들은 종전에는 할 수 없었던 화학분석도 가능하게 하고, 시료의 수가 많을 때에도 대단히 짧은 시간에 연속하여 분석할 수 있는 이점을 가진다.

표 1.1에 분석신호에 따른 여러 가지 분석방법의 종류를 수록했다. 무게분석은 일반적으로 부피분석에 비해 초보자에게는 정확한 결과를 얻기가 어렵고 분석하는 데 시간이 많이 걸린다. 그러나 경험과 정밀한 분석저울만 있으면 부피분석보다 더 정밀도가 높게 분석할 수 있다. 한 가지 물질을 분석하는 데는 여러 가지 분석방법이 있을 수 있고, 그 중에서 어느 방법을 이용할 것인가는 그때 요구되는 정밀도와 실험실의 사정

표 1.1 분석방법의 종류

분석신호	분석방법
무게	무기침전제법, 유기침전제법, 전기무게분석법(전기분석법)
부피	침전법 적정, 산-염기 적정, 착화법 적정, 산화-환원 적정
흡광	분광광도법(자외선, 가시선, 적외선, X-선), 원자흡광 분광광도법, 핵자기 공명 분광법, 전자스핀 공명 분광법, 광음파 분광법
발광	발광 분광법(자외선, 가시선, X-선, 전자, Auger), 불꽃 광도법, 형광법(자외선, 가시선, X-선), 방사화학법
산란	비탁분석법, 네펠로법, 라만 분광법
회절	X-선 회절법
굴절	굴절법, 간섭 측정법
편광	광회전 및 원편광이색성 분석법
전기	전위차법, 전기량법, 전기전도도법, 폴라로그래피법, 전류법
크로마토그래피	기체, 액체, 이온교환, 크기 배제, 종이, 얇은 막 크로마토그래피
기타	질량분석법, 열 전도도법, 반응속도법, 용매추출법, 열법 분석

표 1.2 시료의 양에 따른 분석방법의 분류

분석방법	시료무게 (mg)	시료부피 (μL)
보통	> 100	> 100
반미량	10~100	50~100
미량	1~10	50
초미량	< 1	―

과 장치에 따라 다를 것이다. 또 분석할 때 요구하는 성분을 시료 중에서 분리하여 정량 분석하는 것이 원칙이지만 시료 중에 다른 물질이 공존해도 선택적으로 요구하는 성분 만을 정확히 분석할 수 있는 편리한 분석방법도 많다.

또한, 분석방법은 사용하는 시료의 양에 따라 보통(macro), 반미량(semi-micro), 미량(micro) 및 초미량(super-micro) 분석법으로 분류하기도 한다. 표 1.2에 이와 같은 분류법을 나타냈다.

1.3 농도의 종류와 계산법

⊃ 농도의 표현

분석에서 몰농도와 노말농도가 널리 이용되며 분석법에 따라 여러 가지의 농도 표현 법이 사용된다. 어떤 화학자들은 포말농도를 잘 이용하기도 한다. 일반적으로 사용되는 농도의 종류와 그들의 간단한 정의를 표 1.3에 나타냈다.

용액 내에서의 반응을 논할 때 "분석농도"와 "평형농도"에 대해 알아둘 필요가 있다. 분석농도는 용액의 주어진 부피에 존재하는 용질 전체의 g수 또는 몰수 등을 말하고, 이때는 용액에서 용질의 해리여부는 고려하지 않는다. 분석농도로써 0.1 M의 염화포타 슘은 용액의 L당 7.45 g(0.1 mol)의 KCl을 포함하는 용액을 의미하며, 이것의 수용액에 서는 KCl이 완전히 K^+와 Cl^- 이온으로 존재한다는 사실은 무시된다. 또 1.0 M의 CH_3COOH도 이것의 해리여부에 관계없이 용액의 L당 60 g(1.0 mol)의 아세트산이 녹아있는 용액을 의미한다. 그러나 평형농도는 용액에 실제로 존재하는 이온이나 분자의 농도를 말하며, 이때는 용질의 해리여부를 고려해야 한다. 평형농도는 이온이나 분

표 1.3 농도의 종류와 정의

농도	기호	정의
몰농도 (molarity)	M	$\dfrac{용질의\ mol수}{용액의\ L수}$
몰랄농도 (molality)	m	$\dfrac{용질의\ mol수}{용매의\ kg수}$
포말농도 (formality)	F	$\dfrac{용질의\ g화학식량\ 수}{용액의\ L수}$
몰분율 (mole fraction)	X_i	$\dfrac{용질의\ mol수}{용질의\ mol수+용매의\ mol수}$
노말농도 (normality)	N	$\dfrac{용질의\ 당량(eq)수}{용액의\ L수}$
g/부피 (grams per volume)	—	$\dfrac{용질의\ g수}{용액의\ L수}$
무게백분율 (weight percent)	wt%	$\dfrac{용질의\ g수\times100}{용질의\ g수+용매의\ g수}$
부피백분율 (volume percent)	vol%	$\dfrac{용질의\ L수\times100}{용액의\ L수}$
백만분율 (parts per million)	ppm	$\dfrac{용질의\ mg수}{용액의\ kg수}$ 또는 $\dfrac{용질의\ mg수}{용액의\ L수}$
십억분율 (parts per billion)	ppb	$\dfrac{용질의\ \mu g수}{용액의\ kg수}$

자를 괄호에 넣어 표시하며, 이때 괄호는 그 화학종의 몰농도를 의미한다. 즉, $[K^+]$ = 0.1은 L당 0.1 mol의 K^+ 이온을 포함하는 용액을 의미하고, $[CH_3COOH]$ = 1.0은 평형 상태에서 해리하지 않은 분자형태의 아세트산의 평형농도가 L당 1.0 mol 이라는 것을 의미한다. 왜냐하면 CH_3COOH은 물속에서 부분적으로 해리되기 때문이다. 따라서 이 경우에 아세트산의 분석농도는 1.0 M보다 약간 커야 한다.

포말농도는 해리여부에 관계없이 용액의 L당 용질의 g화학식량수로 정의되기 때문에 분석농도라고 부른다. 따라서 전기화학에서 전극전위를 취급할 때와 같은 특별한 경우를 제외하고는 포말농도 대신에 몰농도를 사용한다.

ppm 농도는 미량분석에서 이용되며 1 ppm 용액은 용액 100만 mg당 용질 1 mg을 포함하는 용액을 말한다. 이때 물의 밀도는 거의 1 g/mL이므로 물 1 L는 약 100만 mg이기 때문에 수용액에서의 ppm 농도는 mg/L로 나타내기도 한다. 그러나 고체를 취급할 때에는 반드시 ppm 농도는 시료의 kg당 구성성분의 mg수로 나타내야 하고, 기체의 경우에는 보통 μL/L 단위를 사용한다. 그리고 초미량 분석에서는 ppb 농도가 사용되며 1 ppb는 용액 10억 μg당 용질 1 μg을 포함하는 용액을 말한다.

⭆ 농도 계산법

분석결과의 계산법은 농도의 종류에 따라 다르지만 부피분석에서는 적정법과 농도의 종류에 따라 몇 가지 계산법이 가능하다. 가장 널리 사용되는 몰농도(molarity)와 노말농도(normality)의 계산법에 대해 알아보기로 한다.

⭆ 몰농도에 의한 계산법

화합물의 몰수는 그 물질의 질량 또는 무게를 화학식량(formula weight, FW)으로 나눈 값이고, 몰농도는 mol수를 부피로 나눈 값이다.

$$\text{mol수} = \frac{g}{\text{화학식량}} \qquad M = \frac{\text{mol수}}{L} \qquad (1.1)$$

부피분석에서는 적은 양을 취급하므로 다음과 같이 표시하여 사용하기도 한다.

$$\text{mmol수} = \frac{mg}{\text{화학식량}} \qquad M = \frac{\text{mmol수}}{mL} \qquad (1.2)$$

이들 관계를 재배열하여 다음과 같은 유용한 관계식을 얻을 수 있다.

$$(L)(M) = \text{mol수} \qquad\qquad (mL)(M) = \text{mmol수}$$

$$(\text{mol수})(\text{화학식량}) = g \qquad\qquad (\text{mmol수})(\text{화학식량}) = mg$$

$$(L)(M)(\text{화학식량}) = g \qquad\qquad (mL)(M)(\text{화학식량}) = mg$$

진한 용액을 묽힐 때에는 다음과 같은 관계식을 이용한다.

$$(mL_1)(M_1) = (mL_2)(M_2) \qquad (1.3)$$

이 식에서 1과 2는 각각 진한 용액과 묽은 용액을 의미한다.

◯ 적정결과의 계산

적정반응에서 많은 경우에는 1 : 1 몰비(mole ratio)로 반응하지 않는다. 따라서 모든 반응에 적용할 수 있는 일반적인 계산법은 적정반응의 완결된 화학반응식으로부터 얻어야 한다. 적정결과를 계산하기 위해서는 사용된 적정시약(titrant)의 부피와 몰농도를 알아야 하고, 또 적정반응에서 적정시약과 분석물질의 결합비(combining ratio)를 알아야 한다. 적정반응을 다음과 같이 표기하면,

$$aA \;+\; tT \;\rightarrow\; 생성물질 \tag{1.4}$$
$$\underset{분석물질}{} \quad \underset{적정시약}{}$$

식 (1.4)에서 a와 t는 각각 분석물질과 적정시약의 mol수를 의미하고 적정시약의 mmol수는 다음과 같고,

$$mmol_T = (mL_T)(M_T) \tag{1.5}$$

분석물질의 mmol수도 다음과 같다.

$$mmol_A = (mL)_T(M_T)(a/t) \tag{1.6}$$

따라서 분석물질의 무게는 분석물의 mmol수에 그의 화학식량을 곱해서 구한다.

$$mg_A = (mL_T)(M_T)(a/t)(FW_A) \tag{1.7}$$

또 분석물질의 무게백분율(%)을 구하고자 하면 분석물질의 무게를 시료의 무게로 나눈 후에 100을 곱한다.

$$\frac{mg_A}{mg_{sample}} \times 100 = \% A \tag{1.8}$$

따라서 식 (1.7)과 (1.8)을 결합하면 다음 식을 얻는다.

$$\frac{(mL_T)(M_T)(a/t)(FW_A)(100)}{mg_{sample}} = \% A \tag{1.9}$$

예 제 중화적정에 의해서 350.5 mg의 탄산소듐(Na_2CO_3) 시료를 정량분석할 때 중화 반응은 "$2\,HCl + Na_2CO_3 \rightarrow$ 생성물"과 같다. 이때 26.20 mL의 0.1000 M 염산 표준용액이 소비되었다. 탄산소듐의 함유량(%)을 계산하라.

풀 이 이때 소비된 염산의 mmol수는,

$$26.20\,\text{mL} \times 0.1000\,\text{M} = 2.620\,\text{mmol HCl}$$

염산 2 mol과 탄산소듐 1 mol이 반응하므로 탄산소듐의 mmol수는,

$$(1/2)(2.620\,\text{mmol}) = 1.310\,\text{mmol Na}_2\text{CO}_3$$

이것으로부터 탄산소듐의 mg수로 환산하면,

$$(1.310\,\text{mmol})(105.99\,\text{mg/mmol}) = 138.8\,\text{mg Na}_2\text{CO}_3$$

따라서 탄산소듐의 함유량(%)은 다음과 같이 계산할 수 있다.

$$\frac{(26.20\,\text{mL})(0.1000\,\text{M})(1/2)(105.99\,\text{mg/mmol})(100)}{350.5\,\text{mg}} = 39.61\,\%\ \text{Na}_2\text{CO}_3$$

예 제 일차표준물인 프탈산수소포타슘($\text{KHC}_8\text{H}_4\text{O}_4$, FW 204.2)을 정확히 410.4 mg 달아서 물에 녹이고, 이것을 NaOH 용액으로 적정하여 36.70 mL가 소비되었다. 이때 NaOH의 몰농도를 계산하라.

풀 이 　$\text{OH}^- + \text{HP}^- \rightarrow \text{P}^{2-} + \text{H}_2\text{O}$
　(NaOH)　(KHP)

$$(36.70\,\text{mL})(\text{M})(204.2\,\text{mg/mmol}) = 410.4\,\text{mg}$$

$$\text{M} = \frac{410.4\,\text{mg}}{(36.70\,\text{mL})(204.2\,\text{mg/mmol})} = 0.05480\,\text{M}$$

노말농도에 의한 계산법

모든 화학반응은 1:1의 당량비로 반응하기 때문에 노말농도를 사용하면 산−염기 또는 산화−환원 적정법과 그 외의 많은 화학반응에서 편리한 계산을 할 수 있다. 노말농도는 N으로 표시하고, 1 L당 1당량(equivalent, eq)의 물질이 녹아있는 용액을 1 N이라 하고, 노말농도의 정의는 다음과 같다.

$$\text{N} = \frac{\text{eq}}{\text{L}} \qquad\qquad \text{N} = \frac{\text{meq}}{\text{mL}} \tag{1.10}$$

적정시약 1당량은 적정될 물질 1당량과 반응할 것이다. 당량을 몰농도로 정의할 때는 반응의 종류에 따라 다르다. 산−염기 반응에서 1당량은 H^+ 이온을 1 mol 제공하거나

받는 물질의 g수이고, 산화－환원 반응에서 1당량은 전자 1 mol을 주거나 받는 물질의 g수이다. 침전과 착화물 생성반응에서 1당량은 +1가 이온 1 mol(또는 +2가 이온 0.5 mol)을 제공하는 물질의 g수를 말한다.

$$HCl \ 1 \ eq = 1 \ mol \ \text{또는} \ HCl \ 36.5 \ g$$

$$H_2SO_4 \ 1 \ eq = (1/2) \ mol \ \text{또는} \ H_2SO_4 \ 49.0 \ g$$

$$KMnO_4 \ 1 \ eq = (1/5) \ mol \ (KMnO_4 + 5e + \cdots \rightarrow \ \text{반응에서})$$

이들 예에서 물질의 당량무게(eq wt)는 그 화학식량과 다음과 같은 관계가 있다.

$$HCl\text{의} \ eq \ wt = FW$$

$$H_2SO_4\text{의} \ eq \ wt = (1/2) FW$$

$$KMnO_4\text{의} \ eq \ wt = (1/5) FW$$

당량무게를 계산하는 일반적인 규칙은 다음과 같다.

- **산－염기 적정에서** : 당량무게는 화학식량을 반응하는 산에서 수소이온의 수(염기에서 각 염기를 중화시키는 데 필요한 수소이온의 수)로 나눈 값이다.

$$eq \ wt = \frac{\text{화학식량}}{\text{수소이온의 수}}$$

- **침전법과 착화법 적정에서** : 이온의 당량무게는 이온의 화학식량을 이온의 전하수로 나눈 값이다.

$$eq \ wt = \frac{\text{화학식량}}{\text{이온의 전하수}}$$

음이온의 당량무게는 음이온의 화학식량을 그것과 반응할 수 있는 금속이온의 당량수로 나눈 값이다.

$$Ba^{2+} + SO_4^{2-} \rightarrow BaSO_4$$

$$Ba^{2+}\text{의} \ eq \ wt = FW/2$$

$$\mathrm{SO_4^{2-}}의 \ \mathrm{eq\,wt} = \mathrm{FW}/2$$

$$3\,\mathrm{Ag^+} + \mathrm{PO_4^{3-}} \rightarrow \mathrm{Ag_3PO_4}$$

$$\mathrm{Ag^+}의 \ \mathrm{eq\,wt} = \mathrm{FW}$$

$$\mathrm{PO_4^{3-}}의 \ \mathrm{eq\,wt} = \mathrm{FW}/3$$

- **산화―환원 적정에서** : 여기에서 어느 물질의 당량무게는 무게를 단(또는 계산할) 물질의 화학식량을 반응에서 받거나 준 전자의 수로 나눈 값이다.

$$\mathrm{MnO_4^-} + 5\,\mathrm{Fe^{2+}} + 8\,\mathrm{H^+} \rightarrow 5\,\mathrm{Fe^{3+}} + \mathrm{Mn^{2+}} + 4\,\mathrm{H_2O}$$

$$\mathrm{MnO_4^-} \rightarrow \mathrm{Mn^{2+}}, \ \mathrm{MnO_4^-}의 \ \mathrm{eq\,wt} = \mathrm{FW}/5$$
$$\underset{(7+)}{} \qquad \underset{(2+)}{}$$

$$\mathrm{Fe^{2+}} \rightarrow \mathrm{Fe^{3+}}, \ \mathrm{Fe^{2+}}의 \ \mathrm{eq\,wt} = \mathrm{FW}$$

지금까지의 관계로부터 다음을 알 수 있다.

$$\mathrm{eq} = \frac{\mathrm{g}}{\mathrm{eq\,wt}(당량무게)} \qquad\qquad \mathrm{N} = \frac{\mathrm{eq}}{\mathrm{L}} \qquad\qquad (1.11)$$

정량분석에서는 일반적으로 적은 양을 취급하기 때문에 소수점의 위치를 혼돈할 염려가 있으므로 다음과 같은 단위를 사용한다.

$$\mathrm{meq} = \frac{\mathrm{mg}}{\mathrm{eq\,wt}} \qquad\qquad \mathrm{mmol} = \frac{\mathrm{mg}}{\mathrm{FW}}$$

$$\mathrm{N} = \frac{\mathrm{meq}}{\mathrm{mL}} \qquad\qquad \mathrm{M} = \frac{\mathrm{mmol}}{\mathrm{mL}}$$

⊃ 적정결과의 계산

노말농도에 의한 계산은 몰농도의 경우와 유사하다. 적정의 화학량론적 지점에서 즉, 당량점에서 적정된 물질 A의 meq는 항상 적정시약, T의 meq와 같다. 몰농도에 의한 계산에서 사용한 A:T의 비는 여기서도 사용된다.

$$\mathrm{V_A N_A} = \mathrm{V_T N_T} \qquad\qquad (1.12)$$

A를 적정시약(T)으로 적정한 결과를 계산할 때 다음 식 중의 하나가 사용된다.

$$(mL_T)(N_T)(eq\,wt_A) = mg_A \tag{1.13}$$

$$\frac{(mL_T)(N_T)(eq\,wt_A)(100)}{mg_{sample}} = \%\,A \tag{1.14}$$

예제 25.00 mL의 염산용액을 0.0950 N의 수산화소듐 표준용액으로 적정하여 표정할 때 32.20 mL의 NaOH 용액이 소비되었다면 HCl의 노말농도는 얼마인가?

풀이 $(32.20\,mL)(0.0950\,N) = 25.0\,mL\,(N_{HCl})$

$N_{HCl} = 0.122\,N$

예제 주석의 합금시료 0.2000 g을 산에 녹이고, 주석은 모두 Sn^{2+}로 환원시킨 후에 중크롬산 용액으로 산화—환원 적정하여 0.1000 N의 $K_2Cr_2O_7$ 용액이 22.20 mL 소비되었다. 주석의 함유량(%)을 계산하라.

풀이 $$Cr_2O_7^{2-} + 3\,Sn^{2+} + 14\,H^+ \rightarrow 2\,Cr^{3+} + 3\,Sn^{4+} + 7\,H_2O$$

주석의 산화수는 +2에서 +4로 증가되었다. 따라서 주석의 당량무게는 원자량을 2로 나눈 값, 59.36이다. 그러므로 (1.13)식에 의해,

$$\frac{(22.20\,mL)(0.1000\,N)(59.36\,mg/meq)(100)}{200.0\,mg} = 65.89\%\,Sn$$

1.4 분석저울과 용기 및 시약

⊃ 분석저울

화학분석에서는 정밀한 분석저울을 사용하여 질량을 측정해야 한다. 일반적인 분석에서는 최대용량이 160~200 g이고 정밀도가 ±0.1 mg인 저울이 널리 사용된다. 더 정밀한 분석에서는 반미량분석저울(최대용량: 10~30 g, 정밀도: ±0.01 mg)과 미량분석저울(최대용량: 1~3 g, 정밀도: ±0.001 mg)이 사용된다.

분석저울은 무게를 다는 방법에 따라 쌍접시 저울(double-pan balance), 홑접시 저울 (single-pan balance), 전자저울(electronic balance) 등이 있다. 이 중 쌍접시 저울은 무게를 달 때 시간이 너무 많이 걸리므로 불편하여 홑접시 저울이 널리 사용된다. 그러나 앞으로는 이들보다 더 편리한 전자식 분석저울로 대치되고 있다.

⊃ 홑접시형 기계식 분석저울

이 저울은 1분 이내에 무게를 달 수 있고, 무게를 숫자로 직접 읽을 수 있으므로 직시 천칭 또는 기계식 저울이라고도 부른다. 이런 저울의 측면도를 **그림 1.1**에 나타내었다. 이 저울에서는 저울대가 상자 속에 앞뒤 방향으로 받침날 위에 놓여있고 한 개의 접시가 저울대의 앞쪽 끝에 걸려있다. 그리고 앞쪽의 저울대에는 일정량의 여러 가지 추가 걸려있고 뒤쪽에는 균형추(counter weight)가 있어 받침날을 기준으로 앞뒤가 평형이 유지되도록 되어있다. 그리고 앞쪽 저울대에 걸려있는 각종 추들은 간단하게 들어낼 수 있게 되어있다. 접시 위에 물체를 올려놓으면 저울대는 앞으로 기울어진다. 이때 적당한 추를 들어내면 저울대는 원래의 평형으로 되돌아간다. 따라서 물체의 무게는 들어낸 추의 무게와 같을 것이다. 그러나 실제로 저울대는 완전히 평형에 도달되지 않고 0.1 g까지의 추를 들어내는 정도까지만 평형이 되도록 되어있다. 이때 저울대의 비

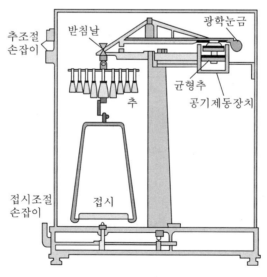

그림 1.1 홑접시 저울의 측면도.

평형은 저울대에 새겨진 광학눈금으로부터 반사된 빛에 의해 비쳐지는 부척눈금 위에 나타난다. 따라서 0.1 g 미만의 숫자는 이 눈금에서 읽는다. 또는 비평형은 숫자로 나타낼 수 있다. 홑접시 저울의 저울대는 공기 제동장치에 의해 신속히 정지된다. 따라서 저울의 조작이 간편하여 시간이 절약되고 오차 발생의 기회가 적다. 그러나 정확도와 정밀도에 있어서는 쌍접시 저울보다 약간 떨어진다.

⊃ 전자식 분석저울

그림 1.2(a)는 전자식 분석저울의 개략도이다. 접시는 코일로 둘러싸여 있고 원통형 영구자석의 안쪽 막대 위에 꼭 맞춰져 있는 속빈 금속실린더 위에 얹혀있다. 코일에 흐르는 전류는 실린더, 눈금 지시팔, 접시 및 접시 위의 무게를 받쳐주는(부양시키는) 자기장을 만든다. 접시가 비어있을 때 눈금지시팔의 높이가 영점 위치에 오도록 조정된다. 물체를 접시에 놓으면 접시와 지시팔이 아래쪽으로 움직이게 되어 영점검출기의 광전지에 입사하는 빛의 양을 증가시킨다. 광전지에서 증가된 전류는 증폭된 후 코일에 입력되어 더 큰 자기장을 만들며, 이 자기장이 접시를 영점 위치로 되돌려 놓는다. 이와 같은 작은 전류가 기계적 장치를 움직여 영점 위치를 유지하게 하는 장치를 자동보조장치라고 한다. 접시와 물체가 영점 위치를 유지하는 데 필요한 전류는 물질의 질량에 정비례하며 즉시 측정되어 디지털로 나타난다. 전자식 저울의 검정은 표준질량을 사용하며, 전류를 조절하여 표지판에 표준질량이 나타나도록 한다.[1]

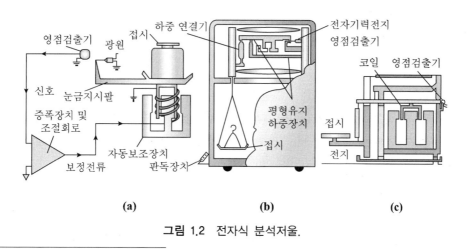

(a)   (b)   (c)

그림 1.2 전자식 분석저울.

1) R. M. Schoon over, *Anal. Chem.*, **1982**, 54, 973A; K. M. Lang, *Amer. Lab.*, **1983**, 15(3), 72.

0전자식 저울은 **그림 1.2(b—c)**와 같이 홑접시 저울과 같이 아래쪽에 접시가 위치하는 것과 접시가 위쪽에 있는 두 가지 종류가 있고, 보통 아래쪽 배열의 저울이 더 정밀하지만 위쪽 배열의 저울의 경우도 그 정밀도는 가장 우수한 기계식 저울의 정밀도와 같거나 더 좋다. 전자식 저울은 접시에 무게 다는 병 또는 종이를 놓았을 때 눈금이 0으로 되게 하여 이들 무게를 자동으로 상쇄하도록 되어 있다. 따라서 전자식 저울의 작동에는 많은 실습이나 특별한 교육이 없어도 쉽고 빠르게 무게를 달 수 있다.

⊃ 무게 달 때의 규칙

분석저울은 조심해서 다루어야 하는 민감한 기기이다. 특별한 모델의 저울을 사용할 때는 무게를 다는 상세한 교육이 필요한 경우도 있다.

다음은 저울의 제조회사나 모델에 관계없이 저울을 사용할 때의 일반적인 규칙과 주의사항들이다.

(1) 가능한 한 물체를 접시의 중앙에 올려놓고 무게를 단다.
(2) 저울의 부식을 막기 위해서 직접 접시에 올려놓고 무게를 달 수 있는 물체는 화반응성이 없는 금속, 플라스틱, 유리로 된 물체로 제한한다.
(3) 화합물은 무게 다는 병이나 종이(유산지) 위에 놓고 달며, 직접 접시에 화합물을 놓지 말고 시약이 떨어지면 즉시 부드러운 저울솔로 제거한다.
(4) 액체의 무게를 달 때에는 무게 다는 병을 사용하고 특별한 주의가 필요하다.
(5) 저울의 보정이 필요한 경우에는 지도교수와 상의한다.
(6) 저울을 사용한 후에는 주의하여 청소하고 흘린 물질과 먼지는 저울솔을 사용하여 제거한다.
(7) 가열된 물체는 무게 달 때 건조용기(desiccator)에서 실온까지 식힌 후에 무게를 단다. 이것은 저울의 영점변화나 공기의 대류현상을 막기 위해서이다.
(8) 건조된 물체의 경우 수분흡수를 막기 위해서 집게나 비닐장갑을 사용한다.
(9) 저울로 단 무게의 기록은 반드시 실험노트에 직접 기록하고, 쪽지에 적은 후에 노트에 옮기지 않도록 한다.

무게를 달 때는 대략 다는 경우와 정확히 다는 두 가지 방법이 있다. 대략 다는 경우는

2~3 자리의 유효숫자까지 달아 이것을 용매에 녹인 후 이 용액을 표준용액으로 표정할 때와 대략적인 농도의 용액을 만들 때 등이며, 이때는 분석저울 대신에 어림저울(보조저울)로 단다. 그러나 정확히 달아야 하는 경우에는 시료의 무게, 무게분석에서 얻은 침전의 무게 또는 표준용액 제조용 시약을 달 때 등이며, 보통 0.1 mg 또는 그 이하까지 정확히 달아야 되므로 반드시 정확한 분석저울을 사용해야 한다.

⊃ 무게 달 때의 오차

일반적으로 가능한 오차원은 저울팔의 길이가 같지 않을 때, 불완전한 저울의 작동, 추의 결함, 공기부력, 온도, 전기의 불안정성(전자저울의 경우), 습도 및 무게 다는 사람의 실수 등이다. 저울팔의 길이에서 오는 오차는 10만 분의 1 정도이므로 무시된다. 또, 기계식 홑접시 저울에서 무게 다는 방법은 대치법이기 때문에 이런 오차는 최소화된다. 저울의 불완전한 작동오차는 눈금이 움직이거나 진동 등으로 불완전한 상태에서 읽기 때문에 생기는 오차이므로 주의하면 되고, 분석저울을 보관하는 방은 반드시 방진시설이 되어야 한다. 추의 결함은 세심한 제작에 의해 제거될 수 있으나 완전한 제거는 원리적으로 곤란하다. 공기부력에 의한 오차는 아주 적지만 그들에 대한 보정은 가능하다. 이에 대한 보정하는 식은 식 (1.15)와 같다.[2]

$$m = \frac{m'(1 - d_a/d_w)}{1 - d_a/d} \tag{1.15}$$

   m : 진공 중에서 단 물체의 참 질량
   m′ : 저울에서 단 질량
   d_a : 공기의 밀도(1기압, 25 ℃에서는 $0.0012\,g/mL$)
   d_w : 추의 밀도(전형적인 놋쇠추의 경우: $8.0\,g/mL$)
   d : 무게 다는 물체의 밀도

무게를 달 때 가장 일반적인 오차의 원인은 온도변화이다. 이것은 공기의 대류와 저울부품의 팽창을 유발하게 하므로 저울의 0점 변화와 같은 오차를 가져온다. 따라서 반드시 실온에서 무게를 달도록 해야 한다. 특히 전기로에서 가열한 도가니와 같이 뜨거운 물질은 반드시 건조용기에서 실온까지 식힌 후에 무게를 달도록 한다.

---

2) R. Batting and G. Williamson, *J. Chem. Ed.*, **1984**, 61, 51.

⊃ 실험기구의 재질

실험기구의 제작에 사용되는 몇 가지 재료에 대한 성질을 **표 1.4**에 수록했다. 붕규산 유리는 비커, 플라스크, 피펫 등의 실험기구를 만드는 데 사용되는 가장 일반적인 유리이고 상품명으로는 Pyrex, Kimax 등이 있다.

표 1.4 실험기구 제작에 쓰이는 재료의 성질

물 질	최대 작업 온도($^\circ$C)	열 충격에 대한 예민도	화학적 내구성	비 고
붕규산 유리	200	15°C 변화에 견딤	가열시 알칼리성에서 약간 부식됨	상표: Pyrex Kimax
연질 유리		내구성 약함	알칼리 용액에서 부식	
내알칼리 유리		붕규산 유리 보다 더 예민		붕소가 없음 상표: Corning
용융석영	1,050	아주 우수	대부분의 산과 할로겐에 견딤	용융에 사용되는 석영 도가니
고실리카 유리	1,000	아주 우수	붕규산염보다 더 내알칼리	용융석영과 유사 Vycor(Corning)
자제기구	1,100(유약됨) 1,400(유약 안됨)	우수		
백금	약 1,500		대부분의 산, 용융염에 견디고, 왕수, 용융 질산염에 부식	Ir이나 Rh과의 합금은 경도 증가
니켈 및 철				과산화물 용융에 Ni,Fe도가니 사용
스테인리스 스틸	400~500	아주 우수	진한 염산, 묽은 황산, 끓는 질산 이외의 산, 염기에 부식되지 않음	
폴리에틸렌	115		알칼리, HF에 부식되지 않음, 많은 용매에 부식	
폴리에스텔	70		HF에 부식되지 않고 유기용매에 부식	약간 부서지는 성질
테이프론	250		대부분 화합물에 견딤	미량분석용 시약, 시약저장에 사용

용융실리카는 투명한 것과 반투명한 것이 있고 1,700 ℃ 이상에서 물러진다. 이것의 열팽창률은 5×10^{-7} 정도로 유리의 1/15 정도이므로 급열과 급랭에도 잘 견디고 화학적 부식도 잘 되지 않는다. 그러나 고온에서는 알칼리나 인산 등에 의해 부식된다. 사기 제품은 유리보다 화학적 부식을 적게 받고, 열팽창률이 3×10^{-6} 정도로 물리적 충격, 급열, 급랭에도 잘 견디기 때문에 1,200 ℃의 높은 온도에서도 사용할 수 있지만 표면에 바른 유약이 나쁘면 화학적 부식도 잘 받으므로 고온에서 사용이 곤란하다.

백금도가니는 시료의 알칼리 용융에 사용되는 중요한 기구이다. 백금의 녹는점은 1,774 ℃이고 고온에서도 화학변화를 잘 받지 않는다. 순수한 백금은 무르기 때문에 Ir이나 Rh과 합금을 만들어 사용한다. 백금은 1,000 ℃ 이상에서 조금씩 휘발한다. 그러나 900 ℃ 이하에서는 전혀 휘발하지 않는다. 또 고온에서는 철과의 합금이 생기기 때문에 백금도가니의 철제 집게는 집게의 끝을 백금으로 입힌 것을 사용해야 한다. 이것은 탄소분이 많은 환원성 물질과 함께 가열하면 거름종이에 불이 붙어 높은 온도에서 탄소와 반응하게 되어 백금카바이드가 생겨서 변질되기 때문이다. 그리고 백금도가니는 알칼리 금속의 산화물과 함께 가열하지 않도록 특별히 주의해야 한다.

⊃ 부피 측정 용기의 허용오차

표 1.5에 미국표준국에서 정한 부피 측정 용기 중 부피플라스크(부피 측정용 플라스크), 피펫 및 뷰렛의 A급 허용오차를 나타냈다. 여기서 보면 25 mL 이상의 부피에서는

표 1.5 부피 측정용 용기의 최대허용오차

용량(mL)	최대허용오차(mL)		
	부피플라스크	피펫	뷰렛
5	0.002	0.01	0.01
10	0.02	0.02	0.02
25	0.03	0.03	0.03
50	0.05	0.05	0.05
100	0.08	0.08	0.10
500	0.15	−	−
1000	0.30	−	−

상대허용오차(최대허용오차/용기의 용량)가 대략 1 ppt(천분율) 이하이지만 부피가 이보다 작을수록 상대허용오차는 더 크다.

⊃ 부피플라스크

부피플라스크(volumetric flask 또는 mess flask)는 실험실에서 보통 용량이 5 mL에서 5 L의 것을 사용한다. 이것의 용량은 플라스크 병목의 표선과 채운 액체의 메니스커스 바닥이 정확히 일치될 때까지 포함하는 액체의 양을 말한다. 부피플라스크와 같이 담은 액체의 부피를 TC(to contain) 눈금이라 한다.

대부분의 부피플라스크는 유리마개나 폴리에틸렌 마개가 부착되어 있으며 무색인 것과 갈색인 것이 있다. 갈색 부피플라스크는 질산은과 같이 햇빛에 반응성이 있는 물질의 용액을 만들 때 사용한다. 부피플라스크를 사용해서 일정한 농도와 부피의 용액을 만드는 경우에는 고체를 녹일 때와 용액을 묽힐 때로 구분된다. 용액을 묽힐 때에는 적당한 용량의 부피플라스크를 택하여 단계적으로 묽혀야 한다. 묽힐 용액 일정량을 피펫과 같은 정확한 용기를 사용하여 플라스크에 넣고 용매(증류수)를 플라스크의 2/3 부피까지 채운다. 센 산이나 센 염기는 먼저 용매를 1/3가량 넣은 후 묽힐 용액을 가한다. 이때 용액을 잘 섞은 다음 계속하여 용매를 가해 메니스커스의 밑 선까지 채운다. 그리고 플라스크의 마개를 막고 다음과 같이 용액을 잘 섞는다. 마개를 손바닥이나 엄지손가락으로 잘 받치고 플라스크를 거꾸로 흔들어 5~10초간 잘 섞는다. 다시 플라스크를 세워 플라스크의 목에서 용액이 흘러내리게 한다. 이와 같은 조작을 수회 반복하여 용액을 완전히 섞는다.

고체를 녹여 용액을 만들 때에는 녹일 때 가열의 필요성 여부에 따라 다르다. 만일 가열의 필요성이 없으면 고체 일정량을 달아 깔때기나 유산지를 사용하여 손실이 없도록 플라스크에 넣고 병목에 붙어있는 가루를 여러 번 용매로 씻어 내린 후 용액을 묽힐 때와 같은 방법으로 표선까지 용매를 채워서 용액을 만든다. 그러나 고체를 가열하여 녹일 경우에는 무게를 단 고체를 적당한 크기의 비커에 넣고 소량의 용매를 가한 후 가열하여 고체를 완전히 녹여서 이것을 플라스크에 정량적으로 옮긴다. 이때 비커 벽을 수회 씻어 넣어 용액의 손실이 없도록 한다. 그다음부터는 용액을 묽힐 때와 같은 방법이다.

⊃ 피펫

피펫(pipet)은 일정한 용액을 옮기는 데 사용된다. 피펫에는 부피피펫(홀 피펫, volumetric pipet)과 눈금피펫이 널리 사용된다. 눈금피펫은 액체를 일정 부피씩 연속적으로 취할 때 사용되는 것이며 부피피펫보다는 정확하지 못하다.

그림 1.3에 피펫의 종류와 메니스커스를 읽는 법을 나타내었다. 피펫은 주어진 온도에서 일정한 부피를 취해 내도록 설계되었고 이들은 TD(to deliver) 눈금이다. TD 눈금은 용기에 액체를 취해서 쏟아내었을 때의 부피가 용량에 맞도록 표선이 그어진 용기이다. 피펫의 끝 구멍은 적당히 가늘게 하여 액체가 흘러나오는 데 일정한 시간이 걸리도록 되어 있다. 따라서 기벽에 묻은 액체가 일정한 모양으로 조절된다. 피펫은 보통 1 mL에서 100 mL 용량의 것이 있다. 주사기형 피펫은 0.05 mL에서 25 mL까지 각종 용량의 것이 있고, 아주 적은 부피를 측정하는 람다피펫(lambda pipet)은 1 μL 에서 0.2 mL의 여러 가지가 있다. 여기에서 1 λ (lambda)는 1 μL를 말한다.

크로마토그래피법 분석에서 사용하는 syringe는 1~10 μL의 것이 있다. 피펫은 보통 사용할 용액으로 피펫 내부를 2~3회 잘 씻은 후 피펫의 끝을 수직으로 시료용액에 담그고 위쪽 유리관에서 공기를 빨아서 액체를 채운다. 이때 입을 사용하지 말고, 고무

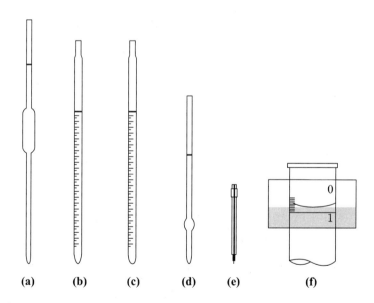

그림 1.3 피펫의 종류와 메니스커스의 읽는 법. (a) 부피피펫, (b) Mohr 눈금피펫, (c) Serlogical 눈금피펫, (d) Ostwald—Folin 피펫, (e) 람다피펫, (f) Meniscus 읽기.

로 만든 흡입밸브를 사용하도록 한다. 특히 휘발성 및 유독한 액체는 반드시 흡입밸브를 사용해야 한다. 액체를 표선까지 맞춘 다음에 피펫 끝은 기벽에 문질러 방울을 떼어 버리고 다른 용기에 옮겨 천천히 위의 유리관에 공기가 들어가도록 하여 액체가 자연적으로 흘러나오도록 한다. 액체가 모두 나온 다음에는 10을 세는 정도의 시간이 지난 다음 끝을 기벽에 문질러서 액체 방울을 떼고 들어낸다. 이때 피펫의 끝에 남은 소량의 액체는 불어내지 않고 그대로 두는 것이 보통이다. 부피피펫의 경우에는 이 끝에 남아 있는 방울을 불어내서는 안 된다. 피펫을 만들 때 이것을 고려했기 때문이다. 그러나 람다피펫의 경우에는 끝에 남은 액체를 모두 불어내는 수도 있다.

⊃ 뷰렛

뷰렛(buret)은 적정할 때 적정시약을 정확하게 연속적으로 가하는 데 사용된다. 뷰렛은 25 mL와 50 mL 용량의 것이 있고 눈금은 0.01 mL까지 읽어야 한다.

눈금을 읽을 때에는 눈의 높이를 메니스커스의 높이와 같이 놓고 메니스커스의 바닥이 접하는 눈금을 읽어야 된다. 그러나 과망간산포타슘 용액과 같이 불투명한 경우에는 메니스커스의 윗면과 접하는 눈금을 읽는다. 뷰렛에 용액을 채울 때는 뷰렛의 끝 부분에 작은 기포가 생기지 않도록 조심해야 한다. 뷰렛에 일정한 농도의 용액을 채울 때는 깨끗이 씻은 뷰렛을 미리 말리든지 또는 같은 용액으로 2~3회 씻은 후에 채우도록 한다. 뷰렛 코크는 깨끗이 말려 그리스를 바르는데 가급적 적은 양을 엷게 칠하도록 해야 된다. 더 정밀한 적정에는 1 mL에서 10 mL 용량의 마이크로뷰렛(micro−buret)을 사용한다. 이런 뷰렛에서는 0.002 mL까지 부피를 읽을 수 있다.

⊃ 용기를 씻는 법

유리용기 특히 부피 측정용 용기는 항상 깨끗이 씻어서 사용해야 오차를 줄일 수 있다. 물이나 수용액이 깨끗한 유리벽을 흘러내리면 그 표면에 균일한 액체막이 생기지만 지방질이 기벽에 묻어 있으면 액체막은 부분적으로 파괴되어 방울이 맺히게 되어 오차의 원인이 된다. 물론 기벽에 묻은 액체의 양은 용기의 모양, 기벽의 깨끗한 정도, 따라내는 시간, 액체의 점도 등에 따라 다르다.

보통 유리용기는 우선 수돗물이나 따뜻한 물로 수회 씻은 다음에 적당한 씻는 용액으로 씻어야 한다. 유리용기를 씻는 일반적인 씻는 용액은 다음 3가지가 있다.

(1) 2% 정도의 따뜻한 비눗물이나 중성 합성세제 용액
(2) 중크롬산염을 진한 황산에 녹인 산화성 용액 : 보통 20 g의 $Na_2Cr_2O_7$을 15 mL의 물에 녹이고 여기에 400 mL의 진한 황산을 가해서 만든다.
(3) 0.04 M 정도의 EDTA 용액

일반적으로 유리용기를 씻을 때 비눗물을 사용하며, 따뜻한 비눗물을 용기에 충분히 묻혀 필요하면 부드러운 솔을 사용하여 씻는다. 비눗물로 잘 씻기지 않는 경우는 중크롬산염−황산과 같은 산화성 씻는 용액으로 씻는다. 이것은 가장 효과적인 씻는 용액으로 지방질을 산화시켜 파괴하는 작용을 한다. 유리용기는 알칼리에 부식되지만 산에는 잘 견디기 때문에 이 용액에 용기를 10~20분 정도 담가두었다가 꺼내어 이 용액으로 반복하여 씻도록 한다. 그런데 이 용액은 부식성이 크므로 옷이나 피부에 닿지 않도록 주의해야 한다. 또 이 용액과 염화물이 닿으면 Cr_2Cl_2의 휘발성 화학종이 생겨 독성이 나타나므로 유리용기를 미리 물로 충분히 씻은 다음에 이 용액으로 씻는다. 이 용액은 오래 사용하면 $Cr_2O_7^{2-}$가 환원되어 푸른색의 Cr^{3+}로 변하여 산화력이 떨어지고 수분을 흡수하여 묽어지므로 효과가 떨어진다.

EDTA 용액은 금속이온으로 오염된 용기를 씻을 때 사용된다. 이때도 씻을 용기를 EDTA 용액에 10~15분간 담가두었다가 씻는다. 씻는 용액으로 씻은 후에는 반드시 수돗물로 충분히 씻어 기벽에 비누나 씻는 용액이 남아 있지 않도록 하고, 수돗물로 씻은 다음에는 다시 증류수로 깨끗이 씻어야 한다. 유기물을 취급한 유리용기는 적당한 유기용매로 씻는 경우도 있고, 사용한 후에 즉시 씻어야 한다.

⊃ 시약의 등급

시약에는 사용목적이나 방법에 따라 여러 가지의 순도가 필요하기 때문에 많은 나라에서 시약에 대한 규격이 정해져 있다. 우리나라에서도 한국공업규격(KS)에 의해 시약의 등급을 특급시약, 일급시약, 특수시약의 3종으로 정해 사용한다. 이들 중에서 일반적인 화학분석이나 정밀실험 등에서 일단은 그대로 사용할 수 있을 정도의 순도를 가진것이 특급시약(graduated reagent, GR)이다. 그러나 특급시약이라고 해도 순도가 100%

표 1.6 시약의 등급

등급	순도	비고
공업용 시약	순도를 모름	세척액 준비에만 사용
CP급 시약	정제되었으나 순도를 모름	
USP급 시약	최소의 순도 표준물	인체에 해로운 오염물에 대한 미국약국방에 의해 허용한도가 확인된 것
ACS급 시약	고순도	미국화학회의 화학시약위원회에 의해 정해진 순도에 맞는 시약
일차표준시약	최고 순도	정확한 부피 분석에 쓰이는 시약 (표준용액의 제조에 쓰임)

인 것은 아니고 그 시약에 대해서 가장 순수한 것은 아니다. 일급시약(extra pure reagent, EP)은 보통의 화학실험에 사용할 수 있는 정도의 순도를 가진 것이며 그 이하의 것을 공업약품이라 한다. 시판시약은 제조회사의 분석결과가 언제나 정확할 수 없고 포장이나 운반 중 불순물이 들어갈 수 있어 무조건 믿을 수는 없다. 따라서 정밀실험에서는 시약을 분석하여 검사하든지 정제할 필요가 있을 수도 있다. 시약은 시약의 제조회사에서 품질을 보증하고 그 순도와 불순물의 함유량을 밝힌 분석용을 사용해야 한다. 이 밖에 표준시약이라고 하는 것도 있는데 이들은 목적에 따라 순도가 엄밀히 규격화되어 있다.

미국에서 사용하는 시약의 등급을 구분하는 예를 **표 1.6**에 수록했다. 여기서 일차 표준시약은 적어도 순도가 99.95 % 이상으로 시약의 분석결과가 기록되어 있는 시약이다. 특수목적을 위한 크로마토그래피용 용매와 같은 특수용매와 특급시약도 있다. 미국 표준기술연구원(National Institute for Standards and Technology, NIST)에서는 일차 표준 시약의 각종 표준물들을 공급한다. 이들은 합금과 같은 물질의 성분을 정확하게 분석하고 분석과정을 검토하거나 보정하는 데 사용된다.

⊃ 산과 암모니아의 농도

분석화학 실험에서 자주 사용되는 산과 암모니아의 밀도와 농도를 **표 1.7**에 수록했다.

표 1.7 몇 가지 종류의 산과 암모니아의 농도(20 ℃에서)

wt %	산 및 암모니아	밀도(g/mL)	몰농도(M)
99.8	CH_3COOH	1.05	17.5
36.0	$HC1$	1.18	11.7
70.4	HNO_3	1.41	15.8
70.5	$HClO_4$	1.67	11.7
85.5	H_3PO_4	1.69	14.7
96.0	H_2SO_4	1.84	18.0
28.0	NH_3	0.90	14.8

1.5 분석 데이터의 처리와 평가

분석된 데이터에는 정도의 차이는 있지만 반드시 측정오차를 포함하고 있다. 그리고 같은 시료에 대해 반복 측정하여 얻은 여러 개의 측정값들은 서로 약간의 차이가 있다. 측정값의 오차를 통계학적으로 처리하는 방법은 체계화되어 있지만, 여기서는 분석 데이터의 처리에서 자주 이용되는 몇 가지의 방법만을 소개한다.

⊃ 오차의 종류

참값과 측정값의 차이를 오차라고 하며, 오차는 보통 측정 가능한 오차(계통오차)와 측정 불가능한 오차(우연오차)로 나눈다. 계통오차(systematic error)는 특정한 원인에 의해 측정값에 항상 한 방향의 계통적인 편차가 생기는 유형의 오차로써 원인을 추구하면 제거하거나 보정할 수 있는 것이다. 계통오차의 하나인 기기 및 시약의 오차는 저울 팔의 길이가 같지 않을 경우, 옳지 않은 추의 무게, 전압, 저항 등의 변화에서 오는 오차, 눈금용기의 옳지 않은 눈금, 부식, 시약 및 용매의 불순물 등에 의한 오차들이다. 작동오차는 측정자의 부주의, 계산착오, 편견 등에서 오는 오차로 시료채취 방법의 잘못, 시료의 손실 및 오염, 침전을 씻을 때의 실수, 적당한 온도에서 침전의 가열 실패, 필요한 보정을 하지 않는 경우 등에서 발생하는 오차들이다. 또 방법오차는 측정조건의 조절 또는 다른 분석방법을 이용하면 줄이거나 피할 수 있는 오차로써 불순물의 공침 또는 후침전, 침전의 용해도, 미반응 및 부반응, 유발반응 및 휘발성과 흡습성 등으로 인하여 분석법 자체에 원인이 있는 오차들이고, 이런 오차의 크기는 측정조건을 변화시키지 않으면 일정하게 나타나는 것이 보통이다. 분석기기의 성능과 감도도 여기에 속한다.

우연오차(random error)는 우발오차 또는 무질서오차라고도 부르며, 어떤 분석에서 생각할 수 있는 종류의 계통오차의 원인을 제거하여도 반복 측정으로 얻어지는 분석 데이터 무리에는 이미 통제할 수 없다고 생각되는 불규칙한 오차가 항상 포함되어 있는 것을 알 수 있다. 우연오차라고 생각된 것 중에는 측정기술의 진보나 직감 등으로 원인이 명확하게 되어 제거되는 것도 있으나(예: 저울의 기름 부족 등) 이런 오차는 궁극적으로는 분자운동 등 여러 가지 원인에 의한 것으로 자연계의 모든 사실의 현상에서 흔들림에 관련된 것으로 완전히 제거할 수는 없다.

위의 두 가지 종류의 오차 이외에 반응용액을 흘리거나 하는 중대한 조작의 잘못이나 눈금을 잘못 읽어서 자릿수가 다른 것과 같은 큰 오차로 불리는 오차를 가져올 수 있으므로 측정자는 언제나 세심한 주의가 필요하다.

정확도와 정밀도

정확도와 정밀도라는 두 용어는 일상적인 용도로는 동의어로 사용되고 있으나 과학적인 측정값을 취급할 때에는 확실하게 구별해서 사용해야 한다. 정확도(accuracy)는 개개의 측정값 또는 측정값 무리에서 평균값이 참값에 얼마나 가까운가의 척도이다. 한편,정밀도(precision)는 측정값 무리의 개개의 측정값이 그 평균값 주위에 어느 정도까지 척도 접근하는가? 또는 얼마나 흩어져 있는가의 척도이며, 측정의 재현성(reproducibility)의

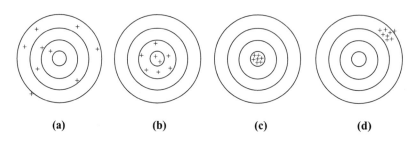

(a)   (b)   (c)   (d)

그림 1.4 정밀도와 정확도의 관계. (a) 낮은 정밀도와 낮은 정확도,
(b) 낮은 정밀도와 높은 정확도, (c) 높은 정밀도와 높은 정확도,
(d) 높은 정밀도와 낮은 정확도.

이기도 하다.

　정확도와 정밀도가 모두 우수한 측정값 무리를 신뢰성(reliability)이 높은 측정값이라고 한다. **그림 1.4**에 측정값들의 분포에 따라 정밀도와 정확도를 상대적으로 평가할 수 있는 사격표적지를 예로 들어 나타냈다.

⊃ 측정값의 유효숫자

　과학 측정에서는 측정값의 유효숫자(significant figures)의 자릿수에 주의해야 한다. 예를 들면 유효숫자 4자리로 10.54라고 표시된 측정값은 아무 단서가 없으면 1, 0, 5는 신뢰성이 있고 마지막 자리 4에는 적어도 ±0.01의 불확실성을 포함하고 있다고 생각해도 된다. 따라서 5.10 mL라는 유효숫자 3자리의 표시는 5.09~5.11 mL 범위를 암시하며, 유효숫자 2자리의 5.1 mL(5.0~5.2 mL)와는 다른 내용을 뜻한다. 따라서 측정 정밀도를 넘어서 함부로 자릿수를 많이 취하거나 여분의 0을 붙이거나 해서는 안 된다. 예를 들면 분석의 최종보고 값이 7.2 mg일 때 이것을 7,200 μg으로 표현하면 안 되고 이 값은 유효숫자가 2자리이므로 $7.2 \times 10^3 \, \mu$g과 같이 과학적 표기법(지수 표기법)으로 표시해야 한다.

⊃ 측정값 무리의 대표값

　반복 측정으로 얻은 측정값 무리는 일반적으로 분포되어 있는 그들의 대표값으로 평균값, 중앙값 등이 적당하게 사용되고 있으나 분석의 측정값 무리는 다음과 같은 평균값이 가장 일반적으로 사용된다.

$$\text{평균값} = \overline{x} = (x_1 + x_2 + x_3 + \ldots + x_n)/n$$

여기에서 x_i는 각 측정값이고 n은 측정횟수이다.

⊃ 정확도와 정밀도 표시

　정확도는 절대오차 또는 상대오차로 표시한다.

$$\text{절대오차} = x - \mu_i$$

여기에서 x는 측정값 또는 측정값 무리의 대표값, μ_i는 참값을 의미한다.

정밀도는 측정횟수가 충분히 클 때 측정값 무리의 흩어짐의 척도로 쓰이는 가장 기본적인 값은 식 (1.16)과 같이 정의되는 표준편차(standard deviation, σ)이다.

$$\sigma = \sqrt{\left(\sum_{i=1}^{n} d_i^2\right)/n} \tag{1.16}$$

이 식에서 d_i는 평균값에 대한 각 측정값의 편차이고 n은 대단히 많은 측정횟수를 나타낸다. 이 식은 n이 대단히 클 때 성립한다. 그러나 실제 실험에서는 보통 3~5회 정도 측정하곤 한다. 이런 경우에는 표준편차를 다음 식과 같이 표시한다.

$$s = \sqrt{\left(\sum_{i=1}^{n} d_i^2\right)/(n-1)} \tag{1.17}$$

일반적으로 n이 작은 경우에는 표준편차가 σ보다 작은 값으로 나타나기 때문에 n 대신 자유도($n-1$)를 사용하여 s를 σ에 접근시키도록 한다.

표준편차의 평균값에 대한 비율인 상대표준편차(relative standard deviation)는 다른 측정값 무리의 흩어짐을 비교하는 척도로 사용된다.

$$\text{상대표준편차} = \text{표준편차}/\text{평균값} = (\overline{s}/x) \times 100(\%)$$

이 밖에 측정값무리 중의 최대값($x_{\max}$)과 최소값($x_{\min}$)의 차를 범위(range, R)라고 하고 이것도 흩어짐의 표시법으로 사용한다.

$$\text{범위} = x_{\max} - x_{\min}$$

⊃ 오차의 전달

오차를 포함하는 측정값의 제곱, 제곱근, 대수 또는 측정값 간의 가감승제 등의 연산으로 최종적인 분석 데이터를 얻을 때에는 각각의 값을 포함하는 오차가 최종결과에 복잡하게 전달되어 유효숫자의 자릿수에 영향을 미치므로 주의해야 한다. 이에 대한 자세한 논의는 생략하고 간단한 예를 보자.

덧셈과 뺄셈에서는 복수의 측정값의 결합에는 일반적으로 측정값 중에서 최저의 정밀도를 갖는 값을 연산결과의 정밀도로 규정한다.

덧셈과 뺄셈

측정값들로부터 덧셈과 뺄셈을 할 때에는 단지 측정값들의 불확실성을 비교하여 계산한 값의 유효숫자를 결정하도록 한다. 따라서 소수점 이하의 자릿수가 계산한 값의 유효숫자를 결정한다. 즉, 소수점 이하의 자릿수가 가장 적은 것을 기준으로 한다. 그 이유는 계산한 값은 측정값보다 작은 절대불확실성을 가질 수 없기 때문이다. 물론 이 때도 반올림을 사용해야 한다.

$$
\begin{array}{cc}
5.10 \times 10^{-2} & 5.10 \times 10^{-2} \\
0.655 \times 10^{-2} & 0.66 \times 10^{-2} \\
+\ 0.0002 \times 10^{-2} & +\ 0.00 \times 10^{-2} \\
\hline
5.7552 \times 10^{-2} & 5.76 \times 10^{-2}
\end{array}
$$

$$\downarrow \text{반올림}$$

$$5.76 \times 10^{-2}$$

곱셈과 나눗셈

이때는 측정값들의 상대불확실성을 비교하여 계산한 값의 유효숫자를 결정한다. 즉, 계산한 값의 유효숫자는 가장 큰 상대불확실성을 갖는 측정값의 유효숫자 자릿수보다 많을 수 없다. 따라서 계산한 값은 측정값 중에서 유효숫자가 가장 적은 것과 같은 개수의 유효숫자를 가진다.

$$\frac{27.54 \times 0.3458 \times 0.05420}{1.1652} \times 100 = 44.2983688 \cdots \qquad \rightarrow 44.30\,\%$$

여기서 측정값 중 가장 큰 상대불확실성을 갖는 것은 27.54이므로 유효숫자는 4개이다. 따라서 계산한 값은 44.30 % (또는 44.29_8)이다. 이때 100 %는 절대수이며 단지 소수점의 위치만 이동시킬 뿐이다. 이와 같이 확실한 수는 고려하지 않는다.

대수계산

대수계산의 일반적 규칙은 다음과 같다. 이때 계산 값의 소수점 우측의 유효숫자의 개수는 대수 항에서 갖는 유효숫자의 개수와 같아야 한다. 대수계산에서 지수항은 계산

값에서 소수점 우측의 유효숫자 수에는 영향을 주지 않는다.

$$\log(2.50 \times 10^4) = 4.39794300 \rightarrow 4.398(4.397_9)$$

따라서 계산한 값의 유효숫자는 4개이다. pH 계산에서도 같은 방법이 이용된다.

$$pH = -\log(8.2 \times 10^{-2}) = 1.09(또는\ 1.08_6)$$

$$pH = -\log(8.1 \times 10^{-2}) = 1.09(또는\ 1.09_1)$$

$$pH = -\log(8.0 \times 10^{-2}) = 1.10(또는\ 1.09_6)$$

$$pH = -\log(3.5 \times 10^{-4}) = 3.46(또는\ 3.45_5)$$

$$0.052의\ antilog는\ 1.13(또는\ 1.12_7)$$

$$0.50의\ antilog는\ 3.2(또는\ 3.1_6)$$

⊃ 동떨어진 실험값의 선택

같은 시료에 대해 반복 측정으로 얻은 측정값들 중에서 한 개만이 다른 값들과 유별나게 크거나 작은 값이 나타나는 경우가 있다. 이 값을 의심스러운 값이라 하며 이 값이 다른 측정값들과 너무 심하게 벗어나면 이 측정값은 제외시키고 측정값들의 평균값이나 표준편차를 계산할 수 있다. 이런 측정값을 버리는 기준은 반드시 통계적 방법이어야 한다. 예로써 그 편차가 2σ보다 크면 95 % 신뢰도를 갖고 버릴 수도 있으나 측정횟수가 많지 않을 때에는 보통 Q 테스트를 이용한다.[3]

Q 테 스 트

측정값 중에서 동떨어진 실험값(의심스러운 값)을 평균값이나 표준편차 계산에 포함시켜야 하는가? 제외시켜야 하는가를 판단하는 간단한 방법으로 이 방법의 신뢰도는 90 % 이상이지만 측정횟수가 너무 적은 경우에는 신뢰도는 낮다. 이 방법의 처리는 다음과 같다.

---

3) R. B. Dean and W. J. Dixon, *Anal. Chem.*, **1951**, 23, 636.

(1) 측정값의 범위(가장 큰 값에서 가장 작은 값을 뺀 것)를 계산한다.

(2) 의심스러운 값과 이것과 가장 가까운 값과의 차를 구한다.

(3) (2)의 차를 (1)의 범위로서 나눈 비율, Q를 얻는다.

(4) 계산된 Q값이 **표 1.8**의 해당 측정횟수의 $Q_{0.90}$ 보다 크면 90 % 자신을 갖고 이 측정값은 버려도 좋다. 그러나 그렇지 않을 경우에는 버려서는 안 된다.

표 1.8 측정횟수와 Q값

측정횟수	3	4	5	6	7	8	9	10
$Q_{0.90}$	0.94	0.76	0.64	0.56	0.51	0.47	0.44	0.41

다음의 측정값 12.54, 12.57, 12.48, 12.76, 12.47에서 크기순서로 배열하면 12.76은 다른 값들에 비해 유별나게 크므로 의심스런 값이라고 생각할 수 있다.

$$Q = \frac{12.76 - 12.57}{12.76 - 12.47} = \frac{0.19}{0.29} = 0.66 \,(\text{또는 } 0.65_5)$$

$$Q = 0.66 > Q_{0.90} = 0.64$$

따라서 측정값, 12.76은 버려야 한다. 그리고 측정값의 평균값, 표준편차 등을 계산할 때에는 12.76은 버리고 나머지 4개의 측정값으로 계산하도록 한다.

최소제곱법

정량분석에서 실험값에 의한 검정선을 작성할 때 보통은 직관에 의한다. 그러나 더 좋은 방법은 통계적 처리에 의해 실험값에 충실하고, 가장 가능한 직선 방정식을 얻는 것이다. 이것을 최소제곱법(the least square method)[4]이라고 한다. 실험값을 만족시킬 직선식을 다음과 같이 표현하면,

$$y = mx + b \tag{1.18}$$

여기서 y 는 독립변수, x 의 함수로써 측정된 변수, m 은 직선의 기울기, b 는 $x = 0$ 일 때의 y 값, 즉 절편이다. 검정선에서 x 는 표준용액의 농도, y 는 분석신호의 크기이다.

---

4) R. de Levie, *J. Chem. Ed.*, **1986**, 63, 11.

일련의 실험값으로부터 얻을 수 있는 가장 좋은 직선은 통계적으로 직선의 각 점에서 편차의 제곱을 합한 값이 최소가 될 때 얻어진다는 것이 알려졌다. 예를 들어 독립변수, $x(x_i)$ 값에서 직선으로부터 수직으로 y의 벗어남을 생각하자. 만일 y_l 가 직선상에 있고 y_i 가 직선상의 점에서 벗어난다고 하면 $y_l = m\,x_i + b$ 이고 각 점에서 벗어나는 편차의 제곱, $(y_i - y_l)^2$ 들의 합은 다음 식과 같다.

$$s = \sum_{i=1}^{n} (y_i - y_l)^2 = \sum_{i=1}^{n} [y_i - (m\,x_i + b)]^2 \tag{1.19}$$

가장 좋은 직선은 s가 최소가 될 때이다. 이것은 s를 m과 b로 미분한 값을 0으로 놓고 계산하여 m과 b를 풀어 얻을 수 있다.

$$\frac{\partial s}{\partial m} = 0 = 2 \sum_{i=1}^{n} (y_i - m\,x_i - b)\,x_i$$

$$\frac{\partial s}{\partial b} = 0 = 2 \sum_{i=1}^{n} (y_i - m\,x_i - b)$$

n회 측정했으므로 위 식을 풀어쓰면 다음 식들과 같다.

$$m \sum_{i=1}^{n} x_i^2 = \sum_{i=1}^{n} x_i y_i - b \sum_{i=1}^{n} x_i$$

$$nb = \sum_{i=1}^{n} y_i - m \sum_{i=1}^{n} x_i$$

이들 두 방정식을 연립으로 풀면 다음과 같다.

$$m = \frac{\displaystyle\sum_{i=1}^{n} x_i y_i - \left(\sum_{i=1}^{n} x_i \sum_{i=1}^{n} y_i\right)/n}{\displaystyle\sum_{i=1}^{n} x_i^{\,2} - \left(\sum_{i=1}^{n} x_i\right)^2 / n} \tag{1.20}$$

$$b = \overline{y} - m\overline{x} \tag{1.21}$$

여기에서 $\overline{x}$와 $\overline{y}$ 는 각각 x_i와 y_i의 평균값이고, m에 관한 식 (1.20)을 더 쉬운 형태로 바꾸면 다음 식과 같다. 따라서 직선의 방정식 $y = m\,x + b$ 를 구할 수 있다.

$$m = \frac{n\sum_{i=1}^{n} x_i y_i - \left(\sum_{i=1}^{n} x_i \sum_{i=1}^{n} y_i\right)}{n\sum_{i=1}^{n} x_i{}^2 - \left(\sum_{i=1}^{n} x_i\right)^2} \tag{1.22}$$

1.6 감도와 검출한계

기기분석에서 분석방법의 최종 정확도와 검출한계는 분석신호에 겹쳐서 나타나는 불가피한 잡음(noise) 때문에 제한받게 된다. 잡음에는 기기잡음과 화학적 잡음이 있고, 화학적 잡음으로는 반응 완결정도의 다양성, 부반응, 시료의 매트릭스 성분에 의한 방해, 화학반응속도에 대한 일정치 않은 온도의 영향 등이 있다. 이들 화학적 잡음에 대해서는 각 기기분석법에서 취급하기로 한다.

⊃ 기기잡음

기기의 부분장치인 광원, 변환기, 신호처리장치 및 독해장치와 관련을 갖는 잡음들을 말한다. 이들 잡음은 보통 Johnson 잡음(열적 잡음 또는 백색 잡음), 산탄 잡음(shot noise), 깜박이 잡음(flicker noise) 및 환경 잡음 등이 있다.[5] 이들 중 Johnson 잡음과 산탄 잡음은 그 크기를 정량적으로 설명할 수 있으나 기기측정에서 완전히 제거할 수는 없는 잡음이고, 깜박이 잡음과 환경 잡음은 그들을 식별할 수는 있으나 그들의 원인은 잘 정의되어 있지도 않고 이해되어 있지도 않지만 기기설계에 의해 최소화 또는 제거될 수 있는 잡음들이다.

Johnson 잡음은 전자나 전하운반체가 저항기 커패시터, 복사선 검출기, 전지, 기기의 저항소자 속에서 열적 진동을 하므로 생기며, 이것은 전하 불균형을 가져오고 이로 인해 전압변동을 일으키게 하여 판독눈금에 잡음을 생기게 한다. 이 잡음은 저항소자에 전류가 흐르지 않는 경우에도 존재하며 주파수의 띠나비에 의존하고 진동수 자체에 무관하며 저항기의 물리적 크기와 관계가 없다. 이 잡음을 감소시키는 데는 좁은 띠나

---

5) H. V. Malmstadt, C. G. Enke and S. R. Crouch, *Electronics and Instrumentation for Scientists*, Chapter 14, Benjamin/Cummings, Menlo Park, *CA*, **1981**; T. Coor, *J. Chem. Educ.*, **1968**, 45, A533, A583; and G. M. Hieftje, *Anal. Chem.*, **1972**, 44(6), 81A; 44(7), 69A.

비법과 낮은 온도를 이용하는 방법이 이용된다. 좁은 띠나비법은 가끔 증폭기, 필터 등의 장치로 보다 좁은 띠나비를 얻는 방법이다. 광전자증배관과 기타 검출기의 열적 잡음은 냉각함으로써 감소시킬 수 있다.

산탄 잡음은 전자 또는 하전입자가 접촉계면을 가로지나 이동함으로써 전류가 흐를 때 항상 나타나는 잡음이다. 접촉계면은 전자회로의 p와 n의 계면에서 볼 수 있고, 광전지와 진공관인 경우에는 양극과 음극 사이의 진공된 공간을 말한다.

깜박이 잡음은 크기가 관측되는 신호의 주파수에 반비례하는 특성을 갖는 $1/\nu$ 잡음이라고도 한다. 이 잡음의 원인은 잘 알려져 있지 않으나 언제 어디에도 존재한다는 것을 그 주파수 의존성으로부터 알 수 있다. 이 잡음은 100 Hz 이하의 주파수에서 심하고 dc 증폭기, 계기 및 검류계에서 관측되는 장주기 변조는 깜박이 잡음의 표시라고 생각된다.

환경 잡음은 주위환경에서 생기는 잡음으로 기기의 각 도체는 전자기 복사선을 수신할 수 있는 안테나 역할을 하고 전기신호를 변환할 수 있어 환경 잡음이 일어난다. 또 ac 전력선, 라디오 및 TV 방송국, 스위치의 아크, 전동기의 브러시, 번개 등을 포함하는 수많은 곳에서 복사선의 근원이 존재하므로 환경 잡음이 나타난다.

⊃ 신호/잡음 비

기기분석에서 감도와 정확도를 높이기 위해서는 신호/잡음(S/N) 비가 측정의 제한요인이 되므로 S/N의 개선이 필요하다. 그 개선 방법으로 하드웨어법과 소프트웨어법 등이 이용된다.

하드웨어법은 기기를 설계할 때 필터, 빛살토막기, 가로막기, 변조기, 동시검출기와 같은 장치를 포함시켜 분석신호에 큰 영향을 주지 않고 잡음을 제거 또는 최소화하는 방법이다. 소프트웨어법은 잡음의 환경으로부터 신호를 추출하는 여러 가지 컴퓨터 계산법에 바탕을 두는 것으로 이 방법은 적어도 출력신호를 변조하여 아날로그로부터 디지털 형태로 변환시키는 데 충분한 하드웨어, 컴퓨터, 판독장치 등이 필요하다. 하드웨어법에 필요한 장치와 방법으로는 접지와 가로막기, 시차증폭기, 아날로그 필터, 변조, 초퍼 증폭기, 록인 증폭기 등이 있고, 소프트웨어법에는 신호평균법, 디지털 필터법, Fourier 변환법, 상관관계법 등의 프로그램들이 있다.

⟳ 감도와 검출한계

기기를 사용하는 분석에서 자주 사용되는 감도(sensitivity)와 검출한계(detection limit)의 정성적 정의에 대한 과학자들의 견해는 일치한다. 그러나 정량적으로 정의할 때 즉, 수학적인 식으로 표시할 때에는 약간의 견해 차이가 있다. 여기서는 여러 학자들에게 널리 인정되고 이용되는 부분에 대해서만 설명하기로 한다. 기기를 사용하는 측정법에서 감도란 분석성분의 작은 농도의 차이를 구별하여 측정할 수 있는 능력의 정도를 의미하며, 검정선의 기울기와 기기의 정밀도가 감도를 제한한다. 어떤 두 가지 측정법에서,

(1) 같은 정밀도를 갖는 경우에는 검정선의 기울기가 클수록 감도가 크다.
(2) 기울기가 같을 경우에는 정밀도가 높을수록 감도가 크다.

IUPAC(International Union of Pure and Applied Chemistry)에서 인정하는 감도의 정의는 검정감도(calibration sensitivity)이며 이것은 원하는 농도에서 검정선의 기울기(m)로 정의한다. 검정선의 선형적인 구간에서는 검정감도가 농도와 무관하고 다음 식으로부터 구할 수 있다.

$$S = m\,C + S_{bl} \tag{1.23}$$

여기서 C 는 분석성분의 농도, S 는 기기측정에서 얻은 출력신호(바탕신호를 포함한 분석신호)의 크기, S_{bl} 은 바탕용액에 대한 기기신호의 크기(바탕신호)이다.

검정감도는 재현성을 고려하지 않기 때문에 측정감도를 충분히 설명하지는 못한다. 따라서 재현성을 고려한 새로운 정의가 필요하다. 이에 대한 정의는 Mandel과 Stiehler[6] 가 제안한 분석감도(analytical sensitivity, A)이다.

$$A = m/s_{sig} \tag{1.24}$$

이 식에서 m은 검정선의 기울기이고 s_{sig} 는 신호의 표준편차이다. 분석감도의 장점은 첫째, 비교적 증폭인자의 영향을 받지 않는다는 점이다. 즉, 기계적으로 신호를 증폭할 때 증폭게인(gain)을 10배로 하면 기울기도 10배로 증가하게 되지만 일반적으로 이러한 증가는 s_{sig} 의 증가도 함께 수반하게 되므로 감도는 일정하게 유지된다. 둘째는

---

6) J. Mandel and R. D. Stiehler, *J. Res. Natl. Bur. Std.*, **1964**, A53, 155.

신호의 측정단위와 무관하다는 것이다. 그러나 분석감도의 단점은 가끔 s_{sig} 가 농도 의존성일 수 있다는 점이다.

가장 일반적으로 인정되는 검출한계의 정성적 정의는 "주어진 신뢰도 수준에서 검출 가능한 최소의 농도 또는 무게"이다. 검출한계는 분석신호 대 바탕신호 크기의 비에 의존된다. 즉, 분석신호는 보통 바탕신호보다 몇 배(k배) 크지 않으면 확실하게 구별할 수 없다. 검출한계 근처에서 분석신호의 크기는 바탕신호 크기에 거의 접근하고, 또 분석 신호의 표준편차도 바탕신호의 표준편차에 거의 접근한다. 즉, S/N가 거의 1에 접근한 다. 따라서 구별할 수 있는 최소의 분석신호를 S_m 이라고 하면, 이것은 바탕신호의 평균 값($\overline{S_{bl}}$)에 바탕신호 표준편차($s_{sig(bl)}$)의 k배를 합한 것으로 볼 수 있다.

$$S_m = \overline{S_{bl}} + k\,s_{sig(bl)} \qquad (1.25)$$

실험적으로 S_m 을 결정하기 위해서는 바탕측정을 적어도 20~30회 이상 실시하여, 그들로부터 바탕신호의 평균값, $\overline{S_{bl}}$ 과 바탕신호의 표준편차, $s_{sig(bl)}$ 을 구해야 한다. 이때 여러 학자들의 통계적 연구에 의하면 $k=3$ 정도가 합당한 것으로 추천되어 있으며 이때 검출의 신뢰도는 대부분의 경우 95 %라고 보고되어 있다.[7]

식 (1.23)에서 분석신호, S를 구별 가능한 최소의 분석신호, S_m 으로 가정하면 농도, C 는 검출 가능한 최소의 농도, C_m 이 될 것이고, 또 바탕신호의 평균값을 이용하여 정리하면 검출한계는 다음과 같다.

$$S_m = m\,C_m + \overline{S_{bl}}$$

$$C_m = \frac{S_m - \overline{S_{bl}}}{m} \qquad (1.26)$$

이 식에서 C_m 을 검출한계(최소로 검출 가능한 농도)라고 한다.

예제 발색제로 o—phenanthroline을 사용하는 분광광도법에 의해 철을 정량할 때 다음의 데이터를 얻고, 최소제곱법으로 구한 검정선식은 $y = 0.198\,C_{Fe} + 0.00254$ 와 같고, 여기

7) H. Kaiser, *Anal. Chem.*, **1970**, 42, 53A－58A; G. L. Long and L. D. Wine Fordner, *Anal. Chem.*, **1983**, 55, 712A.

에서 y 는 철의 흡광도 측정값이고, C_{Fe} 는 ppm의 철의 농도이다. 이들 자료를 이용하여 (a) 검정감도, (b) 철의 농도가 5 ppm과 1 ppm일 때의 분석감도, (c) 이 분석방법의 검출한계를 계산하라.

Fe 의 농도(ppm)	측정횟수	y 의 평균값	s_{sig}
5.00	10	0.986	0.012
1.00	10	0.197	0.0042
0.000	25	0.00347	0.0015

풀이 (a) 정의에 따라 검정감도, m 은 직선의 기울기이므로 $m = 0.198$ 이다.

(b) 철의 농도가 5 ppm일 때의 분석감도는 식 (1.24)에 의해서 계산한다.

$$A = m / s_{sig} = 0.198 / 0.012 = 17 (또는 16._5)$$

철의 농도가 1 ppm일 때의 분석감도는,

$$A = n / s_{sig} = 0.198 / 0.0042 = 47 (또는 47._1)$$

(c) 검출한계를 계산하기 위해서는 식 (1.25)를 이용한다.

$$y_m = \overline{y_{bl}} + k s_{sig(bl)} = 0.00347 + 3 \times 0.0015 = 0.0080 (또는 0.0079_7)$$

이것을 식 (1.26)에 대입하여 검출한계를 계산한다.

$$C_m = \frac{y_m - \overline{y_{bl}}}{m} = \frac{0.0080 - 0.00347}{0.198} = 0.023 \, Fe (또는 0.022_8)$$

따라서 이 분석방법의 검정감도(m)는 0.198이다. 분석감도는 철의 농도가 1 ppm일 때 A=47이며 5 ppm일 때 A=17이고, 농도가 적을 때 더 좋다는 것을 알 수 있고, 이 방법으로는 철의 농도가 0.023 ppm일 때까지도 검출이 가능하다.

1.7 화학분석의 일반적 단계

분석화학에서는 여러 가지 분석방법의 기초 원리와 이론을 배우게 된다. 실제로 어떤 물질을 분석하는 데는 분석과정에 있어서 몇 가지 논리적인 단계를 거쳐야 한다. 다음에 일반적인 화학분석의 단계에 대해 간단히 설명한다.

⊃ 분석계획

분석하려면 맨 먼저 세밀하고 충분한 분석계획을 세워야 한다. 이 계획에는 필요한 분석정보의 수집, 사용하는 분석방법의 감도와 정확도 및 정밀도, 방해물질의 존재여부와 분리방법, 시료의 양과 수, 사용하는 분석장치, 분석비용, 분석결과의 응용성 등을 고려해야 한다. 분석방법은 보통 실험실에 있는 장치와 화학약품의 이용도 및 분석자의 경험에 따라 결정된다. 또 분석자는 분석방법의 현명한 선택을 위해 분석화학에 관한 각종 참고문헌에 대한 정보와 지식을 갖춰야 한다.

⊃ 시료채취

시료의 채취는 대단히 중요한 단계이며, 분석을 위해 채취된 시료는 시료 전체를 대표해야 한다. 시료를 잘못 채취했다면 그 시료에 대해 아무리 정확히 분석하였다고 해도 그 분석결과는 쓸모가 없게 된다.

일반적으로 기체나 액체 시료는 균일하기 때문에 전체를 대표할 수 있는 시료채취가 쉽지만 고체 시료의 경우에는 입자의 크기와 화학적 조성이 균일하지 않기 때문에 시료채취가 어렵다. 예를 들면 석탄의 열량분석이나 광석 중의 유용성분을 분석하는 경우가 그렇다. 기체나 액체의 경우에도 대기, 바닷물, 호수 및 강물과 같이 대상이 클 때는 국부적으로는 균일하지만 시료채취 위치에 따라 다소 농도의 차이를 가지고 있다. 호수의 용존산소의 양은 깊이가 1~2 m 달라도 1,000배 정도의 차이를 나타낼 수 있고 사람의 혈액의 경우에는 식사 전후에 그 조성이 상당히 달라지므로 보통 아침식사 전에 혈액시료를 채취하여 분석하도록 한다. 광석과 같은 고체의 경우에는 덩어리가 클수록 균일성이 적어진다. 따라서 통계적으로 볼 때 시료는 분석 대상물의 여러 위치에서 여러 크기의 시료를 마구잡이로 많이 취할수록 좋을 것이다. 그러나 취하는 시료의 양이 너무 많아도 곤란하므로 직경이 2~3 cm의 광석인 경우에는 0.5 kg 정도를 1차 시료로 취하는 것이 좋고, 균일성이 좋으며 덩어리가 작을수록 1차 시료는 적게 취해도 좋다. 그리고 채취한 1차 시료는 분쇄기 또는 막자사발을 이용하여 시료덩어리를 작게 만들면서 시료의 양을 줄여나간다. 보통 다음과 같은 사등분법(quartering)을 이용하는데 이 방법은 **그림 1.5**와 같이 가늘게 빻은 시료를 원뿔모양으로 쌓고 서로 마주보는 부분을 취해가는 과정을 연속적으로 행하는 방법이다.

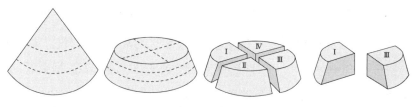

그림 1.5 사등분법

이와 같이 시료를 분쇄하고, 또 사등분하는 과정을 되풀이하여 취한 최후의 시료 5~10 g 정도를 단단한 마노 막자사발에 넣고 시료를 고운 가루로 만들어 분석용 시료로 사용한다. 시료를 채취할 때에는 마구잡이 방법으로 최대한 전체를 대표할 수 있도록 하며, 시료채취 중에도 불순물의 오염, 휘발성 물질의 손실, 시료의 변질 등에 조심하고 일단 취한 시료는 빨리 분석하도록 한다. 보관했다가 분석할 필요가 있을 때에는 보관하는 동안에 용기, 공기, 수분, 광선 및 열에 의해 변질되는 수가 있기 때문에 보관에 특히 주의해야 하고, 혈액이나 소변과 같은 생화학적 시료와 변질이 빠른 시료는 변질 억제제를 가해서 전처리하는 것이 좋으며, 냉장고와 같은 적당한 환경에 보관해야 한다. 또 변질속도가 아주 빠르거나 억제제가 없을 경우에는 채취 후에 즉시 분석하도록 한다.

시료의 건조

시료는 수분을 포함하는 경우가 많고 수분은 화학적으로 결합되어 있는 결정수이거나 내포 또는 표면에 흡착된 부착수로서 존재한다. 시료의 종류에 따라 수분함량은 다르고 금속시료의 표면에 흡착된 수분의 양은 보통 수 ppm 정도이다. 대부분의 시료에서 수분함량은 일정하지 않고 대기 중의 습도에 따라 변한다. 수분의 흡착은 입자크기에 따라 다르고 작은 입자는 표면적이 크므로 더 많은 수분을 흡착한다.

분석결과의 재현성을 위해 수분은 보통 분석하기 전에 건조시킨다. 그리고 시료의 백분율 조성은 건조된 시료의 양에 기준을 두고 계산한다. 건조 목적은 시료를 무수물로 만들거나 흡착된 수분을 제거하는 것이고 화학적으로 결합된 수분은 남게 된다. 대개 시료를 건조기에서 100~110 ℃ 로 1~2시간 건조하면 되지만 어떤 시료는 이런 조건에서 분해된다. 따라서 더 낮은 온도에서 건조해야 하거나 건조하지 못하는 경우도 있다. 표면에 흡수된 수분은 보통 낮은 온도에서 쉽게 날아간다. 건조조건이 어려운 시료의 경우는 열저울에 의해 온도증가에 따른 무게변화 곡선을 얻어 보고 적합한 건조조건을 결정하도록 한다. 수분이 제거되는 온도가 일정한 시료에 대해서는 그 온도에서 건조시키면 되지만 어떤 시료는 수분이 제거되는 온도가 너무 넓은 범위인 것이 있고, 이런 경우에는 임의의 일정한 온도에서 건조하기는 어렵고, 재현성 있는 결과를 얻기 위해서는 다른 방법을 고려해야 한다. 열에 민감한 시료는 건조제를 넣은 건조용기 또는 진공 건조용기에서 건조한다.

표 1.9에 건조용기에 흔히 쓰이는 건조제의 흡수능력을 나타내었다. 이들 중에서 실리카 젤과 같은 건조제는 흡수된 수분의 양에 따라서 색깔이 변화하기 때문에 사용이 편리하다.

오산화인은 가장 센 건조제이지만 점차 표면에 인산피막이 생겨 효율이 떨어지는 단점이 있다. 염화칼슘은 흡수력은 약하지만 값이 싸고 사용이 편리하여 흔히 건조용기의 건조제로 쓰인다. 또 진한 황산도 흡수 능력이 크므로 건조제로 사용된다. 건조용기를 사용할 때는 고온으로 가열한 것을 그대로 넣지 말고, 일단 밖에서 100 ℃ 이하로 식힌 후에 건조용기에 넣도록 한다. 갈아 맞춘 뚜껑에는 와세린 또는 그리스를 골고루 얇게 발라서 공기가 새지 않게 하고 건조제 위에는 사기로 된 판대를 얹고 그 위에 보관할 물건을 놓는다. 이온교환 수지의 분배계수를 측정할 때 건조된 수지의 무게를 달 필요성이 있다. 이때는 건조기에서 건조하여 수분의 함량을 계산할 수 있다. 그러나

표 1.9 건조제의 흡수능력(실온에서)

건조제	재생법	성질(흡습 후)	1 L 말린 공기 중 남은 H_2O (mg)
P_2O_5	어렵다	산성	2.6×10^{-4}
BaO	어렵다	염기성	6.5×10^{-4}
Al_2O_3	175 ℃	중성	1×10^{-5}
$Mg(ClO_4)_2$	240 ℃(진공)	중성	2×10^{-5}
CaO	500 ℃	염기성	3×10^{-5}
$CaSO_4$	275 ℃	중성	5×10^{-5}
실리카 젤	120 ℃	중성	6×10^{-5}
KOH	어렵다	염기성	1.4×10^{-2}
$CaCl_2$	어렵다	중성	1.4

건조된 수지를 그대로 실험에 사용해서는 안 된다. 그 이유는 이온교환 수지는 건조하면 이온교환 능력이 떨어지기 때문이다.

분석결과를 계산할 때에는 반드시 건조된 무게를 기준으로 하여 성분함량을 계산하고 건조했을 때의 무게감량 백분율을 기록해 두는 것이 좋다.

⊃ 시료의 측량

분석결과는 보통 시료 100 g 중 분석성분의 g수인 무게 백분율로 보고된다. 또 부피 백분율(시료 100 mL당 분석성분의 mL수), 몰 퍼센트(시료 100 mol당 분석성분의 mol수)나 다른 상대적인 표현법을 사용하기도 한다. 분석에서 무게를 단 후의 모든 단계는 측정된 시료의 무게(또는 부피)에 대한 성분들의 상대적인 양을 결정하는 것이다. 분석저울에서 시료를 다는 것은 보통 아주 정확한 조작이다. 피펫이나 뷰렛에 의해 시료용액의 부피를 측정하는 것은 무게 다는 것보다는 약간 덜 정확하지만 매우 빠르고 간편하다. 분석하기 위해서 시료용액의 일정량을 피펫으로 취한 후에는 항상 달아서 녹이고, 또 일정부피로 묽혀진다. 이 방법은 보통의 분석저울로 정확하게 무게 달기에 너무 가벼운 시료일 때 사용된다.

⊃ 시료의 용해

고체 시료는 분석하기 전에 항상 완전히 녹여서 용액으로 만들어야 한다. 정량분석에서 용해하는 과정은 대단히 시간이 걸리는 단계이다. 여기에서는 분석시료를 용해하는데 사용되는 두 가지 좋은 방법에 대해 알아보자

• 가압상태에서 분해

가압상태에서 고온으로 가열할 때에는 보통 용해과정이 빠르다. 예를 들면 시료와 용매를 단단한 유리관에 넣어 이 관을 밀폐된 강철실린더 속에 장치한 다음 300 ℃ 이상의 온도와 100 atm의 압력으로 올리는 경우이다. 다른 한 가지 장치로는 테프론으로 표면 처리된 작은 강철압력솥(autoclave)이 있다. 이것은 보통 HF 와 같은 부식성 산이 사용될 수 있고 150 ℃가 대략의 사용 한계온도이다.

• 대기압에서 분해

이 방법은 더 일반적으로 사용되며 시료를 적당한 용매와 함께 용기에 넣고 빨리 녹도록 천천히 가열시키는 것이다. 사용된 용매는 가능한 한 짧은 시간에 시료를 완전히 녹이는 것이어야 하고, 용매는 분석과정에서 방해하지 않는 것을 택해야 된다. 대부분의 시료를 녹이기 위해 사용되는 용매는 다음과 같은 것들이 있다.

(1) **물** : 여러 가지 무기염과 유기화합물들은 보통 증류수에 쉽게 녹는다. 물에 녹일 때에는 보통 가수분해가 일어나는 것과 특정한 금속 양이온이 부분적으로 침전되는 현상을 방지하기 위해서 소량의 산을 가해서 녹이도록 한다.

(2) **유기용매** : 알코올, 염화탄화수소, 키톤 등의 용매가 있다. 이들 용매는 분석하기 전에 유기화합물을 녹이는 데 사용된다.

(3) **무기산** : 대부분의 금속, 금속합금, 산화물, 탄산화물, 황화물 등의 용해에 진한 산이나 약간의 묽은 산이 사용된다. 질산, 염산, 황산 또는 왕수(질산+염산)가 아주 일반적으로 사용되고 과염소산이나 인산도 사용된다. 플루오르화수소산(불산, HF)은 다른 산과 혼합하여 사용하거나 단독으로 사용할 때, 수용액에서 플루오린 착화물(불소 착화물)을 만들면서 금속을 쉽게 녹인다. 이들 금속의 어떤 것들(Nb, Ta 등)은 실제 보통 용매에 불용성이다.

• 용융

용융(fusion)은 산 처리로서 녹지 않는 고체 시료는 용제(flux)를 섞어 가열 용융하여 녹이고, 금속산화물과 같은 염기성 물질인 경우에는 피로황산과 같은 산성 융제를 사용하고 규산염과 같은 산성 물질의 경우에는 탄산소듐과 같은 염기성 융제를 사용한다. 크롬광의 경우와 같이 산화작용이 필요한 경우에는 염기성 융제에 과산화소듐과 같은 산화제를 섞어서 용융한다.

• 피로황산포타슘

산에 녹지 않는 금속산화물은 피로황산포타슘($K_2S_2O_7$)을 섞어서 용융하면 가용성 황산화물을 만들 수 있다. 산화철을 녹이는 반응은 다음과 같다.

$$K_2S_2O_7 \rightarrow K_2SO_4 + SO_3$$

$$Fe_2O_3 + 3SO_3 \rightarrow Fe_2(SO_4)_3$$

황산수소포타슘도 융제로 쓰이는데 이것은 가열하면 쉽게 피로황산포타슘으로 변하기 때문이다. 그러나 이때 수분이 생기는 것이 한 가지 결점이다.

$$2KHSO_4 \rightarrow K_2S_2O_7 + H_2O$$

피로황산염을 융제로 쓸 때는 생성된 삼산화황이 산화물과 잘 반응할 수 있게 천천히 조심스럽게 가열하고, 시료 1 g에 5~10 g의 융제를 섞어 백금 또는 실리카 도가니를 사용하여 300 ℃ 정도에서 천천히 가열하는 것이 대단히 중요하다.

• 탄산소듐

탄산소듐을 난용성 규산염 또는 황산바륨에 섞어 용융하면 다음과 같이 비금속 산화물은 소듐염으로 되고, 금속은 산화물 또는 탄산염으로 되어 모두 묽은 산에 쉽게 녹게 된다.

$$2NaAlSi_3O_8 + 5Na_2CO_3 \rightarrow 6Na_2SiO_3 + Al_2O_3 + 5CO_2$$

$$BaSO_4 + Na_2CO_3 \rightarrow NaSO_4 + BaO + CO_2$$

탄산소듐과 탄산포타슘을 1:1로 섞은 혼합융제는 더 낮은 온도에서 용융되므로 편리할 때가 많다. 가루시료 1 g에 대해 5 g 정도의 혼합융제를 충분히 섞어 백금도가니에 넣은 뒤에 뚜껑을 덮고, 천천히 1,000 ℃ 정도로 가열하면 완전히 용융한다. 이것을 식힌 후에 물 또는 묽은 염산으로 녹인다.

표 1.10에 금속과 무기시료를 녹이는 데 사용되는 여러 가지 용매들을 나타냈다.

• 유기물 시료의 분해

동식물의 조직과 같은 유기물 시료를 분해하여 용해시키는 데는 건식 회화법(ash)과 습식 산처리법의 두 가지가 있다. 건식 회화는 일정량의 시료를 보통 사기도가니에 넣고 전기로에서 400~700 ℃로 가열하여 회화시키는 방법이다. 액체 시료의 경우에는 낮은 온도에서 천천히 가열하여 말린 다음에 세게 가열한다. 이때 500 ℃ 이상에서는 납(Pb) 성분의 일부가 휘발하는 수가 있다. 이 경우에는 질산마그네슘과 같은 산화제를 시료에 첨가하면 시료 중의 거의 모든 금속, 염소, 비소(arsenic)와 같은 성분이 회분

표 1.10 무기물질을 녹이는 용매

금속 원소	용매	금속 원소	용매
Ag	HNO_3	Ni	산
Al	HCl, NaOH	Pb	HNO_3
As	HNO_3, 왕수, H_2SO_4	희토류	HNO_3, HCl, $HClO_4$
Bi	HNO_3, 왕수, H_2SO_4	Sb	H_2SO_4, HNO_3 + tartaric acid
Cd	HNO_3	Sn	HCl, 왕수
Co	산	Ta	$HF + HNO_3$
Cr	$HClO_4$, HCl, dil-H_2SO_4	Th	HNO, HCl
Cu	HNO_3, $HCl + H_2O_2$	Ti	HF, H_2SO_4
Fe	산	U	HNO_3
Hg	HNO_3, H_2SO_4	V	HNO_3, H_2SO_4
Mg	산	W	$HF + HNO_3$, $H_3PO_4 + HClO_4$
Mo	HNO_3	Zn	산, NaOH
Nb	HF, HNO_3	Zr	HF

탄수화물, 산화물 및 황화물 : 보통 산에 가용성, 약간은 용융 필요하다.
인산염 : 약간은 산에 가용성, 많은 것은 알칼리 용제로 용융 필요하다.
규산염 : 대부분 HF에 용해, 실리카는 H_2SiF_6로 휘발, 용융법이 널리 이용된다.

에 남게 된다. 도가니에 남은 회분은 6 M 염산으로 씻어서 옮긴다.

습식 산처리법은 Kjeldahl 플라스크에 시료를 넣고 소량의 황산(5 mL)과 많은 양의 질산(20~30 mL)을 첨가하여 천천히 가열한다. 질산은 점차 증발되고 황산의 흰 연기를 내게 되면 온도는 340 ℃ 정도로 되고 시료는 분해된다. 검은 유기물이 남아 있으면 질산을 더 첨가하여 계속 가열한다. 질산, 과염소산 및 황산을 3:1:1 비로 섞은 혼합산은 더 효과적인 분해제이다. 그러나 과염소산은 폭발 위험성이 있으므로 주의가 필요하다 다. 그렇지만 황산이 남아있는 경우에는 폭발하지 않는다.

⊃ 방해(간섭) 물질의 분리

이상적인 정량법은 선택적이어야 한다. 즉, 다른 물질이 존재하더라도 분석하려는 물질만을 정확하게 분석할 수 있어야 한다. 많은 방법들은 선택적이지만 불행히도 몇 가지는 선택성이 없는 것도 있다. 선택성이 좋은 방법은 특정한 다른 이온이나 화합물이 존재하여도 이들을 분리하여 제거하지 않고 직접 분석할 수 있는 경우를 말한다. 분석할 때 방해하는 것을 방해(간섭)라고 한다. 정량하고자 하는 화학종으로부터 방해

물질을 분리하는 것은 여러 가지 정량분석 과정에서 매우 중요한 단계이다. 방해물질의 분리방법으로는 일반적으로 분별침전법이 이용되고, 더 좋은 방법으로는 전기분해, 이온교환, 용매추출 등에 의한 방법이 있고, 매우 복잡한 혼합물의 경우에도 깨끗이 분리할 수 있는 크로마토그래피법이 있다.

⊃ 분석성분의 측정

이 단계는 분석성분의 양을 실제로 측정하는 단계이다. 이 책에서는 정량분석의 측정에 대한 이론과 실제에 대해 취급하고 있다. 여러 가지 분석방법이 개발되었고 이에 대해서는 이미 표 1.1에 수록했다. 측정단계는 보통 여러 가지 조건을 조절할 필요성이 있다. 예를 들면 무게분석에서 성분을 침전시키기 전이나 분광광도법에서 색을 발색시키기 전에 용액의 pH를 적당한 범위로 조절하는 것이 필요하다. 어떤 경우에는 특정원소의 산화상태를 적정이나 정량적 측정 전에 조절되어야 하는 경우가 있다. 더 나아가서 시료용액을 묽혀서 측정하고자 하는 화학종의 농도범위가 적당하도록 해야 한다.

⊃ 분석결과 계산

시료 중의 각 화학종의 양(보통 무게백분율)을 계산할 때 필요한 데이터는 측정(분석)에서 얻게 된다. 그때 각 화학종의 함유량 백분율은 분석된 각 성분의 무게를 시료의 무게로 나누어서 100을 곱한 것이다. 계산은 반드시 정확한 유효숫자 개념에 맞도록 해야 한다. 분석은 보통 3개 이상의 시료를 택하여 동시에 분석해야 하며 적어도 2회 이상은 분석해야 한다. 보통은(그러나 꼭 그렇지는 않음) "정밀도가 좋으면 분석의 정확도 또한 좋다."는 것을 의미한다. 분석결과가 계산되었을 때 그 결과의 신뢰도는 사용한 분석방법의 고유한 정밀도 및 분석 데이터의 통계적 처리에 의해 평가되어야 한다.

1.1 다음에 대하여 간단히 설명하라.

    (a) 분석농도와 평형농도   (b) 피펫과 뷰렛의 사용법

    (c) 철광석 시료의 채취법   (d) 데시케이터의 사용법

    (e) 유기물 시료의 분해법

1.2 다음 각 물질로 0.100 M 500 mL를 만들기 위해 필요한 양(g)은?

    (a) $KHC_8H_4O_4$ (b) $AgNO_3$

    (c) KIO_3 (d) Na_2CO_3

1.3 다음 각 용액의 M 농도를 구하라.

    (a) 36.0 wt % 염산(밀도 1.18 g/mL)

    (b) 28.0 wt % 암모니아(밀도 0.900 g/mL)

    (c) 95.0 wt % 황산(밀도 1.83 g/mL)

1.4 0.500 M HCl 용액 50.0 mL에 0.200 M HCl 용액 몇 mL를 가하면 0.300 M의 용액이 되겠는가?

1.5 다음 물질 1.000 g을 정확히 다는 방법을 설명하라.

    (a) $KHC_8H_4O_4$ (b) NaOH

    (c) 아세톤   (d) 진한 황산

1.6 몰농도(morality, M)와 몰랄농도(molality, m)의 차이점을 설명하라.

1.7 진한 염산(36.0 wt %, 밀도 1.18 g/mL)을 사용하여 대략 0.1 M의 염산 1 L를 만드는 방법을 설명하라.

1.8 100 mL에 아세트산 6.000 g을 녹인 용액에서 아세트산 이온(CH_3COO^-)의 농도는 0.100 M보다 작다. 그 이유가 무엇인가?

1.9 놋쇠 추(d=8.0)를 사용하여 0.4900 g의 d=0.714인 이써(ether)의 질량을 정확히 달 때 공기의 부력 때문에 저울에서 실제 달아야 할 무게는 얼마인가?

1.10 금속 알루미늄 2.6982 g을 비중 1.18 g/mL이고, 함유량이 24.7 %인 황산 80 mL를 녹이고 여기에 증류수를 가하여 500 mL로 만들었다. 다음에 답하라.
(a) 알루미늄의 노말농도는?
(b) 남은 황산을 중화시키려면 5.00 M의 NH_4OH 용액이 몇 mL 필요한가?
(c) 위 용액 50 mL 중의 알루미늄의 양은 $Al(OH)_3$로서 몇 g인가?

1.11 다음 각 반응에서 반응물의 당량무게를 계산하라(예: eq wt = FW/2).
(a) $2NaOH + H_2C_2O_4 \rightarrow Na_2C_2O_4 + H_2O$
(b) $2HCl + Ba(OH)_2 \rightarrow BaCl_2 + 2H_2O$

1.12 다음은 오차를 발생하게 하는 경우이다. 측정 가능한 오차와 측정 불가능한 오차로 구분하고, 측정 가능한 경우는 기기 및 시약의 오차, 작동오차, 방법오차 등으로 분류하라.
(a) 무게를 달 때 흡습성 시료의 채취
(b) 철광석 시료를 채취할 때의 부주의
(c) 표준용액의 흡광도를 측정할 때 전압의 불안정
(d) 분석에 사용될 피펫의 끝 부분이 약간 깨졌음

1.13 다음을 반올림법과 비유효숫자 표기법으로 유효숫자 개념에 맞게 계산하라.
(a) 5.2951+3.0−7.28
(b) 2.03/1.00735
(c) 8.26÷2.0×1.083
(d) $\log(1.04 \times 10^{-7})$
(e) 0.450의 antilog
(f) $\log 0.79$
(g) $(1.736 \times 10^{-14})/(1.63 \times 10^{-16})$

1.14 일련의 측정값 95.44, 95.00, 95.34, 95.10, 95.22 에 대한 표준편차와 상대표준편차를 구하라.

1.15 다음 3가지 측정값들을 보고 가장 잘 측정된 것을 평가하라.

측정—A : 7.031, 7.126, 7.039, 7.027

측정—B : 31.18, 30.64, 31.52, 31.41

측정—C : 63.68, 63.62, 63.93, 63.74

1.16 분석에서 측정값이 5.71, 4.00, 5.23, 5.20, 5.17일 때 이 중에서 버릴 수 있는 값이 있는가를 지적하고, 그 결과에 대한 표준편차를 구하라.

1.17 Riboflavin(바이타민—B_2)은 5 % 아세트산에서 그 형광세기를 측정하여 정량할 수 있다. 일련의 표준시료에 대한 형광세기를 측정하여 다음과 같은 분석 데이터를 얻었다. 검정선을 직관법으로 작성하고 최소제곱법에 의해 직선식을 구하라. 어떤 미지시료의 형광세기가 17.8일 때 시료 중의 Riboflavin의 농도를 구하라.

Riboflavin(μg/mL), x_i	형광세기(y_i)	x_i^2	$x_i \times y_i$
0.000	0.00	0.0000	0.000
0.100	5.80	0.0100	0.580
0.200	12.2	0.0400	2.44
0.400	22.3	0.160	8.92
0.800	43.3	0.640	34.64
합계 1.50	83.6	0.850	46.58

2.1 화학평형과 용해도

⊃ 화학평형

화학반응이 완성단계까지 가도 그 반응은 결코 한 방향으로만 진행하는 것이 아니고, 실제적으로는 정반응과 역반응의 속도가 같아질 때까지 반응이 진행되어 평형에 도달하게 된다.

이 절에서는 화학평형의 일반적인 개념, 이온 화학종의 활동도, 활동도계수, 용해도 및 용해도에 영향을 주는 인자들에 대해 배우기로 한다.

일반적인 화학반응을 $a\text{A}+b\text{B} \rightarrow c\text{C}+d\text{D}$ 와 같다고 할 때, 이 반응에 대한 평형상수, K는 다음과 같이 표현한다.

$$K= \frac{[\text{C}]^c[\text{D}]^d}{[\text{A}]^a[\text{B}]^b} \tag{2.1}$$

이 식에서 A와 B는 반응물, C와 D는 생성물이며, a, b, c 및 d는 반응의 화학량론적 계수이다. 그리고 [ ]는 평형상태에서의 각 화학종의 몰농도를 의미한다. 평형상수 식에서 용액의 농도는 보통 몰농도로 표시하고, 기체 화학종의 농도는 분압(atm)으로 표시하며 순수한 고체, 액체 또는 용매의 농도는 1로 생각하여 생략된다.

화학평형에는 산−염기 해리평형, 침전의 용해평형, 착화물의 생성평형 등 여러 가지가 있지만 여기에서는 이온 화합물의 용해평형에 대해서만 취급하기로 한다.

화학반응의 평형상수는 화학종의 농도보다는 화학종의 활동도로써 더 정확하게 표현되며, 이러한 평형상수를 열역학적 평형상수라 한다. 평형상수는 일정한 온도에서 일정한 값을 갖지만 이것은 엄격한 의미에서 무한히 묽은 용액에서만 성립되고, 농도가 다소 진해지면 농도에 따라 평형상수는 약간 변화한다. 예를 들면 수용액 중에서 아세트산의 해리반응에 대한 평형상수는 25 ℃일 때 1.75×10^{-5} 이지만 NaCl 용액 중에서는 NaCl의 농도가 진해질수록 평형상수도 약간씩 증가한다.[1]

일반적으로 평형상수는 용액 중에 녹아있는 전해질의 이온세기(ionic strength, 이온강도)에 의해 영향을 받는다. 용액의 이온세기, μ 는 다음과 같이 표시된다.

$$\mu = \frac{1}{2}(M_1 Z_1^2 + M_2 Z_2^2 + \cdots) \tag{2.2}$$

이 식에서 M 은 용액 중의 각종 이온의 몰농도이고 Z 는 각 이온의 전하수를 나타낸다. 이와 같은 방법으로 0.010 M KBr 과 0.020 M ZnCl$_2$로 혼합된 용액의 이온세기를 계산하면 μ=0.07 M 을 얻을 수 있다.

평형상수가 이온세기의 영향을 받는 것은 화학반응에 관여하는 이온이 주위에 있는 다른 이온들의 영향을 받기 때문이며, 예를 들면 아세트산의 경우에는 해리된 H^+와 CH_3COO^-이온은 주위에 반대전하의 이온들로 둘러싸이게 되어 활동에 제한을 받게 되며, 다시 결합하려는 반응능력이 줄게 되고 해리도가 커진다. 이런 관계를 정량적으로 표시하기 위해서 농도 대신에 활동도를 생각하게 되었다.

활동도(activity)는 화학종이 용액에서 실제 발휘하는 반응능력을 표시하는 값으로 그것의 몰농도에 비례한다.

$$a_i = [i]f_i \tag{2.3}$$

식 (2.3)에서 a_i는 화학종 i의 활동도, $[i]$는 i의 몰농도이고, f_i는 i의 활동도계수(activity coefficient)이다. 아세트산의 해리반응에 대한 평형상수를 화학종의 활동도로 표현한 열역학적 평형상수, K° 는 다음과 같다.

---

[1] H. S. Harned and C. F. Hiday, *J. Am. Chem. Soc.*, **1937**, 59, 1289.

$$K° = \frac{a_{H^+}\, a_{CH_3COO^-}}{a_{CH_3COOH}} = \frac{[H^+][CH_3COO^-]}{[CH_3COOH]} \times \frac{f_{H^+}\, f_{CH_3COO^-}}{f_{CH_3COOH}} \qquad (2.4)$$

활동도 대신에 몰농도로 표시한 평형상수를 고전적 평형상수라고 하며, 이것은 이온세기에 따라 약간 변하지만 활동도로 나타내는 열역학적 평형상수는 어떠한 이온세기에서도 온도만 일정하면 항상 일정한 값을 유지한다.

활동도는 화학종의 농도에 비례한다. 그러나 활동도계수는 이온 사이의 상호작용 때문에 용액의 이온세기에 따라 변화하므로 일반적으로 활동도는 농도와 선형적 관계를 갖지 않게 된다. 여기서 활동도계수의 성질에 대해 자세히 알아보자.

(1) 활동도계수는 무한히 묽은 용액에서 1이다. 이런 때는 활동도와 농도가 같아지고 화학종이 100 % 자기능력을 발휘할 수 있다. 이온세기가 커지면 화학종의 활동능력이 줄어들어 활동도계수는 감소한다. 일반적으로 보통 농도의 용액에서는 $f_i < 1$이고, 무한히 묽은 용액에서는 $f_i \to 1$ 즉, $a_i \to [i]$이다.

(2) 활동도계수는 공존하는 화학종의 종류보다는 그 용액의 이온세기에 따라 결정되며 이온세기가 큰 용액에서는 활동도계수는 감소한다.

(3) 활동도계수가 이온세기에 따라 변하는 경향은 이온의 전하수가 클수록 더 크게 감소하며 같은 이온세기의 용액에서 같은 전하를 갖는 이온의 활동도계수는 거의 같지만 수화된 이온의 크기가 클 때 약간 증가한다.

(4) 전하가 없는 중성분자의 활동도계수는 이온세기에 따라 별로 변하지 않고 1에 머물러 있다고 본다.

⊃ 확장된 Debye−Hückel식

활동도나 활동도계수를 실험으로 구하기는 쉽지 않다. 1923년 Debye와 Hückel은 전해질 용액에서 각 이온들의 상호작용을 고려하여 이온의 활동도계수를 계산하는 다음과 같은 식을 유도했다.

$$\log f_i = \frac{-0.51\, z^2 \sqrt{\mu}}{1 + (\alpha \sqrt{\mu}/305)} \quad (\text{at } 25\ ℃) \qquad (2.5)$$

이 식에서 f_i는 $\pm z$의 전하를 갖는 이온의 활동도계수이고, α는 이온세기가 μ인

표 2.1 수용액에서 여러 가지 이온들의 활동도계수(25 ℃)*

이 온	이온크기 (α, pm)	이온세기(μ, M)				
		0.001	0.005	0.01	0.05	0.1
H^+	900	0.967	0.933	0.914	0.86	0.83
Li^+	600	0.965	0.929	0.907	0.835	0.80
$Na^+, CdCl^+, ClO_2^-, IO_3^-, HCO_3^-$	450	0.964	0.928	0.902	0.82	0.775
$OH^-, F^-, SCN^-, HS^-, OCN^-$	350	0.964	0.926	0.900	0.81	0.76
$K^+, Cl^-, Br^-, I^-, CN^-, NO_2^-, NO_3^-$	300	0.964	0.925	0.899	0.805	0.775
$Rb^+, Cs^+, NH_4^+, Tl^+, Ag^+$	250	0.964	0.924	0.898	0.80	0.75
$Ca^{2+}, Cu^{2+}, Zn^{2+} \cdot Sn^{2+}, Mn^{2+}$	600	0.870	0.749	0.675	0.485	0.405
$Sr^{2+}, Ba^{2+}, Cd^{2+}, Hg^{2+}, SO_4^{2-}$	500	0.868	0.744	0.67	0.465	0.38
$Pb^{2+}, CO_3^{2-}, SO_3^{2-}, MoO_4^{2-}$	450	0.867	0.742	0.665	0.455	0.37
$Al^{3+}, Fe^{3+}, Cr^{3+}, Sc^{3+}, Y^{3+}$	900	0.738	0.54	0.445	0.245	0.18
In^{3+}, Lanthanides**	500	0.728	0.51	0.405	0.18	0.115

* 참고문헌 : J. Kielland, *J. Amer. Chem. Soc.*, **1937**, 59, 1675.
** 주기율표에서 원자번호 57~71인 원소를 말함.

수용액에서 물 분자로 수화된 이온의 크기(반경)로 그 단위는 pm(picometer)이다. 이 식으로 계산한 활동도계수는 $\mu \leq 0.1$ M의 경우에 실제 측정한 값과 잘 맞는다.

표 2.1에 여러 가지 이온들의 수화된 이온반경과 이온세기가 0.001~0.1 M 범위일 때 확장된 Debye-Hückel식으로 계산한 각종 이온들의 활동도계수를 수록했다.

⊃ 비이온성 화학종의 활동도계수

벤젠과 아세톤과 같은 중성분자는 전하를 갖지 않기 때문에 이온권에 의해 둘러싸이지 않는다. 따라서 $\mu \leq 0.1$ M일 때 이들의 활동도계수는 근사적으로 1이다. 즉, 중성분자의 활동도는 그 농도와 같다고 볼 수 있다. H_2와 같은 기체의 활동도는 $a_{H_2} = p_{H_2} \times f_{H_2}$와 같이 표시되고, 이때 p_{H_2}는 atm으로 표시한 수소의 분압이고, 1 atm 또는 그 이하의 압력에서 모든 기체의 활동도계수는 거의 1이다. 따라서 $a_{H_2} = p_{H_2}$로 가정할 수 있다. 기체의 활동도는 퓨가시티(fugacity)라고 하고, 또 활동도계수는 퓨가시티 계수

(fugacity coefficient)라고 부른다.

◑ 평균 활동도계수

A_mB_n 와 같은 이온 화합물의 활동도계수를 평균 활동도계수는 $f_\pm$ 라고 하며 이것은 각 양이온과 음이온의 활동도계수와는 $f_\pm^{m+n} = f_+^m \times f_-^n$ 와 같은 관계가 있다.

예를 들면 $La(NO_3)_3$ 의 $f_\pm$ 는 표 2.1의 μ=0.1 M일 때 La^{3+} 과 NO_3^- 의 활동도계수 로부터 $f_\pm = [(0.18)^1 \times [(0.775)^3]^{1/4}$ =0.54와 같이 계산된다. 그러나 실제로 측정된 값은 0.59이며 계산한 값과의 편차는 약간 큰 편이다. 또 이와 같은 방법으로 μ=0.1인 HCl에 대해서 계산하면 $f_\pm = [(0.83)^1 (0.775)^1]^{1/2}$=0.80이다. 이때는 실제 측정값이 0.796이며 편차는 매우 적다. 따라서 전하수가 큰 경우에는 계산한 값에 편차가 크다는 것을 알 수 있다.

◑ 용해도

난용성 물질도 아주 소량은 물에 용해되고 그 용해도는 온도, 용매, 용액 상태 및 용질의 결정상태에 따라 다르다. 보통 0.01 M보다 적게 녹는 것을 난용성 물질이라고 한다. 난용성의 AgCl을 물에 넣고 저어주면 그 일부는 다음과 같이 이온으로 녹는다. 이때 녹은 이온들은 용매인 물 분자와 반응하여 수화된 이온으로 된다.

$$AgCl(s) \rightleftharpoons Ag^+(aq) + Cl^-(aq) \tag{2.6}$$

AgCl이 물에 녹으면 강력한 전해질과 같이 완전히 해리하는 것이 원칙이지만 그 중에는 AgCl과 반응하여 $AgCl_2^-$, $AgCl_3^{2-}$, $AgCl_4^{3-}$ 과 같은 착이온으로 되어 녹는 것이 있는데 일반적으로 그 양은 대단히 적다. AgCl 결정격자를 구성하고 있는 Ag^+ 와 Cl^- 이온이 물에 녹는다는 것은 이들 이온이 H_2O와 반응하는 수화에너지가 AgCl 의 격자에너지보다 약간 큰 경우에 일어나는 현상이다. 그러나 NaCl 과 같은 염의 경우에는 수화에너지가 대단히 크기 때문에 물에 잘 녹는다.

◑ 용해도에 대한 용매의 영향

일반적으로 극성 화합물인 무기염은 물에서보다 유기용매에 적게 녹는다. 이것은 유기용매 분자가 사염화탄소 또는 벤젠과 같이 무극성이거나 알코올, 이써(ether), 에스터 (ester)와 같이 극성이 약하여 결정격자에 있는 이온과 반응할 때 용매화시킬 능력이 적기 때문이다. KCl과 NaCl의 에탄올에 대한 용해도는 순수한 물에 대한 용해도의 1/1,000 정도이다. 그러나 LiCl은 유기용매에서 비교적 잘 녹는데 이것은 Li$^+$ 이온의 편극능력이 세고 용매화를 잘하기 때문이다. 수용액에서 PbSO$_4$ 침전을 만들 때 에탄 올을 20 % 정도 섞으면 침전의 용해도는 1/10로 줄어든다. 이런 현상은 무게분석에 흔 히 이용되고 있다. 또는 가용성 염을 수용액에서 재결정시키면 수율이 대단히 작으므로 알코올을 섞어서 효율적으로 재결정시킬 수 있다. 이것은 용매화가 적게 되는 동시에 용액의 유전상수가 감소하기 때문이다. 유전상수가 감소하면 이온 사이의 인력이 증가 하여 해리도가 줄고 용해도가 감소한다.

⊃ 용해반응의 평형

난용성염을 물에 녹으면 용액 중에 그 성분이온의 농도가 증가하여 평형상태에 도달 하고, 일정한 농도에 도달하면 포화되어 여분의 고체는 남는다. 이때의 농도가 용해도 이다. 용해반응의 평형반응은 동적 성질을 띠고 있으며, 결정표면에서 성분이온이 떠나 용액으로 들어가고 있으며, 한편 반대로 용액 중의 이온이 결정표면에 석출되기도 한 다. 그러나 결정의 녹는 속도와 이온이 석출되는 속도가 같기 때문에 외관상으로는 아 무런 변화가 없는 것처럼 보인다.

예를 들어 식 (2.6)과 같은 AgCl의 용해반응에 대한 평형은 다음과 같다.

$$K° = \frac{a_{Ag^+} \times a_{Cl^-}}{a_{AgCl}} \tag{2.7}$$

순수한 고체(결정)의 활동도는 $a_{AgCl} = 1$로 규정하므로 $K°_{sp} = a_{Ag^+} \times a_{Cl^-}$와 같이 표 시할 수 있고, 여기에서 $K°_{sp}$를 열역학적 용해도곱 상수라고 하고 일정한 온도에서 항상 일정한 값을 갖고 활동도계수를 사용하면 다음과 같이 표현된다.

$$K°_{sp(AgCl)} = f_+ [Ag^+] f_- [Cl^-] = f_\pm^2 [Ag^+][Cl^-] \tag{2.8}$$

그러나 활동도계수는 구하기가 어렵고 묽은 용액에서는 $f_\pm$가 1에 가까운 값이기 때 문에 편의상 다음과 같이 보통 취급하기 쉬운 평형농도로 표시하는 고전적 평형상수,

$K_{sp} = [Ag^+][Cl^-]$를 사용한다. 그러나 이 값은 이온세기에 따라 다소 변한다.

🡒 분별침전

한 가지 침전제에 의해 두 가지 이온이 모두 난용성 침전을 만들 때 두 이온의 혼합용액에 침전제를 천천히 가하면 용해도가 작은 쪽의 염이 먼저 침전되어 분리된다. 이것을 분별침전이라고 한다. 예를 들면 I^-와 Cl^-의 혼합용액에 $AgNO_3$용액을 가하면 용해도가 작은 AgI 가 먼저 침전되고, 거의 다 침전되었을 때 AgCl이 침전되기 시작한다. AgI 과 AgCl이 녹아서 평형을 이루고 있는 용액을 보면 다음의 평형관계가 동시에 성립할 것이고, 따라서 용액 중의 Cl^-과 I^-의 농도비는 다음과 같다.

$$[Ag^+][I^-] = K_{sp(AgI)} = 8.3 \times 10^{-17}$$

$$[Ag^+][Cl^-] = K_{sp(AgCl)} = 1.80 \times 10^{-10}$$

$$\frac{[Cl^-]}{[I^-]} = \frac{K_{sp(AgCl)}}{K_{sp(AgI)}} = \frac{1.80 \times 10^{-10}}{8.3 \times 10^{-17}} = 2.2 \times 10^6$$

따라서 이들 두 가지 이온의 농도가 0.1 M인 혼합용액에 $AgNO_3$용액을 적가하면 AgI 가 먼저 침전하는데 다음 식이 성립할 때까지 I^-의 농도가 감소하게 된다.

$$\frac{[Cl^-]}{[I^-]} = \frac{0.1}{[I^-]} = 2.2 \times 10^6 \Rightarrow [I^-] = 4.5 \times 10^{-8}$$

따라서 I^-를 먼저 AgI 로 침전시켜 Cl^-로부터 정량적으로 분리할 수 있다.

🡒 용해도에 대한 이온세기의 영향

Cl^-과 Ag^+ 이온이 여러 가지 다른 이온들이 존재하는 용액에서 AgCl 침전이 생성되는 경우에 Ag^+ 와 Cl^-이온이 다른 이온 때문에 활동도에 지장을 받게 되고 활동도가 적어지는 것이 보통이다. 이 관계는 열역학적 용해도곱 관계로 표시할 수 있다.

$$K^\circ_{sp(AgCl)} = a_{Ag^+} \times a_{Cl^-} = f_\pm^2 [Ag^+][Cl^-]$$

$$K_{sp} = [Ag^+][Cl^-] = \frac{K^\circ_{sp}}{f_\pm^2} \tag{2.9}$$

평균 활동도계수 $f_\pm$는 일반적으로 이온세기가 증가할 때 1보다 작아진다. 결과적으로 이온세기가 증가하면 K_{sp}가 커지므로 $AgCl$의 용해도는 증가한다. 순수한 물에서 $AgCl$의 $K_{sp}=1.80\times10^{-10}$ 이고, 묽은 용액에서는 $f_\pm=1$ 이기 때문에 $AgCl$의 용해도 s는 다음과 같이 계산할 수 있다.

$$f_\pm^2 \times s^2 = K_{sp}^o$$

$$s = (K_{sp}^o)^{1/2} = (1.80\times10^{-10})^{1/2} = 1.34\times10^{-5} \text{ M}$$

그러나 0.010 M KNO_3 용액에서는 이온세기가 0.010 M이고 식 (2.5)에 의해 계산한 K^+와 NO_3^- 이온의 활동도계수는 표 2.1에서 0.889이므로,

$$f_\pm^2 = f_+ f_-, \quad f_\pm = (f_+ f_-)^{1/2} = (0.889\times0.889)^{1/2} = 0.889$$

이때 $AgCl$ 용해도는 다음 계산한 값과 같이 순수한 물에서보다 0.010 M KNO_3 용액에서 약 13 % 증가한다.

$$s = \frac{(K_{sp}^o)^{1/2}}{f_\pm} = \frac{(1.80\times10^{-10})^{1/2}}{0.889} = 1.51\times10^{-5}$$

⊃ 공통이온 효과

$AgCl$이 용해평형을 이룬 용액 200.0 mL에 $AgNO_3$ 2.0 mmol을 가하여 Ag^+의 농도를 높이면 $AgCl$의 용해도는 어떻게 변할까?

$$AgCl(s) \rightleftharpoons Ag^+(aq) + Cl^-(aq)$$

처음	0.010	0
변화	$+x$	$+x$
평형	$0.010+x$	x

$$K_{sp} = 1.80\times10^{-10} = [Ag^+][Cl^-] = (0.010+x)x$$

$$x^2 + 0.010x - 1.80\times10^{-10} = 0$$

$$x = 1.8\times10^{-8} \text{ M}$$

이 방정식은 풀기가 까다로워 근사법으로 쉽게 풀 수 있다. 즉, x 는 0.010보다 대단히 작다는 것을 예측할 수 있으므로 $0.010 + x \approx 0.010$ 로 생각할 수 있다.

$$1.80 \times 10^{-10} = (0.010 + x)x \cong 0.010\,x$$

$$x = (1.80 \times 10^{-10})/0.010 = 1.8 \times 10^{-8}\ \text{M}$$

이렇게 하여 얻은 x 값은 0.010보다 대단히 작으므로 근사법 때문에 생기는 오차는 무시할 수 있고, 이차방정식의 답과 같다. 따라서 $AgNO_3$ 를 여분으로 가하면 $AgCl$ 의 용해도는 순수한 물에서의 1.34×10^{-5} M 보다 약 1/750로 감소하였다는 것을 알 수 있다. 이와 같이 어떤 용액에 그 성분이온을 더 가할 때 평형반응이 역반응 쪽으로 더 진행하는 것을 공통이온 효과라고 한다.

⊃ 용해도에 대한 산의 영향

약산의 음이온으로 된 난용성염이 용해평형을 이루고 있는 용액에 산을 약간 가하면 난용성 염의 용해도는 어떻게 변할까?

난용성 염의 용해평형을 쓰면 다음과 같다.

$$\text{MA}(s) \rightleftharpoons \text{M}^+ + \text{A}^- \tag{2.10}$$

이 식에 산(H^+)을 가하면 A^- 이온과 반응하여 $A^- + H^+ = HA$ 와 같은 반응이 일어난다. 따라서 LeChatelier 원리에 의해 난용성염, MA 는 더 녹게 되어 용해도는 증가하게 된다. 이 경우에 MA의 용해도, s 는 다음과 같이 된다.

$$\text{MA 의 } s = [\text{M}^+] = [\text{A}^-] + [\text{HA}] = [\text{A}^-] + \frac{[\text{H}^+][\text{A}^-]}{\text{K}_a} = [\text{A}^-]\left(1 + \frac{[\text{H}^+]}{\text{K}_a}\right)$$

여기에 용해도곱 $\text{K}_{sp} = [\text{M}^+][\text{A}^-]$ 를 대입하여 정리하면 다음과 같다.

$$[\text{M}^+] = \frac{\text{K}_{sp}}{[\text{M}^+]}\left(1 + \frac{[\text{H}^+]}{\text{K}_a}\right)$$

$$s = \sqrt{\text{K}_{sp}\left(1 + \frac{[\text{H}^+]}{\text{K}_a}\right)} \tag{2.11}$$

예제 $PbSO_4$ 의 $K_{sp} = 6.3 \times 10^{-7}$ 이다. $PbSO_4$ 의 용해도를 순수한 물에서 구하고, $[H^+] = 0.10\,M$ 에서 구하라(HSO_4^- 의 $K_2 = 1.2 \times 10^{-2}$).

풀이 순수한 물에서 $PbSO_4$ 의 용해도 s_1 은 다음과 같다.

$$K_{sp} = 6.3 \times 10^{-7} = [Pb^{2+}][SO_4^{2-}]$$

$$s_1 = (6.3 \times 10^{-7})^{1/2} = 2.5 \times 10^{-4}\,M$$

0.10 M 산 용액에서 용해도, s_2는 다음과 같다.

$$s_2 = \sqrt{K_{sp}\left(1 + \frac{[H^+]}{K_2}\right)} = \sqrt{6.3 \times 10^{-7}\left(1 + \frac{0.10}{1.2 \times 10^{-2}}\right)} = 2.4 \times 10^{-3}\,M$$

따라서 0.10 M 산용액에서 약 10배 정도 더 녹는다. 이것은 $SO_4^{2-} + H^+ = HSO_4^-$ 와 같은 반응이 같이 일어나기 때문이다. 일반적으로 탄산염, 황화물, 옥살산염과 같은 약한 산의 염은 이와 같은 이유 때문에 산 용액에서 더 녹는다.

예제 산의 농도가 $[H^+] = 1.00 \times 10^{-3}\,M$인 용액에서 CaC_2O_4의 용해도를 계산하라.

풀이 CaC_2O_4 의 $K_{sp} = 1.5 \times 10^{-8}$이다. 옥살산은 약한 산이므로 다음과 같은 평형들이 성립한다.

$$H_2C_2O_4 \rightleftharpoons H^+ + HC_2O_4^- \qquad K_1 = \frac{[H^+][HC_2O_4^-]}{[H_2C_2O_4]} = 6.5 \times 10^{-2}$$

$$HC_2O_4^- \rightleftharpoons H^+ + C_2O_4^{2-} \qquad K_2 = \frac{[H^+][C_2O_4^{2-}]}{[HC_2O_4^-]} = 6.1 \times 10^{-5}$$

따라서 $K_1 \times K_2 = \dfrac{[H^+][C_2O_4^{2-}]}{[H_2C_2O_4]} = 4.0 \times 10^{-6}$

질량보존의 법칙에 따라 CaC_2O_4 의 용해도 s 는 다음과 같다.

$$s = [Ca^{2+}] = [H_2C_2O_4] + [HC_2O_4^-] + [C_2O_4^{2-}]$$

여기에 옥살산의 K_1 과 K_2 를 대입하여 정리하면,

$$s = [Ca^{2+}] = \frac{[H^+]^2[C_2O_4^{2-}]}{K_1K_2} + \frac{[H^+][C_2O_4^{2-}]}{K_2} + [C_2O_4^{2-}]$$

$$= [C_2O_4^{2-}](\frac{[H^+]^2}{K_1K_2} + \frac{[H^+]}{K_2} + 1)$$

여기에 CaC_2O_4 의 용해반응에 대한 용해도곱 $K_{sp} = [Ca^{2+}][C_2O_4^{2-}]$ 을 대입하면,

$$s = [Ca^{2+}] = \frac{K_{sp}}{[Ca^{2+}]}(\frac{[H^+]^2}{K_1K_2} + \frac{[H^+]}{K_2} + 1)$$

$$\therefore \; s = K_{sp}^{1/2}(\frac{[H^+]^2}{K_1K_2} + \frac{[H^+]}{K_2} + 1)^{1/2}$$

여기에 $[H^+] = 1.00 \times 10^{-3}$, $K_1 = 6.5 \times 10^{-2}$, $K_2 = 6.1 \times 10^{-5}$, $K_{sp} = 1.5 \times 10^{-8}$ 을 대입하여 계산하면,

$$s = (1.5 \times 10^{-8})^{1/2}(\frac{(1.00 \times 10^{-3})^2}{6.5 \times 10^{-2} \times 6.1 \times 10^{-5}} + \frac{1.00 \times 10^{-3}}{6.1 \times 10^{-5}} + 1)^{1/2}$$

$$= 5.1 \times 10^{-4} \; M$$

예제 Pb^{2+} 과 Tl^+ 의 0.10 M 혼합용액에 H_2S 를 통하여 두 가지 이온을 분리시킬 수 있는 수소이온 농도를 계산하라.

풀이

$$PbS(s) \rightleftharpoons Pb^{2+} + S^{2-} \qquad K_{sp} = [Pb^{2+}][S^{2-}] = 3 \times 10^{-28}$$

$$Tl_2S(s) \rightleftharpoons 2Tl^+ + S^{2-} \qquad K_{sp} = [Tl^+]^2[S^{2-}] = 6 \times 10^{-22}$$

K_{sp} 값으로 보아 PbS 의 용해도가 작으므로 PbS 가 먼저 침전된다. 따라서 Tl^+ 의 농도는 변하지 않고 정량적인 분리라고 볼 수 있는 농도인 10^{-6} M 로 Pb^{2+} 농도를 감소시킨 경우에는 다음 관계가 성립할 것이다.

PbS 의 용해도곱, $10^{-6}[S^{2-}] = 3 \times 10^{-28}$ $\qquad [S^{2-}] = 3 \times 10^{-22}$

Tl_2S 의 용해도곱, $(0.1)^2[S^{2-}] = 6 \times 10^{-22}$ $\qquad [S^{2-}] = 6 \times 10^{-20}$

따라서 $[S^{2-}]$ 을 $3 \times 10^{-22} \sim 6 \times 10^{-20}$ M 범위로 유지하도록 하면 목적을 달성할 수 있을 것이다. H_2S 의 해리상수 K_1 와 K_2 는 다음과 같다.

$$K_1 = \frac{[H^+][HS^-]}{[H_2S]} = 9.5 \times 10^{-8}$$

$$K_2 = \frac{[H^+][S^{2-}]}{[HS^-]} = 1.2 \times 10^{-15}$$

$$K_1K_2 = \frac{[H^+]^2[S^{2-}]}{[H_2S]} = 1.1 \times 10^{-22}$$

H_2S 의 포화용액의 농도는 대략 0.10 M이다. 그러므로

$$\frac{[H^+]^2[S^{2-}]}{0.10} = 1.1 \times 10^{-22}$$

$$[S^{2-}] = \frac{1.1 \times 10^{-22}}{[H^+]^2}$$

따라서 $[S^{2-}] = 3 \times 10^{-22}$ M인 경우에는 $[H^+] = 0.6$ M이고, $[S^{2-}] = 6 \times 10^{-20}$ M일 때에는 $[H^+] = 0.04$ M이다. 따라서 수소이온의 농도를 0.04~0.6 M 사이로 유지하면 이론적으로 두 물질을 분리할 수 있다.

⊃ 용해도에 대한 착화제의 영향

침전이 용해되어 생성된 양이온과 반응하여 착이온을 만들 수 있는 착화제(배위자)가 녹아있는 용액에서는 침전의 용해도가 크게 증가한다. 예로써 AgCl이 용해되어 생긴 Ag^+ 과 반응하여 착이온을 만들 수 있는 NH_3 용액을 가하면 다음과 같은 반응이 일어나므로 AgCl은 더 녹게 된다.

$$Ag^+ + 2NH_3 \rightleftharpoons Ag(NH_3)_2^+ \tag{2.12}$$

또 암모니아-암모늄 염기성 용액에서 Fe^{3+}, Al^{3+}, 및 Tl^+ 은 수산화물 침전을 생성하지만 전이원소인 Mn^{2+}, Cu^{2+}, Ni^{2+}, Co^{2+}, Cd^{2+}, Zn^{2+} 등은 수산화물이 침전되지 않는다. 그 이유는 이들 전이원소들의 아민 착이온이 생성되기 때문이다. 침전제를 과량으로 가하면 공통이온 효과에 의해 용해도가 감소되지만 그 반대로 침전의 용해도를 증가시키는 경우도 있다. 이것은 가용성 착염이 생성되기 때문이다. 예를 들면 AgCl을 침전시킬 때 과량으로 들어가는 Cl^- 이온은 침전과 반응하여 $AgCl_2^-$, $AgCl_3^{2-}$, $AgCl_4^{3-}$와 같은 착이온을 만들기 때문에 AgCl의 용해도는 증가하게 된다. 이때 주로 생기는 착이온의 형태는 Cl^- 의 농도에 따라 다르다.

예제 0.10 M NH_3 용액에서 $AgCl$의 용해도를 구하라.

풀이 이 용액에서도 다음과 같은 평형이 성립한다.

$$AgCl(s) \rightleftharpoons Ag^+ + Cl^- \qquad K_{sp} = 1.80 \times 10^{-10} \qquad (1)$$

$$Ag^+ + NH_3 \rightleftharpoons AgNH_3^+ \qquad K_1 = 2.0 \times 10^3 \qquad (2)$$

$$AgNH_3^+ + NH_3 \rightleftharpoons Ag(NH_3)_2^+ \qquad K_2 = 6.9 \times 10^3 \qquad (3)$$

질량보존의 법칙에 의해 $AgCl$의 용해도, s는 다음과 같다.

$$s = [Cl^-] = [Ag^+] + [AgNH_3^+] + [Ag(NH_3)_2^+] \qquad (4)$$

$[NH_3]$는 유리 암모니아이고 $[AgNH_3^+]$와 $2[Ag(NH_3)_2^+]$는 양이온과 착화된 암모니아의 농도이고, $[NH_4^+]$는 가수분해 된 암모니아의 농도라면 NH_3의 전체 농도는,

$$0.10 M = [NH_3] + [AgNH_3^+] + 2[Ag(NH_3^+)] + [NH_4^+] \qquad (5)$$

(2)와 (3)식에서 $[Ag(NH_3)_2^+] \gg [AgNH_3^+] \gg [Ag^+]$를 알 수 있으므로 식 (4)에서,

$$[Cl^-] \approx [Ag(NH_3)_2^+] \qquad (6)$$

식 (5)와 (6)에서

$$[NH_3] = 0.10 - 2[Ag(NH_3)_2^+] = 0.10 - 2[Cl^-] \qquad (7)$$

식 (2)와 (3)에서

$$K_1 K_2 = \frac{[Ag(NH_3)_2^+]}{[Ag^+][NH_3]^2} = 1.4 \times 10^7 \qquad (8)$$

이 식에 식 (6)과 (7)을 대입하고, 다시 식 (1)에서 얻은 $[Ag^+] = K_{sp}/[Cl^-]$를 대입하여 정리하면,

$$\frac{[Cl^-]}{(1.80 \times 10^{-10}/[Cl^-])(0.1 - 2[Cl^-])^2} = 1.4 \times 10^7$$

이를 정리하여 용해도, s를 계산한다.

$$[Cl^-]^2 + 1.0 \times 10^{-3}[Cl^-] - 2.5 \times 10^{-5} = 0$$

$$s = [Cl^-] = 4.5 \times 10^{-3} M$$

이와 같은 용해도는 순수한 물에서의 용해도, 1.34×10^{-5} M보다 대략 340배 정도 증가된 것이다.

2.2 무게분석의 일반원리

무게분석은 일반적으로 일정량의 시료용액에 적당한 침전제를 가해 분석하고자 하는 성분을 선택적으로 불용성 침전을 만들고, 이 침전을 분리하여 건조하거나 강열(ignition)하여 일정한 형태의 화학식을 갖는 순수한 물질로 변화시켜 그 무게를 달아 시료 중에 포함된 분석성분의 함량을 계산하는 분석방법이다.

이 방법은 시료 중 분석성분의 양이 많은 경우에 가장 정확하고, 정밀한 정량분석법 중의 하나이며 성공적 분석을 위해서는 다음과 같은 조건이 충족되어야 한다.

(1) 분석물질은 완전히 침전되어야 하고, 침전의 용해도는 충분히 낮고, 용해도에 의한 손실은 무시될 정도이어야 한다. 공통이온효과에 의해 침전의 용해도를 줄이기 위해서 침전제를 과량 가한다.

(2) 침전은 건조하거나 강열하면 일정한 화학식을 갖는 화합물로 변하여야 하고, 이것의 무게로부터 분석성분의 함량을 계산할 수 있어야 한다.

(3) 침전은 순수하고 거르기 쉬워야 한다. 항상 불순물이 포함되지 않은 침전을 얻기는 매우 어렵다.

⊃ 침전 메카니즘

침전에서 첫째 단계는 핵이라 부르는 아주 작은 침전입자를 생성하는 것이고 이들 입자의 생성과정을 핵형성이라 부른다. 핵형성이 일어난 다음에 아주 작은 핵은 성장하여 상대적으로 큰 침전입자로 된다.

침전제가 용액에 혼합된 다음 핵이 형성되기 전에 어떤 유도기간을 거치며 유도기간은 침전의 종류에 따라 다르다. $AgCl$과 같은 침전은 유도기간이 매우 짧지만 매우 묽은 용액에서 $BaSO_4$가 침전될 때에는 유도기간이 몇 분 정도로 길다. 그러나 대부분의 경우는 침전제가 혼합되자마자 곧 거의 자발적으로 핵형성이 일어난다. 우선 핵형성이 폭발적으로 일어난 후에 핵이 큰 입자로 성장하는 것은 더 많은 핵이 생성되는 것보다 더 쉽다. 용액에서 양이온과 음이온의 작은 입자들이 서로 충돌하고 화학결합하여 그들의 표면에 달라붙는다. 이로 인해 결정격자가 3차원적으로 성장하는 결과를 가져온다.

침전되는 동안 침전은 항상 그들 표면에 약간의 이온을 흡착한다. 흡착되는 이온은 격자의 양이온과 음이온 중에서 어느 것이 침전표면에 과량으로 존재하는가에 달려 있다. 예를 들면 과량의 NaCl 용액에 $AgNO_3$ 용액을 천천히 가하여 AgCl 로 침전시킬 때 Cl^- 이온이 침전표면에 흡착될 것이다. 그리고 침전입자의 성장이 계속되기 위해 더 많은 Ag^+ 이온이 도달하기를 기다릴 것이다. 여기에서 흡착된 이온, Cl^- 은 제1흡착이온(primary adsorbed ion)이라 부른다. 물론 용액에 존재하는 다른 이온의 한 가지(이 예에서 NO_3^- 또는 Na^+)가 흡착될 가능성이 있으나 일반적으로 과량으로 존재하는 격자이온이 흡착되는 것이 아주 지배적이다. 제1흡착 때문에 침전표면은 과량으로 존재하는 격자이온이 양이온이냐 음이온이냐에 따라서 (+) 또는 (−) 전하를 띠게 된다. 이때 침전이 가지는 전하균형을 맞추기 위해서 침전입자 주위에 있는 반대전하의 이온이 침전입자에 의해 끌린다. 이들 끌리는 이온을 반대이온(counter ion)이라 부르고, 이 이온은 제1흡착이온보다는 덜 단단하게 흡착된다. 물론 반대이온층 주위의 용액에는 반대이온과 함께 가한 약간의 다른 양이온이나 음이온이 존재할 것이다.

흡착이온의 전기적 이중층 즉, 제1흡착 이온은 침전격자의 바깥표면에, 그리고 반대이온이 용액 층에서 침전입자 주위에 흡착되는 현상을 가지는 경향이 있음을 알게 되었다. 제1흡착이온은 침전의 화학식 옆에 두 개의 수직 점 다음에 표시한다. 이 두 개의 수직 점은 침전의 표면에 전자쌍이 공유됨을 표시한다. 할로겐화은(AgX)이 침전할 때 두 가지 경우가 가능하다.

Ag^+ 이온이 과량인 경우 $\qquad$ $AgX : Ag^+$

X^- 이온이 과량인 경우 $\qquad$ $XAg : X^-$

첫 번째 경우는 과량의 Ag^+ 이온이 침전격자의 할로겐에 의해 끌리고, 두 번째 경우는 과량의 X^- 이온이 격자의 은에 의해 끌린다. 또한, 침전의 전기이중층은 가해진 반대이온으로 앞에서처럼 표시할 수 있다. 이때는 2개 또는 5개의 점으로 반대이온을 제1흡착이온으로부터 분리하여 나타내며 5개의 점은 아주 작은 콜로이드성의 침전에서처럼 매우 확산되는 것을 의미하고, 두 개의 점은 응결된 침전에서처럼 반대이온층이 제1흡착 이온층에 더 접근함을 나타낸다.

AgX 침전에서 NO_3^- 반대이온 $\qquad$ $AgX : Ag^+ \cdot\cdot NO_3^-$

$$\text{AgX 콜로이드 침전에서 멀리 떨어진 반대이온} \quad \text{AgX} : \text{Ag}^+ \cdots \text{NO}_3^-$$

만약 반대이온으로 작용할 수 있는 이온이 두 가지 이상 존재한다면 이때는 가용성이 가장 큰 화합물을 형성하는 이온이 제1흡착 이온에 더 강하게 끌려 반대이온이 될 것이다. 예를 들면 AgCl 이 침전될 때 NO_3^- 과 ClO_4^- 가 함께 존재한다면 $AgNO_3$ 의 용해도가 $AgClO_4$ 보다 약 5배 정도 크므로 NO_3^- 가 반대이온이 된다.

⊃ 침전의 조건

무게분석을 잘 하기 위해서는 침전이 완전한 결정이어야 하고, 씻고 거르기가 쉽게 입자가 충분히 커야 한다. 또 침전에는 불순물이 없어야 하고 불순물이 흡착되지 못하도록 최소의 표면적을 가져야 하며 침전은 충분히 불용성이어서 용해도에 의한 손실은 무시될 정도이어야 한다.

• 침전의 형태

분석침전의 세 가지 형태는 응결침전, 젤라틴 형태의 침전 및 결정성 침전이다. 이 중에서 응결 또는 젤라틴 침전은 둘 다 같은 방법으로 형성되며 양이온과 음이온이 반응하여 가용성 콜로이드를 형성한다. 그런 다음 거르기 쉬운 크기의 입자로 성장(응결)한다. 그러나 결정성 침전은 처음에는 작고 불완전한 결정이 생긴 후에 이것이 순수하고 큰 결정으로 성장한다.

가장 일반적인 응결침전은 할로겐화은의 침전으로 이것은 초기에는 침전되기에 충분하지 않은 콜로이드성의 입자로 침전된다.

예를 들면 NaCl 에 과량의 $AgNO_3$ 을 가해 침전시키는 경우로서 첫 단계는 콜로이드성의 염화은이 형성된다.

$$Cl^- + 2AgNO_3 \rightarrow AgCl : Ag^+ \cdots NO_3^- \text{ (콜로이드질)}$$

$$\updownarrow$$

$$AgCl : Ag^+$$

여기에서 NO_3^- 이온은 Ag^+ 을 중화시키기에 너무 멀리 떨어져 있으므로 다른 Ag^+ 이온이 서로 반발하게 되므로 콜로이드로 남게 된다. 따라서 이런 때에는 큰 침전을 만들기 위해 가열하는 과정이 필요하다.

젤라틴 침전의 가장 좋은 예로는 $Fe(OH)_3$와 같은 것으로 이런 침전은 초기에 콜로이드 상태를 형성하므로 이들 입자의 성장을 위해서는 가열할 필요가 있다. 이 침전은 응결침전보다 불순물과 용매인 물 분자도 더 많이 포함하게 된다.

결정성 침전의 좋은 예는 $BaSO_4$와 같은 알칼리토류 금속의 황산화물 침전이다. 이들은 규칙적인 모양으로써 불연속입자로 침전된다. 예로써 만약 SO_4^{2-}에 과량의 $BaCl_2$용액을 가하여 침전시키면 처음에는 작고 불완전한 결정이 형성될 것이다.

$$n\,SO_4^{2-} + 2n\,BaCl_2 \rightarrow n\,BaSO_4 : Ba^{2+}\cdot\cdot 2\,Cl^-(s)$$

여기에서 반대이온, Cl^-이온은 Ba^{2+}이온 사이의 반발을 억제하기 위해서 제1흡착된 Ba^{2+}이온에 아주 가깝게 접근하므로 이들은 함께 뭉쳐지고 침전될 수 있다. 그러나 이들 결정은 순수하지 않고 효과적으로 거르기에는 너무 작기 때문에 크고 순수한 결정을 얻기 위해서 가열한다.

$$x\,[BaSO_4 : Ba^{2+}\cdot\cdot 2\,Cl^-(s)] \rightarrow x\,BaSO_4 : Ba^{2+}\cdot\cdot 2\,Cl^-(s)$$
작은 결정   가열   큰 결정

⊃ 침전입자의 크기

용해도 평형을 이룬 상태보다 용질을 더 많이 포함한 용액을 과포화되었다고 한다. 이때 상대과포화도(relative supersaturation)는 다음과 같다.

$$상대과포화도 = \frac{Q-S}{S} \tag{2.13}$$

이 식에서 Q는 침전이 일어나기 바로 직전의 실제로 존재하는 용질의 몰농도이며, S는 침전이 생긴 후 포화용액에서의 평형농도로 침전의 몰 용해도이다. 용해된 물질이 많을수록 과포화도, $(Q-S)$는 크다.

Von Weimarn은 침전입자의 크기는 침전하는 동안 용액의 상대과포화도에 반비례한다는 사실을 발견하였다.[2] 침전의 핵형성과 입자성장의 속도는 상대과포화도와 다음과 같은 관계가 있다.

---

[2] P. P. Von Weimarn, *Chem. Rev.*, **1925**, 2, 267.

$$\text{침전의 핵형성 속도} = k_1(\frac{Q-S}{S})^n \qquad\qquad (2.14)$$

$$\text{침전입자의 성장속도} = k_2(\frac{Q-S}{S}) \qquad\qquad (2.15)$$

여기서 $k_1 \gg k_2$ 관계가 있으며 n은 약 4정도이다. 따라서 침전의 핵형성 속도는 입자 성장속도보다도 상대과포화도에 더 크게 의존한다. 따라서 과포화도가 높은 용액에서는 핵형성이 입자성장보다 빠르게 진행되므로 매우 미세한 입자 또는 조대(粗大)한 콜로이드성의 현탁액이 된다. 그러나 과포화도가 낮은 용액에서는 핵형성이 빠르지 않으므로 핵이 더 크고 거르기 쉬운 입자로 성장할 기회를 갖는다.

상대과포화도를 줄여 입자를 성장시키기 위해 다음 몇 가지 방법이 이용된다.

- **묽은 용액을 섞는 방법** : 일반적으로 침전의 용해도 S 는 대단히 작다. 따라서 Q 가 작아야 상대과포화도가 작은 값을 가지게 되므로 큰 침전을 얻을 수 있다. 따라서 Q 를 작게 하기 위해서 묽은 용액을 섞어야 한다.

- **효과적으로 저어주면서 침전제를 천천히 가하는 방법** : 침전제를 천천히 가하면 과포화도, Q 는 낮게 유지되어 상대과포화도는 낮아진다. 또 잘 저어주면서 침전시켜 침전제의 국부적 농도편극을 피할 수 있다.

- **높은 온도에서 침전시키는 방법** : 침전은 보통 높은 온도에서 용해도 S 가 커진다. 따라서 시료와 침전제 용액을 각각 가열하여 섞으면 상대과포화도가 작은 상태에서 침전하게 되고 큰 침전입자를 얻을 수 있다.

- **pH를 조절하는 방법** : 일반적으로 침전은 중성 또는 염기성에서보다 산성 용액에서 더 잘 녹기 때문에 용해도가 크다. 특히 침전이 약한 산의 염인 경우에는 이 현상이 현저하다. 이런 경우에는 산성 용액에서 두 용액을 섞은 다음에 천천히 염기를 가하여 pH를 높여서 침전을 만드는데 가급적 낮은 pH 상태에서 침전을 생성시키도록 하면 S 가 커지고, 따라서 상대과포화도가 작아지므로 큰 입자의 침전을 얻을 수 있다.

- **균일침전법** : 옥살산칼슘을 침전시킬 때 칼슘과 옥살산의 산성 용액에 암모니아수를 가하는 대신 이 용액에 요소(urea)를 미리 가한 후에 가열하면 요소는 다음과 같이

표 2.2 균일침전을 위해 사용되는 몇 가지 시약

침전되는 이온	가수분해 시약	화학식
$C_2O_4^{2-}$	Diethyloxalate	$(C_2H_5)_2C_2O_4$
PO_4^{3-}	Trimethylphosphate	$(CH_3)_3PO_4$
SO_4^{2-}	Sulfamic acid	NH_4SO_3H
S^{2-}	Thioacetamide	CH_3CSNH_2
$Oxinate^-$	8-Hydroxyquinoline	

천천히 가수분해 되어 용액은 산성에서 균일하게 염기성으로 변하게 된다.

$$H_2N - \overset{\overset{\displaystyle O}{\|}}{C} - NH_2 + 3H_2O \rightarrow CO_2 + 2NH_4^+ + 2OH^-$$

이렇게 하면 용액의 모든 부분에서 균일하게 염기성으로 변하게 되므로 부분적으로 큰 과포화상태가 생겨서 결정핵이 많이 생기는 현상을 피할 수 있고 입자가 큰 옥살산 칼슘의 침전을 얻을 수 있다. 이 외에도 알루미늄, 크롬 또는 철 등의 이온 용액에 암모니아수를 가하여 얻은 수산화물 침전은 보통은 대단히 거르기 힘든 콜로이드 침전이 되는데 이 경우에도 산성 시료용액에 요소를 용해하여 천천히 가열하면 좋은 침전을 얻을 수 있다.

표 2.2에 몇 가지 균일침전법에 관한 예를 나타내었다.

• **침전의 삭임** : 삭임(digestion)이란 침전된 용액을 가열하는 것이다. 침전의 삭임은 응결침전 또는 젤라틴 침전의 경우보다 결정질 침전의 경우에 더 영향을 준다. 결정성 침전은 익히는 동안 작은 침전이 거르기 좋은 큰 침전으로 성장한다. 익힐 때 작은 침전은 녹아서 큰 침전으로 다시 재침전 되어 더 완전히 결정을 형성한다. 이 과정에서 불순물은 용액으로 녹게 되므로 순수한 침전을 얻을 수 있다.

응결침전은 작은 결정질 침전보다 더 큰 콜로이드를 더 형성하기 때문에 결정성 침전보다 불용성이다. 콜로이드의 입자크기는 1~100 nm로 이런 침전은 너무 작아서 외형적으로는 용해되는 것으로 보인다. 그러나 실제는 서스펜션(suspension)을 형성하고 보통의 거르개를 빠져나간다. 또 콜로이드질의 서스펜션은 빛을 산란시킨다. 실온에서 $AgCl: Ag^+ \cdots NO_3^-$와 같은 콜로이드 침전은 질산 반대이온이 Ag^+ 전하간의 반발을 감소시키기에는 너무 멀리 떨어져 있기 때문에 각각 서로 뭉치지 않는다. 끓는점 바로 아래에서 익히면 응결이 일어날 수 있다. 즉, 가열하면 Ag^+ 이온 사이의 반발을 감소시키고 제1이온과 반대이온 층을 효과적으로 가까워지게 하는데 에너지를 공급하는 결과를 가져온다. 과량의 $AgNO_3$에서 $AgCl$ 콜로이드 침전을 익히면 다음 같이 되어 콜로이드 입자간의 반발이 줄어들고, 침전은 커진다.

$$ClAgCl: Ag^+ \cdots NO_3^- \qquad\qquad -ClAgCl: Ag^+ \cdot\cdot NO_3^-$$

$$AgCl: Ag \updownarrow \qquad \rightarrow \qquad AgCl: Ag$$

$$ClAgCl: Ag^+ \cdots NO_3^- \qquad\qquad ClAgCl: Ag^+ \cdot\cdot NO_3^-$$
$$\qquad\qquad\qquad\qquad\qquad\qquad\qquad\qquad |$$

반발력(화살표)으로   응결됨
콜로이드질 서스펜션

⊃ 침전의 불순물

공침(coprecipitation)이란 용해도가 크기 때문에 정상적으로는 침전되지 않고 용액에 녹아 있어야 할 물질이 침전에 묻어 함께 가라앉는 현상을 말한다. 황산포타슘 용액에 염화바륨 용액을 가하면 황산바륨이 침전되는 동시에 용해도가 큰 황산포타슘도 약간은 함께 공침되고, 이것은 씻어도 완전히 제거하기 어렵다. 공침 현상이 일어나는 과정은 침전표면에 불순물이 흡착하는 표면흡착과 결정이 성장하는 중에 불순물이 결정격자 속에 들어가는 내포 현상으로 나눌 수 있고 이들은 무게분석에서 중요한 오차의 원인이 된다.

표면흡착은 염화이온 용액에 질산은 용액을 과량으로 가해서 염화은 침전을 만들면 용액에 남은 은 이온이 흡착되어 씻어도 잘 제거되지 않는데, 이 침전을 익히거나 묵히면 흡착이온은 현저하게 줄어든다. 이것은 침전을 익히고 묵히면 침전의 전체 표면적을 대단히 감소시키기 때문이다. 묵힘(aging)은 침전된 상태로 방치하는 것을 말한다. 따라서 침전시킨 다음 즉시 거르는 것보다는 얼마동안 묵히고 익힌 후에 거르도록 해야 한다. 표면흡착 현상은 농도변화 이외의 다른 조건이 같으면 농도가 진할수록 많아진

다. 이 때문에 시료용액에 불순물이 많이 포함된 용액에서는 반드시 적당히 묽힌 다음에 침전제를 가하도록 하여야 한다. 또 묽히면 상대과포화도도 감소하여 침전입자도 커지게 된다. 용액에 흡착될 이온이 두 가지 이상 존재할 때 이들 중에서 결정격자 이온의 하나가 더 세게 흡착된다. 이것은 격자이온이 침전과 결합하여 용해도가 더 작은 화합물을 만들 수 있기 때문이다. 그리고 흡착되는 이온 중에서 전하수가 큰 이온일수록 더 잘 표면 흡착된다. 예를 들면 알루미늄이나 철의 수산화물 침전에는 염화이온이나 질산이온보다 황산이온이 더 세게 흡착된다. 이것은 흡착이 정전기적 인력에 의하여 이루어진다는 사실로부터 이해할 수 있다.

후침전은 표면흡착에 의하여 일어나는 공침의 다른 한 가지 형식이다. 이 경우에 불순물의 흡착은 침전이 생기는 동시에 또는 직후에 일어나는 것이 아니고, 일단 침전이 생긴 후 침전을 모액과 함께 묵히든지 익히는 동안에 점점 많은 불순물의 흡착이 일어나는 현상을 말한다. 옥살산이온을 침전제로 사용하여 칼슘과 마그네슘을 분리하는 경우를 생각해 보자. 옥살산칼슘은 비교적 난용성이기 때문에 먼저 침전하지만 침전되는 속도가 느리므로 완전히 정량적으로 침전시키기 위해 얼마 동안 묵힌 다음에 침전을 거르도록 한다.

옥살산마그네슘은 용해도가 훨씬 크고 또 과포화용액에서도 침전의 생성속도가 대단히 느리기 때문에 칼슘이 없고 마그네슘만 있을 때에는 같은 조건에서 옥살산마그네슘의 침전은 생기지 않는다. 그러나 칼슘이온이 같이 있을 때는 소량의 마그네슘도 옥살산칼슘이 침전되는 동시에 같이 침전되고, 이 침전을 모액과 같이 묵히면 공침되는 마그네슘의 양이 점점 증가한다. 마그네슘이온의 이러한 후침전을 다음과 같이 설명할 수 있다. 침전을 포함하는 용액에는 옥살산이온이 많이 남아있고, 따라서 침전의 표면에 그 성분이온인 옥살산이온이 많이 흡착된다. 이 결과 침전의 표면에서 옥살산이온의 농도는 부분적으로 대단히 진한 상태에 있게 된다. 따라서 침전표면에서는 옥살산이온과 마그네슘이온의 이온곱 값이 그 용해도곱보다 훨씬 크고, 따라서 침전표면에서 옥살산마그네슘이 석출하기 시작하여 마그네슘이온의 후침전이 촉진된다.

동형치환(isomorphous replacement)은 기하학적으로 같은 결정의 형태를 갖는 화학식의 화합물을 이질동형이라고 한다. 이질동형 화합물의 격자차원이 거의 같을 때 결정에서 한 화합물은 다른 것으로 치환될 수 있다. 이 결과 결정 혼합물을 생성한다. 예를 들면 $MgNH_4PO_4$와 $MgKPO_4$는 이질동형이다. K^+와 NH_4^+의 이온반경은 실질적으로 같다. Mg^{2+}가 $MgNH_4PO_4$로 침전될 때 침전에 K^+이온이 NH_4^+의 위치에 치환된다. 그리하여 $MgKPO_4$에 대한 용해도곱이 커서 용해도가 클지라도 약간의 $MgKPO_4$을 포함하는 침전이 생긴다. 따라서 $MgNH_4PO_4$와 $MgKPO_4$을 가열할 때 각각 분자량이 다른 화합물을 만들므로 마그네슘의 무게분석에서 오차의 원인이 된다. 동형치환에 의한 공침으로 인해 파생되는 오차는 일반적으로 매우 심각하다. 더구나 침전하기 전에 방해하는 이온을 제거하지 않고 이런 오차를 피하기는 아주 어렵다. 다행스럽게도 분석침전에서 동형치환의 경우는 아주 적다.

내포(occlusion)는 결정의 성장과정 중 다른 이온이 그 표면에 흡착될 수 있는데 이렇게 흡착된 불순이온은 결정이 성장할 때 결정의 성분이온과 치환되어 제거되는 것이 보통이나 그중 일부는 결정격자에 자리를 잡고 빨리 성장하는 결정 속에 묻히게 된다. 이 결과 이 자리에는 비정상적 결정격자가 생기고 불안정하다. 그러나 이 내포된 이온을 씻어 제거할 수 없다. 또 이온뿐만 아니라 용매가 내포되는 수도 있고, 이렇게 내포된 수분은 말려도 쉽게 제거되지 않는다. $BaSO_4$ 침전에는 100 ℃에서 충분히 말려도 제거되지 않는 수분이 내포되는 수가 있다. 내포의 첫 단계에는 역시 표면흡착이 일어나며 흡착력이 센 물질일수록 내포되기 쉽다. 그러나 내포에서 중요한 구실을 하는 것은 공침되는 이온의 크기와 전하수이고, 그 크기와 전하수가 결정의 격자이온과 비슷한 이온일수록 쉽게 또 안전하게 내포된다. 예로써 라듐이온은 칼슘이온보다 황산바륨에 세게 내포되는데 이것은 라듐이온의 크기가 칼슘이온보다 바륨이온과 더 비슷하기 때문이다. 내포된 불순물을 제거할 때 씻는 것은 별로 효과적인 방법이 못되고 침전을 깨끗한 용매에 녹여 재침전을 반복하는 방법이 효과적이다. 또, 침전에 내포된 불순물은 모액과 같이 높은 온도에서 익히면 점점 줄게 된다. 다른 종류의 이온을 내포한 결정의 격자는 불안정하여 쉽게 파괴되어 녹고 그 대신 순수한 결정이 성장하기 때문이다.

시약을 가하는 순서와 공침현상에 따른 예로써 $BaCl_2$ 용액에 Na_2SO_4 용액을 천천히 가하여 $BaSO_4$ 침전을 만드는 경우에 $BaSO_4$ 결정은 Ba^{2+} 이온이 많이 있는 용액 중에서 생성 또는 성장하고, 따라서 결정의 표면에는 결정의 성분이온인 Ba^{2+} 이온이 많이 흡착되고 이것을 중화시키기 위하여 이 결정표면에는 같은 양의 Cl^-과 같은 음이온이 붙어 있게 마련이다. 그리고 결정이 빠르게 성장하는 경우에는 Cl^-이 SO_4^{2-} 이온으로 완전히 치환될 시간적 여유가 없기 때문에 Cl^-과 같은 음이온이 내포되는 양이 많아진다. 반면에 Na_2SO_4 용액에 $BaCl_2$ 용액을 천천히 가하는 경우에는 $BaSO_4$ 결정

표면에 SO_4^{2-} 이온이 세게 그리고 많이 흡착되기 때문에 Cl^-와 같은 음이온보다 Na^+와 같은 양이온이 불순물로서 흡착되어 내포된다.

모으기(gathering)는 지금까지 공침이 주는 오차 즉, 해로운 점에 대해 논의했다. 그러나 공침 현상도 이롭게 사용될 수 있는 경우가 있음이 알려졌다. 침전제를 가해도 침전되지 못하는 경우 즉, 분석할 침전의 용해도곱 값이 커서 이온으로 녹아 있고, 또 그 이온이 낮은 농도로 존재할 때 이 이온을 침전시키기 원할 때를 생각하자. 이러한 경우 이 이온을 용액으로부터 많은 양의 다른 침전에 정량적으로 공침시킬 수 있다. 이처럼 미량이온을 공침에 의해 침전시키는 것을 모으기라고 한다. 예를 들면 소변으로부터 미량의 납을 분리하여 정량하는 방법이 모으기를 이용하는 예이다.[3] 이때는 먼저 칼슘염과 인산염 용액을 소변시료에 가하여 인산칼슘 침전을 만든다. 인산납은 용해도곱이 커서 단독으로 존재할 때에는 인산납으로 침전되지 않지만 인산칼슘이 침전될 때에는 납 이온이 용액으로부터 공침되기 때문에 납 이온은 모아진다.

이렇게 하여 얻은 침전을 걸러서 분리하고 침전을 적은 양의 수용성 산에 녹인다. 그리고 분광광도법 등으로 납을 정량분석한다.

⊃ 콜로이드성의 침전과 졸의 파괴

콜로이드에는 친수성 콜로이드(gel)와 소수성 콜로이드(sol)가 있다. 친수성 콜로이드 입자는 용매인 물에서 탈수시켜 분리하기가 어렵다. 콜로이드 상태는 안정성이 크고 젤리모양이다. 단백질이나 젤라틴처럼 큰 분자의 유기물은 주로 친수성 콜로이드를 만든다. 소수성 콜로이드 입자는 전해질 같은 것을 가하면 비교적 쉽게 탈수시킬 수 있다.

무게분석에서는 졸을 많이 취급하게 되는데 가능한 콜로이드 상태의 침전이 생기는 것을 피해야 한다. 콜로이드 입자는 거름종이를 빠져나갈 뿐만 아니라 거르는 시간이 길고, 표면적이 상대적으로 커서 표면흡착력이 세기 때문에 침전에 불순물을 많이 포함한다. 용액 중에서 콜로이드는 Brown 운동을 하기 때문에 쉽게 가라앉지 않으며 흡착성이 크다. 따라서 무게분석 할 때에는 콜로이드 상태를 파괴해야 한다. 이를 위해서는 우선 콜로이드 입자의 전하를 제거하든지 또는 중화시킴으로서 작은 입자들이 뭉쳐져 큰 입자로 되어 침강되게 해야 한다. 즉, 콜로이드성의 침전을 뭉치게 하기 위해서는

---

3) L. T. Fairhall and R. G. Keenan, *J. Am. Chem. Soc.*, **1941**, 63, 3076.

적당한 전해질(뭉침제)을 가해야 된다. 여러 가지 종류의 뭉치는 효과가 있는 시약이 이용되는데 그 효과는 성분이온의 전하수에 따라 대단히 다르다. 콜로이드가 띠고 있는 전하와 반대부호를 띤 이온의 전하수가 클수록 효과는 크다.

뭉침제로 뭉쳐진 침전도 증류수로 씻을 때 짝 이온(뭉침제)이 제거되는 동시에 침전을 다시 콜로이드 상태로 되돌아가게 한다. 이것을 풀림(peptization)이라고 하며 풀림을 방지하기 위해 침전을 씻을 때에는 충분한 휘발성의 전해질을 증류수에 녹인 씻는 용액을 사용해야 한다. 콜로이드 침전을 익히면 온도가 높아지기 때문에 콜로이드 입자가 에너지를 받아 빨리 운동하므로 이온을 흡착하는 기회가 감소되고, 입자의 알짜전하는 감소하게 되어 반발력을 극복하므로 입자가 서로 접근할 수 있어 큰 입자로 된다.

⊃ 침전 거르개

침전을 걸러 모액과 분리하고 강열하여 그 무게를 다는 경우 거름종이를 사용하는 것이 보통이고, 거름종이는 접어서 원뿔 모양으로 만들어 깔때기의 벽에 밀착시켜 종이와 유리벽 사이로 공기가 끼어들지 않도록 주의해야 한다.

무게분석에서 거름종이에 침전을 걸러서 이것을 도가니에 넣어 강열해서 무게를 다는데 이때 쓰는 정량용 거름종이에는 무기질 회분이 적게 포함되어 있어야 한다. 따라서 거름종이는 염산과 HF 등으로 잘 씻어 무기물을 제거하여, 지름이 9~11 cm인 거름종이에 0.1 mg보다 적은 회분이 포함되어 있게 한다. 거름종이에는 정성용과 정량용이 있고 정량용에도 치밀한 정도가 여러 가지로 나뉜다. $BaSO_4$와 같은 작은 침전을 거를 때에는 아주 치밀한 거름종이를 사용해야 한다. 상품화된 정량용 거름종이에는 보통 회분의 양과 치밀한 정도 등이 표시되어 있다.

유리거르개와 석면 구우치 도가니(Gooch crucible)는 센 산 또는 센 염기성 용액, 강력한 산화제 또는 강력한 환원제를 거르는 경우에는 거름종이를 사용할 수 없다. 이때는 유리거르개 또는 석면 구우치 도가니를 사용한다. 유리거르개는 가는 유리가루 판을 반 용융하여 다공질 판을 만들어 바닥에 붙인 것이고, 보통 150~200 ℃보다 높은 온도에서는 사용할 수 없다. 유리거르개는 비교적 낮은 온도에서 말려서 그 무게를 달 수 있는 침전을 거르는 데 편리하게 쓰인다. 침전을 더 높은 온도에서 가열해야 하는 경우에는 사기로 만든 구우치 도가니를 사용한다. 이 거르개는 작은 구멍이 뚫려 있는 바닥에 섬유질 석면을 잘 풀어서 가라앉히고, 산으로 충분히 씻어 만든 것으로 1,000 ℃까지도 강열할 수 있다. 이들 거르개는 **그림 2.1**과 같이 진공장치(아스피레이터 또는 진공펌프)를 이용하여 거르는 것이 좋다.

⟅ 침전의 씻기와 거르기

무게분석에서 침전을 만든 다음에는 이것을 적당한 씻는 액을 사용하여 깨끗이 씻고, 이것을 모액에서 분리하기 위하여 적당한 거르개를 사용하여 거른다. 침전을 씻고 거르는 작업을 동시에 한다. 즉, 씻으면서 거른다.

침전을 거름종이에 걸러 놓고, 그 위에 씻는 액을 붓는 것은 효과적이지 못하다. 씻는 액으로 침전을 씻을 때 순수한 물로 씻는 것보다 침전에 따라서 적당한 휘발성산(HCl, HNO_3), 염기(NH_3) 또는 염(NH_4Cl)의 묽은 용액을 사용한다. 그 이유는 첫째로 순수한 물로 씻을 때는 뭉쳤던 콜로이드 침전이 다시 작은 입자로 풀리는 것을 방지하고, 둘째는 침전에 붙어 있는 불순물을 제거하는 데 순수한 물보다 전해질 용액이 더 효과적이기 때문이다. 침전의 불순물은 보통 이온성의 물질이고, 침전과 이온−쌍극자 또는 이온−유발 쌍극자 현상으로 흡착되어 있기 때문에 이것을 물로 씻어 제거하는 것보다 같은 전하를 띤 이온으로 교환하는 것이 쉽기 때문이다. 이때 대치된 이온은 침전의 건조와 강열할 때 휘발하는 성분이어야 한다.

씻는 방법은 침전용액을 약간 방치하여 침전물을 비커 바닥에 가라앉히고 조심스럽게 맑은 윗물만 거르개에 따라 붓고 침전을 남긴다. 다음에 적당한 씻는 액을 침전에 붓고 잘 저으면서 씻는다. 이것을 다시 가라앉히고 윗물만을 다시 따라 붓는다. 이와

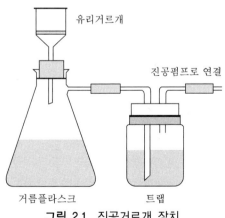

그림 2.1 진공거르개 장치.

같은 조작을 몇 번 되풀이하여 침전이 충분히 씻어졌을 때 비로소 침전을 거르개에 옮기도록 한다. 침전이 거르개에 완전히 옮겨진 후에도 다시 씻는 액을 채운 씻기병으로 몇 번 씻어야 한다. 처음부터 침전을 거르개에 옮기면 거르는 시간만 오래 걸리고 불순물은 잘 제거되지 않는다. 따라서 일정량의 씻는 액을 몇 등분하여 여러 번 씻는 방법이 한 번에 씻는 것보다 더 효과적으로 씻는 법이다. 비커에 있는 침전을 완전히 거르개에 옮길 때에는 비커에 묻어 있는 침전을 유리막대 끝에 고무관을 끼운 막대, 고무 청소기(rubber policeman)로 씻는 것이 좋다.

침전의 건조, 강열 및 무게달기

침전을 적당한 형태로 걸렀으면 씻는 액에서 온 흡착된 전해질을 제거하기 위해 가열한다. 건조는 보통 전기건조기에서 $110 \sim 120\ ℃$로 $1 \sim 2$시간 가열하면 된다. 강열은 침전을 무게 달기에 더 적당한 형태로 만들기 위해 더 높은 온도로 가열하는 것이다. 예로써 $MgNH_4PO_4$는 $900\ ℃$로 강열하여 $Mg_2P_2O_4$로 분해시킨다. $Fe(OH)_3$ 침전은 강열하여 Fe_2O_3로 얻는다.

다음에 칼슘의 옥살산 침전을 실온에서 $1,000\ ℃$까지 가열할 때의 열무게 분석 곡선을 **그림 2.2**에 나타냈다.

유기시약이나 S^{2-}로 침전된 많은 금속들은 강열하여 산화물로 만든다. 그러나 강열할 때에는 온도, 시간, 가열방법 등에 특별히 주의해야 한다. 예로써 $Fe(OH)_3$ 침전을

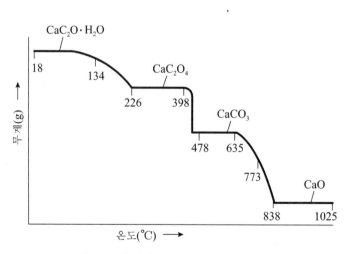

그림 2.2 옥살산칼슘의 열무게 분석 곡선.

탄소가 남아 있는 상태에서 강열하면 검은색의 Fe_3O_4 가 생길 염려가 있어 순수한 Fe_2O_3S 형태를 얻을 수 없게 되고, AgCl 침전을 거름종이와 함께 강열하는 경우에는 Ag 로 환원되고, $BaSO_4$ 를 거름종이와 강열하는 경우에는 BaS 로 일부 환원되는 수가 있다. 따라서 이와 같은 침전은 거름종이와 같이 강열해서는 안 된다. 질산이나 질산암모늄 용액으로 씻은 AgCl 침전을 가열할 때에는 다음과 같은 반응이 일어난다.

$$AgCl : H^+ \cdots NO_3^- \xrightarrow{\text{가열}} AgCl(s) + HNO_3(g) \xrightarrow{\text{가열}} \text{분해}$$

$$AgCl : NH_4^+ \cdots NO_3^- \xrightarrow{\text{가열}} AgCl(s) + NH_3(g) + HNO_3(g) \xrightarrow{\text{가열}} \text{분해}$$

침전을 강열(ignition)할 때는 **그림 2.3**과 같이 사기도가니를 사용한다.

이와 같은 장치에서 침전을 강열할 때에는 먼저 낮은 온도에서 습기를 제거해야 한다. 강열은 전기로나 버너를 사용한다. 버너를 사용하면 거르개 도가니 때문에 불꽃의 환원가스가 거르개의 구멍을 통하여 확산되는 것을 막을 수 있다. 거름종이에 얻은 침전을 가열할 때에는 침전이 있는 원추형 거름종이를 깔때기에서 꺼내어 위 끝을 평평하게 눌러 접어서 이것을 도가니에 넣을 때에는 침전이 있는 쪽이 도가니의 밑으로 향하게 한다. 가열할 때 도가니 뚜껑을 약간 열어두고 사기 삼각석쇠 위에 올려놓는다. 버너의 약한 불로 수분을 천천히 말려 침전이 모두 마른 다음에 불꽃을 조금 높여 종이를 탄화시키는데 종이에 불이 붙지 않게 한다.

다음에 탄소분을 날리는 데는 도가니를 45° 각도로 기울이고, 뚜껑을 더 많이 열어

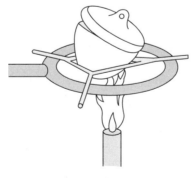

그림 2.3 거름종이를 태울 때의 도가니의 위치.

환원성 기체가 나가고 공기가 잘 통하게 하며 도가니가 조금 붉게 될 때까지 가열한다. 탄소분이 없어지면 도가니를 바로 세우고 적당한 온도에서 세게 가열한다. 이때 도가니에서 물질이 튀어나가지 않도록 조심하고, 도가니에서 생기는 탄소물질과 높은 온도에서 반응하여 환원되면 원하는 형태의 물질을 얻을 수 없다.

침전을 도가니로 옮기기 전에 도가니는 깨끗이 씻어 건조하고, 도가니의 무게와 침전을 강열하여 그 무게를 달 때도 일정한 무게에 도달할 때까지 연속하여 가열한다. 일정한 무게(constant weight)는 분석저울로 연속으로 측량하여 0.2~0.3 mg 이내에서 무게가 일치될 때를 말한다.

가열할 때 붉은색을 띠면 600~700 ℃ 정도이고, 붉은색이 진해지면 800~900 ℃ 정도, 주황색을 띠면 1,000 ℃를 넘고, 흰색을 띠면 1,300 ℃ 정도라고 볼 수 있다. 가열된 도가니는 반드시 깨끗한 집게(tongs)로 집어서 일단 깨끗한 석면판 위에서 충분히 식힌 후에 데시케이터와 같은 건조용기에 넣어 보관한다.

2.3 무게분석의 범위와 계산법

무게분석은 매우 정확하지만 다른 방법에 비해 실험과정에 많은 시간, 노력, 주의력이 필요하므로 오늘날에는 다른 분석법에 비하여 불리한 입장에 있다. 특히 시료의 수가 많을 때 더욱 그렇다. 이 방법의 감도와 정밀도는 저울의 감도에 따라 다르지만 0.1% 이하로 함유되어 있는 반미량 성분을 분석할 때는 용해도, 흡착, 공침 등과 이 성분을 다른 성분에서 분리하는 과정에 많은 오차가 발생할 염려가 있다. 함유량이 1% 이상인 성분을 분석할 때는 숙달된 사람의 경우 0.1% 이하의 상대오차를 얻을 수 있다. 대표적인 무게분석법의 예를 **표 2.3**에 수록했다.

유기침전제는 무기침전제보다 선택성이 좋은 경우가 있고 침전은 비이온성 중성의 착화물이거나 킬레이트 화합물이므로 소수성이어서 낮은 온도에서 쉽게 수분을 제거할 수 있으나 씻을 때 그릇 벽을 타고 올라가는 성질이 있으므로 주의해야 한다. 유기침전제에 의해 침전된 화합물은 대개 물에 난용성이며 이런 침전제는 수용액에서 금속을 정량적으로 침전시킬 수 있고 분자량이 커서 금속함량이 미량이어도 침전은 무겁고 입자가 크고 거르기 쉽다. 또한 침전제는 선택성이 좋고 특정 이온만을 침전시키는 경

표 2.3 대표적인 무게분석법

분석물질	침전형	칭량형	방해화학종
K^+	$KB(C_6H_5)_4$	$KB(C_6H_5)_4$	NH_4^+, Ag^+, Hg^{2+}, Tl^+, Rb^+, Cs^+
Mg^{2+}	$Mg(NH_4)PO_4 \cdot 6H_2O$	$Mg_2P_2O_7$	Na^+과 K^+를 제외한 많은 금속
Ca^{2+}	$CaC_2O_4H_2O$	$CaCO_3$, CaO	Mg^{2+}, Na^+, K^+를 제외한 많은 금속
Ba^{2+}	$BaSO_4$	$BaSO_4$	Na^+, K^+, Li^+, Ca^{2+}, Al^{3+}, Cr^{3+}, Fe^{3+}, Sr^{2+}, Pd^{2+}, NO_3^-
Fe^{3+}	$Fe(HCO_3)_3$	$Fe(HCO_3)_3$	많은 금속
Ni^{2+}	$Ni(DMG)_2$	$Ni(DMG)_2$	Pd^{2+}, Pt^{2+}, Bi^{3+}, Au^{3+}
Cu^{2+}	$Cu_2(SCN)_2$	$Cu_2(SCN)_2$	NH_4^+, Pb^{2+}, Hg^{2+}, Ag^+
Zn^{2+}	$Zn(NH_4)PO_4 \cdot H_2O$	$Zn_2P_2O_7$	많은 금속
Sn^{4+}	$Sn(cuferron)_4$	SnO_2	Cu^{2+}, Pb^{2+}, As^{3+}
Pb^{2+}	$PbSO_4$	$PbSO_4$	Ca^{2+}, Sr^{2+}, Ba^{2+}, Hg^{2+}, Ag^+, HCl, HNO_3
NH_4^+	$NH_4B(C_6H_5)_4$	$NH_4B(C_6H_5)_4$	K^+, Rb^+, Cs^+
Cl^-	$AgCl$	$AgCl$	Br^-, I^-, SCN^-, S^{2-}, $S_2O_3^{2-}$, CN^-
Br^-	$AgBr$	$AgBr$	Cl^-, I^-, SCN^-, S^{2-}, $S_2O_3^{2-}$, CN^-
I^-	AgI	AgI	Cl^-, Br^-, SCN^-, S^{2-}, $S_2O_3^{2-}$, CN^-
SCN^-	$Cu_2(SCN)_2$	$Cu_2(SCN)_2$	NH_4^+, Pb^{2+}, Hg^{2+}, Ag^+
F^-	$(C_6H_5)_3SnF$	$(C_6H_5)_3SnF$	알칼리금속을 제외한 많은 금속, SiO_4^{4+}, CO_3^{2-}
SO_4^{2-}	$BaSO_4$	$BaSO_4$	Na^+, K^+, Li^+, Ca^{2+}, Al^{3+}, Cr^{3+}, Fe^{3+}, Sr^{2+}, Pb^{2+}, NO_3^-
PO_4^{3-}	$Mg(NH_4)PO_4 \cdot H_2O$	$Mg_2P_2O_7$	Na^+, K^+를 제외한 많은 금속

* DMG: Dimethylglyoxinate (FW : 116.12)

우가 많다. 이때 pH와 가림제(masking agent)의 농도와 조건을 조절하면 더욱 좋은 결과를 얻을 수 있다. 침전제에 의해 침전된 킬레이트 화합물을 분리한 다음 이것을 분해해서 유기분자를 정량함으로써 간접적으로 금속을 정량하는 방법도 있다. 그러나 유기침전제는 수용액에 대한 용해도가 작아서 더운물이나 알코올 용액에 녹여야 하고 화학량론적으로 침전되지 않으므로 정량분석에 이용될 수 없는 경우도 있다.

표 2.4 일반적인 유기침전제

유기침전제	구조	침전되는 이온
Dimethylglyoxime	NOH / NOH	Ni^{2+}, Pd^{2+}, Pt^{2+}
Cupferron	N=O / N / O$^-$−NH$_4$$^+$	Fe^{3+}, VO_2^+, Ti^{4+}, Zr^{4+}, Ce^{4+}, Ga^{3+}, Ga^{3+}, Sn^{4+}
8−Hydroxyquinoline (Oxime)	OH N	Mg^{2+}, Zn^{2+}, Cu^{2+}, Cd^{2+}, Pb^{2+}, Al^{3+}, Fe^{3+}, Bi^{3+}, Ga^{3+}, Th^{4+}, Zr^{4+}, UO_2^{2+}, TiO^{2+}
Salicyladoxime	NOH / OH	Cu^{2+}, Pb^{2+}, Bi^{3+}, Zr^{2+}, Ni^{2+}, Pd^{2+}
1−Nitroso−2−naphthol	O / N / OH	Co^{2+}, Fe^{3+}, Pd^{2+}, Zr^{4+}
Nitron	NC$_6$H$_5$ / N− / C$_6$H$_5$−N / N$^+$ / C$_6$H$_5$	NO_3^-, ClO_4^-, WO_4^{2-}

표 2.4에 일반적인 유기침전제를 수록했다.

⊃ 분석결과 계산

무게분석에서 정확한 실험을 하는 것도 중요하지만 측정결과를 정확하게 계산하는 것도 대단히 중요하다. 일반적으로 백분율로 계산한다.

분석성분은 여러 가지 형태로 무게를 단다. 따라서 침전의 무게에서 원하는 성분의 무게를 계산하여야 한다. 예를 들어 Cl^-을 Ag^+로 침전시킨 AgCl 침전의 무게를 달 때 반응식은 $Cl^- \rightarrow AgCl$ 이므로 Cl^- 1 mol에서 1 mol의 AgCl 이 생긴다. 따라서 시료에 있는 Cl^-의 함유량은 다음과 같이 계산한다.

$$Cl^-의\ 함유량 = \frac{AgCl의\ 무게}{시료의\ 무게} \times \frac{Cl^-의\ 원자량}{AgCl의\ 화학식량} \times 100\%$$

일반적으로 A성분이 침전제 B와 반응하여 순수한 A_nB_m과 같은 침전 W(g)를 얻을

때 A의 함유량은 다음과 같이 계산한다. 즉, n mol의 A에서 1 mol의 A_nB_m을 얻게 되므로 W(g)의 A_nB_m에 포함된 A의 함유량은 다음과 같이 계산한다.

$$A의 \ 함유량 = \frac{W}{시료의 \ 무게} \times \frac{n \times (A의 \ 화학식량)}{A_nB_m의 \ 화학식량} \times 100\%$$

이때 화학량론에서 얻은 $[n \times (A의 \ 화학식량)]/[A_nB_m의 \ 화학식량]$의 값은 화학식량 비 또는 무게계수라고 한다. 이와 같은 무게계수를 구할 때에는 반드시 완결된 화학반응식을 쓰고 이것에 의해 쉽게 구할 수 있다.

2.1 $0.2\,M\,La(NO_3)_3$ 용액의 이온세기를 구하면 몇 M인가?

2.2 활동도와 활동도계수의 성질 및 활동도와 몰농도의 관계를 설명하라.

2.3 $0.010\,M\,NaCl$에서 각 이온의 활동도와 활동도계수를 구하라.

2.4 상대과포화도를 낮추어 큰 입자의 침전을 만드는 방법을 설명하라.

2.5 활동도가 0.24 M인 0.30 M 용액의 활동도계수는 얼마인가?

2.6 염화수은(I)의 $K_{sp} = 1.20 \times 10^{-18}$ 이다. 증류수에 이것을 포화시키면 염화이온의 M 농도는 얼마인가?

2.7 CaF_2 용해도는 $2.0 \times 10^{-4}\,M$ 이다. CaF_2의 용해도곱 상수(K_{sp})를 구하라.

2.8 AgCl의 $K_{sp} = 1.80 \times 10^{-10}$ 이다. 다음 조건에서 AgCl의 용해도를 구하라.
(a) 수용액에서   (b) 0.010 M NaCl 용액에서

2.9 $0.01\,mol\,NaCl$과 $0.01\,mol$의 K_2CrO_4가 녹아 있는 수용액에 $AgNO_3$ 용액을 가했을 때 어느 것이 Ag^+와 먼저 침전하겠는가? 단, AgCl 의 용해도곱 상수는 1.8×10^{-10}이고, Ag_2CrO_4의 경우는 1.1×10^{-12}이다.

2.10 다음 난용성염이 물 100 mL에 녹을 수 있는 용질의 무게를 계산하라.
(a) $Mg(OH)_2$, $K_{sp} = 5.9 \times 10^{-12}$
(b) Ag_2CrO_4, $K_{sp} = 1.1 \times 10^{-12}$

2.11 농도 0.005 M의 HCl에 대해 측정한 평균 활동도계수는 0.93이다. 이것을 계산에 의하면 얼마나 되는가?

2.12 니켈 분석을 위해 다이메틸글리옥심(dimethylglyoxime)의 알코올성 2.15 % 용액(밀도: 0.790 g/mL)을 유기침전제로 사용했다. 니켈이 2.07 % 함유된 강철 시료 0.9934 g을 산에 녹여 침전제를 가했다. 니켈이 거의 100 % 침전되기 위한 다이메틸글리옥심 용액의 부피는? 단, 침전반응은 다음과 같다.

$$Ni^{2+} + 2DMG \rightleftharpoons Ni(DMG)_2 + 2H^+$$

2.13 바닷물 중 가용성 유기탄소의 측정방법은 $K_2S_2O_8$로 탄소를 CO_2로 산화시켜 이것을 NaOH 피막을 입힌 asbestos관에 의해 포집한 CO_2의 무게를 측정한다. 바닷물 시료 6.2348 g 중 CO_2 2.378 mg이 생성되었다. 탄소함유량을(ppm)을 계산하라.

2.14 다음 A물질 1.00 g 중에 들어 있는 B물질의 함유량을 계산하라.

물질	(a)	(b)	(c)	(d)
A	AgBr	$BaSO_4$	AgBr	$BaSO_4$
B	Br	S	C_6H_5Br	K_2SO_4

CHAPTER 03 • 적정법의 원리와 침전법 적정

3.1 적정법의 원리와 표준용액

부피분석법은 비교적 빠르고 정확한 결과를 얻을 수 있어 정량분석에 널리 사용되며, 부피분석법은 적정법과 같은 의미로 쓰인다. 적정법에서는 분석성분과 반응하는 데 소비된 적정시약의 부피를 측정한다. 적정용액은 적정반응이 완결될 때까지 시료용액에 뷰렛을 사용하여 한 방울씩 가한다. 적정에서는 적정반응의 평형상수가 커서 완전해야 하고 반응속도는 빨라야 한다. 적정에서 분석성분과 적정시약의 화학량론적인 반응이 끝난 지점, 즉 적정반응이 완결된 당량점을 검출하는 방법에는 여러 가지가 있으며 그 중에서 가장 간단하고 쉬운 것은 당량점 근방에서 갑자기 색깔이 변화하는 지시약을 사용하는 것이다. 지시약의 색변화는 당량점에서 분석성분의 완전소멸 또는 적정시약 출현에 기인된다. 지시약 색이 변하는 지점을 종말점이라 하는데, 엄밀한 의미에서 당량점과 종말점 사이에는 약간의 차가 있으며 이 차를 적정오차라 한다.

당량점과 거의 일치하는 종말점을 검출하는 방법으로 지시약의 색변화, 반응물 또는 생성물의 흡광도, 전도도, pH 또는 전위차 등과 같은 물리적 성질을 측정하는 방법들이 있다. 또한, 적정오차는 보통 바탕시험에 의해 줄일 수 있다.

적정결과를 계산할 때는 시료를 적정하는 데 소비된 적정시약의 부피에서 바탕시험에 소비된 부피를 빼주고 계산하여 적정오차를 최대한 줄일 수 있다.

🌙 적정법의 종류

적정법의 종류를 널리 이용되는 화학반응의 유형에 따라 분류하면 산-염기 적정, 침전법 적정, 산화-환원 적정 및 착물화법 적정 등이 있다. 이 외에 적정조작의 방법이 다른 역적정법(back titration)이 있고 이것은 유기반응과 같이 일반적으로 반응속도가 느릴 때와 또는 지시약의 선택이 어려운 경우에 반응물질을 과량으로 일정량 가하고 충분히 반응시킨 다음에 반응하고 남아있는 반응물을 다른 표준용액으로 역적정하거나 반응생성물을 적정하는 수도 있다.

기타의 적정법으로 광도법이나 엔탈피법 적정이 이용된다. 광도법 적정은 시료성분에 적당한 적정시약을 가할 때 분광광도법으로 흡광도의 변화를 측정하여 종말점을 찾는 것이고, 엔탈피 적정법은 적정 도중에 적당한 기기를 사용하여 반응열을 측정하여 시간에 따른 반응열의 변화를 그래프로 도시하여 종말점을 찾는 것으로 이들은 특별한 적정장치가 필요하지만 보통의 적정법보다 종말점을 더 예리하게 찾을 수 있다.

🌙 적정반응의 조건

적정에 이용될 수 있는 반응은 다음 조건을 만족해야 한다.

(1) 적정반응은 화학량론적으로 일어나야 한다. 분석물질과 적정시약 사이의 반응은 잘 정의되고 알려진 반응이어야 한다. 예를 들면 식초에서 아세트산을 수산화소듐 표준용액으로 적정하여 정량할 때 다음과 같은 반응이 일어난다.

$$CH_3COOH + NaOH \rightarrow CH_3COONa + H_2O$$

(2) 침전반응과 산화-환원 반응에서는 반응속도가 느린 경우가 있기 때문에 적정이 제한되고 적당한 촉매를 가하거나 고온에서 반응시킴으로 반응속도를 증가시키는 수가 있다. 유기물질의 반응은 보통 반응속도가 느리므로 일정량의 표준용액을 과량으로 가해 충분히 반응시킨 다음 역적정할 수도 있다.

(3) 부반응이 없어야 하고, 주반응을 방해하는 물질이 없고 방해물질이 있을 때에는 제거하여 원하는 반응만 일어나도록 반응조건을 조절해야 한다.

(4) 적정의 종말점을 찾는 적당한 방법이 있어야 한다.

(5) 반응은 정량적으로 진행되어야 하고 반응의 평형이 오른쪽으로 완전히 진행되어야 종말점을 예리하게 찾을 수 있어 원하는 정확도를 얻을 수 있다.

⊃ 표준용액의 조제

적정에 사용되는 표준용액을 만드는 데는 직접법과 간접법(표정법 또는 표준화 적정법)의 두 가지 방법이 이용된다.

• 직접법

시약의 순도가 높은 경우에는 그 무게를 정확히 달아 적당한 용매에 녹이고, 이것을 정량적으로 부피플라스크에 옮기고 잘 섞으면서 표선까지 묽혀 정확한 농도를 계산한다. 이처럼 대단히 순수하여 직접 표준용액을 만들 수 있는 물질을 일차표준물(primary standard substances)이라 하고, 이것이 갖춰야 할 조건은 다음과 같다.

(1) 순수해야 한다(원칙적으로 99.99 % 이상).
(2) 실온과 건조 온도에서 안정해야 하고 보관하기 쉬워야 한다. 공기 중의 수분이나 탄산가스를 흡수하거나 또는 공기 중의 산소에 의해 쉽게 변질되어서는 안 되며, 일차표준물은 일반적으로 무게 달기 전에 건조해야 하기 때문에 건조 온도에서도 안정해야 한다.
(3) 재결정법 같은 방법으로 쉽게 정제할 수 있고 구하기가 쉬워야 한다.
(4) 무게 달 때의 상대오차를 줄이기 위해 화학식량이 커야 한다.

이런 조건을 고려하여 보통 산 표준용액 제조에는 프탈산수소포타슘($KHC_8H_4O_4$), 옥살산($H_2C_2O_4 \cdot 2H_2O$), 벤조산(C_6H_5COOH) 등이 일차표준물로 사용되고, 알칼리 표준용액은 탄산소듐(Na_2CO_3), 붕사($Na_2B_4O_7 \cdot 10H_2O$) 등이 사용되고 $AgNO_3$, $NaCl$, KIO_3, $K_2Cr_2O_7$, NaC_2O_4, As_2O_3 등도 모두 일차표준물로 사용된다.

• 간접법(표정법)

수산화소듐과 같이 직접법으로 표준용액을 만들 수 없거나 또는 순수한 물질을 구하기가 어려운 경우에는 직접법을 이용할 수 없으므로 먼저 대략 원하는 농도에 가까운 용액을 만들고, 그다음에 적당한 분석법을 이용하여 대략 만든 용액의 정확한 농도를 알아낸다. 이런 방법을 표준화(standardization) 또는 표정이라 하며 적정법을 이용하여 표정할 때에는 적당한 일정량의 일차표준물을 취하여 용액을 만들고, 이것과 적정하여 대략 만든 용액의 농도를 결정하여 표준용액으로 사용한다.

• 표준용액 만들 때의 오차와 표준용액의 보관

표준용액의 농도가 정확하지 않으면 그 표준용액을 사용하는 모든 다른 분석결과에 영향을 미치기 때문에 표준용액은 정확하게 만들어야 한다. 보통 표준용액을 표정할 때에는 0.1 % 이하의 상대오차를 가져야 하며, 이 정도의 표준용액을 만들기도 그리 쉬운 일은 아니다.

한 번 적정하는 데 뷰렛에서 적정하는 용액의 부피는 뷰렛의 전체부피보다 커서는 안 된다. 50 mL 뷰렛을 사용하는 경우 눈금을 한 번 읽을 때 0.01 mL의 오차가 들어오고, 부피를 측정할 때에는 눈금을 두 번 읽어야 하므로 측정된 부피에는 0.02 mL의 오차가 들어온다. 뷰렛으로 액체의 부피를 읽는 경우에는 0.02 mL 정도의 배수오차를 생각해야 하는데 이것은 지방질과 같은 불순물이 뷰렛 벽에 묻어 액체방울이 맺히는 데서 일어난다. 따라서 한 번 적정에 0.04 mL 정도의 오차가 생길 수 있다. 만약 적정한 전체 부피가 40 mL일 때에는 $(0.04/40) \times 100 = 0.1\%)$의 상대오차가 발생될 수 있다. 그러나 적정량이 40 mL보다 적을 때에는 더 큰 상대오차가 발생하게 되고, 적정량이 50 mL보다 많으면 용액을 뷰렛에 다시 채워 적정해야 하므로 눈금을 두 번 더 읽게 되므로 오차는 더 커진다. 따라서 한 번 적정하는 데 적정량은 40 mL 정도가 적당하고 표준용액의 농도가 0.1 N 정도일 경우, 0.1 N × 40 mL = 4.0 meq이므로 1회 적정에 4.0 meq 정도의 일차표준물을 취하는 것이 가장 적당하다.

실험의 조작단계가 많으면 오차의 발생 가능성이 많아지므로 표준화적정에서는 가급적 역적정법을 피하고 표준화적정도 모든 분석실험에서처럼 적어도 3~5회 반복 실험하여 그들의 평균값을 구하도록 해야 한다.

표준용액은 깨끗한 병에 넣어 물질 이름, 농도, 제조한 날짜를 기록한 라벨을 붙이고 증발에 의한 손실로 인한 농도 변화를 막기 위해서 마개를 단단히 하여 두고 사용한다. 실험할 때 일단 병 밖으로 덜어 낸 표준용액은 쓰고 남더라도 도로 넣지 않고 버리도록 한다. $AgNO_3$, $KMnO_4$와 같은 강한 산화제나 강한 환원제는 햇빛에 의해 분해되므로 갈색 병에 넣어 어둡고 차가운 곳에 보관한다. 알칼리 표준용액은 내알칼리성의 폴리에틸렌이나 Pyrex병에 보관하며 공기와 직접 접촉하지 않도록 차단장치를 한다. 또 적정에서 적정시약의 부피가 10 mL보다 적을 경우에는 마이크로뷰렛을 사용하도록 한다.

3.2 침전법 적정 서론

침전반응이 일어난다고 침전법 적정이 가능한 것은 아니고 침전반응의 속도가 빠르고, 침전은 일정한 화학량론에 따라 일어나며 난용성 침전이 생기고 당량점을 쉽게 구할 수 있어야 한다. 그러나 침전속도가 느린 경우에는 역적정법을 이용할 수도 있다. 이때 가장 문제가 되는 것은 많은 침전반응이 화학량론에 따라 일어나지 않는다는 점이다. 그러나 은(Ag) 이온과 할로겐화이온의 침전반응이나 바륨과 황산이온의 침전반응은 비교적 화학량론적으로 일어나기 때문에 침전법 적정이 가능하다.

$AgNO_3$ 표준용액으로 할로겐화이온을 적정하는 것을 은법(銀法) 적정이라고 하고, 사용하는 지시약의 종류에 따라 Mohr법, Volhard법, Fajans법 등 세 가지 방법이 있다. 침전법 적정에서는 적정오차가 크므로 반드시 바탕시험이 필요하며 더 정확한 당량점을 검출하려면 전위차 적정법이 이용된다.

⊃ 적정곡선의 작성

할로겐화이온 용액을 $AgNO_3$ 표준용액으로 적정하는 경우 적정시약을 가함에 따라 할로겐화이온의 농도는 점점 감소하게 된다. 이때 적정되는 용액 중의 은 이온과 할로겐화이온의 농도변화를 계산해 보자.

0.100 M의 NaCl 용액 100.0 mL를 0.100 M의 $AgNO_3$ 용액으로 적정할 때 적정시약이 90.00 mL를 가한 지점에서의 염화이온 농도는 다음과 같다.

$$[Cl^-] = \frac{100.00 \text{ mL} \times 0.100 \text{ M} - 90.00 \text{ mL} \times 0.100 \text{ M}}{190.00 \text{ mL}} = 0.00526$$

$$-\log[Cl^-] = -\log 0.00526$$

$$pCl = 2.28$$

이때 Ag^+ 의 농도는 용해도곱을 이용하여 다음과 같이 계산된다.

$$K_{sp} = [Ag^+][Cl^-] = 1.80 \times 10^{-10}$$

$$-\log[Ag^+] - \log[Cl^-] = -\log K_{sp} = -\log(1.80 \times 10^{-10})$$

$$pAg + pCl = 9.74$$

$$pAg = 9.74 - 2.28 = 7.46$$

당량점에서는 같은 당량의 Cl^- 과 Ag^+ 가 반응하여 AgCl 침전이 생기고 그 포화용액 중의 이들 두 이온농도는 서로 같다.

$$pAg = pCl = -(1/2)\log K_{sp} = 4.87$$

당량점 근방의 이온농도를 알아보자. 예를 들면 Ag^+ 의 농도가 Cl^- 의 농도보다 a M 더 크면 침전의 용해도는 공통이온 효과에 의해 감소된다. 이때의 용해도를 x 라고 하면 Ag^+ 의 전체농도는 $(a+x)$ M이고 Cl^- 의 농도는 x M이 된다. 따라서 다음 관계가 성립한다.

$$(a+x)x = K_{sp} = 1.80 \times 10^{-10}$$

이 이차방정식을 풀어 x 를 구하고 각 이온의 정확한 농도를 계산할 수 있다. 그러나 a 값이 x 에 비하여 훨씬 클 때 즉 당량점에서 멀리 벗어난 지점에서는 다음과 같이 근사법으로 계산할 수 있다.

$$a + x \cong a$$

따라서

$$(a+x)x \cong ax = 1.80 \times 10^{-10}$$

당량점을 지나 $AgNO_3$ 0.10 mL를 과량 가한 지점의 Ag^+ 와 Cl^- 의 농도는,

$$[Ag^+] = \frac{0.10\,\text{mL} \times 0.100\,\text{M}}{200.10\,\text{mL}} = 5.0 \times 10^{-5}\,\text{M}$$

$$pAg = 4.30$$

$$pCl = 9.74 - 4.30 = 5.44$$

와 같다. 그러나 당량점에 가까운 곳에서는 a와 x가 비슷하므로 근사법을 이용할 수 없고 이차방정식을 풀어서 계산해야 한다.

이와 같은 방법으로 적정시약의 부피에 따른 pAg를 계산하여 적정곡선을 그리면 **그림 3.1**과 같다. 계산에 의해 적정곡선을 미리 구해보는 것은 적정의 가능성 여부를 판단, 당량점의 검출 및 적당한 지시약의 선택을 위해서 필요하다.

종말점과 당량점이 일치할 때가 이상적이지만 실제 적정에서는 0.1 % 정도의 오차는 허용되며 ±0.1 % 이내의 오차가 발생하게 하기 위해서는 99.9~100.1 %의 적정시약을 가한 지점에서 종말점을 검출해야 한다. 즉, 99.9 %와 100.1 %의 적정시약을 가한 지점에서 적정이 중지되어야 한다. 이때 $pAg_{99.9}$ ~ $pAg_{100.1}$를 pAg 급변범위라 하고, 이 범위가 크면 적정의 종말점을 쉽게 구할 수 있고, 또 오차도 적게 적정할 수 있다. 그림 3.1을 보면 침전의 용해도가 작으면 적정곡선의 pAg 급변범위는 넓어지고 할로겐화은의 K_{sp}가 AgCl : 1.80×10^{-10}, AgBr : 5.0×10^{-13}, AgI : 8.3×10^{-17}이므로 용해도의 순서는 $Cl^- > Br^- > I^-$이기 때문이다.

그림 3.2는 여러 가지 농도의 Br^-을 질산은 용액으로 적정할 때의 적정곡선이다. 여기서 보면 시료와 적정시약의 농도가 진할 경우에는 pAg 급변범위가 크고 농도가 묽을수록 좁아진다는 것을 알 수 있다. 따라서 이런 적정에서는 가급적 난용성 침전이 생기는 반응을 이용하고, 적당히 진한 용액으로 적정할 때에는 당량점 근방에서 시료물질의 농도 급변범위가 크므로 적정오차가 작다는 것을 알 수 있다.

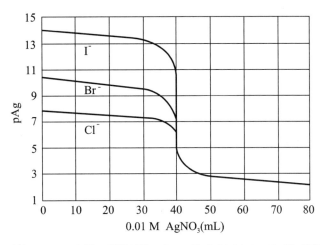

그림 3.1 각각 0.01 M의 할로겐화이온 40 mL를 0.01 M $AgNO_3$에 의한 적정곡선.

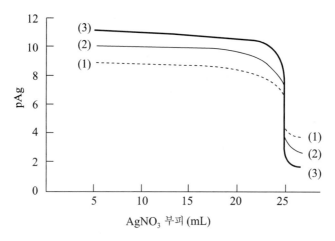

(1) 0.0005 M Br⁻을 0.0010 M Ag⁺로 적정

(1) $0.0005\ M\ Br^-$을 $0.0010\ M\ Ag^+$로 적정
(2) $0.0005\ M\ Br^-$을 $0.0100\ M\ Ag^+$로 적정
(3) $0.0005\ M\ Br^-$을 $0.1000\ M\ Ag^+$로 적정

그림 3.2 적정곡선에 미치는 시료용액과 적정시약의 농도 영향.
$NaBr$ 50 mL를 $AgNO_3$ 용액으로 적정함.

• **혼합용액의 적정**

할로겐화이온의 혼합용액을 적정하는 경우를 생각해보자. 예를 들면 $0.080\ M\ I^-$와
$0.100\ M\ Cl^-$의 혼합용액 50 mL를 $0.200\ M\ AgNO_3$로 적정하는 경우 AgI는 $AgCl$보다
용해도가 더 작기 때문에 적정시약을 가하면 AgI가 먼저 침전되어 I^-의 농도는 감소
되는 동시에 Ag^+의 농도는 증가하는데 적당히 큰 값이 되면 Cl^-와 $AgCl$로 침전되기
시작한다. 이때 I^-와 Cl^-의 농도관계는 다음과 같다.

$$\frac{K_{sp(AgI)}}{K_{sp(AgCl)}} = \frac{[Ag^+][I^-]}{[Ag^+][Cl^-]} = \frac{8.3 \times 10^{-17}}{1.80 \times 10^{-10}} = 4.61 \times 10^{-7}$$

$$[I^-] = 4.61 \times 10^{-7}[Cl^-]$$

이때 I^- 이온만이 모두 침전되도록 $AgNO_3$ 용액 20.00 mL를 적정하는 지점에서의
Cl^-의 농도는 다음과 같다.

$$[Cl^-] = \frac{50.00 \times 0.100}{70.00} = 0.0714\,M$$

따라서 I^-의 농도는 $[I^-] = 4.61 \times 10^{-7} \times 0.0714 = 3.23 \times 10^{-8}\ M$이고 이것은 처음에

가한 것의 4.52×10^{-5} %로 무시할 정도이고 이때 Ag^+ 의 농도는 다음과 같다.

$$[Ag^+] = \frac{K_{sp(AgCl)}}{[Cl^-]} = \frac{1.80 \times 10^{-10}}{0.0714} = 2.52 \times 10^{-9} \, M$$

$$pAg = -\log(2.52 \times 10^{-9}) = 8.60$$

따라서 이런 혼합용액을 적정할 때는 AgI 가 거의 침전된 지점에서 AgCl 의 침전이 시작되며 pAg의 급변은 중단되고 다시 Cl^- 가 침전된다. 이때 적정곡선은 전위차적정으로 쉽게 얻을 수 있고, 혼합된 할로겐화이온의 용해도가 크게 차이나는 경우에는 서로 분리하지 않고 혼합된 상태에서 은법 적정이 가능하다. 그러나 Cl^-, Br^-, I^- 의 세 가지 이온이 혼합되었을 경우에는 용해도의 차이가 크지 않으므로 서로 공침현상이 크게 나타나서 정확하게 적정할 수 없다. 그러나 이들 혼합용액을 이온교환 크로마토그래피법으로 분리하면 정확히 적정할 수 있다.

3.3 Mohr법에 의한 적정

Mohr법에 의한 염화물의 정량은 100여 년 전에 개발되어 오늘날까지 널리 이용된다. 지시약은 크롬산포타슘을 사용하고 당량점에서 약간 과량으로 가해진 Ag^+ 가 지시약과 붉은색의 Ag_2CrO_4 침전을 생성하므로 종말점 검출이 가능하다.

적정 반응 : $Ag^+ + Cl^- \rightarrow AgCl(s)$ (흰색)

종말점 반응 : $2Ag^+ + CrO_4^{2-} \rightarrow Ag_2CrO_4$ (붉은색)

사람 눈으로 볼 수 있을 정도로 붉은색의 Ag_2CrO_4 침전이 생성될 때까지 Ag^+을 과량으로 가해야 하므로 (+)의 오차가 발생한다. 이 때문에 바탕시험이 필요하고 시료용액을 적정할 때 발생되는 침전의 양과 같은 양의 불용성 탄산칼슘을 가해서 침전의 양까지도 같은 상태에서 시험하는 것이 좋다.

이 적정에서 지시약의 농도는 매우 중요하다. 종말점을 나타내는 Ag_2CrO_4의 용해도는 대체로 할로겐화은의 용해도보다 커서 AgCl 의 침전이 생긴 후 붉은색의 Ag_2CrO_4 침전이 나타나는 것이 보통이지만 더 정확한 적정을 하는 데는 지시약의 농도를 잘 조절해야 한다.

예를 들어 0.100 M의 Cl^- 용액 50 mL를 0.100 M의 Ag^+ 용액으로 적정할 때 적정오차가 ±0.1% 이내에서 이루어진다면 $pAg_{99.9}$ ~ $pAg_{100.1}$에서 Ag_2CrO_4 침전이 생겨야할 것이다. pAg 급변범위를 몰농도로 환산하면 $[Ag^+] = 5.0 \times 10^{-5}$ ~ 3.0×10^{-6} M이다. Ag^+의 농도가 이런 범위로 되려면 CrO_4^{2-}의 농도는 다음과 같은 관계를 유지해야할 것이다.

$$K_{sp} = [CrO_4^{2-}][Ag^+]^2 = 1.2 \times 10^{-12}$$

$$pAg_{99.9}의\ 경우 : [CrO_4^{2-}] \leq \frac{K_{sp}}{[Ag^+]^2} = \frac{1.2 \times 10^{-12}}{(3.0 \times 10^{-6})^2} = 0.13$$

$$pAg_{100.1}의\ 경우 : [CrO_4^{2-}] \geq \frac{K_{sp}}{[Ag^+]^2} = \frac{1.2 \times 10^{-12}}{(5.0 \times 10^{-5})^2} = 4.8 \times 10^{-4}$$

따라서 지시약 농도는 대략 0.0005~0.1 M 범위이면 된다. 0.1 M의 CrO_4^{2-}은 노란색이 너무 진하므로 실험에서는 지시약을 5×10^{-3} M 정도로 가한다.

이 적정은 pH 7~10.5 사이에서 해야 한다. 만약 pH가 너무 산성이면 크롬산의 제2해리상수가 작아서 $CrO_4^{2-} + H^+ \rightleftharpoons HCrO_4^-$ 와 같은 반응이 일어나므로 크롬산 이온의 농도가 감소하기 때문이다.

만약 용액이 너무 염기성이면 Ag_2CrO_4 침전이 생기기 전에 AgOH 침전이 먼저 생기며, 또 당량점에서도 Ag^+의 농도가 2.0×10^{-5} M 정도 되면 pH=11.1 이상에서는 AgOH가 생겨 이것이 붉은색의 Ag_2O으로 된다.

그리고 은법 적정에서는 잘 저으면서 적정해야 하고, 은 이온은 금속으로 환원되기 쉽기 때문에 광선을 피하고 그늘진 곳에서 적정해야 한다. pH=11.1의 염기성 용액에서는 알루미늄, 철, 아연, 주석 같은 중금속이온이 수산화물 침전을 만들기 때문에 적정에 지장을 준다.

이 방법은 일반적으로 염화물과 브롬화물의 정량에 이용되고 아이오딘화염이나 싸이오사이안산염의 정량에는 어려운 점이 있다. 이것은 아이오딘화 이온을 적정하는 경우에는 용액을 잘 저으면서 적정해도 아이오딘의 큰 음이온은 생성된 침전에 대한 흡착력이 대단히 강하므로 다소 오차가 생기기 때문이다.

3.4 Volhard법에 의한 적정

이 적정은 은(Ag^+) 이온을 산성용액에서 싸이오사이안산포타슘($KSCN$)이나 싸이오사이안산암모늄(NH_4SCN)의 표준용액으로 적정하는 것을 말한다. AgSCN 침전의 K_{sp}는 1.1×10^{-12}이다. 지시약은 Fe^{3+}를 사용하고, 적정의 종말점에서 과량으로 적가된 SCN^-과 반응하여 붉은색의 가용성 착물, $Fe(SCN)^{2+}$을 생성한다.

적정 반응 : $Ag^+ + SCN^- \rightarrow AgSCN(s)$ (흰색)

종말점 반응 : $Fe^{3+} + SCN^- \rightarrow Fe(SCN)^{2+}$ (붉은색)

종말점에서 색변화는 극히 예리하지는 않으나 잘 저으면서 적정하면 AgSCN 침전에 흡착되어 있던 은 이온이 모두 용해되어 적정되고 옳은 결과를 얻을 수 있다.

Ag^+의 시료용액에 지시약 Fe^{3+}을 가해 SCN^- 용액으로 적정하면 AgSCN 침전이 먼저 생기면서 Ag^+의 농도가 감소된다. 종말점에 도달되면 소멸되지 않은 붉은 착이온 $Fe(SCN)^{2+}$이온이 남아 있게 되고 용액 중의 Ag^+의 농도는 적정오차가 없다는 가정 하에서 다음과 같은 관계를 유지해야 한다.

$$[Ag^+] = [SCN^-] + [Fe(SCN)^{2+}]$$

많은 실험에 의하면 $Fe(SCN)^{2+}$의 붉은색이 사람의 눈으로 볼 수 있는 최소농도는 보통 6.4×10^{-6} M 정도이므로 이때 SCN^-의 농도는 다음과 같이 구한다.

$$[Ag^+] = [SCN^-] + 6.4 \times 10^{-6}$$

$$\frac{K_{sp}}{SCN^-} = \frac{1.1 \times 10^{-12}}{[SCN^-]} = [SCN^-] + 6.4 \times 10^{-6}$$

$$[SCN^-]^2 + 6.4 \times 10^{-6}[SCN^-] - 1.1 \times 10^{-12} = 0$$

$$[SCN^-] = 1.7 \times 10^{-7}$$

이 값과 착이온, $Fe(SCN)^{2+}$의 생성생수 K_f를 이용하면 다음과 같이 필요한 지시약 Fe^{3+}의 농도를 산출할 수 있다. 그러나 Fe^{3+}의 농도가 0.2 M 이상이면 오히려 발색을 식별하기 곤란하므로 약간 묽은 0.01 M 정도로 맞춰 적정하고 철의 수화반응을 막기 위해 용액은 반드시 산성이어야 한다.

$$K_f = 1.4 \times 10^2 = \frac{[Fe(SCN)^{2+}]}{[Fe^{3+}][SCN^-]}$$

$$1.4 \times 10^2 = \frac{6.4 \times 10^{-6}}{[Fe^{3+}] \times 1.7 \times 10^{-7}}$$

$$[Fe^{3+}] = 0.27\,M$$

Volhard법에 의한 할로겐화이온의 적정－이 방법은 산성 용액에서 할로겐화이온을 적정할 수 있다. 이때는 시료용액에 일정량의 $AgNO_3$ 표준용액을 과량으로 가해 할로겐화은이 충분히 침전시키고 과량의 남은 Ag^+ 는 철 지시약을 가해 싸이오사이안산 표준용액으로 역적정한다.

침전 반응 : $X^- + Ag^+ \rightarrow AgX(s) +$ 과량의 Ag^+

역적정 반응 : 과량의 $Ag^+ + SCN^- \rightarrow AgSCN(s)$

종말점 반응 : $Fe^{3+} + SCN^- \rightarrow Fe(SCN)^{2+}$

만일 AgX 가 AgSCN 보다 용해도가 작다면 과량의 Ag^+ 이온은 KSCN 용액으로 직접 역적정 될 수 있으며 이러한 경우에는 할로겐화이온이 Br^- 또는 I^- 이온일 때이고 AgCl은 AgSCN 보다 용해도가 크므로 KSCN 표준용액으로 직접 역적정할 수 없다. 그 이유는 다음의 반응과 같이 침전된 AgCl이 AgSCN 으로 전환되기 때문이다. 그러나 이런 경우도 SCN^- 으로 역적정하기 전에 AgCl을 미리 걸러서 제거하고 적정하면 이런 현상을 피하고 역적정이 가능하며 다른 한 가지 방법은 AgCl을 걸러서 제거하는 대신에 소량의 나이트로벤젠을 적정액에 가하고 잘 저어주면 나이트로벤젠은 물에 녹지 않고 무거우므로 AgCl 침전을 둘러싸고 밑으로 가라앉게 되어 수용액 층과 반응할 수 없게 된다. 따라서 싸이오사이안산(SCN^-) 이온의 용액으로 직접 역적정이 가능하다. 그리고 아이오딘화 이온의 직접 역적정에서는 I^- 의 시료용액에 $AgNO_3$ 표준용액을 과량으로 넣기 전에 지시약을 가하면 Fe^{3+} 가 산화제로 작용하여 아이오딘(I_2)을 발생시키기 때문에 반드시 시료용액에 먼저 $AgNO_3$을 가하여 AgI 침전을 만든 다음에 지시약을 가하고 SCN^- 표준용액으로 역적정하는 순서를 밟아야 한다.

3.5 Fajans법에 의한 적정

이 적정에서는 지시약은 침전에 흡착될 수 있는 것을 사용한다. 이런 흡착지시약은 플루오레세인(fluorescein), 다이클로로플루오레세인(dichlorofluorescein), 에오신(eosin, tetrabromofluorescein)이 있다. 이런 지시약들은 약한 산이며 HInd와 같이 표시할 수 있고, 이들은 용액의 pH에 따라 해리 정도가 다르고 pH에 따라 용액에 존재할 수 있는 지시약의 음이온(Ind^-) 양이 달라진다. 이때 해리도는 지시약의 산 해리상수에 의존한다. 이런 지시약 중에서는 에오신이 가장 센 산이고, 플루오레세인이 가장 약한 산에 해당한다.

할로겐화이온을 은법 적정할 때 지시약의 음이온이 침전에 흡착하게 되면 그 색깔은 음이온 단독으로 용액에 존재할 때와는 다르다. 이런 현상은 당량점이 지난 직후에 나타나므로 적정의 종말점 검출에 사용할 수 있다. 할로겐화이온(X^-)을 적정할 때 적정 반응에서 생성되는 AgX 침전은 콜로이드이기 때문에 침전입자는 표면흡착력이 세고 침전의 성분이온인 Ag^+ 나 X^- 이온을 잘 흡착한다. 당량점 이전에는 용액 중에 할로겐화이온이 많기 때문에 이들 이온이 흡착되고 당량점 이후에는 여분으로 가해진 Ag^+ 이온이 흡착하게 된다.

$$\text{당량점 이전 :} \quad AgX : X^- \quad \text{(음전하)}$$

$$\text{당량점 :} \quad\quad\quad AgX \quad\quad \text{(중성)}$$

$$\text{당량점 이후 :} \quad AgX : Ag^+ \quad \text{(양전하)}$$

지시약은 묽은 $AgNO_3$ 용액에 가해도 아무런 색을 띠지 않지만 여기에 할로겐화이온을 조금만 가하여 할로겐화은(AgX) 침전이 생기면 붉은색을 띠게 된다. 이것은 용액에 과량으로 존재하는 Ag^+ 가 침전에 흡착되어 $AgX : Ag^+$와 같은 (+)전하 형태로 되고 여기에 지시약의 음이온이 흡착되기 때문이다. 그러나 할로겐화이온을 더 많이 가하여 할로겐화이온이 과량으로 남아 있으면 침전은 $AgX : X^-$와 같은 (−)전하의 형태가 되므로 지시약의 음이온은 침전표면에서 떨어져 용액으로 들어가서 연한 푸른색을 띤다. 이런 현상으로 할로겐화이온의 흡착지시약을 종말점 검출에 사용할 수 있다.

Fajans법 적정에서 화학량론적인 적정반응과 종말점 반응은 다음과 같다.

적정반응 : $X^- + Ag^+ \rightarrow AgX(s)$

종말점 반응 : $AgX(s) + Ag^+ + Ind^- \rightarrow AgX:Ag^+|Ind(s)$
$\qquad\qquad\qquad\qquad\qquad\quad$ (노란색) $\qquad\quad$ (붉은색)

이런 적정에서는 적정시약을 잘 저어주면서 그늘진 곳에서 적정하고 적정시약에 다른 이온이 많이 존재할 때에는 침전이 뭉쳐서 표면적이 적어지고, 지시약의 변색이 선명하지 못한 경우가 있다. 플루오레세인은 해리상수가 10^{-10} 정도의 대단히 약한산이고, 침전표면에 흡착되어 발색하는 것은 그 분자가 아니고 음이온 형태이다. 따라서 산성에서는 음이온이 적게 생기므로 발색이 선명하지 못하다. 따라서 이 지시약을 사용할 때는 pH 7~10에서 적정하도록 한다. 다이클로로플루오레세인은 약간 더 센 산이기 때문에 다소 약한 산성에서도 적정할 수 있고 염화이온의 적정에 가장 잘 이용된다.

Br^-, I^-, SCN^-은 에오신을 사용하여 $AgNO_3$ 표준용액으로 적정하면 발색이 대단히 선명하다. 에오신은 훨씬 센 산이므로 pH=2에서도 적정할 수 있지만 Cl^-의 적정에는 이용할 수 없다. 이것은 침전표면에 대한 에오신의 흡착력은 대단히 세고 이에 비해 Cl^-의 흡착력은 약하여 당량점 이전에서 침전에 흡착되어 있는 Cl^- 이온을 밀어내고 그 대신 에오신의 음이온이 붙어 붉은색이 나타나기 때문이다.

3.6 Fajans법에 의한 황산이온의 정량

황산이온(SO_4^{2-})의 정량은 매우 중요하다. 일반적으로 무게분석법에 의한 정량은 느리고 지루한 방법이다. 이 방법에서 시료용액에 간섭이온으로 양이온이 존재할 때는 이온교환법으로 간섭이온을 분리 제거하고 흡착지시약을 사용하여 종말점을 검출하는 Fajans법이 이용된다. 이 방법은 신속하고 정확하다.[1]

적정은 대략 pH 3.5에서 50:50의 물과 메탄올 혼합용매를 사용한다. $BaSO_4$ 침전은 수용액에서는 작은 결정질 침전이 생성되지만 이와 같은 혼합용매에서는 솜털 같은 흡착성 침전을 생성한다. 따라서 흡착지시약을 사용하여 적정할 수 있다.

SO_4^{2-}는 수용액에서는 종말점을 검출할 수 없어 적정이 가능하지 않다. 그러나 물―

---

1) J. S. Fritz and M. Q. Freeland, *Anal. Chem.*, **1954**, 26, 1593. Fritz and Yamamura, *Anal. Chem.*, **1955**, 27, 1461.

메탄올 혼합용매에서는 흡착지시약을 사용하여 적정할 수 있고, 지시약은 Alizarin red S가 사용된다. 지시약은 용매에서 노란색이지만 Ba^{2+}이온이 과량 가해지면 지시약이 침전에 흡착되어 분홍색 착물을 생성한다. 이때 변색은 아주 예민하다. 종말점이 일어나는 메카니즘은 흡착지시약에 의한 은법 적정과 같다.

$$\text{적정 반응}: Ba^{2+} + SO_4^{2-} \rightarrow BaSO_4 : SO_4^{2-}|2Na^+(s)$$

$$\text{종말점 반응}: Ba^{2+} + BaSO_4(s) + 2Ind^- \rightarrow BaSO_4 : Ba^{2+}|2Ind^-(s)$$
$$\phantom{\text{종말점 반응}: Ba^{2+} + BaSO_4(s) + 2Ind^- \rightarrow}\text{(노란색)} \phantom{BaSO_4 : Ba^{2+}|}\text{(분홍색)}$$

SO_4^{2-}의 무게분석법에서 공침에 의한 오차는 크다. 그러나 침전법 적정에서는 더 중대하다. SO_4^{2-}을 적정할 때 다른 양이온이 공침되면 적정시약인 Ba^{2+}이온 용액을 적게 소비하므로 (−)의 오차가 발생한다.

$$BaSO_4 : SO_4^{2-}|2M^+(s)$$

이때 Na^+, NH_4^+, K^+이온에 의해 원인이 되는 오차는 중대하다. 또, 몇 가지 금속의 양이온은 지시약과 착색된 착물을 만들기 때문에 간섭(방해)한다.

그리고 몇 가지 음이온들도 바륨염으로 공침되어 방해가 된다. 이런 때에는 SO_4^{2-}의 분석결과에 (+)오차를 가져온다. Cl^-, Br^-, ClO_4^-와 같은 음이온의 경우에는 적은 오차를 발생하지만 NO_3^-는 아주 큰 오차를 가져오므로 반드시 분리 제거하고 적정하도록 특별히 주의해야 한다.

종말점의 검출을 방해하고 공침되기 때문에 오차를 가져오는 몇 가지 양이온이나 음이온을 제거시키기 위해 일반적으로 이온교환 크로마토그래피법이 활용된다. 이때 양이온을 분리 제거하기 위해서는 $R-H^+$형 양이온 교환수지가 사용되고 음이온의 제거에서는 $R-OH^-$형 음이온교환 수지가 사용된다. 양이온을 분리 제거할 때에는 이온교환 수지관에서 금속이온이 이온교환되어 분리되고, 생성된 황산을 중화시키기 위해 아세트산마그네슘($(CH_3COO)_2Mg$)이 사용된다.

$$2M^+SO_4^{2+} + 2R-H^+ \rightarrow 2R-M^+ + 2H^+SO_4^{2-}$$

$$Mg(CH_3CO_2)_2 + 2H^+SO_4^{2-} \rightarrow Mg^{2+}SO_4^{2-} + 2CH_3CO_2H$$

이렇게 한 다음에 얻은 SO_4^{2-} 이온의 용액에 지시약을 가하고 Ba^{2+} 의 표준용액으로 침전법 적정한다. Mg^{2+} 이온은 공침이 가장 적은 양이온이다. 이때 마그네슘 이온이 있어도 적정에 방해되지 않는다.

3.1 다음 각 적정법의 적정반응과 종말점 반응을 써라.

    (a) Mohr법으로 Cl^-의 정량   (b) Volhard법으로 Ag^+의 정량

    (c) Volhard법으로 Cl^-의 역적정   (d) Fajans법으로 Br^-의 정량

3.2 $AgBr$ 의 $K_{sp} = 4.0 \times 10^{-13}$이다. 0.010 M의 Br^- 용액 100 mL를 $AgNO_3$ 0.010 M 용액으로 적정할 때 적정시약을 각각 (a) 0, (b) 50.0, (c) 99.9, (d) 100.0, (e) 100.1 mL 가했을 때 pAg를 계산하라.

3.3 Volhard법으로 Cl^-을 분석할 때 314.0 mg의 시료에 0.1234 M의 $AgNO_3$ 용액 40.0 mL를 가하고 0.0930 M의 SCN^- 용액으로 역적정하여 13.20 mL가 소비되었다. 시료 중의 Cl^-의 함량 백분율을 계산하라.

3.4 순수한 유기화합물의 화학식은 $C_2H_8SO_x$이다. 이 시료를 분해한 다음 황을 SO_4^{2-} 로 전환시켜 흡착지시약법으로 적정할 때 12.64 mg의 시료를 0.0100 M의 $Ba(ClO_4)_2$ 용액으로 적정하여 10.60 mL가 소비되었다. x 를 구하라.

3.5 Fajans법으로 할로겐화 이온을 $AgNO_3$ 표준용액으로 적정할 때의 pH가 지시약의 종류에 따라 다른 이유를 설명하라.

3.6 Mohr법으로 적정할 때 pH는 7~10.5 범위로 조절해야 한다. 그 이유를 pH가 7보다 작은 산성 용액과 pH 11 이상인 염기성 용액으로 구분하여 설명하라.

4.1 산―염기 평형

산과 염기 정의에는 Arrhenius 개념, Brönsted―Lowry 정의, Lewis 개념 등이 있다. 이들 중에서 Brönsted―Lowry 정의는 다음과 같은 관계를 갖는다.

$$산_1 + 염기_2 \ \rightarrow \ 산_2 + 염기_1$$

여기에서 생성물은 반응물보다 더 약한 산과 약한 염기이어야 하고, 양성자(H^+)의 수만 다른 산과 염기를 짝산―짝염기쌍(conjugate acid―base pairs)이라고 부른다. 이에 관한 몇 가지 예를 들면 다음과 같다.

산 :　　　HCN, HCl, CH_3COOH, NH_4^+, $C_5H_5NH^+$, H_2CO_3, HCO_3^-

짝염기 : CN^-, Cl^-, CH_3COO^-, NH_3,　C_5H_5N,　　HCO_3^-, CO_3^{2-}

많은 약산과 약한 염기는 유기물질이며, 유기산들의 일반적인 형태는 카복실산 (carboxylic acid)이고, 보통 RCOOH 로 표시한다(여기서 R은 CH_3-, CH_3CH_2-와 같은 알킬기를 의미함). 아세트산(CH_3COOH)은 카복실산의 일종이고 이것의 짝염기는 아세트산소듐(CH_3COONa)이다. 아민(amine)은 일반적인 유기염기이고 이것은 암모니아에서 1~3개의 양성자를 알킬기로 치환된 유도체들이다.

⊃ 산과 염기의 해리

한 물질이 산이나 염기로 작용할 수 있는 것을 양쪽성이라고 한다. 많은 용매는 양쪽성이며, 예를 들면 물은 산에 대해서는 염기로 작용하고 염기에 대해서는 산으로 작용한다. HA 와 같은 산이 양쪽성 용매, SH 에서 해리될 때 이 해리반응은 실제로 산-염기 반응이다.

$$\text{산}_1 \quad \text{염기}_2 \qquad\qquad \text{산}_2 \qquad \text{염기}_1 \quad \text{(용매)}$$

$$HA + SH \qquad \rightleftharpoons \qquad SH_2^+ \quad + A^- \qquad \text{(SH에서)}$$

$$HA + H_2O \qquad \rightleftharpoons \qquad H_3O^+ \quad + A^- \qquad \text{(물에서)}$$

$$HA + CH_3COOH \rightleftharpoons CH_3COOH_2^+ + A^- \qquad \text{(아세트산에서)}$$

이들 모든 경우에 양성자는 용액에서 용매화(solvation)된다는 점에 유의하라. 산의 해리 정도는 여러 가지 요인에 의존하며 그 하나는 산, HA 의 고유한 세기이다. HCl 과 같은 센 산(strong acid)은 물속에서 완전히 해리된다. 반면에 아세트산과 같은 약산은 단지 일부분만 해리된다.

다른 한 가지는 용매의 염기성 세기이다. 염기성 용매는 녹은 산과 산-염기 반응이 일어나므로 해리반응을 증가시킨다. 위에서의 용매는 대부분 염기성 용매이고, 아세트산은 물보다 상당히 약한 염기이다. 마지막으로 용매의 유전상수(dielectric constant)도 해리에 영향을 준다. 용매의 유전상수의 영향을 알아보기 위해 용매, SH 에 BH 와 같은 산이 녹아 해리되는 반응을 살펴보자.

$$BH + SH \quad \rightleftharpoons \quad B^-HSH^+ \quad \rightleftharpoons \quad B^- + HSH^+$$
$$\text{이온화단계} \quad \text{이온쌍} \quad \text{해리단계}$$

이 같은 반응에서 이온화는 산이 양성자를 용매에 주어 이온쌍(B^-HSH^+)을 생성한 다음 다른 용매분자와 작용하여 이온쌍이 B^- 와 HSH^+ 로 나뉘는 해리단계를 거친다. q^+ 와 q^- 의 전하를 띤 두 이온 간에 작용하는 정전기적 힘을 F 라고 하면,

$$F = \frac{q^+ \cdot q^-}{D \cdot r^2}$$

와 같고 여기에서 r 은 두 이온 사이의 거리이고, D 는 그 용매의 유전상수이다.

유전상수는 전하를 가진 이온끼리 서로 분리하기 쉬운 정도로써 해리도의 척도가 된다. 25 ℃에서 물의 유전상수, D 는 78.6으로 비교적 크므로 수용액에서는 이온 사이에 작용하는 인력이 약해서 이온쌍이 해리되기 쉽지만 유전상수가 작은 용매에서는 그렇지 않다. 따라서 아세트산의 세기는 에탄올보다 물에서 더 크지만 BH^+형 산의 세기는 용매의 유전상수에 별로 영향을 받지 않는다. 그러므로 NH_4^+ 또는 피리디늄 ($C_5H_5NH^+$) 이온과 같은 화학종의 해리도는 용매의 유전상수에 의해 크게 영향을 받지 않는다. 대부분의 유기용매에서 이온들은 이온쌍으로 존재하는 경향을 갖는다. 아세트산 용매에서는 센 산일지라도 대부분이 이온쌍으로 존재하고, 아주 적은 양만이 $CH_3COOH_2^+$와 A^-이온으로 존재한다.

염기가 양쪽성 용매에 녹을 때도 용매는 산으로 작용하며 염기가 해리되면 용매의 음이온(S^-)의 농도를 증가시키는 결과를 가져온다.

염기$_1$		산$_2$		염기$_2$		산$_1$	(용매)
B	+	SH	$\rightleftharpoons$	BH^+	+	S^-	(SH 에서)
B	+	H_2O	$\rightleftharpoons$	BH^+	+	OH^-	(물에서)
B	+	CH_3COOH	$\rightleftharpoons$	BH^+	+	CH_3COO^-	(아세트산에서)

⊃ 용액의 pH

양쪽성 용매는 적은 양이 자체 해리하여 양이온과 음이온을 생성한다.

$2\,SH$	$\rightleftharpoons$	SH_2^+	+	S^-	(일반적인 경우)
$2\,H_2O$	$\rightleftharpoons$	H_3O^+	+	OH^-	(물에서)
$2\,CH_3COOH$	$\rightleftharpoons$	$CH_3COOH_2^+$	+	CH_3COO^-	(아세트산에서)

이와 같은 용매의 자체 양성자이전상수는 K_s로 다음과 같이 표시한다.

표 4.1 온도에 따른 물의 K_w 값

온도(℃)	0	10	20	25	40	80	100
$K_w \times 10^{14}$	0.115	0.293	0.681	1.01	2.92	23.4	51.3
pK_w	14.94	14.53	14.17	14.00	13.54	12.65	12.29

$$K_s = a_{SH_2^+} \times a_{S^-} \tag{4.1}$$

열역학에서는 순수한 용매의 활동도를 1로 정하고 있으므로 위와 같은 평형상수에는 용매, SH 의 활동도는 상수로서 K_s 표현에 나타내지 않으며 물의 경우에는 보통 K_w 로 나타낸다.

$$K_w = a_{H_3O^+} \times a_{OH^-} \tag{4.2}$$

편의상 H_3O^+ 대신에 H^+ 로 나타내면 물의 자체 해리상수는 $K_w = a_{H^+} \times a_{OH^-}$ 와 같고, 실온에서 $K_w = 1.01 \times 10^{-14}$ 이고 순수한 물의 수소이온과 수산화이온의 활동도는 각각 10^{-7} M이다. K_w 는 온도에 따라 다르고 이것을 **표 4.1**에 나타냈다.

산이 물에 녹을 때 수소이온의 활동도는 산의 농도와 해리도에 의존하는 양만큼 증가된다. 실온에서 K_w 는 항상 1.01×10^{-14} 이어야 하기 때문에 수소이온의 활동도 증가는 수산화이온의 활동도 감소를 가져온다. 수용액에서 산의 세기는 보통 다음과 같이 정의되는 pH로 표현한다.

$$pH = -\log a_{H^+} \tag{4.3}$$

이와 같은 형태로 pOH와 pK_w 도 정의된다. 한 가지 또는 그 이상의 용질이 물에 녹았을 때 H^+ 의 활동도는 이것의 농도와 정확히 같지는 않지만 편의상 활동도 대신에 몰농도를 사용하여 pH와 pOH를 정의하여 사용한다.

$$pOH = -\log a_{OH^-}, \qquad pK_w = -\log K_w$$

$$pH = -\log [H^+], \qquad pOH = -\log [OH^-]$$

묽은 용액에서는 이 같은 근사적 정의에서 오는 오차는 매우 적다. pH를 포함한 모든 계산은 근사법을 이용한다. 따라서 물에 대해서 다음과 같은 표현이 사용된다.

$$pK_w = pH + pOH, \qquad pH = 14 - pOH, \qquad pOH = 14 - pH$$

물에서는 $pK_w = 14.0$이므로 중성은 pH=7이고 pH가 7보다 증가하면 염기성이 증가하고 감소되면 산성이 증가한다. pH 미터는 pH가 1~14 범위일 때 사용하고, 센 산이나 센 염기의 농도가 0.1 M보다 클 때는 몰농도를 사용한다.

어떤 용매에서의 pH는 물에서와 다르다. 예로써 pK_s =19.1인 에탄올에서 pH 눈금은 0~19.1 범위일 것이다. 따라서 에탄올에서 중성은 pH=9.55일 때이다.

• 센 산과 센 염기 용액의 pH 계산

산과 염기는 보통 해리도에 따라 센 것과 약한 것으로 분류한다. HCl, HBr, HI, HNO_3, $HClO_4$, H_2SO_4 및 유기설폰산(RSO_3H) 등은 센 산이다. 그리고 알칼리금속의 수산화물, 알칼리토금속의 수산화물 및 사차암모늄수산화물(R_4NOH) 등은 센 염기이며, 이들 센 산이나 센 염기들은 묽은 수용액에서 거의 100% 해리된다고 볼 수 있다. 센 산이나 센 염기 수용액의 pH는 다음과 같이 계산한다.

|예제| 0.020 M NaOH 의 pH를 계산하라.

|풀이| $[OH^-] = 2.0 \times 10^{-2}$

$\qquad pOH = -\log(2.0 \times 10^{-2}) = 1.70$

$\qquad pH = 14 - pOH = 12.30$

|예제| 1.0×10^{-8} M HCl 용액의 pH를 계산하라.

|풀이|

농도(M)	H_2O $\rightleftharpoons$	H^+	+	OH^-
초기		1.0×10^{-8}		0
변화		$+x$		$+x$
평형		$1.0 \times 10^{-8} + x$		x

$\qquad K_w = 1.0 \times 10^{-14} = (1.0 \times 10^{-8} + x)x$

$\qquad x^2 + 10^{-8}x - 10^{-14} = 0$

이차방정식의 근의 공식에 의해

$$x = \frac{-10^{-8} \pm \sqrt{10^{-16} + 4 \times 10^{-14}}}{2} = \frac{-10^{-8} \pm \sqrt{10^{-16} + 400 \times 10^{-16}}}{2}$$

$$= \frac{-10^{-8} \pm 20 \times 10^{-8}}{2} = 9.5 \times 10^{-8} \quad (양의\ 값)$$

$$[H^+] = 1.0 \times 10^{-8} + 9.5 \times 10^{-8} = 1.1 \times 10^{-7} (= 1.0_5 \times 10^{-7})$$

$$pH = 7 - \log 1.1 = 7 - 0.041 = 6.96$$

• 약한 산과 약한 염기 용액의 pH 계산

수백 종류의 산과 염기는 용액에서 그들의 해리도가 적기 때문에 약산이나 약한 염기로 분류된다. 편의상 약산과 약한 염기의 일반적인 형태를 다음과 같이 구분한다.

약산은 HA 와 같이 전하가 없는 것이 있고, 이것은 H^+ 와 A^-(염기성 음이온)로 해리된다. 이런 산에는 CH_3COOH, CH_3CH_2COOH 와 같은 카복실산기($-COOH$)를 갖는 여러 가지의 유기산들이 있다. 또한, BH^+ 과 같이 전하가 없는 염기(B)의 짝산이 있고, NH_4^+ 와 같이 전하가 있는 산들은 H^+ 와 B 를 생성하며 해리된다.

약한 염기에는 A^- 와 같은 음이온 형태가 있고, 이것은 HA 와 같은 약산의 짝염기로 카복실산의 알칼리 금속염($CH_3COO^-Na^+$) 또는 NaF 에서 F^- 와 같은 약한 무기 염기이다. 또한, B 와 같이 전하가 없는 염기가 있고 이들은 보통 질소 원자를 포함하며 NH_3, $C_4H_9NH_2$ (butylamine), C_5H_5N (pyridine)과 같은 아민류가 있다.

다음에 약산과 약한 염기의 해리반응과 해리상수를 나타냈다.

$$HA \rightleftharpoons H^+ + A^- \qquad\qquad A^- + H_2O \rightleftharpoons HA + OH^-$$

$$K_a = \frac{[H^+][A^-]}{[HA]} \qquad\qquad K_b = \frac{[HA][OH^-]}{[A^-]}$$

$$BH^+ \rightleftharpoons H^+ + B \qquad\qquad B + H_2O \rightleftharpoons BH^+ + OH^-$$

$$K_a = \frac{[H^+][B]}{[BH^+]} \qquad\qquad K_b = \frac{[BH^+][OH^-]}{[B]}$$

이와 같은 짝산—짝염기 쌍 사이에는 $K_a \times K_b = K_w$와 같은 관계가 성립되며, 이것은 다음의 관계로부터 알 수 있다.

$$K_a K_b = \frac{[H^+][A^-]}{[HA]} \times \frac{[HA][OH^-]}{A^-} = [H^+][OH^-] = K_w$$

$$K_a K_b = \frac{[H^+][B]}{[BH^+]} \times \frac{[BH^+][OH^-]}{[B]} = [H^+][OH^-] = K_w$$

이것으로부터 $pK_a + pK_b = 14.00$임을 알 수 있으며 약한 산과 약한 염기에 대한 해리상수는 보통 핸드북이나 교과서에 수록되어 있다. 그러나 어떤 경우는 HA 또는 B 와 같은 형태의 해리상수만을 나타낸 경우도 있다.

예제 Triethanolammonium 이온(BH^+ 로 표시)의 $pK_a = 7.8$일 때 이것의 짝염기인 Triethanolamine(B 로 표시)의 해리상수를 계산하라.

풀이 $pK_b = 14 - pK_a = 6.2$

약산의 pH는 해리상수 K_a 를 이용하여 계산할 수 있다. 또 같은 방법으로 약한 염기의 pH도 그 염기의 K_b 를 이용하여 계산할 수 있다.

초기농도가 C 인 약산이 다음과 같이 해리할 때,

$$HA \rightleftharpoons H^+ + A^- \tag{4.4}$$

평형에서 H^+ 와 A^- 의 농도는 같지만 알려져 있지 않다. 또, HA 의 농도는 초기농도에서 해리된 농도를 뺀 $C - [H^+]$ 이다. K_a 식에 각각의 평형농도를 대입하여 정리하면,

$$K_a = \frac{[H^+][A^-]}{[HA]} = \frac{[H^+]^2}{C - [H^+]} \tag{4.5}$$

$$[H^+]^2 + K_a[H^+] - K_aC = 0 \tag{4.6}$$

이차방정식의 근의 공식에 의한 양의 근을 구하면,

$$[H^+] = \frac{-K_a + \sqrt{K_a^2 + 4K_aC}}{2} \tag{4.7}$$

$$pH = -\log[H^+] = -\log\left[\frac{-K_a + (K_a^2 + 4K_a C)^{1/2}}{2}\right] \qquad (4.8)$$

그러나 식 (4.5)를 간단히 근사법으로 풀 수도 있다. 이때는 $[H^+]$ 가 C 에 비하여 상당히 적기 때문에 $C - [H^+] \cong C$ 로 생각하여 계산하더라도 오차가 거의 없는 경우이다. 이런 근사법에 의하면 pH 계산은 더욱 간단해진다.

$$K_a = \frac{[H^+]^2}{C} \qquad (4.9)$$

$$[H^+] = (K_a C)^{1/2} \qquad (4.10)$$

$$pH = -\log[H^+] = -\log(K_a C)^{1/2} \qquad (4.11)$$

이와 같이 근의 공식과 근사법에 의한 계산상의 오차는 0.03 pH 단위이다.

근사법 계산에서 보통 산의 초기농도 C 가 묽을수록 또, 산의 K_a 값이 클수록 오차는 커진다. 일반적으로 C/K_a 비 값이 10^4 정도이면 0.5 % 정도의 오차가 생기고, 10^3 정도이면 1.6 %, 100이면 5 %, 10이면 17 % 정도의 오차가 생긴다. pH 계산에서 보통 5 % 정도의 오차는 허용되므로 $C/K_a \geq 100$일 경우에는 근사법으로 계산할 수 있다.

예제 $K_a = 6.3 \times 10^{-5}$인 벤조산(C_6H_5COOH) 6.1 g/L인 용액의 pH를 계산하라.

풀이 벤조산(benzoic acid)의 초기농도는 6.1/122=0.050 M이므로 $0.050/(6.3 \times 10^{-5}) \geq$ 100이다. 따라서 근사법에 의해 풀면,

$$HA \rightleftharpoons H^+ + A^-$$

$$K_a = \frac{[H^+][A^-]}{[HA]} = \frac{[H^+]^2}{5.0 \times 10^{-2}} = 6.3 \times 10^{-5}$$

$$[H^+] = \sqrt{3.2 \times 10^{-6}} = 1.8 \times 10^{-3}$$

$$pH = 3 - \log 1.8 = 2.74$$

약한 염기의 pH도 약한 산에서와 같은 방법으로 계산할 수 있고 차이점은 먼저 $[OH^-]$ 로부터 pOH를 계산한 후에 다시 pH를 계산해야 한다.

예제 $K_a = 1.5 \times 10^{-9}$인 $0.10\,M$ 피리딘(C_5H_5N) 용액의 pH를 계산하라.

풀이 $1.5 \times 10^{-9} = \dfrac{[OH^-]^2}{0.10}$

$[OH^-] = 1.2 \times 10^{-4},\ pOH = 3.92$

$pH = 14 - 3.92 = 10.08$

약산과 그 짝염기를 포함한 용액의 pH는 K_a를 이용하여 쉽게 계산할 수 있다.

$$HA \rightleftharpoons H^+ + A^-, \qquad K_a = \frac{[H^+][A^-]}{[HA]} \tag{4.12}$$

$$\log K_a = \log[H^+] + \log\frac{[A^-]}{[HA]} \tag{4.13}$$

$$-\log[H^+] = -\log K_a + \log\frac{[A^-]}{[HA]}$$

$$pH = pK_a + \log\frac{[A^-]}{[HA]} \tag{4.14}$$

식 (4.14)는 Henderson-Hasselbach식이라 하고, 이 식은 완충용액의 pH를 산출할 때와 생화학 물질과 생명과학 교재에서 자주 사용된다.

예제 $0.020\,M$ o-nitrophenol(HA)과 $0.010\,M$ sodium o-nitrophenolate(A^-)을 포함하는 용액의 pH를 계산하라.

풀이 o-nitrophenol에 대한 $pK_a = 7.21$이다. (4.14)식에 의해 계산하면,

$$pH = 7.21 + \log(0.010/0.020) = 7.21 - 0.30 = 6.91$$

예제 NaOH 용액으로 60%가 중화된 $0.50\,M\,(NH_3OH)^+Cl^-$ (hydroxyl ammonium chloride) 용액의 pH를 구하라. hydroxylamine의 $pK_b = 7.91$이다.

풀이 $[NH_3OH^+] = [BH^+] = 0.20$ (HA에 해당)

$[NH_2OH] = [B] = 0.30$ (A$^-$에 해당)

$pK_w = pK_a + pK_b$이므로 $pK_a = 14 - pK_b = 6.09$

이들 값을 식 (4.14)에 대입하여 풀면,

$$pH = 6.09 + \log(0.30/0.20) = 6.09 + 0.18 = 6.27$$

⊃ 다양성자산의 해리 평형

다양성자산은 단계적으로 해리한다. H_2A 와 같은 이양성자 산의 단계적 해리와 해리 상수 표현은 다음과 같다.

$$H_2A \ \rightleftharpoons \ H^+ + HA^- \qquad K_1 = \frac{[H^+][HA^-]}{[H_2A]} \tag{4.15}$$

$$HA^- \ \rightleftharpoons \ H^+ + A^{2-} \qquad K_2 = \frac{[H^+][A^{2-}]}{[HA^-]} \tag{4.16}$$

H_2A, HA^- 및 A^{2-} 와 같은 여러 가지 화학종이 서로 관계하는 용액의 pH를 계산하는 방법을 요약하면 다음과 같다.

• H_2A 또는 $H_2A + HA^-$ 를 포함하는 용액

만일 K_1이 K_2보다 100배 또는 그 이상 크다면 2차 해리는 매우 적어서 무시할 수 있다. 따라서 이런 용액의 pH는 HA 의 경우와 같이 취급하여 K_1으로부터 계산할 수 있다.

예제 말론산(malonic acid), $CH_2(COOH)_2$ 0.10 M 용액의 pH를 계산하라. 단계별 해리상수는 $K_1 = 1.40 \times 10^{-3}$, $K_2 = 2.2 \times 10^{-6}$이다.

풀이 K_1은 K_2 보다 충분히 크기 때문에 2차 해리는 무시하고 단지 K_1 값을 이용하여 pH를 계산할 수 있다.

$$K_1 = \frac{[H^+][HA^-]}{[H_2A]} = \frac{[H^+]^2}{0.10 - [H^+]}$$

$$[H^+]^2 + 1.40 \times 10^{-3}[H^+] - 1.40 \times 10^{-4} = 0$$

$$[H^+] = 1.12 \times 10^{-2}$$

$$pH = 1.95$$

• HA⁻를 포함하는 용액

HA^-는 $HA^- \rightleftharpoons H^+ + A^{2-}$, $HA^- + H^+ \rightleftharpoons H_2A$ 와 같은 두 반응을 할 수 있고 이들은 용액 조성에 영향을 준다. 즉, 약간의 H^+는 HA^-와 결합하여 H_2A를 생성(1차 해리의 역반응)하므로 $[H^+]$는 $[A^-]$와 같지 않다. 따라서,

$$[A^{2-}] = [H^+] + [H_2A] \tag{4.17}$$

K_2로부터 다음을 얻을 수 있다.

$$[A^{2-}] = \frac{K_2[HA^-]}{[H^+]} \tag{4.18}$$

식 (4.17)과 (4.18)을 같게 놓으면,

$$[H^+] + [H_2A] = \frac{K_2[HA^-]}{[H^+]} \tag{4.19}$$

식 (4.19)에서 $[H_2A]$를 K_1 표현으로부터 얻은 양으로 치환하면,

$$[H^+] + \frac{[H^+][HA^-]}{K_1} = \frac{K_2[HA^-]}{[H^+]} \tag{4.20}$$

이 식의 양변에 $K_1[H^+]$을 곱하여 정리하면 다음과 같다.

$$[H^+]^2(K_1 + [HA^-]) = K_1K_2[HA^-]$$

$$[H^+]^2 = \frac{K_1K_2[HA^-]}{K_1 + [HA^-]} \tag{4.21}$$

보통의 농도에서 $[HA^-]$는 일반적으로 K_1보다 상당히 클 것이다. 따라서 근사적으로 $K_1 + [HA^-]$는 $[HA^-]$와 같을 것이다.

$$[H^+]^2 \approx \frac{K_1K_2[HA^-]}{[HA^-]} \approx K_1K_2$$

$$[H^+] \approx \sqrt{K_1K_2} \quad \text{또는} \quad pH \approx \frac{pK_1 + pK_2}{2} \tag{4.22}$$

예 제 Sodium hydrogen malonate 용액의 pH를 계산하라. 말론산(malonic acid)의 해리상수는 $pK_1 = 2.85$와 $pK_2 = 5.66$이다. 용액이 매우 묽지 않다면 pH는 농도에 의존하지 않고 위의 간단한 표현에 의해 계산된다.

풀이 $pH \approx \dfrac{2.85 + 5.66}{2} \approx 4.26$

• $HA^- + A^{2-}$를 포함하는 용액

만일 K_1이 K_2보다 100배 또는 그 이상 크다면 평형에서 용액에 존재하는 H_2A는 매우 작을 것이다. 그러므로 일차 해리상수는 사용할 필요가 없고, pH는 K_2를 사용하여 쉽게 계산할 수 있다.

예 제 평형상태에서 0.15 M의 HA^- (hydrogen malonate ion)과 A^{2-} (malonate ion) 0.050 M을 포함하는 용액의 pH를 계산하라. 단, $K_2 = 2.2 \times 10^{-6}$이다.

풀이 $K_2 = \dfrac{[H^+][A^{2-}]}{[HA^-]}$

$2.2 \times 10^{-6} = \dfrac{[H^+](0.05)}{0.15}$

$[H^+] = 6.6 \times 10^{-6}$

$pH = 5.18$

• 존재화학종의 농도 계산

이 양성자 산을 센 염기로 중화시킬 때, pH는 증가하고 용액에서 H_2A, HA^- 및 A^{2-}의 분율은 변한다. 그리고 pH 변화에 따른 용액의 조성을 알 수 있다. 금속이온은 보통 산-염기 성질을 가지는 착화물을 형성할 수 있기 때문에 착화물 생성반응에서는 존재화학종을 계산하는 좋은 예가 된다. 착화제의 산성형인 H_2L은 다음과 같이 해리한다.

$$H_2L \rightleftharpoons H^+ + HL^-$$

$$HL^- \rightleftharpoons H^+ + L^{2-}$$

L^{2-}이온은 금속이온과 착화물을 만들 수 있다.

$$M^{2+} + L^{2-} \rightleftharpoons ML$$

$$ML + L^{2-} \rightleftharpoons ML_2^{2-}$$

수소이온 농도가 증가할 때 M^{2+}와 반응하는 데 필요한 L^{2-}농도는 (H^+와 반응하므로) 감소하여 HL^-와 H_2L을 생성할 것이다. 착화합물 형성상수를 계산하기 위하여 L^{2-}형태로 존재하는 L의 분율을 알아야 한다. 이 분율은 α_L로서 정의한다.

$$\alpha_L = \frac{[L^{2-}]}{[H_2L] + [HL^-] + [L^{2-}]} \tag{4.23}$$

어떤 pH에서 α_L의 계산을 위한 표현식은 H_2L의 해리상수로부터 유도될 수 있다. 식 (4.23)의 역수를 쓰면,

$$\frac{1}{\alpha_L} = \frac{[H_2L]}{[L^{2-}]} + \frac{[HL^-]}{[L^{2-}]} + \frac{[L^{2-}]}{[L^{2-}]} \tag{4.24}$$

H_2L의 제1차와 제2차 해리상수, K_1과 K_2의 표현식으로부터,

$$[H_2L] = \frac{[H^+]^2[L^{2-}]}{K_1 K_2} \tag{4.25}$$

$$[HL^-] = \frac{[H^+][L^{2-}]}{K_2} \tag{4.26}$$

식 (4.25)와 (4.26)을 식 (4.24)에 대입하면,

$$\frac{1}{\alpha_L} = \frac{[H^+]^2}{K_1 K_2} + \frac{[H^+]}{K_2} + 1 \tag{4.27}$$

2개 이상의 수소이온을 가지는 리간드의 경우에도 식 (4.27)과 유사한 표현식을 유도할 수 있다. 예를 들면 H_4L에 대한 $1/\alpha_L$의 표현식은 다음과 같다.

$$\frac{1}{\alpha_L} = \frac{[H^+]^4}{K_1 K_2 K_3 K_4} + \frac{[H^+]^3}{K_2 K_3 K_4} + \frac{[H^+]^2}{K_3 K_4} + \frac{[H^+]}{K_4} + 1 \tag{4.28}$$

α_L을 계산할 때 식 (4.27)과 (4.28) 같은 방정식이 자주 이용된다.

예제 pH 5.0에서 타타르산(tartarate) 이온의 용액에 대한 α_L 을 계산하라. 타타르산 (tartaric acid)의 해리상수는 $K_1 = 9.2 \times 10^{-4}$, $K_2 = 4.3 \times 10^{-5}$ 이다. α_L 은 $Tart^{2-}$ 와 같은 수소이온을 가지지 않은 타타르산 이온의 분율이다.

풀이 식 (4.27)을 이용하면,

$$\frac{1}{\alpha_L} = \frac{10^{-10}}{4.0 \times 10^{-8}} + \frac{10^{-5}}{4.3 \times 10^{-5}} + 1 = 0.0025 + 0.23 + 1 = 1.23$$

첫째 항은 유효하게 취급하기에는 너무 적다. 따라서,

$$\frac{1}{\alpha_L} = 1.23 \qquad \alpha_L = \frac{1}{1.23} = 0.81$$

이와 비슷한 방법으로 용액에 존재하는 다른 화학종의 분율도 계산할 수 있다.

4.2 완충용액

완충용액(buffer solution)은 그 용액을 묽히거나 적은 양의 센 산이나 센 염기를 가해도 pH가 크게 변하지 않는 용액을 말하고 이것은 화학이나 생화학에서 매우 중요하다. 완충용액은 약산과 그 짝염기의 혼합용액(또는 약한 염기와 그 짝산의 혼합용액)이다. 완충용액은 약산을 센 염기로(또는 약한 염기를 센 산으로) 적정할 때 생성된다.

그림 4.1에 약한 산, HA ($K_a = 10^{-5.20}$)를 센 염기, NaOH 로 적정될 때 그 짝염기 A^- 가 생성되어 완충용액이 형성되는 것을 나타냈다.

$$HA + OH^- \rightarrow A^- + H_2O$$
$$(NaOH)$$

그림에서 점선부분은 완충지역을 나타내었고 적정초기와 마지막 사이의 용액은 미반응의 HA 와 적정반응에서 생성된 A^- 의 혼합용액이며 이것이 완충작용을 한다. 만일 A^- 와 같은 염기용액을 센 산 HCl로 적정한다면 **그림 4.1**과 반대모양(우측에서 좌측으로)의 적정곡선이 나타날 것이다.

그림에서는 적정시약이 가해짐에 따른 묽힘 효과는 무시한 것이다. 적정시약인 센 산이나 센 염기가 너무 많이 가해지면 그 결과 pH가 급격히 떨어지거나 올라가므로

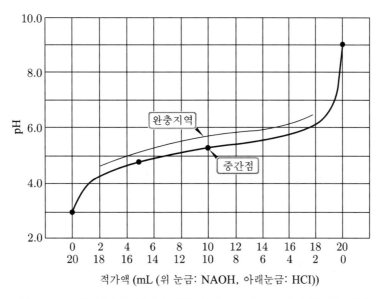

그림 4.1 적정곡선에서 얻어진 완충지역(HA$^-$와 A$^-$의 혼합용액 지역).

pH는 완충지역 밖으로 벗어나게 된다.

완충용액의 완충용량(buffer capacity)은 1 L 완충용액의 pH를 한 단위 변화시키는 데 필요한 센 산 또는 센 염기의 mol수로 정의된다. 따라서 완충작용을 할 수 있는 성분의 양이 많을 때 완충용량은 더 크다. 따라서 완충용액을 구성하고 있는 약산과 그 짝염기의 농도가 진해야 하고 그들의 농도가 서로 같을 때이다. 그림 4.1과 같은 적정곡선에서 완충지역의 중간점일 때이다. 완충용액의 pH는 그것을 구성하는 산과 염기의 비율과 그들의 해리상수 크기에 의존되고 용액에 포함된 약산의 pK_a와 거의 같다. 따라서 완충용액의 pH는 Henderson−Hasselbach식에 의해 계산할 수 있다. 또한, K_a는 약산의 해리상수이고 대수 항은 약산과 그 짝염기의 농도비이다. 약산과 그 짝염기의 농도가 서로 같을 때 완충용량이 가장 크고, 수학적으로 유도할 수 있다.

$$pH = pK_a + \log \frac{[짝염기]}{[약산]} \tag{4.29}$$

• **완충용액의 조제**

완충용액을 만들고자 하면 먼저 어떤 종류의 약산과 그 짝염기를 사용할 것인가를 결정해야 한다. 그 방법은 우선 여러 종류의 약한 산 중에서 pK_a값이 만들려는 완충용액의 pH와 거의 같은 약산을 선택하고, 그 짝염기(염)를 택해야 한다. 이때 선택된 산과 염기는 그 완충용액을 사용하는 화학반응에 방해를 주는 것이어서는 안 된다. 완충용액을 만드는 데 사용할 산과 염기가 선택되면 그들의 혼합비를 Henderson – Hasselbach식에 의해 대략 계산할 수 있다. 이때 완충용액에 포함되는 약산의 농도는 보통 0.10 M로 정하고 혼합비를 계산한다.

예제 아세트산 0.10 mol을 포함하는 pH 5.0인 완충용액 1 L를 만드는 방법을 설명하라. 단, 아세트산의 해리상수는 $K_a = 1.75 \times 10^{-5}$이다.

풀이 아세트산과 그 짝염기(아세트산소듐)의 대략적인 혼합비를 계산하면,

$$5.0 = -\log(1.75 \times 10^{-5}) + \log \frac{x}{0.10}$$

$$5.0 = 4.76 + \log \frac{x}{0.10}$$

$$x = 0.17$$

따라서 아세트산 0.10 mol과 아세트산소듐 0.17 mol에 상당하는 각각의 무게를 달아 이것을 증류수에 녹여 1 L로 만들면 된다. 이때 1 L 부피플라스크를 사용한다.

예제 아세트산 3.00 g에 0.100 M NaOH를 몇 mL 가하면 최종부피 500 mL인 pH 4.80 완충용액이 되겠는가? 아세트산의 해리상수는 $K_a = 1.75 \times 10^{-5}$이다.

풀이 3.00 g의 아세트산의 mol수는 (3.00 g)/(60.0 g/mol)=0.0500 mol이다. 문제 풀이에 도움이 되는 표를 작성할 수 있다.

중화반응	CH_3COOH	$+ OH^-$	$\rightarrow H_2O$	$+ CH_3COO^-$
최초 mol 수	0.0500	x		
최종 mol 수	$0.0500 - x$			x

따라서 Henderson – Hasselbach식에 위 값을 대입하면,

$$4.80 = -\log(1.75 \times 10^{-5}) + \log \frac{x}{0.0500 - x}$$

$$0.0430 = \log \frac{x}{0.0500 - x}$$

$$x = 0.0262 \, mol \, (= 26.2 \, mmol)$$

NaOH 26.2 mmol에 상당하는 부피를 y mL라면 0.100 M×y=26.2 mmol이므로 y =262 mL이다. 따라서 500 mL의 플라스크에 아세트산 3.00 g을 넣어 증류수로 녹이고 여기에 0.100 M NaOH 262 mL를 혼합하여 표선까지 증류수를 채운다.

• 생리화학 완충용액

건강한 사람의 혈액의 pH는 7.40~7.45 정도의 일정한 값을 갖는다. 이것은 혈액 자체가 완충용액이고, 여기에는 $H_2PO_4^-$ ~HPO_4^{2-}, H_2CO_3~HCO_3^- 및 아미노산, 즉 단백질 등을 포함하고 있기 때문이다. 이 중 혈액에서 HCO_3^-/CO_2 비는 가장 중요한 요소인데 이것이 다음 Henderson—Hasselbach식에 따라 혈액의 pH와 깊은 관계를 가진다.

$$pH = 6.1 + \log \frac{[HCO_3^-]}{[H_2CO_3]} \tag{4.30}$$

이 식에서 H_2CO_3는 CO_2 양과 같고 6.1은 혈액 속에서 탄산의 pK_1이다. 혈액 속에는 보통 HCO_3^-가 2.60×10^{-2} M, CO_2가 1.3×10^{-3} M씩 녹아있기 때문에 혈액의 pH는 거의 7.4로 유지된다.

4.3 중화적정 응용

⊃ NaOH 표준용액

NaOH는 보통 약간의 물이나 탄산가스를 흡수하여 탄산염을 만들기 때문에 일차표준물로 직접 사용할 수 없다. 그 이유는 탄산염을 포함하는 수산화소듐 용액이 산과 반응하여 완충용액을 만들므로 약한 산을 적정할 때 선명한 종말점을 검출하기 어렵게 하기 때문이다. 따라서 수산화소듐의 표준용액을 만들 때에는 탄산염을 제거시켜 대략 원하는 농도의 용액으로 만들고, 이것의 정확한 농도는 일차표준물을 사용하여 표정(표준화)해서 결정한다. 탄산염을 제거시키는 방법은 보통 NaOH의 포화용액을 만들고, 이때 생기는 침전물은 걸러서 제거시킨다. 그리고 가열하여 탄산가스를 제거시킨 증류수를 사용하여 적당한 농도로 묽힌다. NaOH의 포화용액에서는 탄산염이 NaOH보다 용해도가 적어서 먼저 침전되기 때문이다. 그러나 이런 방법은 KOH의 포화용액에서는 탄산포타슘이 잘 녹기 때문에 적용할 수 없다.

탄산염을 제거시키는 다른 한 가지 방법은 NaOH 또는 KOH용액에 바륨염을 과량 가하여 생성된 탄산바륨 침전을 걸러서 제거하는 방법이다. 이때 용액에 Ba^{2+} 이온이 불순물로 존재하지만 보통 이것은 문제가 되지 않고, 이 용액을 양이온교환 수지관에 통과시키면 과량의 Ba^{2+}은 수지의 K^+ 또는 Na^+ 이온과 이온 교환되므로 쉽게 제거시킬 수 있다. NaOH 용액은 공기 중의 탄산가스를 흡수하여 탄산염을 만들므로 공기를 차단시키기 위해 탄산가스를 흡수하는 ascarite(석면가루에 NaOH를 섞은 것)관을 부착해야 하고 보관 병은 내강알칼리성의 pyrex나 폴리에틸렌 병을 사용해야 한다.

이 외에도 탄산염이 없는 염기용액을 만드는 방법으로 $Ba(OH)_2$ 용액을 만드는 방법과 Na 또는 K와 같은 순수한 알칼리금속을 물에 녹여서 만드는 방법이 있다. 알칼리금속을 물에 녹일 때에는 폭발될 위험성이 있으므로 주의해야 한다.

염기용액의 표정에는 보통 프탈산수소포타슘(potassium hydrogen phthalate, potassium biphthalate), 옥살산, 벤조산, 2−furoic acid 등이 일차표준물로 사용되며 KHP는 일가산이며 매우 순수하고 당량무게가 204.2로 크고 해리상수는 $K_a = 3.9 \times 10^{-6}$인 약산이지만 NaOH와 적정할 때 만족할 만한 종말점을 나타낸다.

Potassium biphthalate
Potassium acid phthalate   2 - Furoic acid

2−Furoic acid는 매우 순수하고 당량무게(112.08)가 적지만 적당히 센 산(해리상수: $K_a = 8.63 \times 10^{-4}$)이므로 대단히 예리한 종말점을 나타낸다.[1]

---

1) W. F. Koch, W. C. Hoyle and H. Diehl, *Talanta*, 1975, 22, 717; **1976**, 23, 509.

⊃ 염산 표준용액

일반적으로 산 표준용액으로 염산을 사용한다. 묽은 염산은 대단히 안정하고 시료용액에 존재할 수 있는 보통의 양이온과 침전을 만들지 않기 때문이다. 만일 침전을 만드는 경우는 과염소산이나 황산 표준용액을 이용할 수도 있으나 질산은 산화성 산이므로 거의 이용하지 않는다. 진한 염산은 직접 일차표준물로 사용할 수 없고 염산 표준용액을 만들 때는 보통 두 방법이 이용된다. 한 가지는 "함께 끓는 염산"을 만들어 이것을 일차표준물로 사용하여 직접 만드는 방법이고 다른 하나는 12 M의 진한 염산을 증류수로 묽혀 대략 원하는 농도의 용액을 만들고, 이것을 염기의 일차표준물로 적정하여 정확한 농도를 결정하는 방법이다.

4-Aminopyridine, $C_5H_4N(NH_2)$도 염산의 표정에 일차표준물로 가장 유용하게 사용할 수 있는 염기이다.[2],[3] 이것은 화학식량이 94.12로 약간 낮지만 그 순도와 안정도는 매우 우수하다. 또 무수 탄산소듐(Na_2CO_3)도 자주 사용되는데 이것으로 표정된 염산 표준용액은 탄산염을 포함하지 않는 시료를 분석할 때 사용할 수 있고, 보통 메틸오렌지나 메틸레드를 지시약으로 사용한다.

그리고 탄산가스를 방출하는 경우는 종말점 검출법이 복잡하다. 가끔은 염산을 표정할 때 표정된 NaOH를 제이차 표준용액을 사용하기도 한다. 만약 NaOH용액이 잘 표정되었다면 이것으로 표정한 염산용액의 농도도 정확하게 된다.

이 외에도 THM(=tris(hydroxymethyl) aminomethane)[4], 옥살산포타슘, 사붕소산소듐(붕사)을 염산 표정에 일차표준물로 사용하는 경우도 있다

"함께 끓는 염산"은 일정한 조성을 갖는 염산이고 조성은 증류할 때의 대기압에 따라 결정된다. 진한 염산을 끓일 때 발생하는 증기의 조성은 일반적으로 용액의 조성과는 다르다. 만약 20 %(약 5.5 M)보다 진한 염산 용액을 끓이면 염화수소 함유량이 많은 증기가 발생된다. 따라서 증류플라스크에 남아있는 용액은 묽어져 대략 20 %에 접근한다. 한편 20 % 이하의 염산을 끓이면 염화수소의 함유량이 적은 증기를 발생하게 되어 플라스크에 남은 용액은 점점 진해져서 일정한 농도의 염산에 접근한다. 따라서 염산을 끓이면 최후에 일정한 조성의 염산, 즉 "함께 끓는 염산"을 얻게 되고 이 용액에서 발생

2) W. F. Koch, W. C. Hoyle and H. Diehl, *Talanta.*, **1975**, 22, 717.
3) W. F. Koch and H. Diehl, *ibid.*, **1976**, 23, 509.
4) W. F. Koch, D. L. Biggs and H. Diehl, *ibid.*, **1975**, 22, 637.

표 4.2 함께 끓는 염산의 조성

대기압(mmHg)	증류되는 염산의 농도 HCl g/100g 용액	HCl 1.00 mol을 포함 하는 용질의 무게(g)
780	20.173	180.621
770	20.197	180.407
760	20.221	180.193
750	20.245	179.979
740	20.269	179.766

하는 증기의 조성은 용액의 조성과 같다. 이런 염산은 증류할 때의 대기압에 따라 **표 4.2**와 같은 일정 농도의 염산을 얻을 수 있다. 이것을 일차표준물로 사용하여 정확한 일정량을 취해 증류수로 묽혀 직접 염산 표준용액을 만든다. 이때 증류수는 일단 끓여서 탄산가스를 제거한 후 사용한다.

센 산 대 센 염기 적정

센 산 대 센 염기 적정에서는 당량점에서 pH가 급격히 변한다. pH가 갑자기 변하는 것을 pH의 급변범위라 한다. 일반적으로 pH 급변범위는 적정이 99.9 %와 100.1 % 되었을 때의 pH값의 차를 의미한다. 이때의 적정곡선인 **그림 4.2**를 보면 당량점에서는 소

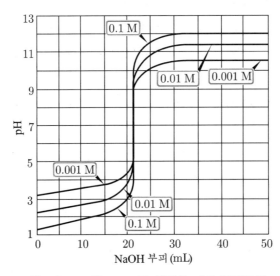

그림 4.2 HCl을 NaOH로 적정할 때의 적정곡선.

량의 적정시약이 가해져도 pH는 몇 단위로 크게 변한다.

또, 적정하는 시료용액과 적정시약의 농도가 진하면 pH 급변범위는 더 크다. 어떤 지시약이 pH 급변범위에서 변색한다면 그 지시약은 종말점을 검출하는 데 사용할 수 있다. 중화적정에서는 지시약으로 메틸레드, 페놀프탈레인 등의 여러 가지가 사용될 수 있다. 일반적으로 산－염기 적정은 대략 0.1~0.5 M의 적정시약을 사용한다. 만약 pH 급변범위가 큰 경우라면 0.01 M 또는 그 이하의 농도까지도 적정이 가능하다.

⤷ 약한 산 대 센 염기 적정

HA 또는 BH^+ 형태의 약산은 NaOH와 같은 센 염기로 적정할 수 있고, 이들은 중화 반응으로 A^- 나 B와 같은 짝염기를 생성한다.

$$HA + OH^- \rightarrow A^- + H_2O$$

$$BH^+ + OH^- \rightarrow B + H_2O$$

이때 적정곡선은 산의 해리상수의 크기에 의존하게 되고 산 농도의 영향은 적다. 적정이 진행되는 동안 적정시약의 부피에 따른 pH는 다음과 같이 계산할 수 있다.

• **0 % 적정** : 초기농도가 C인 약한 산(HA 또는 BH^+)의 pH를 계산하는 방법과 같다.

• **5~95 % 적정** : NaOH를 적정하는 당량만큼 HA는 짝염기 A^- 로 전환된다. 이 지역은 완충지역으로 pH는 산의 농도보다 $[A^-]/[HA]$ 비와 K_a값에 크게 의존된다.

$$K_a = \frac{[H^+][A^-]}{[HA]}$$

만약 P를 적정 %라고 하면 $[A^-]/[HA] = (100 - P)$와 같이 표시할 수 있고 여기서 $[H^+]$ 는 쉽게 계산할 수 있다.

$$K_a = \frac{[H^+]P}{100 - P} \rightarrow [H^+] = \frac{K(100 - P)}{P}$$

$$pH = -\log[H^+]$$

이 방법과는 달리 약한 산이나 그 짝염기의 농도를 구해서 완충용액의 pH 계산법으로 적정 중의 pH를 계산하는 방법도 있다.

예제 0.10 M 벤조산 100 mL에 0.10 M NaOH 용액을 20.0 mL, 50.0 mL, 90.0 mL를 가하였을 때의 pH를 계산하라. 단, 벤조산의 $pK_a = 4.20$이다.

풀이 적정시약을 가한 후 중화반응이 일어나고 남아있는 산과 생성된 짝염기의 농도를 구하고 그들을 Henderson–Hasselbach식에 대입하여 pH를 계산한다.

20.0 mL NaOH를 가했을 때:

$$\text{생성된 A}^- \text{의 농도} = \frac{0.10\,\text{M} \times 20.0\,\text{mL}}{100\,\text{mL} + 20.0\,\text{mL}} = \frac{2.0\,\text{mmol}}{120\,\text{mL}} = \frac{2.0}{120}\,\text{M}$$

$$\text{남은 HA의 농도} = \frac{0.10\,\text{M} \times 100\,\text{mL} - 0.10\,\text{M} \times 20.0\,\text{mL}}{100\,\text{mL} + 20.0\,\text{mL}} = \frac{8.0}{120}\,\text{M}$$

따라서 HA$^-$–A$^-$로 이루어진 완충용액의 pH계산법에 의해,

$$pH = pK_a + \log\frac{[\text{A}^-]}{[\text{HA}]} = 4.20 + \log\frac{2.0/120}{8.0/120} = 4.20 - 0.60 = 3.60$$

50.0 mL NaOH를 가했을 때:

$$pH = pK_a + \log\frac{5.0/150}{5.0/150} = 4.20 + 0.00 = 4.20$$

90.0 mL NaOH를 가했을 때:

$$pH = pK_a + \log\frac{9.0/190}{1.0/190} = 4.20 + 0.95 = 5.15$$

• **100 % 적정** : 원래의 산이 100 % A$^-$ 나 B와 같은 짝염기로 전환된 때이다. 만약 적정하는 동안 묽힘 효과를 무시하고 중화반응에 의해 생성된 염기 농도가 적정을 시작할 때 산의 농도 C와 같다고 하면 pH는 짝염기의 K_b로부터 계산할 수 있다.

$$\text{B} + \text{H}_2\text{O} \rightleftharpoons \text{BH}^+ + \text{OH}^- \ (\text{또는 A}^- + \text{H}_2\text{O} \rightleftharpoons \text{HA} + \text{OH}^-)$$

$$K_b = \frac{10^{-14}}{K_a} = \frac{[\text{BH}^+][\text{OH}^-]}{[\text{B}]} = \frac{[\text{OH}^-]^2}{C}$$

$$[\text{OH}^-] = (K_b C)^{1/2}$$

$$pOH = -\log[\text{OH}^-], \quad pH = 14 - pOH$$

그러나 100 % 적정되었을 때 묽힘 효과를 고려하면 다음과 같이 계산한다.

예제 0.10 M 벤조산 50.0 mL에 0.10 M NaOH 50.0 mL을 가했을 때 pH는?
단, 벤조산의 이온의 $K_b = 10^{-9.80}$이다.

풀이 중화반응에 의해 생성된 벤조산이온(A^-)의 농도는,

$$[A^-] = \frac{0.10\,M \times 50.0\,mL}{100\,mL} = 0.050\,M$$

$$A^- + H_2O \rightleftharpoons HA + OH^-$$

$$K_b = 10^{-9.80} = \frac{[HA][OH^-]}{[A^-]} = \frac{[OH^-]^2}{0.050}$$

$$[OH^-] = (10^{-9.80} \times 5.0 \times 10^{-2})^{1/2} = (5.0 \times 10^{-11.80})^{1/2}$$

$$pOH = 5.90 - \frac{1}{2}\log 5.0 = 5.55$$

$$pH = 14 - 5.55 = 8.45$$

이 예제를 보면 묽힘의 영향에 의한 pH 차이는 0.15 정도로 작다.

• **100 % 이상 적정** : 이때는 과량으로 가해진 NaOH의 농도로부터 pH를 계산한다. 그 이유는 100 %까지 적정할 때 생긴 약한 염기(A^-)는 센 염기 NaOH에 비해서 pH에 무시할 정도의 영향을 주기 때문이다.

이제 약한 염기를 HCl과 같은 센 산으로 적정할 때를 생각해 보자. 예로서 벤조산소듐을 HCl로 적정할 때 벤조산소듐은 거의 완전히 해리하므로 해리된 벤조산이온(A^-)과 HCl의 중화반응은 다음과 같다.

$$\begin{array}{c} A^- + H^+ \rightarrow HA \\ (HCl) \end{array}$$

시료용액(A^-)의 pH로부터 시작되어 HCl이 가해짐에 따라 pH가 감소하는 방향으로 적정곡선이 나타날 것이다. 그러나 벤조산이온 A^-를 HCl로 적정할 때 종말점은 분명하지 않다. 이것은 A^-가 너무 약한 염기($K_b = 10^{-9.80}$)이기 때문이다.

다양한 K_a값을 갖는 여러 가지 산에 대한 적정곡선들은 쉽게 계산하여 얻을 수 있고, 그들 적정곡선을 **그림 4.3**에 나타냈다.

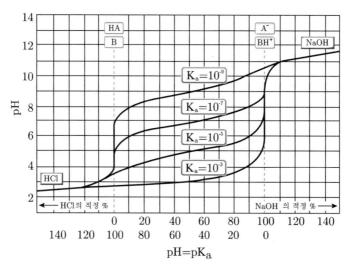

그림 4.3 산 해리상수, K_a 값에 따른 적정곡선.

이 적정곡선은 일양성자 산이나 일염기성 염기를 적정할 때의 경우이다. 그림의 왼쪽에서 오른쪽으로는 약한 산, HA 나 BH^+ 을 NaOH 로 적정할 때의 적정곡선이고 오른쪽에서 왼쪽으로는 약한 염기, B 나 A^- 을 HCl로 적정할 때의 적정곡선이다. 이들을 보고 알 수 있는 것은 첫째, 어떤 적정곡선이든 적정의 중간점(반이 중화된 지점)의 pH는 항상 그 산의 pK_a 값과 같다. 이 중간점은 50% 적정된 지점으로 HA 와 A^- 의 농도가 같을 때 또는 B 와 BH^+ 의 농도가 같을 때이다.

둘째는 종말점에서 곡선의 pH 급변범위는 그 산의 K_a 가 감소함에 따라 좁아지고 K_a 가 10^{-9} 일 때는 pH 급변이 아주 약하다. 따라서 이런 경우는 수용액에서 적정이 곤란하다. 그러나 약한 염기를 센 산으로 적정할 때는 그 염기의 짝산의 K_a 가 적을수록 급변범위는 더 크다. 이것은 약한 염기의 K_b 가 더 커지기 때문이다. 이런 경우는 NH_3 를 HCl과 같은 센 산으로 적정할 때이다.

⤳ 두 가지 산의 혼합용액의 적정

만약 K_a 값의 차가 큰 두 가지 산이 혼합되었을 때 이것을 센 염기로 적정하면 혼합물 중에서 센 산이 먼저 적정되며 그것의 당량점에서 pH 급변이 일어난다. 그 다음에 약산이 적정되어 그것의 당량점에서 두 번째의 pH 급변이 나타나므로 혼합된 상태에서

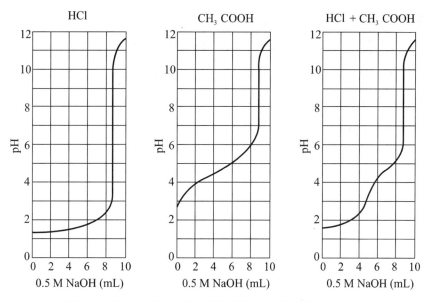

그림 4.4 염산과 아세트산의 단독용액과 혼합용액의 적정곡선.

두 산을 각각 정량할 수 있다. 이와 같은 경우는 두 가지 산의 해리상수의 비가 대략 10^{-3}이거나 그 이상일 때 가능하다. **그림 4.4**에 염산과 아세트산을 각각 단독으로 적정할 때와 두 산이 혼합되었을 때의 적정곡선을 나타냈다.

⟫ 다양성자산 적정

이양성자산이나 삼양성자산과 같은 다양성자산 또는 다염기성 염기는 단계적으로 해리된다. 이양성자산의 경우 두 단계 해리반응은 다음과 같다.

$$H_2A \ \rightleftharpoons H^+ + HA^-, \qquad K_1 = \frac{[H^+][HA^-]}{[H_2A]} \tag{4.31}$$

$$HA^- \rightleftharpoons H^+ + HA^-, \qquad K_1 = \frac{[H^+][HA^-]}{[H_2A]} \tag{4.32}$$

만약 K_1/K_2가 약 10^3보다 크면 2가산을 센 염기로 적정할 때 두 개의 pH 급변이 나타나고 각각 분리된 적정곡선이 나타날 것이다. 이때 세기가 다른 두 가지 산이 혼합되었을 때와 같은 경우이다. K_1/K_2가 크면 첫 번째 pH 급변이 크고 예리할 것이다.

예제 0.10 M 말론산(malonic acid, H_2A) 20.0 mL를 0.10 M NaOH 로 적정할 때 NaOH 용액을 10, 20, 30, 및 40 mL 가했을 pH를 계산하라. 그리고 전체 적정곡선을 그려라. 말론산의 $pK_{a1} = 2.85$ 이고, $pK_{a2} = 5.66$ 이다.

풀이 NaOH 10 mL 가했을 때: 말론산의 첫 번째 수소이온은 50 %가 중화된다.

따라서 $[HA^-] = [H_2A]$ 의 관계를 K_{a1} 표현식에 대입하면,

$$10^{-2.85} = \frac{[H^+][HA^-]}{[H_2A]} = [H^+]$$

pH = 2.85

NaOH 20 mL 가했을 때: 제1당량점의 pH이므로 근사식으로 계산하면,

$$pH \approx \frac{pK_{a1} + pK_{a2}}{2} \approx \frac{2.85 + 5.66}{2} \approx 4.26$$

NaOH 30 mL 가했을 때: 처음 20 mL는 malonic acid의 첫 번째 수소이온을 중화시키고 나머지 10 mL는 두 번째 수소이온을 50 % 중화시켰으므로 $[HA^-] = [A^{2-}]$ 이다. 따라서 이 관계를 K_{a2} 표현식에 대입하면,

$$10^{-5.66} = \frac{[H^+][A^{2-}]}{[HA^-]} = [H^+]$$

pH = 5.66

NaOH 40 mL 가했을 때: 말론산은 A^{2-} 까지 적정되고, 생성된 A^{2-}의 농도는 0.10 M × 20 mL/60 mL=0.033 M이 된다. pH는 A^{2-}에 대한 pK_b 값으로부터 계산할 수 있다.

$$pK_b = 14 - pK_{a2} = 8.34$$

$$A^{2-} + H_2O \rightleftharpoons HA^- + OH^-$$

$$10^{-8.34} = \frac{[HA^-][OH^-]}{[A^{2-}]} = \frac{[OH^-]^2}{0.033}$$

$$[OH^-]^2 = 3.3 \times 10^{-10.34}$$

$$[OH^-] = (3.3 \times 10^{-10.34})^{1/2}$$

$$pOH = 5.17 - \frac{1}{2} \log 3.3 \qquad pH = 9.09$$

⟳ 다염기성 염기 적정

탄산이온(CO_3^{2-})과 같이 K_1/K_2 비가 10^3 보다 큰 경우에는 다양성자 산의 경우와 같이 HCl과 같은 센 산으로 적정할 수 있다. 탄산소듐은 수용액에서 완전히 해리된다. 따라서 CO_3^{2-}의 단계별 해리상수는 탄산(H_2CO_3)의 해리상수를 이용하여 계산할 수 있다.

$$H_2CO_3 \rightleftharpoons H^+ + HCO_3^- \qquad K_{a1} = 4.45 \times 10^{-7} \qquad pK_{a1} = 6.35$$

$$HCO_3^- \rightleftharpoons H^+ + CO_3^{2-} \qquad K_{a2} = 4.70 \times 10^{-11} \qquad pK_{a2} = 10.33$$

따라서 CO_3^{2-}의 단계별 해리상수는 다음과 같다.

$$CO_3^{2-} + H_2O \rightleftharpoons HCO_3^- + OH^- \qquad K_{b1} = K_w/K_{a2} = 2.13 \times 10^{-4}$$

$$HCO_3^- + H_2O \rightleftharpoons H_2CO_3 + OH^- \qquad K_{b2} = K_w/K_{a1} = 2.25 \times 10^{-8}$$

CO_3^{2-} 용액에 HCl을 가하면 다음과 같은 중화반응이 거의 완전히 진행된다.

$$\text{제1당량점: } CO_3^{2-} + H^+ \rightleftharpoons HCO_3^- \qquad K = 1/K_{a2} = 2.13 \times 10^{10}$$

$$\text{제2당량점: } HCO_3^- + H^+ \rightleftharpoons H_2CO_3 \qquad K = 1/K_{a1} = 2.25 \times 10^{6}$$

CO_3^{2-} 용액을 HCl로 적정할 때의 pH 계산법을 요약하면 다음과 같다.

(1) 적정시약을 가하지 않았을 때: H_2CO_3의 제2해리만을 고려한다.

(2) 적정초기와 제1당량점 사이: 이때는 $CO_3^{2-} - HCO_3^-$의 혼합용액이고 pH는 중화 반응에 의해 생성된 HCO_3^- 와 반응하고 남은 CO_3^{2-}의 농도를 계산하여 완충용액의 pH 계산법에 의해 계산한다.

(3) 제1당량점: HCO_3^- 만의 용액이라 볼 수 있고 HCO_3^- 는 다음과 같이 산과 염기로 반응한다.

$$HCO_3^- \rightleftharpoons H^+ + CO_3^{2-}$$

$$HCO_3^- + H_2O \rightleftharpoons H_2CO_3 + OH^-$$

따라서 pH는 다음과 같은 근사식에 의해 계산한다.

$$pH = (pK_{a1} + pK_{a2})/2$$

(4) 제1당량점과 제2당량점 사이: $HCO_3^- - H_2CO_3$의 혼합용액이므로 $[HCO_3^-]$와 $[H_2CO_3]$를 구하여 완충용액의 pH 계산법으로 pH를 구한다.

(5) 제2당량점: 이때는 H_2CO_3만의 용액이라 볼 수 있고 H_2CO_3의 제1해리상수를 이용하여 pH를 계산한다.

(6) 제2당량점 이후: 이 pH는 완전히 과량으로 가해진 HCl의 농도로 결정된다.

예제 0.050 M의 Na_2CO_3 50 mL를 0.10 M의 HCl로 적정할 때 HCl을 0, 10, 25, 40, 50, 60 mL 가했을 때 각각의 pH를 계산하라.

풀이 HCl을 가하지 않았을 때:

$$CO_3^{2-} + H_2O \rightleftharpoons HCO_3^- + OH^-$$

$$[OH^-] = (K_{b1}C)^{1/2} = (2.13 \times 10^{-4} \times 5.0 \times 10^{-2})^{1/2} = 3.26 \times 10^{-3}$$

$$pH = 14 - pOH = 14 + \log(3.26 \times 10^{-3}) = 11.51$$

HCl을 10 mL 가했을 때: 제1당량점과 제2당량점 사이이므로,

$$[CO_3^{2-}] = \frac{0.050\,M \times 50\,mL - 0.10\,M \times 10\,mL}{50\,mL + 10\,mL} = 0.025\,M$$

$$[HCO_3^-] = \frac{0.10 \times 10\,mL}{50\,mL + 10\,mL} = 0.017\,M$$

$$pH = pK_{a2} + \log(0.025/0.017) = 10.50$$

HCl을 25 mL 가했을 때: 제1당량점이므로,

$$pH = (pK_{a1} + pK_{a2})/2 = (6.35 + 10.33)/2 = 8.34$$

HCl을 40 mL 가했을 때: 제1당량점과 제2당량점 사이이므로,

$$[HCO_3^-] = \frac{0.050\,M \times 50\,mL - 0.10\,M \times 15\,mL}{50\,mL + 40\,mL} = 0.011\,M$$

$$[H_2CO_3] = \frac{0.10\,mL \times 15\,mL}{50\,mL + 40\,mL} = 0.017\,M$$

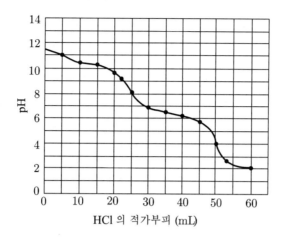

그림 4.5 0.050 M Na_2CO_3 50 mL를 0.10 M HCl로 적정할 때의 적정곡선.

$$pH = pK_{a1} + \log\frac{[HCO_3^-]}{[H_2CO_3]} = 6.35 + \log(0.011/0.017) = 6.16$$

HCl을 50 mL 가했을 때: 제2당량점이므로,

$$[H_2CO_3] = \frac{0.050\,M \times 50\,mL}{50\,mL + 50\,mL} = 0.025\,M$$

$H_2CO_3 \rightleftharpoons H^+ + HCO_3^-$에서

$$K_{a1} = \frac{[H^+][HCO_3^-]}{[H_2CO_3]} = \frac{[H^+]^2}{[H_2CO_3]} = 4.45 \times 10^{-7}$$

$$[H^+]^2 = 4.45 \times 10^{-7} \times 0.025 = 1.1 \times 10^{-8}$$

$$[H^+] = 1.1 \times 10^{-4}$$

$$pH = -\log(1.1 \times 10^{-4}) = 3.96$$

HCl을 60 mL 가했을 때: HCl이 제2당량점 이후까지 가해진 지점이므로,

$$[H^+] = \frac{0.10\,M \times 10\,mL}{50\,mL + 60\,mL} = 9.1 \times 10^{-3}\,M$$

$$pH = 3 - \log 9.1 = 2.04$$

이 예제와 같이 pH를 계산하여 적정곡선을 그리면 **그림 4.5**와 같다.

⊃ 종말점의 검출과 산-염기 지시약

중화 적정의 종말점은 pH 미터를 사용하여 실험적으로 얻은 적정곡선에서 구할 수

있고 보통 많이 이용되는 방법은 지시약을 사용하는 방법이다. 산－염기 지시약은 그 자체가 약산이거나 염기이다. 지시약의 색깔은 산성형과 염기성형일 때 서로 다르다. 산이나 염기를 적정할 때 지시약은 2차 산－염기로 작용한다. 따라서 산을 NaOH 로 적정할 때 지시약(이차 산)은 적정하고자 하는 산보다 약하고 약산이 적정된 후에 더 약산인 지시약이 적정된다.

일반적으로 적정에서 지시약은 소량 가하므로 지시약의 변색은 pH 급변범위에 포함된다. 지시약을 아주 많은 양 가한다면 **그림 4.6**의 a와 같이 지시약이 적정되어 2차 당량점이 나타난다. 지시약, HInd의 해리에 대한 해리상수는 다음과 같다.

$$HInd \rightleftharpoons H^+ + Ind^- \qquad K_a = \frac{[H^+][Ind^-]}{[HInd]} \tag{4.33}$$

HInd는 지시약의 산성형이고 Ind⁻ 는 염기성형이다. 지시약이 센 염기로 중화되면 염기형 Ind⁻ 로 변하게 된다. 일반적으로 사람의 눈에는 용액 중에 A 화학종의 수가 B 화학종의 수보다 10배 이상 많으면 A의 색으로 보이고 반대로 B 화학종의 수가 A의 수보다 10배 이상 많으면 B의 색으로 보인다. 이런 사실로부터 지시약이 변색하는 pH 변화범위를 계산할 수 있다. 지시약의 해리상수 식에서 $[Ind^-]/[HInd] = 1/10$일 때에는 산성형 HInd의 색이 나타날 것이고 이때의 pH는,

$$pH = pK_a + \log(1/10) = pK_a - 1$$

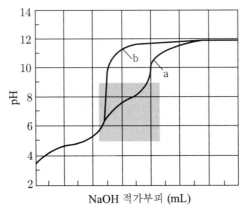

NaOH 적가부피 (mL)

그림 4.6 지시약의 양에 따른 적정곡선의 모양. (a) 지시약을 너무 많이 가할 때, (b) 지시약을 적당히 가할 때. 빗금부분: 지시약의 근사적 pH 전이범위.

$[Ind^-]/[HInd] = 10$일 때에는 염기형 Ind^-의 색이 나타나게 되고 그 pH는,

$$pH = pK_a + \log(10/1) = pK_a + 1$$

따라서 지시약의 색깔이 변하기 위해서는 pH가 $pK_a - 1$에서 $pK_a + 1$로 변한다.

$$pH(염기형) - pH(산성형) = (pK_a + 1) - (pK_a - 1) = 2$$

즉, pH 2 단위 변화가 나타나며 지시약들은 pH 2 단위의 변색범위를 갖는다.

←산성형($HInd$) 색 −|←산성형과 염기형의 혼색→|− 염기형(Ind^-) 색→

$pK_a - 1$ pK_a $pK_a + 1$

몇 가지 지시약은 변색범위가 다소 적으며 색에 따라 다르다. 페놀프탈레인은 산성형일 때 무색이고 염기형은 자홍색(빨강)이다. 이와 같이 한 가지 형태의 색깔만이 있으면 변색을 구별하기 쉽다. 이런 이유 때문에 페놀프탈레인은 대개 센산 대 센염기 적정의 지시약으로 사용된다. 그러나 0.001 M 이하의 묽은 용액에서는 페놀프탈레인의 변색범위가 적정곡선의 pH 급변지역에서 벗어나므로 브롬티몰블루와 같은 다른 지시약을 사용해야 한다. 어떤 적정에서 지시약을 선택할 때는 적정곡선에서 나타나는 pH 급변범위 내에서 색이 변하는 지시약을 택해야 한다. 표 4.3에 여러 가지 산−염기 지시약의 성질과 지시약 용액을 만드는 방법 등을 수록했다.

표 4.3 여러 가지 지시약의 성질과 지시약 용액 만드는 방법

지시약	변색 pH	산성형색	염기형색	만드는 방법
Methyl violet	0.0~1.6	노란색	파란색	0.05 % 수용액
Cresol red	0.2~1.8	붉은색	노란색	0.1 g을 0.01 M NaOH 26.2 mL에 녹이고 물 약 225 mL를 가함
Cresol purple	1.2~2.8	붉은색	노란색	위와 같음
Thymol blue	1.2~2.8	붉은색	노란색	0.1 g을 0.01 M NaOH 21.5 mL에 녹이고 물 약 225 mL를 가함
Methyl orange	3.1~4.4	붉은색	오렌지	0.01 % 수용액
Methyl red	4.8~6.0	붉은색	노란색	0.02 % 에탄올:물(6:4) 용액
Phenol red	6.4~8.0	노란색	붉은색	0.1 g을 0.01 M NaOH 28.2 mL에 녹이고 물 약 225 mL를 가함
Phenolphthalein	8.0~9.6	무색	붉은색	0.05 % 에탄올:물(5:5) 용액

⊃ 약산의 pK_a와 분자량 측정

약산을 센 염기로 50 % 적정했을 때에는 중화되지 않은 산의 농도와 중화되어 생긴 염의 농도는 서로 같다(그림 4.3 참조). 이 관계를 약산의 해리상수 식에 대입하여 계산하면 약산의 pK_a 값을 구할 수 있다.

$$K_a = \frac{[H^+][A^-]}{[HA]}$$

$$K_a = [H^+]$$

$$pK_a = pH$$

이와 같은 방법으로 약한 염기의 pK_b 값도 구할 수 있다. 이러한 적정을 할 때는 pH 미터를 사용하여 전위차 적정으로 정확한 적정곡선을 얻어야 한다. 만약 어떤 산의 농도와 해리상수가 대략 알려졌다면 적당한 지시약을 선택할 수 있고 NaOH 표준용액으로 직접 적정할 수 있다.

중화적정은 산의 분자량을 측정할 수 있다. 그러나 분자에서 산성기의 수가 알려져 있지 않을 때에는 당량무게만을 구할 수 있다.

> **예제** HA 와 같은 일양성자 산 6.0 g을 증류수에 녹여 1 L로 만든 후 시료 40.0 mL 취하여 0.100 M의 NaOH 표준용액으로 적정했더니 40.0 mL의 NaOH 가 소비되었다. 이 산의 분자량은 얼마인가?
>
> **풀이** HA의 몰농도 $= \dfrac{0.100\ M \times 40.0\ mL}{40.0\ mL} = 0.100\ M$
>
> 따라서 $\dfrac{6.0\ g}{MW} = 0.100\ mol$
>
> $MW = \dfrac{6.0\ g}{0.100\ mol} = 60\ g/mol$

• Na_2CO_3과 $NaHCO_3$ 혼합물의 적정

탄산소듐은 탄산수소소듐의 짝염기이다. 이들 혼합물을 적정할 때는 그림 4.5의 탄산소듐을 HCl로 적정할 때처럼 제2종말점은 용액을 끓여서 탄산의 대부분을 탄산가스로 제거시킬 때 아주 예리해진다.

$$H_2CO_3 \rightarrow H_2O + CO_2(g)$$
가열

제1종말점(CO_3^{2-}가 HCO_3^-로 전환)에서는 페놀프탈레인 지시약이 붉은색에서 무색으로 변한다. 이 변화는 점진적이고 정확도는 보통이다. 제1종말점이 지나면 HCO_3^-가 $CO_2(g)$로 전환되기 시작한다. 이 적정은 제2종말점에서 완결된다. 메틸오렌지는 제2종말점에서 노란색에서 분홍색으로 변한다. 이때는 페놀프탈레인 종말점보다 더 예리하지만 아직도 변화는 점진적이다. 가장 좋은 방법은 메틸레드 지시약을 사용하여 붉은색으로 변할 때까지 적정하는 방법이다. 그때 색변화는 매우 예리할 것이다. 이 지점에서 녹아있는 탄산을 제거하기 위해 용액을 1분 정도 끓이고, 식힌 다음 메틸레드의 색이 노란색에서 분홍색으로 될 때까지 적정을 계속한다.

Na_2CO_3와 $NaHCO_3$는 종종 함께 존재한다. 이 혼합물은 **그림 4.7**처럼 K_b가 다른 두 가지의 염기 혼합물을 적정할 때와 같은 방법으로 적정할 수 있다. 이때 Na_2CO_3는 센 염기($pK_{b1} = 3.68$)로 작용하고 $NaHCO_3$는 약한 염기($pK_{b2} = 7.63$)로 작용한다. 이들의 적정곡선은 각각 분리되어 제1종말점과 제2종말점이 나타난다. 이들 혼합물을 HCl 표준용액으로 적정하는 방법을 요약하면 다음과 같다.

(1) 제1종말점까지 페놀프탈레인 지시약을 사용해서 적정한다. 종말점은 CO_3^{2-}가

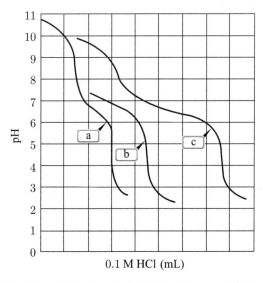

그림 4.7 (a) Na_2CO_3 (b) $NaHCO_3$ (c) $Na_2CO_3 + NaHCO_3$을 HCl로 적정할 때.

HCO_3^- 로 완전히 중화되는 지점이다.

(2) 메틸오렌지나 메틸레드를 사용하여 적정을 계속한다. 이때 용액 내의 HCO_3^- 는 모두 CO_2 로 전환된다. 이때 적정되는 HCO_3^- 는 원래의 $NaHCO_3$의 양과 제1종 말점까지 Na_2CO_3가 중화되어 생성된 HCO_3^- 이온의 양을 합한 것이다. 따라서 제1종말점까지 소비된 부피보다 더 소비될 것이다. 시료에 존재하는 CO_3^{2-} 와 HCO_3^- 이온의 양은 페놀프탈레인 종말점과 메틸오렌지(또는 메틸레드) 종말점 에서 읽은 뷰렛 눈금으로부터 계산한다.

예제 Na_2CO_3 와 $NaHCO_3$ 혼합물을 물에 녹여 $0.10\,M$ HCl로 적정하였다. 페놀프 탈레인 종말점까지 소비된 염산은 $12\,mL$이고 메틸오렌지 종말점에서의 뷰렛의 부피는 $34\,mL$이었다. 시료 중의 각각은 몇 mol씩 들어 있는가?

풀이 $12\,mL$ HCl : $CO_3^{2-} \rightarrow HCO_3^-$ (페놀프탈레인 지시약)

   $+\ 12\,mL$ HCl : 제1종말점까지 $HCO_3^- \rightarrow H_2CO_3$ (메틸렛 지시약)

   _____

   $24\,mL$ HCl : $CO_3^{2-} \rightarrow H_2CO_3$

   $34-24=10\,mL$: 원래 존재하는 $HCO_3^- \rightarrow H_2CO_3$

   $12\,mL \times 0.1\,M = 1.2\,mmol\ CO_3^{2-}$ (Na_2CO_3의 몰수)

   $10\,mL \times 0.1\,M = 1.0\,mmol\ HCO_3^-$ ($NaHCO_3$의 몰수)

NaOH 와 Na_2CO_3의 혼합물도 두 개의 다른 종말점을 나타내기 때문에 HCl로 적정 하여 각각 분석할 수 있다. NaOH 는 Na_2CO_3보다 센 염기이다. 그러나 적정곡선에서 종말점이 세 개로 나타날 정도는 안 된다. 제1종말점(페놀프탈레인)까지는 NaOH $+CO_3^{2-}$가 적정된다. 제1종말점과 제2종말점 사이에서는 원래시료에 존재하는 CO_3^{2-} 로 부터 생긴 HCO_3^-가 적정된다. 이 적정에서 제1종말점까지 HCl 소비량이 $30\,mL$이고 제2종말점까지는 $42\,mL$이었다면 HCO_3^- 의 적정에 소비된 HCl은 $42-30=12\,mL$이다. 따라서 HCl $12\,mL$는 원래의 CO_3^{2-}을 HCO_3^-로 적정하는 데 소비된 것이다. 원래 시 료의 OH^-를 적정하는 데는 $42-24=18\,mL$의 HCl이 소비될 것이다.

NaOH와 NaHCO₃ 혼합물은 용액에서 NaOH와 HCO_3^-가 반응하여 CO_3^{2-} 이온을 생성하기 때문에 존재할 수 없다.

⊃ Kjeldahl법에 의한 질소정량

Kjeldahl법은 순수한 유기화합물, 식료품, 비료 등과 같은 질소를 포함하는 유기시료를 분석하는 데 매우 중요하다. 식료품과 동물 먹이에서 단백질 함량은 Kjeldahl법에 의한 질소의 정량으로부터 대략 계산된다. 이 방법은 몇 단계로 이루어지며 각 단계별로 간단히 요약하면 다음과 같다.

• 예비환원 단계

Kjeldahl법은 아민이나 아마이드의 질소를 정량한다. 예비환원은 무기 질산이온(NO_3^-), 유기 나이트로화합물 또는 아조화합물, 기타 어떤 특정 화합물을 위하여 필요하다.

• 분해(삭임) 단계

시료를 Kjeldahl 플라스크에 넣고 황산과 함께 가열하여 분해한다. 이때 유기물질은 CO_2와 H_2O로 산화되고 질소는 NH_4HSO_4로 전환된다.

$$유기물(C, H, N) \xrightarrow[H_2SO_4]{O} CO_2 + H_2O + NH_4HSO_4$$

이때 플라스크에 $KHSO_4$을 넣고 가열하면 끓는점을 높이는 역할을 한다. 또 수은, 구리, 셀렌 화합물을 첨가하면 분해속도를 증가시키는 촉매역할을 한다.

• 증류 단계

분해가 완결되면 용액은 식히고 NaOH의 진한 수용액을 조심하여 가한다. 이때 황산 위에 한 개의 층이 분리될 것이다. 플라스크를 증류장치에 연결하고 분리된 층이 섞이도록 저어준다. NaOH는 H_2SO_4와 중화되고 암모늄염으로부터 암모니아가 발생될 것이다.

$$2OH^- + NH_4HSO_4 \rightarrow NH_3(g) + 2H_2O + SO_4^{2-}$$
(NaOH)

암모니아가 물과 함께 증류되도록 가열한다. 이때 증발손실이 없도록 해야 한다.

• 적정 단계

원래의 방법과 수정된 방법이 있다. 원래 방법은 받는 용기에 처음에 염산 표준용액을 과량으로 정확한 부피를 넣고 여기에 증류되어 나오는 암모니아가 중화되도록 한다. 암모니아를 중화시키고 염산의 일부는 남아 있을 것이다.

$$H^+ + NH_3 \rightarrow NH_4^+$$
(HCl)

이 과량 염산을 NaOH로 역적정하면 염산과 반응한 NH_3의 mol수를 알 수 있다. Kjeldahl법의 수정된 방법은 암모니아를 중화시키기 위해 붕산을 사용하며 증류된 암모니아는 적당량의 붕산 포화용액과 중화되어 붕산암모늄을 생성하고 붕산은 매우 약한 산($K_a = 10^{-9}$)이므로 이것의 정확한 양을 알 필요가 없다.

$$NH_3 + H_3BO_3 \rightarrow NH_4^+ + H_2BO_3^-$$

HBO_3^- (borate)는 붕산의 짝염기이고 $pK_b = 5.0$이다. 이 $H_2BO_3^-$ 를 HCl 표준용액으로 적정한다. 이때 과량으로 존재하는 붕산의 방해는 없다.

$$H^+ + H_2BO_3^- \rightarrow H_3BO_3$$
(HCl)

고전적 Kjeldahl법에서 분해와 증류 단계는 1~2시간 정도로 시간이 많이 소비된다. 그러나 좀 더 개량된 새로운 방법은 아주 빠르다.[5] 이 방법은 분말시료를 달아 증류플라스크에 넣고 여기에 $H_2SO_4 + H_2O_2$ 혼합물을 가한다. 후드에서 아스피레이터를 장치하고 전기히터로 플라스크를 가열한다. 2~3분 가열한 후에 $H_2O_2 + H_2SO_4$를 다시 가하고, 약간 더 가열하여 완전히 유기물을 분해시킨다. 플라스크를 가열장치로부터 옮겨서 식힌 후 물을 사용하여 다른 플라스크에 옮긴다. 여기에 네슬러 시약을 암모니아와

---

5) Hach Co., *Ames. Jowa.*, 1984.

함께 반응하여 색깔이 나타날 때까지 가한다. 플라스크는 어떤 일정한 부피까지 묽어진다. 원래 시료에서 질소의 양은 분광광도계를 사용하여 흡광도를 측정함으로써 분석할 수 있다. 이 방법에 의하면 대부분의 시료에서 질소를 완전히 분석하는 데 10분 이내의 시간이 소비된다.

4.4 비수용매에서의 중화적정

물이 아닌 유기용매에서도 중화적정 할 수 있다. 비수용매에 녹인 산이나 염기의 시료용액을 비수용매에 녹인 센 염기나 센 산의 표준용액으로 적정하는 것을 비수용매에서의 적정이라 하며 이때도 지시약이나 pH 미터를 사용하여 종말점을 검출한다. 이런 적정의 정확도는 수용액에서 적정할 때와 같거나 더 좋다.

이런 적정의 특성은 두 가지이며 그 하나는 많은 약산과 염기들은 유기화합물이므로 물보다 적당한 유기용매에서 용해도가 더 크다는 점과 두 번째는 수용액에서 적정할 때 아주 약산이나 약한 염기는 적당한 유기용매에서 더 센 산이나 센 염기로 작용하므로 더 정확하다는 점이다. 예를 들면 수용액에서 K_a 나 K_b 값이 10^{-7} 보다 작은 산이나 염기를 적정할 때는 pH 급변이 뚜렷하지 않아서 적정이 곤란하지만 아세트산, 피리딘, t-부틸알코올, 아세톤과 같이 적당한 비수용매에서는 더 센 산이나 염기로 작용하므로 적정이 가능하다.

HCl 과 $HClO_4$ 같은 산을 아세트산 용매에 녹이면 $CH_3COOH_2^+$ 와 같은 산의 형태로 용매화된다. 암모니아를 센 산으로 적정할 때 물과 아세트산을 사용하는 경우를 예로 들어 비수용매에서 적정의 이점에 대해 알아보자.

$$H_3O^+ + NH_3 \rightleftharpoons H_2O + NH_4^+$$

$$CH_3COOH_2^+ + NH_3 \rightleftharpoons CH_3COOH + NH_4^+$$

아세트산은 물보다 훨씬 센 산이기 때문에 산성 용매이고 물은 염기성 용매로 작용함을 알 수 있다. 따라서 아세트산에서 중화반응이 훨씬 더 잘 진행된다. 따라서 $CH_3COOH_2^+$ 는 H_3O^+ 보다 센 산이다. 그리고 암모니아는 물보다 아세트산에서 센 염기로 작용한다. 이와 반대로 염기성 용매에서는 약산도 물에서보다 더 센 산으로 작용하므로 약산도 염기성 용매에서는 적정이 가능하다.

• 용매의 평준화 효과

용매는 양성자성과 비양성자성으로 분류되고 양성자성 용매는 다시 산성과 염기성 용매로 나누며 용매가 산성으로 작용하고, 염기성으로도 작용하는 것을 양쪽성 용매라 한다. 몇 가지 용매에 대한 자체양성자 이전반응은 다음과 같다.

$$\text{일반적인 경우} : SH + SH \rightleftharpoons SH_2^+ + S^-$$

$$\text{양성자성 용매} : H_2O + H_2O \rightleftharpoons H_3O^+ + OH^-$$

$$CH_3OH + CH_3OH \rightleftharpoons CH_3OH_2^+ + CH_3O^-$$

$$\text{산성 용매} : CH_3COOH + CH_3COOH \rightleftharpoons CH_3COOH_2^+ + CH_3COO^-$$

$$\text{염기성 용매} : NH_3 + NH_3 \rightleftharpoons NH_4^+ + NH_2^-$$

수용액에서 $HClO_4$, H_2SO_4, HCl, HNO_3는 모두 같은 세기의 센 산이고 100% 해리한다. 이때 H_2O는 ClO_4^-나 Cl^-보다 훨씬 센 염기이기 때문에 일어나는 반응이며 생성된 하이드로늄(또는 옥소늄) 이온, H_3O^+은 $HClO_4$이나 HCl보다는 약산이다. 그리고 이들 반응의 평형은 다 같이 완전하게 진행되므로 실험적으로는 구별할 수 없고 수용액에서는 과염소산과 염산의 세기가 서로 같고 사실상 모두 H_3O^+이온과 같은 수화된 형태로 되어 버린다. 이런 현상을 센 산에 대한 물의 평준화 효과(leveling effect)라 한다. 수용액에서는 옥소늄이온보다 센 산이 있을 수 없고 이것이 가장 센 산이다. 이와 같은 현상은 비수용액에서도 일어나고 HA와 같은 센 산을 용매, SH에 녹이면 다음과 같이 완전히 해리된다.

$$HA + SH \rightarrow SH_2^+ + A^- \tag{4.34}$$

이 용매 중에서 모든 센 산은 SH_2^+로 평준화되고 이것이 가장 센 산의 형태이다. 그러나 HA가 약산이라면 해리상수 K_a값의 크기로써 약산의 세기를 나타낸다.

$$K_a = \frac{[SH_2^+][A^-]}{[HA]} \tag{4.35}$$

한편 센 염기, B를 용매, SH에 녹이면 다음과 같이 완전히 해리된다.

$$B + SH \rightarrow BH^+ + S^- \qquad (4.36)$$

센 염기 B는 존재하지 않고 모두 S^-로 평준화되며 S^-의 가장 센 염기로 존재한다. 만약 B가 약한 염기라면 해리상수, K_b의 크기로 염기의 세기를 나타낸다.

$$K_b = \frac{[BH^+][S^-]}{[B]} \qquad (4.37)$$

예로써 메탄올에서는 $CH_3OH_2^+$가 가장 센 산이고 CH_3O^-는 가장 센 염기이다.

⊃ 양쪽성 용매에서 중화반응

무수아세트산 중에서 $CH_3COOH_2^+$와 같은 센 산으로 약한 염기 B를 적정하는 경우의 중화반응은 다음과 같다.

$$B + CH_3COOH_2^+ \rightleftharpoons BH^+ + CH_3COOH$$

$$K = \frac{[BH^+]}{[B][CH_3COOH_2^+]}$$

여기에 용액의 $[CH_3COO^-]$을 분모와 분자에 곱하고 정리하면 다음과 같다.

$$K = \frac{[BH^+][CH_3COO^-]}{[B][CH_3COOH_2^+][CH_3COO^-]} = \frac{K_b}{K_s}$$

HA를 에탄올에서 센 염기, C_2H_5ONa로 적정하는 경우 중화반응은 다음과 같다.

$$HA + C_2H_5O^- \rightleftharpoons C_2H_5OH$$

$$K = \frac{[A^-]}{[HA][C_2H_5O^-]}$$

이 식의 분모와 분자에 용액의 수소이온농도, $[C_2H_5OH_2^+]$를 곱하고 정리하면,

$$K = \frac{[A^-][C_2H_5OH_2^+]}{[HA][C_2H_5O^-][CH_5OH_2^+]} = \frac{K_a}{K_s} \qquad (4.38)$$

식 (4.38)에서 평형상수, K 는 산 또는 염기의 세기를 표시하는 K_a 와 K_b 뿐만 아니라 용매의 자체해리상수, K_s 와 깊은 관계를 갖는다. K 는 K_s 값이 작을수록 커지므로 중화반응이 더 완전하게 진행된다는 것을 알 수 있다.

pK_s =19.1의 에탄올 용매에서 0.100 N의 센 산을 0.100 N의 센 염기로 적정할 때 중화반응은 다음과 같다.

$$C_2H_5OH_2^+ + C_2H_5O^- \rightarrow 2C_2H_5OH$$

이때 $pH_{99.9}$는 4.3이고, $pH_{100.1}$는 14.8이므로 당량점에서 pH 급변범위는 10.5이며, 이것은 수용액에서 적정할 때의 5.4보다 훨씬 크다. 따라서 에탄올 용액에서 약산을 적정하면 수용액에서보다 더 넓은 pH 급변범위를 나타내므로 K_a 값이 작은 약산도 정확히 적정할 수 있다.

용매의 선택 : 비수용매에서 중화적정에 사용되는 용매는 다음 성질들을 갖추어야 한다.

(1) 자체양성자이전상수, K_s 값이 가급적 작을수록 좋다.
(2) 약한 염기를 적정할 때에는 양성자를 잘 내어주는 산성 용매가 효과적이며 약산을 적정하는 경우에는 양성자를 잘 받는 염기성 용매가 효과적이다.
(3) 용매의 유전상수는 큰 값일수록 좋다.
(4) 용매는 적정하고자 하는 시료를 잘 녹일 수 있어야 한다.

이러한 점들을 고려하여 일반적으로 약한 염기를 적정하는 경우에는 아세트산 용매를 널리 이용하는데 이것은 유전상수가 작은 것이 단점이다. 이에 비하면 포름산은 유전상수가 크므로 더 효과적으로 이용되고 있다.

중성용매인 메탄올과 에탄올은 비수용매에서의 중화적정에 널리 이용되는데 이들은 자체해리수가 작지만 유전상수가 작은 것이 결점이다. 그러나 NH_4^+ 와 같은 전하를 갖는 약한 산을 CH_3ONa 로 적정할 때는 유효하다. 약한 염기를 적정할 때는 유전상수가 작은 것이 다소 불리하지만 에틸렌다이아민(ethylenediamine, $H_2NCH_2CH_2NH_2$)이 가장 훌륭한 용매이다.

⊃ 산과 염기 표준용액

비수용매에서 중화적정할 때 가장 널리 사용되는 산 표준용액은 비수용매에 녹인 과염소산 용액이고 염기 표준용액으로는 알칼리 금속을 비수용매에 녹인 용액과 사차 암모늄 수산화물 용액이 널리 사용된다.

• **과염소산 표준용액** : 이것은 무기산 중에서 가장 센 산이므로 약한 염기를 비수용매에서 적정할 때 아세트산 용매나 나이트로메테인(nitromethane), 클로로포름과 같은 적당한 비염기성 용매에 녹여서 산 표준용액으로 사용된다. 용매 중에 소량의 수분이 존재하면 평준화 효과가 일어나고 적정곡선이 선명하지 못하기 때문에 수분은 제거해야 한다. 포함된 수분을 제거하기 위해 적당량의 무수 아세트산을 가한다. 이때 무수아세트산과 물의 산 촉매반응의 속도가 빨라 물이 제거된다.

⊃ 종말점 검출법

비수용매에서 적정할 때 종말점은 산－염기 지시약을 이용하기도 한다. 그러나 지시약의 변색 pH 범위는 용매의 종류에 따라 다르기 때문에 전위차 적정법을 이용하여 종말점을 검출하는 것이 더 좋다.

4.1 다음 산과 염기에 대한 짝염기와 짝산의 화학식을 써라.

(a) NH_4Cl

(b) HNO_2

(c) $C_2H_2(COOH)_2$ (fumaric acid)

(d) NaCN

(e) NH_2NH_2

(f) C_6H_5N

4.2 다음 양쪽성 용매가 산(HA)이나 염기(B)와 어떻게 반응하는지 산—염기 반응식을 써라.

(a) C_2H_5OH (b) CH_3CO_2H

(c) HCO_2H

4.3 수용액에서 다음 물질의 해리반응을 써라.

(a) CH_3COOH (b) NH_3

(c) CH_3COONa (d) NH_4Cl

4.4 다음과 같은 물질의 수용액에 대한 pH를 계산하라.

(a) 1.0×10^{-8} M HCl   (b) 0.010 M NaOH

(c) 0.10 M CH_3CO_2H (d) 0.10 M CH_3CO_2Na

(e) 0.10 M NH_4Cl (f) 0.10 M NH_3

4.5 다음 각 혼합용액의 pH를 계산하라(주어진 농도는 혼합된 상태의 농도임).

(a) 0.50 M NH_4Cl + 0.50 M NH_3

(b) 0.10 M CH_3CO_2H + 0.05 M NaAc

4.6 0.10 M Na_2CO_3의 pH를 계산하라(μ=0.1일 때 H_2CO_3의 $K_{a1} = 4.30 \times 10^{-7}$, $K_{a2} = 4.80 \times 10^{-11}$).

4.7 $25\,°C$에서 0.10 M KCl 용액의 pH 를 계산하라. 단, 0.10 M 에서의 H^+와 OH^-의 활동도계수는 각각 0.83과 0.76이다.

4.8 완충용액과 완충용량에 대해 설명하라.

4.9 염기 표준용액을 탄산염이 없도록 만들어야 한다. 그 이유는 무엇인가?

4.10 0.2 M 아세트산($K_a = 1.75 \times 10^{-5}$) 을 사용하여 pH 5.10인 완충용액 1 L 를 만드는 방법을 설명하라.

4.11 0.2 M NH_3($K_b = 1.75 \times 10^{-5}$) 용액을 사용하여 pH 9.30인 완충용액 1 L를 만드는 방법을 설명하라.

4.12 다음의 산―염기 적정에서 50.0, 99.9, 100.0 및 100.1 % 적정되었을 때의 pH를 계산하고, 적정에 사용할 수 있는 지시약을 선택하라.
(a) 0.10 M 아세트산($K_a = 1.75 \times 10^{-5}$) 100 mL를 0.100 M NaOH 로 적정
(b) 0.10 M 암모니아($K_b = 1.75 \times 10^{-5}$) 100 mL를 0.100 M HCl 로 적정

4.13 페놀프탈레인 지시약을 사용하여 412.1 mg의 Na_2CO_3 를 HCl로 적정할 때 39.20 mL 의 염산이 소비되었다. 염산의 농도를 구하라. 만약 브롬크레졸그린 지시약을 사용했다면 어떻게 되겠는가?

4.14 프탈산수소포타슘 836.2 mg을 적정하는 데 NaOH 용액이 41.96 mL가 소비되었다면 NaOH 의 농도는 얼마인가?

4.15 대기압이 750 mmHg인 곳에서 만든 함께 끓는 염산 18.022 g을 취해 정확히 1 L 용액을 만들면 이 염산 용액은 몇 M이 되겠는가?

4.16 $NaHCO_3$와 Na_2CO_3를 포함하는 시료 1.0000 g을 물에 녹여 0.1000 M HCl로 적정했다. 페놀프탈레인 지시약을 사용하여 무색이 될 때까지 17.50 mL의 염산이 소비되고 메틸레드를 지시약을 넣어 같은 염산용액으로 적정하였을 때는 40.10 mL가 소비되었다. 시료에서 $NaHCO_3$와 Na_2CO_3의 함량(%)을 계산하라.

4.17 Kjeldahl법으로 식품 중의 질소를 분석하기 위해 식품시료 1.0000 g을 황산으로 분해시킨 후에 증류하여 증류되는 암모니아를 0.1000 M HCl 용액 50.0 mL에 수집했다. 이때 미반응의 염산을 0.1200 M NaOH 표준용액으로 역적정 했을 때 24.60 mL가 소비되었다. 시료 중의 질소(N)의 함유량을 계산하라.

CHAPTER 05 • EDTA에 의한 착화법 적정

5.1 착화물과 착화법 적정

5.2 EDTA 적정과 지시약

5.3 EDTA 적정 응용

5.1 착물과 착화법 적정

분석화학에서 착물형성 반응은 세 분야에서 응용된다. 첫째는 색깔을 내는 착물형성을 이용하여 분광광도법으로 금속을 정량분석하는 것이고, 둘째는 EDTA와 같은 착화제의 표준용액으로 적정하여 금속을 정량하는 것으로 이것은 용액에 존재하는 금속이온을 선택적이고도 정확하게 정량할 수 있으며, 가장 일반적이고 유용한 방법이다. 셋째는 선택적인 착물의 생성반응에 의해 용매추출이나 이온교환 크로마토그래피법으로 물질을 분리하는 것이다.

⊃ 착물과 착화반응

대부분의 금속이온은 분자 또는 음이온 화학종이 주는 전자쌍을 받아 배위결합하여 착물(complex) 또는 배위화합물을 만든다. 이때 전자쌍을 제공하는 분자나 음이온을 배위자 또는 리간드(ligand)라고 부르고, 리간드로 작용할 수 있는 화학종은 보통 전기음성도가 큰 N, O, S 및 할로겐화이온과 같은 원자들을 포함하며 반드시 전자쌍을 제공할 수 있는 중성분자나 음이온이어야 한다. 따라서 H_2O, NH_3, Cl^- 등은 리간드로

표 5.1 일반적인 리간드

음이온 리간드	분자 리간드(중성)
F^-, Cl^-, Br^-, I^-	H_2O
SCN^-	NH_3
CN^-	RNH_2 (지방족 아민)
OH^-	C_5H_5N (피리딘: py)
$RCOO^-$	$H_2N-C_2H_4-NH_2$ (ethylenediamine: en)
S^{2-}	$C_{12}H_6N_2$ (1,10-phenanthroline: ferroin, phen)
RS^- (머캅탄 이온)	$(C_8H_{17})_3P-O$ (trioctylphosphine oxide: TOPO)
$C_2O_4^{2-}$	$(C_8H_{17})_3P-S$ (trioctylphosphine sulfide: TOPS)

작용할 수 있지만 CH_4나 CCl_4는 리간드로 작용할 수 없다.

금속-리간드 결합을 설명하는 데는 몇 가지 이론이 있고, 이 중에서 원자가결합론은 결합전자의 밀도가 금속이온보다 리간드 쪽에 더 높게 분포되어 있는 극성공유결합으로 보며, 리간드의 전자쌍이 금속이온에 제공되어 서로 결합하는 배위공유결합으로 본다. 이때 중심원자에 배위결합하는 전자쌍의 수를 그 금속원자의 배위수라고 하고 보통 2, 4, 6 등과 같은 수를 갖는다.

결정장 이론은 금속-리간드 결합을 정전기적인 이온성 결합으로 보며 결합은 전하를 가진 이온들 사이에 또는 양전하의 금속이온과 쌍극자 모멘트가 큰 리간드 사이에서 서로 정전기적 인력이 작용하여 결합을 형성한다고 본다.

리간드장 이론은 분자궤도함수론을 적용하여 금속-리간드 결합은 공유성과 이온성을 동시에 가지는 결합이라고 설명하며, 앞의 두 이론보다 발전된 이론이다.

리간드로 작용할 수 있는 몇 가지 음이온과 중성분자들을 **표 5.1**에 수록했다. 표에서 보면 음이온 리간드는 단원자 또는 다원자로 이루어졌으며 분자 리간드는 중심 금속에 제공할 수 있는 전자쌍을 적어도 한 쌍 이상 가진 분자들이다.

• 한 자리 리간드로 이루어진 착물

금속이온에 전자쌍을 한 쌍 제공하는 리간드를 한 자리 리간드라 하고, H_2O는 가장 일반적인 한 자리 리간드이다. 모든 금속이온은 수용액에서 아쿠오 착이온의 일반적인 형태, 즉 $M(H_2O)_n^{z+}$로 존재한다. 여기서 n은 착화된 물 분자의 개수이며 4 또는 6이다. 예를 들면 $Be(H_2O)_4^{2+}$, $Cu(H_2O)_6^{2+}$ 등이 있다. 아쿠오(aqeuo) 착이온과 어떤 한 자리 리간드 L과의 착화반응은 다음과 같이 아쿠오 착이온에서 H_2O 리간드를 단계적으로 리간드 L과 치환하는 것이다.

$$M(H_2O)_n^{z+} + L \rightleftharpoons [M(H_2O)_{n-1}L]^{z+} + H_2O$$

$$[M(H_2O)_{n-1}L]^{z+} + L \rightleftharpoons [M(H_2O)_{n-2}L_2]^{z+} + H_2O \text{ 등}$$

착화반응에서는 보통 물 분자를 생략하고 다음과 같이 간단하게 표시한다.

$$M^{z+} + L \rightleftharpoons ML^{z+}, \quad ML^{z+} + L \rightleftharpoons ML_2^{z+}$$

금속이온은 보통 한 자리 리간드와 단계적으로 착화하여 일련의 착물을 만든다. 예로써 Cu^{2+}는 리간드 NH_3와 반응하여 $Cu(NH_3)^{2+}$, $Cu(NH_3)_2^{2+}$, $Cu(NH_3)_5^{2+}$와 같은 일련의 착물을 만들기 때문에 암모니아 용액에서는 이들 각 착물의 혼합물로 존재하고 그들의 상대적인 양은 **그림 5.1**과 같이 리간드 NH_3의 농도에 의존한다.

착물형성에 대한 각 단계별 평형상수의 표현식을 쓸 수 있고, 무기 또는 유기리간드와 착물을 만드는 여러 가지 금속 착물에 대한 단계별 형성상수가 측정되었다. 단계별 평형상수를 $Cg^{2+}-I^-$ 착물을 예로 들면 아래와 같고, 일반적으로 단계별 형성상수의 곱을 β로도 표시하며 단계별 형성상수는 각각 $\beta_1 = K_1$, $\beta_2 = K_1K_2$, $\beta_3 = K_1K_2K_3$, $\beta_4 = K_1K_2K_3K_4$와 같다.

$$Cd^{2+} + I^- \rightleftharpoons CdI^+ \qquad K_1 = \frac{[CdI^+]}{[Cd^{2+}][I^-]} = 10^{2.4}$$

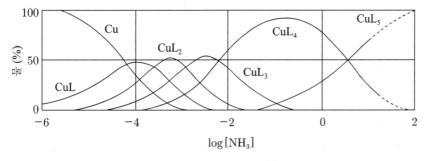

그림 5.1 NH_3 농도에 따른 여러 가지 $Cu^{2+}-NH_3$ 착물의 분포.

$$CdI^+ + I^- \rightleftharpoons CdI_2 \qquad K_2 = \frac{[CdI_2]}{[CdI^+][I^-]} = 10^{1.0}$$

$$CdI_2 + I^- \rightleftharpoons CdI_3^- \qquad K_3 = \frac{[CdI_3^-]}{[CdI_2][I^-]} = 10^{1.6}$$

$$CdI_3^- + I^- \rightleftharpoons CdI_4^{2-} \qquad K_4 = \frac{[CdI_4^{2-}]}{[CdI_3^-][I^-]} = 10^{1.2}$$

• 킬레이트 화합물

에틸렌디아민은 제공되는 전자쌍을 두 쌍 갖고 있으며 EDTA는 여섯 쌍 갖고 있다. 각 전자쌍은 한 개의 배위결합을 한다. 여기서 에틸렌디아민이나 EDTA와 같이 배위결합이 가능한 자리를 여러 개 가지고 있는 리간드를 킬레이트제(chelating agent) 또는 킬레이트 리간드라고 하고, 이로부터 생성된 착물을 킬레이트 화합물이라고 하며 이런 화합물은 고리구조를 가진다.

$Zn(NH_3)_4^{2+}$ 착이온에 유기리간드 에틸렌다이아민(en)과 같은 킬레이트제를 반응시키면 다음과 같은 반응이 일어난다.

이 반응은 자발적으로 일어나고 생성된 킬레이트 $Zn(en)_2^{2+}$는 5각 고리를 두 개 가진 구조이다. 일반적으로 안정한 킬레이트를 생성하기 위해서는 금속이온과 고리구조를 가지도록 킬레이트화 되어야 한다. 그 이유는 중심의 금속이온과 킬레이트 리간드와의 결합이 파괴되어 완전분리가 되기 전에 재결합이 생기는 기회가 많아지기 때문이다. 이때 고리 크기는 5~6 원자로 되어 있는 것이 가장 안정하고 이보다 크든지 작은 고리를 형성할 때는 불안정하다. 이처럼 한 자리 리간드가 여러 개 배위한 착물과 킬레이트제가 반응할 경우 반응물의 입자수보다 생성물의 입자수가 증가하는 반응이 일어난다. 즉, 엔트로피가 증가하는 반응으로 킬레이트 화합물이 더 안정하다는 것을 뜻한다. 에틸렌디아민은 두 개의 전자쌍을 내 놓는 중성분자의 킬레이트제이므로 이것과 결합하여 생성되는 것의 전하는 금속이온의 전하와 같다.

일반적으로 전자쌍을 주는 원자가 모두 질소원자와 같이 양성자를 잃을 수 없는 염기성 원자라면 킬레이트화 될 때 금속이온의 전하를 중화시키지 못한다. 그러나 더 일반적인 경우는 킬레이트제가 질소와 같은 염기성 원자와 산성기(킬레이트화 되는 동안 양성자를 잃을 수 있는 것)를 함께 가지는 경우이다. 이런 경우 산성기는 음이온성이므로 전자쌍을 제공할 때 금속이온의 전하를 중화시킨다.

이에 대한 좋은 예는 옥신(oxine, 8−hydroxyquinoline)이며, 이것은 Zn^{2+}이온과 반응하여 다음과 같은 킬레이트를 형성한다.

산성기(음이온)	염기성기(분자)
$-COOH$ ($-COO^-$)	$-NH_2$
enolic$-OH$ ($-O^-$)	$>NH$
$-SH$ ($-S^-$)	$\equiv N$과 방향족 N
phenolic$-OH$ ($-O$)	$>C=NOH$
	$>C=O$

킬레이트제가 가지는 염기성기와 산성기(음이온)의 종류는 다음과 같은 것들이 있다. 산성기와 염기성기를 한 개씩 갖는 킬레이트제는 보통 중성의 킬레이트를 생성할 때까지 단계반응이 일어난다. Zn^{2+}−oxine의 킬레이트화에 대한 단계반응은 다음과 같다.

$$Zn^{2+} + oxine \rightleftharpoons Zn(oxine)^+$$

$$Zn(oxine)^+ + oxine \rightleftharpoons Zn(oxine)_2$$

일반적으로 산성기와 염기성기를 한 개씩 갖는 킬레이트제는 전하가 +2인 금속이온과는 2:1(리간드:금속이온), +3의 금속이온과는 3:1 킬레이트를 생성함이 알려졌다. 그러나 산성기를 2개 이상 갖는 킬레이트제는 음전하의 킬레이트를 생성한다. 옥살산이온은 Zn^{2+}와 $Zn(C_2O_4)_2^{2-}$를 생성한다. EDTA는 금속이온과 음전하의 킬레이트를 잘 생성한다. 금속-리간드 착물의 입체구조는 금속원자의 배위수에 의해 결정되며 배위수가 2일 때에는 선형구조를, 4일 경우에는 평면사각형과 사면체(tetrahedral) 구조를, 배위수가 6인 착물은 팔면체(octahedral) 구조를 갖는다.

5.2 EDTA 적정과 지시약

EDTA(ethylene diamine tetraacetic acid)는 가장 널리 이용되는 킬레이트제이며 이것은 금속이온과 1:1 착물을 형성한다. EDTA는 다음과 같은 구조를 가지며 H_4Y로 표시되는 다양성자산이다. 이런 형태의 EDTA는 물에 난용성이므로 보통 알칼리 용액에 녹여 사용하거나 물에 잘 녹는 소듐염, $Na_2H_2Y \cdot 2H_2O$을 사용한다.

$$
\begin{array}{c}
\text{HOOCCH}_2 \\
\text{HOOCCH}_2
\end{array}
\diagdown N - CH_2CH_2 - N \diagup
\begin{array}{c}
\text{CH}_2\text{COOH} \\
\text{CH}_2\text{COOH}
\end{array}
$$

EDTA

EDTA의 네 단계 해리에 대한 단계별 평형상수는 다음과 같다.

$$H_4Y \rightleftharpoons H^+ + H_3Y^- \qquad K_1 = 1.02 \times 10^{-2}$$

$$H_3Y^- \rightleftharpoons H^+ + H_2Y^{2-} \qquad K_2 = 2.14 \times 10^{-3}$$

$$H_2Y^{2-} \rightleftharpoons H^+ + HY^{3-} \qquad K_3 = 6.92 \times 10^{-7}$$

$$HY^{3-} \rightleftharpoons H^+ + Y^{4-} \qquad K_4 = 5.50 \times 10^{-11}$$

EDTA는 용액에서 다음과 같이 다섯 가지 화학종으로 존재한다. EDTA 전체의 농도를 C_{EDTA}라고 하면,

$$C_{EDTA} = [H_4Y] + [H_3Y^-] + [H_2Y^{2-}] + [HY^{3-}] + [Y^{4-}]$$

용액 중의 이들 각 화학종의 몰분율(α)은 용액의 pH에 따라 결정되고 수소이온농도와 K값의 함수로써 다음과 같이 나타낼 수 있다.

$$\alpha_o = \frac{[\mathrm{H_4Y}]}{\mathrm{C_{EDTA}}} = \frac{[\mathrm{H^+}]^4}{[\mathrm{H^+}]^4 + \mathrm{K_1}[\mathrm{H^+}]^3 + \mathrm{K_1K_2}[\mathrm{H^+}]^2 + \mathrm{K_1K_2K_3}[\mathrm{H^+}] + \mathrm{K_1K_2K_3K_4}}$$

$$\alpha_1 = \frac{[\mathrm{H_3Y^-}]}{\mathrm{C_{EDTA}}} = \frac{\mathrm{K_1}[\mathrm{H^+}]^3}{[\mathrm{H^+}]^4 + \mathrm{K_1}[\mathrm{H^+}]^3 + \mathrm{K_1K_2}[\mathrm{H^+}]^2 + \mathrm{K_1K_2K_3}[\mathrm{H^+}] + \mathrm{K_1K_2K_3K_4}}$$

$$\alpha_4 = \frac{[\mathrm{Y^{4-}}]}{\mathrm{C_{EDTA}}} = \frac{\mathrm{K_1K_2K_3K_4}}{[\mathrm{H^+}]^4 + \mathrm{K_1}[\mathrm{H^+}]^3 + \mathrm{K_1K_2}[\mathrm{H^+}]^2 + \mathrm{K_1K_2K_3}[\mathrm{H^+}] + \mathrm{K_1K_2K_3K_4}}$$

이와 같은 식으로 EDTA 용액의 pH에 따른 각 화학종의 몰분율을 계산하여 그림으로 그리면 **그림 5.2**와 같고, pH별로 계산한 α_4값은 **표 5.2**와 같다.

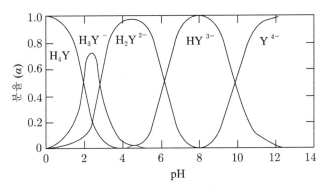

그림 5.2 pH에 따른 EDTA 용액의 조성.

표 5.2 pH에 따른 α_4 값

pH	α_4	pH	α_4
2.0	3.7×10^{-14}	8.0	5.4×10^{-3}
3.0	2.5×10^{-11}	9.0	5.2×10^{-2}
4.0	3.6×10^{-9}	10.0	3.5×10^{-1}
5.0	3.5×10^{-7}	11.0	0.85
6.0	2.2×10^{-5}	12.0	0.98
7.0	4.8×10^{-4}	13.0	1.00

⊃ EDTA 착물

EDTA 착물의 형성상수, K_f는 다음 반응에 대한 평형상수이다.

$$M^{n+} + Y^{4-} \rightleftharpoons MY^{n-4} \qquad K_f = \frac{[MY^{n-4}]}{[M^{n+}][Y^{4-}]}$$

여기서 K_f는 금속−EDTA(Y^{4-} 화학종)의 반응에 대한 평형상수로서 착물, MY^{n-4}의 형성상수 또는 안정도상수이다. 여러 가지 금속의 EDTA 착물에 대한 형성상수를 **표 5.3**에 나타냈다. 알칼리 금속을 제외한 대부분의 금속은 EDTA와 1:1로 반응하여 안정한 착물을 생성하며 그 구조는 **그림 5.3**과 같다.

표 5.3 EDTA 착물의 형성상수

금속이온	$\log K_{MY}$	금속이온	$\log K_{MY}$	금속이온	$\log K_{MY}$
Al^{3+}	16.1	In^{3+}	25.0	Ag^+	7.3
Ba^{2+}	7.8	Fe^{2+}	14.3	Sr^{2+}	8.6
Bi^{3+}	22.8	Fe^{3+}	25.1	Th^{4+}	23.2
Cd^{2+}	16.5	La^{3+}	15.4	Ti^{3+}	21.3
Ca^{2+}	10.7	Pb^{2+}	18.0	TiO^{2+}	17.3
Ce^{3+}	16.0	Mg^{2+}	8.7	V^{2+}	12.7
Co^{2+}	16.3	Mn^{2+}	14.0	V^{3+}	25.9
Cu^{2+}	18.8	Ni^{2+}	18.6	Zn^{2+}	16.5

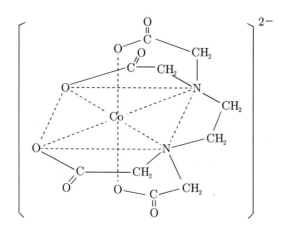

그림 5.3 Co^{2+}−EDTA 착물의 구조.

• 조건형성상수

MY^{n-4}와 같은 EDTA 착물의 해리는 약산의 해리와 비슷하다.

$$MY^{n-4} \rightleftharpoons M^{n+} + Y^{4-} \qquad K_d = \frac{[M^{n+}][Y^{4-}]}{[MY^{n-4}]}$$

따라서 EDTA 착물의 해리상수는 $K_d = 1/K_f$의 관계가 있다. 주어진 pH에서 Y^{4-} 형태로 존재하는 EDTA의 몰분율, $\alpha_4 = [Y^{4-}]/C_{EDTA}$이므로 $[Y^{4-}] = \alpha_4 C_{EDTA}$이다. 따라서 M-EDTA 착물의 해리상수는 다음과 같이 쓸 수 있다.

$$K_d = \frac{1}{K_f} = \frac{[M^{n+}][Y^{4-}]}{[MY^{n-4}]} = \frac{[M^{n+}]\alpha C_{EDTA}}{[MY^{n-4}]}$$

완충용액으로 pH를 일정한 값으로 조절하면 α_4는 일정한 값이 되므로 다음과 같이 쓸 수 있다.

$$K_d{}' = \frac{1}{\alpha_4 K_f} = \frac{[M^{n+}]C_{EDTA}}{[MY^{n-4}]}$$

여기서 $\alpha_4 K_f$는 조건형성상수(conditional formation constant)라 부른다. 이것은 EDTA 착물이 다음과 같이 해리되는 형태를 나타낼 수 있기 때문에 유용하다.

$$MY^{n-4} \rightleftharpoons M^{n+} + Y^{4-} \qquad K_d{}' = \frac{1}{\alpha_4 K_f}$$

예제 $Fe(EDTA)^-$의 형성상수, K_f는 1.3×10^{25}이다. 조건형성상수를 사용하여 0.10 M $Fe(EDTA)^-$ 용액에서 유리 Fe^{3+}의 농도를 pH 8.0과 2.0에서 계산하라.

풀이 $$Fe(EDTA)^- \rightleftharpoons Fe^{3+} + EDTA \qquad K_d{}' = \frac{1}{\alpha_4 K_f}$$

우측의 EDTA는 결합하지 않는 EDTA의 모든 형태를 나타낸다. α_4는 표 5.2에서 알 수 있으므로 $K_d{}'$는 다음과 같이 계산한다.

$$\text{pH=8.0일 때} \quad K_d{}' = \frac{1}{\alpha_4 K_f} = \frac{1}{(5.4 \times 10^{-3})(1.3 \times 10^{25})} = 1.4 \times 10^{-23}$$

$$\text{pH=2.0일 때} \quad K_d{}' = \frac{1}{\alpha_1 K_f} = \frac{1}{(3.7 \times 10^{-14})(1.3 \times 10^{25})} = 2.1 \times 10^{-12}$$

따라서 다음과 같이 표를 만들어 계산할 수 있다.

농도(M)	$Fe(EDTA)^-$	=	Fe^{3+}	+	EDTA
초기	0.10		0		0
변화	$-x$		$+x$		$+x$
평형	$0.10-x$		x		x

pH=8.0에서 $\dfrac{x^2}{0.10-x} = \dfrac{1}{\alpha_4 K_f} = 1.4 \times 10^{-23}$

pH=2.0에서 $\dfrac{x^2}{0.10-x} = \dfrac{1}{\alpha_4 K_f} = 2.1 \times 10^{-12}$

각 pH에서 위 방정식을 풀면 x=[Fe^{3+}] 이고, 이것은 pH=8.0에서 1.2×10^{-12} M이고, pH=2.0에서 4.8×10^{-7} M이다.

◌ EDTA 적정곡선

위의 예제에서 본 바와 같이 낮은 pH에서는 EDTA 착물의 안정도가 감소함을 알 수 있다. 적정반응이 효과적이려면 착화반응이 완전하게 이루어져야 하고 평형상수는 커야 한다. **그림 5.4**에 Ca^{2+}을 EDTA로 적정할 때 pH의 영향을 보였다. 그림 5.4를 보면 pH가 3보다 낮은 경우에는 종말점에서 변곡점이 뚜렷하지 않기 때문에 정확하게 분석할 수 없다는 것을 알 수 있다.

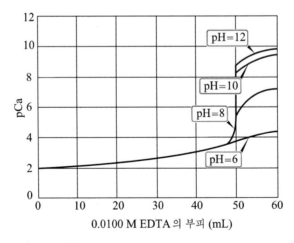

그림 5.4 0.0100 M Ca^{2+} 50.0 mL를 0.0100 M EDTA로 적정할 때 pH의 영향.

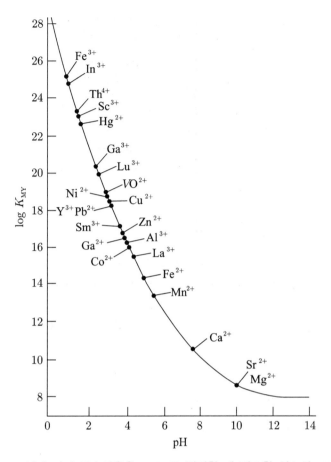

그림 5.5 여러 가지 금속이온을 EDTA로 적정할 때 필요한 최소의 pH.
[C. N. Reilly and R. W. Schmid, *Anal. Chem.*, 1958, 30, 947.]

EDTA 적정에서 적정이 가능한 최소의 pH는 금속원소의 종류에 따라 다르며, **그림 5.5**에 여러 가지 금속이온을 EDTA로 적정할 때 최소의 pH를 나타내었다. 그런데 그림에 나타낸 최소의 pH보다 높은 때에는 해당 금속의 적정이 가능하지만 pH가 너무 높은 경우에는 금속의 수산화물 침전이 발생되어 방해가 되므로 주의해야 한다. 이상의 결과를 응용하면 몇 가지 금속의 혼합용액에서도 pH만 잘 조절하면 혼합상태에서 분리하지 않고 각 금속을 정량할 수 있다.

그림 5.6에서 보는 것처럼 EDTA 착물의 형성상수가 크면 산성 용액일지라도 종말점 변화가 뚜렷하다. EDTA 용액을 적정시약으로 사용하여 금속이온을 적정할 때 적정곡선을 작성하기 위해서 적정시약의 부피 변화에 따른 금속이온의 농도(pM)를 계산하는

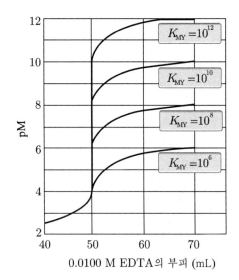

그림 5.6 pH 6.0에서 0.0100 M의 각종 양이온 용액 50 mL의 적정곡선.

단계는 다음과 같다.

$$M^{n+} + EDTA \rightarrow MY^{n-4} \qquad K = \alpha_4 K_f$$

만약 $\alpha_4 K_f$ 가 크다면 적정하는 동안 각 지점에서 반응이 완전하다고 생각할 수 있다. 적정곡선은 다음과 같이 세 부분으로 구분된다.

• 당량점 이전

이 지역에서는 EDTA가 소비된 후에 금속이온(M^{n+})이 용액에 과량으로 존재한다. 여기서는 MY^{n-4}의 해리는 무시된다.

• 당량점

당량점은 금속이온의 당량만큼 EDTA를 가한 지점으로서 이때의 용액은 순수한 MY^{n-4}의 해리반응처럼 취급할 수 있다. 아주 적은 양의 MY^{n-4}가 해리하여 약간의 유리된 M^{n+} 이온이 생성된다.

$$MY^{n-4} \rightleftharpoons M^{n+} + EDTA \qquad K_d{}' = \frac{1}{\alpha_4 K_f}$$

이 반응식에서 EDTA는 모든 형태로 유리된 EDTA의 전체농도를 의미한다. 당량점에서 $[M^{n+}] = [EDTA]$이고 MY^{n-4}의 농도는 적정 중의 부피변화를 보정하면 금속이온의 초기농도와 같다. 이때 K_d'를 계산하기 위해 α_4 값을 알아야 한다. 이것은 pH에 의존하므로 EDTA 적정곡선의 모양을 알기 위해서는 pH를 알아야 한다.

• 당량점 이후

이때는 실제로 모든 금속이온이 MY^{n-4}의 형태로 전환되고 과량의 EDTA가 존재하며 EDTA의 농도는 당량점이 지난 다음에 과량 가한 EDTA 농도와 같다고 볼 수 있고, MY^{n-4}로부터 해리된 EDTA는 무시할 수 있다.

예제 0.0500 M Mg^{2+} 용액 50.0 mL를 0.0500 M EDTA 표준용액으로 적정할 때 적정곡선을 작성하기 위해서 EDTA 소비량에 따른 pMg 값을 계산하라.

풀이 pH 10.00인 완충용액을 가했다고 가정하라.

$$Mg^{2+} + EDTA \rightarrow MgY^{2-} \quad K = \alpha_4 K_f = (0.35)(5.0 \times 10^8) = 1.8 \times 10^8$$

당량점은 EDTA 50.00 mL를 가했을 때이고 K는 매우 크기 때문에 적정시약이 가해진 각 지점에서 착화반응은 완결된다고 볼 수 있다.

• 당량점 이전

EDTA를 5.0 mL 가했을 때는 Mg^{2+}이 1/10이 소비되고 9/10가 남아 있을 것이다. 따라서

$$[Mg^{2+}] = \frac{50.0 \times 0.0500 - 5.0 \times 0.0500}{50.0 + 5.0} = \frac{2.25}{55.0} = 0.0409 \, M$$

$$pM = -\log[Mg^{2+}] = 1.39$$

EDTA가 50.00 mL보다 적게 가했을 때는 이 방법으로 pMg를 계산할 수 있다.

• 당량점

금속 모두가 사실상 MgY^{2-} 형태로 존재한다. 이것의 해리를 무시할 수 있다고 가정하면 MgY^{2-}와 같은 착이온의 양은 Mg^{2+}의 원래 당량과 같고 그 농도는 부피 증가를 고려해서 계산한다.

$$[MgY^{2-}] = \frac{0.0500 \times 50.0}{50.0 + 5.0} = \frac{2.5}{100} = 0.0250\,M$$

이때 유리 Mg^{2+}의 농도는 매우 적고 알려져 있지 않다.

농도(M)	MgY^{2-} $\rightleftharpoons$	Mg^{2+} +	EDTA
초기	0.0250	0	0
변화	$-x$	$+x$	$+x$
평형	$0.0250 - x$	x	x

$$\frac{[Mg^{2+}][EDTA]}{[MgY^{2-}]} = \frac{1}{\alpha_4 K_f} = 5.7 \times 10^{-9}$$

$$\frac{x^2}{0.0250 - x} = 5.7 \times 10^{-9}$$

$$x = 1.19 \times 10^{-5}\,M$$

$$pMg = -\log x = 4.92$$

• 당량점 이후

모든 금속이온은 MgY^{2-}를 생성하고 미반응의 EDTA만 남아 있다. MgY^{2-}와 과량의 EDTA 농도는 쉽게 계산할 수 있다. 만약 EDTA 51.0 mL를 가했다면 미반응한 EDTA는 1.0 mL 과량 남아 있다. 이들의 농도는 다음과 같다.

$$[EDTA] = \frac{0.0500 \times 1.0}{50.0 + 51.0} = \frac{0.050}{101.0} = 4.95 \times 10^{-4}\,M$$

$$[MgY^{2-}] = \frac{0.0500 \times 50.0}{50.0 + 51.0} = \frac{2.5}{101.0} = 2.48 \times 10^{-2}\,M$$

$$\frac{[Mg^{2+}][EDTA]}{[MgY^{2-}]} = \frac{1}{\alpha_4 K_f}$$

$$\frac{[Mg^{2+}](4.95 \times 10^{-4})}{2.48 \times 10^{-2}} = 5.7 \times 10^{-9}$$

$$[Mg^{2+}] = 2.9 \times 10^{-7}\,M$$

$$pMg = 6.54$$

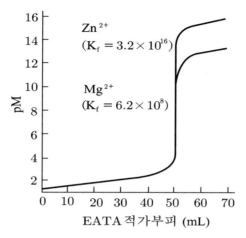

그림 5.7 pH=10.0에서 0.0500 M 금속이온을 0.0500 M EDTA로 적정할 때의 이론적 적정곡선.

당량점 이후에는 이와 같은 계산법이 적용된다.

이와 같이 적정시약의 부피에 따른 pMg를 계산하여 적정곡선을 그리면 **그림 5.7**과 같고, 적정곡선은 당량점에서 pMg 급변범위가 뚜렷하다. 그림에는 Mg^{2+}의 경우와 유사한 방법으로 0.0500 M Zn^{2+} 이온을 0.0500 M EDTA 표준용액으로 적정할 때 적정곡선도 그려 놓았다. ZnY^{2-}의 형성상수는 MgY^{2-}의 형성상수보다 더 크므로 당량점에서 pZn의 급변범위는 Mg^{2+}의 경우보다 더 크다.

적정반응의 완결성(당량점의 예리한 정도)은 pH에 의존하는 조건형성상수, $\alpha_4 K_f$ 에 의해 결정된다. 이때 낮은 pH에서 α_4 는 감소하기 때문에 pH는 적정의 가능성 여부 판단에 아주 중요한 인자이다. 일반적으로 높은 pH에서는 당량점이 뚜렷하다.

• 보조착화제의 영향

그림에서 Zn^{2+}의 적정곡선은 실제가 아니다. pH 10.0에서는 EDTA를 적가하기 전에 $Zn(OH)_2 (K_{sp} = 3.0 \times 10^{-4})$로 침전되므로 이때는 보통 암모니아 완충용액에서 수행되며 일정한 pH에서 $Zn^{2+} - NH_3$ 착물을 생성한다.

$$Zn^{2+} + 4NH_3 \rightleftharpoons Zn(NH_3)_4^{2+}$$

$$\beta_4 = \frac{[Zn(NH_3)_4^{2+}]}{[Zn^{2+}][NH_3]^4} = 5.0 \times 10^8$$

암모니아는 보조착화제로 작용하고 $Zn(OH)_2$ 침전이 생성되는 것을 방지하기에는 좋은 리간드이다. 그러나 ZnY^{2-} 착물의 생성을 방지할 정도로 강하지는 않다. 따라서 암모니아 완충용액이 존재하는 상태에서 Zn^{2+}를 EDTA로 적정할 때의 반응은 다음과 같이 표현할 수 있고 그 평형상수는 $K_f/\beta_4 = 6.4 \times 10^7$이다.

$$Zn(NH_3)_4^{2+} \rightleftharpoons Zn^{2+} + 4NH_3 \qquad K = 1/\beta_4$$

$$Zn^{2+} + Y^{4-} \rightleftharpoons ZnY^{2-} \qquad K = K_f$$

$$\overline{Zn(NH_3)_4^{2+} + Y^{4-} \rightleftharpoons ZnY^{2-} + 4NH_3 \qquad K = K_f/_{\beta_4}}$$

여기에서 K_f/β_4는 상당히 크므로 $Zn(NH_3)_4^{2+}$ 착물을 EDTA로 적정할 수 있다. 또, 전체반응에 대한 형성상수, β에 대해 알아보자.

착이온 생성에 대한 평형상수는 단계적 생성상수, K_i로 표현된다.

$$M + X \rightleftharpoons MX \qquad K_1 = [MX]/[M][X]$$

$$MX + X \rightleftharpoons MX_2 \qquad K_2 = [MX_2]/[MX][X]$$

$$MX_{n-1} + X \rightleftharpoons MX_n \qquad K_n = [MX_n]/[MX_{n-1}][X]$$

전체반응의 형성상수는 β_i로 표현한다. 이때 $\beta_n = K_1K_2K_3...K_n$의 관계가 있다.

$$M + 2X \rightleftharpoons MX_2 \qquad \beta_2 = [MX]/[M][X]^2$$

$$M + nX \rightleftharpoons MX_n \qquad \beta_n = [MX_n]/[M][X]^n$$

그림 5.8은 pH 10.0에서 암모니아 완충용액이 존재하는 상태에서 Zn^{2+}를 EDTA로

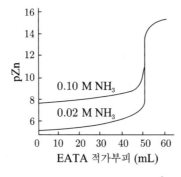

그림 5.8 NH_3를 포함하는 pH 10.0에서 1.00×10^{-3} M의 Zn^{2+} 50.0 mL를 1.00×10^{-3} M의 EDTA로 적정할 때의 적정곡선.

5장 EDTA에 의한 착화법 적정

적정하는 적정곡선이다. 여기서 암모니아 농도는 각각 0.10 M과 0.02 M이다. 당량점 근방에서 pZn 급변범위는 암모니아가 없을 때보다 암모니아가 존재할 때 더 작고 암모니아 농도가 진할수록 급변범위는 더 작아진다. 이것은 암모니아가 금속과 착물을 만들 때 EDTA와 경쟁하기 때문이다. 따라서 보조 착화제(리간드) 사용량은 적정의 종말점을 없애지 않는 범위로 해야 한다.

⊃ 종말점과 지시약

EDTA 적정에서 종말점 검출은 (1) 금속이온 지시약, (2) 수은전극, (3) pH 측정용 유리전극, (4) 이온선택전극 등이 사용된다. 이 중 가장 일반적인 방법은 금속이온 지시약을 사용하는 것이다. 수은전극을 사용하여 적정시약의 증가에 따른 전위변화를 측정하여 적정곡선을 얻을 수 있다. 유리전극은 EDTA 적정과정에서 아래 반응과 같이 수소이온이 방출되기 때문이다. 또 각 금속이온의 이온선택전극도 종말점 검출에 사용할 수 있다.

$$M^{n+} + H_2Y^{2-} \rightarrow MY^{n-4} + 2H^+$$

⊃ 금속이온 지시약

이 지시약은 금속이온과 결합할 때 색이 변하는 화합물이다. 적정에 사용될 수 있는 지시약은 적정하고자 하는 금속이온과 EDTA보다는 약하게 결합해야 한다. 전형적인 EDTA 적정법은 EBT(Eriochrome Black T) 지시약을 사용하여 Mg^{2+}을 EDTA로 적정하는 것이다. 이 방법은 다음과 같다.

$$MgInd + EDTA \rightarrow Mg - EDTA + Ind$$
붉은색　　　무색　　　　　　무색　　　　푸른색

소량의 지시약을 Mg^{2+} 시료용액에 가하면 붉은색의 착물이 형성되고 여기에 EDTA를 가하면 EDTA는 지시약과 치환하여 무색의 $Mg - EDTA$를 형성하기 시작한다. EDTA가 Mg^{2+}의 당량만큼 가해지면 지시약이 유리되어 지시약 자체의 푸른색이 나타나게 된다. 이때를 종말점이라 한다. 이때 색변화가 불분명할 경우가 있는 경우는 제2의 색소를 용액에 가하는 방법이 이용된다. 이에 대해 알아보자.

• 시약준비

EBT 0.1 g을 7.5 mL의 triethanolamine에 녹이고, 순수한 에탄올 2.5 mL를 가하여 만들고, methyl red는 지시약 0.02 g을 에탄올 60 mL에 녹이고 물 40 mL을 가해 만든다. 완충용액은 NH_4Cl 17.5 g에 NH_4OH (14.5 M) 142 mL를 가하여 녹이고 물을 가해 250 mL로 만든다. EDTA 0.0500 M 수용액은 $Na_2EDTA \cdot 2H_2O$를 사용하여 만들고 0.050 M의 $MgCl_2$ 시료용액을 만든다.

• 적정과정

$MgCl_2$ 시료용액 25.0 mL를 삼각플라스크에 취하고 여기에 완충용액 5 mL와 물 300 mL를 가한다. EBT 지시약 6방울을 넣고 EDTA로 적정한다. 붉은색에서 푸른색으로 변할 때가 종말점이다. 변색이 뚜렷하게 관찰되지 않을 때가 있다. 이때는 불활성 염료를 가하면 종말점을 확실하게 구별할 수 있다. 3 mL의 메틸레드(또는 여러 가지 노란 색소)를 가하면 종말점에서 노란색이 나타나고 종말점 후에는 초록색이 나타난다. 대부분의 금속이온 지시약은 또한 산-염기 지시약이다. 지시약에 대한 pK_a를 **표 5.4**에 수록했다. 유리된 지시약의 색은 pH에 의존하므로 대부분의 지시약은 어떤 특정 pH 범위에서 사용할 수 있다.

예로써 xylenol orange(zy-leen-ol이라 발음함)은 pH 5.5에서 그것이 금속이온과 결합할 때 노란색에서 붉은색으로 변한다. 이때 색변화는 쉽게 관찰할 수 있다. 그러나 pH 7.5에서는 보라색으로부터 붉은색으로 변하여 구별하기가 어렵다.

몇 가지 지시약은 불안정하다. 아조(azo)계 지시약(-N=N- 결합을 가진 화합물)은 빨리 변질되므로 매주 만들어 사용해야 하고 또, murexide 용액은 매일 새로 만들어 사용해야 한다. 적정할 때 지시약은 금속이온을 EDTA로 내주어야 한다. 만일 금속이온이 지시약으로부터 해리하지 않는다면 금속이온은 지시약을 막힘(blocking)이라고 말한다. EBT는 Ca^{2+}, Ni^{2+}, Co^{2+}, Cr^{3+}, Fe^{3+} 및 Al^{3+}에 의해 불로킹된다. 따라서 이런 종류의 금속이온을 EDTA로 직접 적정하는 데 EBT를 사용할 수 없다. 그러나 역적정에 사용할 수 있다. 예를 들면 과량의 EDTA 표준용액을 Cu^{2+} 시료용액에 가한 다음 EBT를 넣고 반응하고 남은 EDTA를 Mg^{2+} 표준용액으로 역적정한다. 이때 종말점의 색변화는 푸른색에서 붉은색이다.

표 5.4 몇 가지 대표적인 금속이온 지시약

지시약명	pK_a		지시약의 색	금속착물 색
Eriochrome black T[a)]		H_2In^-	red	wine−red
	$pK_2 = 6.3$			
		HIn^{2-}	blue	
	$pK_3 = 11.6$			
		In^{3-}	orange	
Calmagite[b)]		H_2In^-	red	wine−red
	$pK_2 = 8.1$			
		HIn^{2-}	blue	
	$pK_3 = 12.4$			
		In^{3-}	orange	
Murexide[c)]		H_4In^-	red−violet	yellow(Co^{2+}, Ni^{2+}, Cu^{2+})
	$pK_2 = 9.2$			
		H_3In^{2-}	violet	
	$pK_3 = 10.9$			
		H_2In^{3-}	blue	red(Ca^{2+})
Xylenol orange[d)]		H_5In^-	yellow	red
	$pK_2 = 2.32$			
		H_4In^{2-}	yellow	
	$pK_3 = 2.85$			
		H_3In^{3-}	yellow	
	$pK_4 = 6.70$			
		H_2In^{4-}	violet	
	$pK_5 = 10.47$			
		HIn^{5-}	violet	

(a) (H_2In^-)

(b) (H_2In^-)

(c) (H_4In^-)

(d) (H_3In^-)

5.3 EDTA 적정 응용

EDTA 적정으로 매우 많은 원소들을 분석할 수 있기 때문에 이 분야에 대한 참고문헌도 많다. 이 참고문헌에는 기본분석과정을 변화시킨 방법들을 포함한다.[1] 여기서는 몇 가지 중요한 EDTA 적정기술에 대해 배우기로 한다.

• 직접 적정

시료용액을 EDTA로 직접 적정하여 정량하는 방법이다. 시료의 pH는 금속$-$EDTA 착물에 대한 조건형성상수가 충분히 커서 종말점을 예리하게 나타내도록 완충용액을 가해 pH를 조절한다. 대부분의 금속이온 지시약은 약한 산$-$염기이기 때문에 pH가 다르면 다른 색깔을 가진다. 이때 유리된 지시약의 색과 금속$-$지시약 착물의 색이 뚜렷이 구분되는 pH이어야 한다. 적정하기 전에 수산화물 침전되는 것을 막기 위해 NH_3, tartaric acid, citric acid 또는 triethanolamine과 같은 보조착화제가 사용된다. 예를 들면 Pb^{2+}의 직접 적정은 tartaric acid가 존재하는 pH 10.0의 암모니아 완충용액에서 수행한다. $Pb-Tart$ 착물은 $Pb-EDTA$ 착물보다 덜 안정해야 한다.

• 역적정법

EDTA 표준용액을 일정량 분석용액에 가하고 금속이온과 착물을 생성하고 남은 EDTA를 제2의 금속이온 표준용액으로 적정한다. 만약 EDTA가 없을 때 분석용액이 침전되거나 적정할 때 너무 느리게 반응하거나 또는 분석용액이 지시약을 막는다면 역적정이 필요하다. 그런데 역적정에 이용되는 금속이온은 그것의 EDTA 착물이 분석하고자 하는 금속이온과 치환되어서는 안 된다.

> **예제** Ni^{2+}는 Zn^{2+} 표준용액으로 역적정하여 분석한다. 묽은 염산성의 시료용액 25.0 mL에 0.05286 M Na_2EDTA 용액 25.00 mL를 가하고 NaOH로 pH 5.5로 조절한다.

---

1) EDTA 적정기술에 대한 참고문헌. G. Schwarzenbach and H. Flaschka, *Complexometric Titrations* (H. M. N. H. Irving, trans.), Landon, Methuen, 1969; H. A. Flaschka, *EDTA Titrations*, New York, Pergamon Press, 1959; C. N. Reilley et al. in Meites, ed., *Handbook of Analytical Chemistry*, New York, McGraw$-$Hill, **1963**, pp. 3$-$76 to 3$-$234.

지시약으로 xylenol orange를 몇 방울을 넣었을 때 용액은 노란색이고, 0.02299 M의 Zn^{2+} 용액으로 적정하여 17.60 mL가 소비되었다. Ni^{2+} 의 농도(M)는?

풀이 처음에 가한 EDTA의 양,

$$(25.00 \text{ mL})(0.05286 \text{ M}) = 1.322 \text{ mmol EDTA}$$

역적정에 소비된 Zn^{2+}의 양,

$$(17.60 \text{ mL})(0.02299 \text{ M}) = 0.4046 \text{ mmol } Zn^{2+}$$

EDTA는 금속이온과 1:1 몰비로 반응하므로,

$$1.322 \text{ mmol EDTA} - 0.4046 \text{ mmol } Zn^{2+} = 0.9174 \text{ mmol } Ni^{2+}$$

$$Ni^{2+} \text{ 용액의 농도} = 0.9174 \text{ mmol}/25.00 \text{ mL} = 0.03670 \text{ M}$$

• 침전의 방지

Al^{3+} 는 pH 7에서 EDTA가 없을 때 $Al(OH)_3$ 로 침전된다. 이를 막기 위해서 Al^{3+} 의 산성용액에 EDTA를 과량 가해 반응시킨 후 CH_3CO_2Na 용액으로 pH 7~8로 조절하고 착물이 완전히 생길 때까지 가열한다. 이렇게 하면 Al^{3+} 의 EDTA 착물은 안정하다. 이때 용액을 식힌 후에 EBT를 가하고 Zn^{2+} 표준용액으로 역적정한다.

• 막힘 이온 처리

금속−지시약 착물의 안정도상수가 금속−EDTA 착물보다 클 때 지시약은 막힌다고 하고 이런 금속이온을 막힘(blocking) 이온이라 한다. 이런 경우 적정의 종말점에서 변색은 관찰하기 어렵다. 금속−지시약 착물이 너무 느리게 해리될 때 즉, EDTA를 사용하여 적당한 시간 내에 적정이 수행될 수 없을 때 막힘이 발생된다.

예를 들면 지시약 EBT는 Cu^{2+} 에 의해 막히게 된다. 따라서 Cu^{2+} 를 EBT 지시약을 사용하여 적정하려면 일정한 과량의 EDTA를 가한 후에 EBT 지시약을 넣고 Mg^{2+} 표준용액으로 역적정한다.

• 대치 적정

금속이온에 대한 만족할 만한 지시약이 없을 때 대치(치환) 적정법이 이용된다. 이때 분석용액에 보통 과량의 $Mg(EDTA)^{2-}$를 가하여 분석하고자 하는 금속이온으로 Mg^{2+}을 대치시킨 다음 EDTA 표준용액으로 Mg^{2+}을 적정한다.

$$M^{n+} + MgY^{2-} \rightarrow MY^{n-4} + Mg^{2+}$$

이 방법으로 Hg^{2+}을 정량할 수 있다. $Hg(EDTA)^{2-}$ 착물의 형성상수는 Mg^{2+}의 EDTA 착물, $Mg(EDTA)^{2-}$보다 커야만 한다. Ag^{+}에 대한 적당한 지시약이 없다. 그러나 Ag^{+}는 사사이안화니켈 착이온으로부터 Ni^{2+}을 대치할 수 있다.

$$2Ag^{+} + Ni(CN)_4^{2-} \rightarrow 2Ag(CN)_2^{-} + Ni^{2+}$$

따라서 이 반응에 의해 생성된 Ni^{2+}을 EDTA로 적정할 수 있다.

• 가림

EDTA 적정에서 분석성분 이외의 다른 성분이 EDTA와 반응하여 방해할 때 방해성분과 EDTA의 반응을 막는 것을 가림(masking)이라고 하고, 가림을 위해 가하는 시약을 가림제(masking agent)이라 한다. 예를 들면 Mg^{2+}과 Al^{3+} 이온의 혼합용액에서 Mg^{2+}만을 EDTA로 적정하여 정량하고자 할 때 우선 Al^{3+}의 방해를 막기 위해 F^{-}와 같은 가림제를 가하면 안정한 착물, AlF_6^{3-}을 만들기 때문에 Al^{3+}은 EDTA와 반응하지 못하고 Mg^{2+}만을 EDTA로 적정하여 분석할 수 있다.

사이안화(CN^{-}) 이온은 Cd^{2+}, Zn^{2+}, Hg^{2+}, Co^{2+}, Cu^{2+}, Ag^{+}, Ni^{2+}, Pt^{2+}, Fe^{2+} 및 Fe^{3+}와 안정한 착물을 만들어 이들이 EDTA와 반응하는 것을 막는 일반적인 가림제이다. 그러나 CN^{-}은 Mg^{2+}이나 Pb^{2+}와는 착물을 생성하지 못하므로 Cd^{2+}와 Pb^{2+}을 포함하는 용액에 CN^{-}을 가하면 Cd^{2+}는 CN^{-}과 착물을 생성하여 가리고 Pb^{2+}만을 EDTA로 적정하여 분석할 수 있다. 가림제 F^{-}는 Al^{3+}, Fe^{3+}, Ti^{4+} Be^{2+}을 가릴 수 있고, Triethanolamine은 Al^{3+}, Fe^{3+}, Mg^{2+}을 가리울 수 있고, 2.3−dimercaptopropanol은 Bi^{3+}, Cd^{2+}, Cu^{2+}, Hg^{2+}, Pb^{2+}를 가릴 수 있다.

• 물의 세기

물의 세기(hardness 또는 경도)는 물속에 녹아 있는 칼슘과 마그네슘 이온의 양을 $CaCO_3$의 ppm 농도로 나타낸 것이다. EDTA 적정에 의해서 물속에 녹아 있는 Ca^{2+}와

Mg^{2+} 이온의 농도를 측정할 때 시료에 우선 아스코브산(ascorbic acid)을 가하여 Fe^{3+} 을 Fe^{2+} 로 환원시킨 후에 가림제, CN^- 을 가하여 Fe^{2+} 와 Cu^+ 및 물속에 존재하는 몇 가지 다른 금속이온을 가린다. 그런 다음 pH 10.0의 암모니아 완충용액을 가한 후에 EDTA로 적정하여 물속에 존재하는 $Ca^{2+} + Mg^{2+}$ 농도를 정량한다. 이때 물의 세기(총 경도 또는 total hardness)는 보통 칼슘과 마그네슘의 양을 $CaCO_3$ 의 ppm 농도로 계산한다.

물의 세기를 측정할 때 만일 용액에 NH_3 가 존재하지 않는 pH 13의 NaOH 용액에서는 Mg^{2+} 를 가리고, Ca^{2+} 만을 EDTA로 적정할 수 있다. 이것은 가림제, OH^- 에 의해서 $Mg(OH)_2$ 와 같은 침전이 생성되어 Mg^{2+} 이온이 가리기 때문이다. 이렇게 하면 물의 세기를 칼슘의 세기와 마그네슘의 세기로 각각 구분하여 측정할 수 있다.

5.1 EDTA 적정에서 어떤 형태의 EDTA가 사용되는가? 또, 왜 금속이온을 포함하는 시료용액은 완충용액을 가하여 일정한 pH로 조절해야 하는가?

5.2 pH 10.0인 0.02 M NH_3 용액에서 Zn^{2+} 용액 50 mL를 1.00×10^{-3} M EDTA로 적정하여 15.00 mL가 소비되었다. Zn^{2+} 의 농도를 계산하라.

5.3 다음을 EDTA로 적정할 때 당량점에서 pM을 계산하라. 당량점에서 EDTA 착물의 농도는 0.0050 M 로 가정하라.

  (a) pH=10에서 Ca^{2+} (b) pH=5에서 Zn^{2+}

5.4 $Ni^{2+} - C_2O_4^{2-}$ 착물을 생성하기 위해 0.001 M Ni^{2+} 용액에 옥살산을 충분히 가했을 때 $pNi (= -\log[Ni])$를 계산하라. 이때 과량의 옥살산의 농도는 0.01 M이었다. pH는 과량의 옥살산이 $C_2O_4^{2-}$ 로 존재할 수 있도록 충분히 염기성이라 가정하고 착물의 형성상수는 $\beta_1 = 10^{4.1}$, $\beta_2 = 10^{7.2}$, $\beta_3 = 10^{8.5}$ 이다.

5.5 0.20 M의 Mg^{2+} 용액 50.0 mL를 0.20 M의 EDTA 용액으로 적정하였다. 당량점에서 착물이 해리된 마그네슘의 농도는 몇 M인가? 단, 적정하는 pH에서 Mg^{2+} 과 EDTA 착물의 조건형성상수($\alpha_4 K_f$)는 1.0×10^9 이었다.

5.6 Ni^{2+} 시료용액 10.00 mL에 완충용액을 가하고, 0.01000 M EDTA를 15.00 mL 가했다. 남아 있는 EDTA를 0.01500 M Mg^{2+} 용액으로 역적정하였더니 4.37 mL가 소비되었다. 시료용액 중의 Ni^{2+} 의 농도를 구하라.

5.7 물의 세기를 측정하기 위해 지하수 50 mL을 채취하여 0.0100 M의 EDTA 표준용액으로 적정하여 4.08 mL가 소비되었다. 물의 세기를 $CaCO_3$ 의 함유량을 ppm으로 계산하라.

5.8 pH 10.0의 보조착화제, NH_3 용액에서 Zn^{2+} 을 EDTA로 적정하여 정량분석하는 방법을 설명하라.

6.1 산화─환원 적정곡선과 지시약

산화─환원 적정곡선 : Fe^{2+}을 Ce^{4+}의 표준용액으로 산화─환원 적정할 때 적정곡선을 작성하기 위해 Fe^{2+}와 Ce^{4+}의 산화─환원 반응을 예로 들어 보면,

$$Fe^{2+} + Ce^{4+} \rightleftharpoons Fe^{3+} + Ce^{3+}$$

이 반응은 빠르고 가역적이며 거의 완전히 진행된다. 이에 대한 산화 및 환원 반쪽반응과 $1.0\,M\ H_2SO_4$ 산성용액에서 표준전위(또는 포말전위)는 다음과 같다.

(이 장에서 전극전위에 관한 부분은 15장의 "15.1 전극과 전위차법" 참조)

$$Ce^{4+} + e \rightleftharpoons Ce^{3+} \qquad E_f = 1.44\,V$$

$$Fe^{3+} + e \rightleftharpoons Fe^{2+} \qquad E_f = 0.68\,V$$

적정 도중의 전위를 계산하기 위해 $1.0\,M\ H_2SO_4$ 산성 용액에 $0.05000\,M$의 Fe^{2+} 용액 $50.00\,mL$를 $0.1000\,M$의 Ce^{4+} 용액으로 적정하는 경우를 고려하자. 전위를 계산할 때에는 적정곡선을 네 가지 영역으로 구분하여 생각할 수 있다.

• 처음전위

적정시약을 전혀 가하지 않은 상태에서는 시료용액에 Fe^{2+}만이 존재하고 이것은 공기의 산화 등으로 인하여 대단히 적은 양의 Fe^{3+}가 섞여 있을 가능성이 있으므로 명확한 전극전위를 나타내지 않는다.

• 당량점 이전의 전위

Ce^{4+}를 적가하면 거의 정량적으로 Ce^{3+}와 Fe^{3+}이 생성되고 용액 중에 미반응의 Fe^{2+}가 남아 있다. 그러므로 Fe^{2+}, Fe^{3+}, Ce^{3+}의 농도를 쉽게 계산할 수 있다. 그러나 극히 미량으로 남는 Ce^{4+} 이온의 양은 쉽게 알 수 없다.

예를 들면 Ce^{4+}용액 $5.00\,mL$를 가하여 평형이 성립한 후에 용액 중의 각 이온의 농도를 계산하면 다음과 같다.

$$[Fe^{3+}] = \frac{5.00 \times 0.1000}{50.00 + 5.00} - [Ce^{4+}] \cong \frac{0.500}{55.00}$$

$$[Fe^{2+}] = \frac{50.00 \times 0.05000 - 5.00 \times 0.1000}{55.00} + [Ce^{4+}] \cong \frac{2.000}{55.00}$$

$$[Ce^{3+}] = [Fe^{3+}]$$

표준전위를 이용하여 계산한 이 반응의 평형상수는 대략 7×10^{12} 정도로 무척 크다. 이것은 적정시약으로 가해진 Ce^{4+}의 당량에 상당하는 양만큼 Fe^{2+}을 거의 완전히 산화시킨다는 것을 뜻한다. 여기서 Nernst식에 $[Fe^{2+}]$와 $[Fe^{3+}]$을 대입하면,

$$E_{Fe} = E_f - 0.0591 \log \frac{[Fe^{2+}]}{[Fe^{3+}]}$$

$$= 0.68 - 0.0591 \log \frac{2.000/55.00}{0.500/55.00} = 0.64\,V$$

이렇게 하여 적정 도중의 전위를 계산할 수 있다. 이때 구한 철의 환원전위는 평형이 성립되어 있는 세륨의 환원전위와 같고, 세륨의 환원전위에 대한 Nernst식으로부터 이 평형에서 반응하고 남아있는 극미량의 Ce^{4+}의 농도를 구할 수도 있다.

$$E_{Ce} = E_f - 0.0591 \log \frac{[Ce^{3+}]}{[Ce^{4+}]}$$

$$0.64 = 1.44 - 0.0591 \log \frac{0.500/55.00}{[\text{Ce}^{4+}]}$$

$$[\text{Ce}^{4+}] = 2.6 \times 10^{-16} \, \text{M}$$

• 당량점 전위

당량점에서 Ce^{4+} 와 Fe^{2+} 농도는 극미량이며 반응의 화학량론으로는 구할 수 없다. 그러나 당량점에서 평형에 도달하면 반응물과 생성물의 농도비를 알 수 있으므로 당량점 전위는 쉽게 구해진다. 당량점에서 철과 세륨의 전위는 다음과 같다.

$$E_{eq} = E_{f(Ce)} - 0.0591 \log \frac{[\text{Ce}^{3+}]}{[\text{Ce}^{4+}]}$$

$$E_{eq} = E_{f(Fe)} - 0.0591 \log \frac{[\text{Fe}^{2+}]}{[\text{Fe}^{3+}]}$$

이 두 방정식을 합하면,

$$2\,E_{eq} = E_{f(Ce)} + E_{f(Fe)} - 0.0591 \log \frac{[\text{Ce}^{3+}][\text{Fe}^{2+}]}{[\text{Ce}^{4+}][\text{Fe}^{3+}]}$$

그런데 당량점 조건은 다음과 같고,

$$[\text{Fe}^{3+}] = [\text{Ce}^{3+}]$$

$$[\text{Fe}^{2+}] = [\text{Ce}^{4+}]$$

따라서

$$2\,E_{eq} = E_{f(Ce)} + E_{f(Fe)} - 0.0591 \log \frac{[\text{Ce}^{3+}][\text{Ce}^{4+}]}{[\text{Ce}^{4+}][\text{Ce}^{3+}]} = E_{f(Ce)} + E_{f(Fe)}$$

$$E_{eq} = \frac{E_{f(Ce)} + E_{f(Fe)}}{2} = \frac{1.44 + 0.68}{2} = 1.06 \, \text{V}$$

예제 1.0 M H_2SO_4 산성에서 0.0500 M U^{4+} 를 0.1000 M Ce^{4+} 로 적정할 때 당량점 전위를 구하라.

풀이

$$U^{4+} + 2Ce^{4+} + 2H_2O \rightleftharpoons UO_2^{2+} + 2Ce^{3+} + 4H^+$$

$$UO_2^{2+} + 4H^+ + 2e \rightleftharpoons U^{4+} + 2H_2O \qquad E° = 0.334\,V$$

$$Ce^{4+} + e \rightleftharpoons Ce^{3+} \qquad E° = 1.44\,V$$

당량점 전위는 다음과 같다.

$$E_{eq} = E°_U - \frac{0.0591}{2} \log \frac{[U^{4+}]}{[UO_2^{2+}][H^+]^4}$$

$$E_{eq} = E°_{Ce} - 0.0591 \log \frac{[Ce^{3+}]}{[Ce^{4+}]}$$

위의 첫째 식에 2를 곱하여 둘째 식을 합하면,

$$3E_{eq} = 2E°_U + E°_{Ce} - 0.0591 \log \frac{[U^{4+}][Ce^{3+}]}{[UO_2^{2+}][Ce^{4+}][H^+]^4}$$

당량점에서는 다음과 같은 관계가 성립하므로,

$$[U^{4+}] = 2[Ce^{4+}]$$

$$[UO_2^{2+}] = 2[Ce^{3+}]$$

이들 당량점 조건을 대입하여 정리하면,

$$E_{eq} = \frac{E°_U + E°_{Ce}}{3} - \frac{0.0591}{3} \log \frac{2[Ce^{4+}][Ce^{3+}]}{2[Ce^{3+}][Ce^{4+}][H^+]^4}$$

$$= \frac{2E°_U + E°_{Ce}}{3} - \frac{0.0591}{3} \log \frac{1}{[H^+]^4}$$

이러한 적정에서는 당량점 전위가 pH에 따라서 달라짐을 알 수 있다.

• 당량점 이후의 전위

당량점을 지나면 Ce^{4+}가 반응하고 남게 되며 Fe^{2+}의 농도는 거의 0에 가까워져서 쉽게 알 수 없지만 당량점에서 Ce^{3+}, Ce^{4+}, Fe^{3+}의 농도는 계산할 수 있다. 따라서 Ce^{4+}을 25.10 mL 가했을 때 각 화학종의 농도는,

$$[Ce^{3+}] = \frac{25.10 \times 0.1000}{75.10} - [Fe^{2+}] \approx \frac{2.510}{75.10}$$

$$[Ce^{4+}] = \frac{25.10 \times 0.1000 - 50.00 \times 0.05000}{75.10}] + [Fe^{2+}] \approx \frac{0.010}{75.10}$$

이들 값을 세륨의 Nernst식에 대입하면,

$$E = 1.44 - 0.0591 \log \frac{[Ce^{3+}]}{[Ce^{4+}]}$$

$$= 1.44 - 0.0591 \log \frac{2.510/75.10}{0.010/75.10} = 1.30\,V$$

이와 같은 방법으로 계산한 값들을 **표 6.1**에 나타내고, 이것으로 작성한 적정곡선은 **그림 6.1**과 같다. 적정곡선을 보면 당량점에서 전위급변이 일어나고, 그 범위는 1.28 − 0.84=0.44이다. 이 적정이 ±0.1 % 상대오차 내에서 이루어지려면 전위 급변범위 안에 종말점이 들어가야 한다.

표 6.1 0.05000 M의 Fe^{2+} 50.00 mL를 0.100 M의 Ce^{4+}로 적정할 때의 전극전위

적정시약, Ce^{4+}의 부피(mL)	SHE에 대한 전극전위(V)	적정시약, Ce^{4+}의 부피(mL)	SHE에 대한 전극전위(V)
5.00	0.64	25.00	1.06
15.00	0.69	25.05	1.28
20.00	0.72	25.10	1.30
24.90	0.82	26.00	1.36
24.95	0.84	30.00	1.46

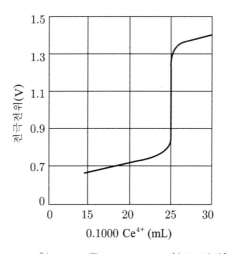

그림 6.1 0.05000 M Fe^{2+} 50 mL를 0.1000 M Ce^{4+}로 적정할 때의 적정곡선.

➲ 혼합물의 적정

만약 시료용액에 두 가지 산화제(또는 환원제)가 섞여 있고, 그들의 표준전위의 차가 0.2 V보다 크면 적정곡선에서 두 개의 변곡점을 구별할 수 있다. 따라서 한꺼번에 적정하여 각각을 정량할 수 있다.

그림 6.2는 Tl^+과 Sn^{2+} 이온이 같은 mol수로 혼합된 용액을 IO_3^-로 적정할 때의 이론적 적정곡선이다. 시료용액과 적정시약은 모두 1.0 M HCl 용액을 포함한다. 이때 각 화합물에 대한 적정반응은 다음과 같다.

$$\text{첫째} \quad 2\,Sn^{2+} + IO_3^- + 2\,Cl^- + 6\,H^+ \rightleftharpoons 2\,Sn^{4+} + ICl_2^- + 3\,H_2O$$

$$\text{둘째} \quad 2\,Tl^+ + IO_3^- + 2\,Cl^- + 6\,H^+ \rightleftharpoons 2\,Tl^{3+} + ICl_2^- + 3\,H_2O$$

이에 관련된 반쪽반응과 1.0 M의 HCl 용액에서 표준전위는 다음과 같다.

$$Sn^{4+} + 2\,e \rightleftharpoons Sn^{2+} \qquad\qquad E^\circ = 0.139\,V$$

$$Tl^{3+} + 2\,e \rightleftharpoons Tl^+ \qquad\qquad E^\circ = 0.77\,V$$

$$IO_3^- + 6\,H^+ + 5\,e \rightleftharpoons \frac{1}{2}I_2(s) + 3\,H_2O \quad E^\circ = 1.195\,V$$

여기에서 $Sn^{4+} - Sn^{2+}$가 더 낮은 환원전위를 가지기 때문에 Sn^{2+}이 Tl^+보다 먼저 산화될 것이다. 즉, 첫째 적정반응의 평형상수가 둘째 적정반응의 경우보다 더 크다.

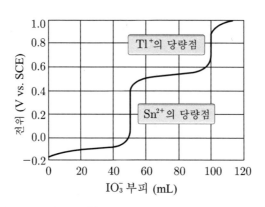

그림 6.2 Tl^+과 Sn^{2+}가 각각 0.0100 M의 100 mL 용액을
0.0100 M의 IO_3^-로 적정할 때의 이론적 적정곡선.

이것은 Sn^{2+}이 Tl^+보다 더 센 환원제라고 바꿔 말할 수 있다. 이것은 산-염기 적정에서 해리상수가 다른 두 가지 산(또는 염기)이 혼합되었을 때 센산(또는 센염기)이 먼저 적정되는 현상과 같다.

그림 6.2의 적정곡선에서 첫째, 변곡점은 마치 Tl^+이 존재하지 않는 것처럼 생각하고 첫째 적정반응을 이용하여 계산한 것이고, Sn^{2+}의 당량점이 지난 후 나머지 부분은 Sn^{2+}이 존재하지 않는 것처럼 둘째 적정반응을 이용하여 계산한 것이다. 그러므로 IO_3^-를 가하면 먼저 Sn^{2+}이 산화되고, 용액 중에 IO_3^-의 농도가 조금 더 증가하여 전위가 증가하면 Tl^+이 산화된다. 그리고 이들의 $E°$값의 차가 $0.77-0.139=0.63\ V$이므로 선명하게 2단계의 변곡점을 가지는 적정곡선이 나타난다. 이 경우 생성된 Sn^{4+}가 Tl^+을 산화시킬까 염려되지만 다음과 같은 반응은 일어나지 않는다.

$$Sn^{4+} + Tl^+ \rightleftharpoons Sn^{2+} + Tl^{3+} \qquad E° = -0.63\ V$$

이것은 이러한 산화-환원 반응의 $E°$값이 큰 음의 값이기 때문이고 오히려 이 반응이 역행하려 할 것이다.

⭢ 산화-환원 지시약

산화-환원 적정곡선의 당량점 근방에서 물질계의 전위가 급변하는 특성이 있음을 알았다. 산화-환원 적정의 당량점을 구하는 방법은 전위의 급변범위 내에서 변색하는 지시약을 사용하는 방법과 적당한 전극을 이용하여 적정 중의 전위를 직접 측정하는 전위차법이 있다.

• 자체지시약

적정에 사용하는 산화제 용액 자체가 색깔을 갖는 경우는 이것이 바로 종말점 구실도 한다. 대표적인 경우는 과망간산 용액으로 적정할 때이고 이때는 당량점을 지나 적정시약이 조금만 과량으로 가해져도 선명하게 분홍색을 띤다. 필요에 따라 바탕시험을 하여 그 값을 보정해 줄 수 있다. 아이오딘, 세륨(IV), 중크롬산염 같은 것도 비교적 짙은 노란색과 주황색을 띠고 있어 자체지시약이 될 수 있으나 정확한 적정을 위해서는 산화-환원 지시약을 사용하는 것이 좋다.

• 산화-환원 지시약

이 지시약은 그 자체가 산화제 또는 환원제이고, 적정 도중에 물질계의 전위변화에 따라 산화형이 환원형으로 변화되며 이때 변색하는 화합물이다. 산화-환원 지시약은 그 색이 진한 것이어야 감도가 높고, 지시약의 발색 반응이 가역반응이면 역적정에도 그대로 이용할 수 있다. 지시약은 수용액에 잘 녹고, 몇 시간 동안 변질되지 않고 안정해야 한다. 그러나 지시약이 강력한 산화제에 의해 분해되는 경우가 많다. 산화-환원 반응에 수소이온이 참여하는 경우도 있지만 지시약의 양이 대단히 적기 때문에 용액 전체의 pH에는 크게 영향을 주지 못한다. 지시약 중에는 그 자체가 산 또는 염기인 지시약이 있고, 따라서 용액의 pH에 따라 지시약의 산화 또는 환원 상태가 달라지고 변색범위도 약간 달라질 수 있다.

일반적인 산화-환원 지시약의 하나가 오르토-펜난트로린(o-phenanthroline)이고 이것의 표준전위는 $1\,M\,H_2SO_4$에서 $1.147\,V$이다. 이것은 Fe^{2+} 이온과 착물을 만들고 이 착물은 비교적 안정하고 색이 진하므로 감도가 높다. 이 지시약은 페로인(ferroin)이 라고도 부르고, $Fe^{2+}(phen)_3$로 표시할 수 있다. 또 이 지시약의 산화-환원 반응은 가역적이고 산화형은 거의 무색에 가까운 청색이고 환원형은 붉은색이다. 지시약의 색이 변하는 전위의 범위를 예측하기 위해서 지시약에 대한 Nernst식을 살펴보자.

$$In_{ox} + ne \rightleftharpoons In_{red}$$

$$E = E^\circ - \frac{0.0591}{n} \log \frac{[In_{red}]}{[In_{ox}]}$$

산-염기 지시약과 마찬가지로 다음과 같을 때 환원형의 색깔이 관찰된다.

$$\frac{[In_{red}]}{[In_{ox}]} \geq \frac{10}{1}$$

페로인의 산화형(엷은 청색)   페로인의 환원형(붉은색)

다음과 같을 때는 산화형의 색깔이 관찰된다.

$$\frac{[In_{red}]}{[In_{ox}]} \leq \frac{1}{10}$$

이러한 비를 지시약에 대한 Nernst식에 대입하면 변색은 다음과 같은 범위에서 나타남을 알 수 있다.

$$E = E^\circ \pm \frac{0.0591}{n} V$$

E°=1.147 V인 페로인은 표준수소전극(SHE)에 대해 약 1.088~1.206 V 범위에서 나타날 것으로 기대된다. 그러나 SHE 대신에 SCE(포화칼로멜전극)을 기준으로 사용하면 지시약의 전이범위는 다음과 같다.

$$(SCE에\ 대한\ 전이전위) = (SHE에\ 대한\ 전이범위) - E_{SCE}$$
$$= (1.088 \sim 1.206) - (0.241\,V)$$
$$= 0.847 \sim 0.965\,V$$

따라서 페로인은 그림 6.1과 같은 적정에 지시약으로 사용할 수 있다.

표 6.2 몇 가지 산화―환원 지시약

지시약	산화형색	환원형색	$E^\circ(V)$
Phenosafranine	붉은색	무색	0.28[a]
Indigo tetrasulfonate	푸른색	무색	0.36[a]
Methylene blue	푸른색	무색	0.53[a]
Diphenylamine	보라색	무색	0.75[b]
4'$-$Ethoxy$-$2,4$-$diaminoazobenzene	노란색	붉은색	0.76[b]
Diphenylamine sulfonic acid	적자색	무색	0.85[b]
Diphenylbenzidine sulfonic acid	보라색	무색	0.87[b]
Tris(2,2'$-$bipyridine)iron	엷은 청색	붉은색	1.12[a]
Tris(1,10$-$phenanthroline)iron (ferroin)	엷은 청색	붉은색	1.147[c]
Tris(5$-$nitro$-$1,10$-$phenanthroline)iron	엷은 청색	적자색	1.25[c]
Tris(2,2'$-$bipyridine)ruthenium	엷은 청색	노란색	1.29[a]

a) 1 M 산에서, b) 묽은 산에서, c) 1 M H_2SO_4에서의 포말전위

적정시약과 분석목적 성분 사이의 표준전위(또는 포말전위) 차가 클수록 당량점에서 적정곡선의 전위급변범위는 더 크다는 것을 알았다. 보통 분석목적 성분과 적정시약 사이의 전위차가 ≥ 0.2 V일 때 산화－환원 적정이 실행 가능하다. 그러나 이런 적정의 종말점은 예민하지 못하기 때문에 전위차 적정으로 검출하는 것이 가장 좋다. 만약 포말전위가 ≥ 0.4 V이면 산화－환원 지시약은 만족할만하게 예민한 종말점을 나타낸다. **표 6.2**에 몇 가지 산화－환원 지시약에 대한 자료를 수록했다.

• 녹말 지시약

적정반응에 참여하는 물질과 반응하여 선명한 색을 나타낼 수 있는 물질이 지시약의 구실을 하는 경우가 있다. 녹말은 아이오딘과 진한 청색의 착물을 형성하기 때문에 아이오딘과 관련된 적정의 지시약으로 사용할 수 있다. 녹말은 산화－환원 반응의 전위변화에 감응하는 것이 아니고, 아이오딘이 존재할 때 특수하게 지시약의 구실을 하므로 그 자체가 산화－환원하는 지시약은 아니다.

녹말에서 활성부분은 아밀로오스(amylose)이며 이것은 수천 개의 $\alpha-D-glucose$ 분자가 **그림 6.3**의 (a)와 같이 중합체를 이룬 것이고, 이 중합체는 그림 (b)와 같이 나선형(helix)의 꼬여진 모양으로 존재하며 용액에서 아이오딘 분자들은 아밀로오스의 나선

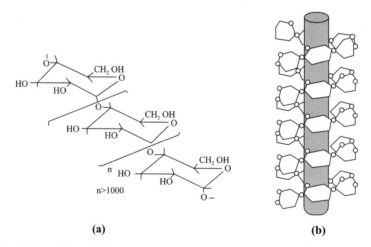

(a)   **(b)**

그림 6.3 녹말―아이오딘 착물의 구조 모형. (a) 글루코오스 분자들이 중합하여 생성된 아밀로오스의 구조, (b) 아밀로오스의 나선형 내부에 아이오딘 분자가 결합하여 이룬 녹말―아이오딘 착물의 모양. [R. C. Teitelbaum, S. L. Ruby and T. J. Marks, *J. Amer. Chem. Soc.* 1980, 102, 3322].

형 중심에 끼어들어 I_5^- 이온들이 긴 사슬을 형성하여 녹말-아이오딘 착물을 만든다.

$$\cdots[I-I-I-I-I]^-\cdots[I-I-I-I-I]^-\cdots$$

녹말-아이오딘 착물이 색을 띠는 것은 나선형 내부에 결합된 I_5^- 사슬이 가시선을 흡수하기 때문이다. 녹말은 쉽게 분해되므로 적정할 때마다 새로 만들어 사용하거나 지시약 용액에 HgI_2 또는 티몰(thymol)과 같은 방부제를 첨가하여 보관한다.

녹말의 가수분해 생성물의 하나는 글루코오스이며 이것은 환원제이다. 따라서 가수분해 된 녹말은 산화-환원 적정에서 오차의 원인이 되므로 주의해야 한다.

6.2 산화상태 조절과 산화제 표준용액

대부분의 분석에서 분석물질의 산화상태를 예비산화제나 환원제로 적정할 수 있는 상태로의 조절이 필요하다. 예를 들면 철 시료를 산에 녹이면 Fe^{2+}와 Fe^{3+}의 혼합용액을 얻게 되는데 이것을 산화제, MnO_4^-의 표준용액으로 적정하고자 할 때는 적정에 앞서 적당한 예비환원제를 사용하여 Fe^{3+}을 모두 Fe^{2+}상태로 만들어야 하고, 만약 환원제 표준용액으로 적정하고자 하면 예비산화제를 사용하여 Fe^{2+}를 Fe^{3+}상태로 바꾸어야 한다. 분석물질의 산화상태의 예비조절 반응은 정량적인 동시에 과량의 예비조절 시약을 제거 또는 파괴시키는 것이 가능해야만 한다.

⊃ 예비산화

시료용액 중의 분석성분을 예비산화시킨 다음에 용액에 남아있는 예비산화제를 제거하기가 쉽고 유용한 몇 가지의 강력한 산화제가 있다.

• 비스무트산소듐

이것은 매우 강한 산화제이고 질산용액에서 Mn^{2+}을 Mn^{7+}으로 실온에서 정량적으로 산화시킬 수 있는 산화력을 갖고, 난용성이어서 예비산화가 완전히 끝나면 과량으로 남은 것은 걸러서 제거할 수 있다. 이것의 화학식은 그 조성이 분명하지는 않으나 보통 $NaBiO_3$로 표시하며 Bi^{5+}에서 Bi^{3+}로 환원된다.

$$NaBiO_3(s) + 4H^+ + 2e \rightleftharpoons BiO^+ + Na^+ + 2H_2O$$

• 과산화이중황산암모늄

강산화제, $(NH_4)_2S_2O_8$는 Cr^{3+}을 $Cr_2O_7^{2-}$으로, Ce^{3+}을 Ce^{4+}로, Mn^{2+}을 MnO_4^-로 산화시킬 수 있다. $S_2O_8^{2-}$의 환원반응은 다음과 같다.

$$S_2O_8^{2-} + 2e \rightleftharpoons S_2O_8^{2-} + 2e = 2SO_4^{2-} \qquad E^\circ = 2.01\,V$$

과산화이중황산암모늄의 산화반응은 소량의 Ag^+ 촉매가 있으면 더 잘 진행된다. 반응 후에 남은 과량의 시약은 용액을 끓이면 쉽게 분해되어 제거할 수 있다.

$$2S_2O_8^{2-} + 2H_2O \xrightarrow{\triangle} 4SO_4^{2-} + O_2(g) + 4H^+$$

• 과산화수소와 과산화소듐

산성 용액에서 과산화수소가 환원되는 반쪽 반응과 그의 산화력은 다음과 같다.

$$H_2O_2 + 2H^+ + 2e \rightleftharpoons 2H_2O \qquad E^\circ = 1.78\,V$$

염기성 용액에서는 과산화소듐 염으로 작용한다. 산화가 완전히 이루어진 후에 남은 과량의 산화제는 끓여서 분해되므로 제거된다.

$$2H_2O_2 \xrightarrow{\triangle} 2H_2O + O_2(g)$$

• 오존

이것은 편리한 산화제이고 다른 물질을 산화시키고 남은 것은 비활성 기체를 통하면 쉽게 제거된다.

$$O_3(g) + 2H^+ + 2e \rightleftharpoons O_2 + H_2O \qquad E^\circ = 2.07\,V$$

오존으로 산화되는 물질과 산화조건은 다음과 같다.

산화반응	용매	촉매
$Mn^{2+} \rightarrow Mn^{7+}$	$1 \sim 2\,M\ HClO_4$	Ag
$Ce^{3+} \rightarrow Ce^{4+}$	$H_3PO_4,\ H_2SO_4$	
$V^{4+} \rightarrow V^{5+}$		
$Cr^{3+} \rightarrow Cr^{6+}$	산성	$AgNO_3$

⟫ 예비환원

시료를 정량적으로 예비환원시키는데 염화주석(Ⅱ), 황화수소, 이산화황 등이 이용될수 있다. 그러나 여러 가지 금속이 더 좋은 환원제이므로 시료용액의 예비환원을 위하여 널리 사용된다. Zn, Al, Cd, Pb, Ni^{2+}, Cu^{2+} 및 Ag(Cl^-의 존재하는 상태에서) 등이 이런 목적에 사용되고 이들의 금속선, 막대, 코일, 금속가루 등을 시료용액에 담갔다가 예비환원이 끝나면 남아있는 금속을 들어내거나 걸러서 제거할 수 있다. 또 금속조각을 유리관에 채우고, 이 관에 시료용액을 통과시켜 예비환원하는 편리한 방법도 있다. 이런 관을 Jones 환원관 또는 Walden 환원관이라 한다. 금속조각을 채운 관은 여러 종류의 예비환원에 사용할 수 있고 금속의 환원력은 그 금속의 환원전위에 따라 다르다.

• Jones 환원관

직경이 대략 2 cm 되는 유리관에 아연아말감을 40~50 cm 채운 관이다. 아연아말감을 만드는 방법은 다음과 같이 Hg_2Cl_2 또는 $Hg(NO_3)_2$ 용액에 아연 입자를 담가 그 표면에 수은을 석출시키면 된다.

$$2\,Zn(s) + Hg^{2+} \rightarrow Zn + Zn^{2+}(Hg)(s)$$

환원전위가 낮은 아연, 카드뮴과 같은 금속은 환원력이 세지만 산성 시료용액과 활발히 반응하여 수소를 발생하고 용액에는 금속이온이 많이 생겨 다음 분석과정에 지장을 준다. 따라서 농도가 진한 산성 용액에서는 사용할 수가 없다. 그러나 금속아말감을 만들어 채운 Jones 환원관을 사용하면 금속이 산성 용액에 녹지 않고, 또 수소도 발생되지 않는다. 따라서 아연과 카드뮴을 진한 농도의 산성 시료용액에서 예비환원제로 사용할 수 있다. 수소이온이 환원되어 수소가 발생되는 전위는 이론적 환원전위와 과전압을 합한 것이고, 금속입자에 아말감이 형성되면 수소발생에 대한 수은 표면의 과전압은 대단히 크기 때문에 수소 발생을 막을 수 있다.

Jones 환원관은 한번 만들면 여러 번 되풀이하여 사용할 수 있고, 사용하지 않을 때는 증류수를 채워 두어 공기의 접촉을 막는다. 다시 사용할 때는 먼저 묽은 산 용액을 통하여 씻은 다음에 시료용액을 천천히 통하고, 다시 산 용액으로 씻어 시료용액에 합해 사용하고, 관은 물로 충분히 씻어 산이 남지 않게 하여 보관한다.

은, 수은과 같은 금속은 환원전위가 높아 일반적으로 환원제 구실을 할 수 없다. 그러나 이들 금속을 염산 용액에서 사용하면 난용성 염화물을 만드는 동시에 환원제 구실을 할 수 있다.

예를 들면 은은 표준전극전위가 $E^\circ = 0.799$ V이지만 염산 용액에서는 $AgCl$ 침전이 석출되고 환원전위가 감소하고 은(Ag)의 환원력이 증가한다.

$$E = 0.222 - 0.0591 \log [Cl^-]$$

따라서 은은 1 M HCl에서 Fe^{3+}, Ce^{4+}와 같은 것도 환원시킬 수 있다.

Jones 환원관과 같이 금속 은(Ag)을 염산 산성에서 시료용액의 환원에 이용하는 것을 Walden 환원관이라 하는데 비교적 선택성이 높은 환원작용을 하므로 널리 이용된다. 두 종류의 환원관에 의해 분석성분을 예비환원하는 예를 **표 6.3**에 나타냈다.

표 6.3 Jones 환원관과 Walden 환원관의 사용 예[a]

Walden reductor $Ag(s) + Cl^- \rightarrow AgCl(s) + e$	Jones reductor $Zn(Hg)(s) \rightarrow Zn^{2+} + Hg + 2e$
$Fe^{3+} + e \rightarrow Fe^{2+}$	$Fe^{3+} + e \rightarrow Fe^{2+}$
$Cu^{2+} + e \rightarrow Cu^+$	$Cu^{2+} + 2e \rightarrow Cu(s)$
$H_2MoO_4 + 2H^+ + e \rightarrow MoO_2^+ + 2H_2O$	$H_2MoO_4 + 6H^+ + 3e \rightarrow Mo^{3+} + 4H_2O$
$UO_2^{2+} + 4H^+ + 2e \rightarrow U^{4+} + 2H_2O$	$UO_2^{2+} + 4H^+ + 2e \rightarrow U^{4+} + 2H_2O$
	$UO_2^{2+} + 4H^+ + 3e \rightarrow U^{3+} + 2H_2O$ [b]
$V(OH)_4^+ + 2H^+ + e \rightarrow VO^{2+} + 3H_2O$	$V(OH)_4^+ + 4H^+ + 3e \rightarrow V^{2+} + 4H_2O$
TiO^{2+} 환원되지 않음	$TiO^{2+} + 2H^+ + e \rightarrow Ti^{3+} + H_2O$
Cr^{3+} 환원되지 않음	$Cr^{3+} + e \rightarrow Cr^{2+}$

a) I. M. Kolthoff and R. Belcher, *Volumetric Analysis*, Vol. 3, P. 12, New York, Interscience, 1957.

b) Jones 환원관에서 우라늄의 경우는 U^{3+}와 U^{4+}을 생성하지만 공기 중에서 용액을 수 분 동안 흔들어 주면 U^{3+}을 U^{4+}로 전환시킬 수 있다.

• 염화주석(Ⅱ)에 의한 철(Ⅲ)의 예비환원법

시료 중의 Fe^{3+}을 예비환원시키는 데는 $SnCl_2$을 사용하는 방법이 가장 많이 이용된다. 이때 $SnCl_2$는 Fe^{3+}의 노란색이 없어질 때까지 조심스럽게 적가하고 한 두 방울 과량으로 더 가한다.

$$2Fe^{3+} + Sn^{2+} \rightleftharpoons 2Fe^{2+} + Sn^{4+}$$

이때 과량으로 남은 Sn^{2+}을 Sn^{4+}으로 산화시켜서 제거하기 위해 산화제인 $HgCl_2$을 가한다. 이때 Fe^{2+}은 $HgCl_2$에 의해 산화되지 않는다. 그리고 환원된 Hg_2^{2+}은 난용성의 Hg_2Cl_2 침전으로 떨어진다. 생성된 Hg_2Cl_2 침전은 과망간산과 반응하지 않는다. 그러나 $HgCl_2$을 가할 때 다음과 같은 반응이 일어나지 않도록 주의해야 한다.

$$Sn^{2+} + HgCl_2 \rightleftharpoons Hg(s) + Sn^{4+} + 2Cl^-$$

$$Sn^{2+} + 2HgCl_2 \rightleftharpoons Hg_2Cl_2(s) + Sn^{4+} + 2Cl^-$$

이 반응은 많은 양의 Sn^{2+}에 산화제인 $HgCl_2$을 조금씩 가할 때 일어나며 만약 금속 수은이 생기면 침전은 회색을 띠게 된다.

이것은 적정할 때 과망간산과 반응하므로 이렇게 된 시료용액은 버리고, 다시 처음부터 새로 실험해야 한다. $SnCl_2$과 $HgCl_2$의 반응을 성공적으로 일어나게 하려면 용액에 Sn^{2+}이 적게 남아 있어야 하고, 차가운 Sn^{2+} 용액에 차가운 $HgCl_2$용액을 한꺼번에 빨리 가하고 잘 저어주어야 한다.

⊃ 산화제의 표준용액

산화-환원 적정에서 가장 널리 사용되는 산화제의 성질을 **표 6.4**에 수록했다. 이들 산화제의 표준전위는 0.5~1.5 V 범위의 값을 가진다. 산화-환원 적정에서 이들 산화제의 선택은 분석성분의 환원력, 분석성분과 산화제간의 반응속도, 산화제 표준용액의 안정도, 종말점 검출에 사용되는 지시약의 유용성 및 경제성 등에 의해서 결정된다.

• 강력한 산화제(과망간산포타슘과 세륨(Ⅳ))

과망간산과 Ce^{4+}이온은 그들의 응용성이 넓은 강한 산화제이다. 이들의 환원 반 응은 다음과 같다.

표 6.4 일반적으로 사용되는 몇 가지 산화제 표준용액의 성질

산화제(화학식)	환원생성물	$E^\circ(V)$	표정용 표준물	지시약	안정도
$KMnO_4$	Mn^{2+}	1.51	$Na_2C_2O_4$, Fe, As_2O_3	MnO_4^-	(d)
$KBrO_3$	Br^-	1.44	$KBrO_3$	(a)	(e)
Ce^{4+}	Ce^{3+}	1.44*	$Na_2C_2O_4$, Fe, As_2O_3	(b)	(e)
$K_2Cr_2O_7$	Cr^{3+}	1.33	$K_2Cr_2O_7$, Fe	(c)	(e)
I_2	I^-	0.536	$BaS_2O_3 \cdot H_2O$, $Na_2S_2O_3$	녹말	(f)

(a) α-naphthoflavone, (b) 1,10-phenanthroline iron(Ⅱ), (c) 다이페닐아민설폰산,
(d) 보통 안정, (e) 무한히 안정, (f) 불안정(자주 표정을 요함), * : 1 M 황산에서 포말전위

$$MnO_4^- + 8H^+ + 5e \rightleftharpoons Mn^{2+} + 4H_2O \quad E^\circ = 1.51\,V$$

$$Ce^{4+} + e \rightleftharpoons Ce^{3+} \qquad\qquad E_f = 1.44\,V\,(1\,M\,H_2SO_4)$$

Ce^{4+}는 산의 종류와 농도에 따라 그 산화력이 다르다. 1~8 N 사이의 여러 가지 산성용액에서 다음과 같은 전위를 가진다.

과염소산 : 1.70 ~ 1.87 V   황산 : 1.44 ~ 1.42 V

질산 : 1.61 ~ 1.56 V   염산 : 1.28 V (1 M 염산 산성에서 분해)

과염소산과 질산에서 Ce^{4+}용액은 매우 불안정하므로 사용이 제한된다.

과망간산에 대한 반 반응은 0.1 M 이상의 센 산성 용액에서는 위와 같은 반 반응이 일어나고 더 묽은 산성에서는 환원에 의해 Mn^{3+}, Mn^{4+} 또는 Mn^{6+}을 생성한다. 과망간산과 Ce^{4+}의 산화력은 비슷하지만 실제로 사용할 때는 여러 면에서 성질이 다르다. 황산 매질에서 Ce^{4+} 용액은 무한히 안정하다. 그러나 과망간산 용액은 천천히 분해되므로 일정기간을 두고 다시 표정하여 사용해야 한다. 황산 산성에서 Ce^{4+}용액은 염화이온을 산화시키지 못하므로 분석성분의 염산 산성용액을 적정할 때 사용할 수 있다. 그러나 과망간산은 염화이온을 산화시키므로 염산 산성용액을 적정할 때 직접 사용할 수 없고, 어떤 조치를 취한 다음에 적정해야 한다.

세륨(Ⅳ)염은 일차표준물로 사용할 수 있으므로 직접법으로 표준용액을 만들 수 있으나 과망간산 표준용액은 다른 일차표준물로 표정해 만들어야 한다. 과망간산에 비하

여 Ce^{4+}이 여러 가지 이점이 있음에도 불구하고 과망간산이 더 널리 사용된다. 그 이유 중의 하나는 경제적으로 세륨 시약의 값이 30~60배 정도 비싸다는 점이 있고, Ce^{4+}의 한 가지 단점은 0.1 M 또는 그 이하의 산성 용액에서는 염기성 세륨염의 침전을 만드는 경향이 증가되기 때문이다.

과망간산의 유용한 성질은 적정할 때 자체지시약으로 사용할 수 있다는 점이다. 이것은 0.02 M의 과망간산 용액 0.01 mL 또는 그 이하의 부피를 100 mL의 물에 묽혔을 때도 색을 충분히 구별할 수 있을 정도로 자주색을 띠기 때문이다.

그러나 과망간산 용액이 매우 묽어서 종말점의 구별이 분명하지 않거나 더 정확하게 종말점을 검출하고자 하면 다이페닐아민설폰산(diphenylamine sulfonic acid)이나 페로인과 같은 산화-환원 지시약을 사용하도록 한다.

과망간산 종말점은 다음 반응과 같이 과량의 과망간산이 종말점에서 진한 농도의 Mn^{2+}와 천천히 반응하기 때문에 영구적이지 못하다.

$$2MnO_4^- + 3Mn^{2+} + 2H_2O \rightarrow MnO_2(s) + 4H^+$$

이 반응의 평형상수는 대략 10^{47} 정도로써 진한 산성 매질에서 MnO_4^-의 평형농도가 무시될 정도이다. 그러나 다행히도 이 반응의 속도는 늦기 때문에 30초 이내에서 종말점을 검출하는 데는 큰 영향이 없다.

Ce^{4+} 용액도 노란색을 띠지만 자체지시약 구실을 할 정도로 진하지는 않다. 따라서 Ce^{4+}으로 적정할 때는 페로인과 같은 산화-환원 지시약을 사용해야 한다.

과망간산은 중성 또는 염기성에서 이산화망간의 갈색 침전을 만들면서 환원된다.

$$4MnO_4^- + 2H_2O + 2e \rightleftharpoons 4MnO_2(s) + 3O_2 + 4OH^- \qquad E^\circ = 1.69\,V$$

그러므로 과망간산으로 적정할 때는 강한 산성용액에서 해야 한다. 그렇게 함으로써 반응속도도 빠르고, 또 화학량론적으로 반응하기 때문이다.

Mn^{3+}과 Mn^{5+} 상태는 모두 불안정하고 다음과 같이 동종간 주고받기를 한다.

$$2Mn^{2+} + 2H_2O \rightleftharpoons Mn^{2+} + MnO_2 + 4H^+$$

MnO_4^-가 $NaOH$의 2 M 이상인 센염기성 용액에서 환원되면 Mn^{6+}으로 된다.

$$\mathrm{MnO_4^-} + e \rightleftharpoons \mathrm{MnO_4^{2-}} \qquad E^\circ = 0.564\,\mathrm{V}$$

그러나 $\mathrm{Mn^{6+}}$ 과 $\mathrm{Mn^{3+}}$ 은 별로 중요하지 않다.

• 과망간산 표준용액의 안정성과 제조

과망간산 수용액은 다음의 반응과 같이 용매인 물을 산화시키며 분해되는 경향이 있으므로 완전히 안정하지는 못하다.

$$4\mathrm{MnO_4^-} + 2\mathrm{H_2O} \rightarrow 4\mathrm{MnO_2(s)} + 3\mathrm{O_2} + 4\mathrm{OH^-}$$

그러나 이 반응의 평형이 생성물 쪽으로 치우칠지라도 분해반응의 속도가 늦기 때문에 정확하게 만든 과망간산 용액은 웬만큼은 안정한 편이다. 그리고 햇빛, 열, 산, 염기, $\mathrm{Mn^{2+}}$, $\mathrm{MnO_2}$ 등이 있으면 이 분해반응은 쉽게 일어난다. 따라서 표준용액을 만들고 보관하는 데는 이런 점에 주의해야 한다. 과망간산포타슘 고체 시약은 보통 이산화망간 등 불순물을 포함하고 있기 때문에 직접적으로 표준용액을 만들 수 없고, 대략 원하는 농도의 용액을 만들어 표정해야 한다. 대략 만든 용액에는 이산화망간을 비롯하여 증류수에 들어 있던 먼지 및 유기물질과 같은 산화성 물질이 포함되어 있어 천천히 분해될 가능성이 있다. 따라서 용액을 만든 후 미리 가열하여 산화성 물질을 산화시켜 제거하고, 이산화망간의 고체는 걸러서 제거해야 한다. 이때 거름종이는 산화되는 성질이 있어 반드시 유리거르개를 이용하도록 한다. 이 용액을 가열하면 유기물질을 완전히 분해하여 제거시킬 수 있다. 이 경우 순수한 과망간산염의 중성용액은 가열해도 별로 분해하지 않는다. 이산화망간이 섞여있는 산성 과망간산 용액을 끓이면 산소를 내면서 쉽게 분해한다. 예로써 0.4 N 황산을 포함하는 0.05 N 과망간산 용액을 1시간 끓이면 0.6 % 분해하며, 0.8 N 황산 용액의 경우에는 1.7 %, 2 N 황산에서는 58 % 분해한다.

⤷ 과망간산 용액의 표정

과망간산 용액의 표준화에는 일차표준물로서 옥살산소듐($\mathrm{Na_2C_2O_4}$), 옥살산($\mathrm{H_2C_2O_4} \cdot 2\mathrm{H_2O}$) 또는 아비산($\mathrm{As_2O_3}$)이 이용된다. 이들은 순도가 99.99 % 이상 되는 것을 사용하거나 재결정법으로 순수하게 정제하여 사용해야 한다. 산성 용액에서 과망간산과 옥살산의 산화－환원 반응은 다음과 같다.

$$2\mathrm{MnO_4^-} + 5\mathrm{C_2O_4^{2-}} + 16\mathrm{H^+} \rightleftharpoons 10\mathrm{CO_2} + 2\mathrm{Mn^{2+}} + 8\mathrm{H_2O}$$

이 반응은 실온에서 느리게 일어난다. 높은 온도에서도 빠르지 못하지만 Mn^{2+} 이 있으면 촉매가 되어 반응속도는 빨라진다. 그러므로 $60\sim90\,^\circ\text{C}$에서 천천히 적정하도록 한다. 적정이 진행되어 Mn^{2+}가 많이 생성되면 자체촉매 반응이 일어나게 되어 반응속도는 빨라진다. 이 반응의 메카니즘은 복잡하고, 처음에는 Mn^{3+}의 옥살산 착물이 생기고 이것이 분해하여 이산화탄소를 생성한다고 알려져 있다.

$$4\,Mn^{2+} + MnO_4^- + 15\,C_2O_4^{2-} + 8\,H^+ \rightarrow 5\,Mn(C_2O_4)_3^{3-} + 4\,H_2O$$

$$2\,Mn(C_2O_4)_3^{3-} \rightarrow 2\,Mn^{2+} + 2\,CO_2 + 5\,C_2O_4^{2-}$$

또, Mn^{4+}와 Mn^{6+}도 이 반응에 관여한다고 생각된다. 그러나 실험조건만 맞춰 주면 이 반응은 재현성이 있고 화학량론적으로 일어난다.

아비산은 순수한 것을 얻기 쉽고 물에 난용성이지만 염기성에 잘 녹으며, 과망간산과 정량적으로 반응하는 환원제이므로 표준물로 많이 쓰이고 그 반응은 다음과 같다.

$$5\,As_2O_3 + 4\,MnO_4^- + 12\,H^+ \rightleftharpoons 5\,As_2O_5 + 4\,Mn^{2+} + 6\,H_2O$$

아비산(As_2O_3)을 과망간산 용액으로 적정하는 도중에 색깔이 있는 망간의 비산착물이 생기는 수가 있는데, 뜨거운 염산용액에서 적정하면 이것을 막을 수 있다. 만약 촉매로 미량의 아이오딘산 또는 아이오딘화물을 가하면 더욱 좋다.

예제 $KMnO_4$을 증류수에 녹여 대략 $0.010\ M$ 용액을 만들고 이것을 끓이고 유리거르개로 거른 후 일차표준물 옥살산소듐($Na_2C_2O_4$) $0.1278\ g$과 적정하여 $33.31\ mL$의 과망간산포타슘 용액이 소비되었다. $KMnO_4$의 몰농도를 계산하라.

풀이 $Na_2C_2O_4$의 양 $= 0.1278\ g\ Na_2C_2O_4 \times \dfrac{1\ mmol\ Na_2C_2O_4}{0.1340\ g\ Na_2C_2O_4}$

$$= 0.9537\ mmol\ Na_2C_2O_4$$

$KMnO_4$의 농도 $= 0.9537\ mmol\ Na_2C_2O_4 \times \dfrac{2\ mmol\ KMnO_4}{5\ mmol\ Na_2C_2O_4} \times \dfrac{1}{33.31\ mmol\ KMnO_4}$

$$= 0.01145\ M\ KMnO_4$$

⊃ 과망간산의 유발산화반응의 방지

염산 산성에서 Sn^{2+}, Sb^{3+}, As^{3+}, 과산화수소와 같은 환원제는 과망간산 표준용액에 의해 정량적으로 적정된다. 그러나 Fe^{2+}을 과망간산으로 적정할 때 염산용액을 사용하면 과망간산 이온은 Fe^{2+} 뿐만 아니라 다음과 같이 염화이온도 산화시키는 유발반응이 일어난다.

$$2MnO_4^- + 10Cl^- + 16H^+ \rightleftharpoons 5Cl_2 + 2Mn^{2+} + 8H_2O$$

이런 유발반응은 Fe^{2+}을 과망간산으로 적정할 때 정의 오차로 나타난다. 따라서 염산 용액에 있는 Fe^{2+}을 과망간산으로 직접 적정할 수 없고, 적정하기 전에 염화이온을 제거하거나 어떤 조치를 취하고 적정해야 한다.

첫째는 염화이온을 포함한 용액에 황산을 가하고 가열하여 증발시키면 염화이온을 제거시키는 것이다. 황산은 끓는점이 340 ℃ 정도로 높기 때문에 황산을 보충하며 흰 연기가 날 때까지 가열하면 염산은 제거된다. 다른 한 가지 방법은 시료에 Zimmermann–Reinhardt 시약을 가해 염화이온의 유발산화반응을 막을 수 있다. 이것은 $MnSO_4$, H_3PO_4 및 H_2SO_4으로 되어있고 여기서 Mn^{2+}은 과망간산의 환원반응의 촉매역할을 하고, 이것이 용액에 많이 있으면 Mn^{7+}가 Fe^{2+}과 반응할 때 생기는 산화력이 센 중간물체가 Mn^{2+}과 반응하게 되고, 염화이온을 산화시키는 기회가 줄어 유발 산화반응을 막는다. 인산은 망간의 중간 물체이고 산화력이 강한 Mn^{3+}과 착물을 만들어 염화이온의 산화능력을 줄인다.

인산은 Fe^{3+}과 반응하여 무색 착물을 만들어 Fe^{3+} 종말점을 선명하게 하고 Fe^{3+}의 전극전위를 낮춰 Fe^{2+}가 쉽게 산화되게 한다.

⊃ 세륨(Ⅳ) 용액

Ce^{4+} 용액을 만드는 데 가장 널리 사용되는 화합물들을 **표 6.5**에 수록했다. Ce^{4+}의 암모늄질산염 $Ce(NO_3)_4 \cdot 2NH_4NO_3$등은 대단히 순수한 것을 구할 수 있고 직접 표준용액을 만들 수 있다. 그러나 Ce^{4+}용액을 표정하는 경우에는 일차표준물로 삼산화비소(As_2O_3), 옥살산소듐($Na_2C_2O_4$)등이 이용된다. 염산 산성에서 이들을 이용하여 적정할 때는 염화아이오딘을 촉매로 사용하면 실온에서도 잘 적정된다. Ce^{4+}수용액은 산성

표 6.5 분석에서 유용한 세륨(IV) 화합물

이름	화학식	화학식량
Cerium(IV) ammonium nitrate	$Ce(NO_3)_4 \cdot 2NH_4NO_3$	548.2
Cerium(IV) ammonium sulfate	$Ce(SO_4)_2 \cdot 2(NH_4)_2SO_4 \cdot 2H_2O$	632.6
Cerium(IV) hydroxide	$Ce(OH)_4$	208.1
Cerium(IV) hydrogen sulfate	$Ce(HSO_4)_4$	528.4

을 띠는데 이것은 다음과 같이 수소이온을 내기 때문이다.

$$Ce(H_2O)_6^{4+} + H_2O \rightleftharpoons Ce(H_2O)_5(OH)^{3+} + H_3O^+$$

이 반응이 계속 진행되면 수산화세륨 침전이 생기게 된다. 따라서 표준용액은 1 M 정도의 강한 산성으로 만들어 보관한다. 황산용액은 대단히 안정하다. 그러나 질산이나 과염소산용액에서는 강한 산화력을 가지게 되며 용매인 물을 천천히 분해시킨다. 염산용액은 불안정하고 염화이온이 산화되어 염소를 낸다. 그러나 그 분해속도는 대단히 느리고, 염산에 녹인 시료를 Ce^{4+}의 황산 표준용액으로 적정할 때는 별다른 지장이 없다. 이것은 Ce^{4+}이 염화이온보다 시료인 환원제에 작용하여 산화시키기 때문이다. 세륨의 황산 수용액은 매우 안정하고 끓여도 분해되지 않는다. 옥살산소듐으로 Ce^{4+}을 표정할 때에는 보통 염산 산성에서 50 ℃에서 수행되며 촉매로서 염화아이오딘을 가한다. 옥살산과 Ce^{4+}과의 반응은 다음과 같다.

$$2Ce^{4+} + H_2C_2O_4 \rightleftharpoons 2Ce^{3+} + 2H^+ + 2CO_2$$

과망간산포타슘과 Ce^{4+} 표준용액에 의한 산화−환원 적정으로 몇 가지 무기화학종을 정량하는 예를 **표 6.6**에 수록했다.

이들 두 가지 강력한 산화제 표준용액은 산화될 수 있는 작용기를 갖는 유기화합물을 정량하는 데도 사용할 수 있다. 그러나 유기물은 강력한 산화제를 사용해도 그 산화반응이 느리고, 화학량론적으로 반응이 일어나지 않는 경우가 있다. 반응속도가 느린 경우에는 강력한 산화제를 과량으로 가하고, 높은 온도에서 오래 반응시키고 남아 있는 산화제를 역적정에 의해 분석한다. 그리고 여러 가지 부반응이 일어나서 화학량론적인 반응이 일어나지 않는 경우에는 반응조건을 적당히 잘 조절하도록 해야 한다.

표 6.6 산성 용액에서 과망간산포타슘과 세륨(IV)에 의한 적정 예

분석물질	반쪽반응	예비환원법 및 조건
Sn	$Sn^{2+} \rightleftharpoons Sn^{4+} + 2e$	Zn으로 환원
H_2O_2	$H_2O_2 \rightleftharpoons O_2(g) + 2H^+ + 2e$	
Fe	$Fe^{2+} \rightleftharpoons Fe^{3+}$	$SnCl_2$법, Jones 또는 Walden 환원관법
$Fe(CN)_6^{4-}$	$Fe(CN)_6^{4-} \rightleftharpoons Fe(CN)_6^{3-} + e$	
V	$VO^{2+} + 3H_2O \rightleftharpoons V(OH)_4^+ + 2H^+ + e$	아말감법 또는 SO_2법
Mo	$Mo^{3+} + 4H_2O \rightleftharpoons MoO_4^{2-} + 8H^+ + 3e$	Jones 환원관법
W	$W^{3+} + 4H_2O \rightleftharpoons WO_4^{2-} + 8H^+ + 3e$	Zn 또는 Cd으로 환원
$H_2C_2O_4$	$H_2C_2O_4 \rightleftharpoons 2CO_2 + 2H^+ + 2e$	
Mg, Ca, Zn, Co, Pb, Ag	$H_2C_2O_4 \rightleftharpoons 2CO_2 + 2H^+ + 2e$	(a)
HNO_2	$HNO_2 + H_2O \rightleftharpoons NO_3^- + 3H^+ + 2e$	(b)
K	$NaCo(NO_2)_6 + 6H_2O$ $\rightleftharpoons Co^{2+} + 6NO_3^- + 12H^+ + 2K^+ + Na^+ + 11e$	(c)
Na	$U^{4+} + 2H_2O \rightleftharpoons UO_2^{2+} + 4H^+ + 2e$	(d)

(a) 난용성 금속−옥살산 침전을 만들어 거르고 씻은 후에 산에 녹여서 옥살산을 적정한다.
(b) 과망간산포타슘을 과량 가하고 15분간 반응시킨 후 역적정한다.
(c) $K_2NaCo(NO_2)_6$로 침전시키고 걸러서 녹인다. 이때 과량의 $KMnO_4$를 역적정한다.
(d) $NaZn(UO_2)_3(OAc)_9$로 침전시켜 거르고 씻고 이것을 녹인 다음 U 을 정량한다.

⊃ 중크롬산포타슘

이 시약은 재결정시켜 150~200 ℃에서 말려 순수한 것을 얻을 수 있고, 이것을 직접 증류수에 녹여 정확한 농도의 표준용액을 만들 수 있다.

이것은 산성에서 과망간산이나 Ce^{4+} 보다 산화력이 약하지만 높은 온도에서 대단히 안정하다. 이것의 환원반응과 그 환원전위는 다음과 같다.

$$Cr_2O_7^{2-} + 14H^+ + 6e \rightleftharpoons 2Cr^{3+} + 7H_2O \qquad E^\circ = 1.33\,V$$

중크롬산이 환원되면 푸른색의 Cr^{3+}을 생성한다. 따라서 종말점 검출을 위해서는 지시약을 사용해야 하며 다이페닐아민설폰산, 다이페닐벤지딘 등이 사용된다. 이 적정은 일반적으로 염산 또는 황산의 1 M 용액에서 수행된다. 이러한 매질에서 포말전위는 1.0~1.1 V 정도이다. 염산 산성에서 Fe^{2+}을 적정할 수도 있다. 그러나 단점은 과망간산이나 Ce^{4+}에 비해 전극전위가 낮고, 또 어떤 환원제와의 반응은 반응속도가 늦다는 점이다. 이것은 Fe^{2+}을 정량하거나 Fe^{2+}을 Fe^{3+}로 산화시킬 수 있는 많은 화학종들을 간접적으로 정량하는 데 주로 이용된다. 간접 분석에서는 미지시료에 Fe^{2+} 표준용액을 일정한 과량을 가하여 충분히 반응시킨 다음에 미반응의 Fe^{2+}을 중크롬산포타슘으로 역적정한다. 이런 방법으로 분석될 수 있는 화학종들은 ClO_3^-, NO_3^-, MnO_4^- 및 유기 과산화물 등이다. 중크롬산과 Fe^{2+}의 산화-환원 반응은 다음과 같다.

$$Cr_2O_7^{2-} + 6Fe^{2+} + 14H^+ \rightleftharpoons 2Cr^{3+} + 6Fe^{3+} + 7H_2O$$

6.3 아이오딘이 관여하는 산화―환원 적정

아이오딘 화학종은 아이오딘화 이온(I^-), 아이오딘(I_2), 삼아이오딘화 이온(I_3^-), 염화아이오딘(ICl), 아이오딘산 이온(IO_3^-), 과아이오딘산 이온(IO_4^-) 등의 여러 가지 상태로 존재한다. 이 중에서 아이오딘화 이온과 삼아이오딘화 이온이 대단히 중요하다. 아이오딘 분자는 물에 약간 녹지만(용해도는 20 ℃에서 1.33×10^{-3} M), 아이오딘화 이온과 착물을 형성하여 용해도는 크게 증가된다.

$$I_2(aq) + I^- \rightleftharpoons I_3^- \qquad K = 7.1 \times 10^2$$

적정에서 0.05 M의 I_3^- 용액은 물 1 L에 0.05 mol의 I_2와 0.12 mol의 KI를 함께 녹여서 만들어 사용한다. 즉, 아이오딘 용액은 항상 I_2에 과량의 I^-가 첨가된 용액을 사용하는 것을 의미한다.

• 아이오딘에 의한 적정

I_3^-의 환원반응은 가역반응이고, 산화형 I_3^-는 여러 가지 환원제를 정량적으로 산

화시킬 수 있는 적당한 산화제인 동시에 그 환원형 I⁻는 여러 가지 산화제와 반응할 수 있는 적당한 환원제이다.

$$I_3^- + 2e \rightleftharpoons 3I^- \qquad E^\circ = 0.536\,\text{V}$$

이 적정은 직접 아이오딘법(iodimetry)과 간접 아이오딘법(iodometry)으로 나뉜다. 직접 아이오딘법은 삼아이오딘화 이온(I_3^-)을 산화제로 사용하여 환원제 시료를 직접 적정하는 방법이고, 간접 아이오딘법은 시료용액에 과량의 아이오딘화 이온(I^-)의 용액을 가해 정량적으로 삼아이오딘화 이온(I_3^-)을 생성시켜 이것을 정량하는 방법이다.

• 녹말 지시약

녹말은 아이오딘이 관여하는 적정의 종말점 검출의 지시약으로 사용할 수 있다. 직접 아이오딘법에서 종말점은 용액에 가한 아이오딘과 더 이상 반응할 환원제가 없기 때문에 아이오딘이 과량으로 가해진 지점이다. 그리고 간접 아이오딘법에서는 용액 중에 아이오딘이 없어지는 지점이다. 직접 아이오딘법에서 I_3^-의 색은 농도가 진할 때 갈색이고 묽으면 노란색을 띤다. 색깔을 띠는 다른 물질이 없는 경우에는 I_3^-의 농도가 $5 \times 10^{-6}\,\text{M}$ 정도일 때 색을 식별할 수 있으므로 종말점 검출이 가능하다. 녹말 지시약은 I_3^-의 농도가 $2 \times 10^{-7}\,\text{M}$ 정도일 때도 녹말-아이오딘의 진한 청색을 식별할 수 있고, 이것은 다른 유색 용액에서도 쉽게 식별할 수 있다. 간접 아이오딘법 적정에서는 I_3^-의 농도가 진할 때 녹말은 다소 변질되므로 I_3^-가 묽어지는 종말점 근방에서 녹말 지시약을 가하고 적정을 계속하여 종말점을 검출한다.

녹말-아이오딘 착물은 온도에 대단히 예민하다. 50 ℃에서의 색깔 세기는 25 ℃에서의 1/10 정도 된다.[1] 또 유기용매는 녹말에 대한 아이오딘의 친화력을 감소시켜 지시약의 효능을 크게 감소시킨다.

또, 한 가지 종말점 검출법은 아이오딘이 유기용매에 잘 녹고, 큰 분배계수를 가지므로 선명한 보라색을 띠는 성질을 이용하는 것이다. 물에 녹지 않는 사염화탄소나 클로로포름과 같은 유기용매를 적정액에 소량 가하면 용액 중의 아이오딘은 거의 모두 여기

---

1) 만약 최대감도가 요구된다면 얼음물 중에서 반응시키는 것이 좋다.
   [G. L. Hatch, *Anal. Chem.*, **1984**, 54, 2002.]

에 분배되고, 쉽게 아이오딘의 나타남과 없어짐을 식별할 수 있다. 이 방법은 녹말 지시약을 사용할 수 없는 진한 산성 용액에서 사용할 수 있다.

• I_3^- 용액의 제조와 표정

I_3^- 용액은 고체 I_2를 KI 용액에 녹여서 만든다. I_2는 일차표준물질이 될 정도로 충분히 순수하지만 무게를 달 때 고체가 상당량 승화하므로 표준물질로 거의 사용하지 않는다. 그 대신 대략의 양을 빨리 달아 KI용액에 녹이고, 이것을 As_2O_6 또는 $Na_2S_2O_3$와 같은 표준용액으로 표정한다. I_3^-의 산성 용액은 과량의 I^- 이온이 공기에 의해 천천히 산화되기 때문에 불안정하다.

$$6I^- + O_2 + 4H^+ \rightarrow 2I_3^- + 2H_2O$$

중성에서 이 반응은 햇빛, 열 및 금속이 없으면 잘 일어나지 않는다. I_3^- 용액을 표정할 때 일차표준물로 쓰이는 As_4O_6는 산성 용액에 녹을 때 아비산이 생성된다.

$$As_4O_6(s) + 6H_2O \rightleftharpoons 4H_3AsO_3$$

여기에서 H_3AsO_3는 I_3^- 이온과 다음과 같이 반응한다.

$$H_3AsO_3 + I_3^- + H_2O \rightleftharpoons H_3AsO_3 + I_3^- + H_2O$$

이 반응의 평형상수는 작기 때문에 반응을 완결시키기 위해서는 H^+의 농도를 낮게 유지시켜야 한다. 만약 pH가 너무 높으면(pH $\geq$ 11) I_3^-는 하이포아아이오딘산 (HOI), 과아이오딘산 이온(IO_4^-) 및 아이오딘으로 동종간 주고받기 반응을 일으킨다. 가장 좋은 결과를 얻기 위해서는 탄산수소염을 완충제로 사용하여 pH 7~8에서 농도를 결정한다. I_3^- 표준용액을 만드는 또 다른 좋은 방법은 약간 과량의 KI에 무게를 단 일정량의 순수한 아이오딘산포타슘을 가하는 것이다. 과량의 센산을 첨가하여 pH $\approx$ 1로 만들면 정량적인 동종간 주고받기 반응이 역으로 일어나서 I_3^-를 형성한다.

$$IO_3^- + 8I^- + 6H^+ \rightleftharpoons 3I_3^- + 3H_2O$$

새로 산성화시킨 아이오딘화 이온을 포함하는 아이오딘산 용액은 싸이오황산 또는

I_3^-와 반응하는 또 다른 시약들의 농도를 결정하기 위해 사용된다. 이때 시약은 만든 즉시 사용해야 하고 그렇지 않으면 I^-는 공기에 의해서 산화가 일어난다.

KIO_3의 유일한 단점은 받아들이는 전자 수에 비해 분자량이 작다는 점이다.

• 싸이오황산($Na_2S_2O_3$)소듐의 이용

이것은 I_3^-에 대한 거의 만능인 적정시약이다. 중성이나 산성 용액에서 I_3^-는 싸이오황산을 테트라싸이온산으로 산화시킨다.

염기성에서 I_3^-는 I^- 및 HOI로 동종간 주고받기 반응을 일으킨다. HOI는 싸이오황산 이온을 황산이온으로 산화시키기 때문에 위와 같은 반응의 화학량론이 바뀌게 되므로 염기성 용액 중에서는 싸이오황산 이온으로 I_3^-의 적정을 하지 않는다. 싸이오황산염의 일반적인 형태인 $Na_2S_2O_3 \cdot 5H_2O$는 일차표준물질이 될 만큼 충분히 순수하지 않다. 그 대신 싸이오황산은 항상 KIO_3를 KI에 가하여 만든 I_3^- 용액 또는 As_4O_6로 표정한 I_3^- 용액과의 반응으로 농도를 결정한다. $Na_2S_2O_3$의 안정한 용액은 순수하고, 즉시 끓인 증류수에 시약을 가해 만들 수 있다. 이때 용액에 녹아있는 CO_2는 $S_2O_3^{2-}$의 동종간 주고받기 반응을 촉진시키기 때문에 증류수에는 탄산가스(CO_2)가 없도록 주의해야 한다.

$$S_2O_3^{2-} + H^+ \rightleftharpoons HSO_3^- + S(s)$$

$$I_3^- + 2S_2O_3^{2-} \rightleftharpoons 3I^- + O = \overset{\displaystyle O}{\underset{\displaystyle O^-}{\overset{\|}{\underset{|}{S}}}} - S - S - \overset{\displaystyle O}{\underset{\displaystyle O^-}{\overset{\|}{\underset{|}{S}}}} = O$$

테트라싸이오황산 이온

그리고 금속이온은 싸이오황산의 공기 산화반응에 대한 촉매작용을 한다.

$$2Cu^{2+} + 2S_2O_3^{2-} \rightarrow 2Cu^+ + S_4O_6^{2-}$$

$$2Cu^+ + \frac{1}{2}O_2 + 2H^+ \rightarrow 2Cu^{2+} + H_2O$$

싸이오황산 용액은 어두운 곳에 보관해야 한다. 또 용액 1 L에 0.1 g 정도의 탄산소듐을 가해 용액의 안정성에 최적범위의 pH를 유지하도록 해야 한다. 싸이오황산의 산성 용액은 불안정하지만 $S_2O_3^{2-}$는 동종간 주고받기 반응보다 I_3^-와 빠르게 반응하기 때문에 산성 용액 중에서 I_3^- 적정에 이용된다.

$Na_2S_2O_3$는 $Na_2S_2O_3 \cdot 5H_2O$로부터 만들 수 있으며, 이것은 일차표준물로 적당하다. 이때 만드는 방법은 21 g의 $Na_2S_2O_3 \cdot 5H_2O$와 100 mL의 메탄올을 약 20분간 환류 증류시켜 만든다. 무수염은 걸러서 20 mL 메탄올로 씻고 70 ℃에서 30분간 건조시킨다.

• 아이오딘이 관여하는 적정

환원제 시료는 I_3^-의 표준용액으로 직접 적정할 수 있다. 이때 종말점은 녹말-아이오딘 착물의 진한 푸른색이 나타나는 지점이다. 바이타민-C를 I_3^-으로 적정하는 것은 직접 아이오딘법에 의한 적정의 좋은 예이다.

글루코오스나 다른 환원 당류(알데하이드기를 갖는 당)를 간접 아이오딘법 적정으로 분석할 때에는 과량의 I_3^- 표준용액 일정량을 시료용액에 가하고 반응을 완결시킨다. 이 반응은 염기성 용액에서 일어나는데 반응이 완결된 다음에 용액을 산성화시키고 남아있는 과량의 I_3^-을 싸이오황산 표준용액으로 역적정한다. 이와 같은 간접 아이오딘법 적정에서는 녹말 지시약을 종말점 바로 직전에 가하도록 한다.

• 바이타민-C의 분석법

아이오딘법 적정에서는 표정한 I_3^- 표준용액으로 직접 적정하는 방법보다는 보통 KIO_3로 만든 I_3^- 표준용액이 널리 사용된다. 이때는 KIO_3을 정확히 달아 KI를 녹인 용액에 가해서 반응시키면 과량의 I_3^-를 생성한다.

$$\mathrm{IO_3^- + 8I^- + 6H^+ \rightleftharpoons 3I_3^- + 3H_2O}$$

이 용액에 시료(바이타민−C)를 반응시킨 후 과량으로 남은 $\mathrm{I_3^-}$를 $\mathrm{S_2O_3^{2-}}$ 표준용액으로 역적정하여 아스코브산을 산화시키기 위해서 소비된 $\mathrm{I_3^-}$의 양을 계산한다.

$$\mathrm{I_3^- + 2S_2O_3^{2-} \rightleftharpoons 3I^- + S_4O_6^{2-}}$$

아이오딘이 관여하는 산화−환원 적정에서 직접 아이오딘법과 간접 아이오딘법 적정의 예와 적정조건을 **표 6.7**과 **표 6.8**에 수록했다.

표 6.7 삼아이오딘화 이온($\mathrm{I_3^-}$) 표준용액에 의한 적정(직접 아이오딘법)

분석물질	산화반응	적정조건
$\mathrm{As^{3+}}$	$\mathrm{H_3AsO_3 + H_2O \rightleftharpoons H_3AsO_4 + 2H^+ + 2e}$	$\mathrm{NaHCO_3}$용액 중에서 $\mathrm{I_3^-}$로 직접적정
$\mathrm{Sb^{3+}}$	$\mathrm{SbO[O_2C(CHOH)_2CO_2]^- + H_2O \rightleftharpoons}$ $\mathrm{SbO_2[O_2C(CHOH)_2CO_2]^- + 2H^+ + 2e}$	Tartaric acid를 $\mathrm{As^{2+}}$로 가리고, $\mathrm{NaHCO_3}$용액 중에서 직접적정
$\mathrm{Sn^{2+}}$	$\mathrm{SnCl_4^{2-} + 2Cl^- \rightleftharpoons SnCl_6^{2-} + 2e}$	1 M HCl에서 Pb나 Ni 알갱이로 $\mathrm{Sn^{4+}}$를 $\mathrm{Sn^{2+}}$로 환원시켜 산소를 제거하여 적정
$\mathrm{N_2H_4}$	$\mathrm{N_2H_4 \rightleftharpoons N_2 + 4H^+ + 4e}$	$\mathrm{NaHCO_3}$용액 중에서 적정
$\mathrm{H_2S}$	$\mathrm{H_2S \rightleftharpoons S(s) + 2H^+ + 2e}$	1 M HCl용액 중에서 과량의 $\mathrm{I_3^-}$에 $\mathrm{H_2S}$를 가하고 싸이오황산 용액으로 역적정
$\mathrm{Zn^{2+}},\ \mathrm{Cd^{2+}}$	$\mathrm{MS(s) \rightleftharpoons M^{2+} + H_2S \rightarrow MS(s) + 2H^+}$	금속 황화물로 침전시키고 씻는다.
$\mathrm{Hg^{2+}},\ \mathrm{Pb^{2+}}$	$\mathrm{HgS(s) \rightleftharpoons Hg^{2+} + S + 2e}$ $\mathrm{PbS(s) \rightleftharpoons Pb^{2+} + S + 2e}$	3 M HCl에 녹이고, 과량의 표준 $\mathrm{I_3^-}$을 가하고 $\mathrm{S_2O_3^{2-}}$로 역적정
$\mathrm{SO_2}$	$\mathrm{SO_2 + H_2O \rightleftharpoons H_2SO_3}$ $\mathrm{H_2SO_4 + H_2O \rightleftharpoons SO_4^{2-} + 4H^+ + 2e}$	묽은산 중에서 과량의 $\mathrm{I_3^-}$표준용액에 $\mathrm{SO_2}$($\mathrm{H_2SO_3}$, $\mathrm{HSO_3^-}$, $\mathrm{SO_3^{2-}}$)를 가하고 미반응 $\mathrm{I_3^-}$를 $\mathrm{S_2O_3^{2-}}$로 역적정
HCN	$\mathrm{I_2 + HCN \rightleftharpoons ICN + I^- + H^+}$	$\mathrm{CHCl_3}$를 추출시약으로 사용하여 탄산수소염 완충용액에서 적정
$\mathrm{H_3PO_3}$	$\mathrm{H_3PO_3 + H_2O \rightleftharpoons H_3PO_4 + 2H^+ + 2e}$	$\mathrm{NaHCO_3}$용액 중에서 적정

표 6.8 분석물질에 의해 생성된 I_3^- 의 적정(간접 아이오딘법)

분석물질	관련 반응	적정 조건
Cl_2	$Cl_2 + 3I^- \rightleftharpoons 2Cl^- + I_3^-$	묽은 산 용액 중에서 반응
Br_2	$Br_2 + 3I^- \rightleftharpoons 2Br^- + I_3^-$	묽은 산 용액 중에서 반응
BrO_3^-	$BrO_3^- + 6H^+ + 9I^- \rightleftharpoons Br^- + 3I_3^- + 3H_2O$	0.5 M H_2SO_4 중에서 반응
IO_4^-	$2IO_4^- + 22I^- + 16H^+ \rightleftharpoons 8I_3^- + 8H_2O$	0.5 M HCl 중에서 반응
O_2	$O_2 + 4Mn(OH)_2 + 2H_2O \rightleftharpoons 4Mn(OH)_3$ $2Mn(OH)_3 + 6H^+ + 6I^- \rightleftharpoons$ $\quad 2Mn^{2+} + 2I_3^- + 6H_2O$	시료를 Mn^{2+}, NaOH 및 KI로 처리하고, 1분 후 H_2SO_4로 산성화 시켜 I_3^-를 적정
H_2O_2	$H_2O_2 + 3I^- + 2H^+ \rightleftharpoons I_3^- + 2H_2O$	NH_4MoO_3를 촉매로 사용하고 1 M H_2SO_4 중에서 반응
O_3	$O_3 + 3I^- + 2H^+ \rightleftharpoons O_2 + I_3^- + H_2O$	O_3를 2 %(wt/wt) KI 중성용액에 통과시킴. H_2SO_4를 가하고 적정
NO_2^-	$2HNO_2 + 2H^+ + 3I^- \rightleftharpoons$ $\quad 2NO + I_3^- + 2H_2O$	I_3^-로 적정하기 전 질산성 질소화합물을 제거시킴(반응 시 용액 중에 생성된 CO_2기포를 발생시킴)
$S_2O_8^{2-}$	$S_2O_8^{2-} + 3I^- \rightleftharpoons 2SO_4^{2-} + I_3^-$	중성 용액 중에서 반응시키고 산성화 시킨 후에 적정
$Fe(CN)_6^{3-}$	$2Fe(CN)_6^{3-} + 3I^- \rightleftharpoons 2Fe(CN)_6^{4-} + I_3^-$	1 M HCl 중에서 반응
MnO_4^-	$2MnO_4^- + 8H^+ + 15I^- \rightleftharpoons$ $\quad 2Mn^{2+} + 5I_3^- + 8H_2O$	0.1 M HCl 중에서 반응
MnO_2	$MnO_2(s) + 4H^+ + 3I^- \rightleftharpoons$ $\quad Mn^{2+} + 3I_3^- + 2H_2O$	0.5 M H_2PO_4나 HCl 중에서 반응
$Cr_2O_7^{2-}$	$Cr_2O_7^{2-} + 14H^+ + 9I^- \rightleftharpoons$ $\quad 2Cr^{3+} + 2I_3^- + 7H_2O$	0.4 M HCl에서 반응이 완결되기 위해 5분 필요하고 공기산화에 예민

6.1 산화─환원법으로 적정할 때 산화제의 표준용액보다 환원제의 표준용액을 많이 사용하지 않는 이유는?

6.2 염산을 포함한 용액의 적정에 $KMnO_4$ 표준용액을 잘 사용하지 않는 이유와 그 대처 방법을 설명하라.

6.3 산화─환원 적정에서 사용하는 지시약에 대하여 설명하라.
  (a) 자체지시약
  (b) 산화─환원 지시약
  (c) 녹말 지시약

6.4 직접 아이오딘법 적정과 간접 아이오딘법 적정을 정의하고 각각의 적정에서 종말점을 구하는 방법을 설명하라.

6.5 진한 KI 용액에 I_2를 녹여 아이오딘 용액을 준비하는 이유는?

6.6 삼아이오딘화 이온(I_3^-) 용액을 표준화하는 방법을 설명하라.

6.7 철광석시료 0.7100 g을 녹인 후 아연 아말감으로 예비환원시킨 후에 $KMnO_4$(1 mL =0.006700 g의 $Na_2C_2O_4$에 상당) 용액으로 적정하여 48.06 mL가 소비되었다. 철광석 중에 Fe의 함량(%)을 계산하라.

6.8 I_3^- 용액은 새로 만든 아비산(As_4O_6, FW 395.68)의 적정에 의해 표준화 적정한다. As_4O_6 0.3663 g을 100 mL에 녹여 만든 용액 25.0 mL를 적정하는 데 I_3^- 용액 31.77 mL가 필요했다. I_3^-의 몰농도를 계산하라. 적정에서 녹말 지시약은 언제 가해야 하는가?

6.9 La^{3+}을 함유한 시료 50 mL를 $Na_2C_2O_4$로 처리하여 $La_2(C_2O_4)_3$로 침전시켜 이것을 걸러서 씻고 산에 녹여서 0.006363 M $KMnO_4$로 적정하여 18.04 mL가 소비되었다. 미지시료 중의 La^{3+}의 몰농도를 계산하라.

6.10 바이타민―C 시료 200.0 mg을 0.3 M 황산에 녹여 50.0 mL로 만든다. 이 시료용액에 500 mL 부피플라스크를 사용하여 고체 KI 2 g과 1.0000 g의 KIO_3를 녹여 만든 용액 중에서 50.00 mL를 가하여 아스코브산을 완전히 산화시킨 후에 0.1000 M $S_2O_3^{2-}$ 표준용액으로 적정한다. 녹말 지시약은 용액의 색이 거의 없어질 때(엷은 노란색)까지 적정용액을 가한 지점에서 3 mL 가하고, 청색이 무색으로 될 때까지 적정하여 $S_2O_3^{2-}$ 15.00 mL가 소비되었다. 바이타민―C의 함유량(%)을 계산하라. 단, 바이타민―C, $C_6H_8O_6$의 분자량은 176.12이다.

CHAPTER 07 ● 자외선―가시선 분광광도법

7.1 흡광 및 발광 분광법 서론

흡광법이나 발광 분광법은 기기분석법 중에서 가장 널리 이용되는 분석방법으로 기기분석에서 매우 중요한 위치를 차지하고 있다. 여기에서는 이들 분광법에 대한 기본원리와 Beer―Lambert의 법칙에 대해 알아보기로 한다.

⟐ 전자기 복사선과 스펙트럼

전자기 복사선은 음파(音波)와는 달리 전파를 지지해주는 매질을 필요로 하지 않고 진공에서도 쉽게 통과한다. 전자기 복사선은 서로 수직으로 진동하는 전기장과 자기장으로 구성되어 있다.

복사선의 파장(wavelength, λ)은 파동의 극대점과 극대점(또는 극소점과 극소점) 사이의 거리이고, 주파수(frequency, ν)는 1초 동안 파동이 완전하게 진동한 횟수로 그 단위는 s^{-1}이며 매초당 1회의 진동을 1헤르츠(Hertz, Hz)라 한다. 복사선의 주파수와 파장 사이에는 다음과 같은 관계가 있다.

$$c = \nu\lambda \cong 3.0 \times 10^{10}\,\mathrm{cm/sec} \tag{7.1}$$

이 식에서 c는 진공에서 복사선의 속도이고, 이 속도는 진공 속에서 가장 빠르며, 2.99792×10^{10} cm/sec이다. 공기 중에서는 이보다 대략 0.03 % 더 작다. 그러나 대단히 정밀한 계산이 필요한 경우를 제외하면 공기 중에서도 진공에서와 같이 응용할 수 있다. 진공이 아닌 매질의 굴절률(n)은 항상 1보다 크므로 복사선의 속도는 c/n이다.

그리고 $n > 1$인 매질을 통과할 때 복사선은 그 주파수는 변하지 않지만 파장은 감소한다. 복사선의 파수는 σ로 표시하며 보통 cm^{-1} 단위를 사용한다.

$$\sigma = 1/\lambda = \nu/c \tag{7.2}$$

파장은 일반적으로 자외선과 가시선 스펙트럼 영역에서는 nm(nanometer, 10^{-9} m)를 사용하고, 적외선 영역에서는 μg (micrometer, 10^{-6} m) 단위를 사용한다.

전자기 복사선은 파동성과 함께 광자(photon)라는 에너지의 불연속 입자의 흐름으로 볼 수 있고 복사선의 간섭, 회절, 투과, 굴절, 반사, 산란, 편광 등과 같은 성질은 파동성으로 설명할 수 있다. 그러나 복사선을 흡수하거나 발광할 때에는 흡수매질에 대해 또는 발광물질로부터 영구적 에너지전이가 일어나는데 이런 현상을 설명하려면 복사선의 파동성 대신 복사선을 불연속적 입자인 광자(또는 양자)의 흐름으로 취급할 필요가 있다. 복사선을 광자라는 입자로 설명할 때 광자에너지는 주파수에 의존하고 다음과 같은 관계가 성립한다.

$$\mathrm{E} = h\nu \tag{7.3}$$

이 식에서 h는 Planck 상수(6.63×10^{-27}erg · sec)이고, 식 (7.3)에 식 (7.1)과 (7.2)를 결합하여 다음과 같이 표현할 수 있다.

$$\mathrm{E} = hc/\lambda = hc\sigma \tag{7.4}$$

전자기 스펙트럼은 파장에 따라 **그림 7.1**과 같이 여러 가지 영역으로 나눌 수 있다. 그림에는 파장에 따른 분광법의 종류를 표시했다.

자외선 영역은 10~380 nm 범위이며 이들 중에서 분석에 이용되는 근자외선 영역은 200~380 nm이고 200 nm 이하의 파장에서는 공기가 자외선을 흡수하므로 이 영역에서는 진공에서 기기를 조작해야 하므로 200 nm 이하의 자외선을 진공자외선이라 한다.

복사선(분광법)	파장영역	주파수(Hz)	양자전이 종류
γ-선 발광	< 0.1 Å	$> 3 \times 10^{19}$	핵
X선	$0.1 \sim 100$ Å	$3 \times 10^{19} \sim 3 \times 10^{16}$	내부전자
진공자외선	$5 \sim 180$ nm	$6 \times 10^{16} \sim 2 \times 10^{15}$	결합전자
자외선-가시선	$180 \sim 780$ nm	$2 \times 10^{15} \sim 4 \times 10^{14}$	결합전자
적외선 (라만)	$0.78 \sim 300\,\mu m$	$4 \times 10^{14} \sim 1 \times 10^{12}$	분자 진동/회전
마이크로파 전자스핀공명	$0.75 \sim 3.75$ mm 3 cm	$4 \times 10^{11} \sim 8 \times 10^{10}$ 1×10^{10}	분자회전 자기장에서의 전자스핀
라디오파 (핵자기공명)	$0.6 \sim 10$ m	$5 \times 10^8 \sim 3 \times 10^7$	자기장에서의 핵의 스핀

주파수(Hz): 10^{21}, 10^{19}, 10^{17}, 10^{15}, 10^{13}, 10^{11}, 10^{9}, 10^{7}

파장(cm): 10^{-10}, 10^{-8}, 10^{-6}, 10^{-4}, 10^{2}, 1, 10^{2}, 10^{4}

그림 7.1 전자기 복사선의 파장과 분광법.

가시선은 380~780 nm 범위를 말하고, 이 영역의 전자기 스펙트럼은 복사선 전체 파장 영역에서 극히 작은 부분에 해당하며 가시선 영역은 인간의 눈으로 볼 수 있는 색으로 나타난다. 적외선은 약 0.78~300 μm 범위의 파장영역으로 분석에 주로 이용되는 파장 은 2.5~25 μm 범위이다.

복사선의 흡광 - 원자, 분자 또는 이온과 같은 화학종이 복사선을 흡수할 때 에너지 준위는 증가하며 이것을 물질이 들뜬상태로 되었다고 한다. 만약 물질이 광자를 방출하 면 에너지는 낮아지고 물질의 가장 낮은 에너지상태를 바닥상태라 한다.

모든 화학종은 일정한 수의 불연속적으로 양자화된 에너지준위를 갖는다. 복사선의 흡수가 일어나려면 들뜨게 하는 광자의 에너지가 흡수하는 화학종의 바닥상태와 들뜬 상태 사이의 에너지 차와 정확하게 일치되어야 한다. 이 에너지 차는 화학종에 따른 특유한 값이므로 흡수된 복사선의 주파수를 조사해 보면 시료의 성분을 알아낼 수 있는 근거가 된다. 이러한 목적을 위해 분광광도계를 사용하여 흡광도를 파장 또는 주파수의 함수로써 측정하여 흡수 스펙트럼을 얻는다. 흡수 스펙트럼의 일반적 모양은 흡수 화학종의 복잡성, 물리적 상태 및 화학적 환경 등에 따라 다르다. 흡수 스펙트럼은 원자흡수와 분자흡수에 의한 것으로 나눌 수 있고, 원자흡수 스펙트럼은 다색 가시선이나 자외선을 수은이나 소듐 증기와 같은 단원자 입자로 구성된 매질에 통과시킬 때처럼 몇 개의 선 스펙트럼의 주파수만이 뚜렷하게 흡수되어 나타난다.

이와 같이 원자흡수가 단순한 스펙트럼으로 나타나는 것은 원자가 취할 수 있는 에너지상태의 수가 적다는 것을 의미하며, 들뜨기 과정은 전자 전이에 의해서만 일어나고 원자 속의 하나 또는 그 이상의 전자가 그보다 높은 준위로 전이가 일어난다. 자외선과 가시선은 결합전자인 원자가전자만을 전이시키기에 충분한 에너지를 갖는다. 그러나 에너지가 훨씬 높은 X-선은 원자핵에 가장 가까운 내부전자와 작용할 수 있으므로 원자흡수와 X-선 흡수 스펙트럼은 파장영역에 관계없이 전형적으로 한정된 개수의 좁은 봉우리로 구성된 단순한 스펙트럼으로 나타난다.

분자흡수 스펙트럼은 다원자 분자 특히 액체상태의 경우에는 흡수 스펙트럼이 상당히 복잡하다. 이것은 에너지상태의 준위수가 크게 증가되기 때문이다. 이 경우에 한 분자의 전체 에너지는 다음과 같다.

$$E_{전체} = E_{전자} + E_{진동} + E_{회전} \tag{7.5}$$

분자는 각 전자에너지 상태에 있으면서 보통 몇 가지의 가능한 진동상태를 취할 수 있고, 또 각 진동상태에서도 여러 가지 회전상태를 취할 수 있다. 따라서 원자입자의 경우보다 분자의 경우에는 가능한 에너지준위의 수는 훨씬 많다.

그림 7.2와 같이 분자흡수는 세 가지 형태의 에너지가 불연속적인 에너지준위로 존재한다. 첫째로, 분자는 여러 가지 회전축 주위를 회전하고 이 에너지는 일정한 에너지준위로 존재하고 회전전이에 따라 적외선을 흡수하면 더 높은 회전에너지 준위로 들뜬다. 둘째, 분자의 원자 축은 서로 진동하고 이 에너지는 일정한 준위로 존재한다. 진동전이에 따라 일정한 적외선을 흡수하면 더 높은 진동준위로 전이한다. 셋째, 분자의 결합전자들은 전자 전이에 따라 더 높은 전자준위로 전이하게 된다. 이들 에너지준위들은 양자화 되어 있으므로 낮은 에너지상태에서 높은 상태로 전이할 때 두 준위간의 차에 해당하는 일정한 에너지를 흡수해야 한다. 복사선을 받으면 각 전이형태에 일치하는 에너지를 갖는 복사선을 흡수하여 흡수 스펙트럼이 형성된다. 세 가지 전이에 대한

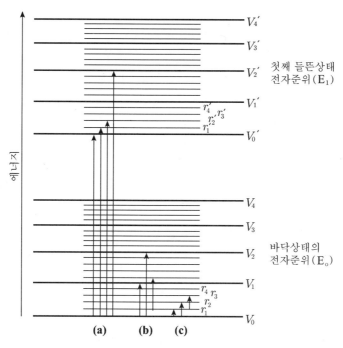

그림 7.2 분자의 전자, 진동 및 회전 에너지준위. (a) 전자전이, (b) 진동전이, (c) 회전전이, E : 전자준위, V : 진동 에너지준위, r : 회전 에너지준위.

준위 크기의 순서는 "전자 〉 진동 〉 회전" 순이다. 각 준위 사이의 에너지 차의 크기는 대략 10배 정도이다.

회전전이는 매우 낮은 에너지에서 일어난다. 그러나 진동전이는 회전전이보다 높은 에너지인 근적외선 영역에서 일어난다. 전자전이는 근적외선보다도 더 높은 에너지, 즉 가시선이나 자외선 영역의 복사선을 흡수할 때 일어난다.

상온에서 분자는 바닥상태(E_o)라는 가장 낮은 전자에너지 상태로 존재한다. 바닥상태의 전자준위 내에 있는 각 회전준위는 들뜬상태의 진동준위 내의 여러 회전준위까지 들뜰 수 있다.

또, 많은 회전준위를 갖고 있는 여러 가지 진동준위들이 있다. 따라서 이들에 의해 불연속 전이가 아주 많이 일어나게 된다. 그 결과 밀집된 선 스펙트럼이 분리되지 않고 띠(band) 스펙트럼으로 나타난다. 이들 봉우리가 나타나는 파장은 분자 내의 회전이나 진동방식에 관계가 있다.

⟳ 복사선의 발광

어떤 입자(분자, 원자 또는 이온)를 들뜨게 하는 방법에는 여러 가지가 있다. 그것은 입자를 전자 또는 기타의 기본입자로 충격을 주는 법, 높은 전위의 교류 스파크에 노출시키는 법, 아크 또는 불꽃에 의해 열처리시키거나 전자기 복사선을 흡수시키는 방법 등이다. 이렇게 하여 들뜬 입자는 아주 짧은 시간이 지난 후에 낮은 에너지준위 또는 바닥상태로 되돌아갈 때 보통 복사선을 발광한다. 들뜬 입자가 복사선을 발광할 때 기체 상태처럼 서로 잘 분리되어 있는 경우에는 복사입자는 독립체로 행동하여 비교적 몇 개의 특수한 파장을 갖는 복사선을 발광하여 보통 불연속인 선 스펙트럼을 얻는다. 한편, 띠 스펙트럼은 넓은 범위 내의 모든 파장이 나타나거나 각 파장이 매우 조밀하게 나타나므로 보통의 방법으로는 분해되지 않는 경우를 말한다. 이와 같은 띠 스펙트럼 (연속 스펙트럼)은 원자가 서로 조밀하게 충전되어 있어 독립된 행동을 할 수 없는 고체나 액체일 때 또는 수많은 에너지상태를 조밀하게 가지고 있는 복잡한 분자 등이 들뜨는 경우에 생긴다. 띠 스펙트럼은 비양자화 된 운동에너지를 갖는 입자가 에너지 변화를 할 때에도 나타난다. 연속 스펙트럼은 분광광도법 분석에서 시료물질에 복사선을 작용시킬 때 많이 이용되고, 선 스펙트럼은 이것을 측정하여 발광 화학종의 확인과 정량할 때 보통 이용된다.

7.2 Beer—Lambert 법칙과 적용한계

여기서는 자외선–가시선 분광광도법(또는 흡광광도법), 적외선 및 원자흡광분광법에서 분광광도법에 의한 정량분석에서 자주 이용되는 Beer–Lambert의 법칙(Beer의 법칙이라고도 함)과 이 법칙의 적용한계에 대해 알아보기로 한다.

그림 7.3은 평행 복사선이 두께, b cm이고 흡광화학종의 농도, C 인 용액 층을 통과하기 전후를 나타낸 것이다. 여기에서 광자와 흡광입자 사이의 상호작용 결과로 복사선 빛살의 세기는 P_0에서 P 로 감소된다. 용액의 투광도, T 는 시료를 통과한 복사선의 분율로 정의한다.

$$T = P/P_0 \tag{7.6}$$

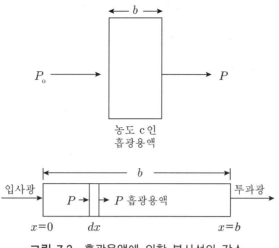

그림 7.3 흡광용액에 의한 복사선의 감소.

따라서 T 는 0~1의 범위이며 % 투광도는 단순히 100T 로서 0~100 %의 값을 갖는다. T 보다 더 유용한 것은 흡광도(absorbance, A)로 다음과 같이 정의한다.

$$A = \log(P_o/P) = -\log T \qquad (7.7)$$

전혀 빛이 흡수되지 않았을 때에는 P/P$_o$ 이며 A = 0이다. 만약 입사광의 10 %가 투과되었다면 T = P/P$_o$ = 10/100이므로 A = 1이 되고, 빛의 1 %만이 투과되었다면 A = 2이다. 흡광도가 중요한 이유는 이것이 시료 중에 함유되어 있는 흡광하는 화학종의 농도에 비례하기 때문이다.

$$A = \epsilon b C \ (\text{또는 } A = a b C) \qquad (7.8)$$

이 식은 Beer—Lambert의 법칙(간단히 Beer의 법칙)이라고 하고, 분광광도법에 의한 정량분석에서 사용되는 아주 중요한 법칙이다. 여기에서 흡광도 A 는 차원이 없는 비율이고 시료용액의 농도, C 는 대개 몰농도로 나타낸다. 복사선이 시료를 통과한 길이 (pathlength), b는 보통 cm로 표시하며, ϵ (epsilon)은 흡광화학종 고유의 특성인 몰흡광 계수(molar absorptivity)라고 부른다. 괄호 안의 a는 C 가 몰농도가 아닐 때의 흡광계수를 의미한다. A 와 ϵ 값은 복서선의 파장에 의존하는 값으로 일정한 파장에서의 흡광도, A 는 ϵ 값이 클수록 더 커진다. 흡수 스펙트럼은 A (또는 ϵ)가 파장에 따라 어떻게 변화하는가를 나타내는 그래프이다. 이 법칙이 어떻게 유도되는가를 보기 위해서 복사세기가 P 인 빛이 용액의 두께가 dx 인 무한히 얇은 용액 층을 통과한다고 가정하자. 복사선

세기의 감소(dP)는 입사광의 세기(P)에 비례하고 흡광화학종의 농도(C)와 빛이 통과한 길이(dx)에 비례한다.

$$dP = -kP\,C\,dx$$

여기서 k는 비례상수이고 이 식을 정리하여 적분하면 다음과 같다.

$$-\frac{dP}{P} = kC\,dx$$

$$-\int_{P_o}^{P} \frac{dP}{P} = kC \int_o^b dx$$

적분의 극한값은 $x=0$일 때 P $=$ P$_o$이고, $x=b$일 때 P $=$ P 이다. 적분을 계산하면 다음과 같다.

$$-\ln P - (-\ln P_o) = kbC$$

$$\ln(P_o/P) = kbC$$

마지막으로 $\ln z = 2.303 \log z$인 관계를 이용하여 자연대수를 상용대수로 환산하면 다음과 같다.

$$\log(P_o/P) = (k/2.303)bC \quad \text{또는} \quad A = \epsilon bC$$

전체 부피의 무한히 적은 부분에서 빛의 세기 감소는 그 빛이 통과한 길이에서 입사광 세기에 비례한다는 사실로부터 P$_o$/P 와 농도는 로그함수 관계가 성립한다는 것을 알 수 있다. 빛이 시료를 통과할 때 빛이 통과 길이의 증가에 따라 세기가 감소하는데 이것은 각 광로에 도달하는 입사광 세기의 크기가 감소하기 때문이다.

⊃ Beer−Lambert 법칙의 적용한계

이 법칙에서 흡광화학종의 농도가 일정한 경우 흡광도, A와 광로 길이, b 간의 직선 관계는 특별한 경우를 제외하고는 항상 성립한다. 그러나 b가 일정할 때 측정한 흡광도와 농도 사이에는 정비례하지 않고 직선관계에서 편차가 나타나는 경우가 있다. 따라서 정량분석에서 이 법칙을 적용하기에는 어떤 한계성이 존재한다. 이 법칙은 묽은 농도의 용액에서만 성립하고, 보통 농도가 0.01 M보다 진한 경우에는 흡광화학종 간의 평균거리가 좁아져서 서로의 전자분포 상태에 영향을 주게 되므로 일정한 파장의 흡광이 감소된다. 화학종 간의 상호작용은 농도에 따라 다르다. 따라서 이것은 흡광도와 농도 사이의 직선관계에 편차를 가져오게 한다. 그러므로 이 법칙을 적용할 때 측정 농도에는 한계가 있다. 한편, Beer의 법칙은 흡광도의 측정 작업에서 편차가 생기는 경우가 있고, 또 측정하는 동안에 발생하는 화학반응으로 인하여 농도의 변화가 일어나는 경우에도 편차가 발생된다. 이러한 편차를 기기편차와 화학편차라 한다.

• 화학적 편차

화학적 편차는 비대칭 화학평형이 존재할 때 일어난다. 예로써 화학종의 회합, 해리 또는 용매와의 반응이 일어날 때 생긴다. 한 가지 좋은 예로서 특정 파장에서 약산은 흡광하는데 그 음이온은 흡광하지 않는 경우를 생각해보자.

$$HA = H^+ + A^-$$

흡광　　　비흡광

이와 같은 약산의 해리반응(이온화반응)에서 산 화학종의 농도 대 음이온의 농도비, 즉 $[HA]/[A^-]$는 pH에 따라 변한다. 용액이 완충용액이거나 센 산성일 때에는 이 비가 일정하지만 그렇지 않은 경우에 해리도는 산의 농도가 묽어질 때 증가한다. 즉, 위의 평형은 오른쪽으로 이동한다. 따라서 묽은 용액에서는 흡광화학종의 분율이 감소하고 흡광도는 감소하게 되어 직선에서 벗어나게 된다. 금속이온의 착물이나 킬레이트에서도 이와 같은 현상이 나타난다. 즉, 과량의 착화제가 없으면 착물의 해리도는 이 착물이 희석될 때 증가한다. 이때 착물은 측정파장에서 흡광하지만 유리된 금속이온은 흡광하지 않는다면 용액을 묽힐 때 직선관계에서 벗어나게 된다. 이런 편차는 그 반응의 평형상수와 흡광화학종의 몰흡광계수로부터 예상할 수도 있다. 흡광하는 두 화학종이 평형상태에 있고, 그들의 흡수 스펙트럼이 겹치는 경우가 있는데 이런 파장을 등흡광점(isobestic point)이라고 하며 이때는 두 화학종의 몰흡광계수가 같다. pH는 평형을 이동시키므로 여러 pH에서 스펙트럼을 그리면 **그림 7.4**와 같은 결과를 얻는다. 여기에서 등흡광점에서는 농도변화에 따른 흡광도를 측정하면 이것은 pH의 영향을 받지 않는다. 즉, 두 개의 흡광화학종이 평형상태에 있음을 알 수 있다. 예를 들면 산-염기 지시약은 단지 두 개의 유색 화학종이 평형상태에 있고 등흡광점을 나타낸다.

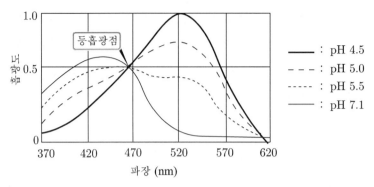

그림 7.4 메틸레드의 등흡광점 (465 nm). 메틸레드의 농도: 3×10^{-4} M, 스펙트럼의 측정 pH: 4.5~7.1

• 기기편차

Beer의 법칙은 흡광도를 측정할 때 단색복사선(단색광)을 이용할 때에만 성립하고, 이것은 파장에 따라 흡광계수가 다르므로 흡광도와 농도 사이의 직선 기울기가 변하기 때문이다.

실제로 엄격한 의미에서 단색광을 사용하는 경우는 거의 없고, 좁은 범위의 다색광을 사용하게 되므로 Beer의 법칙에서 편차가 생기게 된다. 따라서 흡광도를 측정할 때에는 반드시 흡수 스펙트럼의 극대점이 나타나는 파장에서 측정하도록 해야 하며, 이 파장을 최대흡수파장, λ_{max} 라고 하며 이 파장을 선택할 때 다소의 편차가 있을 수 있으나 최대 흡수파장 부근에서는 흡광계수의 차가 적기 때문에 큰 편차가 나타나지 않으므로 Beer 의 법칙에서 크게 벗어나지 않게 된다. 이와 같은 예를 **그림 7.5**에 나타내었다. 또 기기

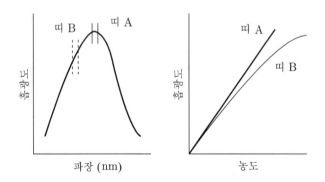

그림 7.5 Beer 법칙에 미치는 다색광의 영향.

편차에는 미광(stray light), 단색화장치에서의 반사, 시료용기 위치의 부정밀성과 기기의 암전류 등에 의한 것이 있다.

• 기기잡음의 영향

분광광도법의 정확도(정밀도)는 측정기기의 불확정성 또는 잡음에 의해 제한받는다. 흡광도를 측정할 때 어느 정도의 오차는 항상 발생한다. 이 오차는 시료의 농도에 따라 다르다. 시료가 적은 양의 빛을 흡수할 때에는 투광도의 감소가 작게 일어난다. 따라서 상대오차는 클 것이다. 반면에 시료가 거의 모든 빛을 흡수하면 투광도가 크게 감소하고 이를 정확하게 읽을 수 있는 매우 안정한 기기가 필요하다. 따라서 상대오차를 최소화하는 어떤 최적의 투광도 범위가 있다. 오차는 근본적으로 기기의 눈금을 읽는 데서 오며 투광도를 읽을 때 절대오차는 일정하고 투광도에 무관하다고 가정하면 최소한의 상대오차를 갖는 투광도를 Beer의 법칙에서 유도할 수 있다.

$$A = -\log T = \epsilon b C \tag{7.9}$$

이 식을 자연대수로 바꿔서 미분하면 다음과 같다.

$$-\frac{0.434}{T} dT = \epsilon b \, dC \tag{7.10}$$

이 식을 식 (7.9)로 나누면 다음과 같다.

$$\frac{dC}{C} = \frac{0.434}{T \log T} dT \tag{7.11}$$

이 식에서 dT 는 투광도를 읽을 때의 오차이고, 이것은 기기의 정확도에 따라 다르며 보통은 0.003 정도이다. 여기에서 최소한의 상대오차가 되는 T 는 0.368 (=36.8 %)이며 흡광도로는 0.434에 상당한다.

그림 7.6(a)는 투광도 눈금을 읽을 때 0.01 T 의 일정한 오차가 온다고 가정하고 투광도에 따른 상대오차를 식 (7.11)을 이용하여 계산한 결과를 나타낸 것이다.

Rothman 등[1]은 측정기기의 불확정성의 원인과 불확정성이 흡광도(또는 투광도) 측정의 정밀도에 미치는 알짜 영향을 밝혔다. 기기 측정의 불확정성은 광전류의 크기, 즉 T 에 의하여 어떻게 영향 받는가에 따라 다음과 같이 세 가지 범주로 나눈다.

---

1) L. D. Rothman and et. al., *Anal. Chem.*, **1975**, 47, 1226.

그림 7.6(b)에서 기기잡음으로 생기는 불확정성은 다음과 같다.

(1) 정밀도가 T 와 무관한 불확정성으로 그 원인은 제한된 눈금 판독장치의 분해능, 열법 검출기의 Johnson 잡음 및 암전류와 증폭기 잡음에 의한 것으로 이런 불확정성이 나타나기 때문에 조심해야 할 경우는 작은 투광계기 눈금을 갖는 광도계와 분광광도계에서, 또 중간 적외선과 근적외선 분광광도계에서 및 광원세기와 검출기 감도가 낮은 파장영역에서 실험할 때이다.

(2) 정밀도가 T 에 비례하는 불확정성이며 시료용기의 위치가 불확실할 때 고급 자외선-가시선이나 적외선 분광광도계에서도 나타나고, 또 값싼 광도계나 분광광도계를 사용할 때 광원의 깜빡이 잡음에 의해 나타난다.

(3) 정밀도가 $(T^2 + T)^{1/2}$ 에 비례하는 불확정성으로 광자검출기의 산탄잡음 때문에 나타나며 이것은 고급 자외선-가시선 분광광도계에서도 발생한다.

이들 세 가지 형태의 불확정성 때문에 흡광도를 측정할 때 나타나는 오차를 상대농도의 불확정성으로 **그림 7.6(b)**에 나타내었다. 그림에서 보면 오차가 가장 적은 투광도는 36.8%일 때이고, 20~65%T 범위에서는 거의 일정한 최소오차가 일어남을 알 수 있다. 따라서 분광광도법으로 정량분석 할 때 이러한 오차들을 줄이기 위해서는 표준용액과 시료용액의 투광도가 대략 10~80%T 범위에서 나타나도록 미리 용액의 농도를 조절하여 실험하도록 해야 한다.

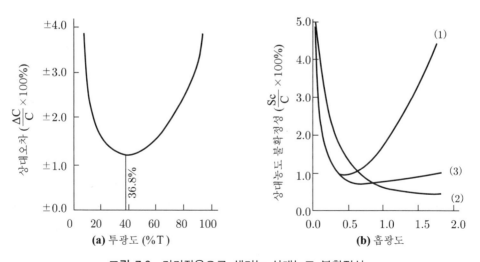

그림 7.6 기기잡음으로 생기는 상대농도 불확정성.

7.3 분광기기와 부분장치

분광법이란 본래 가시복사선을 성분 파장으로 분해하는 데에 관한 과학 분야를 설명할 때 쓰였으나 오늘날에는 모든 전자기복사선, 질량, 전자, 음파 분광법 등에서도 사용된다. 여기서는 여러 가지 광학분광법에 공통적으로 이용되고 있는 분광기기와 부분장치에 대해 취급하고, 자세한 것은 각 분광법에서 다루기로 한다.

분광기기는 분광법의 종류에 따라 약간씩 다르지만 일반적으로 (1) 광원, (2) 시료용기, (3) 파장선택기, (4) 복사선 검출기(또는 변환기), (5) 기록계의 5가지 기본 부분장치로 구성되어 있으나 이용하는 파장에 따라 세부적으로는 서로 다르다.

이들 기기의 설계는 기기의 주용도, 즉 기기를 정성 또는 정량분석용으로 이용하는가에 따라서, 또 원자 또는 분자 분광법에 이용하는가에 따라서 다르다. 그러나 각 형태의 부분장치의 일반 기능과 작업은 파장영역과 용도에 관계없이 서로 비슷하다. 분석목적에 따라 시료용기와 파장선택기의 위치가 서로 바뀌는 경우도 있다. 이들 각 부분장치에 대해서는 해당 분광법에서 자세히 취급하기로 하고 여기서는 주로 자외선−가시선 분광광도계의 부분장치에 관해 다루기로 한다.

그림 7.7에 파장에 따른 분광기기 부분장치의 특성을 수록했다.

⊃ 광원

분광법 연구에서 광원은 검출과 측정에 충분한 세기의 복사선 빛살을 발광해야 한다. 분자흡수 측정을 위한 연속광원은 상당히 넓은 파장에 걸쳐 그 세기가 크게 변하지 않는 것을 필요로 한다. 자외선 광원으로는 흔히 수소 방전관이나 중수소 방전관이 사용된다. 수소방전관의 경우 165~375 nm 파장영역의 자외선이 나온다. 이때 375 nm 부근의 자외선은 그 세기가 매우 약하여 광원으로 사용할 수 없다. 따라서 사용 가능한 파장영역은 200~320 nm 범위이다.

중수소방전관도 수소방전관과 거의 비슷하지만 그 세기가 수소방전관보다 3~5배 정도 더 강하므로 최근에는 중수소방전관을 자외선 광원으로 사용한다. 한편, 수은방전관도 사용되는데 이것은 200~400 nm 영역에서 대략 24개의 특성 봉우리를 나타내므로 자외선의 연속광원으로는 좋지 못하지만 파장의 검정용으로 사용할 수 있다. 가시선의 광원으로 사용하는 텅스텐 필라멘트는 보통 전기적으로 가열할 때 약 350 nm 이상의 가시선을 발광한다.

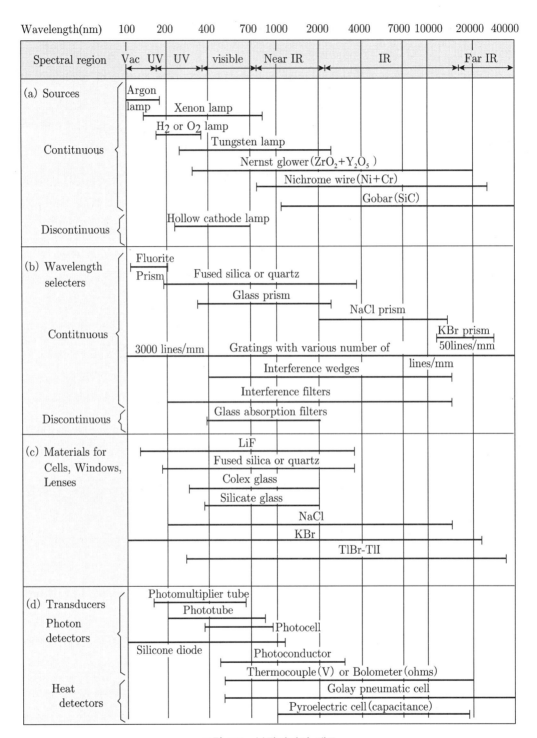

Wavelength(nm)	100	200	400	700 1000	2000	4000	7000 10000	20000 40000
Spectral region	Vac UV	UV	visible	Near IR		IR		Far IR

(a) Sources

Contitnuous
- Argon lamp
- Xenon lamp
- H_2 or O_2 lamp
- Tungsten lamp
- Nernst glower ($ZrO_2 + Y_2O_5$)
- Nichrome wire (Ni+Cr)
- Gobar (SiC)

Discontinuous
- Hollow cathode lamp

(b) Wavelength selecters

Contitnuous
- Fluorite Prism
- Fused silica or quartz
- Glass prism
- NaCl prism
- KBr prism
- 3000 lines/mm Gratings with various number of
- 50 lines/mm
- lines/mm
- Interference wedges

Discontinuous
- Interference filters
- Glass absorption filters

(c) Materials for Cells, Windows, Lenses
- LiF
- Fused silica or quartz
- Colex glass
- Silicate glass
- NaCl
- KBr
- TlBr-TlI

(d) Transducers

Photon detectors
- Photomultiplier tube
- Phototube
- Photocell
- Silicone diode
- Photoconductor

Heat detectors
- Thermocouple (V) or Bolometer (ohms)
- Golay pneumatic cell
- Pyroelectric cell (capacitance)

그림 7.7 분광기기의 재료.

⊃ 파장선택기

자외선 또는 가시선 영역의 파장을 좁은 띠나비를 갖는 파장으로 분리시키는 파장선택기는 단색화장치(monochromator) 또는 광학필터가 사용된다.

광학필터는 한정된 주어진 파장영역을 제공하는 것으로 간섭필터, 간섭쐐기, 흡수필터 등이 사용된다. 그러나 오늘날의 현대적 기기에는 프리즘과 회절발 단색화장치가 주로 사용되며 자외선, 가시선 및 적외선 단색화장치는 모두 슬릿, 렌즈, 거울, 창문, 프리즘(또는 회절발)과 같은 부품으로 되어 있다. 단색화장치의 각 부품의 재료는 사용하려는 파장영역에 따라 다르다.

그림 7.8에 반사회절발과 프리즘 단색화장치의 원리를 나타내었다. 회절발 단색화장치에서 가장 중요한 부분인 회절발은 플라스틱과 같은 단단한 판에 수많은 평행한 홈선을 조밀하게 파내고 여기에 알루미늄을 증착시켜 만든다.

회절발 단색화에서는 파장이 λ_1과 $\lambda_2(\lambda_1 > \lambda_2)$인 입사광이 입구슬릿을 통과한 후에 오목거울에서 평행화된 후 회절발에서 반사되어 회절될 때 각분산이 일어나며 반사표면에서 회절이 일어난다. 이때 파장에 따른 각분산 정도가 다르기 때문에 분리되고, 각분산이 더 큰 단파장이 다시 오목거울을 거쳐 초점면으로 집광되어 출구슬릿을 통과하도록 되어 있다. 회절발의 홈 수는 300~2,000 홈/mm 정도이며, 1,200~1,400 범위가

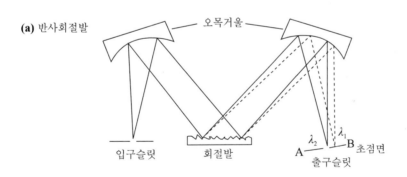

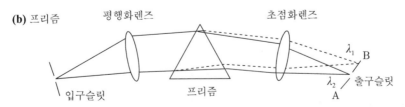

그림 7.8 회절발과 프리즘 단색화장치의 원리($\lambda_1 > \lambda_2$).

가장 보통이다. 적외선 영역의 경우에는 10~200 홈/mm 정도이고, 회절발의 길이는 3~10 cm 정도이다. 프리즘 단색화에서 두 가지 파장의 빛은 프리즘에서 굴절률의 차이로 인해 분리되어 초점면을 통과할 때 한 가지 파장의 빛은 제거된다. 이때 단파장인 빛의 굴절률이 더 크고 출구슬릿을 통과한다.

시료용기

자외선-가시선 분광광도법에서 사용하는 시료용기는 큐벳(cuvette) 또는 셀(cell)이라고도 부르며, 시료용기는 이용하는 스펙트럼 영역의 복사선이 투과되는 재질로 만들어야 한다. 따라서 200~350 nm 파장영역의 자외선의 연구에는 석영이나 용융실리카를 사용할 수 있다.자외선-가시선 영역에 사용하기 위한 일반적인 용기의 길이는 1 cm이지만 실험목적에 따라 0.1 cm 또는 10 cm까지 길이의 용기를 사용하기도 한다. 시료용기를 오차가 발생하지 않도록 사용법에 관해 잘 알아야 하고 용기가 손상을 입지 않도록 주의해야 한다.

복사선 검출기

자외선-가시선 분광법에서 사용하는 광자 검출기로는 광전관, 광전압 전지, 광전도 검출기, 광전자증배관(photomultiplier tube, PMT)이 이용되며, 이상적인 검출기가 갖추어야 될 조건으로는 높은 감도와 높은 신호/잡음비를 가져야 하며 넓은 파장범위의 복사선에 대해 일정하게 응답해야 한다. 그 외에도 빠른 응답과 빛이 없을 때에는 최소의 출력신호를 내야 한다. 실제로 검출기가 이런 조건을 전부 갖추기는 어렵다. 여러 가지 광자검출기 중에서 광전자증배관은 약한 복사선의 세기를 측정하는 경우 보통의 광전관보다 좋은 점이 많으므로 널리 이용된다.

그림 7.9에 나타낸 광전자증배관은 처음의 음극 면에서 복사선을 받으면 전자를 방출하게 된다. 또 다이노드(dynode)라는 여러 개의 전극이 연결되어 있으며 다이노드 1은 음극보다 90 V 더 양성인 전위를 유지하며, 이 결과로 전자는 다이노드 1을 향해 가속된다. 광전자가 다이노드에 부딪히면 광전자 1개마다 몇 개의 전자를 추가로 방출하고 이들은 다이노드 1보다 90 V 양성인 다이노드 2를 향해 가속된다. 이러한 과정이 9회 되풀이되는 동안에 한 개의 광자에서 $10^6 \sim 10^7$개의 전자가 생성되게 된다. 이런

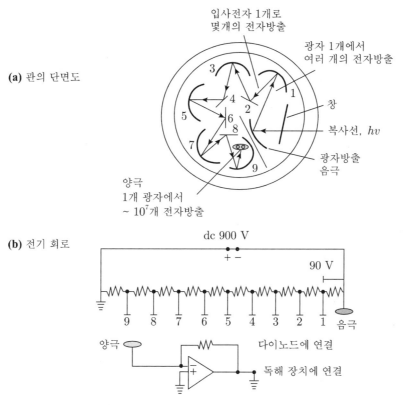

(a) 관의 단면도

입사전자 1개로
몇개의 전자방출

광자 1개에서
여러 개의 전자방출

창

복사선, hv

광자방출
음극

양극
1개 광자에서
~ 10^7개 전자방출

(b) 전기 회로

dc 900 V

+ −

90 V

9 8 7 6 5 4 3 2 1 음극

양극

다이노드에 연결

독해 장치에 연결

그림 7.9 광전자증배관의 약도. (a) 관의 단면도, (b) 전기회로.

전자의 흐름은 최종적으로 양극에 모이게 되므로 전류는 증폭되어 측정된다. 광전자증배관은 자외선−가시선 영역에 대단히 민감하고 빠르게 응답한다. 이런 검출기를 갖는 기기의 감도는 암전류 발생에 의해 제한받지만 이들 원인은 −30 ℃ 정도로 냉각시키면 제거되어 성능이 향상된다.

분광광도계

흡광도를 측정하는 장치는 필터와 같은 간단한 파장선택기를 사용하면 광도계 (photometer)라고 하고, 프리즘이나 회절발과 같은 단색화장치를 사용하면 분광광도계 (spectrophotometer)라 한다. 자외선−가시선 분광광도계는 기기분석에서 사용되는 기기 중에서 그 종류가 가장 다양하고 홑빛살형과 겹빛살형으로 나뉜다. 이 외에도 미분 측광, 2주파 측광, 시차측광이 가능한 기기도 있다.

가시선 영역의 홑빛살형 분광광도계로 널리 사용되는 Spectronic−20을 **그림 7.10**에

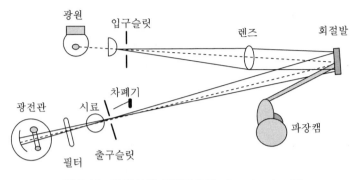

그림 7.10 홑빛살형 분광광도계. Spectronic—20.

나타내었다.

이 기기는 광원으로 텅스텐 필라멘트를, 단색화장치는 반사회절발을, 검출기는 광전관을 사용하며, 보통 340 nm에서 625 nm의 파장영역에서 작동하도록 되었지만 다른 보조광전관으로 바꾸면 950 nm까지 확대하여 이용할 수 있고, 20 nm의 띠나비와 ±2.5 nm 파장조정의 정밀도를 갖고 있다.

또 증폭기 출력을 변화시킴으로써 0 %T를 조절하고 100 %T 조절은 안정화된 램프의 전력 공급원에서 나오는 빛살세기를 조절하여 하도록 되어있다. 이 기기로 시료의 흡광도를 측정하려면 별도의 기준시료에 의한 P_0값을 먼저 측정하고 시료를 순차적으로 빛살에 놓고 측정하도록 되어있어 불편한 점이 있다. 또 광원의 출력과 검출기의 감응이 변동하기 때문에 부정확한 점이 있다. 그러나 겹빛살형 분광광도계는 홑빛살형보다 복잡하고 많은 장점이 있으며, 이런 기기는 일반적으로 파장이 자동적으로 변화되면서 흡광도가 측정되고 광원의 빛살을 두 개로 분리시켜 한 개는 시료를 통과하고 다른 하나는 기준용액을 통과하도록 되어 있고 광원의 빛이 회전거울에 의해 교대로 기준 셀과 시료 셀을 통과한 후 각각 검출기에 도달한다. 검출기는 두 셀의 빛을 교대로 감지하며, 검출기의 출력은 두 빛살의 세기 비에 비례하며 출력은 주기적 신호이고, 신호의 주파수는 회전거울의 주파수와 같다. ac 증폭기는 신호를 증폭시키고 미광신호는 기록하지 않는다. 파장은 단색화장치에 의해 자동적으로 변화되고 슬릿은 기준빛살의 에너지가 100 % 투광도로 유지시키기 위해서 보조모터에 의해 자동적으로 조절된다.

그림 7.11에 겹빛살형 분광광도계 대한 각 부분장치의 구성도를 나타냈다.

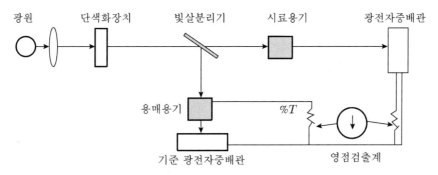

그림 7.11 겹빛살형 분광광도계의 구성도.

7.4 자외선-가시선 분광광도법 응용

분자의 구조나 성질을 규명하는 여러 가지 수단 또는 방법 중에서 분자 내의 에너지와 빛에너지간의 상호작용을 이용하는 방법을 일반적으로 분광법(spectrometry)이라고 한다.

분자에 의한 자외선-가시선 영역의 빛에너지의 흡광은 분자내의 전자에너지의 전이를 나타내며, 이런 전자에너지의 전이는 분자 내의 전자구조, 즉 분자의 화학결합 상태 및 분자구조 등의 특징에 따라 흡수되는 빛에너지의 주파수와 세기가 다르게 나타난다. 따라서 이 분광법은 분자의 전자구조 성질을 알아내는 가장 강력한 수단 중의 하나이며 이러한 분자의 성질로부터 화합물의 정성 및 정량분석에 아주 널리 이용된다.

⊃ 자외선 및 가시선의 흡광화학종

원자, 분자 또는 이온화학종이 어떤 파장의 자외선이나 가시선을 받으면 물질이 광자에너지, $h\nu$를 흡수하여 들뜬 상태로 되는 경우가 있다. 들뜬 상태의 수명은 대략 10^{-8}~10^{-9}초 정도로 짧고, 들뜬 상태는 몇 가지 이완과정에 의해 소멸된다. 이완과정 중 가장 일반적인 형태는 들뜬 에너지가 적은 양의 열로 전환되는 것이다. 다른 이완과정은 들뜬 화학종이 분해되어 새로운 화학종이 생성되는 광화학반응이 일어나거나 형광 또는 인광 복사선을 발광하는 것이 있다.

분자가 자외선이나 가시선을 흡수하면 일반적으로 결합전자가 들뜨게 되므로 흡수

봉우리의 파장은 화학종에 존재하는 결합 형태와 관계가 있다. 따라서 분자흡수 스펙트럼은 분자 내의 작용기를 확인하는 데 이용되고, 더 중요한 응용은 흡광원자단을 포함하는 화합물을 정량분석에 이용하는 것이다. 자외선−가시선 분광광도법으로 흡광화학종을 정성 또는 정량분석하기 위해서는 세 가지 형태, 즉 π, σ 및 n 전자의 전이화학종과 d 및 f 전자의 전이화학종, 및 전하이동흡수 화학종들에 관한 복사선 흡수이론과 전자전이의 종류에 대해 알아야 한다.

• π, σ 및 n 전자를 갖는 화학종

π, σ 및 n 전자를 갖는 화학종은 유기분자와 이온뿐만 아니라 많은 무기물의 음이온들이다. 무기 음이온으로는 $n \rightarrow \pi^*$ 전이형태로 질산(313 nm), 탄산(217 nm), 아질산(360과 280 nm), 트라이싸이오탄산(500 nm) 이온들이 있다. 모든 유기화합물은 모두 높은 상태의 에너지준위로 들뜰 수 있는 원자가전자를 갖고 있어 복사선을 흡수할 수 있다.

단일결합 전자를 들뜨게 하는 데는 진공자외선 영역($\lambda < 185$ nm)의 높은 에너지가 필요하고, 이런 자외선은 공기 중의 성분에 의해서도 흡수되므로 실험하기가 매우 곤란하다. 따라서 유기화합물의 연구에서는 일반적으로 185 nm 이상의 큰 파장에서 수행되고, 비교적 낮은 들뜸 에너지를 갖는 원자가전자가 들어있는 제한된 수의 작용기, 즉 발색단(chromophore)에 한정되어 있다. 유기화합물의 작용기가 자외선−가시선을 흡수하는 현상은 분자궤도함수론에 의해 설명할 수 있다.

그림 7.12에 분자의 전자에너지 준위도를 나타냈다. 보통 유기분자는 π, σ 및 n 궤도에는 전자가 채워지고 π^*, σ^* 궤도에는 채워져 있지 않다. 따라서 분자의 결합전자가 빛을 흡수하면 $\sigma \rightarrow \sigma^*$, $n \rightarrow \sigma^*$, $n \rightarrow \pi^*$, $\pi \rightarrow \pi^*$ 와 같은 네 가지 형태의 에너지전이가 일어난다. 그러나 $\sigma \rightarrow \pi^*$ 와 $\pi \rightarrow \sigma^*$ 는 금지전이 때문에 일어나지 않는다.

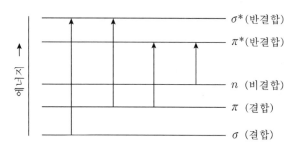

그림 7.12 분자궤도와 전자에너지 준위도.

발색제로 쓰이는 유기화합물은 보통 분자 내에 불포화기를 가지므로 근자외선과 가시선 영역에서 $n \to \pi^*$ 전이에 의한 흡수가 나타난다. 전자 스펙트럼은 발색단과 조색단에 의해 흡수가 결정된다. 발색단은 자외선과 가시선의 흡광 원인이 되는 공유결합성 불포화기($C = C$, $C = O$, $N = N$, $N = O$ 등)들이며 조색단은 발색단에 결합하여 최대 흡수파장과 세기를 변화시키는 포화기($- OH$, $- NH_2$ $- SH$ 등)를 말한다.

• $n \to \sigma^*$ 전이

비결합성 전자쌍이 포함된 원자단을 갖는 포화화합물은 $n \to \sigma^*$ 전이에 의해 150~250 nm 영역의 자외선을 흡수하고, 대부분 200 nm 이하에서 흡수봉우리를 나타낸다. 이때 몰흡광계수는 100~3,000 L/cm·mol 범위의 값을 갖는다. $n \to \sigma^*$ 전이가 일어날 때의 흡수극대는 물이나 에탄올과 같은 극성용매에서 단파장 쪽으로 이동하려는 경향이 있다. 이러한 전이에 의한 예를 **표 7.1**에 나타냈다.

표 7.1 일반적인 발색단의 흡광 특성

발색단	화합물	용매	λ_{max}	ϵ_{max}	전이형태
Alkane	$C_6H_{13}CH = CH_2$	n−heptane	177	13,000	$\pi \to \pi^*$
Alkyne	$C_5H_{11}C \equiv C - CH_3$	n−heptane	178	10,000	$\pi \to \pi^*$
			196	2,000	−
			225	160	−
Carbonyl	$\begin{matrix} O \\ \| \\ CH_3CCH_3 \end{matrix}$	n−hexane	186	1,000	$n \to \sigma^*$
			280	16	$n \to \pi^*$
	$\begin{matrix} O \\ \| \\ CH_3CH \end{matrix}$	n−hexane	180	large	$n \to \sigma^*$
			293	12	$n \to \pi^*$
Carboxyl	$\begin{matrix} O \\ \| \\ CH_3COH \end{matrix}$	ethanol	204	41	$n \to \pi^*$
Amino	$\begin{matrix} O \\ \| \\ CH_3CNH_2 \end{matrix}$	water	214	60	$n \to \pi^*$
Azo	$CH_3N = NCH_3$	ethanol	339	5	$n \to \pi^*$
Nitro	CH_3NO_2	iso−octane	280	22	$n \to \pi^*$
Nitroso	C_4H_9NO	ethyl ether	300	100	−
			665	20	$n \to \pi^*$
Nitrate	$C_2H_5ONO_2$	dioxane	270	12	$n \to \pi^*$

• $n \rightarrow \pi^*$와 $\pi \rightarrow \pi^*$ 전이

이들 전이의 흡수스펙트럼은 실험적으로 $200 \sim 700 \, \text{nm}$ 영역에서 흡수봉우리가 나타나기 때문에 대부분의 유기화합물의 흡광분광법에 이용할 수 있다. 이러한 전이는 π 궤도함수를 갖는 불포화작용기가 있어야 한다.

$n \rightarrow \pi^*$ 전이의 흡수봉우리에 대한 몰흡광계수는 보통 $10 \sim 100 \, \text{L/cm·mol}$ 정도로 작지만 $\pi \rightarrow \pi^*$ 전이의 경우에는 $1,000 \sim 10,000 \, \text{L/cm·mol}$ 범위이다. $n \rightarrow \pi^*$ 와 $\pi \rightarrow \pi^*$ 흡수에 대한 차이점은 용매가 봉우리 파장에 미치는 영향이다. 즉, $n \rightarrow \pi^*$ 흡수의 경우 일반적으로 흡수봉우리는 용매의 극성이 증가하면 단파장 이동(청색이동, blue shift)을 한다. 그러나 일반적으로 그 반대의 현상 즉, 적색이동(red shift)이 $\pi \rightarrow \pi^*$ 전이에서 항상 일어나는 것은 아니다.

비결합 전자쌍의 용매화가 증가할 때 분명히 n궤도함수의 에너지는 낮아지고 청색이동이 나타날 것이다. 이런 효과는 물 또는 알코올과 같이 가수분해를 하는 극성용매에서 나타나며 약 $30 \, \text{nm}$ 또는 그 이상의 청색이동이 일어난다. 이 경우에 용매의 양성자와 비결합전자쌍 사이에 수소결합의 생성이 많이 일어나므로 n 궤도함수의 에너지는 대개 수소결합만큼 더 적은 값으로 되기 때문이다. $n \rightarrow \pi^*$ 전이가 일어나면 한 개의 남아 있는 n 전자는 수소결합을 유지하지 못한다. 따라서 $n \rightarrow \pi^*$ 전이에서 π^*와 같은 들뜬상태는 이런 형태의 용매작용의 영향을 받지 않는다.

$\pi \rightarrow \pi^*$ 와 $n \rightarrow \pi^*$ 전이에 영향을 주는 두 번째 용매효과는 용매극성이 증가함에 따라 적색이동이 일어나는 것이고, 이런 효과는 일반적으로 $5 \, \text{nm}$보다 작으므로 $n \rightarrow \pi^*$ 전이에서는 청색이동 $30 \, \text{nm}$에 의해 묻혀서 무시된다. 이 경우 용매와 흡광체간의 극성인력은 들뜨지 않은 것과 들뜬상태의 에너지준위를 보다 낮추는 방향으로 작용한다. 이때 들뜬상태에 대한 영향이 더 크므로 에너지는 용매극성이 증가할수록 더 감소하게 되어 적색이동이 나타나게 된다.

• 발색단의 컨주게이션 효과

분자궤도함수론에 의하면 바로 인접한 π전자는 컨주게이션으로 인해 더 비편재화된다고 생각할 수 있다. 이 비편재의 효과는 반결합궤도함수, π^* 의 에너지준위를 보다 낮추고 반결합성 성질을 작게 만든다. 따라서 흡수극대파장은 장파장 쪽으로 이동한다. 몇 가지 발색단의 컨주게이션에 의한 흡수파장의 이동현상을 **표 7.2**에 나타냈다.

표 7.2 컨주게이션에 의한 흡수파장 이동

화합물	형태	$\lambda_{max} (nm)$	ϵ_{max}
$CH_3CH_2CH_2CH = CH_2$	olefin	184	~10,000
$CH_2 = CHCH_2CH_2CH = CH_2$	diolefin(unconjugated)	185	~20,000
$H_2C = CHCH = CH_2$	diolefin(conjugated)	217	21,000
$H_2C = CHCH = CHCH = CH_2$	triolefin(conjugated)	250	—
$\begin{matrix} O \\ \| \\ CH_3CH_2CH_2CH_2CCH_3 \end{matrix}$	ketone	282	27
$\begin{matrix} O \\ \| \\ H_2C = CHCH_2CH_2CCH_3 \end{matrix}$	unsaturated ketone (unconjugated)	278	30
$\begin{matrix} O \\ \| \\ H_2C = CHCCH_3 \end{matrix}$	unsaturated ketone (conjugated)	324 219	24 3,600

• 방향족 화합물

방향족 탄화수소의 자외선 흡수스펙트럼은 $\pi \rightarrow \pi^*$ 전이에 의해 세 가지 흡수띠를 생성하는 것이 특징이며, 예를 들면 벤젠은 184, 204 및 256 nm에서 ϵ_{max}값이 대략 60,000, 7,900 및 200인 흡수띠를 나타낸다. 그러나 벤젠고리에 다른 작용기가 치환될 때는 이런 흡수특성이 변한다(표 7.3). 이때 보통 204 nm 부근의 흡수띠를 E_2 띠, 256 nm 부근의 것을 B띠라고 부르다.

⊃ d 및 f 전자의 전이화학종

대부분의 전이금속 이온은 자외선 또는 가시선 영역의 복사선을 흡수한다. 4주기와 5주기 전이금속 원소는 $3d$와 $4d$ 전자의 전이에 의해서, 또 란탄족과 악티늄족과 같은 내부전이원소는 $4f$와 $5f$ 전자의 전이로 흡광이 일어난다. 그리고 4주기와 5주기 전이금속 이온과 착물은 한 가지 산화상태에서만이라도 가시선을 흡수하는 성질을 갖는다. 이들의 흡수봉우리는 보통 넓고 화학적 환경에 의해 영향을 받는다. 예를 들면 $[Co(NH_3)_6]^{3+}$와 같은 착이온에서 NH_3 분자 한 개가 H_2O, Cl^-, Br^- 들로 바뀌면 적색, 적자색, 청자색으로 변색된다.

전이금속 이온 또는 착물이 가시선 영역의 복사선을 흡수하는 현상은 결정장 이론이나 분자궤도함수론으로 설명할 수 있는데 여기서는 결정장 이론에 대해서만 알아본다.

표 7.3 방향족 화합물의 흡광 특성

화합물		E_2 띠		B 띠	
		λ_{max} (nm)	ϵ_{max}	λ_{max} (nm)	ϵ_{max}
Benzene	C_6H_6	204	7,900	256	200
Toluene	$C_6H_5CH_3$	207	7,000	261	300
m$-$Xylene	$C_6H_4(CH_3)_2$	$-$	$-$	263	300
Chlorobenzene	C_6H_5Cl	210	7,600	265	240
Phenol	C_6H_5OH	211	6,200	270	1,450
Phenolate ion	$C_6H_5O^-$	235	9,400	287	2,600
Aniline	$C_6H_5NH_2$	230	8,600	280	1,430
Anilinium ion	$C_6H_5NH_3^+$	203	7,500	254	160
Thiophenol	C_6H_5SH	236	10,000	269	700
Styrene	$C_6H_5CH=CH_2$	244	12,000	282	450

이들 두 이론은 모두 용액 중에 있는 전이금속 이온의 d 궤도함수의 에너지준위가 서로 같지 않고 분리되어 낮은 준위로부터 높은 준위로 전자전이가 일어난다는 전제에 바탕을 둔다. 외부에서 전기장 또는 자기장의 영향을 받지 않는 경우에 d 궤도함수 다섯 개의 에너지준위는 같으므로 궤도함수 사이에서 전자가 이동할지라도 복사선을 흡수할 필요는 없다. 그러나 용액 중에서 이 금속이온과 물 또는 다른 리간드 사이에서 착물이 생성되는 경우에는 d 궤도함수가 분열되어 에너지준위가 분리된다. 그 이유는 금속이온의 d 전자와 리간드의 전자쌍 사이에 정전기적 반발력이 생기고, 또 그로 인해 에너지 분리가 생기기 때문이다. 이러한 현상들을 이해하려면 전이금속 착물의 입체구조와 다섯 종류의 d 궤도함수 전자의 공간분포를 고려해야 한다. 중심의 전이금속 이온에 6개의 리간드가 x, y, z축 방향으로 배위결합을 형성하여 팔면체구조의 착물을 생성하는 경우에 리간드의 전자쌍은 d 궤도함수 전자와 서로 반발력을 갖게 되어 불안정화 되고 d 궤도함수 중 전자가 축 방향으로 분포되어 있는 $d_{x^2-y^2}$, d_{z^2} 궤도함수는 축과 축 사이에 전자가 주로 분포되어 있는 d_{xy}, d_{yz}, d_{xz}궤도함수보다는 반발력이 더 크므로 그만큼 더 불안정화 된다. 그러므로 **그림 7.13**에서 보는 것처럼 팔면체 착물이 생성될 때 리간드장이 존재하면 d 궤도함수의 에너지 준위는 증가하는데, 특히 d 궤도함수는

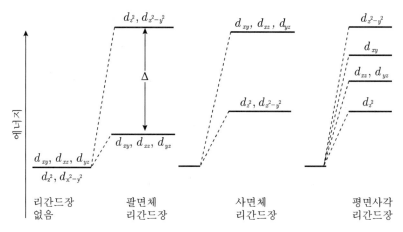

그림 7.13 전이금속 착물의 형태에 따른 d 궤도함수의 결정장 분리.

Δ 만큼의 에너지 차를 갖는 두 무리로 분리된다는 것을 알 수 있다. 이것을 결정장 분리라고 한다. 그림에는 평면사각형과 사면체 착물을 생성할 때의 결정장 분리도 나타내었다. 여기서 분리에너지, Δ는 금속이온의 원자가와 주기율표상의 위치 등을 비롯하여 여러 가지 요소에 따라 결정된다.

리간드의 중요한 변수는 리간드장의 세기이고 그것은 리간드가 d 전자의 에너지를 분리시키는 정도의 척도이다. 리간드장 세기가 큰 착회제는 Δ를 크게 만들고 금속-리간드간의 결합이 강할수록 단파장 쪽으로 이동된다. 이것은 분광화학계열이라고 알려져 있으며 그 순서는 다음과 같다.

$$I^- < Br^- < Cl^-,\ F^- < OH^- < C_2O_4^{2-} < C_2H_5OH < H_2O < SCN^- < NH_3$$
$$< ethylene\ diamine < o-phenanthroline < NO_2^- < CN^- < CO.$$

극소수의 예를 제외하고 이러한 순서는 모든 전이금속 이온의 여러 가지 착물에 대한 흡수봉우리의 상대적 위치를 정성적으로 예측 가능하게 한다.

이러한 결정장 분리에 의한 흡수의 몰흡광계수는 $0.1 \sim 100$ L/cm·mol 정도로 작다. 따라서 미량의 정량분석에서는 이용되지 않는다.

대부분의 란탄족과 악티늄족 금속이온도 자외선 또는 가선을 흡수하는데 이때 란탄족의 흡광은 여러 가지 에너지준위를 갖는 $4f$ 전자의 전이에 의한 것이고, 악티늄족의 경우에는 $5f$ 전자 전이에 의한 것이다. 이러한 흡광의 특성은 스펙트럼이 좁고 명확하며 그들 금속이온에 결합하는 리간드의 종류에는 거의 영향을 받지 않는다. 이것은 이들 원소들이 4 또는 5보다 높은 주양자수의 궤도함수를 점유하는 전자들에 의해 외부 영향을 거의 받지 못하도록 내부궤도함수가 가려짐으로 원자가전자에 결합된 용매나 화학종의 성질로부터 비교적 영향을 받지 않기 때문이다.

전하이동흡수

금속 착물의 일부가 빛을 흡광하면 리간드의 σ 또는 π 궤도로부터 금속이온의 빈 반궤도함수로 전자전이가 일어나는 것과, 반대로 금속이온의 σ 궤도로부터 리간드의 빈 궤도로 전자전이가 일어날 때가 있다. 이와 같은 전이에 의한 흡수를 전하이동흡수 (charge transfer absorption)라고 한다. 전하이동흡수를 나타내는 화학종은 몰흡광계수가 매우 크므로(ϵ_{max} > 10,000) 화학종을 검출과 미량성분의 정량분석에 특히 유용하다. 많은 무기 착물은 이런 흡수를 나타내는데, 이들을 전하이동 착물이라 하며 그 예로는 철(III)의 싸이오사이안산(SCN⁻) 이온과 페놀 착물, 철(II)의 오르토-페난트롤린 착물, 아이오딘 분자의 아이오딘화 착물, 과망간산 이온 등이 있다. 유기화합물도 전하이동 착물을 생성하는 경우가 있다. 예로써 가시선 영역에서 강한 흡수를 나타내는 퀴논과 하이드로퀴논의 1:1 착물인 퀸하이드론과 같은 것과 아민, 방향족, 황화물의 아이오딘 착물 등이 있다. 이때 착물을 형성하는 유기리간드로는 설포살리실산, SCN⁻, 방향족 아민 등이 있고 이들은 철(III), 구리(I), 아연(II) 카드뮴(II)의 정량에 있어서 발색시약으로 사용된다.

전하이동 착물의 형성과정을 보면 철(III)-SCN⁻ 착물은 광자가 흡수되면 SCN⁻에서 전자가 철(III)의 궤도함수로 이동하게 된다. 이때의 생성물은 주로 철(II)과 중성 싸이오사이안산 라디칼(SCN⁻)을 포함하는 들뜬 화학종이라 볼 수 있다. 이때도 들뜬 전자는 잠시 후에 원래의 상태로 되돌아간다. 그러나 때로는 들뜬 착물의 해리가 일어나므로 광화학적 산화-환원 생성물을 만드는 경우도 있다.

전자전이의 가능성이 증가할수록 전하이동에서 요구되는 복사에너지는 작아지므로 착물은 보다 긴 파장을 흡수한다. 예를 들면 SCN⁻는 Cl⁻ 이온보다 "전자 주게"(환원제)의 성질이 강하므로 철(III)의 싸이오사이안산 착물은 가시선 영역에서 흡수극대가 일어나고 노란색의 염화 착물의 흡수극대는 자외선 영역에서 나타난다.

앞 예에서처럼 생각하면 아이오딘화 착물의 경우에는 더 긴 파장을 흡수할 것으로

표 7.4 자외선-가시선 분광법 실험에 쓰이는 용매

용 매	최저투과파장(nm)	용 매	최저투과파장(nm)
물	190	다이옥세인	220
핵세인	210	클로로포름	250
사이클로핵세인	210	사염화탄소	265
에탄올	220	벤젠	280
다이에틸이써	220	아세톤	330

추정되지만 이때는 전하이동이 완전히 일어나고, 철(Ⅱ)과 아이오딘 착물을 생성하므로 전하이동흡수는 일어나지 않는다. 전하이동 착물에서 대부분의 경우에는 금속이온이 "전자 받게"로 작용하지만 그 반대의 경우도 있다. 즉, 철(Ⅱ) 또는 구리(Ⅰ)의 오르토-페난트롤린 착물의 경우에는 금속이온이 전자 주게 역할을 한다.

⊃ 정성분석

자외선-가시선 분광광도법은 흡수띠가 넓으며 미세구조의 스펙트럼이 나타나지 않으므로 정성분석을 할 때 다소 제한받는다.

• 용매의 선택

자외선-가시선 분광광도법에서 사용하는 용매를 선택할 때는 용매 자체가 사용하는 파장의 복사선을 흡수하지 않을 뿐만 아니라 용매가 시료에 미치는 영향도 고려해야 하고 보통 물, 알코올, 에스터(ester) 및 키톤(ketone)과 같은 극성용매는 진동효과 때문에 스펙트럼의 미세구조를 감소시킨다. 한편, 탄화수소와 같은 비극성용매는 기체 상태에서와 같은 미세구조를 나타내게 한다. 또 흡수극대의 파장도 용매의 극성에 따라 약간은 변한다. 따라서 흡수 스펙트럼을 얻을 때에는 용매의 선택에 주의해야 한다.

표 7.4에 자외선-가시선 분광법에 사용되는 용매의 최저투과파장을 나타냈다.

• 슬릿나비의 영향

복사선의 띠나비는 단색화장치의 입구와 출구슬릿의 넓이와 프리즘과 회절발의 분산능에 따라 결정된다. 정성분석에 이용되는 흡수스펙트럼은 **그림 7.14**에서처럼 가능하면 좁은 띠나비의 복사선을 사용하여 얻어야 한다. 단색화장치는 슬릿나비를 조절할

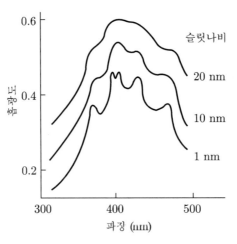

그림 7.14 같은 시료의 흡수스펙트럼에 대한 슬릿나비의 영향.

수 있게 되어 있으므로 유효띠나비를 변화시킬 수 있고 흡수봉우리의 분리를 위해서는 가급적 좁은 슬릿을 사용해야 한다. 그러나 슬릿을 좁히면 복사선의 세기가 감소되어 흡광도를 정확하게 측정하기 어렵다.

그림 7.15에 회절발과 프리즘 단색화장치의 분산 특성을 나타내었다. 여기에서 프리즘의 분산은 직선적이 아니기 때문에 항상 일정한 유효띠나비를 얻으려면 단파장보

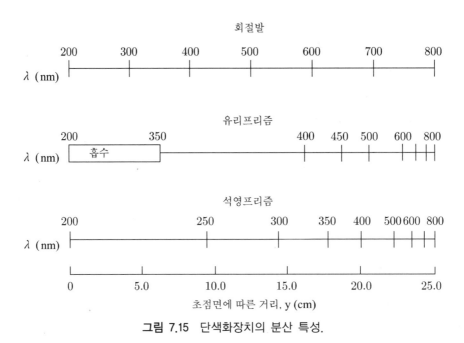

그림 7.15 단색화장치의 분산 특성.

다 장파장에서 훨씬 더 좁은 슬릿을 사용해야 한다. 그러나 회절발 분산능은 파장에 따라 일정하므로 고정된 슬릿간격으로 모든 파장에 대해 거의 일정한 띠나비의 복사선을 얻을 수 있다.

• 화합물의 확인

자외선−가시선 흡수스펙트럼은 비교적 단순하고 특유성의 수는 몇 개밖에 되지 않는다. 따라서 단지 한 쌍의 스펙트럼을 비교하여 물질을 확인한다는 것은 확실성이 부족하다. 따라서 미지시료와 표준물의 더 많은 스펙트럼을 각종 용매와 pH에서 또는 적당한 화학처리를 한 다음 작성하여 비교함으로써 더 확실하게 확인할 수 있다. 그러나 이 방법만으로 물질을 분명하게 확인할 수는 없다. 그러나 유기화합물의 흡수 스펙트럼은 발색단으로 작용하는 작용기의 존재를 검출하는 데 유용하다. 예를 들면 280∼290 nm 영역에 나타나는 약한 흡수띠가 용매의 극성이 증가할 때 단파장 쪽으로 이동하게 되면 이것은 강력하게 카보닐기의 존재를 나타낸다. 또 260 nm 부근에서 진동의 미세구조를 나타내는 약한 흡수띠가 나타나면 방향족 고리의 존재를 말해준다.

⊃ 정량분석

자외선−가시선 분광광도법은 정량분석에서 아주 유용하게 이용되는 분석방법이다. 이 방법에 의한 정량분석에 관해서는 미국화학회(ACS)에서 정기적으로 발간되는 학술지인 Analytical Chemistry[2] 중의 일련의 개요를 찾아보거나 흡수법에 관한 단행본[3]에서 분광광도법의 응용범위에 대한 개념을 얻을 수 있다.

이러한 분광광도법의 중요한 특성은 다음과 같다.

(1) **유기물 및 무기물에 대한 넓은 응용성 :** 많은 유기 및 무기 화학종은 자외선 및 가시선 영역에서 흡수 스펙트럼을 나타내며 정량분석에 이용된다. 비흡수 화학종

---

2) J. A. Howell and L. G. Hargis, *Anal. Chem.*, **1984**, 56, 225R; **1982**, 54, 171R; **1980**, 52, 306R; **1978**, 50, 243R.

3) E. B. Sandell and H. Onishi, *Colorimetric Determination of Traces Metals*, 4th ed., Interscience, New York, 1978; Z. Marczento, *Spectrophotometric Determinati on of Elements*, Halsted Press, New York, 1975; M. Pisez and J.Bartos, *Colorimetric and Fluorometric Analysis of Organic Compounds and Drugs*, Marcel Dekker, New York, 1974 ; F. D. Snell, *Photometric and Fluorometric Method of Analysis*, Parts 1 and 2, Metals; Part 3, Non metals, Wiley, New York, 1978∼1981.

은 적당한 화학처리를 하여 흡수화학종으로 변화시켜 분석할 수 있다.

(2) **높은 감도** : 무기 화학종은 보통 10,000~40,000 정도의 몰흡광계수를 나타내므로 $10^{-4} \sim 10^{-5}$ M 농도 범위의 용액을 분석하는 데 적당하며, 방법에 따라서는 $10^{-5} \sim 10^{-7}$ M까지도 분석할 수 있다.

(3) **비교적 큰 선택성** : 조건을 잘 선택하면 시료의 여러 성분 중 정량하고자 하는 성분만이 정량될 수 있는 파장영역을 찾아 흡광도를 측정할 수 있다. 한편, 흡수 띠가 서로 겹쳐서 방해할 때는 다른 파장에서 흡광도를 측정하여 분석할 수 있는 경우도 있다. 이 경우에는 방해물을 미리 분리하는 단계를 거칠 필요가 없다.

(4) **높은 정확도와 쉽고 편리한 방법** : 분광광도법으로 정량분석할 일반적인 상대오 차는 1~3 % 범위이며 특수한 방법을 이용하면 0.1 % 이하로 줄일 수 있다. 자동 화된 고급의 분광광도계를 사용하면 쉽고 빠르게 분석할 수 있다.

• 흡광하지 않는 화학종의 정량분석

복사선을 흡광하지 않는 화학종에 적당한 시약을 반응시켜 자외선−가시선 영역에 서 강하게 흡광하는 물질로 바꿀 수 있다. 이때의 시약을 발색제라 하며 적당한 발색제 를 전이금속 이온에 반응시키면 색깔을 띠는 가시선 흡광화학종으로 만들 수 있다. 무 기화학종의 발색에 대부분의 경우에 착화제가 쓰인다. 대표적인 발색시약으로는 철, 코발트, 몰리브데넘과 반응하는 싸이오사이안산(SCN^-)이 있고 티타늄, 바나듐, 크롬 과 반응하는 과산화수소 그리고 비스무트, 팔라듐(Pd), 텔루륨(Te)과 반응하는 아이오 딘이 있다. 예로써 철정량에 o−phenanthroline, 납의 정량에 diphenyl thiocarbazone, 니 켈의 정량에 dimethyl glyoxime, 구리의 정량에 diethyl dithiocarbamate 등이 사용된다. 그리고 흡광물질이 아닌 유기작용기도 정량할 수 있다. 예를 들면 분자량이 작은 지방 족 알코올은 세륨(Ⅳ)과 1:1로 반응하여 착물이 형성되면 흡광하게 된다.

• 검정선법 정량

분광광도법에서는 일반적으로 최대흡수파장에서 흡광도를 측정한다. 이 파장에서는 Beer의 법칙에 잘 맞고 최대감도를 얻을 수 있기 때문이다. 흡광도에 영향을 주는 일반 적 변수는 용매의 성질, pH, 온도, 이온세기, 방해물질의 존재 등이다. 따라서 분석할 때에는 이런 조건들의 조절에 특별히 주의해야 하고, 조건이 결정된 다음에는 표준용액들을 만들어 검정선을 만들어야 한다. 표준용액은 시료용액과 총괄성분이 거의 같아야 하고 생각할 수 있는 분석물질의 농도범위를 모두 포괄하고 있어야 한다. 어떤 물질의 몰흡광계수를 문헌 값 그대로 사용하여 분석하는 일이 없도록 해야 하며 몰흡광계수는 반드시 같은 실험조건에서 몇 가지 표준용액으로부터 구해야 한다.

• 표준물 첨가법

광물, 토양, 식물을 태운 재와 같은 복잡한 물질을 분석할 때는 시료와 비슷하게 맞는 표준물질을 만들기가 때로는 불가능하거나 대단히 어렵다. 이와 같은 경우에는 표준물 첨가법에 의해 시료의 매트릭스 효과를 상쇄하여 분석하도록 한다. 몇 가지 방법의 표준물 첨가법이 있는데 분광광도법에서 널리 이용되는 방법에 관해 간단히 설명하면 다음과 같다[4]. 이 방법은 몇 개의 부피플라스크에 같은 양의 시료용액(V_x)을 취하고, 이들 각각에 표준용액(C_s)을 일정량씩(V_s) 더 첨가하여 일정부피(V_t)로 묽힌 후 각각에 대한 흡광도를 측정하여 검정선을 작성하는 방법이다. 이때 성분의 몰흡광계수를 ϵ, 광로를 b 라 하면 각 용액에 대한 흡광도, A 는 다음과 같다. 여기에서 C_x 는 시료의 성분농도이고, 이렇게 작성한 검정선이 **그림 7.16**과 같이 Beer의 법칙에 따른다면 흡광도 A 는 다음과 같다.

$$A = \epsilon b V_x C_x / V_t + \epsilon b V_s C_s / V_t \tag{7.12}$$

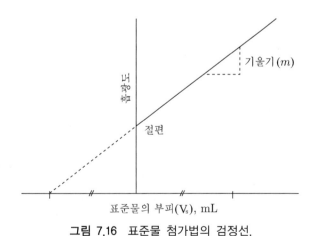

그림 7.16 표준물 첨가법의 검정선.

---

4) M. Bader, *J. Chem. Educ.*, **1980**, 57, 703.

$$A = m V_s + I \qquad (7.13)$$

이때 직선의 기울기 m과 절편 I는 다음과 같다.

$$m = \epsilon b C_s / V_t \qquad I = \epsilon b V_x C_x / V_t \qquad (7.14)$$

여기에서 $I/m = V_x C_x / C_s$이고 이 값들로부터 C_x를 구하면 다음과 같다.

$$C_x = I C_s / m V_x \qquad (7.15)$$

• 혼합물의 동시 분석

같은 파장을 흡광하는 화학종이 두 종류 이상 존재할 때 측정할 용액의 전체 흡광도는 시료용액에 각 성분의 흡광도의 합과 같다. 이때 혼합물의 각 성분 스펙트럼이 겹쳐서 나타날지라도 각각을 분석할 수 있는 경우가 있다. 예를 들면 **그림 7.17**의 X와 Y 성분의 스펙트럼에서 각 성분의 최대흡수파장인 λ_1과 λ_2에서의 흡광도(A_1과 A_2)를 측정하고, X와 Y의 몰흡광계수를 λ_1에서 ϵ_{x1}, ϵ_{y1}라고 하고, 또 λ_2에서 ϵ_{x2}, ϵ_{y2}라고 하고, X와 Y의 농도를 각각 C_x와 C_y라고 하면 다음과 같다.

$$A_1 = \epsilon_{X1} b C_X + \epsilon_{Y1} b C_Y \qquad (7.16)$$

$$A_2 = \epsilon_{X2} b C_X + \epsilon_{Y2} b C_Y \qquad (7.17)$$

각 파장에서 성분 X와 Y의 몰흡광계수는 각 성분의 표준용액으로부터 구할 수 있다. 이들 두 식을 연립으로 풀면 C_X, C_Y를 구할 수 있다. 그러나 스펙트럼의 겹침이

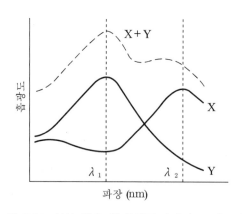

그림 7.17 성분 X와 Y 혼합물의 흡수 스펙트럼.

심할수록 오차가 크게 된다. 이런 분석에서 정확한 결과를 얻으려면 몰흡광계수의 차가 큰 두 개의 파장을 선택하도록 해야 한다.

또한, 2파장 분광광도계를 사용하면 여러 성분 중의 특정 성분을 효과적으로 정량할 수도 있다.

⊃ 분광광도법 적정

광도법 또는 분광광도법 측정법은 적정의 당량점을 구하는 데 이용할 수 있다. 분광광도법 적정(또는 광도법 적정)의 종말점은 반응물 또는 생성물에 의하여 나타내는 흡광도의 변화로부터 알 수 있다. 적어도 이들 화학종 중의 한 가지는 복사선을 흡수하여야 한다. 분광광도법 적정의 적정곡선은 적정시약의 부피에 따른 흡광도를 도시하여 얻는다.

그림 7.18에 대표적인 분광광도법 적정곡선을 나타내었다. 색깔을 띤 적정시약으로 복사선을 흡수하지 않는 화학종을 적정할 때에는 (a)와 같은 적정곡선을 나타낸다. 이것과는 반대로 두 가지의 무색 반응물이 반응하여 유색물질을 생성할 때의 적정곡선은 (b)와 같다. 분광광도법 적정에서 만족스런 종말점을 얻기 위해서는 흡수물질은 Beer의 법칙에 따라야 한다. 그리고 측정한 흡광도에는 $(V+v)/V$비를 곱하여 적정시약에 의한 묽힘효과를 보정해야 한다. 여기에서 V는 시료용액, v는 적정시약의 부피이다. 이때 적정장치는 광원의 빛살이 적정용기를 통과할 수 있게 만든 광도계 또는 분광광도계를 사용한다. 적당한 파장의 복사선이 시료용액을 통과하도록 한 다음 흡광도의 눈을 편리

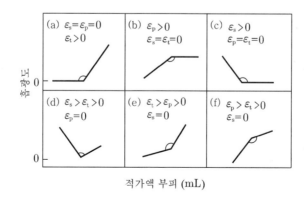

그림 7.18 분광광도법 적정곡선. 적정물질, 적정시약 및 생성물의 몰흡광계수는 각각 ϵ_s, ϵ_t, ϵ_p 임.

하게 읽을 수 있게 광원의 세기 또는 검출기의 감도를 조절한다. 일반적으로 이러한 방법에서는 상대적 흡광도로 종말점을 얻기에 충분하므로 정확한 흡광도를 측정하지 않아도 된다. 일반적으로 원통형 용기를 사용하여 적정하는 데는 광로의 길이가 변하지 않게 용기를 움직이지 않도록 주의해야 한다.

⊃ 미분 분광광도법

이 방법에서 미분 스펙트럼이란 흡광도나 투광도를 파장에 대하여 1차 또는 고차의 미분 값으로 구하여 이를 파장에 대해 도시한 스펙트럼을 말한다.

보통의 스펙트럼보다 미분 스펙트럼은 미세구조가 나타나는 경우가 많다.

그 밖에도 방해물질이 존재할 때에 분석물질의 농도를 보다 쉽고 정확하게 측정할 수 있다. 미분 스펙트럼에서 Beer의 법칙이 적용되면 다음 식이 성립된다.

$$dA/d\lambda = (d\epsilon/d\lambda)\,b\,C \tag{7.18}$$

$$d^2A/d\lambda^2 = (d^2\epsilon/d\lambda^2)\,b\,C \tag{7.19}$$

여기서 흡광도 A 의 미분 값은 농도 C 에 비례하므로 정량분석에 이용될 수 있다.

미분 스펙트럼은 감도가 높고 겹친 스펙트럼을 갖는 화합물을 식별하기 쉬운 미세구조 스펙트럼으로 나타나고 혼탁한 용액에서 산란의 영향을 받지 않는다. 특히 흡광도의 고차 미분은 공존하는 주성분의 영향을 소거하고 미량 성분의 흡수봉우리만이 나타나므로 미량 분석에 응용할 수 있다.[5]

⊃ 착물의 결합비 및 형성상수

분광광도법은 용액 중에서 착물의 결합비와 형성상수를 측정할 수 있는 아주 유용한 방법 중의 하나이다. 이 방법의 장점은 연구하려는 물질계의 평형상태를 파괴하지 않고 정량적으로 흡광도를 측정할 수 있다는 데 있다. 착물에 관한 분광광도법 연구에서는 반응물 또는 생성물 중의 하나가 흡광해야 하며 이들 방법에는 몰비법, 연속변화법, 기울기비법 등이 있다.

---

5) 古川正道, 紫田正三, ぶんせき, **1980**, 608.

• 몰비법

이 방법은 금속이온, M과 리간드로 작용하는 시약, L이 반응하여 화합물, ML_n이 생성될 때 M의 농도를 일정하게 하고, L을 가할 때는 M과 N의 몰비(mole ratio)가 다른 여러 가지로 용액을 만든다.

$$M + nL \rightarrow ML_n \tag{7.20}$$

발색된 화합물의 흡광도를 최대흡수파장에서 측정하여 반응물의 몰비, [L]/[M]에 대한 흡광도를 도시하면 **그림 7.19**의 (a)와 같은 곡선이 얻어진다.

그림 7.19(a)와 같이 곡선을 외연장하여 교차점을 얻고 이것이 착물의 결합비를 나타낸다. 착물의 해리가 클 때에는 구부러지는 점이 불확실하게 되지만 형성상수가 비교적 크면 기울기가 다른 두 직선을 얻게 된다. 이때 이론적 직선, 즉 교차점과 실험곡선과의 편차를 측정하여 착물의 안정도상수를 계산할 수 있다.

• 연속변화법

이 방법은 Job법이라고도 하고, M과 L의 농도가 모두 똑같은 용액을 혼합하여 전체 부피가 언제나 일정량이 되도록 혼합비를 여러 가지로 변화시킨 용액을 만든다. 착물의 흡광도를 최대흡수파장에서 측정하여 그림 7.19의 (b)와 같은 흡광도와 L의 액량, x(L의 몰분율)의 관계를 도시한다. 이때 흡광도가 최대인 지점이 착물의 결합비를 나타낸다. 만약 반응하지 않고 남은 성분이 흡광하면 이때 얻은 흡광도를 보정해 주어야 한다.

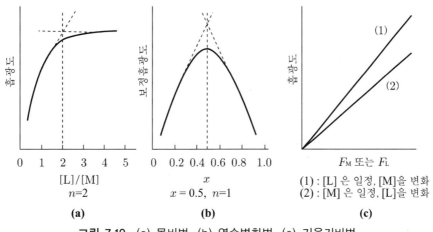

그림 7.19 (a) 몰비법, (b) 연속변화법, (c) 기울기비법.

그림에서 x 가 0.5이므로 M의 몰분율은 0.5가 되고, n=1이 된다. 따라서 착물은 ML 의 형태가 된다. 여기서도 몰비법과 같이 이론적 직선과 실험곡선과의 편차를 측정하여 안정도상수를 계산할 수 있다. 둘 이상의 착물이 생성되는 경우에는 적당한 다른 파장에서 흡광도를 측정하며 이 방법을 반복해보도록 한다.

• 기울기비법

이 방법은 특히 안정도상수가 작은 착물에 적용되고, 단일 착물이 형성되는 경우에만 응용될 수 있다. 만약 반응물 중에서 어느 한쪽 성분이 여분으로 많이 존재하여 공통이온효과에 의해서 착물 생성반응이 완전하게 일어나고 측정된 흡광도가 Beer의 법칙에 따른다는 가정에서 이 방법이 이용된다.

다음과 같은 착물 생성반응에서 용액 중에 리간드, L이 여분으로 존재할 때 F_M 을 금속이온, M의 몰농도라고 하고, 만약 측정한 흡광도가 Beer의 법칙에 따른다면 다음과 같은 관계가 성립할 것이다.

$$m\,M + n\,L = M_m L_n \tag{7.21}$$

$$[M_m L_n] \cong F_M / m \tag{7.22}$$

$$A_M = [M_m L_n] = \epsilon\,b\,F_M / m \tag{7.23}$$

여기에서 흡광도, A_M 을 F_M 에 대하여 도시하면 직선관계가 성립할 것이다. 만약 용액 중에 M이 L에 비해 매우 많이 있는 경우에는 다음과 같이 된다. 여기서 F_L 은 L의 몰농도이다.

$$[M_m L_n] \cong F_L / n \tag{7.24}$$

$$A_L = [M_m L_n] = \epsilon\,b\,F_L / n \tag{7.25}$$

직선의 기울기, A_M / F_M 또는 A_L / F_L 는 이러한 조건에서 구할 수 있고, L과 M의 결합비는 각각의 기울기를 비교하여 다음과 같이 구할 수 있다.

$$(A_M / F_M)/(A_L / F_L) = (\epsilon\,b/m)/(\epsilon\,b/n) = n/m \tag{7.26}$$

7.1 3—butene—2—one을 헥세인에 녹이면 226 nm에서 자외선 흡수봉우리가 나타난다. 용매를 에탄올로 바꾸면 흡수봉우리는 어떻게 변하겠는가?

7.2 아세톤의 자외선 흡수봉우리는 166, 189, 279 nm에서 나타난다. 이들은 각각 어떠한 전이에 해당하는가?

7.3 농도가 1 mg/100 mL인 $Fe(SCN)^{2+}$ 용액의 투광도는 파장 480 nm에서 70.5 %이었다. 같은 파장에서 농도가 4배 더 진한 용액의 흡광도는 얼마인가?

7.4 5개의 50 mL 부피플라스크에 자연수를 10.0 mL씩 넣고 11.1 ppm의 Fe^{3+} 표준용액을 0.00, 5.00, 10.00, 15.00, 20.00 mL씩 가한 다음에 SCN^- 용액을 각각 과량으로 일정량씩 가하고 플라스크 표선까지 증류수를 채운 후에 480 nm에서 측정한 흡광도는 0.215, 0.425, 0.685, 0.826, 0.967 이었다. 이때 시료 셀은 1.00 cm인 것을 사용했다.
(a) 자연수 중의 철의 농도는 몇 ppm인가?
(b) 기울기에 대한 표준편차는 얼마인가?

7.5 분자량 140인 어떤 화합물의 2.0 ppm 용액을 1.00 cm 셀로 560 nm에서 측정한 투광도는 65.4 %이었다. 이때 화학종의 몰흡광계수는 얼마인가?

7.6 에탄올 용액 중에 포함된 아세톤의 흡광도를 366 nm에서 측정할 때 몰흡광계수가 2.87×103 L/cm·mol이고, 이 용액의 %투광도가 10~90 % 범위이고 1.00 cm 셀을 사용하면 정량할 수 있는 용액의 농도 범위는 얼마인가?

7.7 7.50×10^{-5} M의 $KMnO_4$ 용액을 1.50 cm 셀에 넣어 525 nm에서 측정한 흡광도는 0.668이었다.
(a) $KMnO_4$ 용액의 농도를 ppm으로 나타낼 때의 흡광계수는 얼마인가?

(b) 1.00 cm 셀을 사용했을 때 이 용액의 % 투광도는 얼마인가?

7.8 철의 농도가 10.0 ppm인 $Fe(SCN)^{2+}$ 표준용액과 같은 방법으로 만든 철 시료용액을 각각 직경이 2.00 cm인 비색관에 30 mL씩 넣고 관의 위쪽에서 관찰하여 색깔이 같아질 때까지 색깔이 진한 쪽의 용액을 떠내었다. 이렇게 했을 때 비색관에서 용액의 높이는 표준용액의 경우에는 15.0 cm이고 미지 시료의 경우에는 20.0 cm이었다. 철의 농도는 얼마인가?

7.9 농도가 8.50×10^{-5} M인 A화학종 용액을 1.00 cm 셀에 넣어서 측정한 흡광도는 475 nm와 700 nm에서 각각 0.128과 0.765이었다. 같은 조건에서 농도가 4.66×10^{-5} M인 B화학종 용액의 흡광도는 0.568과 0.082이었다. A와 B의 혼합용액에 대해 1.25 cm의 셀을 사용하여 측정한 흡광도는 475 nm에서 0.453이고, 700 nm에서 0.892이었다. A와 B의 농도는 각각 얼마인가?

7.10 6.71×10^{-4} M 농도의 Fe^{2+} 와 1,10—phenanthroline 용액을 아래와 같은 부피비로 혼합하여 각 용액을 25.0 mL까지 증류수로 묽히고, 510 nm에서 1.00 cm 셀에 넣어 측정정한 각 용액의 흡광도는 다음과 같다.

(a) 착물의 조성을 구하라.
(b) 착물의 형성상수를 구하라.
(c) 착물의 몰흡광계수를 구하라.

Fe 부피(mL)	Phen 부피(mL)	흡광도	Fe 부피(mL)	Phen 부피(mL)	흡광도
0.00	10.00	0.000	5.00	5.00	0.570
1.00	9.00	0.310	6.00	4.00	0.451
1.50	8.50	0.495	7.00	3.00	0.335
2.00	8.00	0.623	8.00	2.00	0.223
3.00	7.00	0.810	9.00	1.00	0.108
4.00	6.00	0.697	10.00	0.00	0.000

● 참고문헌

1. R. P. Bauman, *Absorption Spectroscopy*, Wiley, New York, 1962.

2. H. H. Jaffe and M. Orehin, *Theory and Applications of Ultraviolet Spectroscopy*, PP. 556~585, Wiley, New York, 1962.

3. H. H. Willard, L. L. Merritt and J. A. Dean, *Instrumental Methods of Analysis*, 6th ed., D. Van Nostrand, New York, 1981.

4. D. A. Skoog, *Principles of Instrumental Analysis*, 3rd ed., Saunders College Publishing, P. A., 1985.

5. E. J. Meehan, in *Treatise on Analytical Chemistry*, 2nd ed., P. J. Elving, E. J. Meehan and I. M. Kolthoff, Eds., Part Ⅰ, Vol. 7, Chapter 1~3, Wiley, New York, 1962.

6. R. M. Silverstein, G. C. Bassler and T. C. Morrill, *Spectrometric Identification of Organic Compounds*, 5th ed., Chap. 7, Wiley, New York, 1991.

8.1 분자 형광분광법의 원리

물질을 구성하는 분자가 광자를 흡수하여 들뜨면 아주 짧은 시간이 지난 후에 다시 복사선을 재발광할 때가 있다. 이것을 광발광이라고 하고, 광발광에는 형광(fluorescence)과 인광(phosphorescence)이 있다. 이들은 광자에 의해 들뜬다는 점에서는 서로 비슷하지만 형광이 발광될 때에는 전자스핀이 변하지 않고 전자에너지의 전이가 일어나며, 그 수명이 10^{-6} sec 이하로 짧다. 그러나 인광은 전자스핀의 변화를 수반하고 복사선의 조사가 끝난 후에도 쉽게 검출할 수 있는 시간 동안, 가끔 몇 초 또는 더 긴 시간의 발광이 계속된다는 점에서 형광과 인광이 구별된다. 대부분의 경우 형광과 인광 복사선은 들뜨기 복사선보다 파장이 더 길고 인광의 파장은 형광보다도 더 길다. 형광이나 인광의 발광스펙트럼은 물질의 정성 또는 정량분석에 관한 많은 정보를 제공하므로 이들을 분석에 응용할 수 있다. 여기에서는 응용성 면에서 더 널리 이용되는 형광광도법에 관해서만 배우기로 한다.

형광광도법은 자외선–가시선 분광광도법에 비해 감도가 더 높고 전형적 검출한계는 0.001~0.1 ppm 정도이고, 또 Beer의 법칙이 적용되는 선형 농도범위가 훨씬 더 크다. 따라서 형광에 의한 분석은 환경, 공업, 생체의 미량 함유 성분의 정량에 널리 응용할 수 있다. 형광법은 같은 파장에서 들뜨고 다른 파장을 발광하는 두 가지 화합물을 화학적인 분리단계를 거치지 않고 분석할 수 있고, 분광광도법에서는 비형광성 물질과 형광성 물질의 흡수스펙트럼이 서로 겹쳐서 분석이 곤란한 경우에도 형광법으로는 하나 또는 그 이상의 비형광성 화합물의 존재 상태에서 형광성 화합물을 선택적으로 분석할 수 있는 이점이 있다.

형광을 내는 화합물은 비교적 제한되어 있어 흡광법보다 응용성이 적지만 비형광성 물질 또는 약한 형광성 물질도 강한 형광성 화합물과 화학반응시켜 형광성 물질로 만든 다음 형광법으로 분석할 수 있는 경우도 있다.

⊃ 형광 양자수득률

형광과정의 양자수득률(또는 양자효율, quantum yield), ϕ_f는 흡광 양자수에 대한 방출광 양자수의 비값을 말한다. 이 효율이 클수록 형광분석에 유리하며 형광을 많이 발광하는 분자인 9-aminoacridine의 양자수득률은 0.98이고, 0.1 M NaOH 용매에 녹인 fluorescein의 경우에는 0.92로써 거의 1에 가깝다. 그러나 보통 많은 분자들은 비형광성이며 양자효율이 0.5 이상 되는 화합물은 그리 많지 않다. 분자가 250 nm 이하의 자외선을 흡수하는 경우에는 복사선 에너지가 충분히 커서 분자의 유발분해 또는 분해가 일어나서 들뜬상태가 비활성화되기 때문에 형광현상이 거의 안 일어난다. 예로써 대부분의 분자는 약 140 kcal/mol에 해당하는 200 nm의 복사선에 의해 절단되는 결합을 적어도 몇 개씩 가지고 있다. 따라서 $\sigma^* \to \sigma$ 전이에 해당하는 형광은 거의 나타나지 않지만 에너지가 더 적은 $\pi^* \to \pi$와 $\pi^* \to n$와 같은 경우에는 형광이 나타난다. 실험적으로는 $\pi^* \to n$ 보다 $\pi^* \to \pi$ 전이 화합물에서 형광이 더 많이 나타난다. 이것은 $\pi \to \pi^*$ 의 몰흡광계수가 $n \to \pi^*$ 보다 보통 100~1,000배 크므로 $\pi^* \to \pi$ 의 양자효율이 더 크기 때문이다.

⊃ 형광 스펙트럼

그림 8.1은 안트라센(anthracene)의 들뜨기와 형광의 스펙트럼이다. 그림 8.1에서

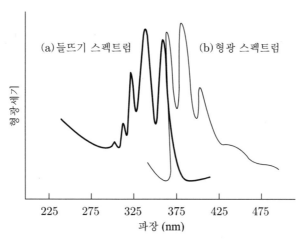

그림 8.1 메탄올에 녹인 0.3 ng/mL anthracene의 들뜨기와 형광 스펙트럼.

(a)는 들뜨기 파장을 변화시키면서 일정한 파장에서 형광을 측정하여 얻은 들뜨기 스펙트럼으로 흡수 스펙트럼과 대단히 비슷하다.

그림 8.1에서 (b)는 들뜨기 파장을 일정하게 유지하면서 발광되는 형광을 주사하여 얻은 형광 스펙트럼이다. 보통 스펙트럼 (a)와 (b)는 서로 대략적인 거울상 관계를 갖는다. 이것은 바닥 전자상태와 들뜬 전자상태의 진동에너지 차이가 거의 같기 때문이다.

⊃ 형광 현상과 분자구조

분자구조와 화학적 환경은 그 물질로부터 형광이 발생할 것인가 또는 그 세기가 어느 정도인가를 결정하는 데 영향을 미친다. 작은 에너지의 $\pi^* \to \pi$ 전이를 하는 방향족 화합물로서 경직된 평면구조를 갖는 분자는 가장 세고 유용한 형광을 내는 것이 알려졌다. 예를 들면 다음의 구조와 같이 경직된 분자는 더 센 형광을 내는데 이것은 분자가 경직됨으로써 분자진동에 의한 삼중(항)상태로의 계간전이* 또는 바닥상태로의 비복사이완 과정이 억제되기 때문이라고 생각된다. 방향족 계통에서보다는 적지만 지방

---

* 형광은 전자스핀이 변하지 않은 들뜬 단일상태로부터 광발광이 일어나는 현상을 말하고, 인광은 전자스핀이 변한 삼중상태로부터 광발광이 일어나는 것이다. 들뜬 단일상태에서 삼중상태로의 전환을 계간전이라고 하고 삼중상태의 에너지준위는 들뜬 단일상태의 에너지준위보다 약간 낮다.

족과 지방족 고리화합물의 카보닐 구조 또는 많은 컨주게이션 이중결합의 구조를 갖는 화합물에서도 역시 형광을 낸다. 치환기를 갖지 않는 대부분의 방향족 탄화수소는 용액 중에서 형광을 낸다.

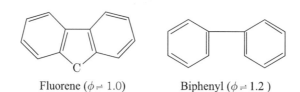

Fluorene ($\phi ⇌ 1.0$)　　　　　Biphenyl ($\phi ⇌ 1.2$)

이때 방향족 고리수와 축합정도가 클수록 양자효율은 더 커진다. 전자 주게인 치환기 ($-NH_2$, $-OH$ 등)를 도입하면 전이 확률이 커져서 형광성이 강해진다. 원자번호가 큰 원소를 π 전자계 화합물에 도입하면 계간전이가 증가하기 때문에 형광세기가 약해지고, 반대로 인광의 세기는 강해진다. 그러나 전자끌기 원자단($-NO_2$, $-COOH$, $-N=N-$ 등)을 도입하면 형광세기는 일반적으로 약해진다. 분자 내에 전이금속과 같은 상자기성 성분이 포함되어 있으면 형광세기는 감소되는 것으로 알려졌다. 벤젠 유도체의 경우에는 치환기에 따라서 형광의 파장과 세기가 변한다. 이에 대한 예를 **표 8.1**에 나타냈다.

⟳ 농도와 형광세기

형광세기는 시료농도에 비례하므로 이로부터 시료의 농도를 결정할 수 있다. 즉, 표준시료로 형광세기의 검정선을 작성하여 미지시료의 농도를 구한다. Beer의 법칙으로부터 형광세기와 농도 간의 관계를 유도할 수 있다. 두께, b의 용기에 넣은 농도, C 인 형광물질 용액의 형광세기를 측정할 때 들뜨게 하기 위한 입사광 세기를 P_o, 용액을 통과한 투과광의 세기를 P 라고 하면 다음과 같다.

$$P/P_o = 10^{-\epsilon bC}, \qquad P_o - P = P_o(1 - 10^{-\epsilon bC}) \tag{8.1}$$

여기에서 ϵ 는 형광분자의 몰흡광계수(molar absorptivity)이고, 형광세기는 흡수된 광량, $(P_o - P)$ 에 비례하므로 검출되는 형광세기, F 는 다음과 같다.

$$F = k\phi_f(P_o - P) = k\phi_f P_o(1 - 10^{-\epsilon bC}) \tag{8.2}$$

표 8.1 벤젠 유도체에서 치환기에 의한 형광 특성의 변화

벤젠 유도체	화학식	형광 파장 (nm)	형광의 상대세기
Benzene	C_6H_6	270~310	1.0
Toluene	$C_6H_5CH_3$	270~320	1.7
Propylbenzene	$C_6H_5C_3H_7$	270~320	1.7
Phenolate ion	$C_6H_5O^-$	310~400	1.0
Phenol	C_6H_5OH	285~365	1.8
Anilinum ion	$C_6H_5NH_3^+$	–	0
Aniline	$C_6H_5NH_2$	310~390	2.0
Nitrobenzene	$C_6H_5NO_2$	–	0
Benzoic acid	C_6H_5COOH	310~390	0.3
Benzonitrile	C_6H_5CN	280~360	2.0
Iodobenzene	C_6H_5I	–	0
Bromobezene	C_6H_5Br	290~380	0.5
Chlorobenzene	C_6H_5Cl	275~345	0.7
Fluorobenzene	C_6H_5F	270~320	1.0

* 모든 화합물은 에탄올 용액 중에서 측정한 데이터임.

여기에서 k 는 집광 또는 검출효율의 장치상수이고, ϕ_f는 형광 양자수득률이다. 식 (8.2)의 지수항을 전개하면,

$$F = k\phi_f P_o\left[2.3\,\epsilon\,b\,C - \frac{(2.3\,\epsilon\,b\,C)^2}{2!} + \frac{(2.3\,\epsilon\,b\,C)^3}{3!} - \cdots \right] \tag{8.3}$$

보통 형광분석에서 흡광도가 0.05 이하가 되도록 시료농도를 묽게 만들어 식 (8.3)에서 괄호의 두 번째 항 이하는 아주 작은 값이므로 다음과 같이 쓸 수 있다.

$$F = 2.3\,k\,\phi_f P_o\,\epsilon\,b\,C \tag{8.4}$$

그리고 P_o 가 일정한 경우에는 다음과 같다.

$$F = K\,C \tag{8.5}$$

따라서 검출된 형광세기는 시료의 농도에 비례한다. 그러나 농도, C가 너무 커서 0.05보다 큰 흡광도를 나타내면 식 (8.3)에서 두 번째 이하의 항들이 중요하게 되므로 직선은 성립되지 않고 (−)편차를 나타낸다. 농도가 진하면 직선으로부터 부의 편차가 나타나는 이유는 자체 소광(self−quenching)과 자체 흡수(self−absorption) 때문이다. 자체 소광은 들뜬 분자 사이의 충돌 때문이며, 에너지가 용매분자로 전이하는 것과 같이 비복사전이가 일어나는 것이다. 자체 소광은 농도가 진할수록 커지고 자체 흡수는 발광선 파장이 화합물의 흡수봉우리가 겹칠 때 일어난다. 따라서 형광은 발광빛살이 용액을 통과하는 동안에 감소한다. 이러한 현상의 영향으로 형광세기 대 농도를 도시하면 극대(봉우리)가 나타나는 수가 있다.

8.2 형광계와 분광형광계

형광계와 분광형광계의 부분장치는 자외선−가시선 분광광도법에서 사용하는 광도계와 분광광도계와 비슷하지만 세부적인 면에서는 약간 다르다. 여기에서는 각 부분장치의 차이점에 대해서만 간단히 설명한다.

• 광원

일반적으로 형광법에서 광원은 크세논을 고압으로 넣은 크세논 아크 램프를 사용한다. 이 램프는 크세논 기류에 전류를 통하여 센 복사선을 얻는다. 이것은 250~600 nm 범위의 넓은 파장영역에 걸쳐서 강한 연속스펙트럼의 빛을 얻을 수 있지만 가시선 영역(~470 nm)과 근적외선 영역(~770 nm) 부근에서는 예민한 밝은 선이 있으므로 들뜬 스펙트럼을 측정할 때에는 주의해야 한다. 수은 아크램프는 센 선 스펙트럼을 방출한다. 고압램프(~8 atm)는 366, 405, 436, 546, 577, 691 및 773 nm에서 발광선이 나타나며, 낮은 압력램프에서는 석영창을 끼워야 하고 254 nm의 센 선이 하나 더 나타난다.

최근에는 들뜨기 광원으로 각종 레이저광을 사용한다. 이때 일차광원으로 펄스 질소 레이저를 이용하는데 이것은 색소레이저이다. 이것은 360 nm에서 650 nm 사이의 복사선을 얻을 수 있고 이 경우에는 들뜨기 단색화장치가 필요 없다.

• 파장선택

형광계에서는 간섭필터와 흡수필터가 사용된다. 분광형광계에서는 회절발 단색화장치가 사용된다. 들뜬 빛의 단색화용으로는 자외선 영역에서 회절효율이 높은 300 nm의 것이 사용되고 형광용으로는 500 nm인 것이 자주 사용된다.

• 시료

여러 가지 시료용기가 시판되고 있으나, 유리 또는 실리카로 만든 원통형 또는 정방형 용기를 널리 사용한다. 검출기에 산란 복사선이 들어가지 않도록 시료의 설치장치를 설계해야 한다. 이런 목적으로 빛살 가로막이 같은 것이 있다.

• 검출기

보통 형광신호는 약하기 때문에 암전류(빛이 쪼이지 않을 때 생기는 신호)가 적은 광전자증배관이 사용된다. 넓은 파장영역에서 감도가 높고 암전류가 적은 것이 바람직하다. 다이오드 배열 검출기도 분광형광계에 이용되고 있다.[1]

형광계와 분광형광계

형광계(fluorometer)와 분광형광계(spectrofluorometer)의 부분장치 배열은 **그림 8.2**와 같다. 거의 모든 형광기기는 광원의 변동을 상쇄하기 위해서 겹빛살을 이용한다.

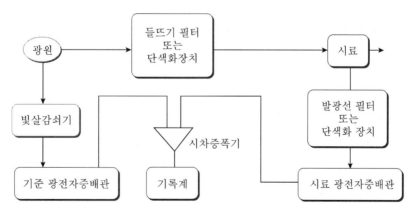

그림 8.2 형광계 또는 분광형광계의 부분장치.

1) Y. Talmi, *Appl. Spectrosc.*, **1982**, 36, 1.

광원의 빛살은 들뜨기 필터(또는 단색화장치)를 통과하는데 여기서 시료를 들뜨게 하는 빛살만 통과시키고 시료에 의해 이차적으로 발생되는 파장은 제거된다. 시료에서 나오는 형광은 모든 방향으로 발광되지만 보통 입사광에 대해 직각 방향에서 측정한다. 만일 다른 각도에서 측정하면 용액과 용기 벽에서 생긴 산란광에 의해 오차가 발생하기 때문이다.

형광은 제2의 필터(또는 단색화장치)를 통과하는데 여기서 형광봉우리만 분리되어 시료 광전증배관으로 들어간다. 기준빛살은 감쇠기를 통해 형광세기와 비슷하게 세기가 감소된다. 이 빛살은 기준 광전자증배관으로 들어간다. 기준과 시료의 광전증배관에서 나온 출력은 시차증폭기를 통과하여 기록계로 간다. 형광계는 들뜨기 빛살과 형광 빛살의 파장을 제한하는 데 광학필터를 사용하는 것이다. 분광형광계는 두 가지 형태로 나뉘는데 그 하나는 들뜨기 복사선을 제한하는 데는 적당한 필터를 사용하고 형광 스펙트럼을 분리하는 데는 회절발이나 프리즘 단색화장치를 사용한다. 또 다른 형태의 분광형광계는 들뜨기 파장을 변화할 때와 형광 스펙트럼을 얻을 때 모두 단색화장치를 이용하며, 이것은 들뜨기와 형광스펙트럼을 얻을 때 이용된다. 2개의 단색화장치를 사용하는 기기에서는 첫 번째 단색화장치에서 나온 복사선은 빛살분리기에서 분리되어 한 부분은 기준 광전증배관으로 통과하고 다른 부분은 시료 쪽으로 통과한다. 시료에서 얻어지는 형광복사선은 두 번째 단색화장치에 의해 분산된 다음 시료의 광전증배관에 의해 검출되도록 설계되어 있다.

8.3 형광분석에 영향을 주는 인자

⊃ 용매의 극성과 점도

용매의 극성과 점도는 형광세기나 형광파장에 영향을 미친다. 대부분의 경우 극성분자에서는 바닥상태보다 들뜬상태가 더 극성이 크므로 극성이 큰 용매 중에 있을수록 들뜬상태가 안정하다. 따라서 형광파장은 극성이 큰 용매 중에서 길어진다. 형광 양자수득률은 무극성의 용매 중에 있을 때 커지는 경우가 많다. 수용액과 같은 극성용매 중에서는 형광이 약할 때가 많으나 이때 유기용매에 추출하거나 계면활성제를 가하여 형성되는 미셀(micell)에 형광분자를 흡착시키면 형광세기가 현저하게 증가하는 것을 관찰할 수 있다. 무거운 원자를 포함하는 용매나 용질에 의해서 형광 발생은 감소되고, 또 무거운 원자가 형광성 분자에 치환될 경우에도 비슷한 영향이 나타난다. 이런 현상은 궤도운동과 스핀 사이의 상호작용으로 인해 삼중(항) 상태의 형성속도를 증가시켜 형광은 감소하고 인광은 증가되기 때문이다. 용매의 점도가 커지면 일반적으로 형광 양자효율이 증가하고 형광은 단파장 쪽으로 이동하는 수가 많다. 그러나 용매의 점도가 감소하면 비복사이완의 가능성이 증가하게 되어 양자수득률이 감소한다.

⊃ 온도, pH 및 용존산소의 영향

형광세기는 보통 온도의 증가에 따라 감소하는 경향을 나타낸다. 온도가 높아지면 분자의 충돌이 증가되기 때문에 비복사 이완에 의한 비활성화 확률이 증가하여 소광이 일어나기 쉽기 때문이라고 생각된다. 형광물질이 산 또는 염기이고 이들의 해리형과 비해리형의 형광특성인 형광파장과 세기가 서로 다른 경우에는 일반적으로 pH의 영향을 받아 형광세기와 스펙트럼이 변한다. 이것은 pH에 따라 해리되는 정도가 달라지기 때문이다. 따라서 형광을 이용하여 분석할 때에는 pH를 정확하게 조절해야 한다. 이런 예는 페놀과 아닐린이다. 용액에 산소가 녹아 있으면 형광세기는 감소한다. 이 현상은 형광화학종의 광화학적 유발산화에 의한 것으로도 생각되지만 이것은 산소분자의 상자기성으로 인하여 들뜬 분자를 삼중(항) 상태로 변화시켜서 소광이 일어나게 하기 때문이다.

8.4 분자 형광분광법 응용

형광법은 무기물이나 유기물에 응용할 수 있으나 형광성 화합물의 수가 한정되어 있어 그 응용이 제한된다. 그러나 형광성 유기화합물과 비형광성 물질 또는 약한 형광성 물질을 반응시켜 형광성 착물을 형성시켜 형광법으로 분석할 수 있다.

⊃ 무기화합물의 형광법 분석

무기화합물은 우라닐염이나 희토류 원소를 제외하고는 형광을 내는 것이 많지 않다. 무기물 분석에는 형광성 킬레이트 착물을 만들어 그의 형광세기를 측정하거나, 측정 물질의 소광작용에 의해 형광이 감소하는 정도를 측정하여 분석하기도 한다. 소광에 의한 방법은 음이온의 분석에 널리 이용된다. 비전이금속 이온은 일반적으로 무색이며 역시 무색의 형광성 킬레이트를 형성하는 경향이 있어 형광성 착물을 만들어 형광법으로 분석할 수 있다. 그러나 대부분의 전이금속은 상자기성이며 계간전이에 의해 삼중(항) 상태로 되는 성질이 크므로 형광이 낮고 가끔 인광이 나타난다. 또 전이금속 착물은 많은 조밀한 에너지준위를 가지므로 비복사 이완 경향이 커서 형광법에 의한 분석이 제한된다.

희토류 원소 중 Sm, Eu, Gd, Tb, Dy의 3가 양이온의 킬레이트 화합물들은 형광 발생이 예리한 선 스펙트럼으로 나타나는 것이 많다. 이것은 리간드의 $\pi \rightarrow \pi^*$ 전이 에너지가 금속이온 쪽으로 옮겨져서 금속이온의 전자전이로 인해 형광이 발생되는 것이다. 형광을 발생시킬 뿐만 아니라 상자기성 금속이온들도 소광을 이용해 분석할 수도 있다. 형광법에 이용되는 몇 가지 형광시약을 **그림 8.3**에 나타냈다.[2]

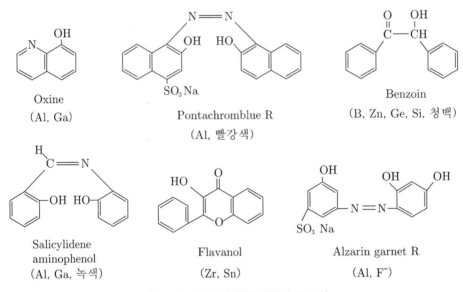

Oxine
(Al, Ga)

Pontachromblue R
(Al, 빨강색)

Benzoin
(B, Zn, Ge, Si, 청백)

Salicylidene
aminophenol
(Al, Ga, 녹색)

Flavanol
(Zr, Sn)

Alzarin garnet R
(Al, F⁻)

그림 8.3 몇 가지 형광시약의 구조식.

2) G. G. Guibault, in *Comprehensive Analytical Chemistry*, G. Svehla, Ed.,Vol. Ⅷ, Chapter 2, pp. 167~178, Elsevier, New York, 1977.

⊃ 유기화합물의 형광법 분석

형광법은 유기화합물 특히 복잡한 구조를 갖는 미량과 초미량 분석에 가장 효과적으로 이용된다. 방향족 화합물은 대부분이 형광성이며 이들은 형광법으로 직접 분석할 수 있다. π결합을 갖지 않는 화합물도 특정한 작용기와 형광시약을 반응시켜서 형광법으로 분석할 수 있다.

형광법은 생화학, 임상의학, 약학, 농학, 환경 등 여러 분야에서 널리 이용된다. 예를 들면 생화학 방면에서 아미노산, 아민, 단백질, 당류, 핵산, 바이타민류, 효소, 스테로이드 등을 분석하고 의약품 분석에서는 진통제, 해열제, 수면제, 각성제 등 매우 많은 유기물을 분석할 수 있다. Weissler와 White는 100여 종 이상의 유기물 및 생화학 물질과 50여 종의 의약품에 대한 형광분석법을 소개했다.[3]

⊃ 그 밖의 형광법 응용

형광법은 적정의 당량점을 검출하는데 이용할 수 있다. 예를 들면 산화−환원 반응, 킬레이트 생성반응 및 pH 변화 등으로 형광의 변화가 일어나는 물질은 적정하는 동안에 형광의 세기를 측정하여 당량점을 구할 수 있다. 가시선 영역에서 형광이 생성되거나 소실되면 자외선램프를 쪼여서 육안으로 당량점을 찾을 수 있고, 더 정확한 방법은 분광형광계로 형광세기를 측정하여 당량점을 구한다. 형광법은 계면활성제가 미셀을 형성하려면 형광이 갑작스럽게 증대되는 1−anilinosulfonic acid (ANS)를 사용함으로써 계면활성제의 임계 미셀농도를 결정할 수 있다. 단백질과 같이 복잡한 구조를 갖는 생체관련분자의 연구를 위해서도 형광법을 사용할 수 있다. 이때는 시료에 형광물질을 첨가하여 그 스펙트럼, 형광 양자수득률, 형광수명, 편광도 등의 변화를 관찰하여 그들의 물성을 조사할 수 있다. 이때 사용되는 형광 물질을 형광 프루브(probe)라고 한다. 아미노기의 반응성이 높고 형광 양자수득률이 높은 fluorescein isothiocyanate(FITC)를 사용하여 인슐린의 반응 특이성에 대한 연구가 이루어지고 있다. N−(1−anilinonaphthyl)−4−maleimide(ANM)는 SH기와 결합하는 형광 프루브의 일종이다. 이것은 형광 양자수득률이나 최대파장이 미시적 환경에 따라서 변하므로 단백질의 구조를 조사하는데 사용된다.

---

3) A. Weissler and C.E. White, *Handbook of Analytical Chemistry*, L. Meites, Ed., pp. 6−182 to 6~196, McGraw−Hill, New York, 1963.

형광분석법은 흡광분석법에 비하여 적용범위가 제한되어 있기는 하지만 들뜨기 스펙트럼을 얻을 수 있으므로 선택성이 좋고 성분을 확인할 때 신뢰성이 높다.

또 형광법에서는 들뜬상태의 수명을 측정할 수 있으므로 형광수명의 차이를 이용하여 목적하는 분자를 선택적으로 검출할 수 있고, 또 편광해소도를 측정함으로써 분자의 회전 등의 동적인 움직임을 조사할 수 있는 특징을 가지고 있다.[4]

최근에는 새로운 측정원리에 기인되는 형광분석법도 개발되었다. 지금까지의 형광분석법은 스펙트럼의 폭이 넓어서 시료를 분석할 때 아직 약간의 부족한 점이 있었으나, 초음속분자 흐름[5], Shpol'skii 효과[6], 매트릭스 분리[7] 등을 사용하는 방법은 예민한 선스펙트럼을 얻을 수 있으므로 정확성이 큰 시료의 분석이 가능하다. 레이저를 광원으로 사용한 초미량성분의 분석이나 새로운 기능을 가진 형광시약의 개발 등도 활발하게 이루어지고 있으며 앞으로 큰 발전이 기대되고 있다.

4) 日本分析化學會, 九州支部 編, 機器分析入門, 第二章, 南江堂, 1984.
5) J. M. Hayes and G. J. Small, *Anal. Chem.*, **1983**, 55, 565A.
6) Y. Yang, A. P. D'Silva and V. A. Fassel, *idid.*, **1981**, 53, 894.
7) E. L. Wehry and G. Mamantov, *idid.*, **1979**, 51, 643A.

8.1 형광 들뜨기 스펙트럼과 형광 발광 스펙트럼의 차이점을 설명하라.

8.2 형광광도법의 원리를 설명하고 일반적으로 분광형광법이 분광광도법(흡광광도법)보다 감도가 높은 이유를 설명하라.

8.3 Naphthalene을 1—chloropropane과 1—iodopropane 용매에 녹여서 형광세기를 측정할 때 어떤 용매에서 형광세기가 더 크겠는가를 설명하라.

8.4 자체흡수와 자체소광에 대해 설명하라.

8.5 Aniline의 형광세기는 pH 3과 10인 용액 중에서 어느 경우에 더 크겠는가? 또 그 이유를 설명하라.

8.6 용매의 극성과 점도 및 산소가 녹아 있는 경우 형광세기에 어떤 영향을 주는가?

● 참고문헌

1. G. G. Guilbault, *Practical Fluorescence : Theory, Method and Technique*, Marcel Dekker, New York, 1973.

2. 渡邊光夫, ケイ光分析 － 基礎と應用 －, 1970, 廣川書店.

3. W. R. Seitz, in *Treatise on Analytical Chemistry*, 2d ed., P. J. Elving, E. J. Meehan and I. M. Kolthoff, Eds., Part Ⅰ, Vol. 7, Chapter 4, Wiley, New York, 1981.

4. J. R. Lakowicz, *Principles of Fluorescence Spectroscopy*, Plenum, New York, 1983.

9.1 적외선 분광법 서론

적외선은 보통 $0.7 \sim 500 \ \mu m$ 파장범위(파수로는 $14{,}000 \sim 20 \ cm^{-1}$)의 복사선을 말하고, 분석에서 가장 많이 이용되는 부분은 $200 \sim 4{,}000 \ cm^{-1}$($50 \sim 2.5 \ \mu m$)의 중간 적외선 영역이다. 이 분광법은 유기화합물의 확인에 널리 이용된다.

유기화합물의 적외선 스펙트럼은 복잡하고, 그 물질의 특유한 물리적 성질에 의해 나타나므로 물질의 확인에 유용하게 응용되고 있다. 광학이성질체를 제외하고는 똑같은 적외선 흡수 스펙트럼을 갖는 두 화합물은 없다.

⊃ 적외선 흡수

자외선−가시선 분광법은 원자가전자의 전이에 바탕을 두지만 적외선 분광법은 분자의 진동과 회전운동에 관계가 있다. 분자가 적외선을 흡수하려면 그 분자는 진동과 회전운동에 의한 쌍극자모멘트의 알짜변화를 일으켜야 한다. 이런 조건하에서만 복사선의 전기장이 분자와 작용할 수 있고 분자의 진동 및 회전운동의 진폭에 변화를 일으

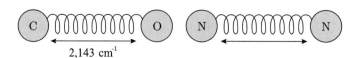

그림 9.1 일산화탄소와 질소분자의 신축 진동.

킬 수 있다. 예를 들면 **그림 9.1**에 나타낸 일산화탄소($C = O$)와 같은 분자에서 산소는 탄소보다 더 큰 전자밀도를 가지므로 전하분포는 대칭이 아니다.

따라서 일산화탄소는 극성이며 쌍극자모멘트를 갖는다. 이때 쌍극자모멘트의 크기는 두 원자에서 전하의 차와 전하 사이의 거리에 의해 결정된다. 일산화탄소 분자가 신축진동 할 때는 쌍극자모멘트의 규칙적 변동이 일어나서 전기장이 이루어지며, 이것이 복사선의 전기장과 상호작용하게 된다. 이때 복사선의 주파수와 분자진동의 주파수가 일치하게 되면 분자진동의 진폭이 변하고 알짜 에너지전이가 일어난다. 이런 결과로 일산화탄소는 파수, $2,143 \text{ cm}^{-1}$의 적외선을 흡수한다. 따라서 분자진동에서 쌍극자모멘트의 알짜변화가 있을 때에는 적외선을 흡수한다. 또한, 비대칭 분자에서도 분자의 질량 중심 주위로 회전하는 경우에도 주기적 쌍극자 요동을 일으키게 되고, 이것이 적외선과 상호작용하게 되어 적외선을 흡수한다. 그러나 N_2, H_2, O_2 분자와 같은 동일핵종 분자의 경우에는 분자의 진동 또는 회전운동에 의해서 쌍극자모멘트의 알짜변화는 일어나지 않으므로 적외선을 흡수하지 않는다. 따라서 동일핵종 분자를 제외한 모든 분자 화학종은 적외선을 흡수한다.

진동과 회전 에너지준위도 양자화 되어 있으며 양자상태 사이의 에너지 차이는 회전보다는 진동의 경우가 더 크다. 진동 양자상태 사이의 에너지 차는 적외선 영역 675～ $13,000 \text{ cm}^{-1}$($14.8～0.77 \ \mu m$)에 해당하고 회전의 경우에는 $100 \ \mu m$ 정도 또는 이보다 큰 복사선(100 cm^{-1} 이하의 파수)에 해당한다.

회전준위도 양자화 되어 있으므로 기체가 회전에 의한 원적외선의 흡수 스펙트럼은 불연속의 선명한 선형이다. 그러나 액체와 고체의 경우에는 분자간의 충돌과 상호작용으로 인하여 스펙트럼선이 퍼져 연속적인 모양으로 된다.

진동－회전에 의한 기체의 적외선 스펙트럼도 일련의 조밀한 선으로 되어 있다. 이것은 각 진동마다 몇 개의 회전에너지 상태가 포함되어 있기 때문이다. 그러나 액체와 고체의 경우에는 회전이 크게 제한되므로 진동－회전의 선 스펙트럼이 없어지고 다소 넓은 진동 봉우리만이 나타난다.

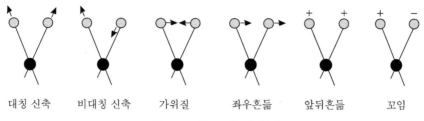

| 대칭 신축 | 비대칭 신축 | 가위질 | 좌우흔듦 | 앞뒤흔듦 | 꼬임 |

그림 9.2 분자진동의 형태.

• 분자진동의 종류

 분자의 진동은 신축진동(stretching)과 굽힘진동(bending) 으로 나눈다. 신축진동은 두 원자 사이의 결합 축에 따라 원자 사이의 거리가 계속하여 변화하는 운동으로 대칭과 비대칭 진동이 있다. 굽힘진동은 두 결합 사이의 각도가 변하는 진동으로 가위질 진동 (scissoring), 좌우흔듦 진동(rocking), 앞뒤흔듦 진동(wagging), 꼬임 진동(twisting)으로 구분된다. 이들 진동의 형태를 **그림 9.2**에 나타내었다. 이원자 또는 삼원자로 구성된 간단한 분자의 경우에는 진동의 성질과 진동수를 쉽게 알 수 있고, 흡수 에너지에 관련시키기도 쉽지만 다원자 분자의 경우에는 진동하는 중심원자가 여러 개 있을 뿐만 아니라 중심원자 사이에 상호작용이 일어나고, 그것을 고려해야 함으로 이와 같은 해석은 불가능하지는 않지만 매우 복잡하다. 세 개 이상의 원자를 포함하는 분자의 경우에는 그림의 모든 진동상태가 일어날 수 있다. 한 개의 중심원자가 여러 원자와 결합되어 있을 경우에 그 결합 중의 한 개가 진동을 하면 다른 결합에 대한 상호작용 또는 짝지음 (coupling)이 함께 일어나므로 진동 특성이 변한다.

• 분자진동의 파수

 신축진동의 특성은 용수철로 연결된 두 개의 질량으로 된 역학적 모델로 설명할 수 있다. 먼저 한쪽 끝이 고정되어 있는 용수철에 질량 m 이 매달려 있는 단진자에서 일정한 거리만큼 용수철이 늘어났다가 줄어들 때, 즉 기계적 진동의 자연진동수, ν_m 은 용수철의 힘 상수(k)와 매달린 물체의 질량(m)에 의존하고, Hook의 법칙에 따라 다음과 같이 나타낼 수 있다.

$$\nu_m = \frac{1}{2\pi} \sqrt{\frac{k}{m}} \tag{9.1}$$

식 (9.1)은 그림 9.1과 같이 용수철의 양쪽 끝에 두 개의 질량 m_1과 m_2가 매달린 계의 성질을 표현하도록 쉽게 수정할 수 있다. 이 경우에 질량, m 대신에 환산질량 즉, $\mu = m_1 m_2 / (m_1 + m_2)$로 치환한다.

$$\nu_m = \frac{1}{2\pi} \sqrt{\frac{k}{m}} = \frac{1}{2\pi} \sqrt{\frac{k(m_1 + m_2)}{m_1 m_2}} \tag{9.2}$$

분자진동의 경우도 이와 같은 역학적 모델과 비슷한 근사법을 이용하여 설명할 수 있다. 분자진동의 진동수는 식 (9.2)의 m_1과 m_2를 두 원자의 질량으로 치환하여 계산할 수 있으며 k는 화학결합에 대한 힘 상수로 결합의 딱딱한 척도를 표시한다. 식 (9.2)와 같은 일반 역학적 방정식은 원자나 분자의 거동을 완전히 설명할 수 없다. 예를 들면 양자화 된 분자진동에너지의 성질은 이 방정식에 나타나지 않는다. 그러나 양자역학의 파동방정식을 전개하는 데 이용할 수 있다. 퍼텐셜 에너지에 대한 이 방정식의 해답은 식 (9.3)이 성립할 때 얻을 수 있다.

$$E = (v + \frac{1}{2}) \frac{h}{2\pi} \sqrt{\frac{k}{\mu}} \tag{9.3}$$

여기서 h는 Planck 상수이고 v는 진동양자수이다. 진동양자수, v는 0을 포함하는 양의 정수만을 갖는다. 따라서 진동자가 어떤 양의 퍼텐셜 에너지를 임의로 가질 수 있는 일반역학과 대조적으로 양자역학에서는 진동자가 일정한 불연속적인 에너지만을 가져야 한다. 식 (9.3)에 식 (9.2)를 대입하면 다음과 같다.

$$E = (v + \frac{1}{2}) h\nu_m \tag{9.4}$$

여기서 ν_m은 역학적 모델의 진동수이다. 복사선 에너지가 진동 양자상태 사이의 에너지차인 $\triangle E$ 값과 일치되고, 또 진동에 의해 쌍극자모멘트의 변화가 일어날 경우 복사선이 흡수되어 진동준위의 전이가 일어난다고 볼 수 있다. v는 정수이므로 어떤 인접된 에너지준위 사이의 에너지 차는 식 (9.4)에서 바닥상태($v = 0$)에서 $v = 1$ 상태로 전이가 일어날 때의 복사에너지 차, $h\nu_m$ 값과 모두 같을 것이다.

$$\triangle E = h\nu_m = \frac{h}{2\pi} \sqrt{\frac{k}{\mu}} \tag{9.5}$$

따라서 진동 에너지준위 간의 진동전이가 일어나는 데 필요한 복사선의 에너지, $h\nu$는 다음과 같다.

$$h\nu = \triangle E = h\nu_m = \frac{h}{2\pi}\sqrt{\frac{k}{\mu}}$$

그러므로 복사선의 주파수, ν 는 다음과 같다.

$$\nu = \nu_m = \frac{1}{2\pi}\sqrt{\frac{k}{m}} \tag{9.6}$$

여기에서 주파수를 파수로 나타내려면 $\sigma(\text{cm}^{-1}) = 1/\lambda(\text{cm}) = v/c$ 관계를 이용한다.

$$\sigma = \frac{1}{2\pi c}\sqrt{\frac{k}{\mu}} \tag{9.7}$$

여기서 σ 는 흡수 봉우리의 파수(cm^{-1}), k 는 결합의 힘상수(dyne/cm), c 는 빛의 속도(3×10^{10}cm/sec), μ 는 환산질량(g)으로 $m_1m_2/(m_1+m_2)$ 이다. 식 (9.7)을 보면 분자가 신축진동 할 때 주파수는 분자에서 결합세기에 비례하고 원자들의 무게에 반비례되는 것을 알 수 있다. 보통 화학결합에서 k 는 단일결합일 때 평균 5×10^5dyne/cm 정도이고, 이중결합이나 삼중결합은 각각 단일결합의 약 2배와 3배이다.

⊃ 기준진동과 진동의 짝지음

다원자 분자에서 가능한 진동의 개수는 계산 가능하다. 공간에 존재하는 한 개의 점을 표시하기 위해서는 3개의 좌표가 필요하다. 따라서 공간에 있는 N 개의 점을 나타내려면 3N 의 좌표 값을 필요로 한다. 각 좌표 값은 한 개의 원자 운동에 대한 한 개의 자유도에 해당한다. 그러므로 N 개의 원자로 구성된 분자는 3N 개의 자유도를 갖는다.

분자운동은 병진운동, 회전운동 및 진동운동으로 나누어 생각할 수 있다. 분자의 병진운동을 표시할 때 3개의 좌표가 필요하며 이것을 위해 3개의 자유도를 사용한다. 또, 회전운동을 표시할 때도 3개의 좌표가 필요하므로 3개의 자유도가 사용된다. 그러므로 (3N −6)의 자유도는 원자 사이의 상대적 운동 즉, 진동운동에 관계하고 분자 내의 가능한 진동수를 나타낸다. 그러나 직선분자의 경우에는 결합 축 주위의 회전운동은 불가능하기 때문에 직선형 분자의 진동수는 (3N −5)이다. 여기에서 (3N −6) 또는 (3N −5)개의 진동을 기준진동방식이라 한다.

분자에서 쌍극자 변화가 일어나는 진동은 한 개씩의 흡수 봉우리가 나타난다. 그러나 기준진동방식의 수가 반드시 실제로 관측되는 흡수봉우리의 수와 일치될 수는 없고, 기준진동방식의 수보다 흡수봉우리가 적게 나타나는 수가 많다. 이에 대한 이유는 다음과 같은 것들이 있다.

(1) 대칭분자의 대칭 신축진동에서는 쌍극자모멘트의 알짜변화가 없다.
(2) 둘 또는 그 이상의 진동에너지가 거의 같다.
(3) 흡수세기가 대단히 낮기 때문에 보통 방법으로 검출하기 어렵다.
(4) 진동에너지가 기계의 측정 파장범위를 벗어난다.

그러나 두 진동수의 합 또는 차, 배진동수 현상에 의해 흡수봉우리가 더 많이 나타나는 수도 있다. 그리고 두 개 진동의 합 또는 차에 해당하는 봉우리와 배진동수의 흡수세기는 일반적으로 낮으므로 배진동수 봉우리는 나타나지 않는 수가 있다.

배진동(overtone)이란 다음과 같다. 진동 에너지준위 1로부터 2로, 또는 2로부터 3으로 전이할 때 에너지는 $0 \rightarrow 1$ 전이의 경우와 같아야 한다. 양자론에 의하면 진동양자수가 1단위로 변하는 전이만이 일어난다. 즉, 선택규칙은 $\triangle v = \pm 1$ 임을 뜻한다. 그러나 아주 높은 진동양자수에서 $\triangle E$ 는 그 값이 작아진다. 따라서 선택규칙은 엄격히 적용되지 않고 $\triangle v = \pm 2$ 또는 $\triangle v = \pm 3$ 의 전이가 나타난다. 이러한 전이는 기본 스펙트럼선보다 약 2배 또는 3배의 진동수가 나타난다.

어떤 진동의 흡수봉우리 파장은 같은 분자 내의 다른 진동에 의해 영향을 받는다. 이와 같은 분자진동 간의 상호작용을 진동의 짝지음(vibrational coupling)이라고 한다. 진동 간 짝지음이 일어나려면 그 진동들은 분자 내에서 서로 가까이 인접한 진동이어야 하고 두 개 이상의 화학결합에 의해 멀리 떨어진 원자단간의 상호작용은 거의 없어 짝지음이 일어나지 않는다. 다음과 같은 경우에는 짝지음이 일어난다.

(1) 한 개의 원자를 공유한 두 개의 신축진동 사이의 짝지음.
(2) 진동 원자단 간에 공통결합이 존재할 때 두 개의 굽힘진동 사이의 짝지음.
(3) 굽힘진동의 한쪽 축에서 신축진동이 일어날 때 굽힘－신축의 짝지음.
(4) 짝지음 하는 두 진동의 에너지가 비슷할 때 상호작용은 가장 크다.

삼원자분자이면서 선형인 이산화탄소의 실제 적외선 스펙트럼을 통하여 진동의 짝지음에 대해 알아보자. 만약 이산화탄소의 두 개 C＝O 결합 사이에 짝지음이 없다면 지방족 키톤의 C＝O 신축진동과 같은 파수인 $1,700\ cm^{-1}$ 부근에서 흡수 봉우리가 나타나야 할 것이다. 그러나 이산화탄소는 $2330\ cm^{-1}$과 $667\ cm^{-1}$ 부근의 두 곳에서 흡수 봉우리가 나타난다. 이산화탄소는 선형이므로 $(3 \times 3 - 5)=4$개의 자유도를 갖는다. 이 중에서 두 가지 신축진동이 가능하다. 분자에서 두 개의 C＝O 결합은 한 개의 탄소원자를 공유하기 때문에 두 개의 신축진동은 상호작용하여 짝지음을 할 수 있다.

그림 9.3에서 보는 것처럼 한 개의 짝진 진동은 대칭이고, 나머지 한 개는 비대칭 진동이다. 여기에서 대칭 신축진동은 탄소원자에서 대칭적으로 진동하므로 쌍극자의 알짜변화가 없다. 따라서 적외선을 흡수하지 않는다. 이런 경우를 적외선 비활성(infrared inactive)이라 한다. 그러나 비대칭 신축진동은 쌍극자모멘트의 알짜변화가 일어나며 $2,330\ cm^{-1}$에서 흡수봉우리가 나타난다. 이산화탄소의 나머지 두 진동은 가위질 굽힘진동이다. 이들 굽힘진동은 방향이 다를 뿐이지 실제는 같은 것이므로 같은 파수, $667\ cm^{-1}$에서 흡수봉우리가 나타난다. 이와 같이 양자에너지준위 차가 같은 경우를 중첩이라 한다. 비선형 삼원자분자인 물이나 이산화황과 같은 분자들은 $(3 \times 3 - 6)=3$개의 자유도를 갖는다.

물 분자의 세 개의 진동은 그림 9.3과 같이 대칭 신축진동($3,650\ cm^{-1}$), 비대칭 신축진동($3,760\ cm^{-1}$) 및 가위질 굽힘진동($1,595\ cm^{-1}$)이다. 이들 세 개의 진동은 모두 쌍극자모멘트의 알짜변화가 있으므로 적외선 흡수가 나타난다.

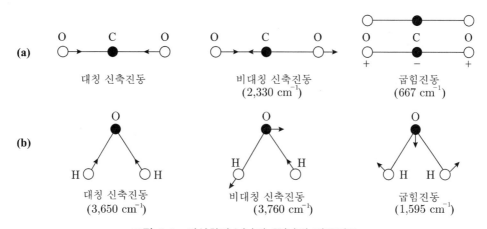

그림 9.3 이산화탄소(a)와 물(b)의 기준진동.

이상에서 본 것처럼 삼원자분자이면서 각각 다른 흡수봉우리를 나타내는 선형과 비선형 분자의 성질은 분자의 형태를 밝히는 데 이용될 수 있다.

유기작용기의 흡수봉우리 위치는 짝지음 때문에 정확하게 지적할 수 없다. 예로써 메탄올의 $C-O$ 신축진동은 $1{,}034 \text{ cm}^{-1}$에서, 에탄올의 $C-O$ 신축진동은 $1{,}053 \text{ cm}^{-1}$에서 나타난다. 그 이유는 $C-O$ 신축진동이 이웃의 $C-C$ 또는 $C-H$ 진동과의 짝지음 때문이다. 진동의 짝지음 효과는 화합물의 작용기 확인을 불확실하게 한다. 그러나 이 효과는 특수한 화합물을 결정적으로 확인하는 데 도움이 된다.

9.2 적외선 흡수 측정기기

⊃ 적외선 분광광도계

이 기기는 분광장치에 따라 크게 분산형과 간섭형으로 나눈다. 분산형은 빛의 분산에 프리즘이나 회절발 단색화장치를 사용하고 간섭형은 간섭계-다중장치를 사용하는 Fourier 변환 분광광도계를 말한다. 여기서는 분산형 기기에 대해서만 다루기로 한다.

분산형 기기는 자외선-가시선 분광광도계와 비슷하고 부분장치로는 적외선 광원, 시료실, 단색화장치, 적외선 검출기 및 기록계 등으로 구성되었다.

그림 9.4에 전형적인 겹빛살형 적외선 분광광도계의 광학계통도를 나타냈다. 그림 9.4의 적외선 분광광도계에서 광원은 모든 적외선 스펙트럼 영역의 복사에너지를 공급

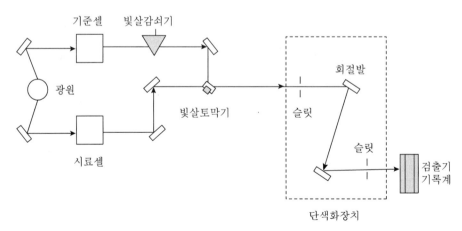

그림 9.4 겹빛살형 적외선 분광광도계의 광학계통도.

하고 단색화장치는 빛을 분산하여 좁은 주파수 영역의 빛을 선택하며 그 에너지는 검출기로 측정한다. 검출기로 수신한 에너지를 전기적 신호로 변환하고 증폭시켜 기록계에 기록한다.

• 광원

적외선 광원은 전기적으로 비활성 고체를 고온으로 가열하여 연속 복사선을 얻는다. 광원으로 Nernst 램프(lamp)와 Globar 램프가 많이 쓰인다.

Nernst 램프는 ZrO_2, CeO_2, ThO_2로 만든 직경이 $1 \sim 2$ mm이고 길이가 20 mm 정도의 막대로 $1,200 \sim 2,000$ K 온도범위에서 전기적으로 가열하여 적외선을 얻고, Globar 램프는 SiC를 소결하여 만든 막대로 역시 $1,300 \sim 1,500$ K에서 전기적으로 가열하여 적외선을 얻고, 이들은 고온에서 세기가 큰 적외선을 방출하는데, $4,000 \sim 6,000$ cm^{-1} 영역에서 방출되는 복사선의 세기는 강하다.

Globar 램프에서 얻는 적외선은 $5,500 \sim 5,000$ cm^{-1} ($1.8 \sim 2.0$ μm)에서, Nernst 램프에서는 $7,100$ cm^{-1}(1.4 μm)에서 봉우리가 나타난다. 이들 광원의 스펙트럼 에너지는 거의 같은데, 다만 $2,000$ cm^{-1}(5 μm) 이상에서 Globar가 훨씬 센 복사선을 낸다. Globar 램프는 막대의 직경이 Nernst 램프보다 더 크고 $5,000$ cm^{-1}에서 600 cm^{-1}로 변할 때 에너지가 600분의 1로 낮아지지만 큰 파수에서는 유효하다.

다소 세기는 낮지만 수명이 긴 백열선 광원으로 나선형의 니크롬선이나 사기실린더에 감은 로듐(Rh)-선을 전기적으로 가열하여 광원으로 사용하기도 한다. 또 텅스텐 필라멘트 램프는 $4,000 \sim 12,800$ cm^{-1}($2.5 \sim 0.78$ μm)의 근적외선 영역에서, 수은 아크 램프는 파장 50 μm 이상의 원적외선 영역에서 광원으로 사용된다.

이 외에도 공해물질과 같은 수용액 중의 흡수화학종을 정량하기 위해 $900 \sim 1,100$ cm^{-1}($11 \sim 9$ m) 영역의 이산화탄소 레이저(laser)를 광원으로 사용하기도 한다. 이 광원은 암모니아, 부타다이엔, 벤젠, 에탄올, 이산화질소, 트라이클로로에틸렌과 같은 화학종의 정량에 유용하다.

• 단색화장치

적외선 파장은 광학필터(간섭필터 또는 필터쐐기), 프리즘 또는 반사 회절발을 사용하여 파장(단색광)을 선택할 수 있다.

프리즘 단색화장치의 프리즘을 만드는 재질은 NaCl, KBr, CsBr, LiF, CaF_2 등의 할로겐화염의 결정들이 널리 사용된다. 이 화합물 중에서 어느 것을 사용할 것인가는 사용하는 파장범위에 따라 결정된다. NaCl 결정은 $670 \sim 4,000 \ cm^{-1}$의 적외선에 투명하고 이것의 분산은 $670 \sim 2,000 \ cm^{-1}$ 영역에서 크고, $500 \ cm^{-1}$보다 적은 파수에서는 적외선을 세게 흡수하므로 사용할 수 없다. KBr 과 CsBr은 $250 \sim 670 \ cm^{-1}$의 원적외선 영역에서, CaF_2는 $400 \sim 1,300 \ cm^{-1}$에서, LiF 는 $2,000 \sim 10,000 \ cm^{-1}$의 근적외선 영역에서 사용할 수 있다.

프리즘 재질로 사용되는 할로겐화염은 쉽게 긁히고 수용성이므로 프리즘은 건조한 곳에서 보관하고 공기로 조화된 실내에 장치를 설치하는 것이 좋다.

반사 회절발은 적외선 영역의 분산장치로서 프리즘보다 여러 가지 이점을 지니기 때문에 비교적 넓은 파수영역에 걸쳐 사용할 수 있다. 회절발은 거의 직선형 분산능을 나타내며 보통 공기 중에서 안정하고, 습기로 침식이 안 되는 알루미늄으로 도금한 유리나 플라스틱으로 만든다. 그러나 문제점은 다른 차수의 파장을 지닌 빛이 회절격자의 표면에서 회절 되어 동일한 광로를 통과하게 되므로 몇 개의 파장의 빛이 광로에서 서로 중첩되어 스펙트럼이 겹치고 다른 차수의 스펙트럼이 나타난다는 것이다. 이런 문제를 최소화하기 위해 회절발의 홈 수를 수정하여 회절복사선의 제1차 빛살이 강화되게 하거나 회절발과 더불어 필터 또는 차수 분리의 작은 프리즘을 함께 사용하므로 해소할 수 있다.

• 검출기

적외선 분광법에서는 열법 검출기가 사용되며 열전기쌍, 볼로미터, 파이로 전기검출기 등이 있다. 이들은 복사선이 작은 흑체에 흡수되고 이 결과 발생한 온도증가를 측정한다. 적외선의 복사력은 약하므로 검출 가능한 정도로 온도 상승을 얻으려면 복사선 흡수체의 열용량이 가능한 작아야 하고, 이를 위해 흡수체의 크기와 두께는 최소로 하여 모든 적외선이 표면에 집중되도록 한다.

열법 검출기의 적외선 흡수체는 주위의 열이나 복사선으로부터 차단시키기 위해 진공 속에 밀폐시키고, 적외선의 측정에서는 외부 열원의 효과를 최소화하기 위해 토막빛 살을 사용한다. 따라서 변환된 분석신호는 토막기와 같은 진동수를 갖는다. 그러므로 이 신호는 적당한 회로를 거친 후 보통 시간에 따라 천천히 변하는 외부 복사선 신호에서 분리시킬 수 있다. 열법 검출기 중에서 가장 간단한 열전기쌍(thermocouple) 검출기는 종류가 서로 다른 금속선 두 개의 양쪽 끝을 서로 용접한 것이다. 이때 한 쪽의 용접지점을 고온접점이라 하고 다른 쪽을 저온접점이라 한다.

고온접점에 적외선이 입사하면 접점의 온도가 상승하여 저온접점보다 온도가 높으면 접점 사이에 미소한 전위차가 발생한다. 금속선 사이에 발생하는 전위차는 접점 간의 온도차에 의해 결정되므로 적외선이 어느 정도 고온접점에 입사했는가를 알 수 있다. 이런 접촉은 백금과 은 또는 안티몬과 비스무트 같은 금속의 매우 가는 선으로 만들거나 이들 금속을 비전도성 물체에 증착시켜 만들 수 있다. 어느 두 금속을 택하든지 고온접점은 열 흡수 능력을 증가시키기 위해 검은색으로 칠해서 적외선에 투명한 진공 상자에 밀봉하도록 한다.

볼로미터(bolometer) 검출기는 약한 복사열의 검출과 측정을 위해 사용되는 고감도의 전기저항 온도계로서 보통 백금이나 니켈과 같은 얇은 금속의 전도체로 구성되어 있다. 이러한 물질은 온도의 함수로서 나타나는 저항변화가 비교적 크므로 적외선이 입사되면 가열되어 온도가 상승하여 전기저항이 감소한다. 따라서 저항변화의 정도는 검출기에 입사한 빛의 양의 척도가 된다.

일반적으로 Wheatstone 브리지의 4개의 저항 중 하나를 볼로미터 검출기로 사용한다. 전도체는 작게 만들고 복사열을 흡수할 수 있게 검은색으로 칠해져 있다. 만약 백금, 니켈 대신에 반도체를 사용하면 때로는 서미스터(thermister)라고 부르고, 이것도 볼로미터와 같은 원리로 적외선 검출기로 사용된다.

그 밖에도 파이로전기(pyroelectric) 검출기, 골레이(golay) 검출기, 광전지 검출기, 반도체 검출기들이 사용된다.

9.3 적외선 분광법의 시료취급

적외선의 전체 파장영역에서 투명한 용매는 없다. 따라서 적외선 분광법에서는 고체나 액체 시료를 그대로 사용하는 방법이 많이 이용되며 기체 및 액체의 스펙트럼은 모두 시료를 용매에 희석하지 않고 직접 측정하여 얻을 수 있다. 고체는 대개 적당한 액체나 다른 고체 매질에 분산시켜 측정한다.

• 기체 시료의 취급

기체 또는 끓는점이 아주 낮은 액체의 적외선 스펙트럼을 측정하려면 시료를 진공상태로 만든 용기 즉, 기체 셀(gas cell)에 도입하여 분광광도계의 광로에 놓고 측정한다. 기체 셀은 일반적으로 길이가 10 cm 정도이고 양쪽에 KBr 이나 NaCl 창문으로 되어 있어 적외선이 투과하도록 되어있다. 어떤 것은 용기의 양쪽에 내부반사면을 설치하여 빛살이 용기를 떠나기 전에 수많은 반복 왕복운동을 하게 되어 몇 m 정도로 긴 용기의 역할을 할 수 있는 것도 있다.

• 액체 시료의 취급

적외선 분광법에서 스펙트럼을 얻기 위한 액체 시료의 취급은 비교적 간단하다. 액체 시료의 경우에도 시료의 양이 아주 적거나 적당한 용매가 없는 경우에는 순수한 액체 시료를 직접 사용하여 스펙트럼을 얻는다. 일반적으로 액체 시료 한 방울을 두 개의 적외선 투명 창문(KBr 또는 NaCl 결정판) 사이에서 눌러서 짜면 0.01 mm 정도 이하의 시료 두께를 얻을 수 있다. 이것을 집게로 집어 빛살에 놓고 스펙트럼을 측정한다. 이 방법은 정성분석용 스펙트럼을 얻는 간단한 방법이다. 그러나 액체 시료에 대한 적당한 용매가 있을 경우와 적외선 분광법으로 정량분석을 하기 위해서는 액체 셀(liquid cell)을 사용한다. 또한 고체 시료의 경우에도 정량분석을 하기 위해서는 적당한 적외선 용매에 녹여서 액체 셀을 사용하기도 한다.

액체 셀은 **그림 9.5**와 같이 NaCl 또는 KBr 결정과 같은 두 개의 적외선 투명한 창문 사이에 0.015~1 mm 두께의 간격판(spacer)을 끼워 넣고 조립하여 만들어 여기

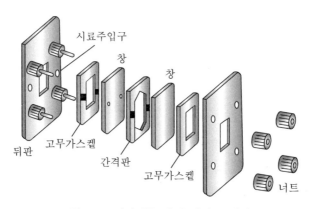

그림 9.5 적외선용 액체 셀의 조립법.

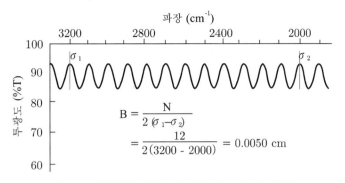

그림 9.6 적외선용 액체 셀에서 용기 두께 측정법.

에 액체 시료를 주입하여 빛살에 놓고 스펙트럼을 얻는다. 겹빛살 분광광도계에서는 한 쌍의 셀, 즉 시료용과 기준 용매용이 사용된다. 이때 사용하는 KBr 이나 $NaCl$창은 수용성이므로 수분을 차단하도록 해야 하고 유기물의 액체 시료는 셀에 주입하기 전에 수분을 건조시켜야 할 필요가 있다. 만약 셀 표면에 수분이 흡수되면 불투명하게 되어 오차의 원인이 된다. 따라서 오랫동안 창을 사용하여 창이 오염되었거나 불투명하게 된 창문은 폴리싱 세트(polishing set : 희토류 원소의 가는 분말과 매끈한 유리판들로 구성되어 있음)을 이용하여 일정하게 갈아내어 투명하게 만든 후에 사용한다.

조립된 액체 셀에서 실제의 액체 두께는 다음과 같이 측정한다. 셀에 공기를 채워서 빈 용기의 투광도를 측정하면 **그림 9.6**과 같은 간섭무늬를 얻게 된다. 이 간섭무늬는 용기의 기벽에서 반사한 복사선이 투과빛살과 상호작용하여 생긴 것이다.

그러나 용기에 액체를 넣었을 때는 일반적으로 간섭무늬가 나타나지 않는다. 이것은 대부분 액체의 굴절률이 창문 재료와 비슷하여 반사가 감소되기 때문이다. 그림 9.6과 같은 간섭무늬를 이용하여 cm로 표시된 용기의 두께 b 는 다음 식으로 구한다. 여기에서 N 은 파수 σ_1 과 σ_2 사이에서 봉우리의 개수이다. 액체 셀을 이용하여 스펙트럼을 얻을 때에는 시료농도가 보통 $0.1 \sim 10\%$이면 된다.

$$b = \frac{N}{2(\sigma_1 - \sigma_2)} \tag{9.8}$$

• **적외선 용매**

그림 9.7에 적외선 분광법에서 사용하는 일반적인 용매를 수록했다. 중간 적외선

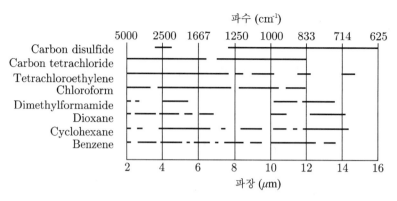

그림 9.7 적외선 용매. 진한 선: 용매의 사용 가능 범위.

전체 영역에서 투명한 용매는 없다. 물과 알코올은 적외선을 세게 흡수할 뿐만 아니라 적외선 투명 창문을 부식시키므로 용매로 사용하지 못한다. 이 때문에 적외선 용매는 건조시켜 사용해야 한다.

• **고체 시료의 취급**

적외선 용매에 불용성인 고체의 적외선 흡수스펙트럼을 측정할 때에는 주로 세 가지 방법이 이용된다. 이 중에서 첫째 방법은 멀(mull)이라는 액체나 고체 매질에 시료를 분산시키는 방법이며 좋은 스펙트럼을 얻기 위해서는 매질에 분산되어 있는 고체입자의 크기가 복사선 파장보다 작아야 한다. 그렇지 않으면 산란 복사선이 존재하므로 빛 손실이 크다. 멀을 만드는 한 가지 방법은 가는 분말시료 2~5 mg 정도를 뉴졸(nujol)이라는 파라핀유 또는 chlorofluorocarbon grease와 같은 점성이 큰 액체 한 두 방울에 넣고 잘 갈아서 섞는다.

만약 파라핀유의 흡수띠가 방해하면 fluorolube 또는 다른 할로겐화 고분자를 사용할 수 있다. 이렇게 만든 멀을 두 개의 KBr 과 같은 결정판 사이에 넣어 얇은 막을 만들고 이것을 집게로 집어 시료실의 빛살에 놓고 스펙트럼을 얻는다. 둘째 방법은 가는 분말 시료 1 mg 정도 또는 그 이하를 순수한 KBr 분말 100 mg 정도에 섞어 마노막자사발에서 충분히 갈면서 섞는다. 이 혼합물을 실온 진공에서 $10,000 \sim 15,000$ lb/in^{2}의 압력을 가하여 직경 1 cm의 1~2 mm의 원판으로 만들어 집게로 집어 빛살에 놓고 스펙트럼을 측정한다. 만약 시료원판에 수분이 섞여 있으면 $1,640$ cm^{-1}과 $3,450$ cm^{-1}에서 흡광 스펙트럼이 나타나므로 수분을 충분히 제거한 후에 멀을 만들어 사용해야 한다. 이런 방법은 시료의 농도와 시료원판의 두께를 알 수 있으므로 고체 시료의 정량분석에도 적용할 수 있다.

다른 한 가지 고체 시료를 취급하는 방법은 시료용액을 가열해서 증발시켜 KBr 또는 NaCl 판의 표면에 시료를 석출시키는 방법이다. 이렇게 하면 적외선은 얇게 석출된 막을 통과한다. 이것을 고체 침착법이라 하며 정성분석을 위해 유용하다.

기타의 최근에 발달한 방법으로 광음파 분광법과 중합체, 고무 및 기타의 고체를 취급할 때 이용되는 내부반사 분광법도 있다.

9.4 적외선 분광법 응용

◑ 스펙트럼 일람도표와 정성분석

적외선 흡수스펙트럼을 해석하여 화합물의 구조를 확인하기 위해서는 몇 가지 중요 작용기의 유무를 결정하는 것이 필요하다. 이를 위해 화합물의 여러 가지 작용기가 흡수하는 파수에 관한 실험 데이터를 종합하여 만든 스펙트럼 일람도표가 필요하다. 이 스펙트럼 일람도표는 대표적인 원자단에 대하여 대략 어느 정도의 파장 위치에서 어느 정도의 세기로 적외선 흡수봉우리가 나타나는가를 나타낸 것이다. 이것은 대표적인 값을 나타낸 것이므로 예외도 있을 수 있다. 여기서 적외선 스펙트럼 해석에 관한 참고문헌을 소개한다.[1]

따라서 실제로 도표를 사용할 때에는 충분한 주의가 필요하다. 원자단의 진동은 서로 겹치기 때문에 불확정성이 나타나는 경우가 많고, 시료의 물리적 상태와 기기의 성능에 따라 변함으로 스펙트럼 일람도표만을 이용하여 화합물의 구조를 완전히 밝히고 명확하게 그 물질을 확인하는 것은 불가능하다. 또 각 원자단의 진동수를 이용하여 물질을 확인할 때에는 일부분의 스펙트럼보다 전체적인 스펙트럼의 상호관계를 고려해야 한다.

표 9.1에 여러 가지 작용기의 적외선 특성 흡수 스펙트럼을 나타내었다.

---

1) E. Pretch, T. Clerc, J. Seibl and W. Simon, *Tables of Spectral Data for Structure Determination of Organic Compounds*, 2nd ed., Springer Verlag, Berlin Heidelberg, 1989 ; R. N. Jones, *Infrared Spectra of Organic Compounds : Summary Charts of Principal Group Frequencies*, National Research Council of Canada, Ottawa, 1959 and K. Nakanishi and P. H. Solomon, *Infrared Absorption Spectroscopy*, 2nd ed., Holden−Day, San Francisco, 1977, pp. 10~56.

표 9.1 여러 가지 작용기의 적외선 흡수 스펙트럼 영역

작용기	(진동 방식)	파수(cm^{-1})	파장(μm)	흡수세기
C$-$H	alkanes(stretch)	3,000~2,850	3.33~3.51	s
	$-$CH$_3$ (bend)	1,450~1,375	6.90~7.27	m
	$-$CH$_2-$(bend)	1,465	6.83	m
	alkenes(stretch)	3,100~3,000	3.23~3.38	m
	(out of plane bend)	1,000~650	10.0~15.3	s
	aromatics(stretch)	3,150~3,050	3.17~3.23	s
	(out of plane bend)	900~690	11.1~14.5	s
	alkyne(stretch)	ca. 3,300	ca. 3.03	s
	aldehyde	2,900~2,800	3.45~3.57	w
		2,800~2,700	3.57~3.70	w
C$=$C	alkane	1,680~1,600	5.95~6.25	$m-w$
	aromatic	2,250~2,100	4.44~4.76	$m-w$
C$\equiv$C	alkyne	2,250~2,100	4.44~4.76	$m-w$
C$=$O	aldehyde	1,740~1,720	5.75~5.81	s
	ketone	1,725~1,705	5.80~5.87	s
	carboxylic acid	1,725~1,700	5.80~5.88	s
	ester	1,750~1,730	5.71~5.78	s
	amide	1,670~1,640	6.00~6.10	s
	anhydride	1,810~1,760	5.52~5.68	s
	acid chloride	1,800	5.56	s
C$-$O	alcohol, ether, ester carboxylic acids, anhydrides	1,300~1,000	7.69~10.0	s
O$-$H	alcohols, phenols			
	free	3,650~3,600	2.74~2.78	m
	H$-$bonded	3,500~3,200	2.86~3.13	m
	carboxylic acids	3,400~2,400	2.94~4.17	m
N$-$H	pri$-$, sec$-$amines and amides(stretch)	3,500~3,100	2.86~3.23	m
	(bend)	1,640~1,550	6.10~6.45	$m-s$

$C-N$	amines	$1,350 \sim 1,000$	$7.40 \sim 10.0$	$m-s$
$C=N$	imines, oximes	$1,690 \sim 1,640$	$5.92 \sim 6.10$	$w-s$
$C\equiv N$	nitriles	$2,260 \sim 2,240$	$4.42 \sim 4.46$	m
$X=C=Y$	allenes, ketenes, isocyanates, isothiocyanates	$2,270 \sim 1,950$	$4.40 \sim 5.13$	$m-s$
$N=O$	nitro$(R-NO_2)$	$1,550 \sim 1,350$	$6.45 \sim 7.40$	s
$S-H$	mercaptans	$2,550$	3.92	w
$S=O$	sulfoxides	$1,050$	9.52	s
	sulfones, sulfonyl	$1,375 \sim 51,300$	$7.27 \sim 7.69$	s
	chlorides	$\& \ 1,200 \sim 1,140$	$\& \ 8.33 \sim 8.77$	s
	sulfates, sulfonamides			
$C-X$	fluoride	$1,400 \sim 1,000$	$7.14 \sim 10.0$	s
	chloride	$800 \sim 600$	$12.5 \sim 16.7$	s
	bromide, iodide	$\langle \ 667$	$\rangle \ 15.0$	s

　적외선 스펙트럼에 관한 자료와 다른 물리적 성질(끓는점, 녹는점, 굴절률 등)을 종합하여 검토함으로써 물질을 확실히 확인할 수 있다. 또 적외선 분광법은 질량분석법, 핵자기 공명법, 원소분석법과 같은 다른 방법과 관련지어 연구함으로써 화학종을 더 정확하게 확인할 수 있다.

　스펙트럼 일람도표에서 $4,000 \sim 1,800 \ cm^{-1}$영역은 $C-H, \ O-H, \ N-H$등 수소가 관여하는 신축진동이 나타나는 곳으로 그 파수는 수소결합의 영향을 받기 쉽다. 또 $2,500 \sim 1,800 \ cm^{-1}$에서 유기화합물의 흡수는 비교적 적으며 연속된 이중결합이나 삼중결합의 신축진동이 나타나는 영역이다. $1,800 \sim 1,500 \ cm^{-1}$에서는 고립된 이중결합이 나타나며 $C=O, \ C=N, \ C=C$ 등의 강한 흡수가 나타난다. $1,500 \sim 700 \ cm^{-1}$ 영역은 지문영역(finger print region)이라 하며 분자의 구조와 성분이 조금만 다르더라도 흡수봉우리의 분포는 현저한 차이를 나타낸다. 따라서 이 영역의 스펙트럼이 서로 대단히 비슷하면(물론 다른 영역도 같고) 두 물질은 같은 물질이라고 할 수 있다. 대부분의 단일결합의 에너지는 거의 같고 인접한 결합 사이에 강한 상호작용을 하므로 이런 파수 영역에서 흡수띠를 나타내고, 이것은 여러 가지 상호작용에 의해 나타난 분자의 전체 골격구조에 따라 결정된다. 이 영역의 스펙트럼은 대단히 복잡하므로 스펙트럼의 정확한 해석은 어렵다. 그러나 이로부터 바로 물질을 확인하는 특이하고 유효한 수단이 되기도 한다. 지문영역의 1,500~1,000 cm^{-1}에서는 메틸기, 메틸렌기의 굽힘진동이나, C–C, C–O, C–N 등의 단일결합의 신축진동이 강하게 나타난다. 1,000~650 cm^{-1}에서는 C–H의 굽힘진동 특히, H의 면외진동(앞뒤흔듦과 꼬임진동)이 특징적으로 나타나는 영역이다.

• 적외선 스펙트럼 해석의 기초

스펙트럼 해석에 이용되는 가장 중요한 작용기로는 C = O, O–H, N–H, C–O, C ≡ C, C ≡ N, CO$_2$ 등이다. 이들 작용기의 흡수봉우리가 존재한다면 즉시 화합물의 구조에 관한 정보를 얻을 수 있다. 3,000 cm^{-1} 근처의 C–H 흡수는 거의 모든 화합물이 흡수를 나타내므로 중요하지 않다.

화합물의 전반적 구조를 추정할 때 순서대로 살펴볼 사항들은 다음과 같다.

(1) Carbonyl (C = O) 기가 존재하는가?

C = O 기는 1,820~1,660 cm^{-1}(5.5~6.1 μm) 사이의 파수에서 강한 흡수가 나타난다. 이 봉우리는 스펙트럼 중에서 가장 세고 보통의 폭을 가지고 있다. C = O 기가 존재한다면 다음 사항들을 확인한다.

(a) Acid: 산의 O–H 기가 존재하는가?

약 3,400~2,400 cm^{-1}(보통 C–H와 중복됨)에서 넓은 흡수띠가 있다.

(b) Amide: N–H 기가 존재하는가?

대략 3,500 cm^{-1}(2.85 μm)에서 보통 세기의 흡수가 나타난다. 어떤 경우에는 이중봉우리가 생긴다.

(c) Ester: C–O 기가 존재하는가?

대략 1,300~1,000 cm^{-1} (7.7~10 μm)에서 강한 흡수가 나타난다.

(d) Anhydride: 1810과 1,760 cm^{-1} 근처에 두 개의 C = O 흡수가 나타난다.

(e) Aldehyde: aldehyde성 C–H 기가 있는가?

C–H 흡수 우측에 2,850~2,750 cm^{-1} 가까이 약한 봉우리 두 개가 있다.

(f) Ketone: (a)~(e)의 다섯 가지에 해당되지 않는다.

(2) C = O 기가 없을 경우에는 다음 사항을 확인한다.

    (a) Alcohol과 phenol: O – H 를 확인하라.

        $3,600 \text{ cm}^{-1}(2.8 \sim 3.0 \ \mu\text{m})$ 가까이에서 넓은 흡수띠가 있다. 이것은 $1,300 \sim$ $1,000 \text{ cm}^{-1}(7.7 \sim 10 \ \mu\text{m})$에서의 C = O 를 찾음으로써 확인한다.

    (b) Amine: N – H 를 확인하라.

        $3,500 \text{ cm}^{-1}$ 가까이에서 보통 세기의 흡수띠가 있다.

    (c) Ether: 대략 $1,300 \sim 1,000 \text{ cm}^{-1}(7.7 \sim 10 \ \mu\text{m})$에서 C – O 를 확인하라.

(3) 이중결합 및 방향족 고리의 확인

    C = C 는 대략 $1650 \text{ cm}^{-1}(6.1 \ \mu\text{m})$에서 약한 흡수가 나타난다. $1650 \sim 1450 \text{ cm}^{-1}$ $(6-7 \ \mu\text{m})$ 영역의 보통 또는 강한 흡수는 가끔 방향족 고리를 표시하기도 한다. 이 사실들을 C – H 영역을 조사함으로써 확인한다. 방향족과 vinyl의 C – H 는 $3,000 \text{ cm}^{-1}$의 왼쪽에서 흡수가 일어난다. 그러나 지방족 C – H 는 $3,000 \text{ cm}^{-1}$의 오른쪽에서 흡수가 일어난다.

(4) 삼중결합

    C ≡ C 는 $2,250 \text{ cm}^{-1}(4.5 \ \mu\text{m})$ 근처에서 보통 세기의 예리한 흡수가 나타난다. C ≡ N 은 $2,150 \text{ cm}^{-1}(4.65 \ \mu\text{m})$에서 약하지만 예리한 흡수가 나타난다. acetylene 성 C – H 를 대략 $3,300 \text{ cm}(3.0 \ \mu\text{m})$에서 확인해 보라.

(5) Nitro기

    $1,600 \sim 1,500 \text{ cm}^{-1}(6.25 \sim 6.67 \ \mu\text{m})$와 $1,390 \sim 1,300 \text{ cm}^{-1}(7.2 \sim 7.7 \ \mu\text{m})$에서 두 개의 강한 흡수가 나타난다.

(6) 탄화수소

    앞의 모든 것도 발견할 수 없고, $3,000 \text{ cm}^{-1}$ 가까이에서 C – H 영역의 주된 흡수가 나타나고 매우 단순하며 $1,450$과 $1,375 \text{ cm}^{-1}$에서 다른 흡수만을 볼 수 있다.

• 스펙트럼 수록집

스펙트럼 일람도표는 화합물의 확인에 충분한 역할을 하지 못할 때가 있다. 이런 때에는 많은 종류의 화합물에 대한 적외선 스펙트럼을 수록한 문헌을 참고해야 한다. 수록집에는 수천 종에서 10만 종에 이르는 화합물의 스펙트럼을 수록집이 있다.[2] 또, 어떤 것은 흡수봉우리의 위치를 숫자화 하여 수록한 것도 있다.[3] 1980에 출판된 소프트웨어 수록집인 Sadtler Standard Infrared Collection (65,000종)과 Sadtler Commerical Infrared Collection (35,000종)에는 10만 종의 화합물에 대한 스펙트럼이 수록되어 있다.

최근에는 컴퓨터과학의 빠른 발달로 엄청난 정보를 기억할 수 있어 수십만 종의 화합물에 대한 스펙트럼 데이터를 쉽게 저장하고, 찾아볼 수 있으며 아주 편리하고 빠르게 각종 화합물의 적외선 흡수 스펙트럼 자료를 활용할 수 있게 되었다.

⊃ 정량분석

자외선-가시선 분광법과 달리 적외선 분광법에서는 적외선 흡수띠의 폭이 좁기 때문에 Beer의 법칙에서 벗어나는 기기편차가 크고, 광원 세기가 약하고 검출기의 감도가 낮기 때문에 단색화장치의 슬릿나비가 비교적 커야 하고, 때로는 슬릿나비를 흡수봉우리의 나비와 같은 정도로 조절하여 사용하는 경우가 있다.

따라서 이런 조건에서는 흡광도와 농도 간에 직선관계가 성립하지 않는 경우가 보통이므로 실험으로 얻은 검정선을 그대로 정량분석에 이용해야 한다. 또한, 시료용기 폭은 매우 짧아서 똑같은 두께의 시료용기를 만들기가 곤란하다. 또 용기의 창은 대기와 용매에 의해 쉽게 손상되므로 창의 투과 특성은 여러 번 사용하면 변한다. 따라서 적외선의 흡광도 측정에는 기준 흡수체를 사용하지 않고, 시료를 통과한 빛살의 세기를 다만 흡수체가 없는 곳을 통과한 기준빛살과 비교한다. 때로는 흡수체로서 KBr 과 같은 결정판을 기준빛살에 놓기도 한다.

정량할 때 용매와 용기에 의한 산란과 흡수의 보정을 필요로 하고 이를 위해 두 방법이 이용된다. 첫째 방법은 두 번 측정법으로 이것은 기준빛살에 물체를 놓지 않고 시료의 빛살에만 시료와 용매를 사용하여 계속적으로 두 번 스펙트럼을 얻는 방법이다. 시료용기는 두 번 다 같은 것을 사용한다. 기준빛살에 대하여 용매와 시료용액의 투광도

2) Chares J. Pouchert, *Aldrich Library of Infrared Spectra*, 2nd ed., Aldrich Chemical Co., Milwaukee, 1975; *Sadtler Standard Spectra*, Sadtler Research Laboratories, Philadelphia, Contiuously Updated.
3) J. G. Grasselli and W. M. Ritchey, *Atlas of Spectral Data and Physical Constant for Organic Compounds*, 2nd ed., CRC Press Inc., Leveland, 1975; and L. H. Gevantman, *Anal. Chem.* **1972**, 44(7), 31A.

를 극대흡수파장에서 구하면 $T_o = P_o/P_r$ 과 $T_s = P/P_r$ 와 같은 관계가 성립한다. 이
때 P_r 는 기준빛살의 세기이고, T_o 와 T_s 는 각각 용매와 시료용액의 기준빛살에 대한
투광도이다. T_o 와 T_s 를 측정할 때 P_r 가 변하지 않고 일정하게 유지되면 용매에 대한
시료용액의 투광도는 다음과 같이 구할 수 있다.

$$T = T_s/T_o = P/P_o \qquad (9.9)$$

두 번째 방법은 바탕선법(base-line method)이고, 이것은 용매의 투광도가 일정하거
나 또는 적어도 흡수봉우리의 어깨 사이의 투광도가 직선적으로 변한다는 가정에서
성립하는 방법이다. 이 방법에서 P_o와 T 를 구하는 방법은 **그림 9.8**과 같다.

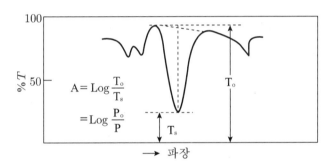

그림 9.8 바탕선법에 의한 투광도 측정.

9.1 CCl_4 에서 $C-Cl$ 신축진동의 파수를 계산하라$(k=3.4\times10^5\,\mathrm{dyne/cm})$.

9.2 CO 의 적외선 흡수스펙트럼은 $2{,}170\,\mathrm{cm}^{-1}$ 에서 진동흡수를 나타낸다. CO 결합의 힘상수는 얼마인가?

9.3 SO_2 는 비선형 분자이다. 진동 방식을 고려해서 나타나는 적외선 흡수 스펙트럼 봉우리의 수를 예상하라.

9.4 에틸렌 분자의 다음과 같은 진동의 적외선 활성과 비활성 여부를 지적하라.

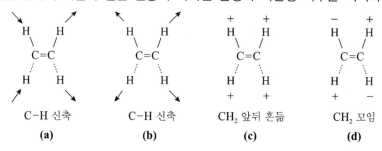

9.5 다음 물질을 각각 확인할 수 있는 적외선 특성 봉우리를 지적하라.
  (a) ethyl alcohol과 diethyl ether
  (b) propion aldehyde와 acetone
  (c) pri—, sec— 및 tert—amine
  (d) n—hexane과 cyclohexane
  (e) propionic acid와 methyl acetate

9.6 다음 각 화합물의 적외선 스펙트럼을 보고 화합물을 확인(추정)하라.
  (a) 분자량이 $C_{16}H_{22}O_4$ 인 화합물
  (b) 분자량이 $C_6H_{10}O$ 이고, 녹는점이 $49\sim50\,^{\circ}\mathrm{C}$ 인 화합물

(c) 분자량이 $C_{22}H_{18}$ 이고, 녹는점이 102~103 ℃인 화합물

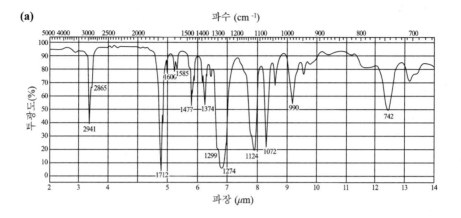

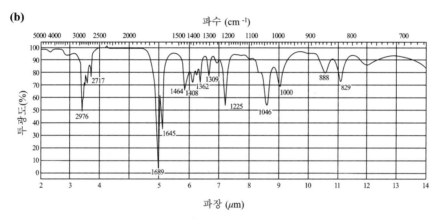

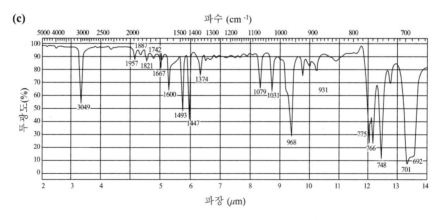

● 참고문헌

1. A. D. Cross and R. A. Jones, *An Introduction to Practical Infrared Spectroscopy*, 3rd ed., Butterworth & Co., 1969.

2. N. B. Colthup, L. N. Daly and S. E. Wiberley, *Introduction to Infrared and Raman Spectroscopy*, 2nd ed., New York, Academic Press, 1975.

3. K. Nakanishi and P. H. Solomon, *Infrared Absorption Spectroscopy*, 2nd ed., Holden −Day, San Francisco, 1977.

4. R. P. Bauman, *Absorption Spectroscopy*, Wiley, New York, 1962.

5. H. A. Szymanski, *Theory and Practice of Infrared Spectroscopy*, Plenum, Press, New York, 1964.

6. H. H. Willard, L. L. Merritt and J. A. Dean, *Instrumental Methods of Analysis*, 6th ed., D. Van Nostrand, New York, 1981.

7. D. A. Skoog, *Principles of Instrumental Analysis*, 3rd ed., Saunders College Publishing, P. A. Winston, 1985.

10.1 핵자기 공명 분광법 서론

1946년 Harvard 대학의 Purcell과 Stanford 대학의 Bloch는 강한 자기장에 의해 핵의 에너지준위가 분리되고, 그 결과 핵이 강한 자기장 속에서 전자기 복사선을 흡수한다는 대 발견을 각각 발표하였다. 이러한 핵자기 공명이 발견된 후 첫 5년 동안에 화학자들은 자기장에 놓인 핵의 전자기 복사선 흡수가 분자의 세부구조에 따라 다르게 나타나는 사실과 이 효과는 분자구조와 밀접한 관계가 있음을 알게 되었고, 그 후 이 분야는 폭발적인 발전을 하게 되었고, 이 방법은 유기화학, 무기화학 및 생화학 분야에 지대한 공헌을 하게 되었다. 최근에는 생물, 약학, 임상의학 분야에도 응용되어 생체성분의 이동변화, 질병의 진단에도 응용된다.

핵자기 공명 분광법은 $75 \sim 0.5\,\mathrm{m}$의 파장에 해당하는 약 $4 \sim 600\,\mathrm{MHz}$의 라디오 주파수 범위의 전자기 복사선의 흡수 측정에 의존하는 방법이며, 이 방법의 흡수과정에는 원자핵이 관여하고 핵이 에너지 흡수를 일으키게 하는 상태로 유지하기 위해 분석물질에 수천 Gauss 이상의 센 자기장을 가해 주어야 한다.

핵의 스핀양자수

핵의 자기적 성질을 설명할 때 핵전하가 축 주위를 자전한다고 가정할 필요가 있다. 그와 같은 핵은 스핀양자수 I로 표시되는 각운동량을 가지며 I는 각각의 핵에 따라서 정수 또는 정수의 1/2배인 0, 1/2, 1, 3/2, 2,… 등의 값을 갖는다. 스핀양자수는 핵에 포함된 양성자와 중성자의 상대적 수와 관계있다.

표 10.1에 대표적인 핵의 스핀양자수를 나타내었다. 스핀양자수는 핵의 양성자수와 중성자수가 모두 짝수가 아니거나 모두 홀수가 아닐 경우에 1/2의 정수배의 값을 갖는다.

그림 10.1에 이들 핵을 하나의 회전하는 공으로 생각하여 스핀을 나타내었다.

표 10.1 여러 가지 핵의 스핀 양자수

양성자수	중성자수	스핀양자수, I	예
짝수	짝수	0	^{12}C, ^{16}O, ^{32}S, ^{28}Si
홀수	짝수	1/2	^{1}H, ^{19}F, ^{31}P, ^{15}N
		3/2	^{11}B, ^{79}Br, ^{35}Cl
짝수	홀수	1/2	^{13}C
		3/2	^{127}I
		5/2	^{129}I, ^{17}O
홀수	홀수	1	^{2}H, ^{14}N

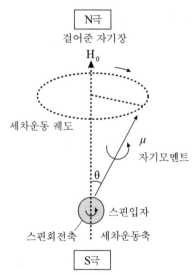

그림 10.1 자기장 속의 핵스핀과 세차운동.

그림 10.1에서 회전운동은 힘을 받아 수직상태에서 약간 기울어져서 회전하는 팽이의 운동과 비슷하다. 이와 같은 팽이의 회전을 생각하면 핵의 스핀전이를 이해하는 데 도움이 된다. 핵에 자기장이 도입될 때 세차운동(precession)이 시작되는 사실로 보아 에너지는 양성자에 흡수됨을 알 수 있다. 팽이는 지구 중력장의 영향으로 축에 대해 비틀거리며 운동하는 세차운동을 시작하게 된다. 회전하는 핵도 가해진 자기장의 영향으로 인하여 비슷한 현상을 보일 것이다. 핵에 자기장이 가해지면 핵은 각진동수(ω)로 그 자체의 핵스핀 축 주위를 세차하기 시작한다. 이때 핵의 진동수는 도입된 자기장 세기에 비례하게 된다. 자기장의 세기가 클수록 세차운동의 속도는 빨라진다. 양성자(^1H)의 경우 도입된 자기장이 14,092 Gauss일 때 세차운동의 진동수는 60 MHz인데 그 이유는 양성자가 전하를 띰으로 세차운동을 하면서 같은 진동수로 진동하는 전기장을 형성하기 때문이다. 만약 동일한 주파수의 라디오파가 세차운동 하는 양성자에 공급되면 그 에너지는 흡수될 수 있다. 복사선의 전기장 성분의 진동수가 세차하는 핵에 의해 생성된 전기장의 진동수와 일치될 때 두 전기장은 상호작용하여 쪼여진 복사선 에너지는 핵으로 전이되며, 이로 인해 핵은 스핀변화를 일으킨다. 이런 상태를 공명이라 부르며 그 핵은 쪼여진 전자기파로 공명이 일어났다고 한다. **그림 10.2**에 공명과정을 그림으로 나타냈다.

중성자와 양성자 수가 홀수인 핵에서는 전하가 비대칭으로 분포되어 있다. 가령 ^2H 와 ^{14}N 은 스핀 양자수가 정수인 I = 1 을 갖는다. 또한, 양성자와 중성자의 수가 모두 짝수인 핵은 각운동량은 없고(I = 0) 자기적 성질도 나타내지 않는다. 따라서 ^{12}C, ^{16}O, ^{32}S 등은 자기적으로 비활성이므로 핵자기 공명 측정과 관계가 없다.

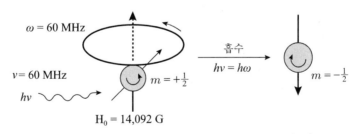

그림 10.2 세차운동 입자가 복사선을 흡수하는 모형.

핵의 에너지준위

핵은 전하를 띠고 있고 따라서 원운동 하는 전하는 자기장을 발생하게 된다. 이것은 코일에 전류가 흐를 때 자기장이 발생하는 것과 비슷하다. 이때 생기는 자기모멘트, μ 는 스핀 축에 따라 배향하며 입자의 종류에 따라 고유한 값을 갖는다. 입자의 스핀과 자기모멘트 사이의 상호작용에 의해 다음과 같은 일련의 자기양자상태를 관측할 수 있다.

$$m = I, I-1, I-2, \cdots -I \tag{10.1}$$

입자가 외부자기장의 영향을 받게 되면 자기모멘트를 가지는 입자는 그 스핀축이 외부자기장에 평행되게 배향하려 한다. 입자의 이런 행동은 마치 작은 막대자석을 자기장 속에 놓았을 때 막대자석이 나타내는 행동과 같고 그것의 퍼텐셜 에너지는 자석의 배향에 따라 무한히 많은 여러 가지 값을 가질 수 있다. 그러나 원자핵의 에너지는 $(2I+1)$개의 불연속적인 값에 한정된다. 즉, 배향하는 위치가 $2I+1$ 개에 한정된다. 예로써 양성자는 스핀양자수가 $I = 1/2$ 이므로 가능한 스핀상태는 $2I + 1 = 2(1/2) + 1 = 2$개이며 그들은 각각 $-1/2$과 $+1/2$이다. 따라서 가해진 외부 자기장에 평행(낮은 에너지) 또는 반대(높은 에너지)의 두 가지 배향이 존재한다. 각각 이를 $+mH_o$ 또는 $-\mu H_o$의 에너지를 갖는 두 가지 준위로 분리되는 양상을 **그림 10.3**에 나타내었고 두 준위 간의 에너지 차이는 다음과 같다.

$$\triangle E = \mu H_o / I \tag{10.2}$$

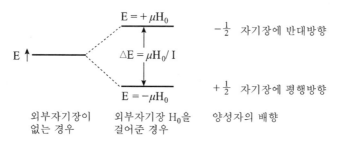

그림 10.3 양성자의 스핀상태에 영향을 주는 외부자기장.

핵자기 공명

어떤 양자상태로부터 다른 양자상태로 전이하였을 때 에너지 변화가 있으면 그 때 방출 또는 흡수되는 전자기 복사선의 주파수는 $E = h\nu$ 을 만족한다. 따라서 식 (10.2)로부터 식 (10.3)과 (10.4)과 같이 됨을 알 수 있다.

$$h\nu = \mu \mathrm{H_o}/\mathrm{I} \tag{10.3}$$

$$\nu = \frac{\mu \mathrm{H_o}}{h\mathrm{I}} \tag{10.4}$$

여기서 h 와 I 는 상수이고 핵이 정해지면 μ 도 상수가 되므로 식 (10.5)와 같다.

$$\nu = (\text{상수}) \times \mathrm{H_o} \tag{10.5}$$

이 식은 ν 와 $\mathrm{H_o}$ 의 관계를 나타내고 있으며 원자핵이 어떤 양자상태로부터 다른 양자상태로 전이하였을 때 방출되거나 흡수되는 전자기 복사선의 주파수는 가해주는 외부자기장에 직접 비례함을 알 수 있다.

이것을 좀더 명확히 하기 위해 자기회전비, γ 를 사용하여 식 (10.4)를 다음과 같이 나타낼 수 있다.

$$\nu = \frac{\gamma \mathrm{H_o}}{2\pi} \tag{10.6}$$

여기에서 γ 는 회전하는 입자의 자기모멘트와 각운동량 사이의 관계를 나타내는 상수로서 자기모멘트와는 $\mu = \gamma(\mathrm{I}h/2\pi)$ 의 관계를 가지며 핵종이 갖는 고유한 값이다. 따라서 핵이 상호작용을 일으키는 전자기 복사선의 주파수는 외부로부터 가한 자기장의 세기와 핵의 종류에 의해서만 결정된다.

> **예 제** 자기장의 세기가 14,092 Gauss인 자석을 사용한다면, 이 자기장에서 양성자($^1\mathrm{H}$)는 어떤 주파수(ν)의 복사선을 흡수하겠는가? 또 $^1\mathrm{H}$ 의 자기회전비를 계산하라.
>
> **풀 이** $^1\mathrm{H}$ 의 자기모멘트는 2.79 핵마그네톤($1\,\mathrm{NM} = 5.05 \times 10^{-24}\,\mathrm{erg/G}$)이므로 $^1\mathrm{H}$ 의 핵자기모멘트, μ_p는 $1.41 \times 10^{-23}\,\mathrm{erg \cdot G^{-1}}$이다.
> 식 (10.4)에서

$$\nu = \frac{\mu_p H_o}{hI} = \frac{(1.41 \times 10^{-23} \mathrm{erg} \cdot \mathrm{G}^{-1})(14{,}092\,\mathrm{G})}{(6.62 \times 10^{-27} \mathrm{erg} \cdot \mathrm{sec})(1/2)}$$

$$= 60.0 \times 10^6\,\mathrm{H_Z} = 60\,\mathrm{MH_Z}$$

또, 수소 원자핵의 자기회전비(γ)의 크기는 식 (10.6)에 의해서 구하면,

$$\gamma = \frac{2\pi\nu}{H_o} = \frac{2\pi(\mu_p H_o/hI)}{H_o} = \frac{2\pi\mu_p}{hI} = \frac{2 \times 3.14 \times (1.41 \times 10^{-23} \mathrm{erg} \cdot \mathrm{G}^{-1})}{(6.62 \times 10^{-27} \mathrm{erg} \cdot \mathrm{sec})(1/2)}$$

$$= 6.69 \times 10^3\,\mathrm{G}^{-1} \cdot \mathrm{sec}^{-1}$$

양성자의 경우 예제와 같이 계산하면 14,092, 23,500, 51,700 94,000 G의 경우에 각각 60, 100, 220 및 400 MHz에 해당된다.

자기장에 놓여 있는 양성자의 두 에너지상태는 Boltzmann 분포에 따라 분포되어 있고 낮은 에너지준위에 있는 것이 약간 많다. 여기에 라디오파가 조사되어 공명흡수가 일어나면 높은 에너지준위의 존재비가 증가한다. 라디오파의 조사가 멈추면 들뜬 상태에 있는 양성자의 일부는 에너지를 방출하고 바닥상태로 돌아간다. 이 과정을 이완이라 한다. 이완이 잘 되지 않으면 포화상태가 된다. 이때에는 들뜬 상태에 있는 핵의 수가 많아지고 에너지의 흡수가 일어나지 않는다. 흡수띠의 넓이는 이완과정에 의존한다. 이런 포화현상을 최소로 하는 방법은 광원의 세기를 감소시키는 것과 비복사이완 과정의 속도를 증가시키는 방법이다. 이완속도가 빠르면 들뜬 상태의 수명이 짧아야 한다. 그러나 들뜬 상태의 수명이 짧으면 흡수띠의 나비가 넓어진다. 따라서 측정신호의 분해능을 감소시킨다. 이와 같은 상반되는 두 가지 요인 때문에 들뜬 화학종의 이상적 반감기는 0.1~1초 범위가 좋다. 두 가지 형태의 핵 이완, 즉 스핀－격자 이완과 스핀－스핀 이완이 알려졌다. 이에 대한 상세한 설명은 약하기로 한다.

◘ NMR 스펙트럼의 표시법

NMR 스펙트럼을 얻는 방법은 두 가지가 있다. 첫째는 광학 스펙트럼을 얻는 것과 비슷한 방법으로 전자기파의 주파수를 변화시키며 흡수신호를 측정하는 것이다. 이때 주파수, ν를 스펙트럼의 가로축으로 한다. 그러나 라디오파의 주파수를 분산시킬 수 있는 회절발이나 프리즘은 없다. 따라서 필요한 1 kHz 정도에서부터 ^{13}C 이나 ^{19}F 핵

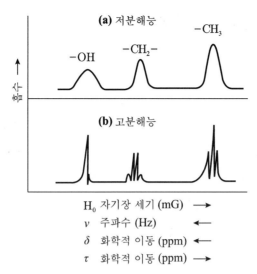

그림 10.4 60 MHz의 라디오파에 대한 에탄올의 NMR 스펙트럼.

에 필요한 10 kHz 정도의 범위까지 라디오파의 주파수를 연속적으로, 또 직선적으로
변화하는 라디오파를 내는 가변 주파수의 발진자가 필요하다.

다른 방법은 일정한 주파수의 라디오 발진자를 사용하며 자기장 H_0를 연속적으로
변환시키는 방법이다. 이때 스펙트럼의 가로축에 H_0를 사용하는 것이 편리하다. 그러
나 다음에 설명하게 될 가로축 눈금으로 화학적 이동, δ와 τ가 일반적으로 이용된다.
δ는 주파수에 정비례하고 τ는 주파수에 반비례한다.

그림 10.4에 에탄올의 저분해능과 고분해능 스펙트럼을 예로 들어 NMR 스펙트럼의
표시법을 나타냈다.

🔰 화학적 환경의 종류

NMR 스펙트럼에는 두 가지의 환경효과가 있다. 원자단의 종류 즉, 화학적 환경에
따라 양성자의 흡수 주파수는 차이가 난다. 이런 효과를 화학적 이동(chemical shift)이
라고 한다.

또 그림 10.4(b)에서 보는 것처럼 고분해능 스펙트럼은 세 양성자 봉우리 중 두 개가
더 많은 봉우리로 분리되어 나타난다. 화학적 이동에 겹쳐서 나타나는 이러한 제2의 환경효
과는 다른 이유 때문에 나타나는데, 이런 효과를 스핀−스핀 분리(spin−spin splitting)라고
한다. 화학적 이동과 스핀−스핀 분리는 모두 분자의 구조분석에 대단히 유용하다.

10.2 화학적 이동과 스핀—스핀 분리

⊃ 화학적 이동

NMR 스펙트럼에서 화학적 이동이 나타나는 것은 외부자기장의 영향을 받고 있는 핵 주위에 전자가 회전하기 때문이다. 이 전자의 운동은 제2차의 작은 자기장을 만들고 이런 2차 자기장은 외부자기장에 대해 반대방향으로 작용한다. 따라서 양성자를 공명시키는데 필요한 유효자기장(H_o)은 외부자기장보다 약간 작은(어느 순간에는 클 때도 있음) 값을 갖는다. 이때 내부에서 생긴 2차 자기장은 걸어준 외부자기장에 비례하므로 다음과 같이 나타낼 수 있다.

$$H_o = H_{app} - \sigma H_{app} = H_{app}(1 - \sigma) \tag{10.7}$$

여기에서 H_{app}는 걸어준 외부자기장, H_o는 핵의 공명을 일으키는 유효자기장이고, σ는 가림 파라미터(shielding parameter)이다.

σ는 핵 주위의 전자밀도에 의해 결정되고, 그 핵을 포함하는 화합물의 구조에 따라 다르다. 에탄올에서 각 원자단에 따른 σ의 크기순서는 다음과 같다. 그리고 고립된 양성자의 σ는 0이다.

$$\sigma(CH_3) > \sigma(CH_2) > \sigma(OH)$$

• 반자기성 효과

핵이 자기장의 영향을 받으면 양성자에 결합한 전자들이 자기장에 수직인 면에서 핵 주위를 세차운동하게 된다. 이 현상을 **그림 10.5**에 나타냈다.

이런 운동의 결과로 2차 자기장이 발생되는데 이것은 1차 자기장에 대해 반대방향으로 작용한다. 이 현상은 고리형 도선에 전류가 흐르는 것과 비슷하다. 따라서 외부에서 걸어준 자기장보다 작은 자기장을 받게 될 것이다. 이때 핵은 1차 자기장의 완전한 효과에서 가림을 받게 된다고 말한다. 따라서 공명을 일으키게 하기 위해서는 외부자기장을 증가시켜야 한다. 세차운동의 주파수와 2차 자기장의 크기는 외부자기장의 직접적인 함수이다. 외부자기장의 직접적인 함수이다. 핵이 받은 가림은 그 핵 주위의 전자밀

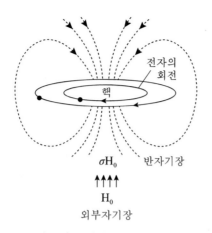

그림 10.5 핵의 반자기성 효과.

도에 직접 관계한다. 그러므로 다른 영향이 없다면 가림은 인접한 원자단의 전기음성도가 증가할수록 감소하게 될 것이다. 이 효과를 반자기성 가림효과라 하고, 이 효과를 CH_3X 형의 몇 가지 화합물들에 대한 화학적 이동을 보기로 **표 10.2**에 나타냈다. 여기서 치환된 원소 X 의 전기음성도가 작을 경우 양성자(^1H)로부터 전자를 끄는 성질이 작다. 따라서 양성자 주위에는 상대적으로 전자밀도가 크므로 가림을 더 크게 받는다. 또한, 전기음성도가 큰 치환체가 다중치환 되었을 때보다 단일 치환되었을 때 양성자 주위의 전자밀도는 크므로 가림을 크게 받는다.

표 10.2 CH_3X 에서 X 에 의한 화학적 이동의 변화

CH_3X	CH_3F	CH_3OH	CH_3Cl	CH_3Br	CH_3I	CH_4	$(CH_3)_4Si$
X 의 전기음성도	4.0	3.5	3.1	2.8	2.5	2.1	1.8
화학적 이동, δ	4.26	3.40	3.05	2.68	2.16	0.23	0
τ	5.74	6.60	6.95	7.32	7.84	9.77	10

표 10.3 치환체의 효과

	$CHCl_3$	CH_2Cl_2	CH_3Cl	$-CH_2Br$	$-CH_2-CH_2Br$	$-CH_2-CH_2CH_2Br$
δ	7.27	5.30	3.05	3.30	1.69	1.25
τ	2.73	4.70	6.95	6.70	8.31	8.75

그리고 치환제가 지정된 양성자로부터 먼 곳의 탄소에 치환되어 있으며 치환체의 영향은 급격히 감소한다. 즉, 치환체는 탄소수 세 개 이상의 위치에 있는 양성자에는 거의 영향을 미치지 못한다. **표 10.3**에는 밑줄 친 양성자에 대한 이런 효과를 보여준다.

탄소에 붙어 있는 전기음성도가 큰 치환체는 전자를 끄는 힘이 있으므로 같은 탄소에 붙어있는 양성자 주위의 최외각 전자밀도를 감소시킨다. 즉, 최외각 전자들은 도입된 자기장으로부터 양성자를 가린다. 그리고 탄소원자에 치환되어 있는 전기음성도가 큰 원소는 양성자의 전자밀도를 감소시킴으로써 양성자의 국부적 반자기성 가림을 줄여준다. 이런 작용을 하는 치환체는 양성자에 대한 가림을 제거시킨다. 치환체의 전기음성도가 클수록 양성자를 더욱 많이 가림 벗겨 양성자의 화학적 이동 δ는 커진다.

• 자기비등방성 효과

이중결합 또는 삼중결합을 갖는 화합물의 NMR 스펙트럼을 보면 어떤 양성자의 봉우리의 위치 즉, δ값의 순서는 국부적인 반자기성 효과만으로 판단하기 곤란하다. 즉, 화학적 이동을 일으키는 인접기의 전기음성도만으로 설명할 수 없다는 것을 알게 된다. 다음 예와 같이 산성도가 증가하는(또는 양성자가 결합되어 있는 원자단의 전기음성도가 증가하는) 순서로 나열한 몇 가지 탄화수소 화합물의 양성자에 대한 δ값이 불규칙하게 변화하는 예를 들어 설명하여 보자.

$$CH_3 - CH_3 \qquad CH_2 = CH_2 \qquad CH \equiv CH$$
$$(\delta = 0.9) \qquad (\delta = 5.8) \qquad (\delta = 2.9)$$

또 알데하이드 $RCHO\,(\delta \sim 10)$와 벤젠 $C_6H_6\,(\delta \sim 7.3)$의 양성자는 이것이 결합되어 있는 원자단의 전기음성도에서 기대되는 화학적 이동보다 훨씬 낮은 자기장 쪽에서 나타난다는 점에 관해서도 알아보자.

화학적 이동에 미치는 다중결합의 효과는 이들 화합물의 비등방성(anisotropy) 때문에 나타나는 것으로 설명할 수 있다. 예를 들면 방향족 화합물의 자기화율은 걸어준 자기장에 대한 고리의 방향에 따라 상당히 다르게 나타남을 알 수 있다. 이것은 **그림 10.6**으로부터 이해할 수 있다. 여기에서 고리의 면은 자기장에 대해 수직이고 이런 위치 관계에서 자기장은 π 전자가 고리 주위를 돌게 하여 고리 전류를 유도한다. 이 결과 코일에 전류가 흐르는 경우와 같이 가한 외부자기장에 반대로 작용하는 제2차 자기장이 생긴다. 그러나 2차 자기장은 벤젠고리에 붙어있는 양성자에게도 자기적인 효과를 미치는데 이 효과는 자기장과 같은 방향으로 작용한다. 따라서 방향족 양성자는 공명을 일으킬 때 더 낮은 외부자기장이 필요하게 된다. 그러나 벤젠고리의 배향이 변하면 이런 현상이 없어지거나 또는 자동적으로 상쇄된다. 에틸렌과 카보닐의 이중결합에 대해서 **그림 10.7**과 같은 모형으로 설명할 수 있다. 에틸렌과 같이 자기장에 배향되어 있을 경우에는 결합 축에 평행한 평면에서 π 전자가 회전한다고 볼 수 있다. 그러면 유도된 2차 자기장은 양성자의 외부자기장을 증가시키게 작용한다.

따라서 가림 벗김이 일어나게 되어 봉우리를 δ값이 더 큰 쪽으로 이동시킨다. 알데하이드는 이 효과가 카보닐기의 전기음성 때문에 나타나는 가림 벗김으로 인하여 δ값이 크게 나타난다. 아세틸렌의 결합에서는 결합 축 주위에 π 전자가 대칭적으로 분배되어

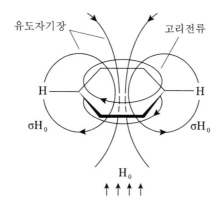

그림 10.6 고리전류 효과에 의해 유도된 방향족 양성자의 가림 벗김.

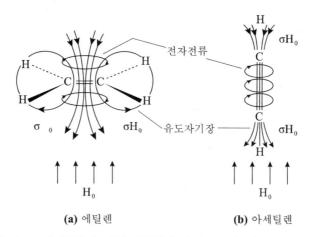

(a) 에틸렌   **(b)** 아세틸렌

그림 10.7 전자전류에 의한 에틸렌의 가림 벗김과 아세틸렌의 가림.

전자가 결합 주위를 회전할 수 있게 된다. 그러나 이중결합의 경우에는 전자의 회전을 볼 수 있다. 이런 배향에서는 양성자가 가리어진다. 이 효과는 대단히 커서 양성자의 산성도로부터 생기는 가림 벗김과 자기장에 수직되게 결합이 변형될 때 일어나는 전자 전류로부터 생기는 가림 벗김을 상쇄하고도 남는다.

⊃ 스핀-스핀 분리

화학적 이동 봉우리가 다시 분리되는 것은 그 핵 주위의 유효자기장이 인접한 원자에 결합되어 있는 다른 수소 핵에 의해 생기는 국부적 자기장 때문에 더욱 감소되거나 증가된다고 가정함으로써 설명할 수 있다. 그림 10.4(b)에서 메틸렌($-CH_2-$) 봉우리의 분리는 인접한 메틸기의 수소 핵으로 인해 생기는 국부적 자기장의 효과에 의해 나타나고 메틸기의 세 봉우리는 메틸렌기의 수소 핵 때문이다. 이런 스핀-스핀 분리는 외부 자기장과는 관계가 없고 화학적 이동효과에 겹쳐서 나타난다. 여기에서 메틸기와 메틸렌기의 스핀-스핀 분리를 잘 살펴보면 메틸기의 세 봉우리 간의 간격과 메틸렌기의 네 개 봉우리 간의 간격이 서로 같다는 것을 알 수 있다. 이들 간격을 주파수 단위로 나타낸 것을 상호작용의 짝지음 상수라고 하며 기호 J로 표시한다. 이와 같은 스핀-스핀 분리에 의한 다중선에서 각 봉우리의 면적은 서로 거의 정수비를 이룬다. 즉, 메틸기의 삼중선은 1:2:1이며, 메틸렌기의 사중 선은 1:3:3:1이다. 여기에서는 스핀-스핀 짝지음에 대한 메카니즘의 설명은 생략하고, 에탄올에서 메틸기의 양성자 공명에 미치는 메틸렌 양성자의 영향을 자세히 살펴보자. 가능한 두 스핀상태에 있는 양성자수의 분포 비는 아주 강한 자기장에서도 거의 1이다. 따라서 한 분자에 있는 두 개의 메틸렌 양성자는 네 개의 가능한 스핀상태의 배합을 가질 수 있다고 생각된다. 그리고 전체 시료에는 이런 조합의 각각이 거의 같은 수로 분포되어 있을 것이다. 만약 각 핵의 스핀 배향을 화살표로 표시하면 네 스핀상태는 아래와 같다.

인접한 탄소원자에 결합된 메틸기의 양성자에 미치는 자기효과는 어떤 순간에 메틸

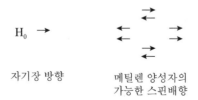

자기장 방향   메틸렌 양성자의
                              가능한 스핀배향

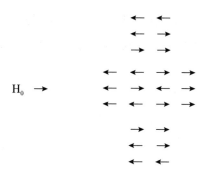

렌기에 존재하는 스핀조합에 의해 결정된다. 만약 스핀이 짝을 이루고 외부자기장에 반대방향이라면 메틸기의 양성자에 미치는 유효자기장은 조금 감소하게 되는 셈이고, 공명을 일으키려면 조금 높은 자기장이 필요할 것이다. 따라서 높은 자기장 쪽으로 이동이 일어날 것이다.

한편, 같게 짝을 이룬 스핀이 자기장과 같은 방향이라면 낮은 자기장 쪽으로 이동이 일어나고, 서로 반대로 짝지은 스핀조합은 어느 것도 메틸기의 양성자 공명에 영향을 주지 않을 것이다. 따라서 세 봉우리 분리가 일어난다. 중간 봉우리 면적은 다른 두 봉우리보다 두 배가 크다. 이것은 두 스핀조합이 관여하기 때문이다. 메틸렌 봉우리에 미치는 메틸기 양성자의 가능한 스핀조합은 다음과 같이 8개의 조합이다. 이들 스핀조합 중에는 같은 값의 자기효과를 내는 세 조합을 포함하는 두 스핀무리가 있다. 따라서 메틸렌 봉우리는 면적의 비가 1:3:3:1인 네 개 봉우리로 분리된다. 여기서 일차 스펙트럼이란 서로 상호작용하는 핵 무리 간의 화학적 이동이 그들의 짝지음 상수 J에 비해 큰 스펙트럼을 말하고, 엄격한 의미는 $\triangle \nu = J$가 20보다 큰 경우이다. 그러나 $\triangle \nu / J$가 10 이하일 때까지도 일차 스펙트럼에 의해 스펙트럼을 해석할 수 있다. 에탄올 스펙트럼은 메틸과 메틸렌기의 다중선의 중심 사이의 화학적 이동이 140 Hz이고 각 봉우리의 J가 7 Hz인 일차 스펙트럼이다.

⊃ 일차 스펙트럼의 해석규칙

일차스펙트럼의 해석에 관한 규칙은 다음과 같다.

(1) 화학적 환경이 같은 핵은 서로 작용하지 않고 다중선을 나타내지 않는다. 예로써 에탄올의 메틸기의 3개의 수소는 인접한 메틸렌기의 봉우리를 스핀−스핀 분리

시킬뿐 자체끼리는 스핀-스핀 분리되지 않는다.

(2) 원자단이 서로 떨어져 있을수록 짝지음 상수는 감소한다. 즉, 세 결합 이상 떨어진 경우에는 짝지음이 나타나지 않는다.

(3) 한 봉우리의 다중선은 인접한 원자단에 있는 자기적으로 동격상태의 양성자수에 의해 결정된다. 즉, 인접한 원자단의 양성자수가 n이면 다중선은 $(n+1)$개로 나타난다. 따라서 에탄올의 메틸기의 다중선은 3이고 메틸렌기의 다중선은 4이다. 스핀양자수가 1/2이 아닌 핵에서는 다중도가 (2nI+1)개로 나타난다.

(4) 만약 $CH_3 - CH_2 - CH =$와 같은 경우 메틸렌기의 다중도는 인접한 메틸기와 메틴기에 의해 다음과 같은 방법으로 계산된다. (3+1)(1+1)=8

(5) 다중선의 면적은 봉우리의 중심을 기준으로 대략 대칭이며 $(X+1)^n$식을 전개할 때 나타나는 각 항의 계수에 비례한다. 이 예를 **표 10.4**에 나타내었다.

(6) 외부자기장과 짝지음 상수는 서로 무관하다. 따라서 다중선은 가깝게 위치한 화학적 이동 봉우리와 쉽게 구별된다.

이상과 같이 다중도를 구했을 때 다중도가 큰 경우에는 낮은 분해능의 기기로 스펙트럼을 얻는다면 다중선이 모두 나타나지 않고, 절반만 나타나는 수가 있다.

화학반응의 영향

보통의 순도의 에탄올의 NMR 스펙트럼에 비하여 대단히 순수한 에탄올의 스펙트럼은 **그림 10.8**과 같다.

표 10.4 일차 스펙트럼에서 다중선의 상대세기

동격인 양성자수(n)	다중도($n+1$)	봉우리의 상대면적
0	1	1
1	2	1 1
2	3	1 2 1
3	4	1 3 3 1
4	5	1 4 6 4 1
5	6	1 5 10 10 5 1
6	7	1 6 15 20 15 6 1
7	8	1 7 21 35 35 21 7 1

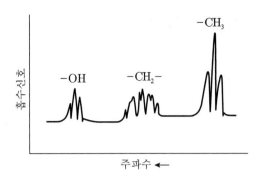

그림 10.8 순수한 에탄올의 NMR 스펙트럼

그림 10.8을 보면 CH_2 와 OH 의 양성자의 봉우리가 더 세부적으로 복잡하게 분리된다. 이것은 미량의 산이나 염기 불순물이 남아있지 않으므로 OH양성자의 교환 속도가 대단히 느려서 메틸렌 양성자와 정상적인 스핀 짝지음 효과가 나타나기 때문이다. 반대로 산소, 황, 질소에 결합된 양성자가 복잡한 신호를 나타낼 때 미량의 산 또는 염기를 가하면 스펙트럼이 단순화되는 수가 있다. 또한, 일상적인 측정 후 중수(D_2O)를 소량 가한 후 수 분 동안 흔들어 주면 각각의 양성자는 중수소 교환반응이 일어나 스펙트럼에서 신호가 없어지기 때문에 정보를 얻기가 쉽다.

10.3 NMR 장치와 실험법

⊃ NMR 장치

NMR 스펙트럼 측정을 위해서는 라디오파 발진코일로 주파수를 변화시키는 방법과 주파수를 일정하게 유지하고 자기장을 변화시키는 방법이 이용된다. 이 중에서 후자에 의한 장치가 더 일반적이다. 이때 자기장을 안정하게 유지하는 방법으로 록인 방법이 이용된다. 이 외의 NMR로 Fourier 변환법에 의한 기기가 있다. 이 기기는 라디오파를 마이크로 초 단위(~50 μsec)의 펄스로서 시간 주기적으로 시료에 조사하여 모든 ^1H 핵을 동시에 들뜨게 하여, 각 ^1H 핵에 의해 각각의 주파수 성분의 흡수를 검출하는 것이다. 즉, 반복하여 펄스를 조사한 다음 얻어 적산된 자유유도붕괴 신호를 컴퓨터에 의해 Fourier 변환하여 NMR 신호를 얻는다. 이 방법은 미량시료의 측정에 대단히 유용하며 ^{13}C -NMR 에서는 이 방법이 사용된다. 최근에는 액체 헬륨을 사용하는 초전도 자석이

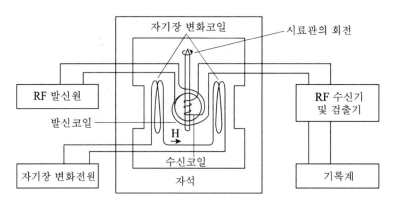

그림 10.9 NMR 분광계 부분장치의 개략도.

만들어져 500 MHz 기기와 같은 높은 자기장의 고분해능 NMR 분광계가 등장하게 되었고 600~1,000 MHz 장치도 개발되고 있다.

NMR 분광계의 주요 부분장치는 자석, 라디오파의 발진기와 검출기, 시료관 및 자기코일 등이다. **그림 10.9**에 자기장 변화에 의한 장치의 개략도를 나타냈다.

• 자석

NMR 분광계의 감도와 분해능은 자석의 세기와 질에 크게 의존한다. NMR 흡수법에 사용하는 자석은 매우 강한 자기장을 발생시킬 수 있어야 한다.

NMR에 사용하는 자석은 영구자석, 전자석 및 초전도 솔레노이드 등의 세 가지 형태가 있다. 14,092 G의 자기장 세기를 갖는 영구자석이 있고 이것은 60 MHz 기기에 사용한다. 영구자석은 온도변화에 민감하므로 성능이 좋은 온도 조절장치와 차폐장치가 필요하다. 전자석은 비교적 온도에 민감하지 않지만 큰 전류로 생기는 열의 제거를 위해 냉각장치가 필요하며 안정도를 유지하기 위해 정교한 전력 공급장치가 필요하다.

전자석에는 양성자 흡수 주파수인 60, 90, 100 MHz에 해당하는 14,092, 21,140과 23,490 G의 자기장을 만들어낸다. 초전도자석은 가장 분해능이 좋고 이 경우 140,000 G 정도의 큰 자기장을 얻을 수 있는데 이것은 양성자의 주파수 600 MHz에 해당한다. 자석은 오랜 시간에 걸쳐 자기장의 세기가 일정하게 유지되어야 하고 이를 위해 보정장치를 사용한다.

⊃ 시료 취급법

NMR 실험에서 시료는 시료 관에 넣어 사용하고 시료관의 재질은 라디오파를 흡수하

표 10.5 NMR 용매의 성질

용매	화학식	bp(℃)	mp(℃)	^{1}H (δ)	^{13}C (δ)
사염화탄소	CCl_4	76.7	-22.6	$-$	95.3
이황화탄소	CS_2	46.5	-112.0	$-$	192.8
아세톤$-d_6$	$(CD_3)_2CO$	56.3	-94.0	2.1	30.4
클로로포름$-d$	$CDCl_3$	61.2	-63.5	7.3	77.2
중수	D_2O	101.4	1.1	4.7	$-$
이염화메틸렌$-d_2$	CD_2Cl_2	40.2	-96.8	5.3	53.6
벤젠$-d_6$	C_6D_6	80.1	5.5	7.2	128.4
메탄올$-d_4$	CD_3OD	64.7	-97.8	3.3	48.0

* D_2O 이외에는 중수소화합물이 아닌 화합물의 자료임.

지 않는 견고하며 화학적으로 비활성이어야 하므로 대개 유리관이나 파이렉스관이 사용된다. 보통 시료관 크기는 직경 5 mm, 길이 18 cm이다. 액체 시료는 대략 0.4 mL 정도 담아서 측정한다. 일반적으로 액체 시료를 그대로 또는 적당한 용매에 녹여서 측정하며 용매로 녹일 때는 시료를 잘 녹이고 화학적으로 비활성이어서 자기적으로 등방성인 양성자를 함유하지 않은 것이 바람직하다. 실제로 용해성이 비교적 좋은 $CDCl_3$ (chloroform$-d$)가 많이 사용된다. 이것에 녹지 않는 시료는 다른 적당한 중수소화합물 용매를 선택한다.

참고로 NMR 용매의 성질을 표 10.5에 나타내었다. 시료용액의 농도는 5~20 wt/vol % 용액으로 한다. 용액에 부유물이나 침전물이 있으면 분해능이 떨어지므로 거르거나 원심분리 하여 제거한 다음 측정하도록 한다.

화학적 이동의 기준물질

화학적으로 다른 양성자는 다른 자기장에서 공명한다고 말할 수 있다. NMR 스펙트럼에서 공명 흡수봉우리의 위치는 동시에 측정하는 한 표준물의 공명 봉우리에 대한 상대적 위치로 나타내는 것이 편리하다.

화학적 이동의 기준물질로는 TMS(tetramethyl silane), $(CH_3)_4Si$ 을 주로 사용하는데 TMS의 모든 수소는 같은 성질을 갖고, 가림 파라미터는 대부분의 다른 화합물보다 크다. 따라서 대단히 높은 자기장에서 선명한 단일봉우리를 나타내고 잘 분리된다. 또 비활성이고 대부분의 유기용매에 쉽게 녹고, 끓는점이 27 ℃이므로 쉽게 제거할 수 있지만 물에 녹지 않는 것이 약점이다. 수용성 시료일 때는 중수를 용매로 사용하며, 이때는 DSS (sodium 2, 2−dimethyl−2−silapentane−5−sulfonate$[(CH_3)_3Si(CH_2)_3SO_3Na]$을 기준 물질로 사용한다. DSS의 메틸기 양성자도 TMS와 같은 위치에서 봉우리를 나타내고, 메틸렌기의 양성자는 쉽게 확인할 수 있는 작은 일련의 봉우리를 내는데 이것은 무시할 수 있다. 화학적 이동은 δ 또는 τ가 널리 사용된다. δ는 다음처럼 나타낸다.

$$\delta = \frac{실측한\ 화학적\ 이동(Hz)}{분광계의\ 주파수(Hz)} \times 10^6\, ppm \tag{10.8}$$

δ는 단위가 없는 ppm으로 표시하는 상대적 화학적 이동이다. 주어진 봉우리에 대하여 δ는 60, 100 MHz의 어느 기기에서도 같은 값으로 나타낸다. 그러나 높은 자기장 기기에서는 봉우리가 분리되어 있어 확인이 쉽다. 대부분의 양성자 봉우리의 δ는 1~13이고, 다른 핵에서는 2p전자가 관여하기 때문에 화학적 이동 파라미터의 범위가 크다. 예를 들면 ^{13}C−NMR의 경우에는 δ의 범위가 6~220이고, ^{19}F−NMR은 −270~+65이며, ^{31}P−NMR은 −200~+120 범위이다. 또 다른 화학적 이동 파라미터로 τ가 사용되기도 하는데 이것은 δ와는 $\tau = 10 - \delta$의 관계가 있다.

10.4 NMR 분광법 응용

• 화학적 이동과 적분

화학적 이동과 적분 값은 스펙트럼을 해석하는 데 기본적으로 필요하다. **그림10.10**과 같이 스펙트럼이 비교적 간단한 에탄올의 스펙트럼을 예로 들어 설명하자. 스펙트럼의 세로축은 흡수신호의 세기를, 가로축에는 일반적으로 δ(또는 τ)을 취하면 유기화합물의 대부분의 수소 핵은 δ 값이 0.5~12 사이에서 흡수가 나타난다. 서로 다른 화학적 환경에 양성자의 δ 값을 **표 10.6**에 나타내었고, 여기에서 여러 종류의 원자단 R에 붙어 있는 메틸, 메틸렌 및 메틴기의 양성자에 대한 대략적인 화학적 이동, δ 를 나타내었다. 그림 10.10에서 봉우리 넓이의 적분 값의 비는 1:2:3인데 이것은 각 양성자의 상대적 수의 비와 같다. 따라서 이것으로 각 봉우리에 해당하는 양성자수의 비를 알 수 있다. 즉, 각 봉우리의 양성자 수는 1:2:3 비와 같고, 이 비와 δ 값으로부터 높은 자기장 쪽으로

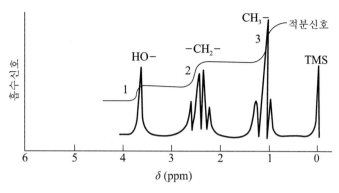

그림 10.10 봉우리의 면적이 적분된 에탄올의 NMR 스펙트럼.

부터 메틸($-CH_3$), 메틸렌($-CH_2-$), 알코올($-OH$) 기의 양성자에 해당하는 흡수 봉우리라는 것을 비교적 쉽게 알 수 있다.

표 10.6 양성자의 화학적 이동 (δ, ppm)   (R: alkyl, Ar: aryl)

구 조	M = $-CH_3$	M = $-CH_2-$	M = $-CH-$
$M-C-CH_2-$	0.95	1.20	1.55
$M-C-NR_2-$	1.05	1.45	1.70
$M-C-C=C$	1.00	1.35	1.70
$M-C-C=O$	1.05	1.55	1.95
$M-C-NRAr$	1.10	1.50	1.80
$M-C-NH(C=O)R$	1.10	1.50	1.90
$M-C-(C=O)NR_2$	1.10	1.50	1.80
$M-C-(C=O)Ar$	1.15	1.55	1.90
$M-C-(C=O)OR$	1.15	1.70	1.90
$M-C-C\equiv CR$	1.20	1.50	1.80
$M-C-SR$	1.25	1.60	1.90
$M-C-OAr$	1.30	1.55	2.00
$M-C-O(C=O)Ar$	1.65	1.75	1.85
$M-(C=O)R$	2.10	2.35	2.65

• 화학적 이동과 분자구조

화학적 이동은 보통 인접원자 또는 원자단의 전기음성도에 의해 결정되며 자화율의 불균일 효과와 전자의 영향은 이차적인 것이다.

분자구조는 표 10.6에서와 같은 화학적 환경에 따른 양성자의 화학적 이동 값의 크기로부터 해석할 수 있다. NMR 스펙트럼이 데이터집이나 문헌에 있는 기지물질의 경우에는 확인이 비교적 쉽지만, 구조를 추정하기 어려운 화합물의 경우에는 우선 스펙트럼의 전체적 모양을 잘 관찰하고 다음의 기본적 순서에 따라 해석한다.

(1) 화학적 이동 값을 근거로 하여 양성자의 종류를 예측한다.
(2) 적분곡선으로부터 각 신호에 해당하는 양성자수(수소의 수)를 구한다.
(3) 교환 가능한 양성자가 예상되면 D_2O 교환스펙트럼을 얻어서 비교한다.
(4) 다중도를 나타내는 부분이 있으면 해석할 때 δ 값과 J 값을 결정한다.

그러나 복잡한 스펙트럼의 해석하기 위한 일반적인 방법은 다음과 같다.

(1) 높은 자기장 기기를 사용하는 방법으로 자기장의 증가에 따라 화학적 이동은 커지지만 짝지음 상수는 영향을 받지 않는다. 따라서 보다 강한 자기장의 자석을 가진 기기를 사용하여 스펙트럼을 얻으면 스펙트럼이 겹치지 않고, 분리되어 있어 확인이 쉬워진다.
(2) 스핀 짝풀림(이중공명)법은 주파수가 다른 두 개 또는 그 이상의 라디오 신호를 동시에 핵에 조사시키는 방법이다. 이런 방법 중에는 스핀 짝풀림, 스핀자극, 핵 오바하우서 효과 및 핵 사이의 이중공명 등이 있다. 이런 과정은 복잡한 스펙트럼을 해석하는 데 이용된다. 여기서는 대표적으로 스핀 짝풀림에 대해서만 설명한다. 이것에 의한 에탄올의 예를 **그림 10.11**에 나타냈다.

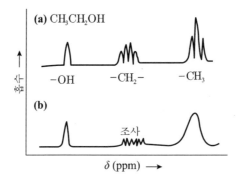

그림 10.11 에탄올의 짝풀림 NMR 스펙트럼. (a) 일반 스펙트럼,
(b) CH_2 양성자에 조사했을 때의 짝풀림 스펙트럼.

(3) 중수소의 치환법은 분자 내에 하나 또는 그 이상의 양성자를 중수소로 치환하면, 치환된 양성자에 해당하는 흡수봉우리가 제거된다. 이것은 중수소와 양성자 간의 짝지음은 두 양성자 간에 짝지음에 비해 작기 때문이다. 예를 들면 OH, NH, SH 등의 작용기를 갖고 있는 시료는 D_2O 를 가하고 흔들어줌으로써 간단히 화학반응이 일어나게 되어 처음신호가 없어진다. 카보닐, 카보닐알콕시, 나이트로기에 인접한 탄소에 있는 수소는 염기촉매가 있는 상태에서 쉽게 중수소로 치환된다. 그 결과 신호가 없어질 뿐만 아니라 다른 양성자와의 스핀결합도 간단해진다. 예로써 원래 5중선인 β-양성자는 α-양성자의 D교환으로 3중선으로 된다.

$$\mathrm{XCH_2^{\gamma} - CH_2^{\beta} - CH_2^{\alpha} - CO_2R} \xrightarrow[\mathrm{NaOD}]{\mathrm{D_2O}} \mathrm{XCH_2^{\gamma} - CH_2^{\beta} - CD_2^{\alpha} - CO_2R}$$

그러나 여러 위치에 있는 수소는 중수소로 간단히 치환될 수 없는 경우가 있어 합성에 의해 중수소를 특정 위치에 도입해야 한다.

• 화학적 이동시약

OH, C=O, -O-, CO_2R, CN 작용기에 δ의 이동시약, tris (dipivalomethanato) europium[정식명: tri(2,2,6,6 - tetramethyl - 3,5 - heptane dionate) europium], 즉 Eu (dpm)$_3$(1) 을 가하면 착물을 형성한다. 희토류 이온은 이러한 기능기의 비공유 전자쌍과의 결합성 상호작용에 의해 그 배위력을 증가시킨다. 이 작용은 배위 장소에 가까운 양성자에 가장 효과적인 이동을 가져온다.

그림 10.12에 n-헵탄올에 이동시약을 가하였을 때의 결과를 나타내었다. 이동시약은 스펙트럼을 간단하게 만들어 해석을 쉽게 할 뿐만 아니라 입체 배치에 의해 분자의 입체화학에 관한 정보도 준다. 예를 들면 이동시약(2)은 광학 대장체와 착물을 만들 때 거울상을 만들어 각각 다른 화학적 이동을 나타낸다. 따라서 NMR 분광법은 대장체 혼합물의 광학 순도를 결정할 수 있다.

• 화합물의 확인

양성자 NMR의 가장 중요한 응용은 유기물, 금속-유기물 및 생화학 분자의 확인과 구조를 밝히는 것이다. 그리고 흡수화학종의 정량분석에도 이용된다. NMR은 적외선

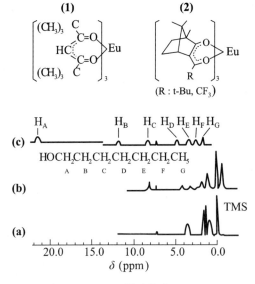

그림 10.12 CDCl$_3$에 녹인 0.300M n—헵탄올의 60 MHz NMR 스펙트럼에 미치는 화학적 이동시약 Eu(dpm)$_3$의 효과. (a) 이동시약이 없을 때, (b) n—헵탄올 1몰당 Eu(dpm)$_3$ 0.19몰 가했을 때, (c) n—헵탄올 1몰당 Eu(dpm)$_3$ 0.75몰 가했을 때.

과 같이 유기화합물을 NMR 스펙트럼만으로 확인하기에는 불충분하다.

그러나 자외선, 적외선, 질량분석 스펙트럼 및 원소분석과 같은 다른 분석방법과 함께 사용한다면 NMR은 순수한 화합물의 특성을 밝히는 데 대단히 중요한 역할을 한다. 특히 유기합성에서 합성여부를 빠른 시간에 확인하는 데 아주 유용하다.

• **정량분석**

NMR 스펙트럼에서 공명 흡수봉우리의 면적은 그 봉우리에 해당하는 핵의 수에 정비례한다. 이것을 이용하면 특정 화합물을 정량하는데 검정선을 작성하기 위해 순수한 표준물을 필요로 하지 않는다. 이것은 다른 기기분석법들에 비교하여 핵자기 공명 분광법의 특징이다. 만약 시료 중의 한 성분 화학종에서 어느 한 봉우리가 다른 성분의 봉우리와 겹치지 않는다면 이 봉우리의 면적으로부터 그 화학종의 농도를 직접 정할 수 있다. 이때 양성자당 봉우리 면적은 알고 있다고 가정한다. 양성자당 봉우리 면적은 농도를 이미 알고 있는 내부표준물로부터 쉽게 얻을 수 있다. 예를 들면 만약 용매가 벤젠, 사이클로헥세인(cyclohexane) 또는 물이고 그 양을 알고 있다면, 이들 화합물의 단일 양성자 봉우리의 면적은 원하는 정보를 제공해준다. 물론 내부표준물의 봉우리는 시료봉우리의 어느 것과도 겹쳐서는 안 된다. 유기실리콘 유도체(TMS 또는 DSS)가 검정선을 작성하는 목적에 대단히 유용하게 쓰인다. 이것은 이 화합물의 양성자 봉우리가 대단히 높은 자기장에 위치하고 있기 때문이다. 그러나 시료가 복잡할수록 공명 봉우리가 서로 겹칠 가능성이 커진다. NMR 정량법에서 제일 문제가 되는 것 중의 하나는 포화효과에서 생기는 결과이다. 포화효과가 흡수세기에 주는 영향은 그 화학종의 이완시간에 달려 있고, 또 사용하는 발진자의 라디오파 세기 및 스펙트럼을 주사하는 속도의 지배를 받는다. 따라서 이런 조건들을 조절하여 포화상태에서 오는 오차를 피할 수 있다.

NMR 분광법은 다중성분 혼합물을 분석할 수 있다. 이때에는 어느 성분의 스펙트럼이 다른 성분의 것과 겹치지 않는 것이어야 한다. NMR 분석법 중 중요한 것은 식료품, 펄프, 종이, 농산물 등에서 물의 양을 정량하는 것이다. 이런 물질에 있는 물은 좁은 봉우리를 나타내므로 정량적으로 측정하기가 쉽다.

10.1 94,000 Gauss의 NMR에서 양성자는 몇 MHz의 라디오파를 흡수하겠는가?

10.2 양성자의 자기모멘트 배열을 반대방향으로 변화시키는 데 100 MHz의 라디오 주파수가
필요하다면 양성자 NMR의 자석의 세기는 약 몇 T(Tesla)인가? 단, 양성자의 자기회전
비율은 $3.0 \times 10^8 \ T^{-1}s^{-1}$ 이다.

10.3 NMR 스펙트럼으로 **ethanol, dimethyl ether** 및 **acetone**을 구별하라.

10.4 다음의 각 화합물의 고분해능 NMR 스펙트럼의 모양을 그려라.

(a) ethyl benzene   (b) acetaldehyde

(c) cyclohexane   (d) acetic acid

(e) toluene   (f) methyl ethyl ketone

10.5 다음의 실험식을 갖는 5가지 화합물의 NMR 스펙트럼을 보고, 각각 어떤 화합물인가를
추정하라.

(a) $C_4H_7BrO_2$ (b) C_4H_8O

(c) $C_4H_8O_2$ (d) C_8H_{10}

(e) $C_8H_{14}O_4$

(a) $C_4H_7BrO_2$

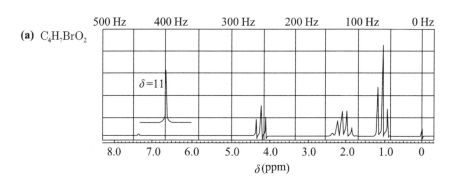

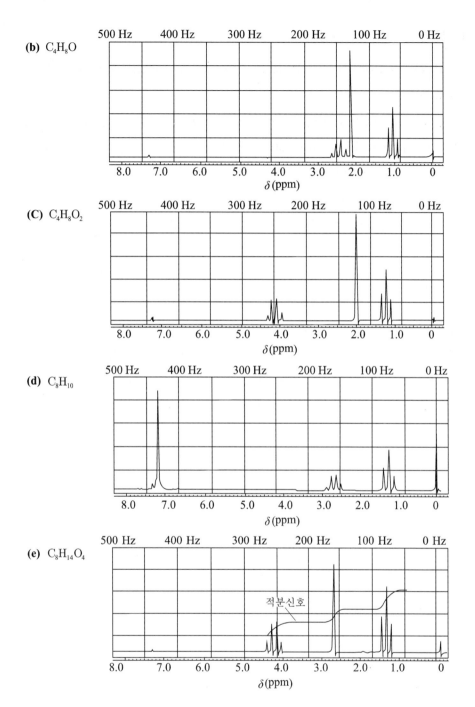

(b) C_4H_8O

(C) $C_4H_8O_2$

(d) C_8H_{10}

(e) $C_8H_{14}O_4$

적분신호

● 참고문헌

1. R. Harris, *Nuclear Magnetic Resonance Spectroscopy*, Pitman Publishing, Marshfield, MA, 1983.

2. R. H. Cox and D. E. Leyden, in *Treatise on Analytical Chemistry*, 2d ed., P. J. Elving, M. M. Bursey and I. M. Kolthoff, Eds., Part Ⅰ, Vol. 10, Wiley, New York, 1983.

3. D. A. Skoog, *Principles of Instrumental Analysis*, 3rd ed., Saunders College Publishing, P. A. Winston, 1985.

4. J. A. Dean, Ed., *Lange's Handbook of Chemitry*, 13th ed., McGrawHill, Inc., New York, 1985.

5. C. J. Pouchert and J. Behnke, *The Aldrich Library of ^{13}C and ^{1}H FT$-$NMR Spectra*, 1st ed., 3 vols., Aldrich Chemical Co., Inc., 1993.

6. M. C. R. Symons, *Chemical and Biochemical Aspects of Electron Spin Resonance Spectroscopy*, Wiley, New York, 1978; I. B. Goldberg and A. J. Bard, in *Treatise on Analytical Chemistry*, 2nd ed., P. J. Elving, M. M. Bursey and I. M. Kolthoff, eds., Part Ⅰ, vol. 10, chapter 3, Wiley, New York, 1983.

11.1 원자 분광법의 원리

⊃ 원자 분광법의 종류

원자 분광법은 원자나 이온에 의해 전자기 복사선을 흡광, 형광 또는 발광하는 것에 근거를 두고 있다. 분자와 착이온이 없는 경우의 원자 스펙트럼은 비교적 간단하고 여러 개의 좁고 분리된 선으로 구성되어 있다. 이 분광법은 자외선-가시선 분광광도법보다 선택성이 좋고 감도가 높기 때문에 ppb 정도까지 극미량 금속원소도 정확하게 분석할 수 있다. 따라서 화학, 의·약학, 금속, 식품, 지질학, 환경, 공업분석, 임상분석 등의 많은 분야에서 응용된다.

원자 분광법은 시료를 원자화시키는 방법에 따라 대략 3,000 ℃ 이하의 낮은 에너지에 의한 방법과 대략 4,000 ℃ 이상의 높은 에너지에 의한 방법으로 나뉜다. 낮은 에너지에 의한 원자화법은 불꽃과 전열에 의한 것이 있고, 높은 에너지에 의한 원자화법에는 플라스마, 전기 아크 및 전기 스파크에 의한 발광 분광법이 있다.

원자 분광법에도 방법의 기본현상에 따라서 원자흡광 분광법(atomic absorption spectroscopy, AAS), 원자형광 분광법(atomic fluorescence spectroscopy, AFS) 및 원자발광 분광법(atomic emission spectroscopy, AES)으로 나뉜다.

• 원자흡광, 원자형광 및 원자발광

중성의 원자구름에 복사선을 조사시키면 복사선을 흡수하여 바닥상태로부터 들뜬상태로 전자전이가 일어나게 된다. 이것을 원자흡광이라고 하고 들뜬상태 원자는 아주 짧은 시간이 지난 후에 다시 바닥상태로 전이가 일어나며 복사선을 재발광하게 된다. 이와 같이 원자가 복사선을 흡광한 후에 재발광하는 현상을 원자형광이라 한다. 이들 현상을 다음과 같이 나타낼 수 있다.

$$\text{M} + h\nu \underset{\text{발광}}{\overset{\text{흡광}}{\rightleftarrows}} \text{M}^*$$
$$\text{중성원자 \quad 광자} \qquad \text{들뜬상태} \tag{11.1}$$

원자형광과는 달리 원자가 열에너지를 흡수하여 들뜬상태로 되었다가 복사선을 발광하면서 낮은 에너지상태로 전자전이가 일어나는 경우도 있다. 이와 같은 복사선의 발광을 원자발광이라고 하며 특히, 열 에너지원이 불꽃일 때에는 불꽃발광이라 하고 이 현상은 아래와 같이 나타낼 수 있다.

$$\text{M} \underset{-h\nu}{\overset{+\text{열에너지}}{\rightleftarrows}} \text{M}^* \tag{11.2}$$

원자흡광, 형광 및 발광에 의한 스펙트럼을 얻을 수 있고 이들은 미량금속의 정량분석에 이용된다.

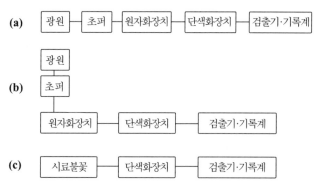

그림 11.1 (a) 원자흡광, (b) 원자형광, (c) 불꽃발광 분광법 장치의 비교.

흡광과 발광이라는 원리의 차이는 있지만 그들을 측정하는 장치가 비슷하므로 원자 흡광 분광법에서 사용하는 분광광도계는 원자형광이나 불꽃발광법 분석에도 사용할 수 있다. 이들 세 가지 방법에 대한 장치를 간단히 비교하면 **그림 11.1**과 같다. 이들 세 가지 분광법은 각각 장단점을 지니고 있으므로 실제 분석에서는 분석목적과 용도에 따라 적당히 선택하여 사용해야 한다.

▶ 원자 스펙트럼

일반적으로 기체상태의 원자입자(원자 또는 이온)의 스펙트럼은 최외각 전자의 전자 전이로 인해 생기는 좁은 선 스펙트럼으로 나타난다. 금속원소의 경우 이들 전이 에너지는 자외선-가시선 및 근적외선에 해당된다.

원소의 최외각 전자의 에너지준위도는 원자 분광법의 원리를 이해하는 데 도움이 된다. **그림 11.2**는 몇 가지 알칼리 금속과 마그네슘 원자의 최외각 전자의 전자전이

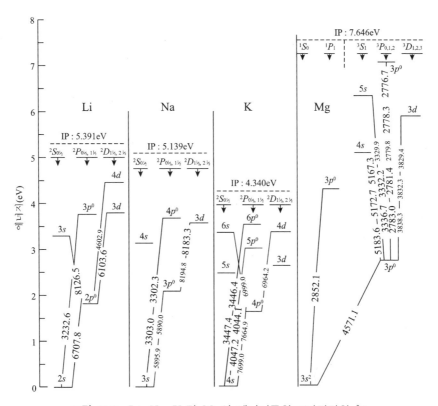

그림 11.2 Li, Na, K 및 Mg의 에너지준위도(파장단위:Å).

를 나타내었고, 에너지준위도이다. 이 그림은 각 원자의 최외각 전자에너지 준위를 0으로 하여 나타내었고, 최외각 전자가 핵의 영향권에서 벗어나 이온으로 되는 데 필요한 에너지와 이온화 전위를 나타냈다.

그림에서 P 궤도함수는 아주 작은 에너지 차가 있는 $^2P_{1/2}, ^2P_{3/2}$로 나뉨을 알 수 있다. 즉, 전자가 그 자신의 축 주위를 스핀하는데 그 운동방향이 전자의 궤도운동 방향과 같거나 반대라고 가정하면 설명할 수 있다. 전자의 스핀운동과 궤도운동은 전자가 갖는 전하의 회전에 따라 자기장을 형성한다. 그들의 운동방향이 반대이면 두 자기장은 서로 끄는 작용을 하고 두 운동방향이 같으면 서로 반발한다.

따라서 스핀이 그의 궤도운동과 반대인 전자에너지는 두 운동의 방향이 같은 전자의 에너지보다 약간 작다. 이 같은 에너지 차는 d 및 f 궤도함수에서도 있다. 그러나 그 차이는 일반적으로 검출되지 않을 정도로 작다. p, d 및 f 궤도함수의 에너지가 두 상태로 분리되는 것은 최외각에 단일전자를 갖는 모든 화학종의 특성이다. 그런데 두 개의 외각전자를 갖는 마그네슘 원자는 들뜨면 서로 에너지가 다른 단일(단일항) 상태와 삼중(삼중항) 상태로 될 수 있다. 들뜬 단일 상태에서는 두 전자의 스핀은 서로 반대이며, 짝지어 있다. 삼중상태에서는 스핀이 짝짓지 않고 평행이다.

실제 분자에서 들뜬 삼중상태의 에너지는 들뜬 단일상태보다 약간 낮다. 삼중상태의 p, d, f 궤도함수는 에너지상태가 다른 세 가지 준위로 분리된다. 그림에서 마그네슘의 경우에 $3p$ 궤도함수가 $^3P_0, ^3P_1, ^3P_2$로, $3d$ 궤도함수는 $^3D_1, ^3D_2, ^3D_3$ 등으로 에너지가 분리되는 모습을 볼 수 있다.

이런 분리는 두 개의 외각전자 스핀과 연관된 자기장과 모든 전자의 궤도운동 때문에 생기는 알짜 자기장 사이의 상호작용을 고려함으로써 설명이 가능하다. 단일상태에서는 두 개의 스핀이 짝을 지어 그들의 자기장 효과가 상쇄된다. 따라서 에너지 분리가 일어나지 않는다. 즉, 그들의 스핀모멘트는 같은 방향이다. 궤도함수의 자기모멘트가 합친 스핀의 자기장에 미치는 효과는 p 준위를 삼중상태로 분리시키게 된다. 이와 같은 성질은 모든 알칼리토류 원자와 +1의 전하를 갖는 알루미늄과 베릴륨 이온 등에서도 나타나는 특성이다. 외각전자가 3개 또는 4개인 원자의 경우는 단일상태, 삼중상태 또는 사중상태 등이 생기고 에너지준위는 더욱 복잡하게 분리된다.

• 원자흡광 스펙트럼

소듐(Na) 원자의 경우를 예로 들어 설명하자. 소듐의 $3s$ 준위에 있는 최외각 전자는 보다 높은 에너지준위인 $3p$ 또는 $4p$ 준위로 전이하기 위해서는 5,895.9 Å과 3,303.0 Å에 해당하는 복사선을 각각 흡수해야 한다.

실제로 소듐 원자의 흡수스펙트럼은 590 nm와 330 nm 근방에서 예리한 이중선으로 나타난다. 이때 스펙트럼이 각 파장에서 이중선으로 나타나는 것은 전자들의 스핀상태가 달라 그 에너지가 약간씩 차이가 있기 때문이다. 이와 같은 전이 이외에도 $3p$ 또는 $4p$ 보다 더 높은 에너지준위로 전이하거나 $3p$ 준위로 전이된 들뜬 전자가 다시 $3d$ 및 $5s$ 등으로 전이할 수 있다. 그 확률이 매우 낮기 때문에 흡수 스펙트럼의 세기가 약하여 거의 나타나지 않는다. 따라서 590 nm와 330 nm에서 나타나는 스펙트럼이 대표적인 소듐의 흡수공명선이며, 특히 가장 예민하게 흡수하는 590 nm는 소듐을 분석할 때 분석 파장으로 이용된다.

일반적으로 흡광 분광광도법에서는 흡광도, A와 농도, C에 대한 Beer의 법칙이 정량법의 기본으로 되어 있다. 만약 원자가 적당한 파장에서 들뜨기 위해 복사선을 흡수하였다면 이때 흡광도는 Beer의 법칙에 따라 다음과 같이 나타낼 수 있다.

$$A = \log \frac{I_\circ}{I} = \epsilon b C \tag{11.3}$$

여기에서 $I_\circ$의 세기를 갖는 입사광이 두께, b의 시료용액을 통과할 때에 흡광된 후 투과광의 세기는 I 이다. ϵ 는 몰흡광계수이고 특정한 실험조건에서 ϵb은 상수이다. 원자흡광 분광법에서도 자외선-가시선 분광광도법에서와 같이 Beer의 법칙을 이용하여 표준용액으로 얻은 검정선으로부터 시료용액의 농도를 분석할 수 있다.

• 원자형광 스펙트럼

그림 11.1(b)와 같이 원자형광도 분자형광에서와 같이 광원의 직각 방향에서 측정한다. 관측된 복사선은 공명형광의 결과 나타나는 것이 보통이다. 예를 들면 마그네슘 원자를 자외선 광원에 놓으면 2,852 Å 복사선을 흡수하여 $3s$ 전자를 $3p$ 준위로 전이한다. 이때 같은 파장으로 방출되는 공명형광이 분석에 이용될 수 있다. 그러나 3,303 Å의 복사선을 흡수하면 $3s$ 전자가 $4p$ 상태로 들뜨게 되는데 이때는 공명형광보다는 비복사전이의 속도가 빠르다. 따라서 관측된 형광은 5,890 Å과 5,896 Å에서 일어난다.

• 원자발광 스펙트럼

시료물질의 모든 원자는 실온에서 보통 바닥상태의 전자상태를 갖는다. 예를 들면 소듐 원자는 하나의 외각전자가 $3s$ 궤도함수에 존재한다. 이 전자는 불꽃이나 전기적 아크 또는 스파크의 열에 의해 더 높은 궤도함수로 들뜬다. 들뜬 상태의 수명은 짧기 때문에 다시 바닥상태로 돌아갈 때 복사선을 재발광하게 된다. **그림 11.2**의 소듐 원자의 에너지준위도를 보면 몇 개의 전자 전이에 의해 복사선을 발광할 수 있음을 알 수 있다. 5,890 Å 및 5,896 Å의 두 선은 들뜨기 조건이고, 가장 밝은 선이며 분석목적에 가장 많이 사용된다. 보통 슬릿나비는 두 선을 동시에 측정할 수 있는 정도의 충분한 넓이를 사용하는 경우가 많다.

• 스펙트럼의 선나비

원자흡광 및 원자발광 스펙트럼에서 스펙트럼선의 나비는 분자의 흡수 및 발광 띠보다 훨씬 좁다. 보통 원자 스펙트럼의 나비는 약 10^{-4} Å 정도이다. 그러나 이런 원자선은 두 가지 이유로 인해 넓어지고, 그 측정나비는 0.02에서 0.05 Å 정도이다. 첫째 이유는 도플러 넓힘(Doppler broadening)인데 이것은 불꽃 플라스마 속에서 원자입자의 빠른 운동 때문에 생기는 것이다. 단색화장치를 향하여 움직이는 원자는 도플러 이동 때문에 조금 작은 파장을 발광한다. 그러나 반대방향으로 움직이는 입자는 조금 더 큰 파장을 발광한다. 이런 도플러 넓힘은 흡수선에서도 나타난다. 이때는 광원을 향해 움직이는 원자는 입사광선에 수직으로 움직이는 입자에 의해 흡수된 파장보다 조금 긴 파장의 복사선을 흡수한다. 그러나 광원 반대방향으로 움직이는 원자는 그 반대의 결과를 나타낸다. 둘째 이유인 압력 넓힘은 원자 사이의 충돌로 인해 바닥상태의 에너지준위에 다소의 변화를 일으키고 이런 결과로 선나비가 넓어지는 것을 말한다.

• 원자화 중에 생긴 분자 스펙트럼

시료를 원자화시키기 위해 수소나 탄화수소를 사용하는 경우에 보통 불꽃 속에서 OH, CN 및 C_2 분자와 같은 화학종이 생성될 수 있다. 이로 인하여 어떤 파장영역에 걸쳐 분자흡수 및 발광 띠를 나타내게 된다. 다른 예로는 알칼리토류나 희토류 금속을 불꽃에서 원자화시킬 때 휘발성 산화물이나 수산화물을 만든다. 따라서 이들의 흡수로 인해 넓은 스펙트럼 영역에서 발광 또는 흡광 스펙트럼이 나타난다. 예로써 바륨의 원자흡광 정량법에서 CaOH와 같은 화학종이 생겨 바륨의 공명 흡수선에 겹쳐 CaOH의 분자 흡수띠가 나타나므로 방해를 가져온다. 이러한 방해를 없애기 위해서는 온도가 높은 불꽃을 사용함으로써 이런 분자를 파괴하는 방법이 이용된다. 이런 현상들은 원자 흡광 분광법에서 가끔 나타나는데 이런 띠의 존재는 유력한 방해의 근원이 된다. 그러나 이런 방해는 적당한 파장의 선택, 바탕보정, 연소조건의 변화 등에 의해 제거할 수 있다.

⊃ 흡광, 발광 및 형광에 미치는 온도의 영향

원자 흡광법은 중성원자의 에너지 흡수현상을 기본원리로 하기 때문에 분자나 이온 상태로 있는 시료로부터 일단 중성원자를 만들어야 한다. 이렇게 하기 위해서는 높은 온도의 열에너지를 이용하게 되는데 중성원자의 생성과정, 즉 원자화 과정은 식 (11.4)와 같다. 이때 중성원자만이 생기는 것이 아니고 들뜬 원자(M^*), 이온(M^+) 및 그 밖의 여러 가지 화학종이 함께 생성된다. 그중에서 들뜬 원자의 수명은 10^{-9}sec 정도로 짧으므로 즉시 바닥상태로 되돌아오면서 원자발광 현상이 나타난다.

$$MX(s, l) \xrightarrow[가열]{증발건고} MX(s) \xrightarrow[가열]{기화} MX(g) \xrightarrow[가열]{열분해} M^o(g) + X^o(g)$$

$$\downarrow\uparrow$$

$$M^*$$
$$M^+(g)$$
$$M_xO_y \text{ etc} \tag{11.4}$$

만약 들뜬 원자가 많이 생기게 되면 중성원자의 생성효율뿐만 아니라 에너지 흡수과정에도 영향을 준다. 따라서 원자 흡광법이나 형광법에서는 될 수 있는 대로 들뜬 원자보다 중성원자가 많이 생성되도록 적당한 열에너지를 가해야 한다. 그러나 원자 발광법에서는 들뜬 원자에 의해 복사선이 발광하는 것이 기본원리이므로 원자 흡광이나 형광의 경우와는 반대이다. 특히 원자 발광세기는 불꽃온도에 의해 크게 영향을 받는다. 불꽃온도는 들뜬 원자나 들뜨지 않은 원자입자의 비에 큰 영향을 주기 때문이다. 이 비는 Boltzmann식으로 계산된다. N_j와 N_o를 들뜬상태와 바닥상태에 있는 원자수라고 하면 그 비는 다음과 같이 주어진다.

$$\frac{N_j}{N_o} = \frac{P_j}{P_o} \exp\left(\frac{-E_j}{kT}\right) \tag{11.5}$$

Boltzmann 상수(1.38×10^{-16}erg/deg)이고 T 는 절대온도, E_j 는 바닥과 들뜬상태의 에너지 차(erg)이다. P_j 와 P_o 는 각 양자준위에서 같은 에너지를 갖는 상태 수에 따라 변하는 통계적 계수이다. 여기서 N_j/N_o 를 계산하는 예제를 풀어 보자.

예제 2,500~2,550 K에서 소듐 원자의 바닥상태($3s$)에 있는 원자수와 들뜬상태($3p$) 에 있는 원자수의 비를 계산하라.

풀이 여기에서 E_j 를 계산하려면 그림 11.2에서 보는 바와 같이 $3s-3p$전이에 해당하는 두 개의 소듐 선의 평균파장 5,893 Å을 사용한다.

$$파수 = \frac{1}{5,893\,\text{Å} \times 10^{-8}\,\text{cm/Å}} = 1.697 \times 10^4\,\text{cm}^{-1}$$

$$E_j = 1.697 \times 10^4\,\text{cm}^{-1} \times 1.986 \times 10^{-16}\,\text{erg/cm}^{-1} = 3.370 \times 10^{-12}\,\text{erg}$$

$3s$ 준위에는 2개, $3p$ 에는 6개의 양자상태가 있으므로 P_j/P_o=6/2=3이 된다. 따라서 식 (11.5)에 의해 다음과 같다.

$$\frac{N_j}{N_o} = 3 \exp\left(\frac{-3.370 \times 10^{-12}}{1.38 \times 10^{-16} \times 2,500}\right)$$

$$\frac{N_j}{N_o} = 3 \times 5.725 \times 10^{-5} = 1.72 \times 10^{-4}$$

다시 온도를 2,550 K로 대입하여 계산하면 다음과 같다.

$$\frac{N_j}{N_o} = 2.08 \times 10^{-4}$$

이 예와 같이 2,500 K의 수소－산소 불꽃에서 약 0.017 %의 소듐 원자만이 들뜬다. 이때 온도가 50 K 상승하면 들뜬 원자의 수는 약 20.9 % 정도 증가한다. 이와 같이 아주 작은 분율만이 들뜨므로 바닥상태의 원자가 대부분이다. 따라서 흡광이나 형광법에서는 불꽃온도에 대해 발광법보다 덜 민감하다는 것을 이해할 수 있을 것이다. 이것은 흡광이나 형광은 들뜨지 않은 중성상태의 원자에 바탕을 두고, 원자 발광법은 들뜬상태의 원자에 바탕을 두기 때문이고 원자 발광법에서는 온도조절에 더욱 주의해야 한다.

11.2 원자 분광법의 기기장치

원자 분광법에 사용되는 기기의 부분장치는 그림 11.1과 같고, 이들은 자외선－가시선 분광법과 비슷하고 여기에서도 프리즘이나 회절발 단색화장치와 광전자증배관을 사용한다. 그러나 광원과 원자화장치는 상당히 다르다. 여기에서는 원자 분광법에서 사용되는 광원과 원자화장치에 대해서만 설명하기로 한다.

• 광원

원자흡수선은 폭이 대단히 좁기 때문에 광원으로부터 방출되는 에너지를 완전히 흡수하기 위해서는 중수소 램프와 같이 5 Å 정도로 폭이 넓은 스펙트럼을 발광하는 연속광원은 사용할 수 없다. 따라서 분석하고자 하는 원소의 원자에 의해 흡광되는 파장(공명선)을 갖고 그 스펙트럼의 폭이 좁고 세기가 큰 복사선을 발광하는 특수한 장치의 광원이 필요하다. 이런 조건을 만족하는 몇 가지 광원이 개발되었지만 대부분 속빈 음극램프(hollow cathode lamp, HCL)가 사용된다. 속빈 음극램프는 **그림 11.3**과 같이 분석하려는 원소의 순수한 금속이나 합금으로 만든 내경이 10 mm 정도 되는 것을 음극으로 하고, 낮은 압력(약 1~10 mmHg)의 네온 또는 아르곤과 같은 영족 기체를 채워넣은 일종의 방전관이다. 이 속빈 음극램프의 양극과 음극 사이에 높은 전압을 걸어주면 전자가 음극에서 방출되고, 이 전자는 영족 기체와 충돌하여 기체의 양이온을 생성한다. 이 양이온은 음극과 충돌하게 되고 음극표면의 금속원자가 표면으로부터 떨어져 나와 원자구름을 만든다. 이렇게 생긴 원자는 전자 및 영족 기체와 충돌하여 들뜨게 되고

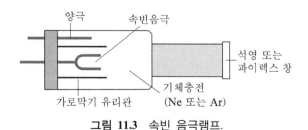

그림 11.3 속빈 음극램프.

그 원자의 고유한 공명흡수선을 발광하는데 이것을 원자 분광법의 광원으로 사용한다. 이러한 광원의 세기는 충전된 기체의 종류, 압력 및 두 전극 사이에 흘려주는 전류의 세기에 의해 영향을 받는다. 전류의 세기는 100~200 V에서 5~10 mA가 가장 적당하며 충전기체의 선택은 음극 물질의 종류에 따라 다르다. 즉, 철이나 니켈과 같이 비교적 휘발성이 있는 금속은 이온화 전위가 큰 네온이 적당하다. 그러나 휘발성이 큰 금속일지라도 리튬과 비소와 같은 금속은 강한 네온의 발광선이 이들 원소의 발광선과 겹치므로 네온은 오히려 적당하지 않다.

일반적으로 네온이나 헬륨보다는 아르곤을 주로 사용하는데 이것은 아르곤의 이온화 전위가 낮고, 질량이 큰 관계로 음극으로부터 원자를 많이 떨어져 나오게 하기 때문이다. 충전기체의 압력이 높으면 이온선의 세기도 커지므로 이를 감소시키기 위해서 3 mmHg 정도의 낮은 압력이 적당하다. 속빈 음극램프는 사용횟수가 증가함에 따라 음극 물질의 소실이 크고 충전기체의 압력이 감소하므로 자연히 소멸된다. 그러나 재생하기는 곤란하다.

음극의 종류에 따라 다르지만 등의 수명은 일반적으로 걸어주는 전류량에 비례하며 약 100 mA에서 1,000시간 정도 사용할 수 있다. 음극램프를 사용하지 않고 오랫동안 그대로 두면 수명이 단축된다. 그것은 영족 기체가 음극표면을 덮게 되어 음극 물질의 활성을 감소시키기 때문이다. 따라서 속빈 음극램프는 주기적으로 활성화시키도록 해야 한다.

음극을 한 가지 원소만으로 만든 단일 음극램프는 분석할 때마다 갈아 끼워야 하고 가격이 비싸므로 공명 흡수선이 겹치지 않는 3~4개의 금속을 합금한 것을 음극으로 사용하는 다중원소 램프가 몇 가지 개발되었다. 이들은 단일원소 램프보다 감도가 낮다. 또 음극램프의 발광선 세기를 높이기 위해 전자를 쉽게 방출할 수 있는 물질을 입힌 보조음극을 설치한 음극램프도 있다. 이런 음극램프는 낮은 전압에서도 전자가 많이 발생되어 발광선 세기는 보통 등보다 10~100배 정도 증가되므로 감도가 높아진다.

원자 분광법에서의 원소에 따른 중요한 흡수 공명선을 **표 11.1**에 나타냈다.

⤵ 원자화장치

원자 분광법에서 분석의 감도에 영향을 주는 가장 중요한 요인은 중성원자를 만드는 원자화 과정이다. 원자화 과정은 식 (11.4)에 나타낸 것과 같이 시료 중의 이온이나 분자

표 11.1 원소에 따른 주요 공명선(nm)

원소	공명선	원소	공명선	원소	공명선
Ag	328.1	Hf	307.3	Rh	343.5
Al	309.3	Hg	253.7	Ru	349.9
As	193.7	Ho	410.4	Sb	217.5
Au	242.8	In	303.9	Sc	391.2
B	249.7	Ir	264.0	Se	196.0
Ba	553.6	K	766.5	Si	251.6
Be	234.9	La	550.1	Sm	429.7
Bi	223.1	Li	670.8	Sn	224.6
Ca	422.7	Lu	331.2	Sr	460.7
Cd	228.8	Mg	285.2	Ta	271.5
Ce	520.0	Mn	279.5	Tb	432.6
Co	240.7	Mo	313.3	Te	214.3
Cr	357.9	Na	589.3	Ti	364.3
Cs	852.1	Nb	334.4	Tl	276.8
Cu	324.7	Nd	463.4	Tm	371.8
Dy	421.2	Ni	232.0	U	351.4
Eu	459.4	Os	290.9	V	318.4
Fe	248.3	Pb	283.3	W	400.9
Ga	287.4	Pd	247.6	Y	407.7
Gd	368.4	Pr	495.1	Yb	398.8

상태로부터 효율적인 방법으로 중성원자 증기를 재현성 있게 만드는 것이다. 원자화장치(atomizer)로는 보통 불꽃과 전열에 의한 장치가 사용된다. 불꽃 원자화장치는 원자흡광, 형광 및 발광 측정에 사용되고, 전열 원자화장치(또는 비불꽃 원자화장치)는 원자흡광과 형광 측정에 사용된다.

불꽃 원자화장치는 조작이 편리하여 흡광법에서 보편적으로 사용되지만 높은 온도의 불꽃에서 들뜬 원자 및 이온이 비교적 많이 생성될 뿐만 아니라 불꽃 속의 연소기체나 주위의 공기에 의해 산화물 등의 여러 가지 화합물을 형성하므로 열분해가 불완전해진다. 실제 원자화 효율은 시료 중에 있는 원자의 약 10 % 정도밖에 되지 않는다. 따라서 효율을 높이기 위해 불꽃 대신에 전기에너지 또는 화학반응 등에 의한 방법으로 원자화시키는 비불꽃 원자화장치가 사용되기도 한다. 이것은 불꽃법보다 원자화 효율, 즉 감도가 훨씬 높으며 위험도가 적고 액체뿐만 아니라 고체 시료를 전처리의 필요가 없이 직접 분석할 수 있다는 이점이 있다. 그러나 원자형광이나 발광은 들뜬상태에 바탕을 두므로 불꽃 원자화 방법이 많이 사용된다. 특히 전열원자화 방법은 원자발광 분광법에서는 이용되지 않고 원자흡광이나 형광을 측정할 때만 사용된다.

• 불꽃 원자화장치

이것은 일반적인 원자화장치로서 사용되며 분무기와 버너로 되어 있다.[1] 분무기는 액체 시료를 미세한 안개 또는 에어로졸 상태로 만들어 불꽃 속으로 고르게 분무한다. 분무된 시료는 적당한 온도의 불꽃으로 용매를 증발, 화합물을 열분해하고 증기상태의 중성원자로 만든다.

버너의 종류에는 **그림 11.4**와 같이 연료와 산화제를 각각 다른 통로를 통해 공급하여 버너 끝 부분에서 동시에 섞이게 하는 동시공급식과 미리 이들을 섞어서 내보내는 혼합식 버너가 있다. 동시공급식에서 시료는 모세관을 통하여 주위의 기체 유속에 의해 생긴 흡인 작용에 의해 빨려 들어와서 안개화 된다. 보통 시료의 유속은 $1 \sim 3$ mL/min 정도이다. 이 버너는 비교적 많은 시료를 불꽃에 공급하는 이점이 있고, 불꽃이 안으로 기어들거나 폭발할 위험성은 없다. 그러나 단점은 불꽃의 폭이 비교적 좁고 버너 끝이 막히기 쉽고 소음이 크다는 점이다.

혼합식 버너에서 시료는 모세관 끝에서 산화제의 유속에 의해 안개화 된다. 이렇게

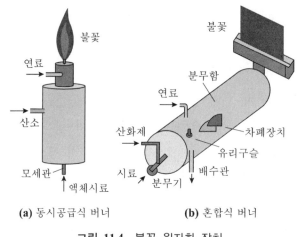

(a) 동시공급식 버너　　　**(b)** 혼합식 버너

그림 **11.4** 불꽃 원자화 장치.

---

1) R. D. Dreser, et al., *J. Chem. Educ.*, **1975**, 52, A 403.

생긴 시료의 에어로졸은 연료와 혼합되고 일련의 장애물을 통해 흐르는 동안에 미세한 방울만이 남게 되고 대부분의 큰 방울은 혼합 상자에 모여 폐기 통으로 들어간다. 시료의 에어로졸, 산화제, 연료는 5~10 cm의 길이를 갖는 불꽃을 내면서 긴 틈새 버너에서 연소된다.

혼합식 버너는 비교적 소음이 적고, 불꽃의 폭이 크므로 감도를 높여 주고 재현성을 증가시킨다. 그리고 끝이 막히는 경우가 별로 없다. 그러나 단점으로는 시료 주입 속도가 낮아서 불꽃 폭이 넓은 이점을 상쇄시킨다. 또 혼합실에서 혼합용매의 선택적인 증발의 가능성이 있으며 이는 불확정성을 가져올 수 있고, 혼합실에는 폭발성 위험이 높은 혼합물이 들어 있어서 불꽃이 안으로 기어들어가 연소될 수 있는 가능성이 있다. 그러나 이런 위험성을 제거하기 위해 압력을 조절하는 적당한 안전장치가 부착되어 있다. 또 버너의 재질도 안전성을 고려하여 스테인리스강이나 높은 온도에 견딜 수 있는 내화성 물질로 된 것을 사용해야 한다.

• 원자화 조건의 조절

불꽃 원자화장치에서 이상적인 원자화 조건을 실험적으로 얻으려면 연료와 산화제의 유속을 정밀하게 조절하여야 한다. 연료와 산화제는 대략 화학량론적 비로 가해진다. 그러나 안정한 산화물을 생성하는 금속은 연료가 더 많은 환원불꽃에서 분석하는 것이 바람직하다. 유속은 보통 이중 막 압력 조절기로 조절된 다음 분석 장치에 있는 침상 밸브로 조절된다. 재현성이 있는 분석 조건을 얻기 위해서는 로우타미터 (rotameter)와 같은 유속계로 산화제나 연료의 유속을 잘 조절하여야 한다. 유속계는 가벼운 원추형 또는 구형의 부표가 기체 흐름에 의해서 부상하게 되고, 그것의 수직 위치로 유속이 측정된다. 그리고 원자화 효율에 영향을 주는 가장 중요한 인자는 시료 방울의 크기와 흡입속도, 불꽃의 온도 및 불꽃에서 생성되는 화합물의 열적 안정성 등이다.

불꽃에 분무되는 시료 방울 크기가 불균일하거나 흡입량이 많으면 불꽃에서 용매를 증발하는 데 에너지를 많이 소비하므로 열분해가 불충분해진다. 따라서 원자화 효율이 감소되므로 시료방울 크기가 균일하고 작은 방울이 적당량 불꽃으로 분무되도록 해야 한다. 이와 같은 방울크기와 흡입속도는 보조 기체의 흐름속도와 용액의 물리적 성질에 영향을 받는다. 용액의 물리적 성질은 용액의 표면장력, 밀도, 점도 등이고 표면장력이 낮고 휘발성이 큰 유기용매를 사용하면 시료의 흡입 속도가 증가하며 증발 속도를 촉진시키므로 원자화 효율이 증가된다.

따라서 원자흡광 분광법에서는 원자화 효율이 증가되면 상대적 흡수세기가 증가하게 된다. 최근에는 감도를 높이기 위해 시료에 킬레이트제를 가하여 킬레이트를 형성시킨 다음 적당한 용매로 추출하여 분무시키는 용매추출법이 많이 이용되고 있다.

불꽃의 온도는 원자화 조건에 가장 중요하게 작용한다. 불꽃은 시료 용액을 증발시켜 고체 화합물을 기체 상태로 만든 다음 열분해하여 원자화 하는 적당한 온도이어야 하고 원자흡광 분광법에서는 가급적 들뜬 원자와 이온의 생성을 막고 중성상태의 원자를 만들 수 있는 적당한 온도이어야 한다. 불꽃의 온도는 연료와 보조기체의 종류 및 흐름 속도 등으로 조절이 가능하다. 분석하고자 하는 원소의 산화성 및 열적 성질을 고려하여 적당한 온도의 불꽃을 선택해야 한다.

표 11.2에 원자 분광법에서 이용되는 몇 가지 불꽃의 온도에 따른 분석이 적당한 원소들을 나타내었다. 이것을 보면 일반적으로 휘발성이 큰 원소는 낮은 온도의 불꽃에서, 비교적 산화물을 잘 형성하는 원소들은 고온의 불꽃에서, 그리고 그 밖의 대부분의 원소들은 아세틸렌-공기 불꽃을 사용한다.

또 연료와 보조기체의 혼합비에 따라 불꽃의 모양과 온도의 분포가 약간씩 달라지기 때문에 원소들마다 중성원자가 형성되는 불꽃의 영역은 각각 다르다. 따라서 분석할 때에는 분석원소에 적당한 기체의 혼합비를 적당히 맞추고, 불꽃의 영역 즉, 버너 높이

표 11.2 불꽃의 종류(온도)에 따른 분석원소

연료—산화제	온도(℃)	분석원소
천연가스-공기	1,700~1,900	알칼리 및 알칼리토류 금속
천연가스-산소	2,700~2,800	
수소-공기	2,000~2,100	Sn, As, Se
아세틸렌-공기	2,100~2,400	Sb, Bi, Cd, Cs, Co, Cu, Au, Fe, Ni, Li, Pd, Na, K, Ca, Mg, Te, Mn, Rb, Zn, Cr, Mo, Pt, Os, Sr, Pb
수소-산소	2,550~2,700	불꽃 발광법에 이용
아세틸렌-N$_2$O	2,600~2,800	Al, B, Dy, Er, Gd, Hf, Ho, La, Lu, Yb, Zr, Nd, Pr, Re, Si, Ta, Ti, W, U, V
아세틸렌-산소	3,050~3,150	

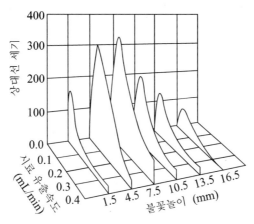

그림 11.5   시아노겐/산소 불꽃에서 칼슘 발광선의 측면도.

를 잘 조절해야 한다.

그림 11.5는 불꽃 속에서 생성되는 칼슘 스펙트럼선의 발광선 세기를 나타내는 삼차원 모습이다. 극대 발광이 초기 연소지역의 바로 위에서 나타난다. 또 발광선 세기는 시료의 유속에 크게 의존된다. 유속이 증가하면 처음에는 칼슘 입자의 수가 증가하므로 세기가 갑자기 증가하여 발광선 세기가 갑자기 극대로 되고, 그 다음에는 시료 유출속도가 증가하므로 발광선 세기는 점점 감소한다. 분자띠 스펙트럼이 발광분석에 이용되는 경우에는 불꽃의 아래 부분에서 극대가 나타나는 수가 많다. 예를 들면 칼슘의 경우 불꽃 속에서 CaOH 가 생성되기 때문에 나타나는 540~560 nm의 파장영역에서 분석에 유용한 띠스펙트럼이 나타난다.

이 발광 띠의 극대세기는 초기 연소지역 끝에서 생기고, 불꽃 외각의 높은 온도에서는 세기가 갑자기 감소한다. 보다 정교한 불꽃 발광분광계는 단색화장치를 사용하고, 이 경우에 불꽃의 비교적 작은 부분의 복사선만 취하게 되어 있다. 따라서 입구슬릿과 불꽃의 위치를 잘 조절하는 것이 중요하다. 한편, 필터광도계에서는 훨씬 큰 부분의 불꽃에서 복사선을 받게 되므로 불꽃의 위치를 조절하는 것은 별로 중요하지 않다.

• 비불꽃 원자화장치

불꽃이 없는 원자화 방법에는 불꽃 대신 다른 에너지 즉, 고온 전열기, 전기아크, 레이저, 고주파 및 초단파 플라스마 등에 의하여 원자화시키는 방법과 에너지원을 이용하지 않고, 화학적 방법으로 원자증기를 만드는 차가운 증기 생성법이 있다. 그중에서

일반적으로 많이 이용되고 있는 고온 전열기에 의한 원자화 방법에 관해 설명하기로
한다.

• 전열 원자화장치

이 장치에서는 시료가 모두 짧은 시간에 원자화되고 원자가 빛살에 머무는 시간이
1초 이상이므로 감도는 높아진다. 이와 같은 비불꽃 원자화장치에서는 몇 μL의 시료가
우선 낮은 온도에서 증발된 다음 전기적으로 가열된 탄소, 탄탈 또는 다른 전도성 재료
위의 약간 더 높은 온도에서 회화된다. 전도성 도체는 오목형의 관, 조각, 막대, 보트,
컵, 구유와 같은 모양이다. 회화된 후 전류를 몇 백 암페어까지 빠르게 증가시켜 온도를
2,000~3,000 ℃까지 증가시킨다. 시료의 원자화는 수 msec에서 수초 동안에 일어난다.
원자화된 입자의 흡광이나 형광은 가열된 전도체의 바닥보다 약간 높은 지역에서 측정
된다. 이 장치에서는 온도를 3단계로 조절하여 원자화시킨다. 첫 단계는 100 ℃ 이하에
서 시료용액을 증발시키는 건조 단계이다. 둘째는 증발 건고된 무기화합물이나 유기화
합물을 열 분해시키는 회화단계(1,500 ℃)이고, 셋째는 회화된 시료를 2,500 ℃ 정도 고
온으로 처리하여 중성원자를 만드는 원자화단계이다. 전열법에 의한 원자화는 분석 원
소나 그 목적 및 제작회사 따라서 여러 가지 종류의 원자화장치가 상품화되었 대표적으
로 많이 이용되는 것은 흑연관 전열원자화장치이다.

그림 11.6을 보는 것처럼 크기가 작은 흑연관이나 흑연컵을 탄소막대의 두 전극 사이
에 접촉시켜서 만든다. 이 장치는 전극에 가하는 전압과 시간을 조절함으로써 가능하

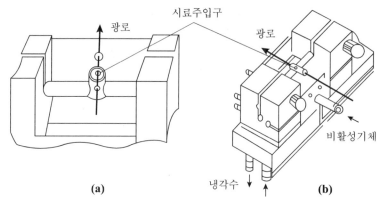

그림 11.6 (a) 흑연컵과 (b) 흑연관 원자화장치.

다. 각 단계에서 조작하는 온도와 시간은 시료와 분석원소의 종류 및 성질에 따라 임의로 선택해야 한다. 또 장치를 가열하는 동안 시료나 장치 자체의 산화를 방지하고 흑연관으로부터 증발 또는 확산되는 증기를 제거하기 위해 네온이나 아르곤과 같은 기체를 흘려주어야 한다. 특히 이때 시료를 5~100 μL 정도로 아주 적은 양을 가하기 때문에 시료를 가할 때 그 부피가 일정하지 않으면 분석오차를 가져오고 재현성이 떨어진다.

지금까지 설명한 원자화 방법 중에서 재현성의 관점에서 보면 불꽃 원자화법이 11.4절에서 취급하는 유도결합 플라스마에 의한 방법을 제외하고는 지금까지 알려진 모든 방법 중에서 가장 우수한 방법이다. 그러나 시료 효율(따라서 감도)이란 측면에서 보면 다른 원자화 방법이 훨씬 우수하다. 불꽃 원자화장치에서는 시료의 공급효율이 좋지 않은 두 가지의 이유가 있다. 혼합식 버너에서 많은 시료가 폐기 통으로 빠져나가거나 동시공급식 버너에서는 완전히 원자화되지 않는다는 것과 각 원자가 불꽃의 빛살 진로에 머무는 시간이 10^{-4}초 정도로 짧다는 것이다.

11.3 원자 분광법에서의 방해와 조치

원자 흡광분광법에서는 두 가지 형태의 중요한 방해가 있다. 그것은 스펙트럼 방해와 화학적 방해이다. 이들 두 가지 이외에도 정확도에 영향을 주는 방해 요인으로는 기기 자체에 의한 것과 이온화 및 매트릭스의 영향 등이 있다. 방해의 영향은 이론적으로 예측하기 곤란하며 실험적으로 측정하여 조절해야 한다. 이런 방해의 요인을 적당한 방법으로 제거함으로 분석 오차를 줄이고 정확성을 기할 수 있다.

• 스펙트럼 방해

스펙트럼 방해는 첫째, 시료에 공존하고 있는 화학종이나 불꽃 또는 광원으로부터 발생되는 스펙트럼으로 인해 분석하고자 하는 원소의 흡광도에 영향을 주는 현상을 말한다. 속빈 음극등에서 나오는 발광선은 대단히 좁기 때문에 원자 스펙트럼선의 겹침으로 생기는 방해는 드물다. 이런 방해가 일어나는 경우는 두 선의 분리가 0.1 Å 이하일 경우이다. 예를 들면 알루미늄과 바나듐이 공존하는 시료에서 알루미늄을 3,082.15 Å 에서 흡광 분석할 때 바나듐의 3,082.11 Å 발광선이 방해를 준다. 그러나 이런 방해는 알루미늄의 흡광파장으로 3,092.7 Å을 선택하여 분석파장으로 함으로써 해결된다. 둘째, 불꽃 자체의 연소 생성물이나 시료 중의 용질 및 용매 등의 여러 가지 화학종이 불꽃에서 생성하는 입자들에 의해서 광원으로부터 조사되는 빛을 흡수 또는 산란시키기 때문에 일어나는 방해이다. 이런 방해를 비특성 화학종 방해 작용이라 한다. 분자흡수에 의한 방해 작용은 바륨을 아세틸렌-공기 불꽃에서 분석할 때 칼슘이 공존하면 불꽃에서 CaOH 가 형성되고 이 분자의 스펙트럼이 548~560 nm에서 나타나게 되어 바륨의 분석선 553.6 nm와 겹치게 되는 것과 같은 것들이다.

또한, NaCl, NaBr, NaI 등에 의한 스펙트럼이 190~390 nm 영역에서 나타나므로 이 범위에서 흡수를 나타내는 원소를 분석하려면 방해를 받게 된다. 이와 같은 방해는 불꽃에서도 문제가 되지만 특히 고온 전열법에서는 대단히 심각하다.

한편, 산란에 의한 방해를 보면 티타늄, 지르코늄, 텅스텐 등을 높은 농도로 포함하는 시료를 불꽃에 흡입시킬 때 형성되는 내화성 산화물의 입자들로 인해 빛을 산란시키게 된다. 이런 방해들은 분석파장을 바꾸든지 더 높은 온도의 불꽃으로 원자화시키거나 표준물질과 시료용액에 과량의 복사선 완충제를 가하면 어느 정도 피할 수 있다. 그러나 시료의 조성이 대단히 복잡한 경우에는 방해 요인을 알기가 쉽지 않다. 이때는 바탕 보정[2])을 해야 한다.

• **두 선 보정법** : 이 방법은 먼저 분석파장에서 시료의 전체 흡광도를 측정한다. 이 흡광도는 분석원소에 의한 것과 바탕에 의한 흡광도를 함께 포함한 것이다. 다음에 분석파장 전후 20 nm 범위 이내의 적당한 두 곳의 파장(220 nm 이하의 파장에서는 ±5 nm 이내)에서 바탕의 흡광도를 측정하여 이 값을 전체 흡광도로부터 빼면 분석원소 자체의 흡광도를 구할 수 있다.

• **연속광원 보정법** : 이 방법은 중수소등이 자외선 영역의 연속광원으로 사용된다. 빛 살토막기(chopper)를 이용하여 중수소등에서 나오는 연속광원과 속빈 음극램프에서 나오는 복사선을 교대로 흑연 관 원자화장치를 통과하도록 한다. 그리고 중수소등에서 나오는 복사선의 흡광도를 시료 빛살의 흡광도에서 빼준다. 슬릿 폭을 충분히 크게

---

2) A. T. Zander, *Amer. Lab.*, **1976**, 8(11), 11.

하여 시료 원자에 의해 흡수되는 연속광원의 분율을 무시하게 한다. 따라서 원자화되는 시료를 통하는 동안 연속광원 세기의 감소는 단지 넓은 띠 흡수와 시료 기질 성분에 의한 빛의 산란의 결과를 나타낸다. 이렇게 해서 바탕보정을 할 수 있다. 이 방법은 겹빛살형은 물론 홑빛살형 분광광도계에서도 이용될 수 있다. 이 외에도 Zeeman 효과에 의한 바탕보정법이 있다.

• **자체반전에 의한 보정법** : 불꽃을 사용하는 원자분광법에서는 불꽃의 중심부가 외부보다 더 온도가 높기 때문에 중심부에서 빛을 발광하는 원자는 더 온도가 낮은 부분에 의해 둘러싸이게 되고, 온도가 낮은 부분에서는 들뜨지 않은 원자의 농도가 더 크다. 따라서 온도가 낮은 부분에 있는 원자에 의해 공명파장의 자체흡수(self absorption)가 일어난다. 이 자체흡수는 가장자리보다는 스펙트럼의 중심을 변화시키는 경향이 있다. 그리고 극단적인 경우에는 중심부가 가장자리보다 세기가 약해지거나 전혀 나타나지 않는 수가 있다. 그 결과 발광 극대가 분리되어 두 봉우리로 나뉘어 나타나는 수가 있다. 이것을 자체반전(self reversal)이라고 한다.

최근의 자체반전에 의한 보정법은 고온에서 작동하는 속빈 음극램프에서 발광하는 복사선의 자체반전이나 자체흡수에 바탕을 둔다. 즉, 높은 전류가 흐르면 들뜨지 않은 원자도 많이 생기게 되고 이것이 들뜬 화학종에서 나오는 복사선을 흡수하고, 들뜬 화

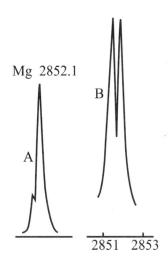

Mg 2852.1

그림 **11.7** A는 Mg 농도가 100 μg/mL일 때의 정상 스펙트럼
B는 2,000 μg/mL의 진한 농도일 때 자체반전에 의한 스펙트럼

학종의 발광선 띠를 크게 넓힌다. 이때 주요한 효과는 정확히 흡수파장에 해당하는 중앙지점에서 자체반전에 의해 극소값을 갖는 띠를 만든다(**그림11.7B** 참조).

그림 11.7에 보정된 옳은 흡광도를 얻으려면 음극램프를 몇 msec 동안 높은 전류에서 작동하도록 프로그램하여 바탕으로 인해 생기는 흡광도는 흡광봉우리가 극소인 파장에서 측정한다. 그리고 낮은 전류를 통하는 동안 전체 흡광도를 측정하고, 바탕 흡광도를 전체 흡광도에서 빼고 보정된 흡광도 값을 얻는다. 다시 전류를 감소시키면 광원은 msec 동안에 회복된다. 이런 측정순환을 충분히 되풀이하여 만족한 S/N 비를 얻게 된다.

⊃ 화학적 방해

이 방해는 원자화 과정에서 분석하고자 하는 금속이온과 음이온이나 음이온기를 형성한 양이온이 서로 반응하여 열적으로 안정한 화합물을 형성하면 이들은 주어진 온도에서 쉽게 분해를 일으키지 않으므로 분석원소를 중성원자로 만드는 것을 방해하는 것을 말한다. 이것은 스펙트럼 방해보다 더 일반적인 방해이며 적당한 조건으로 처리하면 크게 감소시킬 수 있다.

이런 방해는 불꽃 원자화에서 더 심각하게 나타나고, 주목할 만한 중요한 반응은 휘발성이 작은 화합물의 생성, 해리반응 및 이온화 반응이다. 이런 방해의 제거는 분석원소보다 방해하는 화학종과 쉽게 그리고 열적으로 안정한 화합물을 형성하는 물질을 과량 가해 줌으로써 제거할 수 있고, 화합물이 충분히 분해될 수 있는 높은 온도의 불꽃을 사용함으로써 가능해진다.

• 휘발성이 작은 화합물의 생성

이 방해는 분석원소의 원자화 효율을 감소시키는 방해로서 가장 일반적인 화학적 방해이다. 휘발성이 작은 화학종의 생성에 의한 방해는 높은 온도의 불꽃을 사용하면 제거할 수 있거나 줄일 수 있다. 이러한 방해를 막는 한 가지 방법은 방해물질과 우선적으로 반응하는 해방제를 사용하는 것으로 예를 들면 아세틸렌−공기 불꽃에서 칼슘을 분석할 때 인산이온의 방해를 막기 위해 스트론튬이나 란탄을 과량 사용한다. 또한, 마그네슘을 정량할 때 알루미늄의 방해를 막기 위해서도 스트론튬이나 란탄을 해방제로 사용한다. 이때 해방제는 방해화학종과 안정한 화합물을 만들어 분석물질을 해방시키고 분석원소의 원자화를 방해하지 않는다. 또 다른 한 가지 방법은 보호제를 가해 이것이 분석물질과 안정하고 휘발성이 있는 화학종을 만들어 방해를 피할 수 있는 방법으로 보호제는 EDTA, 8-hydroxyquinoline 등이 사용된다. EDTA는 칼슘을 정량하는데 Al^{3+}, Si^{4+}, SO_4^{2-}, PO_4^{3-} 이온의 방해를 막기 위해 사용한다. 8-hydroxyquinoline은 칼슘과 마그네슘을 분석할 때 Al^{3+}의 방해를 억제하기 위해 사용된다.

• 이온화 효과

시료가 원자화장치에서 열 분해되어 중성원자를 생성할 때 불꽃 온도가 높으면 열에너지에 의해 이온화 반응이 일어난다. 따라서 중성원자의 생성은 방해를 받게 되어 원자흡광 분석에서는 흡광세기가 감소하게 된다. 이러한 이온화 현상은 원자화장치의 온도와 원소의 이온화 전위에 영향을 받는다. 불꽃 원자화에서 산화제로 공기를 사용할 때는 원자의 이온화가 별로 일어나지 않지만 산화제로 산소나 N_2O를 사용하는 높은 온도의 불꽃에서는 이온화가 많이 일어난다.

표 11.3에 불꽃 온도에 따른 알칼리 및 알칼리 토금속의 이온화도와 각 금속의 이온화 전위를 나타내었다. 표를 보면 온도가 높아지면 이온화도는 증가되고, 또 같은 온도에서도 이온화 전위가 큰 원소는 대체적으로 이온화도가 감소한다는 것을 알 수 있다. 만약 원자가 주어진 온도에서 이온화되어 금속이온과 전자를 생성한다면 또 이것을 평형반응으로 취급하면 다음과 같이 평형상수를 쓸 수 있다.

표 11.3 알칼리 및 알칼리 토금속의 온도에 따른 이온화도(%)

원소	이온화전위(eV)	2,200 K	2,450 K	2,800 K
Cs	3.89	28.3	69.6	96.4
Rb	4.18	13.5	44.4	89.6
K	4.34	2.5	31.9	82.1
Na	5.14	0.3	5.0	26.4
Li	5.39	0.01>	0.9	16.1
Ba	5.21	1.0	8.6	42.8
Sr	5.69	0.1>	2.7	17.2
Ca	6.11	0.01>	1.0	7.2

$$M \rightleftharpoons M^{+}+e^{-} \qquad K = \frac{[M^{+}][e^{-}]}{[M]}$$

불꽃 속에서 다른 금속이온의 존재에 따라 금속의 이온화도가 크게 영향을 받을 수 있음을 알 수 있다. 따라서 만약 매체에 M 화학종 외에 A 화학종이 함께 존재하고 이것도 다음과 같이 이온화한다면,

$$A \rightleftharpoons A^{+}+e^{-}$$

M의 이온화도는 A에서 생기는 전자의 질량작용 법칙의 효과에 따라 감소할 것이다. 이온화도는 A의 이온화상수와 다음과 같은 질량보존 관계를 고려하여 계산한다.

$$[e^{-}] = [A^{+}]+[M^{+}]$$

불꽃 속의 원자-이온 평형은 불꽃 분광법에서 여러 가지 중요한 역할을 한다. 예를 들면 알칼리 금속, 특히 포타슘, 루비듐, 세슘의 원자 발광이나 원자 흡수선의 세기는 여러 면에서 온도의 영향을 받는다. Boltzmann식에 의하면 온도가 증가할 때 들뜬 원자 수가 증가한다. 그러나 이 효과는 또, 반대로 작용도 하므로 이온화를 일으켜 원자의 농도를 감소시킨다. 따라서 이런 때는 높은 온도의 불꽃에서 발광이나 흡수의 감소가 일어나는 경우가 있다. 알칼리 금속을 분석할 때 보통 낮은 온도의 불꽃을 이용하는 것은 바로 이 때문이다.

불꽃 속에서 원자의 이온화 반응을 억제하기 위해서 이온화 억제제를 사용한다. 이온화 억제제는 불꽃 속에서 이온화가 잘 되므로 비교적 높은 농도의 전자를 제공한다. 억제제로부터 생긴 많은 전자는 시료 원자의 이온화 평형을 깨고, 그의 역반응을 증가시키므로 시료 원자의 이온화가 억제된다. 이온화 억제제로 보통 사용하는 포타슘은 스트론튬의 원자흡광 분석에 이용된다. 포타슘은 스트론튬보다 이온화가 잘 되므로 이온화되어 포타슘이온과 전자를 많이 만든다. 전자의 농도가 증가함에 따라 스트론튬의 이온화가 억제된다. 그 결과 스트론튬의 검정선에서 기울기를 크게 증가시켜 감도가 높은 분석을 가능하게 한다.

• 매트릭스 효과

이것은 시료의 물리적 특성인 점도, 표면장력, 휘발성 등에 의해 생기는 방해를 말하고 이런 방해를 물리적 방해라 한다. 분석원소의 농도가 같을지라도 그 용액의 점도

및 표면장력이 다르면 시료를 원자화장치에 분무시킬 때 흡입량이나 방울크기가 서로 달라지므로 중성원자의 생성효율에 영향을 준다. 그 결과로 원자흡광 분석에서 흡광도의 차이가 생긴다. 또한, 시료에 공존하는 염과 같은 화학종의 휘발성 차이로 인해 증발을 저해하거나 원자화되기 전에 분자상태로 증발시키므로 방해하는 경우도 있다. 예를 들면 아세틸렌-공기 불꽃에서 철의 농도가 크면 크롬과 몰리브덴을 완전히 증발시키지 못한다. 전열 원자화장치에서도 이와 같은 방해가 있다. 이때는 적당한 첨가제를 가해 분석원소의 선택적인 휘발이 일어나도록 시료 매트릭스의 조성을 바꿔야 한다. 한편, 염화이온이 많은 시료에서는 비소, 아연, 카드뮴 및 납 등은 오히려 휘발성이 큰 염화물로 휘발되기 때문에 원자화 효율에 영향을 주게 된다. 이런 때에는 시료 매트릭스를 질산 또는 황산이온으로 바꾸든지 니켈 또는 철과 같은 전이원소를 가해 주면 감소된다. 이때 표준용액이나 바탕용액도 시료용액과 같은 조성이 되도록 만들어 실험하는 것이 좋다.

11.4 원자 흡광법의 측정과 응용

⊃ 시료의 조제

시료용기는 염산 또는 질산으로 처리하여 흡착되어 있는 금속을 제거하고 사용한다. 또한 표준시료는 장기간 보존하지 않는 것이 좋다. 대단히 고 순도의 시약을 구입할 수 있지만 구리, 아연, 납 등이 미량 함유될 수 있다.

시료의 조제용과 표준시료용 시약은 같은 시약병의 것을 사용하여 바탕시험 하도록 한다. 이것은 바탕시험 값이 같도록 하기 위함이다. 특히 초미량 분석에서는 충분한 주위를 기울여야 한다. 원자화장치로 불꽃을 사용할 때에는 시료를 수용액의 형태로 불꽃 속에 분무시킨다. 만약 시료가 토양, 동물의 조직, 식물, 석유제품, 광석과 같은 경우 이런 물질들은 보통 용매에 직접 녹지 않으므로 원자화장치에 주입할 분석물질의 용액을 만드는데 예비처리가 필요하다. 시료를 예비처리할 때 시료 중에서 유기물이 존재하면 바탕값에 원인이 되거나 탄화물을 생성하여 분석원소를 흡착하는 등의 방해가 일어난다. 따라서 이런 때에는 회화시켜 유기물을 제거시킨 후 시료로 사용하며, 유기물의 제거 방법에는 고온회화, 저온회화(건식회화), 습식회화법이 있다.

• **시료의 회화**(ashing, 灰化)

고온회화 방법에서는 시료를 도가니 속에서 400~500 ℃로 가열함으로써 공기 중의 산소로 산화하여 분해시킨다. 여러 가지의 할로겐화금속 화합물은 고온 회화할 때 일부가 증발되어 시료의 손실이 일어나는 것으로 알려졌다. 그리고 석영이나 사기도가니를 사용하면 용기에 금속성분이 흡착하거나 불용성 화합물을 만들므로 주의해야 한다.

저온화화는 산소를 고주파로 들뜨게 하여 플라스마 상태를 만들어 150 ℃ 정도의 온도에서 회화시키는 방법으로서 시료를 석영 접시에 넓게 펴놓고 회화실에 넣은 다음 진공펌프로 회화실의 공기를 탈기한 후 고주파를 발진한다. 다음에 산소를 회화실 내의 기압이 1 mmHg를 넘지 않을 정도로 불어 넣으면서 회화한다. 수은, 비소, 셀레늄, 크롬은 일부분이 증발한다. 습식회화 방법은 질산, 과염소산, 과산화수소와 같은 산화제를 사용한다. 건고방지 및 금속의 휘발방지를 위하여 황산을 가하여 낮은 온도에서 산화시켜 분해하는 것이다. 시료에 따라 질산-황산 분해, 질산-과산화수소 분해, 질산-황산-과염소산 분해법을 선택하여 사용한다. 질산-황산 분해법에서는 시료용액에서 질산 5~10 mL를 가하고 격렬한 반응이 끝나면 물중탕에서 가열하여 10 mL 정도로 되었을 때 질산 5 mL와 황산 10 mL를 더 가하고 황산의 흰 연기가 날 때까지 가열하여 유기물을 분해한다. 질산-과염소산 분해에서는 질산-황산 법에서의 황산 대신에 과염소산을 소량씩 가한다. 시약으로부터 오염과 금속의 휘발에 주의한다. 이상의 회화법 중 어느 것을 택할 것인가는 회수율을 시험하여 결정하는 것이 좋다.

검정선법에 의한 정량분석

일련의 농도 표준용액을 만들고 이들 용액의 흡광도를 측정하여 흡광도와 농도의 관계로부터 검정선을 작성한다. 표준용액과 같은 방법으로 만든 시료용액의 분석원소에 대한 흡광도를 측정하여 검정선으로부터 분석원소의 농도를 구한다. 자외선-가시선 분광법에서와 마찬가지로 시료 중의 분석원소의 농도가 낮은 영역에서는 흡광도와 농도 사이에 직선관계가 성립된다. 그러나 직선이 성립하는 농도 범위가 좁다. 카드뮴 및 아연과 같은 감도가 높은 원소는 조건에 따라 다르지만 5~6 ppm 이하의 농도범위에서 직선이 성립한다. 다른 공존원소에 의한 방해가 나타날 때에는 표준시료에 포함된 주요한 성분을 첨가하여 표준시료와 시료의 조성이 같게 만들어 실험한다. 그러나 공존

원소의 방해가 너무 심할 경우에는 방해성분을 제거한 다음 실험해야 한다.

· 내부표준법

내부표준법은 표준시료에 내부 표준원소 일정량을 첨가한 다음 분석원소와 내부 표준원소의 흡광도를 두 개의 파장에서 동시에 측정한다. 이렇게 하여 얻어진 흡광도비를 이용하여 정량한다. 분석원소의 흡광도(A_s)와 내부 표준원소의 흡광도(A_r)의 비 A_s/A_r 을 구한다. 표준물질의 농도와 A_s/A_r 과의 관계를 도시하여 검정선을 작성한다. 시료용액에도 내부 표준원소를 일정량 가하여 흡광도비 A_s/A_r 을 구해 검정선으로부터 농도를 구한다. 이때 내부 표준원소는 시료에 함유되어 있지 않으며 분석원소와 유사한 화학적 방해를 받는 물질을 선택하는 것이 바람직하다. **그림 11.8**에 검정선법과 내부표준법의 검정선을 나타냈다.

· 표준물 첨가법

분석원소의 시료용액 일정량씩을 몇 개의 부피플라스크에 정확히 분취한다. 여기에 표준용액을 일정량씩 첨가한다. 각 플라스크의 표선까지 용매를 채운 후에 각각의 용액에 대한 흡광도를 측정한다. 흡광도를 세로축에 표시하고 가로축에는 첨가한 표준물질의 양(또는 농도)을 취하여 검정선을 작성한다. 가로축과의 교점으로부터 0점까지의 거리로부터 시료 중의 분석원소에 대한 농도 또는 함량을 구한다. 표준물 첨가법으로도 직선의 검정선을 얻게 되지만 바탕흡수가 없는 시료에만 적용된다.

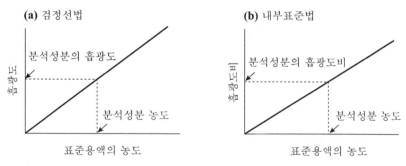

그림 11.8 검정선법과 내부표준법의 검정선. 흡광도비 (A_s/A_r).

⊃ 원자흡광 분광법의 응용

원자흡광 분광법은 60여 가지 이상의 금속 또는 준금속원소를 미량 또는 초미량 분석하는 데 이용된다. 비금속 원소의 공명선은 일반적으로 200 nm 이하의 파장이므로 보통의 분광계도로는 측정하기가 불가능하다.

여러 원소에 대한 원자흡광 분광법의 검출한계는 불꽃에 의한 원자화법에서 1~20 ng/mL, 즉 0.001~0.020 ppm 범위이다. 그리고 전열 원자화법에서는 0.002~0.01 ng/mL, 즉 $2 \times 10^{-6} \sim 1 \times 10^{-5}$ ppm 정도이다. 가끔 검출한계가 이들 범위를 벗어나는 경우도 있다. 검출한계는 불꽃을 사용하는 원자화법에서 보다는 전열법에서 더 낮다. 보통의 조건에서 불꽃 흡광법의 상대오차는 1~2 % 정도이다. 그러나 특별한 주의를 기울이면 10분의 몇 %까지 줄일 수 있다. 비불꽃 원자화법의 오차는 일반적으로 불꽃 원자화법보다 5~10배 크다.

원자흡광 분광법은 다음과 같은 금속의 미량분석에 이용된다. 즉, 환경 분석으로 대기 중의 수은증기의 정량, 하천수 중의 구리, 아연, 카드뮴의 정량, 해수 중의 수은 정량, 해저물질 중의 수은 정량, 생물시료 중에서 금속원소의 분석 등에 원자흡광법이 이용되고 있다. 그리고 합금의 분석, 칼슘의 이온화도 측정, 철광석 중의 중금속 정량분석, 암석 중의 비소 정량, 농작물 중의 금속원소 정량, 식품 중의 금속원소의 정량 등 공업분석 분야에 다양하게 이용되고 있으며 요즘에는 임상의학 분야에서도 원자 흡광법에 의한 미량금속원소의 분석법이 자주 이용된다.

⊃ 불꽃 발광법의 특징

불꽃을 이용하는 원자발광 분광법은 불꽃 발광 분광법 또는 불꽃 광도법이라 한다. 분석법의 역사로 보면 원자흡광법보다 훨씬 오래된 방법이다. 이 방법은 소듐, 포타슘, 리튬 및 칼슘의 분석에 가장 널리 이용된다. 이 방법은 간편하고 신속하며 비교적 방해가 적으므로 다른 방법으로 분석이 어려운 경우에 자주 이용된다. 이 방법의 기기는 원자흡광법과 비슷하다. 그러나 속빈 음극등과 같은 별도의 광원과 빛살 분리기는 필요 없고 불꽃 자체가 광원이 된다. 따라서 원자흡광 분광광도계를 그대로 사용할 수 있다. 그러나 알칼리와 알칼리 토금속의 일상적인 분석에는 불꽃 원자화장치가 부착된 간단한 필터 광도계이면 충분하다. 오늘날에 와서는 임상시료 속에 있는 소듐과 포타슘을 정량하기 위해 완전한 자동광도계가 제작되어 이용되고 있다. 이런 기기에서는 시료를 시료채취 통에서 분취하여 단백질과 미립자를 제거하기 위해 투석하고 리튬 내부표준물로 희석하여 불꽃 속으로 분무하는 일련의 과정을 순서적으로 거치게 한다. 최근에는 한 시료에서 여러 원소를 동시에 분석할 수 있는 광학 다중채널 분석기가 개발되어 1분에 10여 개의 원소를 분석할 수 있다.

⊃ 불꽃 발광법의 방해

불꽃 발광법에서 스펙트럼의 높은 선택성은 단색화장치의 높은 분해능보다 스펙트럼선이 좁은 성질에서 온다. 따라서 불꽃 발광법의 선택성은 전적으로 단색화장치에 달려 있다.

이 방법에서 화학적 방해는 원자 흡광법에서와 같이 불꽃온도 조절, 보호제 및 해방제의 사용 및 이온화 억제제 등을 사용하여 방해 작용을 제거하거나 최소화한다. 불꽃 발광법에서는 일반적으로 파장, 시료를 가하는 불꽃지역 및 연료 대 산화제의 비 같은 것의 조절에 영향을 많이 받으므로 숙련된 조작기술이 필요하다. 기술이 숙련된 사람이 분석할 때 흡광법과 발광법의 정확도와 정밀도는 비슷하다(상대오차 ±0.5~1 %). 그러나 숙련이 안 된 경우에는 흡광법이 유리하다. 또 발광법에서는 스펙트럼의 방해를 쉽게 찾아내어 피할 수 있다.

• 자체흡수

불꽃 발광 분광법에서의 방해로서 중요한 것은 자체흡수이다. 이것은 불꽃 중심부의 온도가 외곽보다 더 높다. 즉 중심부에서 발광하는 원자는 낮은 온도의 불꽃 부분으로 둘러싸여 있고 온도가 낮은 부분에서는 들뜨지 않은 원소가 더 많다. 따라서 낮은 온도의 불꽃 부분에 있는 원자에 의해 공명 파장의 자체흡수가 일어난다. 발광선의 도플러 넓힘은 뜨거운 발광지역에 있는 입자가 더 빨리 움직이기 때문에 공명 흡수선의 도플러 넓힘보다 더 크다. 따라서 자체흡수는 가장자리보다는 선의 중심을 변화시키는 경향이 있다. 극단의 경우에는 중심부가 가장자리보다 세기가 약해지거나 전혀 안 나타나는 경우가 있다. 그러므로 발광극대가 분리되어 두 봉우리로 나타나는 수가 있다 이것을 자체반전이라 한다. 자체흡수는 분석원소의 농도가 높을 때 심하다. 이런 때에는 자체흡수가 일어나지 않는 비공명선을 분석파장으로 이용하는 것이 좋다.

• 불꽃 발광법의 응용

이 방법의 응용은 알칼리 금속원소의 정량에 대단히 효과적이다. 이들 원소는 비교적 낮은 온도의 불꽃에 의해 들뜬다. 그러나 다른 종류의 알칼리 금속원소가 공존하면 상호방해 작용이 크다. 특히 자체흡수가 크다. 원소의 이온화가 문제이므로 공존하는 염에 대해 충분한 주의를 기울여야 한다. 그리고 감도와 정확도가 허용되는 한도 내에서 묽혀 측정하는 것이 좋다. 유리기구 등에서 소듐이나 포타슘이 오염되므로 테프론이나 폴리에틸렌의 용기를 사용한다. 이 방법은 알칼리 토금속, 특히 칼슘, 스트론튬, 마그네슘의 정량에 우수하다. 그 원자에서 나오는 스펙트럼선 이외에 그들의 산화물에서 나오는 띠 스펙트럼도 선택하여 정량에 이용한다. 또 이들 원소의 농도가 진해지면 자체흡수가 항상 일어나므로 선 스펙트럼의 세기와 농도가 비례하지 않으므로 띠 스펙트럼의 세기와 이들 성분의 농도 사이에는 비례관계가 성립한다.

알칼리토류 금속을 분석할 때 앞에서 설명한 바와 같이 인산이나 황산이온의 방해가 있으므로 이때에는 이들 물질을 제거하든지 EDTA, 스트론튬, 란탄과 같은 완충제를 가해 측정함으로써 해결된다. 이 방법으로는 10여 종의 희토류 금속을 정량할 수 있다. 희토류 원소를 정량할 때에는 산화물의 띠 스펙트럼만을 선택한다. 그 밖에 약 20여 종의 금속원소가 분석 가능하지만 알칼리 금속에 비해 들뜨기 전압이 높고 스펙트럼도 자외선이고 빛을 단색화하기 위해 석영과 회절발 단색화장치 등이 필요하다. 이때 검출기로는 광전관으로는 광전자증배관이 사용되고 불꽃으로는 아세틸렌−산소, 수소−산소, 사이안−산소를 사용해야 한다. 알칼리 금속과 알칼리 토금속을 제외하면 불꽃 발광법은 중금속의 분석법으로서 결코 감도가 높지 않다. 금속과 착물을 만들어 감도를 높이는 방법도 시도되고 있다. 원자흡광법과 불꽃 발광법의 특성을 살펴보기 위해 **표 11.4**에 몇 가지 종류의 원소에 대한 각종 원자 분광법의 감도를 나타냈다.

⤵ 불꽃 발광법과 흡광법의 비교

불꽃을 이용하는 원자 분광법을 비교하기 위해서 이들 분석법의 장단점을 다음에 설명한다.[3]

---

3) E. E. Pickett and S. R. Koirtyohann, *Anal. Chem.*, **1969**, 41(14), 28A.

표 11.4 몇 가지 원소에 대한 각종 원자 분광법의 감도 (ng/ml)

원소	AAS 불꽃	AAS 전열	AES 불꽃	AES ICP	AFS 불꽃
Al	30	0.005	5	2	5
As	100	0.02	0.0005	40	100
Ca	1	0.02	0.1	0.02	0.001
Cd	1	0.0001	800	2	0.01
Cr	3	0.01	4	0.3	4
Cu	2	0.002	10	0.1	1
Fe	5	0.005	30	0.3	8
Hg	500	0.1	0.0004	1	20
Mg	0.1	0.00002	5	0.05	1
Mn	2	0.0002	5	0.06	2
Mo	30	0.005	100	0.2	60
Na	2	0.0002	0.1	0.2	–
Ni	5	0.02	20	0.4	3
Pb	10	0.002	10	2	10
Sn	20	0.1	300	30	50
V	20	0.1	10	0.2	70
Zn	2	0.00005	0.0005	2	0.02

(1) 기기장치: 발광법의 중요한 이점은 불꽃이 광원의 역할을 하는 것이고, 흡광법에서는 각 원소 또는 한 무리의 원소에 대해 각각 별도의 램프가 필요하다. 또, 흡광법 기기의 단색화장치의 품질은 속빈 음극램프에서 방출되는 발광선이 좁아서 같은 정도의 선택성을 얻는 데 그렇게 좋지 않아도 된다.

(2) 작동기술: 보통 발광법을 이용하여 분석할 때에는 파장, 시료를 가하는 불꽃 지역 및 연료/산화제의 비와 같은 중요한 조절 때문에 훌륭한 기기를 취급하는 기술이 필요하다.

(3) 바탕보정: 발광법 분석할 때 시료성분에서 생기는 띠 스펙트럼에 대한 바탕보정은 흡광법에서 보다는 쉽고, 또 더 정확하게 할 수 있다.

(4) 정밀도 및 정확도: 분석자가 기기 취급에 대해 익숙한 경우에는 두 방법에서 나타나는 오차가 비슷하지만(상대오차 ±0.5~1 %) 익숙하지 못할 때는 원자 흡광법에서 더 유리하다.

(5) 방해: 화학적 방해는 두 방법에서 모두 받는다. 원자 흡광법에서는 스펙트럼선의

표 11.5 불꽃 발광법과 불꽃 흡광법의 검출한계 비교

불꽃 발광법이 더 좋음	감도 같음	불꽃 흡광법이 더 좋음
Al, Ba, Ca, Eu, Ga,	Cr, Cu, Dy, Er,	Ag, As, Au. B, Be,
Ho, In, K, La, Li,	Gb, Ge, Mn, No,	Bi, Cd, Co, Fe, Hg,
Lu, Na, Nd, Pr, Rb,	Nb, Pd, Rh, Sc,	Ir, Mg, Ni, Pb, Pt,
Re, Ru, Sm, Sr, Tb,	Ta, Ti, V, Y,	Sb, Se, Si, Sn, Te,
Tl, Ym, W, Yb	Zr	Zn

방해를 적게 받고 발광법에서는 이 방해를 쉽게 찾을 수 있으므로 피할 수 있다. 띠 스펙트럼 방해에 관해서는 바탕보정에서 언급했다.

(6) 검출한계: 두 방법의 검출한계의 비교는 **표 11.5**에 수록했고 표를 보면 두 방법의 상부상조 관계를 알 수 있다.

11.5 유도결합 플라스마 발광분광법

플라스마 광원은 1970년대에 크게 발전하였고 최근에는 유도결합 플라스마 광원에 바탕을 둔 분석법이 날로 발전하고 있다. 이 광원은 불꽃이나 전열 원자화에 비해 몇 가지 이점이 있다.

첫째는 높은 온도에서 원자화시키므로 원소 상호간의 방해가 작다. 둘째는 한 가지 들뜨기 장치로 대부분 원소의 스펙트럼을 얻을 수 있고 이 결과 12개 원소의 스펙트럼을 동시에 기록할 수 있다. 이것은 매우 적은 양의 시료로도 다성분 원소를 분석할 수 있다는 점에서 중요하다. 셋째는 높은 에너지의 이들 광원은 붕소, 인, 텅스텐, 우라늄, 지르콘과 같은 내화성 화합물을 만드는 경향이 있는 원소의 낮은 농도를 측정할 수 있다. 마지막으로 대부분의 다른 분광법은 한 단위의 농도 범위만을 측정하는데 플라스마 광원은 한 원소의 농도를 몇 단위 더 정밀하게 측정할 수 있다.

⊃ 발광 분광법의 종류 및 특징

유도결합 플라스마법 광원에 의한 발광 분광법은 원자화온도가 6,000~8,000 K인 유도결합 플라스마법과 6,000~10,000 K의 직류 아르곤 플라스마법으로 나뉜다. 유도결합 아르곤 플라스마 광원에 의한 원자발광 분광법을 유도결합 플라스마 분광법

(inductively coupled plasma, ICP)이라고 하고 최근에 발전된 ICP 광원에 의한 원자형광을 유도결합 플라스마 형광 분광법이라 한다. 플라스마 광원의 가장 중요한 이점은 원자화 조건의 재현성이 훨씬 높다는 점이다. 불꽃이나 플라스마 분광법에서는 시료를 분해하여 용액(보통 수용액)으로 만들어 광원에 주입시켜 실험한다.

발광 분광법의 스펙트럼

발광 분광법은 들뜬 원자나 이온에 의해 발광되는 선 스펙트럼에 근거를 두고 있다. 이런 스펙트럼은 그림 11.2에서 설명한 원자 또는 이온의 에너지 준위도를 보면 이해할 수 있을 것이다.

플라스마 광원은 4,000 K 이상의 온도이며 그들의 에너지가 높기 때문에 불꽃법이나 전열법의 경우보다는 일반적으로 발광 스펙트럼은 더 많은 선들을 가지고 있다. 아르곤 플라스마 광원에서는 열에 의해 생긴 전자와 아르곤이온이 재결합할 때 연속 복사선이 발광된다. 이런 스펙트럼은 기체상태의 분자에 의해 나타나고 분자진동의 에너지가 전자의 에너지준위에 겹쳐서 나타난다.

예를 들면 탄소전극이 질소를 포함하는 공기 중에서 가열될 때 CN 라디칼의 띠 스펙트럼이 나타나고 규소의 함량이 많은 시료에서도 SiO_2의 분자 스펙트럼이 나타난다. 또, OH 라디칼의 띠 스펙트럼도 흔히 나타난다. 이런 띠 스펙트럼이나 연속 스펙트럼은 시료 원자의 선 스펙트럼에 지장을 준다.

유도결합 플라스마 광원

유도결합 플라스마는 원자발광 분광법에서 이용되는 광원이고 플라스마(plasma)란 진한 농도의 양이온과 전자를 포함하는 전도성 기체를 말한다.

ICP 광원의 장치는 **그림 11.9**와 같다. 이 광원의 구조는 삼중의 석영관으로 구성되어 있다. 가장 큰 관의 직경은 약 2.5 cm이다. 가장 중심부의 작은 관은 시료용액을 분무하는 운반기체(일반적으로 아르곤에 섞은 시료의 에어로졸)가 흐르고 중간관은 플라스마를 만드는 아르곤 기체가 흐른다.

석영관 위부분에는 라디오파 유도코일이 감겨져 있고, 이 코일은 27.1 MHz에서 약 1.4~3.0 kW의 에너지를 발생하는 라디오파 발생기에 의해 가동된다. 중간 석영관에

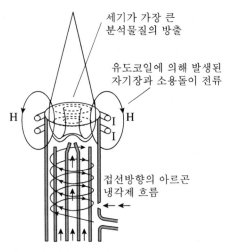

세기가 가장 큰
분석물질의 방출

유도코일에 의해 발생된
자기장과 소용돌이 전류

접선방향의 아르곤
냉각제 흐름

아르곤에 섞은 시료 에어로졸

그림 11.9 유도결합 플라스마(ICP) 광원의 구조.

11~17 L/min의 유속으로 유입되는 아르곤의 이온화는 테슬라 코일의 스파크에 의해 시작된다. 이렇게 얻은 아르곤이온과 전자들은 석영관의 상단에 이르고 여기에서 코일에 의한 유도전류 때문에 강력한 가열작용이 일어나 고온의 플라스마 불꽃이 발생된다. 이런 플라스마의 온도는 대단히 높아서 외부석영관에 의해 단열할 필요가 있다. 즉, 가장 바깥 관에 아르곤을 접선방향으로 흐르게 한다. 이때 아르곤의 흐름속도는 10~15 L/min 이다.

시료는 중앙 석영관의 상부에 가열된 플라스마 속에 약 1 L/min의 아르곤 흐름에 의해 주입된다. 시료의 상태는 에어로졸, 가열하여 발생시킨 증기 또는 미세한 분말이면 된다. 시료의 분무장치는 불꽃법에서 사용하는 것과 비슷하다. 여기에서 시료는 아르곤의 흐름으로 안개화되어 미세한 방울로 분산되어 플라스마 속으로 들어간다. 액체와 고체 시료는 초음파 분무기 장치를 사용하여 에어로졸로 만들 수도 있다.

또, 다른 시료주입 방법으로는 탄탈선 위에 시료를 놓고, 큰 전류를 흐르게 하여 증기화 시키는 것이다. 이때 발생된 증기는 아르곤 흐름에 의해 플라스마 속으로 휩쓸려 들어간다.

• 유도결합 플라스마의 온도와 원자화

그림 11.10은 유도결합 플라스마의 여러 부분의 온도분포를 나타낸 것이다. 전형적

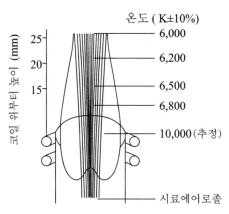

그림 11.10 전형적인 유도결합 플라스마의 온도분포. 높이: 코일 위로부터의 높이.

인 플라스마는 매우 찬란하게 빛나는 백열인데 중심부는 불투명하고 상부 꼭지는 불꽃 모양의 꼬리를 가졌다. 시료의 스펙트럼은 보통 유도 코일에서 $10 \sim 20$ mm 높이에서 측정한다. 시료원자가 측정지점에 도달하기까지는 $6,000 \sim 8,000$ K의 온도영역에서 2 msec 동안 머물게 된다. 이와 같이 높은 온도에서 오랫동안 머물게 되므로 플라스마에서는 원자화가 완전하게 되고 화학반응에서 오는 방해 작용이 거의 없다. 이때 아르곤의 이온화로 생긴 전자의 농도는 시료의 이온화에 의해 생긴 전자보다 엄청나게 많기 때문에 시료의 이온화에 의한 방해 작용은 아주 적거나 거의 없다. 또 플라스마 광원에서는 화학적 활성이 없는 환경에서 원자화가 일어나므로 분석물질이 산화물을 생성하는 경우는 없고 원자수명이 길다는 장점이 있고, 또 이 광원의 온도분포는 비교적 균일하므로 자체흡수나 자체반전 효과가 나타나지 않는다. 따라서 몇 단위 정도의 큰 농도 범위에서 검정선이 직선으로 나타나는 경우가 많다.

⊃ 직류 아르곤 플라스마 광원

그림 11.11에서 보는 것처럼 Y자를 거꾸로 놓은 모양으로 전극이 배치되어 있다. 두 개의 흑연 양극은 Y자의 양팔 끝 위치에 위치하고 음극은 Y자의 밑 부분에 위치한다. 아르곤은 두 개의 양극 쪽으로부터 흐른다. 플라스마 제트는 음극을 양극과 접촉시켜 형성한다. 이렇게 하여 아르곤의 이온화가 일어나고 전류가 흘러(~ 14 A) 이온이 추가로 발생하게 되어 그 전류는 계속 흐르게 된다. 플라스마는 $9,000 \sim 10,000$ K의 높은 온도를 낸다. 플라스마의 접합 부위에서 형성된 들뜨기 영역은 6,000 K 정도이다. 시료

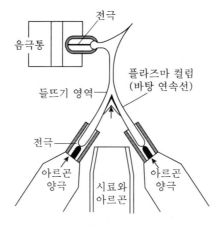

그림 11.11 직류 아르곤 플라스마 광원의 모양.

는 안개화 되어 에어로졸 형태로 들뜨기 영역에 도입된다. 시료가 들뜨기 영역에 체류하는 동안에 원자화와 들뜨기가 일어나고 발광선이 측정된다. 이런 플라스마 제트에서 생긴 스펙트럼은 유도결합 플라스마에서 생긴 것보다 스펙트럼선이 적은 편이고, 얻어지는 스펙트럼선은 대부분이 이온보다 원자로부터 생성된 것이다. 직류 아르곤 플라스마 광원은 유도결합 플라스마에 비해 감도가 한 단위 정도 낮지만 재현성은 서로 비슷하다. 그러나 직류 아르곤 플라스마 광원은 아르곤의 소비가 훨씬 적고, 보조용 전력공급 장치는 간단하고 경비가 적게 든다. 이 광원은 전 과정을 자동적으로 작동시키는데에는 적합하지 않으므로 이러한 점이 보완되어야 한다. 또 플라스마를 지지해 주는 흑연전극은 몇 시간마다 바꿔야 할 정도로 소모된다. 그러나 이 광원은 용액뿐만 아니라 미립자로 만들어 주면 고체물질도 들뜨게 할 수 있다.

플라스마 분광법 기기

플라스마 발광법에 쓰는 기기는 180~900 nm 파장영역의 자외선−가시선 스펙트럼을 얻을 수 있는 것이 있다. 그러나 대부분의 원소는 보다 짧은 파장에서 스펙트럼선을 내므로 많은 기기는 500~600 nm 이상에서는 쓰이지 않는다. 또 몇 가지의 기기는 진공에서 조작하여 170 nm의 자외선까지 확장하여 사용할 수 있다. 이러한 기기는 황, 인, 탄소와 같은 원소를 정량할 수 있는 이점이 있다.

플라스마 발광법의 기기는 순차측정과 다중채널 기기의 두 가지로 나뉜다. 순차측정

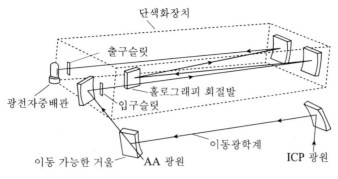

단색화장치

출구슬릿

홀로그래피 회절발

광전자중배관

입구슬릿

이동 가능한 거울

AA 광원

이동광학계

ICP 광원

그림 11.12 ICP 분광법의 순차측정용 분광계.

기기는 스펙트럼선의 세기를 한 개씩 순차적으로 측정하며, 한 원소의 스펙트럼선으로부터 다른 원소의 스펙트럼선으로 만족스런 신호/잡음비를 얻을 때까지 몇 초 동안 머문 다음 움직이게 프로그램(또는 수동으로)되어 있다. 그러나 다중채널 기기는 여러가지의 원소(5개 또는 60개 원소)에 대한 발광선의 세기를 동시에 측정하도록 설계되어 있다.

· 순차측정 기기

이 기기의 광학계통도를 **그림 11.12**에 나타내었다. 이 기기는 유도결합 플라스마를 이용하는 발광분석뿐만 아니라 불꽃 또는 흑연노 장치를 이용하는 원자흡광 분광법에도 이용할 수 있다. 이때 발광에서 흡광으로 바꿀 때에는 그림에 나타낸 것처럼 움직일 수 있는 거울을 움직이면 된다. 이 기기의 홀로그래피 회절발은 한 단계마다 0.007 nm씩의 파장이 변하하는 단계식 모터에 의해 움직이고 175~460 nm의 것과 460~900 nm 파장영역의 것을 필요에 따라 교환하여 사용하게 되어 있다. 발광법에서는 매 분당 3~4개 원소의 속도로 20개 원소까지 한 번에 정량할 수 있다.

· 다중채널 기기

다중채널 기기는 많으면 60개까지의 광전자중배관을 설치한 분광계가 시판되고 있다. **그림 11.13**에 대표적인 다중채널 기기의 구조를 나타내었다. 이 분광계는 홀로그래피 오목회절발 단색화장치를 사용한다. 단색화장치의 입구 슬릿, 출구 슬릿, 회절발표면 및 초점곡면이 오목 회절발의 초점곡면에 해당하는 곡률 면인 Rowland 원주에 놓여

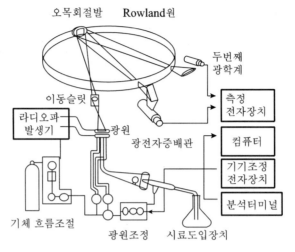

오목회절발   Rowland원

두번째 광학계

이동슬릿

라디오파 발생기

광원

측정 전자장치

컴퓨터

광전자증배관

기기조정 전자장치

분석터미널

기체 흐름조절

광원조정   시료도입장치

그림 11.13 Rowland원 광학계의 플라스마 다중채널 분광계.

있다. 여러 개의 광전자증배관은 이차 산란광을 피하기 위해 오목 회절발 단색화장치의 초점곡면에 따라 고정된 출구 슬릿 뒤에 설치되었다. 두 번째 거울이 두 번째 광학계의 위 또는 아래에 있는 광전자증배관에 복사선을 비춰서 초점을 맞춘다. 대부분의 분석에서는 위의 배열이 사용된다. 그러나 60개 원소까지 확장하는 경우에는 아래의 배열이 사용된다. 출구슬릿은 분석원소의 특정파장만을 투과시키도록 놓여 있으며, 고정된 출구슬릿에서 나오는 복사선은 슬릿 뒤에 놓인 거울에 의해 반사되어 광전자증배관 검출기의 음극으로 들어간다. 광전자증배관에서 나온 신호는 측정 전자장치에 공급된다. 입구슬릿은 단계식 모터에 의해서 Rowland 원주에 따라 이동시킬 수 있다.

　이것은 봉우리를 따라 주사하며 바탕보정용의 정보를 제공한다. 그림 11.12와 같은 기기는 플라스마뿐만 아니라 아크와 스파크 광원에도 사용하고 있다. 이 기기에 진공장치를 부착하면 황, 인, 붕소, 아이오딘 등과 170 nm까지의 스펙트럼을 발광하는 다른 원소들의 분석을 가능하게 한다. 이 기기는 5분 이내에 5~20개 또는 그 이상의 원소를 정량분석 할 수 있으므로 일상적인 빠른 분석에 널리 사용된다. 또 분석속도가 빠른 것 외에도 분석치의 정밀도가 높은 이점이 있다. 이상적인 조건하에서는 1 % 정도의 상대적 재현성을 나타낸다. 최근의 새로운 기기는 스펙트럼을 주사하기 위해 단색화장치 하나가 더 설치되어 있으므로 그 용도가 다양하다.

⭕ 발광 분광법의 복사선 검출기

플라스마 발광 분광법에서는 사진 검출기를 사용할 수 있다. 사진건판으로 얻을 수 있는 분석속도는 보통은 만족스럽지만 많은 수의 시료를 처리해야 하는 실험실에서는 이 속도가 충분하지 못하다. 따라서 수분 내에 많은 원소를 분석해야 하는 시료에 대해서는 직독식 분광계가 필요하다. 직독식 기기의 광학 시스템과 들뜨기 장치는 사진식과 매우 비슷하지만 분광계의 출구 부분에서 차이가 난다. 이때는 각 원소의 발광선으로부터 오는 복사선은 정밀한 폭을 갖는 슬릿이나 원하는 스펙트럼을 정밀한 위치에 나타나게 하는 거울 시스템으로 분리한다. 슬릿과 거울에 의해 한 가지 스펙트럼선의 복사선을 광전자증배관의 음극 표면에 집광시킨다. 이것은 플라스마 분광법의 검출기로 널리 이용된다.

⭕ 플라스마 분광법의 응용

원자 발광분광법에서 유도결합 플라스마나 직류 아르곤 플라스마 광원에 의한 정량 분석의 결과는 아주 우수하다. 그들은 적당한 실험조건에서 조작할 때 얻는 높은 안정도, 낮은 잡음, 낮은 바탕, 광원의 방해가 없는 것 등이다. 검출한계의 경우에는 ICP법이 직류 아르곤 플라스마법보다 약간 더 좋으나 직류 플라스마 광원은 구입과 조작경비가 적게 들므로 여러 가지 응용에도 적합하다. 최적의 결과를 얻으려면 광원을 15~30분간 가온하여 열적 평형에 도달하게 하는 것이 좋다. 이들 광원으로 시료를 들뜨게 하면 ppb 정도의 극미량 분석도 정확히 할 수 있다. 여기에서는 ICP 발광분광법 분석에 관하여 알아보기로 한다.

• 유도결합 플라스마 분광법의 특징

유도결합 플라스마 광원에 의한 발광 분석법에서는 다음과 같은 특징을 갖는다.

(1) 감도가 좋고 정확도가 높다.

ICP 불꽃의 온도가 높고 도넛 모양의 구조 때문에 시료의 들뜨기 효율이 높고 원자 흡광법과 거의 같거나 또는 약간 높다. 또 불꽃은 안정하므로 내부 표준법을 활용하여 넓은 범위의 함유량 영역에 걸쳐 높은 정확도로 분석할 수 있다.

(2) 분석농도 범위가 넓다.

ICP 불꽃은 직류 아크와 같은 다른 불꽃에 비해 플라스마의 바깥 분위기 중에서 바닥상태에 있는 중성원자의 수가 대단히 적으므로 들떠서 발광된 빛의 흡수 즉, 자체흡수의 현상이 미약하다. 따라서 검정선법으로 정량할 때 3~5 자릿수의 농도 범위에서 동시에 정량 가능하다. 즉, Beer 법칙이 성립하는 농도범위가 넓다.

(3) 분석 가능한 원소의 수가 많다.

직류 아크를 포함하는 여러 가지의 고압 스파크방법에 의해서는 S, Se, Te, As, W, U등과 같은 원소는 Ag, Cu에 비해 미량을 높은 감도로 분석하기 곤란하고, 할로겐이나 영족기체는 더욱 곤란하지만 ICP법에서는 자외선 영역의 측정법을 함께 사용하는 경우도 있지만 위에 설명한 각종 원소도 분석 가능하다.

(4) 매트릭스 영향이 적다.

ICP 불꽃은 고온이고 그 도넛 구조 때문에 시료 중의 각종 원소는 서로 독립된 원자로 되고 플라스마 불꽃 중에 머무는 시간도 다른 방법에 비하여 대단히 작은 것으로 생각된다.

(5) 다원소의 동시분석이 가능하다.

이것은 발광분석법의 공통적인 특징이지만 ICP에서는 위와 같은 독자적인 특색이 있으므로 보다 많은 종류의 원소를 높은 감도로 높은 정확도로 1회의 발광에 의해서 동시에 주성분으로부터 미량원소까지 분석이 가능하다.

(6) 아르곤 기체를 사용하고 시료는 용액이다.

ICP법에서는 아르곤 기체만 사용하므로 안전성이 높고 시료는 금속과 그 밖의 유기물 및 무기물의 고체를 용액으로 만드는 전처리가 필요하지만 한편으로는 표준시료의 제조나 내부 표준원소의 첨가가 쉽다.

• 시료의 조제와 분석방법

ICP 발광 분광법에서 표준물질과 시료의 조제방법과 검정선의 작성법은 원자흡광 분광법에서 설명한 것과 비슷하다. ICP 분석에서는 시료를 녹일 때에는 원자 흡광법에서와 같이 산에 의한 용해가 이용된다. 어떤 단일 산에 녹지 않을 경우에는 혼합산을 이용하게 된다. 만약 산에 불용성인 시료는 알칼리에 용해시킨다. 규산염 광물과 암석 등의 분해에는 일반적으로 탄산소듐과 탄산포타슘을 사용한다. 이런 방법은 용액으로 만드는 확실한 방법이지만 그 용액을 ICP의 시료로 사용하는 경우에는 소듐이나 포타슘과 같은 알칼리 금속을 많이 포함하게 되므로 시료용액을 안개화할 때 문제가 생긴다. 그러나 분석용액 중의 실리카는 콜로이드 상태로 존재하지만 분석의 정확도에는 영향을 주지 않는다. 하천수 같은 수용액 시료는 산도를 조정하는 것만으로 직접 시료로 사용할 수 있지만 극미량의 환경관리 시료일 경우에는 감도를 높이기 위해 수용액 시료를 증발농축 또는 용매추출 등의 수단이 필요하다.

온천수와 해수에는 칼슘과 소듐이 많이 함유되어 있으므로 미량성분을 정량할 때 매트릭스를 제거하는 경우도 있다. 석유, 식용유, 우유, 음식물, 혈액, 오줌과 같이 유기 액체 시료는 유기용매로 묽힌 다음 분석용액으로 사용할 수 있다. 그 이유로는 ICP의 불꽃온도가 높아 시료의 유기성분이 즉시 분해된 다음 미량의 여러 원소가 해리되어 발광하는 것으로 생각된다. 유기고분자물질, 동식물 생체세포, 식료품, 하천수 등에서 저분자량의 유기성분을 주성분으로 갖는 고체 또는 슬러리 상태의 시료를 분석할 때에는 보통 유기물을 우선 분해해야 한다. 유기물의 분해법으로는 습식 산처리법이나 건식 회화법이 이용된다. 금속원소는 고 순도의 금속시약을 단일성분 용액으로 녹여 만들고 필요한 수의 원소를 혼합하여 표준용액으로 만들 수 있다. 이때 사용하는 산의 종류와 분석원소가 작용하여 침전되지 않도록 조심해야 한다. 유기용액 시료는 분석값이 알려진 동일한 매트릭스의 시료를 표준용으로 사용하지만 이때 유기 금속을 첨가하여 조제해서 사용할 수도 있다.

ICP 광원은 안정하므로 그것의 스펙트럼선 세기도 재현성이 높지만 변동요인이 많으므로 그 요인을 피하여 분석의 정확도를 향상시키려면 내부표준법을 필요로 한다. ICP 광원은 분무기에서의 시료에 대한 산의 농도와 기체의 유량에 따라 플라스마에 공급되는 시료의 양이 약간씩 변동하므로 내부표준법을 사용하면 이런 장애를 피할 수 있다.

• 유도결합 플라스마 분광법 조작의 요점

ICP법 분석에서 미량시료의 경우에는 분무기의 보수관리가 중요하다. 유리로 만든 분무기를 사용하는 장치는 시료용액 중의 원소가 유리벽에 부착되어 다음에 사용하는 시료 중에 혼입될 가능성이 있기 때문에 주의해야 한다. 특히 붕소와 알루미늄은 그런 경향성이 크다. 그리고 분무기와 용액이 접촉하는 부분을 테이프론으로 만든 경우는 유리 벽면에 비하여 소수성이 크므로 시료용액의 안개화 과정에서 방울모양으로 되기 쉬워 안개화 조건이 변하는 요인이 된다. 그에 대한 대책으로는 시료용액 중에 계면활성제를 첨가하여 방울의 생성을 방지하는 것이 좋다. 그 다음에 사용하는 장치 중에는 분무기와 플라스마 장치 및 시료가 흐르는 관의 구성 물질에 대하여도 주의할 필요가 있다. 일반적으로 분무기는 유리, 연소기는 석영을 사용하지만 규소와 소듐 등의 검출에는 조심하여야 한다. 극미량의 규소를 검출할 때에는 플라스마 연소기의 끝이 알루미나와 같은 내화물로 만들 필요가 있다.

분석용액 중에 플루오르화수소산(HF)을 함유하는 경우에는 분무기와 가열기가 용액과 접촉하는 부분을 백금계의 합금, 테이프론, 알루미나와 같은 것으로 사용하여야 한다. 물론 그런 재료의 구성 원소에 의하여 오염되는 것에 주의해야 한다.

⊃ 감도와 검출한계

일반적으로 기기분석에서는 원소의 종류에 따라 감도가 크게 다르지만 원자 흡광법과 ICP법은 거의 같은 경향을 나타낸다. 그러나 ICP법에서는 고온의 플라스마 불꽃을 사용하기 때문에 불꽃 원자 흡광법에서보다 Al, B, C, Ce, Gd, Hf, Nb, Ta, Ti, U, W, Zr 등과 같은 내화성 원소를 분석할 때 감도가 더 높다. 실제로 여러 가지의 시료를 분석할 때 각 원소의 검출한계는 시료의 종류, 사용하는 장치의 종류, 분석조건 등에 따라 크게 변하므로 예측은 곤란하다. 그러므로 ICP법도 다른 기기분석의 경우와 마찬가지로 순수한 시약을 수용액에 녹인 표준시료를 사용하여 검출한계를 표시하는 예가 많다. ICP에서는 다원소를 동시에 분석하므로 단일성분의 경우보다 매트릭스의 방해와 근접 스펙트럼선의 영향에 따라 결과가 다르게 나타나고, 광원 집광법에 의한 변화도 고려할 필요가 있다. 즉, ICP법에서는 다른 발광분석의 경우와 마찬가지로 플라스마 불꽃의 어느 공간 위치에서 세게 발광하는 원소의 종류에 따라 다른 경우가 있으므로 동시에 다원소를 분석할 때에는 모든 원소에 대해 최적의 플라스마 불꽃 공간위치를 결정하는 것은 곤란하다. 따라서 많은 원소에 대하여는 플라스마 불꽃의 낮은 부분에서 약 $10 \sim 15$ mm 높이가 되는 위치에서 센 발광을 얻는 것으로 알려져 있다. 안개화된 분석시료의 도입량과 도입액의 조성도 영향이 크다. 따라서 검출한계는 동일원소라도 다르게 나타난다.

이 방법에 의해 분석할 때 원소에 따른 검출한계는 대략 다음과 같다. Ca, Sr, Y은 $0.00001 \sim 0.0001$ $\mu g/mL$ 이고, Ag, Al, B, Ba, Be, Eu, Cu, Cd, Ga, Mn, Mo, Ni,

Ti, W, Zr 은 0.0001~0.001 μg/mL 이며, As, Au, Bi, Dy, Hf, In, *Nb*, P,Se, Si, Zn 는 0.001~0.01 μg/mL 정도이다. 비교적 검출한계가 큰 원소로는 K,Rb, Cs, Sb, Sn, Tl 등이며, 검출한계는 0.01 μg/mL 보다 크다.

11.1 원자형광과 원자발광의 차이점을 설명하라.

11.2 불꽃 원자화장치와 전열 원자화장치의 장단점을 비교하여 설명하라.

11.3 온도 3,000 K에서 소듐 원자의 바닥상태($3s$)에 있는 원자수와 들뜬상태($3p$)에 있는 원자수의 비를 계산하라. 단, $3s$—$3p$ 전이에 해당하는 두 개의 소듐 —선의 평균파장은 5,893 Å을 사용하라. 단, E$= h\nu = hc/\lambda = hc\sigma$이고, 빛의 속도는 3.0×10^8 m/s, $h = 6.63 \times 10^{-34}$ $J \cdot$ sec이다.

11.4 Doppler 넓힘과 압력 넓힘에 대해 설명하라.

11.5 스펙트럼 방해와 화학적 방해를 설명하라.

11.6 원자 분광법에서 사용하는 해방제와 보호제를 설명하라.

11.7 복사선 완충제에 대해 설명하라.

11.8 원자분광법에서 바탕보정법을 설명하라.

11.9 바륨의 공명선보다 CaOH 의 스펙트럼이 훨씬 넓은 이유를 설명하라.

11.10 원자 발광법이 형광이나 흡광법보다 불꽃의 온도에 더 민감한 이유를 설명하라.

11.11 전열 원자화장치가 불꽃 원자화장치보다 감도가 큰 이유를 설명하라.

11.12 궤도함수 $3p$에서 $3s$ 사이의 에너지 차는 2.107 eV이다. $3s$에서 $3p$ 상태로 들뜨게 하는 데 필요한 복사선의 파장은 몇 nm인가? 단, $1eV = 1.60 \times 10^{-19} J$ 이다.

11.13 불꽃 발광법에서 내부표준물을 사용하는 목적을 설명하라.

11.14 광석에 함유된 마그네슘을 정량하기 위해 1.5500 g을 정확히 달아서 산에 녹이고 100 mL의 부피플라스크에 옮기고 표선까지 묽혔다. 파장 285.2nm에서 측정한 흡광도가 0.087이었다. 다음과 같은 검정선 실험 데이터로부터 마그네슘의 함유량(%)를 구하라.

Mg 표준용액 농도(μg/mL)	0.00	0.25	0.50	0.75
흡광도	0.000	0.074	0.142	0.213

11.15 ICP 분광법의 특징을 요약하여 설명하라.

11.16 다중원소 분석에 ICP 발광법이 불꽃 원자흡광법보다 더 잘 적용되는 이유는 무엇인가?

● 참고문헌

1. Jon Co. Van Loon, *Analytical Atomic Absorption Spectroscopy*, 2d ed., Academic Press, New York, 1980.

2. A. Syty, in *Treatise on Analytical Chemistry*, 2d ed., P. J. Elving, E. J. Meehan and I. M. Kolthoff, Eds., Part Ⅰ, Vol. 7, Chapter 7, Wiley, New York, 1981.

3. C. W. Fuller, *Electrothermal Atomization for Atomic Absorption Spectroscopy*, London, The Chemical Society, 1978.

4. H. H. Willard, L. L. Merritt and J.A. Dean, *Instrumental Methods of Analysis*, 6th ed., D. Van Nostrand, New York, 1981.

5. L. S. Birks, *X－Ray Spectrochemical Analysis*, 2d ed., Wiley－Interscience, New York, 1969.

6. R. Tertian and F. Claisse, *Principles of Quantitative X－Ray Fluorescence Analysis*, Heyden, London, 1982.

7. R. Jenkins, R. W. Gould and D. Gedcke, *Quantitative X－Ray Spectrometry*, Marcel Dekker, New York, 1981.

8. D. A. Skoog, *Principles of Instrumental Analysis*, 3rd ed., Saunders College Publishing, P. A. Winston, 1985.

CHAPTER **12** ● X—선 분광법

12.1 X—선 분광법의 원리
12.2 X—선 분광법의 기기장치
12.3 X—선 형광법과 X—선 회절법

12.1 X—선 분광법의 원리

X—선 분광법도 다른 분광법처럼 복사선의 발광, 흡수 및 형광과 복사선의 회절의
측정에 기초를 두고 있다. X—선은 $10^{-5} \sim 100$ Å 범위의 짧은 파장을 갖는 높은 에너지
의 전자기 복사선을 말하고 이 중 $0.1 \sim 25$ Å의 파장영역이 X—선 분광법에 이용된다.
X—선은 자외선—가시선과는 달리 원자의 내부껍질에 있는 전자의 에너지준위 사이에
서 전자전이가 일어날 때 또는 방사성 원자가 붕괴할 때 발생된다.

1913년 Moseley에 의해 처음으로 주기율표에 있는 각 원소에서 주어진 계열의 발광
선에 속하는 각 스펙트럼선에 대해서 원자번호(Z)와 파장의 역수(1/λ) 사이에는 다음과
같이 간단한 관계가 성립함이 밝혀졌다.

$$\frac{c}{\lambda} = a(Z-\sigma)^2 \tag{12.1}$$

여기에서 a 는 비례상수, σ 는 주어진 계열에 의존하는 값으로 상수이다.

X—선의 발광 또는 흡수 스펙트럼은 대단히 적은 수의 선들로 구성되어 있고 매우

12.1 X—선 분광법의 원리 **349**

단순하다. X─선 스펙트럼은 원자의 가장 내부에 있는 전자의 에너지준위 사이의 전자전이에 의해 나타난다. 내부껍질에는 적은 수의 전자만이 존재하고 에너지준위가 제한되어 있으므로 적은 수의 전이만이 허용된다. 오직 K 껍질만이 존재한다. L 전자들은 그들의 결합에너지에 따라 3개의 부준위 L_1, L_2, L_3로 나누어진다. 완전한 M 껍질은 5개의 부준위로 구성되어 있다. 원자의 가장 내부껍질에 있는 전자들은 화학결합에 참여하지 않고, 또 원자는 전자들의 행동에 의해서도 영향을 받지 않으므로 X─선 발광 또는 흡수스펙트럼은 가장 가벼운 원자들을 제외하고는 원자번호에만 의존하고 시료의 물리적 상태나 화학적 조성에는 의존하지 않는다.

분석을 위해 X─선을 얻기 위해서는 다음의 세 가지 방법이 널리 이용되고 있다.

(1) 높은 에너지의 전자를 금속과녁에 충격시켜 X─선을 발광시키는 X─선 관
(2) 제1차 X─선을 물질에 조사시켜 제2차 형광 X─선을 발광시키는 방법
(3) 방사성 물질의 붕괴과정에서 발광하는 X─선을 얻는 방법

어떤 조건에서는 **그림 12.1(a)**와 같이 연속 스펙트럼을 발광하지만, 다른 조건에서는 **그림 12.1(b)**와 같이 연속 스펙트럼 위에 선 스펙트럼이 겹쳐서 나타난다. 이때 연속 스펙트럼은 과녁물질의 종류와 관계없이 가속전압에 따라 결정되는 일정한 단파장 한계, λ_0를 가지고 있는 것이 특징이다. 가속전압의 전자빔으로 얻은 연속 복사선은 전

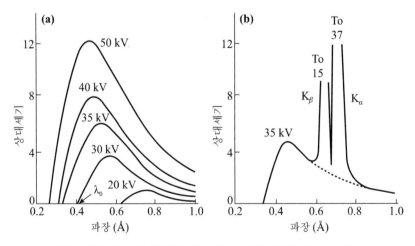

그림 12.1 X─선 관에서 얻은 연속 스펙트럼과 선 스펙트럼.
(a) W 과녁, (b) Mo 과녁, 곡선 위 숫자 : 가속전압.

자와 과녁물질의 원자 간의 순차적인 충돌에 의해 생긴 것이다. 충돌에 의해 전자는 감속되고 X－선 에너지의 광자가 생성된다. 광자의 에너지는 충돌 전후의 전자 운동에 너지의 차와 같다. 일반적으로 전자빔의 전자는 일련의 충돌과정에 의해 감속된다. 그 결과 생기는 전자의 운동에너지의 손실은 충돌하는 상태에 따라 다르고 발광된 X－선 광자에너지는 상당한 범위에 걸쳐 연속적으로 변한다. 단파장 한계에서는 전자의 모든 에너지가 한 번의 충돌에 의해 광자로 바뀐다.

$$\lambda_o = \frac{hc}{eV} = \frac{12,398}{V} \tag{12.2}$$

가속전압과 λ_o의 관계는 Duane－Hunt 법칙으로 주어진다. 여기서 λ_o는 Å 단위이고, V는 Volt, e는 전자의 전하, h는 Planck 상수, c는 빛의 속도이다. 이 식으로 h를 아주 정확하게 구할 수 있다. 가속전압의 증가는 방출된 전체 에너지를 증가시키고 스펙트럼 분포를 단파장으로 이동시킨다. 최대세기의 파장은 단파장 한계의 1.5배 정도이다. 스펙트럼 세기는 과녁원소의 원자번호가 커지면 증가한다.

• 특성 X－선

Mo의 경우에 35 kV일 때 0.63 Å과 0.71 Å에서 발광세기가 연속 스펙트럼 위에 겹쳐서 세기가 큰 선 스펙트럼이 나타난다. 그림에 나타내지 않았지만 4~6 Å에서도 일련의 선들이 나타난다. 이와 같은 선 스펙트럼을 특성 X－선이라 한다. 선 스펙트럼은 원자번호가 23보다 큰 모든 원소에서 나타난다. 특성 X－선 스펙트럼은 단파장 계열(K 계열)과 장파장 계열(L계열) 등으로 나뉜다. **표 12.1**에 몇 가지 원소에 대한 특성 X－선 발광선과 흡수끝의 파장을 나타냈다.[4]

그림 12.1과 표 12.1을 보면 원자번호가 23(바나듐)보다 작은 원소들은 X－선 파장이 25 Å보다 작은 경우에는 특성 X－선 스펙트럼이 K 계열에서만 나타난다. 특성 X－선, 즉 선 스펙트럼은 가속전압의 크기에 의존하는데, 특성 X－선 스펙트럼을 발생시키는 데 필요한 최소의 가속전압은 원자번호가 커짐에 따라 증가한다. 따라서 원자번호, 42번의 몰리브덴의 경우에는 특성 X－선 스펙트럼은 가속전압이 20 kV보다 낮을 때에는 나타나지 않게 된다. 또한, 원자번호가 74번인 텅스텐은 50 kV 이하의 가속전압에

---

4) J. A. Dean, Ed., *Lange's Handbook of Chemistry*, 12th ed., 8.6~8.13, McGraw Hill, New York, 1979.

표 12.1 몇 가지 원소에 대한 발광 특성

원소	Z*	가속전압# (V)	K 계열(Å)		K 흡수끝 파장(Å)	L 계열(Å)		L₃ 흡수끝 파장(Å)
			β_1	α_1		β_1	α_1	
Na	11	1.08	11.61	11.90	11.48	–	–	–
Mg	12	1.30	9.55	9.88	9.51	–	–	–
Ti	22	4.97	2.51	2.75	2.50	–	–	–
V	23	5.47	2.28	2.50	2.27	23.87	24.30	24.26
Cr	24	5.99	2.08	2.29	2.07	21.33	21.70	20.07
Mn	25	6.54	1.91	2.10	1.90	19.15	19.48	19.40
Fe	26	7.11	1.76	1.94	1.74	17.28	17.60	17.53
Co	27	7.71	1.62	1.76	1.64	15.69	15.99	15.93
Ni	28	8.34	1.50	1.66	1.49	14.31	14.60	14.58
Cu	29	8.98	1.39	1.54	1.38	13.07	13.35	13.29
Zn	30	9.66	1.30	1.43	1.28	12.01	12.28	12.13
Mo	31	20.00	0.63	0.71	0.62	5.17	5.40	4.91
Ag	32	25.54	0.50	0.56	0.49	3.93	4.15	3.70
W	33	69.51	0.18	0.21	0.18	1.28	1.48	1.22

*: 원자번호, #: X-선을 들뜨게 하기 위한 최소의 전압.

서는 선 스펙트럼이 나타나지 않지만 전압을 70 kV로 높이면 0.18 Å과 0.21 Å에서 K 계열의 특성 X-선, 즉 선 스펙트럼을 나타낸다. 특성 X-선이 나타나는 것은 다음과 같이 설명할 수 있다.

가속전압의 에너지가 충분히 크면 충돌 전자살의 에너지 전이에 의해 과녁물질 원자의 내부껍질 중의 하나에서 전자를 떼어낸다. 떨어져 나간 전자의 빈자리는 더 바깥껍질로부터 온 전자에 의해 신속히 채워지며 바깥껍질의 빈자리는 더 바깥껍질로부터 온 전자에 의해 채워진다. 이온화된 원자는 일련의 단계를 거쳐 정상상태로 되돌아가는데 이때 일정한 에너지의 X-선 광자를 방출한다. 이들 전이는 양극물질이나 과녁에 놓은 시편의 특성 X-선 스펙트럼을 발생시킨다. X-선 관에서 특성 X-선, 즉 선 스펙트럼이 발생될 때 이들 선 스펙트럼은 연속 스펙트럼에 겹쳐서 나타난다. K 계열의 스펙트럼선들은 내부껍질의 K 전자들이 떨어져 나가고 L 이나 M 궤도함수로부터 K 껍질의 빈자리에 전자들이 전이할 때 관찰된다. L 껍질의 빈자리는 더 바깥껍질로부터 전자 전이에 의해 채워지며 L 계열의 선들을 발생시킨다.

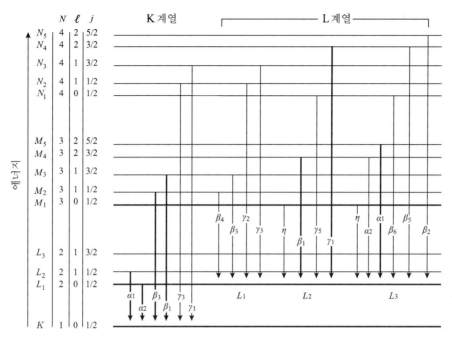

그림 12.2 X—선을 발광하는 일반적 에너지준위도. 진한 선: 강한 발광선을 표시함.

그림 12.2에 X—선을 내는 일반적 전이를 보이는 에너지준위도를 나타냈다.

• 형광 X—선

X—선 관에서 나오는 일차 X—선 복사선은 내부의 껍질로부터 전자를 제거하는데 충분한 에너지를 가지고 있으며 이런 일차 X—선을 시료에 쪼여 선 스펙트럼을 얻을 수 있다. 이와 같이 일차 X—선을 시료에 쪼일 때 발광되는 이차 X—선을 형광 X—선이라 한다. 형광 X—선도 선 스펙트럼으로 나타나며, 그 파장은 각 원소의 특성이고 화학적 상태와는 관계가 없고 형광세기는 형광 물질의 양과 관계가 있다.

따라서 형광 스펙트럼을 얻음으로써 정성 또는 정량분석이 가능하다. 이런 방법을 X—선 형광법 분석이라 한다. 내부전자는 원소로부터 완전히 제거되어야 하기 때문에 들뜨기에 필요한 에너지는 원소의 스펙트럼에서 발광 선들의 에너지보다 크며 결과적으로 일련의 전자들이 높은 에너지준위로부터 비어 있는 내부준위로 떨어질 때에 발광 선들이 나타난다.

• 방사성 동위원소의 X−선 발광

X−선은 방사능 붕괴과정에서도 발생한다. 많은 동위원소들은 단파장의 X−선과 같은 γ−선을 방출한다. 다른 동위원소들은 K 포착에 의해 붕괴된다. 이때 핵은 K 전자를 포착하여 원자번호가 하나 작은 원소로 된다. 빈 K 껍질은 바깥껍질에서 떨어진 전자로 채워지면서 특성 X−선을 발광한다. 인공적으로 만든 단일 에너지의 X−선을 내는 방사성 동위원소로서 가장 널리 이용되는 것에는 ^{55}Fe가 있고, 이것은 반감기가 2.6년인 K 포착 반응이 일어나며 이렇게 얻은 망간은 21 Å의 K_α−선을 내고 X−선 형광법과 흡수법에 이용된다.

$$^{55}\text{Fe} \rightarrow {}^{54}\text{Mn} + h\nu$$

• X−선 흡수

X−선이 물질의 얇은 층을 통과할 때 일반적으로 흡수 또는 산란 현상이 일어나게 되고 그 세기가 감소한다. 보통 산란효과는 적으며 흡수가 많이 일어나는 파장 영역에서는 산란이 무시될 정도이다. 물질을 들뜨게 하기 위한 X−선 에너지가 원소로부터 전자를 제거하기에 필요한 에너지와 똑같으면 들뜨기 복사선은 강하게 흡수된다.

그림 12.3과 같이 들뜨기 복사선이 흡수될 때 흡수 스펙트럼은 그 발광 스펙트럼과 같이 간단하다. 그리고 몇 개의 선명한 흡수 봉우리로 구성되어 있다. X−선 흡수 스펙트럼의 특성은 극대 흡수 봉우리를 지난 바로 뒤의 파장에서 급격한 불연속이 나타

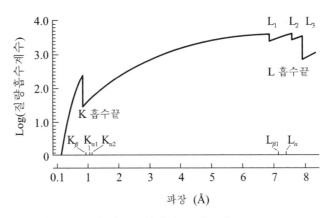

그림 12.3 브롬의 X−선 흡수 스펙트럼.
K 와 L 계열의 특성 발광선은 화살표로 표시함.

나며 이것을 소위 흡수끝(absorption edge)이라 한다. 여기서도 흡수 봉우리의 파장은 각 원소의 특성이고 원소의 화학적 상태와는 관계가 없다. X-선이 흡수될 때에는 X-선 양자를 흡수하면 원자의 가장 내부껍질의 전자 하나가 추방되고 그 결과 들뜬 이온이 생기게 된다. 이런 과정에서 복사선의 에너지 $h\nu$는 추방되는 전자, 즉 광전자의 운동에너지와 들뜬 이온의 퍼텐셜 에너지로 분배된다. 그림에서와 같이 브롬의 흡수 스펙트럼은 네 개의 봉우리로 나타나고, 첫째 봉우리는 K 흡수끝에서 나타난다. 이 봉우리에 해당하는 파장의 에너지는 브롬의 가장 높은 에너지를 가진 K 전자를 제거하는 데 필요한 에너지와 정확히 일치한다. 이 파장을 바로 지나면 복사선 에너지는 K 전자를 제거하기에 불충분하므로 흡수의 급격한 감소가 일어난다. 그러나 이 흡수끝 파장보다 작은 파장에서는 전자와 복사선 간에 상호작용의 가능성이 점차 감소하므로 흡수의 원만한 감소가 일어난다. 이 영역에서는 추방되는 광전자의 운동에너지가 파장이 감소함에 따라 계속 증가한다. 장파장 쪽에서 다시 나타나는 흡수 봉우리는 브롬의 L 에너지준위에 있는 전자를 제거하는 데 해당하는 복사선 에너지를 흡수할 때 나타난다. L 에너지 준위에는 에너지 차가 근소한 세 준위가 존재하기 때문에 세 개의 흡수 봉우리들이 더 긴 파장에서 나타날 것이다. 여기에서 브롬보다 원자번호가 더 낮은 원소의 경우에는 K 흡수끝 또는 L 흡수끝 봉우리가 더 장파장(원자번호가 더 클 경우에는 단파장) 쪽에서 나타날 것이다.

X-선 관을 사용하여 들뜨기 복사선을 얻을 때에는 단파장 한계, λ_o은 흡수끝의 파장과 같거나 짧아야 한다. 따라서 가해 주어야 하는 임계전압이 있게 된다.

X-선의 흡수에서도 Beer의 법칙이 적용한다.

$$\ln \frac{P_o}{P} = \mu_m \rho X \tag{12.3}$$

여기에서 P_o와 P는 입사광과 투과광의 세기이고 ρ는 시료의 밀도, X는 시료의 두께이며 μ_m은 cm^2/g의 질량흡수계수로서 X-선의 파장과 흡수 원자에 의존한다.

$$\mu = C Z^4 \lambda^3 \frac{N_A}{A} \tag{12.4}$$

여기서 N_A는 Avogadro수이고, A는 원자량, C는 특성 흡수끝 사이에서 가지는 상수이다. 질량흡수계수는 원소의 물리적 또는 화학적 상태와는 무관한 값으로 브롬의 질량

흡수계수는 기체상태의 HBr이나 $NaBrO_3$ 고체에서는 같은 값이다. 화합물이나 혼합물에서 질량흡수계수는 각 원소의 질량흡수계수를 합한 것이다.

$$\mu_{mT} = \mu_{m1}W_1 + \mu_{m2}W_2 + \mu_{m3}W_3 + \cdots \tag{12.5}$$

여기에서 μ_{mT} 는 원소 1, 2, 3이 무게분율 W_1, W_2, W_3 로 포함되어 있는 시료의 질량흡수계수이고, μ_{m1}, μ_{m2}, μ_{m3} 는 각 원소의 질량흡수계수이다.

분자와 고체의 결합 성질은 원자가전자 껍질에서 발광선을 발생시키는 가벼운 원소들의 X−선 스펙트럼에 영향을 주며 그 다음의 내부껍질로부터 얻어진 발광선과 흡수끝에도 영향을 준다. 일반적으로 자유원소의 스펙트럼선에 비해 화합물 중의 원자선들은 그 원자가 양전하를 가질 때에는 단파장 쪽으로 이동하고 음전하를 가질 때에는 장파장 쪽으로 이동한다. 고분해능 분광계를 사용하면 흡수끝에서 비슷한 미세구조의 스펙트럼을 관찰할 수 있다.

• X−선 회절

회절은 파동의 성질이며 전자기 복사선뿐만 아니라 기계적 파동 및 음파에서도 회절이 나타난다. 회절은 파동의 간섭현상의 결과로 나타난다. X−선의 전기벡터가 물질의 전자와 작용하면 산란이 일어나게 되는데 X−선이 결정의 규칙적으로 배열된 입자에 의해 산란되면 산란 복사선 간에 보강간섭이나 상쇄간섭이 일어난다.

이 결과 회절이 생긴다. **그림 12.4**와 같이 파장이 λ인 X−선이 θ각으로 결정면에 입사되면 일부는 첫째 결정면의 원자 층에 의해 산란되고, 산란되지 않은 X−선은 제2 결정면의 원자 층에서 다시 일부는 산란되고, 또 일부는 제3 결정면의 원자 층으로

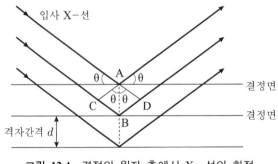

그림 12.4 결정의 원자 층에서 X—선의 회절.

들어가서 산란된다. 이때 산란된 복사선 간의 간섭에 의해 X−선은 회절된다. 여기에서 각CAB 와 각BAD는 모두 θ 와 같고 다음 관계가 성립된다.

$$\overline{CD} = \overline{BD} = \overline{AB} \sin\theta \tag{12.6}$$

$$\overline{CB} + \overline{BD} = 2\overline{AB} \sin\theta \tag{12.7}$$

여기서 AB는 결정면 사이의 간격 d 이고 제2 결정면에 의해 회절된 X−선에서 거리 $\overline{CBD}$ 는 A에서 반사한 빛살의 진로에 비해 더 길어진 거리에 해당한다. 이때 회절선 방향에서 빛살을 관찰하기 위해서는 $\overline{CB} + \overline{BD}$ 가 파장의 정수배 $(n\lambda)$ 가 되어야만 회절된 파들은 같은 위상을 가지게 되고 보강간섭이 일어나게 된다. 따라서 θ 각으로 입사된 X−선이 보강간섭을 일으켜 회절될 수 있는 조건은 다음과 같다.

$$n\lambda = 2d \sin\theta \tag{12.8}$$

여기서 n 은 회절차수, λ 는 X−선의 파장, d 는 결정면 사이의 간격, θ 는 회절각이다. 이 식을 Bragg식이라 부르고, X−선 회절에 의한 분석에서 자주 이용된다.

12.2 X−선 분광법의 기기장치

X−선 분광법의 일반적인 기기는 보통 광원, 제한된 파장띠로 만드는 장치, 시료 집게, 검출기 또는 변환기, 신호처리장치 및 판독 장치로 구성된다. 또 X−선 기기는 스펙트럼 분리법에 따라 파장이나 에너지 분산형 및 비분산형 기기로 나뉜다.

⊃ X−선 광원

광원으로 X−선 관(Coolidge tube)이 가장 널리 사용되며 방사성 동위원소나 2차 형광광원 등도 사용된다. 이 관은 **그림 12.5**와 같이 가열된 음극(전자 방출기)과 양극(금속과녁)을 포함하는 완전히 밀폐된 진공관이다. 보통은 구리나 몰리브덴 과녁을 가지며 특별한 목적을 위해 크롬, 철, 니켈, 은 및 텅스텐 등의 과녁도 사용된다. 가열된 음극에서 방출된 전자는 과녁과 음극 간의 고전압의 장을 통해 가속된다. 높은 에너지 의 전자가 과녁과 충돌할 때 전자의 흐름이 급격히 정지하게 되고 일부의 에너지가 X−선으로

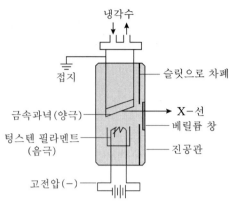

냉각수

접지

금속과녁(양극)

텅스텐 필라멘트
(음극)

고전압(−)

슬릿으로 차폐

X−선

베릴륨 창

진공관

그림 12.5 X−선 관.

변한다. 전자충격에 의한 X−선 발생은 그 효율이 대단히 낮고 전력의 1 % 미만 정도가 X−선으로 전환되고 나머지는 열로 소모된다. 이때 양극을 냉각시키기 위해 냉각장치가 필요하며 대단히 센 X−선 빛살이 발생될 때에는 회전시켜야 한다. 금속 과녁은 표면에서 대단히 좁은 각도로 관찰된다. 초점 자리가 좁은 리본이면 광원은 끝으로부터 관찰될 때 크기가 대단히 작아서 회절 연구에서 요구되는 예리한 모양을 만든다. 형광 연구에서는 초점면은 좀 더 커서 약 5×10 mm이며 더 큰 각도(약 20°)에서 관찰된다. X−선 빛살은 베릴륨이나 특수한 유리로 된 얇은 창을 통하여 관 밖으로 나온다.

6∼70 Å의 파장에 대해서는 극히 얇은 필름(1 μm의 알루미늄 필름)으로 된 창을 가지는 X−선 관을 진공으로 되었거나 헬륨으로 순환시켜 주어야 하는 다른 부품장치로부터 분리한다. X−선 관의 부품으로는 고전압 발생기와 안정기가 필요하다. 일정한 전압은 교류의 주 전원을 조절하여 얻는다. 전류는 직류의 X−선 관 전류를 감시하고 필라멘트 전압을 조정하여 일정하게 유지하여야 한다. X−선 관을 작동하기 위해 전파장 정류나 일정한 고전압을 사용한다. 전파장 정류에서 전압은 초당 120회 봉우리 값에 도달되는데 봉우리 값에 머무르는 시간은 짧다. 전자여과를 통하여 얻은 일정한 높은 전위는 특히, 단파장을 발광하는 원소에서 특성 X−선 출력을 증가시킨다. X−선 관은 보통 50 kV나 60 kV에서 작동된다. 또 50 kV에서 작동시킬 때 이득은 원자번호 35(Br) 까지의 원소에 대해서는 2배가 되고 원자번호 56(Ba)에서는 4배로 증가한다. 100 kV의 X−선 관도 있는데 이것은 전압 증가에 따라 모든 선들의 세기가 증가하므로 K 계열 선들을 들뜨게 할 수 있는 원소의 범위를 확장해 주고 감도도 증가시켜 준다.

여러 가지 방사성 동위원소도 X−선 형광법과 흡수법의 광원으로 이용된다. 방사성 동위원소를 사용할 때는 안전과 실험실의 오염을 막기 위해서 잘 포장되어야 하고 필요한 방향 이외의 다른 방향에서는 가리어지도록 장치되어야 한다.

몇몇 X-선 분광법 응용에서는 X-선 관에서 얻은 1차 X-선으로 다른 원소를 들뜨게 하여 발생되는 2차 형광 X-선을 X-선 흡수법 또는 형광법 연구의 광원으로 사용하는 경우도 있다. 이렇게 하면 1차 광원에서 발광되는 연속 스펙트럼을 제거하는 이점이 있다. 예를 들면 텅스텐 과녁을 가진 X-선 관은 몰리브덴의 K_α-선과 K_β-선을 들뜨게 하는데 사용할 수 있다. 이때에는 그림 12.1(b)의 스펙트럼에서 연속 스펙트럼을 제거한 것과 비슷한 형광 스펙트럼을 얻을 수 있다.

⊃ X-선 필터와 단색화장치

X-선의 파장 범위를 좁게 하는 것이 필요할 때가 많다. 이러한 목적을 위해 자외선-가시선 영역에서와 같이 필터나 단색화장치를 이용한다. 두 개의 스펙트럼선 파장이 거의 같고 두 선 사이의 파장에서 흡수끝을 가지는 원소가 있으면 그 원소는 짧은 파장의 선세기를 감소시키는 필터로 사용된다. X-선 회절법에서 1차 X-선 빛살에 얇은 판(필터)을 끼워서 1차 스펙트럼으로부터 K_β-선을 제거시키고, 비교적 적은 세기의 손실을 가지는 K_α-선들을 얻고 있다.

스펙트럼 중에서 K_α-선을 분리하는 모습을 **그림 12.6**에 나타내었다. 이와 같이 특정 X-선을 분리하고자 할 때 관의 과녁에 따른 X-선 필터로 사용할 수 있는 물질들을

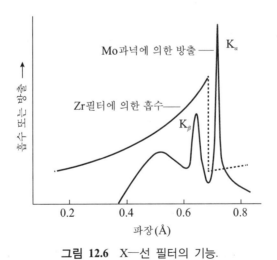

그림 12.6 X—선 필터의 기능.

표 12.2에 수록했다.

X-선 분광기의 주요 부분장치를 나타낸 **그림 12.7**을 보면, 단색화장치는 분산장치와 광학기기의 슬릿과 같은 기능을 하는 한 쌍의 빛살 평행화장치(collimator)로 구성되어 있으며 빛살 평행화 장치는 X-선 관에서 발생된 복사선을 좁은 간격으로 평행하게 놓인 일련의 금속판이나 지름이 5 mm 또는 그 이하인 관에 의하여 평행화된다. 이때 평행 빛살 이외의 모든 빛은 평행화 장치에 의해 흡수된다. X-선 형광 분광기에서는 시료와 분광결정 사이에 평행화장치가 놓여 있어 결정면에 도달되는 X-선의 발산을 제한한다. 일반적으로 두 번째 평행화 장치는 분광결정과 검출기 사이에 놓이는데 낮은 측각기 각도에서 결정으로부터 반사되지 않고 검출기에 도달되는 방해 복사선에 대하여 특히 유용하다. 평행화 장치의 금속판 사이의 간격을 줄여 주거나 판의 길이를 증가시

표 12.2 X—선 관의 과녁에 따른 필터

과녁 원소	K 계열(Å)		흡수필터	K 흡수끝 파장(Å)	두께*(mm)	$K_{\alpha 1}$의 손실(%)
	α_1	β_1				
Mo	0.709	0.632	Zr	0.689	0.081	57
Cu	1.541	1.392	Ni	1.487	0.013	45
Cr	2.290	2.085	V	2.269	0.0153	51

* K_β-선의 세기를 K_α-선의 0.01배까지 감소시키기 위한 두께를 나타냄.

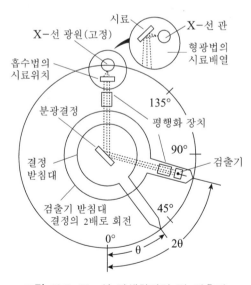

그림 12.7 X—선 단색화장치 및 검출기.

커서 분해능을 증가시켜 줄 수 있지만 이런 때에는 빛살 세기의 감소를 감수해야 한다. X-선 분산 장치는 회전판 위에 고정된 단결정체이고 이 결정면과 평행 입사광간의 각 θ를 정밀하게 측정할 수 있는 움직이는 회전판이 바로 측각기(goniometer) 구실을 한다. Bragg식으로부터 측각기에 주어진 각에 대해 회절 파장은 단지 몇 개밖에 안 된다는 것이 명백하다(λ, $\lambda/2$, $\lambda/3$, $\cdots$, λ/n, 여기에서 $\lambda = 2\,d\sin\theta$). 따라서 X-선 단색화장치는 회절발이나 프리즘처럼 동시에 전체 스펙트럼을 분산하지 못한다. 그 대신에 특정 파장은 측각기가 적당한 각도에 놓여 있을 때에만 회절되어 나타난다. 스펙트럼을 측정하기 위해서는 두 번째 평행화 장치와 검출기를 입사각과 결정면 사이의 각의 두 배 속도로 회전하는 제2의 회전판 위에 고정해야 한다. 즉, 결정이 θ 각만큼 회전할 때 검출기는 동시에 2θ 각만큼 회전하여야만 한다. 결정면 사이의 거리 d는 정밀하게 알려져 있어야 한다. 파장이 2Å보다 큰 X-선은 공기 성분에 의해 흡수된다.

따라서 장파장의 X-선을 이용할 때에는 단색화장치와 시료실 사이를 통해서 헬륨 기체가 연속적으로 흐르도록 장치하거나 펌프로 이 지역을 진공으로 만들어 줄 필요가 있다. 광원에서 나오는 복사선의 99%가 퍼져 나가는 빛살이고 평행화 장치에서 흡수되기 때문에 결정판 단색화장치를 통하면 빛살의 세기는 대단히 약해진다. 그러나 적당한 곡면결정을 이용하면 빛살세기는 10배나 증강시킬 수 있게 된다. 그 이유는 곡면결정이 빛살을 회절시킬 뿐만 아니라 광원에서 퍼져 나오는 빛살을 출구 평행화 장치에 집광시켜 주기도 하기 때문이다.

표 12.3에 시료에서 발광된 스펙트럼을 주사하기 위해서 측각기에 장치하고 원하는 각도 범위에서 회전시키는 데 사용되는 분광결정과 그 특성을 수록했다.

표 12.2와 12.3을 보면 알 수 있는 바와 같이 X-선 분광법에서는 대개 0.1~10 Å 파장 범위의 X-선을 이용한다. 따라서 한 가지 결정만으로는 이런 파장 범위 전체를 분산시킬 수 없다. 그러므로 X-선 단색화장치는 적어도 두 개 이상의 서로 바꿔 낄 수 있는 결정이 구비되어 있어야 한다.

$$\frac{\partial\theta}{\partial\lambda} = \frac{n}{2d\sin\theta} \tag{12.9}$$

결정판의 측정할 수 있는 파장 범위는 격자간 거리 d와 2θ 값이 0이나 180°에 접근하는 경우에 X-선의 검출여부가 결정된다. d 값은 충분히 작아서 최단파장이더라도 대

표 12.3 전형적인 분광결정의 특성

분광결정	격자 간격(d, Å)	유용한 파장 범위(Å)	
		λ_{max}	λ_{min}
Topaz(황옥)	1.356	2.62	0.189
Lithum fluoride	2.014	3.89	0.281
Aluminum	2.338	4.52	0.326
Sodium chloride	2.821	5.45	0.393
Calcium fluoride	3.16	6.11	0.440
Quartz	3.343	6.46	0.446
Ethylene diamine d-tartate(EDDT)	4.404	8.51	0.614
Ammonium dihydrogen orthophosphate(ADP)	5.325	10.29	0.742
Pyrolytic graphite	6.71	12.96	0.936
Gypsum(석고)	7.60	14.70	1.06
Mica(운모)	9.963	19.25	1.39
Lead palmitate	45.6	78.3	6.39

표의 λ_{max} ~ λ_{min} 값은 2θ을 각도 150°~ 8°범위에서 계산한 값이고, Lead palmitate 결정은 금속-지 방산의 필름에 광학 평면을 반복해 담가서 만든다(Langmuir-Blogett법).

략 8° 이상의 2θ 각을 만들어 주어야 한다. 단색화장치가 8° 보다 적은 2θ 각에 위치했을 때에는 결정표면에서 산란되는 다색복사선의 양이 대단히 증가하기 때문에 검출이 곤란해진다. 또 일반적으로 150° 보다 큰 2θ 값을 갖는 경우에는 광원의 위치가 검출기의 회전을 막기 때문에 측정할 수 없게 된다.

표 12.3에서 결정의 유용한 최대파장과 최소파장은 이런 한계를 감안해서 정한 것이다. 작은 d값은 Bragg식을 미분하여 나타낼 수 있는 것처럼 같은 스펙트럼의 큰 분산능 $\partial\Theta/\partial\lambda$ 을 내는 데 적합하다. 한편 $\lambda = 2d$ 에서 2θ 각은 180° 가 되므로 작은 d 는 위의 한계를 분석 가능한 파장 범위까지 증폭시킨다. 실제적으로 측각기가 회전할 수 있는 상한한계는 150° 정도의 2θ 각에서 기계적으로 제한된다. 격자 간격이 큰 결정은 사용 가능한 파장범위가 크다. 긴 파장에 대해서는 큰 d 를 갖는 결정을 사용해야 하지만, d 가 크면 식 (12.9)에서 알 수 있는 바와 같이 분산능이 감소하게 되므로 d 가 클 때의

이점은 상쇄된다.

⊃ X-선 검출기

오늘날의 X-선 검출기는 복사선 에너지를 전기적 신호로 바꿔서 검출하는 방법을 이용하고 있다. 이러한 검출기에는 기체충전 검출기, 섬광계수기 및 반도체 검출기와 같은 세 가지 형태가 있다.

• 기체충전 검출기

이 검출기는 X-선을 아르곤, 크세논 또는 크립톤과 같은 영족 기체에 통과시킬 때 X-선 양자는 많은 수의 기체 양이온과 전자를 생성시키고 전기전도도가 증가하게 된다. 이런 현상을 이용하여 X-선을 검출한다.

그림 12.8에 기체충전 검출기의 구조를 나타내었다. X-선은 운모, 베릴륨, 알루미늄 등으로 만들어진 투명한 창을 통해서 상자 속으로 들어갈 수 있다. 이때 아르곤은 각 X-선 광자와 작용하여 아르곤 원자의 외각전자 하나를 잃게 된다. 이 광전자는 큰 운동에너지를 가지며 그 크기는 X-선 광자 에너지에서 아르곤 원자의 전자 결합에너지를 뺀 것과 같다.

이 광전자가 가지는 과량의 운동에너지는 수백 개의 기체 원자들을 계속적으로 이온화하면서 소모된다. 걸어준 전압의 영향을 받아 움직이는 전자들은 중앙의 양극으로 이동하는 반면에 느리게 움직이는 양이온은 원통형 모양의 금속 음극으로 이동한다. 기체충전 검출기는 다시 이온화 상자, 비례계수기 및 Geiger 계수기로 나뉜다. 이 중에서 비례계수기만이 X-선 검출기로 이용할 수 있고, 이온화 상자는 감도가 낮아 X-선

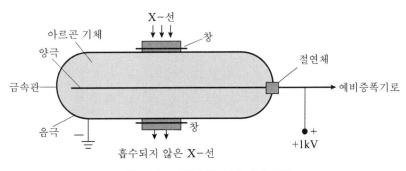

그림 12.8 기체충전 검출기의 구조.

분광계에는 이용되지 않지만 방사화학 분석에서는 이용된다.

또한, Geiger 계수기는 모든 종류의 핵 또는 X-선 방사선 계측에 사용할 수 있으나 이것은 불감시간이 길기 때문에 다른 검출기와 같이 큰 계수 값의 범위를 측정할 수 없으므로 X-선 분광계에서는 이용할 수 없다.

비례계수기는 비례영역에 해당하는 전압영역에서 작동하는 기체충전 검출기로서 비례영역에서 전자 수는 걸어준 전위에 따라 빠르게 증가한다. 이러한 증가는 가속된 전자와 기체분자 간의 충돌에 의해 생긴 제2차의 이온쌍이 생성되기 때문이다. 즉, 이온전류가 증폭된다. 이때 광자에 의해 생성된 펄스는 500~10,000배로 증폭된다. 그러나 생성된 양이온의 수는 대단히 적어서 불감시간은 다만 약 $1 \mu sec$ 정도이다. 비례계수기로부터 생긴 펄스는 보통 계수되기 전에 증폭되어야 한다. 펄스 당 전자 수(펄스높이)는 비례계수 영역에서 입사된 복사선의 에너지에 비례한다. 비례계수기는 어떤 에너지 한계 내에 포함되는 펄스만을 계측할 수 있는 펄스높이분석기를 사용하여 제한된 범위의 주파수 내의 X-선에 대해서만 감응하도록 할 수 있다. 펄스높이분석기는 단색화장치가 빛살을 분광하는 것과 같이 복사선을 전자공학적으로 여과하는 효과를 가지고 있다. 따라서 비례계수기는 X-선 검출기로 널리 이용된다.

⊃ 섬광계수기

복사선이 섬광체(scintillator)를 지날 때 발광되는 성질을 이용하여 방사능과 X-선을 검출하는 방법은 오래전부터 사용되어 왔다. 초기의 응용에서는 광자나 방사선 입자가 황화아연 막을 때릴 때 생기는 섬광을 사람이 육안으로 직접 세었다. 섬광을 세는 것은 지루한 일이어서 Geiger에 의해 기체충전 검출기가 개발되었다. 기체충전 검출기는 편리하고 신뢰할 수 있을 뿐만 아니라 복사선에도 감응이 좋았으나 광전자증배관의 출현과 더 좋은 섬광체의 개발로 인해, 또 다시 섬광계수기가 복사선 검출에 아주 중요한 방법이 되었다. 몇 가지 투명한 섬광체 중의 하나에 이온화 입자가 흡수되면 섬광체에 흡수된 에너지의 일부가 가시선 또는 근자외선의 펄스로 방출된다. 방출된 빛은 직접 또는 내부에서 빛을 반사하는 파이프를 통해 광전자증배관에 의해 관찰된다. 섬광체와 광전자증배관을 결합시킨 것을 섬광계수기(scintillation counter)라고 한다. 섬광체의 붕괴시간은 매우 짧아서 NaI 결정의 경우에 250 nsec을, stilbene, anthracene, terphenyl 같은 몇 가지 유기 섬광체는 10~100 nsec의 붕괴시간을 갖는다. 또 유기액체 섬광체가 개발되었고 고체보다 복사선의 자체흡수가 적은 이점 때문에 많이 이용된다. 액체 섬광체의 예로는 톨루엔에 p-terphenyl을 녹인 용액이 있다.

섬광체에서 생긴 섬광이 광전자증배관의 광전음극에 부딪치면 전기펄스로 바뀌고 증폭되어 계수된다. 섬광체의 가장 중요한 특성은 개개의 섬광에서 생기는 광자수가 대략 입사 복사선 에너지에 비례한다는 점이다. 따라서 섬광계수기의 출력을 식별하여 탐지할 수 있게 펄스높이분석기와 연결하면 다음에 설명하게 될 에너지 분산기기의 기본을 이루게 된다. X-선과 고에너지 β 입자 방출체로부터 방출된 γ-복사선과 제동 복사(입자들에 의한 지연 때문에 일어나는 복사선을 의미하고 이 복사선은 일반적으로 연속적이다)를 측정하기 위해서는 1% Tl으로 처리된 NaI 결정과 같은 무기 섬광체가 가장 널리 이용된다. 이 섬광체는 큰 광전 단면적과 높은 흡수 확률을 제공하는 큰 밀도를 가지고 있으며 X-선 및 γ-선의 흡수를 위해 사용될 수 있을 정도로 두꺼운 두께를 가지도록 그 자체 복사선(탈륨의 방출선)에 대한 높은 투과성을 가진다. X-선과 γ-선 같은 복사선이 NaI (Tl) 결정과 작용하면 투과에너지는 아이오딘을 들뜨게 하여 높은 에너지상태로 만든다. 전자가 바닥상태로 되돌아가면서 아이오딘 원자가 자외선의 빛 펄스-형으로 에너지를 다시 방출한다. 이 에너지를 탈륨 원자에 의해 신속히 흡수되어 410.0 nm의 형광을 발광한다. 결정은 내부반사체로 이용되는 알루미늄 박막에 의해 대기의 습기로부터 밀폐되고 여분의 빛으로부터 보호된다. 섬광계수기는 0.3~2.5 Å의 X-선 영역에서 균일하면서도 높은 양자효율을 가지며 4 Å까지도 사용할 수 있다. NaI(Tl) 계수기를 장치한 분광기의 분해능은 비교적 나쁘지만(1 MeV에서는 6%의 봉우리 폭과 100 keV에서는 18%) 효율은 100%에 접근된다. 전체 스펙트럼을 동시에 기록할 수 있어 다중채널 장치로 사용할 수 있다.

🔵 반도체 검출기

이 검출기는 옛날 검출기로는 얻을 수 없던 에너지 분해를 제공함으로써 X-선 및 γ-선 분광법을 획기적으로 발전시켰다. 이 장치는 리튬이 분산된 규소 또는 저머니움 검출기라고도 한다. **그림 12.9**는 리튬이 분산된 검출기의 수직 단면도를 나타낸 것이다.

그림에서 보듯이 X-선을 마주 보는 쪽으로부터 p-형 규소 층~리튬이 분산된 규소 층~n-형 규소 층으로 구성되어 있고 p-형 층은 전기적 접촉이 잘 되도록 얇은 금박을 입혔고 X-선에 투명한 베릴륨 창으로 덮었다. 신호의 출력은 n-형 규소 층을 덮은

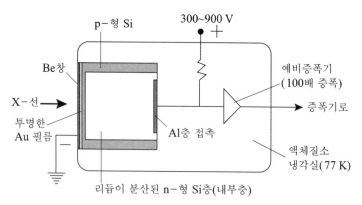

그림 12.9 리튬이 분산된 규소 반도체 검출기의 구조.

알루미늄 층 접촉으로부터 끌어내어 예비증폭기에 연결하여 약 100배 증폭하도록 되어 있다. 예비증폭기는 검출기의 중요 부분인 장-효과 트랜지스터를 이용하는 수가 많다.

이 검출기는 p-형 규소 결정의 표면에 리튬을 부착시켜 만든다. 400~500 ℃ 이상으로 가열하면 리튬은 결정 속으로 확산한다. 이 원소는 쉽게 전자를 잃기 때문에 이 원소의 존재로 p 지역은 n-형으로 바꿔진다. 가열된 상태에서 dc 전압을 결정에 걸어주면 리튬 층에서 전자를 끌어내고 p-형 층에서는 구멍을 끌어낸다. np 접촉을 통해 전류를 통하면 리튬이온을 p-층으로 이동시키고 리튬이온이 전도에 의해 손실된 구멍을 메워서 내부 바탕 층을 형성하게 된다. 냉각시키면 이 중심 층은 이 매질에 존재하는 리튬이온이 제거된 구멍보다 이동성이 적기 때문에 다른 층에 비해 높은 저항을 갖는다. 내부 층은 처음에 광자가 흡수되면 높은 에너지의 광전자가 생성되고 이것은 규소에 있는 수천 개의 전자를 전도띠까지 들뜨게 하면서 그 운동에너지를 잃는다. 이 결과 전도도가 증가하게 된다. 결정에 전압을 걸어주면 광자가 흡수될 때마다 전류펄스가 흐르게 된다. 이때 펄스의 크기는 흡수된 광자의 에너지에 직접 비례한다. 그러나 펄스의 제2차 증폭은 일어나지 않는다. 검출기와 예비증폭기는 전기적인 잡음을 감소시키기 위해 액체질소의 온도(-196 ℃)에서 온도를 조절시켜야 한다. 또 온도가 상온으로 되면 리튬이 규소에서 빠르게 확산하기 때문에 검출기의 기능이 떨어진다. 따라서 액체질소의 유지 장치는 20 L 정도의 Dewar 플라스크에 연결시키고 2~3일 간격으로 그 내용물을 갈아 주도록 한다. 리튬이 분산된 규소검출기는 에너지 분산법으로 알려져 널리 사용되었다. X-선 분석의 에너지 분산 분석법에서는 시료에 X-선이나 방사성 핵 자원 또는 이온들로부터 발생된 X-선을 쬐어 시료에 존재하는 원소의 독특한 2차 특성, X-선을 발생시킨다. 이 X-선은 동공형의 가로막기를 통과하여 Si(Li) 검출기에 도달된다. 가로막기의 역할은 X-선이 완전히 흡수되지 않는 검출기의 모서리에 부딪치는 X-선을 막아 주는 것이다.

Si(Li) 검출기의 출력은 예비증폭기에 의해 증폭되어 펄스높이분석기와 X-선에 대한 계수를 할 수 있는 전자회로로 보내진다. 이때 시료에 존재하는 여러 가지 원소에 대한 정성 및 정량적인 결과를 제공한다. 때에 따라서는 X-선 에너지 분광법(XES)이라고도 알려진 이 방법은 한 번 작동으로 완전한 정성분석을 할 수 있는 장점을 지닌다. 사용한 1차 복사선 광원에 따라 벌크분석이나 표면과 2 nm 정도의 두께를 갖는 얇은 필름의 분석에 응용할 수 있으며 탄소까지 가벼운 원소들도 검출할 수 있다. 최상의 분해능을 위해서는 검출기를 액체질소의 온도로 냉각시키고 원자번호가 12보다 작은 원소들을 분석할 때에는 전체를 진공으로 해야 한다.

⊃ 펄스높이 분석기

X-선 분광법에서 이용되는 에너지 분산형 기기의 원리를 이해하기 위해서는 X-선 검출기에서 얻은 전류 펄스높이의 분포에 대하여 알아 둘 필요가 있다. X-선 검출기에 들어오는 같은 에너지의 X-선 광자에 의해 생기는 전류펄스의 크기는 반드시 정확하게 같지는 않다. 즉, 전류 변동이 일어날 수 있다. 이것은 광전자의 방출과 이 결과로 생기는 전도전자의 발생이 확률 법칙에 따르는 마구잡이 과정이기 때문이다. 따라서 펄스높이의 분포는 가우스 곡선의 모양으로 나타난다. 이 분포의 폭은 검출기의 형태에 따라 다르지만 리튬이 분산된 검출기에서는 폭이 좁다. 이 때문에 리튬 분산 검출기는 에너지 분산기기에 널리 이용된다.

그림 12.10에 단일채널 펄스높이 분석기의 구성을 나타내었다. 이 기기의 예비증폭기에서 얻은 신호는 10,000배까지 변화시킬 수 있는 선형증폭기에 보내진다. 여기에서 10 V의 전압펄스를 얻게 된다. 선형증폭기에서 증폭된 신호는 약 0.5 V 또는 그 이하의 펄스를 배제하는 펄스식별기로 보내진다. 따라서 식별기에서 검출기와 증폭기의 잡음은 상당히 감소시킨다. 어떤 기기는 식별기 대신에 미리 정해진 최소준위 이하와 최대준위 이상의 높이를 가진 모든 펄스를 배제하는 전자회로인 펄스높이 선택기를 설치한 기기도 있다.

이런 선택기는 제한된 범위의 채널 또는 창을 통하는 펄스높이 이외의 모든 펄스를

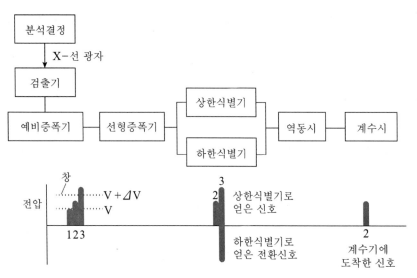

그림 12.10 단일채널 펄스높이 분석기의 구성도.

배제한다. 그림 12.10과 같은 기기에서는 검출기와 예비증폭기를 통과한 펄스는 다시 선형증폭기에서 증폭되어 10 V 정도 범위의 전압신호로서 나타나고, 이 신호는 상한식 별기와 하한식별기의 회로로 들어간다. 식별기에서는 어떤 전압 이하의 신호를 배제하 도록 조정되어 있다. 예를 들면 그림 12.10의 아래 그림을 보면 상한 식별기는 V보다 적은 전압신호, 1을 제거하고 신호, 2와 3은 통과시킨다. 하한 식별기는 V+△V에 맞추 어지고 3 이외의 모든 신호를 제거한다. 이때 통과신호 3은 반대방향(−부호)으로 출력 되도록 조절한다. 이렇게 하면 상한식별기로 얻은 신호, 3은 역동시회로에서 제거된다. 결과적으로 △V 전압 범위에 포함되는 신호, 2만이 계수기에 도달된다.

분산장치는 때로는 펄스높이 선별기가 구비되는 경우도 많고 이것은 잡음을 제거하 기도 하고, 또 같은 결정판에서 회절되어 오는 에너지가 더 큰 높은 차수의 복사선에서 분석 선을 분리함으로 단색화장치의 보조역할을 하는 수가 있다.

보통 단일채널 분석기는 0.1~0.5 V의 창을 갖는 약 10 V 또는 그 이하의 전압영역을 가지고 있다. 창은 전 전압범위를 수동적으로 또는 자동적으로 조절할 수 있고 전체 전압영역을 주사할 수 있다. 이렇게 하여 에너지 분산 스펙트럼을 얻는다. 다중채널 분석기는 두 개 이상 수백 개의 분리된 채널을 가지고 있어 각 채널은 여러 가지 전압 창으로 맞추어진 단일채널 기기와 같이 작동한다. 따라서 각 채널의 신호는 분리된 다 른 계수 회로로 들어가서 동시에 계수되어 전체 스펙트럼을 기록하도록 되어 있다.

12.3 X─선 형광법과 X─선 회절법

⤷ X─선 형광법

X─선 관 또는 방사능 광원에서 나오는 X─선을 시료에 쪼일 때 시료에 존재하는 원소는 X─선을 흡수하여 들뜨게 되고 각 원소의 특성적인 형광 X─선을 방출한다. 이때 얻은 형광 X─선 스펙트럼으로부터 원소를 확인하고 반정량 또는 정량분석하는 방법을 X─선 형광법이라고 한다.

이 방법은 산소보다 원자번호($Z>8$)가 큰 원소들을 분석하는 데 가장 널리 이용되는 분석방법 중의 하나이다. X─선 형광법에서 사용되는 기기로는 파장 분산형 기기와 에너지 분산형 기기가 있다.

• 파장 분산형 기기

이 기기는 결정 단색화장치를 사용하여 파장을 분산시키는 기기로서 X─선 광원에서 나오는 제1차 X─선을 시료에 쪼여 방출되는 형광 X─선을 빛살 평행화 장치를 통과한 다음 분광결정에 통과시킨다. Bragg식이 성립되는 각도에서 파장, λ 의 X─선만이 반사되고 다른 파장의 X─선에서 분리하여 검출기로서 검출할 수 있다. 이때 X─선 광자를 전압펄스로 변화시켜 그 펄스를 계수함으로써 X─선 광자 수 즉, X─선 세기를 측정한다.

• 에너지 분산형 기기

이 기기는 시료에서 발광되는 형광 X─선을 직접 반도체 검출기를 사용하여 전기적으로 분광하는 방식을 이용하며 파장 분산형 기기와는 달리 빛살 평행화 장치나 분광결정을 사용하지 않고 시료에서 방출된 X─선은 반도체 검출기에 의해 입사된 X─선의 에너지에 비례하는 펄스높이로 변환시킨다. 반도체 검출기의 분해능은 종래의 검출기보다 대단히 높으므로 다중채널 펄스높이 분석기를 사용하면 분광결정이 없어도 X─선의 에너지와 그 세기를 얻을 수 있다. 파장 분산형은 측정 가능한 X─선의 파장 범위가 분광결정의 결정면 간격(d)에 따라서 결정되므로 측정 대상 원소에 따라 결정을 바꿔야 하고 X─선의 입사각을 순차적으로 바꿔 측정하므로 비교적 긴 시간이 걸린다. 그러나 에너지 분산형은 $_{11}Na$ 에서 $_{92}U$ 까지의 스펙트럼이 비교적 짧은 시간에 동시에 측정할 수 있으며 분해능은 파장 분산형보다 떨어지고 불소(F)와 같은 가벼운 원소의 분석은 어렵다. 또 액체 질소로 항상 검출기를 냉각할 필요가 있다. 파장 분산형 기기는 몇 십 ppm 정도의 일반분석에 이용되고 에너지 분산형은 ppm 단위의 미량분석에 적합하다.

⊃ 측정 시료의 조정

X-선 형광법에서는 보통 제1차 X-선이 닿는 시료의 면적은 $1 \times 1 \ mm^2 \sim 3 \times 3 \ m^2$ 범위이고 X-선에 쪼인 시료의 표면에서 $100 \sim 1 \ \mu m$ 깊이의 층에 존재하는 원소로부터 나오는 형광 X-선을 측정하게 된다. 이것으로 보아 X-선에 쪼이는 면의 아래에 있는 시료는 분석되지 않으므로 표면층이 전체 시료를 대표하는 조성이 되도록 시료를 조정할 필요가 있다. 측정에 필요한 시료의 양은 시료집게에 들어가는 정도이면 충분하지만 최근에는 몇 mm의 머리털까지도 분석이 가능한 장치도 개발되어있다. 고체 덩어리 시료의 경우에는 No. $100 \sim 200$의 연마 종이로 갈아낸 후에 시료로 사용한다. 이때 측정하고자 하는 원소에 대해 방해 원소를 포함하지 않는 연마 종이를 선택해야 한다. 입자의 크기와 모양은 중요하여 입사광이 흡수되거나 산란되는 정도를 결정한다. 표준물과 분석시료는 같은 메시 크기(mesh size)로 200 mesh보다 더 곱게 분쇄해야 한다. 밀도 차에 의한 오차는 시료에 내부표준물을 가하여 줄여줄 수 있다. 분석시료는 시료 면에서 형광 X-선의 발생률을 일정하게 유지하기 위하여 가능하면 입자크기를 $50 \ \mu m$ 이하로 작게 만들고 성형기로 고체화하고 시료 표면은 요철부분이 없게 만든다. 탁상용 분쇄기로 작게 분쇄되지 않거나 균일하게 분쇄되지 않아서 X-선 세기의 변화가 큰 경우에는 $Li_2B_4O_7$과 같은 융제와 함께 가열하여 녹여서 덩어리 시료로 만들어 사용한다. 이런 시료를 사용하면 시료분말의 입자크기, 크기의 차이, 결정성의 차이 등에 의한 X-선 세기의 변화가 없어지고 측정의 재현성이 좋아진다.

시료를 용액으로 처리하는 것이 최선이다. 시료가 쉽게 잘 녹으면 분석이 간단해지고 정밀도도 많이 개선된다. 액체 시료는 1차 X-선에 대하여 무한히 두껍다고 할 정도(수용액인 경우 5 mm 정도)로 깊어야 한다. 용매에는 무거운 원자들이 포함되어 있지 않아야 하는데 이런 관점에서 질산과 물이 황산이나 염산보다 용매로서 더 우수하다. 액체 시료는 일반적으로 스테인리스 또는 유리용기 바닥에 제1차 X-선을 잘 통과하는 폴리에스텔 필름(마이라 필름)을 사용하여 1차 X-선을 쪼이는 방법을 사용한다. 액체 중에 침전물이 있으면 형광 X-선의 세기가 변하므로 주의해야 한다. 그리고 X-선을 오랜 시간 쪼이면 온도가 30~40 ℃로 올라가므로 이때 증발 성분이 포함된 경우에는 주의해야 한다. 액체의 양은 밑면의 면적이 빛을 쪼이는 면적보다 커야 하고 액체 층의 깊이도 X-선의 투과를 고려하여 7~10 mm 이상이어야 한다. 이런 방법 외에도 액체 시료를 흡습성이 있는 거름종이나 직물에 스며들게 하여 측정하는 점적법도 사용된다.

⊃ 정성분석

파장 분산형 기기에서 얻은 스펙트럼의 가로축은 보통 2θ 값으로 표시하고, 이것은 단색화장치에 사용한 분광결정의 d만 알면 Bragg식에 의해 파장으로 환산할 수 있다. 각 봉우리에 해당하는 원소의 확인은 ASTM(The American Society for Testing Materials) 또는 형광 X-선 기기의 제작회사 등에서 제공하는 각 원소의 발광선을 수록한 표를 참고하여 찾아볼 수 있다. 봉우리의 확인을 위하여 추가로 필요한 사항은 상대적인 봉우리의 높이, 임계 들뜨기 전위 및 펄스높이 분석으로부터 얻을 수 있다.

이때 주의할 점은 스펙트럼이 접근되어 있는 경우이다. 즉, 원자번호가 가까운 원소, 원자번호가 작은 원소의 K 계열과 원자번호가 큰 원소의 L과 K 계열에서 고차 반사와 원자번호가 작은 원소의 K 또는 L 계열 등은 스펙트럼선의 분리가 어려워 정량분석은 물론이고 정성분석에서도 스펙트럼이 어느 원소에 속하는가를 결정하는 데 오류를 범할 수 있다. 이와 같이 접근된 분광각(2θ)을 갖는 원소의 확인에 오류를 피하기 위해서는 스펙트럼 중에서 가장 센 봉우리(거의 모두 K)의 2θ값에 의해 원소를 추정한 다음 다시 다른 계열이나 고차 반사선을 조사하여 추정된 원소를 재확인하는 것이 정성분석의 순서이다.

에너지 분산형 기기로 얻은 형광 X-선 스펙트럼에서는 가로축에 일반적으로 채널 수 또는 keV 단위의 에너지로 나타낸다. 따라서 이때에는 스펙트럼을 형광 X-선(고유 X-선)의 에너지 또는 파장과 그 세기의 관계를 측정하여 정성 또는 정량분석을 한다. 최근에 개발된 에너지 분산형 기기에서는 기록 및 데이터 처리부분이 고유 X-선 에너지(파장)와 원소의 관계를 기억시킨 컴퓨터를 내장하여 측정된 스펙트럼의 각 봉우리를 각 원소에 자동적으로 연결시킨다. 즉, 주요한 고유 X-선의 에너지(파장)-원소의 대조표에서 추정한 원소를 확인하는 작업이 자동적으로 내장된 컴퓨터에서 자동적으로 이루어지고 그 정성분석의 결과가 모니터에 표시된다.

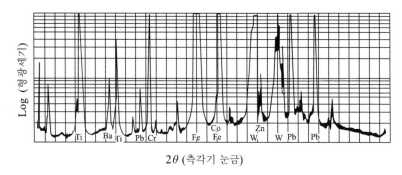

2θ (측각기 눈금)

그림 12.11 파장 분산형 기기로 얻은 은행권(돈)과 X—선 형광 스펙트럼.

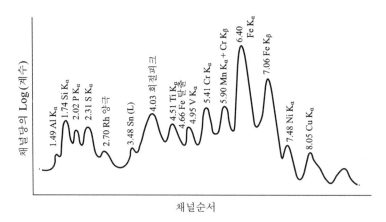

채널순서

그림 12.12 에너지 분산형 기기로 얻은 철 시료의 X—선 형광 스펙트럼. 필터 없음,
X—선관: Rh과녁, 양극전압: 10 kV, 양극전류: 50 A, 계수시간: 200초.

파장 분산형이나 에너지 분산형 기기이건 간에 모두 X—선의 스펙트럼에 의한 정성
분석은 발광 분광법에 비하여 나타나는 봉우리의 수가 적고 측정 시료는 파괴됨이 없이
신속하게 그리고 컴퓨터를 이용하면 자동적으로 정성분석이 가능하다. **그림 12.11**과
12.12에 두 기기로 얻은 전형적인 X—선 형광 스펙트럼을 나타냈다.

⊃ 정량분석

X선 형광법에 의한 복합 시료의 분석은 고전적 습식 화학분석이나 다른 기기분석법
에 비해 같거나 더 정밀하게 분석할 수 있다. 그러나 정확한 분석을 위해서는 전체 화학
적 또는 물리적 성분에 있어서 엄밀하게 같은 검정된 표준물을 사용하거나 매트릭스
효과를 상쇄시킬 수 있는 적당한 방법이 필요하다. 시료에서 발생하는 X—선은 시료표

면에 있는 원자뿐만 아니라 시료내부에 있는 원자에 의해서도 생기며, 입사광과 발생된 형광 X-선의 일부는 상당히 두꺼운 시료 층을 통과하고 그때 흡수와 산란이 일어나게 되므로 X-선이 감소되는 정도는 매체의 질량흡수에 따라 달라진다.

이때 질량흡수계수는 시료 중의 다른 모든 원소의 질량흡수계수에 의해 결정되므로 검출기에 도달하는 발광선의 세기는 그 선을 발광하는 원소의 농도에 의해 결정되지만 시료에 공존하는 다른 원소의 농도와 질량흡수계수에 의해서도 영향을 받게 된다.

X-선 형광법에 의해 정량분석하기 위해서는 원소의 특성선 세기를 측정한다. 측각기는 특성선 봉우리의 2θ각에 고정시키고 일정한 시간 동안 계수하거나 또는 일정한 수의 계수를 하기 위해서 필요한 시간을 측정한다. 그리고 측각기를 바탕에 해당하는 봉우리 바로 옆의 위치에 고정시키고 바탕세기를 측정한다. 주성분 원소들은 1 또는 2분간에 200,000 계수를 축적할 수 있다. 바탕계수는 더 긴 시간이 필요한데 대단히 낮은 바탕의 경우 10,000 계수를 얻는 데 10분이 걸린다. 순수한 봉우리 세기, 즉 봉우리에서 바탕을 뺀 세기(초당 계수)는 검정곡선에서 원소의 농도와 관계가 있다. 분석원소의 농도를 나타내 주는 형광선의 세기를 측정하기 전에 매트릭스 효과를 보정할 필요가 있다. 매트릭스 희석은 심각한 흡수효과를 피하게 해줄 것이다. 시료를 녹말가루, 등검댕, 아라비아고무, 탄산리튬 또는 붕사(용융에 사용되는) 등과 같은 흡수를 적게 하는 물질로 크게 희석시킨다. 이렇게 하면 방해하는 매트릭스 원소의 농도는 감소된다. 그러나 조직적인 보정을 위해 사용되는 현실적인 방법은 내부표준물에 의한 것이다. 매트릭스 원소들이 기준선과 분석선에 동일하게 영향을 준다면 내부표준법은 좋은 결과를 준다. 기준원소의 선정은 분석원소, 기준원소 및 매트릭스 효과를 주는 방해원소들의 특성선과 흡수끝의 상대적인 위치에 의해서 결정된다. 만일 기준선이나 분석선이 매트릭스 원소에 의해 선택적으로 흡수되거나 증강되면 분석선에 대한 내부표준선의 비가 분석원소의 농도를 측정하기 위한 진짜 기준이 되지 못한다. 방해원소가 두 개의 비교선들 사이에서 흡수끝을 가지게 되면 선의 차별 흡수가 일어난다. 매트릭스 원소가 1차 X-선을 흡수하여 분석원소가 흡수하는 X-선을 형광현상에 의해 방출하면 선의 세기는 증강되고 이에 의해 시료의 형광세기가 증가되므로 오차를 가져온다. 또 매트릭스 형광이 분석원소와 내부 표준원소의 흡수끝 사이에 놓이게 되면 선택적인 증강 현상을 초래하게 된다.

X-선 형광법은 100 ppm 이하로 존재하는 원소를 검출하기는 곤란하다. 니오브, 탄

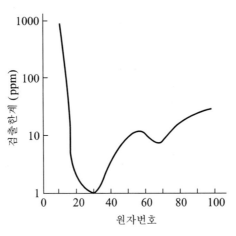

그림 12.13 X—선 형광법에서 원자번호에 따른 각 원소의 검출한계.

탈, 소듐 및 희토류 등과 같은 습식 분석법으로 좋은 결과를 얻지 못하는 원소들에 대해서는 X—선 형광법이 매력적이다. 시료가 전기적인 전도체일 필요가 없으므로 주성분이나 비금속 시료의 분석에서는 앞에서 배운 발광 분광법에 대한 보완적인 분석방법의 역할을 하기도 한다. 원자번호 21번 이하의 원소를 분석하는 경우 공기 흡수를 막기 위하여 작동 기체의 압력이 0.1 mmHg이어야 한다. 마그네슘에서 붕소까지 가능하지만 투과율은 크게 감소된다. X—선 형광법의 검출한계는 절대 값으로 $10 \sim 8$ g 정도로서 발광 분광법보다 못하다.

공존하는 원소에 따라 검출한계가 변하지만 X—선 형광법에 의한 원소의 개략적인 검출한계는 **그림 12.13**에 나타낸 것과 같다. X—선 형광법에서 정확도를 높이려면 매트릭스 효과에 의한 공존 원소의 영향을 보정해야 한다. 보정에 의해 측정한 형광 X—선의 세기로부터 농도를 구하는 일반적인 검정선법을 이용한다. 이 방법은 표준시료를 사용한 분석원소의 분석한 값과 X—선 세기의 관계를 도시하고 이 검정선에서 미지시료중의 분석원소를 분석하는 방법이다.

일반적으로 X—선법은 시료를 파괴하지 않고도 페인트를 칠한 것, 고고학적 표본, 보석류, 동전 및 기타 값진 물건의 비파괴분석에 이용할 수 있다.

또, 이 방법은 겨우 볼 수 있는 작은 알갱이로부터 큰 물질에 이르기까지 고체 또는 액체와 같은 모든 시료의 분석에 이용할 수 있으며 다수의 원소를 수분 이내에 완전히 분석할 수 있고, X—선 형광법의 정확도와 정밀도는 다른 방법과 같거나 더 우수하다는 점이다. 그러나 앞에서 논한 다른 분광법만큼 감도가 좋지 않다. 가장 좋은 경우 수 ppm 정도를 측정할 수 있다. 그러나 더 일반적인 경우 이 방법의 농도범위는 대략 0.01 ~100 % 농도이다. 가벼운 원소의 형광법 분석은 불편하고 검출과 측정이 어렵다.

⊃ X-선 회절법

이 방법은 결정성 물질의 확인과 분석에 이용된다. 결정 중의 모든 원자들은 입사한 X-선을 모든 방향으로 산란시키고, 산란된 X-선은 보강 간섭 또는 상쇄 간섭을 일으킬 수 있다. 보강 간섭을 일으킬 수 있는 기회는 결정 내에서 원자들이 규칙적이면서 반복적인 방식으로 배열되어 있는 경우이다. 결정으로부터 X-선이 회절될 수 있는 조건은 Bragg식에 의해 주어진다. 결정면에 정확하게 자리 잡은 원자들은 회절 빛살의 세기를 최대로 크게 해주고 정확히 면 사이의 중간에 위치한 원자들은 최대의 상쇄 간섭을 일으킨다. 원자의 산란능력은 원자가 갖는 전자 수에 의존한다. 회절된 빛살의 위치는 결정에서 반복되는 단위의 크기와 모양 및 입사된 X-선의 파장에만 의존한다. 반면에 회절 빛살의 세기는 결정에서 원자들의 배열 형태와 기본적인 반복 단위, 즉 단위격자 내의 원자들의 위치에 의존한다. 따라서 모든 회절 빛살의 방향과 세기를 고려할 때 회절무늬가 절대적으로 같은 두 가지 물질은 존재하지 않고 회절무늬는 각 결정 물질에 따라 특유하게 다르게 나타난다. 그러므로 회절무늬는 결정성 화합물의 지문이라 하며 X-선 회절법은 결정성 화합물을 정성적으로 확인하는 데 실질적이고 명확한 방법이 된다. 또한, 회절 측정값은 화합물 중의 결정 화합물의 정량분석에도 이용된다. 예를 들면 흑연과 숯의 혼합물 중에서 흑연 함유량을 알아내는 것은 다른 방법으로는 불가능하거나 어렵지만 회절법으로는 가능하다.

• 시료 준비

단결정으로부터 얻은 회절선이 비교적 많고 판독하기가 쉬우므로 가능하면 구조 결정을 위해서는 단결정들이 사용된다. 결정은 입사광에 완전히 둘러싸일 정도의 작은 크기이어야 한다. 보통 결정은 놋쇠 판에 고정시킨 얇은 유리 모세관에 부착시켜 사용한다. 그러나 충분한 크기의 단결정이 없거나 물질을 확인하는 데 문제가 있을 때에는 다결정 분말을 입사 X-선 빛살보다 작은 직경을 가지는 실린더에 다져 넣어 사용한다. 금속 시료는 적당한 모양으로 가공하고 플라스틱 물질은 적당한 형틀에 넣어 만들며 그 밖의 모든 시료는 미세한 분말(200~300 mesh)로 분쇄하여 얇은 유리 모세관이나 셀로판 모세관에 넣어서 빛살에 놓는다. 그렇지 않으면 접착제(collodion이 흔히 사용됨)와 혼합한 후 막대 모양으로 주형하여 사용한다. 액체 시료는 직접 확인할 수 없지만 특성 무늬를 주는 결정성 유도체로 변형시켜 사용한다.

• 자동 회절분석기

이 기기를 사용하면 빠르고도 정밀도가 높은 데이터를 얻을 수 있다. 이 기기에서도 광원은 적당한 필터를 가진 X–선 관이다. 그러나 분광결정 대신에 분말 또는 금속 시료를 결정의 위치에 놓는다. 어떤 경우에 시료 잡게는 결정의 배향 무질서도를 높이기 위해서 회전시키기도 한다. 회절무늬는 발광이나 흡수 스펙트럼과 같은 방법으로 자동적으로 주사시켜 얻는다. 비례, 섬광 또는 반도체 검출기는 회절무늬를 빨리 얻을 수 있고, 1 % 이내의 좋은 정밀도를 얻을 수 있다. 자동회절분석기에서 분석기의 틀은 결정의 배향을 맞추고 정렬하기 위해 넓은 범위의 각도를 제공해야 한다. 정밀 회절분석기는 경도로 -5°에서 150°까지, 위도로 -6°에서 60°까지 구면에서 검출기를 이동시켜 주어야 한다.

완전한 장치는 결정에 대하여 네 개의 회전자유도, 검출기에 대하여 두 개의 자유도를 제공한다. 여러 가지 결정과 검출기의 각도를 프로그램 된 정보에 기초를 두고 설치하여 회절세기를 각의 함수로 정밀하게 측정한다.

• X–선 분말 데이터 파일

미지 물질의 회절무늬로부터 얻은 d를 X–선 분말데이터 파일에 있는 평면카드, Keysort 카드 및 IBM 카드 등에 수록된 25,000종의 d값들[5]과 비교한다. 이때 색인표도 파일과 함께 제공된다. 다른 카드들을 분류하기 위한 카탈로그는 각 카드의 좌측위에 세기가 큰 세 가지의 회절에 관한 데이터가 수록되어 있다. 세기가 가장 큰 회절을 100으로 놓고 세기가 가장 큰 반사의 d값부터 감소하는 순서로 카드가 배열된다. 전형적인 카드의 모양을 **그림 12.14**에 나타내었다. 단일 성분을 포함하는 시료를 확인하기 위하여 이 파일을 사용할 때에는 우선 미지시료의 가장 짙은 선에 대한 d값을 색인표에서

---

5) Index to the Powder Data File, *Amer. Soc. Testing Materials*, Spec. Tech. Publ., 48L, Philadelphia, **1962**.

5−0628

d	2.82	1.99	1.63	3.258	NaCl					★
I/I₁	100	55	15	13	SODIUM CHLORIDE					HALITE

d Å	I/I₁	hkI	d Å	I/I₁	hkI
3.258	13	111			
2.821	100	200			
1.994	55	220			
1.701	2	311			
1.628	15	222			
1.410	6	400			
1.294	1	331			
1.261	11	420			
1.1515	7	422			
1.0855	1	511			
0.9969	2	440			
0.9533	1	531			
0.9041	3	600			
0.8917	4	620			
0.8601	1	533			
0.8503	3	622			
0.8141	2	444			

Rad. Cu λ 1.5405 Filter Dia.
Cut off   I/I₁
Ref. Swanson and Fuyat, NBS Circular
1953, 539, Vol. 11, 41.

Sys. Cubic. S. G. O − Fm3m
                    H
α_o 5.6402 b c A C
α β γ Z 4 Dx 2.164
Ref. *Ibid.*

ϵ α n ω β 1.542 ϵ γ Sign
2V   D   mp   Color
Ref. *Ibid.*

An ACS reagent grade sample recryst−
allized twice from hydrochloric acid.
X−ray pattern at 26℃
Replaces 1−0993, 1−0994, 2−0818

그림 12.14 염화소듐의 X—선 데이터 카드의 모양.

찾는다. 처음의 d 값을 포함하여 그 이상의 값들이 존재하므로 다음으로 짙은 d 값들을 기록된 값들과 일치시킨다. 마지막으로 가지고 있는 여러 가지 카드들과 비교한다. 결정면 간의 간격으로부터 단위격자를 유도하고 그것을 카드에 수록된 것과 비교하는 것이 좋은 방법이다. 만일 미지시료가 혼합물이라면 각 성분을 개별적으로 확인해야 하는데 이것은 d 값들이 단일 성분에 속해있는 것처럼 처리한다. 한 성분에 대하여 확인한 후 확인된 모든 선들은 제외하고 다음 성분을 확인한다. 나머지 선들 중에서 가장 세기가 큰 것을 100으로 놓고 이를 기준으로 하여 재평가한 다음 전 과정을 반복한다. X−선 회절법은 결정을 확인하는 빠르고도 정확한 방법이다.

또 흑연이나 다이아몬드와 같은 동소체 물질을 확인할 수 있고 FeO, Fe_2O_3 및

Fe$_3$O$_4$ 등과 같은 여러 가지 형태의 산화물들의 확인이나 KBr, KCl, NaBr 또는 NaCl 등의 물질이 혼합물로 존재할 때 쉽게 확인할 수 있다. 이 밖에 여러 가지 수화물들의 존재도 확인할 수 있다.

12.1 100 kV에서 작동되고 백금 과녁을 갖는 X-선 관에서 발생하는 연속광의 단파장 한계를 계산하라.

12.2 분광결정으로 LiF와 NaCl을 사용할 때 Ag (0.56 Å), Cu (1.54 Å) 및 Fe (1.94Å)의 $K_{\alpha 1}$-선을 측정하기 위해 필요한 측각기의 위치를 각각 2θ 값으로 계산하라.

12.3 파장 분산형과 에너지 분산형 기기의 차이점에 대해 설명하라.

12.4 텅스텐의 K_{α}와 K_{β} 계열을 들뜨게 하기 위해 필요한 X-선 관의 전압을 계산하라.

12.5 Ca과 Mg의 K-선을 들뜨게 하기 위해 필요한 X-선 관의 최소전압을 각각 계산하라. Ca과 Mg의 K 흡수끝 파장은 각각 3.064 Å와 0.496 Å이다.

12.6 내부표준물로 이트륨(Y)을 사용하여 오일 베어링의 찌꺼기 중에서 스트론튬을 정량할 때 원소의 스펙트럼 특성은 다음과 같다.

$$Sr-K_{\alpha 1}:\ 0.877,\ K_{\beta}:\ 0.783,\ K\ 흡수끝:0.770$$
$$Y-K_{\alpha 1}:\ 0.831,\ K_{\beta}:\ 0.740,\ K\ 흡수끝:0.727$$

(a) 각 원소에 대한 임계전압을 계산하라.
(b) LiF 결정을 사용하여 발광선에 대한 Bragg 각(2θ)을 계산하라.
(c) 실험 데이터를 다음과 같이 도표화하였다.

Sr (wt %)	Y-$K_{\alpha 1}$의 측정 6,400 계수의 시간(sec)	Sr-$K_{\alpha 1}$의 측정 6,400 계수의 시간(sec)
0.0000	41.1	80.1
0.1000	40.1	60.4
0.2000	40.2	49.5
0.3000	40.0	41.6
0.4000	42.4	38.3

스트론튬 농도에 대한 세기 비(Sr/Y)를 도시하라. 미지시료 A와 B의 세기 비(Sr/Y)는 각각 0.8860과 0.7802이었다. 시료 A와 B에서 스트론튬의 함유량을 계산하라.

● 참고문헌

1. L. S. Birks, *X−Ray Spectrochemical Analysis*, 2d ed., Wiley−Interscience, New York, 1969.

2. E. P. Bertin, *Introduction to X−Ray Spectrometric Analysis*, Plenum Press, New York, 1978.

3. R. Tertian and F. Claisse, *Principles of Quantitative X−Ray Fluorescence Analysis*, Heyden, London, 1982.

4. R. Jenkins, R. W. Gould and D. Gedcke, *Quantitative X−Ray Spectrometry*, Marcel Dekker, New York, 1981.

5. H. A. Liebhafsky, H. G. Pfeiffer and E. H. Winslow, *X−Ray Methods: Absorption, Diffraction and Emission*, in *Treatise on Analytical Chemistry*, Part I, Vol. 5, I. M. Kolthoff and P. J. Elving, Eds.,Wiley−Interscience, New York, 1964.

6. D. A. Skoog, *Principles of Instrumental Analysis*, 3rd ed., Saunders College Publishing, P. A. Winston, 1985.

13.1 질량분석법의 원리

금세기 초에 개발된 질량분석법은 원자량의 정밀한 측정과 여러 가지 동위원소의 존재와 그 함유량을 결정하는 데 크게 공헌하였다. 질량분석법은 자기장과 정전기장 내에 있는 이온들의 행동에 관한 연구로부터 발전했으며, 현재는 간단한 무기화합물로부터 복잡한 유기화합물에 이르기까지 응용이 확대되었다.

질량분석법은 시료로 만든 이온을 빠르게 가속시켜 이온의 질량 대 전하 비에 의해 분석하는 원리이기 때문에 다른 분광법과는 근본적으로 차이가 있다. 따라서 이 방법은 질량분광법이라 하지 않고 질량분석법이라고 한다. 이 방법에서는 질량 대 전하 비의 크기에 따라 얻은 질량 스펙트럼의 봉우리 위치와 높이로부터 물질의 정성과 정량이 가능하다. 스펙트럼은 구조적 성분 조각의 질량과 분자량에 관한 정보를 주기 때문에 어떤 면에서 보면 IR이나 NMR 스펙트럼보다 해석하기 쉽다.

최근에는 질량분석법이 표면연구에도 응용되며 특히, 기체 크로마토그래피와 연결시킨 GC-MS와 액체 크로마토그래피와 연결시킨 LC-MS는 유기화합물의 분석에 큰 위력을 발휘하고 있다.

질량분석법에 사용하는 질량분석기는 다음과 같은 부분장치로 구성되어 있다. 이 기기는 시료 도입장치로부터 검출기까지 높은 진공이 필요한데, 그 이유는 질량분석기 내에서 한 이온이 다른 이온과 충돌없이 자기장 또는 전기장에 영향을 받게 하기 위해서이다. 고체나 액체 시료는 적당한 도입장치로 기화시켜 이온화장치로 보내진다.

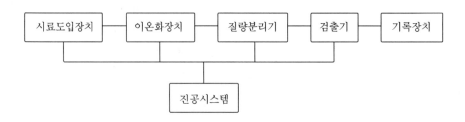

보통 휘발성이 없는 물질도 최근의 여러 가지 시료 도입법과 이온화법에 의해 질량분석이 가능하다.

만약 **그림 13.1**과 같이 일정한 질량의 양이온만을 가속시켜 자기장을 통과시키면 양이온 입자의 진로는 자기장의 영향을 받아 반지름, r인 원호를 그리며 운동한다. 이와 같은 원운동을 위해서는 양이온이 받는 원심력, F_C 와 구심력, F_M 가 같아야 한다.

그림에서 v는 하전입자의 속도(cm/sec)이고 H는 자기장의 세기(dyne)이며 z 는 이온의 전하량(esu), r 은 곡면반경(cm), m 은 하전입자의 질량(g)이라고 하면,

$$\frac{mv^2}{r} = Hzv$$

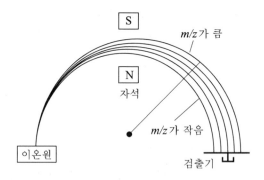

그림 13.1 자기장에서 이온의 분리.

$$v = \frac{\mathrm{H}\,z\,r}{m} \tag{13.1}$$

또 하전입자를 가속전압, V (erg/sec)로 가속시켰을 때 입자의 운동에너지는 다음과 같이 나타낼 수 있다.

$$\mathrm{E}_k = z\mathrm{V} = \frac{1}{2}\,m\,v^2 \tag{13.2}$$

식 (13.2)를 식 (13.1)에 대입하여 정리하면 다음과 같다.

$$\frac{m}{z} = \frac{\mathrm{H}^2 r^2}{2\mathrm{V}} \tag{13.3}$$

이 식에서 양이온의 질량 대 전하 비, m/z 는 세 가지 변수인 H, V 및 r의 함수임을 알 수 있다. 질량분석기는 이들 세 가지 변수를 조절하여 스펙트럼을 얻는다. 만일 H 와 V를 일정하게 유지하면 질량이 크고 하전량이 작은 입자일수록 r이 큰 원호를 그리며 원운동하게 된다. 또 여러 종류의 양이온 중에서 +1의 하전량을 갖는 양이온들만 얻어 지도록 시료를 이온화시킬 때 전자충격 전압을 낮추면 $m/z=m$ 의 관계를 가지므로 단순히 이온의 질량에 따라 r이 변하게 된다. 따라서 양이온의 질량, m에 따른 r의 변화는 질량분리기에 의해 여러 가지 질량의 양이온을 서로 분리할 수 있음을 알 수 있다. 일반적으로 r을 일정하게 하고, H 와 V를 조절하여 이온들을 질량에 따라 분리 시킨다. 즉, 자기장의 세기, H를 감소시키고 가속전압, V를 크게 하면 질량이 작은 입자가 가속되어 일정한 r을 갖는 질량분리기를 따라 구부러지면서 이온 수집장치를 통과하여 검출기에 도달하게 된다. 질량이 큰 입자는 주어진 조건에서 정해진 r보다 더 큰 값을 갖기 때문에 이온 수집 장치에 도달하지 못하게 되고 다음에 H 와 V를 다른 값으로 천천히 변화시키면 질량이 큰 입자들이 차례로 수집장치에 도달하여 검출 기에 도달함으로써 m/z값에 따라 질량 스펙트럼이 얻어진다.

근래의 대부분의 질량분석기는 V 와 r을 일정하게 유지하면서 자석에 통하는 전류를 조절하여 H를 변환시켜 이온들을 분리하는 전자석을 가지고 있다. 어떤 분석기는 자기장, H를 고정시키고 가속전압, V를 변화시켜 질량 스펙트럼을 얻을 수 있고, 제3의 분석계에서는 H 와 V를 일정하게 유지하고 전체 스펙트럼을 사진 건판 위에 동시에 기록하는 것도 있다. 이때는 r이 변하는 결과와 같다.

질량분석기는 1질량단위까지 측정 가능한 것과 분해능이 좋은 기기는 1,000분의 1 이하의 질량단위를 측정할 수 있고, 이때는 질량분석 결과만으로 직접 시료의 정확한 분자식을 결정할 수도 있다. 또 1회 측정에 필요한 시료 양은 100 ng 이하로 극히 적다.

시료를 이온화할 때 일반적으로 유기분자의 경우에는 분자의 조성 그대로의 분자이온(molecular ion 또는 parent ion)과 여러 종류의 조각이온(fragment ion) 등을 여러 비율로 동시에 생성시킨다. 이들 여러 가지 이온들의 질량수와 존재 비를 검출하여 얻은 질량 스펙트럼은 화합물의 구조에 관한 많은 정보를 가지고 있으므로 화합물을 확인하는데 지문(fingerprint) 역할을 한다.

13.2 질량분석법의 기기장치

⊃ 시료 도입장치

질량분석법에서 시료는 일정한 압력의 기체상태로 만들어 이온화장치에 도입해야 한다. 질량 스펙트럼을 측정하는 동안 시료의 증기압은 낮고 일정하게 유지되어야 한다. 그렇지 않으면 이온화장치에서 생성된 이온과 중성분자 사이의 충돌로 인하여 이미 형성된 이온을 다시 파괴시키거나 이분자 반응을 일으키게 되어 재현성이 있는 질량 스펙트럼을 얻을 수 없게 되므로 스펙트럼의 해석에 혼란이 생기게 된다. 이와 같은 점을 고려하여 적당한 시료 도입장치가 필요하다. 최근의 질량분석기는 시료의 종류에 따라 적합한 형태의 시료 도입장치가 사용된다. 그들은 배치식 도입장치, 직접 도입장치 및 기체 크로마토그래피 도입장치 등 세 가지의 형태가 있다.

• 배치식 도입장치

이것은 기체, 액체 및 휘발성 고체를 가열하여 기체로 만들어 이온화장치에 도입한다. 500 ℃ 이하에서 열분해되지 않고 휘발되는 대부분의 유기화합물에 적용되는 전형적인 도입장치로 시료를 플라스크에 넣고 플라스크 주위를 둘러싼 가열 오븐에 의해 적당한 온도로 가열하여 시료를 기화시킨 다음 진공으로 밀폐된 1~5 L의 저장용기에 모은다. 이때 시료의 양은 저장용기 압력이 $10^{-4} \sim 10^{-5}$ torr 정도가 되도록 조절한다. 기체상태로 이온화상자에 도입해야 하므로 모든 도입부분을 적당한 온도로 가열하여

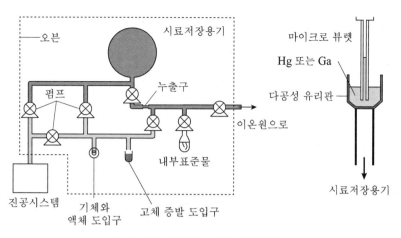

그림 13.2 배치식 시료 도입장치.

시료가 응축하는 것을 막아야 한다. 저장용기에서 시료기체는 약 0.01 torr의 압력으로 분자 누출구(molecular leak)라고 불리는 직경, 0.005~0.02 mm의 작은 구멍을 통해 이온화장치로 도입된다.

한편, 휘발성이 낮고 열적으로 불안정한 시료는 직접 가열시키는 것보다는 비교적 휘발성이 높고 열적 안정성을 가지는 적당한 유도체로 만들어 기화시키는 방법이 효과적이다. 예를 들면 알코올 및 유기산 등은 증기압이 낮을 뿐만 아니라 높은 온도로 가열하면 탈수반응 등을 일으켜 시료분자 증기보다는 분해된 화합물의 증기가 더 많이 생성된다. 일반적으로 알코올의 경우에는 silyl ether, 유기산은 에스터의 유도체를 만들어 사용한다.

그림 13.2에 배치식 도입장치의 약도를 나타냈다.

• 직접 도입장치

이것은 배치식으로 도입이 곤란한 시료인 휘발성이 적은 액체, 열에 약한 화합물 또는 고체 시료를 진공 봉입상태로 되어 있는 시료 도입장치에 의해 이온화지역으로 이온화장치의 높은 진공을 크게 변화시키지 않도록 하여 직접 주입한다. 시료의 온도를 잘 조절할 수 있도록 냉각장치 또는 가열장치를 갖춘 것도 있다. 직접 도입할 수 있는 시료는 녹는점이 높거나 증기압이 대단히 낮은 당류 및 알칼로이드 등과 같은 천연화합물 시료 등이다. 도입할 때에는 약 1 μg 이하로 적은 양의 시료를 시료 탐침(sample probe)의 끝에 놓은 다음 이것을 진공문을 열고 이온화지역까지 밀어 넣고 가열하여 시료를 주입한다. 이때 시료증기의 압력은 이온화장치의 압력(10^{-7}~10^{-8} torr) 정도로 유지해도 되기 때문에 배치식보다 대단히 낮은 온도로 가열해도 되므로 탄수화물, 스테로이드, 금속−유기화학종 및 저분자량 중합체 물질과 같은 비휘발성 물질의 연구에 이용할 수 있다.

• **기체 크로마토그래피 도입장치**

이것은 제14장에서 배우게 되는 기체 크로마토그래피의 분리관을 질량분석기의 이온화장치에 연결하여 크로마토그래피의 분리관에서 분리되어 나온 시료의 각 성분기체를 질량분석기로 도입하는 것이다. 기체 크로마토그래피의 분리관이 모세관일 때에는 일반적으로 유속이 낮아(2 mL/min 이하) 이온화장치에 직접 도입할 수 있다. 그러나 충전관일 경우에 부딪치는 중요한 문제는 기체 크로마토그래피의 운반기체(헬륨이 가장 일반적으로 사용됨)로부터 생긴다. 운반기체는 성분을 대단히 묽혀서 질량분석기의 펌프 장치를 못 쓰게 만들 수도 있다. 이러한 문제를 해결하기 위한 몇 가지 방법이 개발되었다. 그중 가장 널리 이용되는 것은 Z−분리기에 의해 운반기체를 제거시키는 방법이다. 이것은 **그림 13.3**과 같은 장치에서 운반기체인 가벼운 헬륨은 진공상태 속에서 직선 통로로부터 이탈되어 진공펌프로 뽑아내어 제거된다. 그러나 무거운 분석물질은 제트−형 분리기에 의해 운동량이 증가되어, 그중 50 % 또는 그 이상을 스키머(skimmer)까지 똑바로 가게 한다. 기체 크로마토그래피에 비해 액체 크로마토그래피의 경우는 이동상을 제거하는 어려움 때문에 발전하지 못했으나, 최근에는 열 분무장치와 전기 분무장치와 같은 새로운 장치 등이 개발되어 질량분석기와 연결이 가능하게

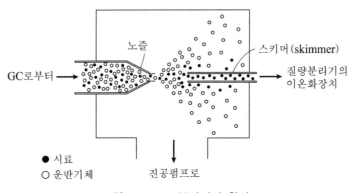

그림 13.3 Z─분리기의 원리.

되었다.

⊃ 이온화장치

질량분석기에서 이온화하는 방법은 분자의 구조와 조성을 연구하느냐 또는 원소의 검출과 정량에 응용하느냐에 따라서 다르다. 여기서는 분자연구에 적당한 이온화법에 관해서만 설명하기로 한다.

분자연구를 위한 적당한 이온화법에는 기체시료에 가속전자나 양이온의 시약기체를 충돌시켜 이온화시키는 방법이 있고, 시료에 여러 가지 형태의 에너지를 가해 응축상태의 시료를 직접 기체상태의 양이온으로 만드는 탈착 이온화법(desorption ionization)이 있다. 여기서는 가장 널리 이용되는 이온화장치로서 기체상태의 시료에 가속전자를 충격시켜 이온화하는 전자충격법(electron bombardment, EI), 양이온 시약기체의 충격에 의한 화학적 이온화법(chemical ionization, CI) 및 고전압 전극에 기체시료를 충격시키는 장이온화법(field ionization, FI)과 탈착에 의한 장탈착법(field desorption, FD), 이차이온 질량분석법(secondary ion mass spectrometry, SIMS) 및 고속원자 충격법(fast atom bombardment, FAB)에 대하여 간단히 설명하기로 한다.

• 전자충격 이온화법

이 방법은 가장 일반적인 이온화법이다. **그림 13.4**에 전형적인 전자충격 이온화장치를 나타내었다. 이 방법에서는 전류로 가열한 필라멘트에서 방출되는 전자 빛살을 높은 진공상태에 있는 기체상태의 시료분자에 충격한다. 이때 충격되는 전자는 필라멘트와 양극 사이에 걸어준 전압에 의해 약 70 eV의 에너지까지 가속된다. 100~200 μA의 전자 흐름에 의하여 백만 개의 분자 중에서 한 개 정도가 이온화될 것이다. 보통 분자로부터 전자 한 개가 방출되어 시료의 분자량과 같은 질량수를 가지는 분자이온(또는 어미이온 $M^{\cdot+}$ 또는 M^+)이 생성된다.

다음으로 여분의 에너지를 갖는 M^+에서 약한 결합이 끊어져 조각이온을 만든다. 조각이온이 더욱 여분의 에너지를 갖고 있을 때에는 더 작은 질량수의 조각이온으로 분해된다. 분자이온은 일반적으로 외짝 전자를 갖는 라디칼이지만 조각이온은 분자에 포함된 기능기의 성질에 따라 라디칼 구조인 것과 아닌 것이 있다. 전자충격에 의해 생성된 양이온은 첫 번째 가속슬릿과 시료 도입슬릿 사이에 걸어준 작은 전압의 차이에

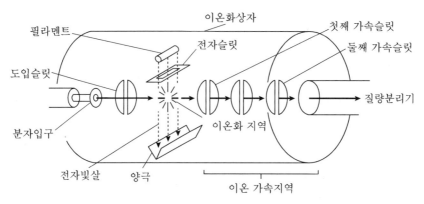

이온화상자
필라멘트
전자슬릿
도입슬릿
첫째 가속슬릿
둘째 가속슬릿
질량분리기
분자입구
이온화 지역
전자빛살
양극
이온 가속지역

그림 13.4 전자충격 이온화장치의 구조.

의해 가속되어 첫째 가속슬릿으로 들어간다. 다시 첫째와 둘째 가속슬릿 사이에 걸린 높은 전압에 의해 입자들을 그들의 최종속도로 가속된다. 어떤 질량분석기에서는 가속 전압 슬릿 사이의 전압을 조절하여 특정 질량의 입자를 가속된 양이온은 질량분리기로 들어가서 m/z에 따라 분리되고 검출되어 질량 스펙트럼이 얻어진다. 전자충격 방법에서는 분자이온 또는 조각이온과 같은 여러 가지 이온이 만들어지므로 스펙트럼이 복잡하고 봉우리가 많다. 이것은 분석물질의 분자량과 구조를 결정하는 데 유용하게 이용된다. 그러나 전자충격 방법에서는 시료를 휘발시켜야 하므로 어떤 성분이 이온화되기 전에 열적으로 분해될 수 있다.

따라서 열적분해를 막기 위해 이온화장치와 질량분리기의 입구슬릿에 가까운 위치에 있는 가열장치에서 시료를 휘발시킴으로 최소화할 수 있다. 또 장치 내의 압력이 낮으면 휘발이 낮은 온도에서 많이 일어나게 되어 열분해 기회가 감소된다.

• 화학적 이온화법

이 이온화법에서는 시약기체라고 하는 기체를 0.1~1 torr 정도의 압력으로 이온화실에 넣고 이를 전자 흐름으로 충격한다. 이렇게 하여 시약기체로부터 생성된 이온은 배치식이나 가열장치에서 생긴 시료의 기체상태 분자와 충돌하게 된다. 이때 이온-분자 반응을 통해 시료분자를 이온화시킨다. 화학적 이온화법은 두 번째로 가장 일반화된 방법이다. 이 이온화장치는 **그림 13.4**와 같은 전자충격 이온화장치에서 이온화지역의 확산펌프 용량을 늘리고 질량분리기로 통하는 슬릿의 틈을 줄여서 변형시켜 만든다. 이렇게 만든 장치는 이온화지역의 시약기체 압력을 1 torr 정도로 유지하고 질량분리기 쪽의 압력은 여전히 10^{-5} torr 이하로 유지할 수 있게 된다. 이렇게 변형해서 시약기체를 이온화지역에 주입하여 시약기체에 대한 시료의 농도비가 $10^{-3} \sim 10^{-4}$이 되도록 해준다. 이런 큰 농도 차 때문에 충격전자는 거의 모두 시약기체와 반응하게 된다. 시약기체로는 메테인, 아이소부테인, 암모니아 등이 사용된다. 이 중 메테인이 가장 일반적인 시약기체이다. 이것은 고에너지의 전자충격에 의해 다음과 같이 몇 가지 이온들을 만든다.

$$CH_4 + e^- \rightarrow CH_4^+, CH_3^+, CH_2^+, CH^+, C^+, H^+ + 2e^- \tag{13.4}$$

이들 이온 중에서 CH_4^+ 와 CH_3^+ 이온이 대부분이며 반응물의 90%를 차지한다. 이들 일차이온은 많은 양의 메테인 분자와 반응한다.

$$CH_4^+ + CH_4 \rightarrow CH_5^+ + CH_3 \tag{13.5}$$

$$CH_4^+ \rightarrow CH_3^+ + H\cdot \tag{13.6}$$

$$CH_3^+ + CH_4 \rightarrow C_2H_5^+ + H_2 \tag{13.7}$$

여기에서 생긴 CH_5^+ 와 $C_2H_5^+$ 등의 이차이온이 시료분자, M 과 충돌하여 다음과 같은 양성자의 부가반응, 시약기체의 부가반응 및 수소의 이탈반응이 일어난다.

$$M + CH_5^+ \rightarrow (M+H)^+ + CH_4 \tag{13.8}$$

$$M + C_2H_5^+ \rightarrow (M+H)^+ + C_2H_4 \tag{13.9}$$

$$M + C_2H_5^+ \rightarrow (M+C_2H_5)^+ \tag{13.10}$$

$$M + C_2H_5^+ \rightarrow (M+H)^+ + C_2H_6 \tag{13.11}$$

화학적 이온화에서 생긴 이온(또는 유사 분자이온, QM^+)은 전자충격 이온화에서 생긴 M^+ 과는 다르며 홀수 전자를 갖는 안정한 이온이고, 이온화과정에서 결합이 끊어지기 어렵다. 따라서 QM^+의 상대세기가 크고 조각이온이 적은 단순한 질량 스펙트럼이 얻어진다. 또한, 스펙트럼의 낮은 질량수에서는 시약기체의 이온화반응에서 생긴 봉우리가 나타나게 된다.

• 장 이온화법과 장 탈착법

이들 이온화법은 센 전기장(10^8 V/cm) 상태에서 이온이 형성된다. 이때 센 전기장은 10~20 kV의 높은 전압으로 생기는데 뾰쪽하고 예리한 금속 침으로 된 양극에 높은 전압을 걸고 여기에 기화된 시료분자를 도입하면 시료분자는 금속 침에 전자를 빼앗기고 장 이온화되어 금속 침에서 먼 방향으로 흐르는 이온 살(ion beam)을 형성한다. 장 이온화로 얻은 M^+은 전자충격에서 얻은 것에 비해 과잉의 에너지가 적어 대부분의 경우 M^+의 상대세기가 크고 조각이온이 적은 질량 스펙트럼이 얻어진다. 장 이온화법에서는 분자이온과 분자에 수소이온이 붙은 $(M+H)^+$이 주로 많이 생긴다. 장 이온화법은 전자충격 이온화법에 비하여 10배 이상 감도가 좋지 않은 단점이 있다.

장 탈착법은 방출기라고 하는 텅스텐-선에 탄소 또는 규소 침(침상의 작은 결정)을 생성시킨 곳에 시료용액을 살포하여 용매를 제거하고 장 이온화처럼 이온화한다. 방출기에 정전위를 걸고, 전류를 흘려 가열하고 시료를 양이온으로 만들어 방출기로부터 이탈된 이온의 흐름이 얻어진다. 장 탈착법은 시료를 기화시킬 필요가 없으므로 아미노산과 같은 휘발성이 적은 물질이나 열에 불안정한 물질에 유용하다. 분자연구를 위해서는 장 이온화법 또는 화학적 이온화법 또는 전자충격 이온화법으로 질량 스펙트럼을 얻는 것이 좋다. 장 이온화법과 화학적 이온화법은 분자량에 관한 정보를 알려주고 전자충격 이온화법은 분자의 구조 및 성분 확인에 유용한 특성 조각이온 스펙트럼을 많이 제공한다.

⊃ 질량분석기

이온화장치에서 생성된 이온은 걸어준 직류 전압에 비례하며 가속되고, 이온빔을 만들어 질량분리기로 보내진다. 여러 가지의 m/z를 갖는 이온들은 자기장이나 전기장에 의해 분리된 후 검출기의 이온증폭기에 의해 검출되어 질량 스펙트럼이 얻어진다. 이상적인 질량분석기는 적은 질량차를 구별하여 분리할 수 있어야 하고 충분한 이온을 통과시켜 쉽게 이온전류를 측정할 수 있어야 한다.

식 (13.3)에서 알 수 있듯이 질량 스펙트럼은 m/z가 커짐에 따라 인접한 봉우리의 거리가 좁아져 구별이 곤란해진다. 질량수가 m과 $m+\triangle m$인 두 질량 봉우리를 겨우 분리가 가능하다고 할 때 질량분석기의 분해능 R은 다음과 같이 정의한다.

$$R = m / \triangle m \qquad\qquad (13.12)$$

여기에서 $\triangle m$ 은 두 질량 봉우리의 질량차이다. 두 봉우리 사이의 겹친 부분의 높이가 10 %를 넘지 않으면 보통 두 봉우리는 분리된다고 생각하고, 때로는 50 %를 판단기준으로 할 때도 있다. 고분해능 질량분석기 10,000 이상의 분해능을 얻을 수 있으며 1,000분지 1 질량 단위의 질량 측정이 가능하고, 따라서 이온의 원소조성을 정확히 알 수도 있다. 예로써 N_2^+ (질량 28.0061)과 CO^+ (질량 27.9949)처럼 질량이 거의 같은 이온을 분리하여 측정하는 것이 가능하다. 한편, NH_3^+ 와 CH_4^+ 와 같이 질량차가 한 단위 또는 그 이상 되는 분자량이 작은 입자들은 분해능이 50 이하인 기기로 구별할 수 있다. 분해능이 250~500의 기기는 대부분의 유기시료를 단위 질량차로 분리할 수 있다.

• 이중초점 질량분석기

분해능을 높이기 위해서 **그림 13.5**와 같이 정전기장과 자기장을 조합하여 만든 이중초점 질량분석기가 이용된다. 이 분석기에서는 정전기장에 의해 이온 선의 에너지(속도)의 확대를 감소시킨 후 자기장에 의해 분리하는 기기이다. 단일초점 기기에서는 이온원으로부터 나오는 이온군은 가속전압이 일정하더라도 여러 원인에 의해서 에너지는 일정하지 않고 약간 넓혀진다. 따라서 에너지가 다른 이온은 같은 질량이라도 자기장 중의 궤도반경이 다르므로 이온수집기에 도달하는 이온 띠(ionic band)를 넓히는 원인이 된다. 그리고 분해능을 감소시킨다. 이런 현상은 그림 13.5와 같은 이중초점 질량분석기로 제거시킬 수 있다. 이와 같은 기기에서는 이온빔(ion beam)이 처음에 정전기장을 통과하게 되고 이때 동일한 에너지를 갖는 입자만을 슬릿2에 집속시키는 역할을

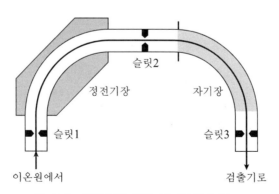

그림 13.5 이중초점 질량 분리장치의 약도.

하고, 이 슬릿은 자기장 분리장치의 이온원의 기점 역할을 한다. 이렇게 함으로써 질량차가 미세한 입자들을 분리할 수 있게 한다. 따라서 고분해능을 실현하는 데는 이중초점 질량분석기가 유리하다. 그러나 이때 얻은 이온전류는 적기 때문에 검출하고 기록하기 위해서는 크게 증폭시켜야 한다.

• 사중극자 질량분석기

사중극자 질량분석기(quadrupole mass analyzer)는 1953년 독일의 Paul에 의해 발명되었으며 시중극자 질량 필터라고도 한다.

이 분석기는 **그림 13.6**과 같이 4개의 짧고 평행한 금속 막대가 이온빔 주위에 대칭적으로 배열되어 있다. 서로 마주보는 막대끼리 연결하여 한 쌍은 가변 dc 전원의 양극에 연결되고 다른 한 쌍은 음극에 연결되어 있다. 상대 두 쌍극자 전극 간의 각각에 $\pm(U + V \cos \omega t)$으로 주어지는 직류 전압, U 와 고주파 전압, $V \cos \omega t$ 를 합한 전압을 걸어준다. 이때 어느 쪽 전기장도 이온원에서 나오는 양이온 입자를 가속시키는 역할을 하지 않는다.

이 전압에 의해 전극 내에 생긴 전기장 내에서 사중극자의 축 방향으로 입사시킨 이온은 진행 중심축에서 진동하도록 하여 어떤 주어진 m/z 비를 갖는 특정 입자만이 4개의 막대와 충돌하여 제거되지 않고 이 지역을 통과할 수 있게 해준다. 이 관계를 보이는 미분방정식을 Mathieu 방정식이라 한다. 이 방정식으로부터 U/V 의 비를 어느 일정한값에 놓을 때에 특정 m/z 를 갖는 이온이 전기장 내를 안전하게 통과하게 된다.

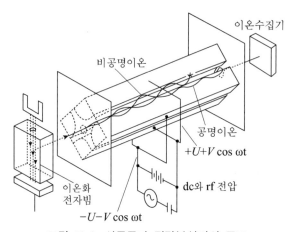

그림 13.6 사중극자 질량분석기의 구조.

이때 이온의 질량, m과 고주파의 전압, V (volt) 및 진동수, f(MHz) 그리고 거리, r_o(cm) 사이에는 다음과 같은 관계가 성립한다. 식 (13.13)으로부터 질량, m은 높은 진동수의 전압, V 와 비례한다는 것을 알 수 있다. 실제의 장치에서는 진동수를 일정히 하고 고주파의 전압, V 를 변화시켜 질량주사를 한다.

$$m = 0.14 \frac{V}{f^2 r_o^2} \tag{13.13}$$

사중극자 질량분석기는 감도가 높고, 질량주사 속도가 빠르며(선택주사 간격당 0.01초 정도까지 짧을 수 있다) 동시에 여러 개의 조각이온을 측정할 수 있는 특징을 가진다. 이런 성질들은 특히 크로마토그래피의 용리 봉우리를 그 자리에서 당장 주사시키는 데 유용하다.

자기장형의 기기에서는 전자충격 이온화의 경우 10^{-6} torr 정도의 작동압력을 유지해야 하지만 사중극 기기는 10^{-4} torr로 작동이 가능하기 때문에 장치의 부피가 작고 무게도 가벼워 가격이 약간 싼 특징이 있다. 그러나 분해능이 자기형보다 나쁘며 질량 봉우리의 상대세기가 자기장형과 다른 경우가 있다.

• 그 밖의 질량분석기

앞에서 설명한 2종류의 질량분석기 이외에 오메가트론 집속형, 비행 시간형 등의 이온 분리법을 사용하는 질량분석기가 있으나 유기화합물의 질량분석을 목적으로 하는 실험에는 적합하지 않다. 최근에 시판되는 Fourier 변환 질량분석기는 질량이 1,000일 때 50,000 이상의 고분해능을 갖는다.

표 13.1에 현재 시판되고 있는 몇 가지 질량분석기의 측정 가능한 질량 범위와 분해능을 수록했다.

⊃ 검출기

질량분석기의 이온 검출기로는 전자증배관(electron multiplier), 사진건판 및 Faraday컵 등이 사용된다.

유기화합물의 분석용으로 사용하는 대부분의 질량분석기에는 전자증배관 검출기가 사용되며 이 검출기는 이온수집기에 도달한 이온전류를 적당한 방법으로 증폭시켜 검

표 13.1 질량분석기의 비교

형태	질량 범위	분해능
단일 초점	1~1,400	1,800
	1~900	1,500
이중 초점	8~7,200	40,000
	1~4,000	20,000
	2~3,600	>25,000
사중극자	1~750	500
비행 시간	1~700	150~250
	0~250	130
Fourier 변환 (ion cyclotron resonance)	12~2,000	60,000~760,000

출하는 것으로 분광광도법의 광전자증배관의 원리와 비슷하다. 분석기에서 나오는 양이온들은 2~5 keV의 전압차로 가속되어 증배관의 제1판에 도달한다. 구리－베릴륨(2%) 합금으로 된 이 판은 1개 양이온당 평균 약 2개의 전자를 발생한다. 이 전자들은 양의 전위에 의해 제2의 양극 쪽으로 가속되어 전자증폭이 일어난다. 이런 단계를 20회 거친 후 전류는 약 10^7배로 증배된다.

젤라틴에 브롬화은을 녹여 피복시킨 사진건판은 양이온을 감지한다. 건판은 일정한 시간 동안 이온전류의 신호를 적분할 수 있기 때문에 전자증배관보다 대단히 예민하고 고분해능의 이중초점 분석기에 매우 효과적이다.

그리고 분해능이 낮은 기기에는 값이 싸고 편리한 Faraday컵 검출기를 사용한다. 이것은 작은 전극 또는 판으로 되어 있고, 반사된 이온과 방출되는 제2전자가 달아나는 것을 막기 위하여 한쪽이 열린 반사 통으로 둘러싸여 있다. 이 판은 높은 저항의 저항체를 통해 접지되어 있다. 이 판에 도달한 양이온의 전하는 접지로부터 저항체를 통하여 오는 전자의 흐름으로 중화되고 이때 생긴 전압강하는 전계효과 트랜지스터에 걸린다. 이렇게 하여 얻은 전위는 더 증폭되어 기록된다. 이 검출기의 단점은 높은 임피던스 증폭기가 필요한 것이며 이것은 스펙트럼을 주사시키는 속도에 제한을 주기 때문이다.

13.3 질량 스펙트럼

간단한 화합물일지라도 질량 스펙트럼은 복잡하게 나타난다. 스펙트럼은 분자의 작용기뿐만 아니라 스펙트럼을 얻기 위한 이온화 전위, 이온화 방법, 시료의 압력과 온도 및 질량분석기의 설계에 따라 다르게 나타난다.

다음에는 가장 일반적인 이온화법인 전자충격 이온화법에 의해 얻은 질량 스펙트럼과 화학적 이온화법에 의한 스펙트럼에 관해 설명하기로 한다. 질량 스펙트럼의 가로축은 주파수(kHz) 또는 시간(msec)으로 나타낼 수도 있으나 일반적으로 질량비(m/z)를 눈금으로 기록한다. 세로축은 이온세기를 나타내며 이온세기가 가장 큰 봉우리를 기준봉우리라 하며 다른 봉우리의 세기는 기준봉우리의 세기를 100으로 하여 상대세기 즉, 상대존재비로 나타낸다. 보통 전자충격 이온화법 스펙트럼의 경우에는 기준봉우리가 분자이온에서보다 조각이온에서 생기는 경우가 더 많다.

질량 스펙트럼의 가로축 눈금보정은 넓은 질량 범위에 걸쳐 조각이온의 봉우리를 나타내는 표준물질이 사용된다. 흔히 사용되는 표준물질은 perfluorokerosene(PFK)이다. 이것은 68.9952(CF_3) ~ 716.9569($C_{17}F_{27}$)까지 약 50여 개 조각이온의 질량 봉우리가 나타나므로 질량 봉우리의 위치를 보정하는 데 적합하다.

질량 스펙트럼의 봉우리로 나타나는 많은 이온 중에서 가장 작은 에너지로 이온화되어 생성된 이온은 전자 1개를 잃은 M^+이다.

$$M + e^- \rightarrow M^{\cdot +} + 2e^-$$

질량분석법에서는 보통 라디칼 $M^{\cdot +}$을 M^+로 간단하게 표시한다. 일반적으로 분자이온 M^+이 생긴 다음 이보다 질량이 작은(때로는 큰) 이온이 생기는 일련의 반응이 일어나게 된다. 따라서 질량 스펙트럼은 복잡해지고 세기가 서로 다른 많은 봉우리로 되어 있는 경우가 많다. 질량 스펙트럼에서 분자이온 봉우리는 분자의 구조를 결정할 때 가장 중요하다. 분자이온 봉우리는 항상 나타나는 것은 아니고 실제로 전자충격 이온화법에서는 다소 불안정한 분자의 경우에는 분자이온 봉우리가 생기지 않고 조각이온 봉우리들만이 나타난다. 전자충격으로 기체상태의 분자에 충분히 큰 에너지의 전자를 충격시키면 분자는 다음과 같은 메카니즘에 따라 여러 종류의 양이온을 형성한다.

동위원소 이온의 봉우리를 제외하면 분자이온 봉우리 M^+은 보통 가장 큰 질량을 갖는다. M^+ 이온의 상대적 세기는 그 분자의 안정도에 의존하고 대략 다음 순서로 감소한다.

방향족 > 컨주게이션 올레핀 > 지방족 고리화합물 > 황화물 > 선형 탄화수소 > 머캅탄 > 키톤 > 아민 > 에스터 > 이써 > 카복실산 > 가지 달린 탄화수소 > 알코올

분자이온 형성	$ABCD + e^- \rightarrow ABCD^+ + 2e^-$
쪼개지기 반응	$ABCD^+ \rightarrow ABC^+ + D \rightarrow AB^+ + C$
	$\rightarrow AB^+ + CD \rightarrow A^+ + B$
	$\rightarrow A + B^+$
	$\rightarrow AB + CD^+ \rightarrow C^+ + D$
	$\rightarrow C + D^+$
자리옮김 후 쪼개짐	$\rightarrow A^+ + BCD$
	$ABCD^+ \rightarrow DABC^+ \rightarrow DA^+ + BC$
	$\rightarrow DA + BC^+$
충돌 후 쪼개짐	$ABCD^+ + ABCD \rightarrow (ABCD)_2^+ \rightarrow BCD + ABCDA^+$
2차 이온화 반응	$ABCD^+ + e^- \rightarrow ABCD^{2+} + 3e^-$
기타	....

이온과 분자 간에 충돌할 때 분자이온보다 질량수가 큰 봉우리를 생성할 수 있다. 그러나 보통 시료압력 상태에서 일어날 수 있는 이런 형태의 한 가지 중요한 반응은 충돌에 의해 수소원자가 분자이온으로 이전할 수 있으며, 이때 $(M+1)^+$의 봉우리가 나타나게 된다. 이런 양성자 이전반응은 2차 반응이며 생성물의 양은 반응물 농도에 의존한다. 따라서 $(M+1)^+$의 봉우리는 시료 압력이 증가할 때 다른 봉우리의 크기에 비하여 크게 증가한다. 유기화합물을 구성하는 원소의 대부분은 동위원소를 포함하고 있다. 따라서 어느 조성의 이온에는 반드시 질량이 다른 동위원소 이온이 존재한다.

표 13.2에 자연계에 존재하는 동위원소의 질량과 상대존재비를 나타냈다.

그림 13.7은 methylene chloride(CH_2Cl_2)의 전자충격 이온화법에 의한 질량 스펙트럼이다. 그림에서 분자이온 봉우리가 질량수 84에서 나타나고, 기준봉우리는 49에서

표 13.2 자연에 존재하는 동위원소의 질량과 상대존재비(%)*

원소	M	질량	상대존재비	M+1	상대존재비	M+2	상대존재비
수소	^{1}H	1.0078	100	^{2}H	0.016		
탄소	^{12}C	12.0000	100	^{13}C	1.08		
질소	^{14}N	14.0031	100	^{15}N	0.38		
산소	^{16}O	15.9949	100	^{17}O	0.04	^{18}O	0.20
규소	^{28}Si	27.9769	100	^{29}Si	5.10	^{30}Si	3.35
황	^{32}S	31.9721	100	^{33}S	0.78	^{34}S	4.40
염소	^{35}Cl	34.9689	100			^{37}Cl	32.6
브롬	^{79}Br	78.9183	100			^{81}Br	98.0

\# ^{19}F(18.9984), ^{31}P(30.9738) 및 ^{127}I(126.9045)는 자연에 동위원소를 가지고 있지 않음.

* *Lange's Handbook of Chemistry*, J. A. Dean, Ed.,12th ed., McGraw−Hill Book Co.,
New York, 1979.

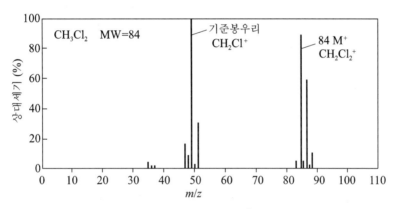

그림 13.7 Methylene chloride의 전자충격 질량 스펙트럼.

나타나며 이것은 Cl 원자 한 개가 떨어져 나간 CH_2Cl^+ 조각이온 봉우리임을 알 수
있다. 그리고 분자이온 봉우리보다 1~4 질량 더 큰 질량을 갖는 봉우리가 나타남을 볼
수 있다.

이들은 같은 화학적 조성을 갖지만 다른 동위원소 이온에서 생긴 것이다. CH_2Cl_2
분자에서 동위원소를 포함하는 화학종은 $^{12}C\,^{1}H_2\,^{35}Cl_2\,(m=84)$, $^{13}C\,^{1}H_2\,^{35}Cl_2\,(m=85)$,
$^{12}C\,^{1}H_2\,^{35}Cl^{37}Cl\,(m=86)$, $^{13}C\,^{1}H_2\,^{35}Cl^{37}Cl\,(m=87)$ 및 $^{12}C\,^{1}H_2\,^{37}Cl_2\,(m=88)$ 등이다.
이들 각 봉우리의 크기는 일반적으로 동위원소의 상대적 자연존재비에 의존한다.

최신 질량분석기는 전자충격 이온화법과 화학적 이온화법 또는 장 이온화법 및 장 탈착 이온화법도 교체하여 사용할 수 있도록 설계되어 있다. 여기에서 CI, FI, FD에 의한 이온화 방법은 전자충격으로는 거의 얻기 어렵거나 얻을 수 없는 화합물의 분자이온 봉우리를 얻을 수 있기 때문에 분자량을 측정하는 데 유용하다. 화학적 이온화법에 의한 질량 스펙트럼은 전자충격 이온화에 의한 것보다 단순하고 일반적으로 $(M+1)^+$ 의 봉우리가 나타나는데 이것은 시약기체 이온이 존재하는 속에서 양성자가 시료분자에 더해져서 생긴 것이다.

장 이온화나 장 탈착 이온화법에 의한 질량 스펙트럼도 전자충격에 의한 것보다 분명히 단순하고, 장 탈착법에서는 기준봉우리가 분자이온보다 질량이 하나 더 큰 MH^+ 봉우리가 나타나고, $(M+2)^+$ 와 같은 작은 봉우리도 나타난다. 장 이온화법에서는 $(M+1)^+$ 봉우리가 나타나고 높이가 큰 $(M-H_2O)^+$ 의 봉우리도 나타난다.

13.4 질량분석법 응용

⊃ 분자량의 결정

질량 스펙트럼에서 분자이온이 판별되면 정확한 분자량을 결정할 수 있다. 그러나 분자이온 봉우리는 화합물의 종류 및 측정조건 등에 따라서 세기가 매우 약하거나 잘 나타나지 않는 경우도 있다. 따라서 분자이온 봉우리는 안정하여 조각이온으로 잘 쪼개지지 않고 쉽게 이온화될 수 있는 화합물일 때 비교적 강하게 잘 나타난다. 예를 들면 π 전자나 고립전자쌍을 많이 포함하고 있는 불포화화합물 및 O, N 등을 포함하는 화합물은 M^+ 의 봉우리가 확실히 나타난다. 또한 고리화합물도 비고리화합물에 비하여 비교적 안정하므로 조각이온으로 잘 쪼개지지 않는다. 비록 쪼개진다 하더라도 항상 2개 이상의 결합이 끊어지는 것이 아니므로 분자이온 봉우리의 세기가 비교적 크다. 분자이온 봉우리가 잘 나타나지 않는 것은 시료분자가 불안정하여 조각내기 반응을 잘 일으키거나 휘발성이 낮은 경우 등 시료의 물리화학적 성질에 원인이 있다. 만일 분자이온 봉우리의 확인이 어려울 때에는 다음과 같은 실험을 통하여 M^+ 봉우리가 잘 나타나도록 하여 보는 것이 좋다.

(1) 시료를 직접 주입하는 방법: 일반적으로 시료는 증기상태로 만든 후 이온화시키는데 이때 비휘발성이고 분자량이 큰 시료는 높은 열을 가하여야 한다. 분자가 높은 열에 의해 열분해가 나타날 수 있으므로 봉우리의 세기가 낮아진다. 따라서 시료를 직접 도입하여 이온화시키는 것이 좋다.

(2) 전자충격 전압을 낮추는 방법: 전자충격 전압이 높으면 분자가 조각이온으로 잘 쪼개지므로 봉우리가 약하게 나타난다. 그러므로 충격전압을 낮추어 조각이온이 생기는 것을 줄여야 한다. 특히 이 방법은 스테로이드 및 알칼로이드 등과 같이 분자량이 큰 화합물일 경우에 유용하다. 이 대신에 화학적 이온화 방법을 사용하면 분자이온을 확인하기가 보다 용이하다. 이때 $M+1$에서 나타난 것을 이용하여 분자량을 결정할 수 있다.

(3) 가열온도를 낮추어 측정하는 방법: 불안정한 화합물을 기체상태 시료로 만들 때에는 낮은 온도로 가열하면 분자이온 봉우리가 명확하게 나타날 수 있다. 이 방법은 가지 달린 포화탄화수소에 널리 이용된다.

(4) 적당한 유도체로 만들어 측정하는 방법: 일반적으로 $-COOH$ 또는 OH 기를 갖는 극성이 큰 화합물은 휘발성이 낮으므로 분자이온의 봉우리가 잘 나타나지 않는다. 이런 때에는 휘발성이 큰 유도체로 만들어 측정하는 것이 좋다. 즉, 카복실산이나 아미노산 화합물은 에스터 유도체로 만들어서, 알코올과 같은 화합물은 trimethylsilyl ester의 유도체를 만들어 측정한다.

이상과 같은 실험에 의해 질량 스펙트럼을 얻었다고 해도 분자이온 봉우리를 속단하여 확인하는 것은 위험한 일이다. 따라서 다음과 같은 과정을 거쳐서 분자이온 봉우리를 확인하도록 해야 한다.

(1) 질소규칙의 이용: 화합물이 C, H, O만으로 이루어졌거나 짝수개의 N을 포함하는 경우에 이 화합물의 분자이온의 질량수는 반드시 짝수이다. 할로겐 원자를 갖고 있는 경우에는 H와 같이, S는 O와 같이 또는 P는 N과 같이 처리하여 대상으로 한 봉우리의 질량수의 짝수와 홀수를 확인한다.

(2) 더 작은 질량수를 갖는 봉우리(조각이온)의 질량수의 차이에 주의한다. 질량수의 차이가 유기화학적인 상식에 불합리한 경우 보통 $(M-4) \sim (M-14)$, $(M-20) \sim (M-25)$, $(M-27)$과 같은 조각이온 봉우리는 나타나지 않으므로 이것에 의해

착안한다.

(3) 전자충격 전압을 낮춰서 스펙트럼을 얻었다고 할 때 알고자 하는 봉우리가 계속 남아 있는지를 확인해야 한다.

(4) 유도체로 변경시켜 질량 스펙트럼을 얻은 경우 유도체에 상당하는 질량수만큼 알고자 하는 분자이온 봉우리의 위치가 변화하는지를 확인해야 한다.

⊃ 분자식의 결정

고분해능(R>10,000)의 질량분석기를 사용하면 분자이온의 정확한 질량을 측정할 수 있고 이것으로부터 분자식을 결정할 수 있다.

일반적으로 화합물의 분자량이 대략 같다고 해도 모든 원소의 원자량이 정수가 아니기 때문에 소수점 아래까지 정확하게 같은 값을 갖기는 어렵다. 따라서 측정된 m/z 값과 계산한 값을 비교하여 분자식을 쉽게 결정할 수 있다.

예를 들면 질량 스펙트럼에서 측정한 분자이온의 정확한 질량수가 120.0575라고 할 때 이 화합물은 C, H, O 로 구성되었고 조각이온 등 여러 가지를 고려하여 다음 다섯 가지의 분자식을 가질 수 있다고 판단될 때,

$$C_4H_5O_4 \quad : 120.042 \qquad C_8H_8O \quad : 120.0575$$
$$C_5H_{11}O_3 \quad : 120.0786 \qquad C_9H_{12} \quad : 120.0989$$
$$C_7H_4O_2 \quad : 120.0211$$

측정된 질량수와 같은 화합물의 분자식은 C_8H_8O 임을 쉽게 알 수 있다. 이들의 질량수는 표 13.2에서 M＋1 또는 M＋2 동위원소의 질량이 아니고 자연계에 가장 많이 존재하는 동위원소인 ^{12}C, ^1H 및 ^{16}O 의 질량을 기준으로 계산한 것이다. 이렇게 계산한 값은 실제 분자량이 아니고 가장 많이 존재하는 동위원소만의 질량의 합이다. 또 동위원소의 질량 봉우리로부터 분자식을 결정할 수도 있다. 동위원소 봉우리는 분자이온을 확인할 때 혼란을 줄 수 있지만, 동위원소의 분자식을 결정하는 결정적인 자료로 이용할 수 있다. 이것은 표 13.2에 수록한 것과 같이 자연계에 모든 원소에 있어서 동위원소의 함유량은 일정비로 분포되어 있으므로 스펙트럼에 나타나는 분자이온과 동위원소 봉우리의 상대세기는 자연계에 존재하는 동위원소의 분포비와 비례하기 때문이다. 따라서 스펙트럼으로부터 분자이온과 동위원소 봉우리의 상대세기를 측정하고 이 값을

동위원소 분포비를 이용하여 예상된 분자의 동위원소 함유량을 계산한 값과 비교하면 쉽게 분자식을 결정할 수 있다. 그러나 동위원소 봉우리가 나타나지 않거나 분자이온과의 상대적 비를 구하기 곤란한 경우에는 이 방법을 이용할 수 없다.

> **예제** 질량 스펙트럼으로부터 다음과 같은 실험 데이터를 얻었다. 동위원소의 존재비에 의하여 이 화합물의 분자식을 구하라.

분자이온 및 동위원소 봉우리(m/z)	봉우리 세기	동위원소의 상대존재비(%)
M (28)	10	100
M+1 (29)	0.11	1.10
M+2 (30)	0.018	0.18

> **풀이** 여기서 미지시료의 분자량은 28이다. 이와 같은 분자량을 갖는 물질은 여러 가지 존재할 수 있다. 그러나 여기서는 CO 및 C_2H_4 의 두 가지가 있다고 가정하고, 표 13.2의 자료로부터 이들 분자에 대한 존재비를 각각 구하면 다음과 같다.

$$M: \quad\quad {}^{12}C\,{}^{16}O \quad\quad\quad\quad\quad 100(\%)$$

$$M+1: \quad {}^{13}C\,{}^{16}O \quad\quad\quad\quad 1\times1.08=1.08(\%)$$

$$\quad\quad\quad {}^{12}C\,{}^{17}O \quad\quad\quad\quad 1\times0.04=0.04(\%)$$

$$\overline{\quad\quad\quad\quad\quad\quad\quad\quad\quad\quad\quad\quad\quad 1.12(\%)}$$

$$M+2: \quad {}^{13}C\,{}^{17}O \text{ 또는 } {}^{12}C\,{}^{18}O \text{ 등} \quad =0.20(\%)$$

M+2형 동위원소의 상대존재비는 다음의 일반식으로 구한다.

$$(M+1)\% = \frac{M+1}{M}\times100 = (1.08\times C \text{의 수}) + (0.016\times H \text{의 수})$$
$$+ (0.38\times N \text{의 수}) + \cdots$$

$$(M+2)\% = \frac{M+2}{M}\times100 = \frac{(1.08\times C \text{의 수})^2 + (0.016\times H \text{의 수})^2}{200}$$
$$\times (0.20\times O \text{의 수}) + \cdots$$

이와 같은 일반식으로 구한 M+2의 상대존재비는 0.20이다.

C_2H_4 의 경우에도 위와 같은 방법으로 계산하면 다음과 같다.

화합물	상대존재비(%)		
	M	M+1	M+2
CO	100	1.12	0.20
C_2H_4	100	2.22	0.20
미지물질	100	1.10	0.18

위와 같이 상대존재비는 CO와 대단히 비슷하므로 이 시료는 CO라고 판정할 수 있다. 계산한 값과 측정값 간의 적은 차이는 실험오차로 취급할 수 있다.

유기화합물의 질량 스펙트럼

간단한 분자라도 쪼개지기 또는 자리옮김 반응에 의해 복잡한 질량 스펙트럼을 얻게 된다. 이것으로부터 분자이온을 확인할 수 있거나 적어도 그 화합물에 있는 작용기를 알 수 있다. 순수한 화합물에 대한 조각이온의 질량 봉우리를 계통적으로 연구하면 조각내기 메카니즘을 합리적으로 설명할 수 있고 스펙트럼을 해석하는 데 도움이 되는 일련의 일반규칙을 알 수 있게 된다. 스펙트럼에 나타나는 모든 봉우리를 설명할 수는 없다. 그러나 조각내기의 특성을 알 수 있다. 여기서는 동족계열 유기화합물의 특성적 질량 스펙트럼에 대해 간단히 알아보기로 한다.

• 탄화수소

포화탄화수소에서는 일반적으로 분자이온 확인이 가능하다. $C_1 \sim C_5$ 범위에서는 M^+봉우리의 세기가 크지만 탄소수가 많아지면 그 세기가 현저하게 작아진다. 또, 기준 봉우리는 $C_2 \sim C_5$ 범위에서 나타나고, 그 일반식은 C_nH_{2n+1}이며 m/z는 29, 43, 57, 71 및 85이다

곁가지가 없는 포화탄화수소에서는 CH_3가 쪼개진 $(M-CH_3)^+$는 극히 약하거나 나타나지 않는 경우가 많고 CH_2를 단위로 하는 14질량씩 변할 때마다 봉우리 군이 나타난다. 각 군에서 뚜렷한 봉우리보다 1질량단위가 큰 곳에 ^{13}C에 의한 아주 작은 봉우리와 수소원자가 떨어져 나간 것에 해당하는 1 또는 2질량단위 낮은 봉우리가 나타난다.

한편 가지 달린 포화탄화수소는 카보닐 양이온의 안정도 순서(3차>2차>1차)로 쪼개진다. 그리고 곁가지가 많이 달린 분자에서는 수소원자의 이동이 흔히 보이지만 강하지는 않다. 또 고리모양 화합물의 쪼개지기 반응에서는 두 개의 탄소−탄소 결합이 끊어

지므로 에테인($M-28$)을 잃는 특징을 갖는데 이것은 한 개의 결합이 끊어지는 것보다 에너지 면에서 매우 어려운 과정이라 할 수 있다.

• 알코올과 페놀

알코올의 분자이온 봉우리는 극히 약하며 잘 나타나지 않기 때문에 확인이 불가능할 때가 많다. 보통 1차 알코올은 산소에 인접한 탄소의 결합이 끊어져 $CH_2 = OH^+$ 이온을 잘 만들고, 이 이온의 봉우리는 m/z=31에서 세기가 가장 강한 기준봉우리로 나타나는 것이 특징이다.

$$[R - CH_2 - OH]^+ \rightarrow R + CH_2 = O^+H$$

그러나 2차 또는 3차 알코올일 경우에는 보다 큰 알킬기가 떨어져 나가기 쉽다. 또한 탈수반응에 의해 $M - 18(H_2O)$ 봉우리 또는 H_2O 와 $CH_2 = CH_2$가 함께 떨어져 나간 $M-(18+28)$의 봉우리도 나타난다. 한편, 페놀류의 분자이온 봉우리는 비교적 세게 나타난다. 페놀에서는 분자이온이 기준봉우리가 된다. 벤질알코올의 경우에는 쪼개지기 및 자리옮김 반응에 의해 CO 및 H 가 떨어져 나간 $M-1(m/z$=107), $M-29(m/z$=79) 및 $M-31(m/z$=77) 봉우리가 나타난다.

• 방향족

방향족 고리는 안정하여 쪼개지기 반응이 잘 일어나지 않으므로 분자이온 봉우리가 매우 세게 나타난다. n-alkyl benzene은 β 위치에서 쪼개져 benzyl 이온이 생기고 이것이 자리 옮김을 일으킨 tropylium 이온, $C_6H_5CH_2^+$ (m/z=91)의 조각이온 봉우리가 크게 나타난다. 그러나 iso-propyl benzene의 경우에도 조각내기와 자리옮김 반응이 일어나지만 $-CH_3$ 가 떨어져 나간 m/z=105에서 세기가 큰 봉우리가 나타난다.

• 이써

지방족 이써(ether)의 분자이온 봉우리는 비교적 약하다. 그리고 산소원자의 존재로 m/z=31$(OCH_3)^+$, 45$(OCH_2)CH_3^+$ 등의 봉우리가 가능하다. 방향족 이써에는 분자이온 봉우리가 확실하게 나타난다. 예로써 아니솔(anisole)에서는 M^+가 기준봉우리이며 고리의 β 위치에서 쪼개진 m/z=93, 방향 고리에 의해 m/z=77, 78 외에 m/z=65의 조각이 특징적으로 나타난다.

• 알데하이드

지방족 알데하이드의 분자이온 봉우리는 약하지만 확인할 수 있다. (M − 1) 봉우리가 특징적이고, 그 밖에 (M − 18)$[M − H_2O]^+$, (M − 28)$[M − CO]^+$, (M − 44)$[M − (CH_2 = CH_2OH)]^+$가 나타난다. 그리고 방향족 알데하이드의 경우에는 분자이온과 $[M − H]^+$봉우리가 나타나는 특징이 있다.

• 키톤

키톤(ketone)은 분자이온 봉우리가 뚜렷하게 나타난다. C = O의 이웃 결합, R − CO − R 와 같이 끊어져 나간 조각이 세게 나타난다. 방향족 키톤의 경우도 마찬가지이고 acetophenone에는 페닐기보다 메틸기 쪽이 끊어져 m/z=105($Ar − C = O^+$, 아실리움 이온)의 기준봉우리가 나타난다.

• 에스터

지방산 메틸에스터(methyl ester)의 분자이온 봉우리는 확실하게 나타난다. 특징적인 조각이온은 다음과 같이 수소의 자리옮김 반응에 의해 생긴다. 이와 같은 자리옮김 반응은 알데하이드 및 키톤에서도 보통 나타난다.

• 카복실산

지방족 카복실산(carboxylic acid)의 분자이온 봉우리는 대단히 약하거나 나타나지 않는다. 특히, 분자량이 클 때 휘발성이 낮고, 열적 불안정으로 인해 질량 스펙트럼이 잘 나타나지 않으므로 휘발성인 유도체(에스터 등)로 변형시켜 측정해야 한다. 조각이온 봉우리는 −OH 및 −COOH 가 떨어져 나간 M−17, M−45 및 m/z= 45($−COOH^+$) 등이 나타난다. 이들은 카복실산의 특징적인 질량 스펙트럼이고 산 분자 중의 알킬기가 쪼개진 m/z=28에서 강한 봉우리가 나타나는 경우도 있다.

• 아민

아민(amine)과 같이 질소 원자를 포함하는 화합물은 분자이온 봉우리가 비교적 약하게 나타나고 아래와 같이 대표적인 쪼개지기 반응이 일어나서 m/z=30 봉우리가 1차 아민의 특성 봉우리라고 할 수 있다. 또 2차와 3차 아민도 쪼개지기가 두 번 일어나서 m/z=30 봉우리가 나타난다. 긴 사슬의 1차 아민은 다음과 같은 자리 옮김을 수반한 쪼개지기가 일어나서 고리형 화합물을 만든다. 이것은 $n=4$일 때 가장 잘 일어난다.

⊃ 정량적 응용

질량분석법은 앞에서 설명한 유기화합물의 확인과 같은 정성분석에의 응용과 함께 정량적 응용에 널리 이용된다. 정량적 응용에는 분자화학종의 정량분석, 무기화합물의 원소분석, 동위원소의 존재비 측정, 고체 표면에 있는 분자나 원자화학종의 표면분석 등이 있다. 여기서는 분자화학종의 정량분석에 대해서만 다룬다. 질량분석법은 석유공업, 제약공업, 임상의학 및 환경문제의 연구에서 필요한 복잡한 유기물질(때로는 무기물질)계의 성분 하나 또는 그 이상을 정량분석에 널리 응용된다. 또 질량분석법은 기체 크로마토그래피를 질량분석기에 연결하여 질량분석기는 정교한 검출기로 사용하는 방법과 질량분석기의 질량 스펙트럼 자체에 의한 정량분석법이 있다.

질량분석법에서는 질량 스펙트럼의 봉우리 높이에서 분석물질의 농도를 직접 얻는다. 간단한 혼합물의 경우에는 각 성분 봉우리를 이들 특정 m/z의 위치에서 쉽게 얻을 수도 있다. 이때 농도에 따른 봉우리의 높이로부터 작성한 검정선에 의해 미지시료를 분석한다. 그러나 더 정확한 결과는 일정량의 내부표준물을 시료와 검정용 표준물에 각각 넣고, 내부표준물의 봉우리 세기에 대한 분석화학종 봉우리 세기의 비를 분석물질 농도에 따라 표시한다. 내부표준물은 시료준비와 분석과정에서 일어나는 불확정성을 줄여준다. 작은 시료를 필요로 하는 질량분석법에서는 이런 불확정성이 주요한 측정 불가능한 오차의 원인이 된다. 내부표준물의 편리한 형태는 분석물질의 안전한 동위원소로 표지된 물질을 사용하는 것이다. 표지법은 하나 또는 그 이상의 중수소, ^{13}C 또는 ^{15}N 을 포함하는 분석물질로 시료를 만드는 것이다. 또 분석할 때 표지분자는 표지되지 않은 분자와 같은 행동을 한다고 가정한다. 물론 질량분석기는 그들을 쉽게 구분한다. 다른 형태의 내부표준물은 측정물질의 조각과 화학적으로 유사한 성질을 가지면서 상당히 센 이온 봉우리를 나타내는 분석물의 동족체 물질을 사용하는 것이다. 저분해능 기기처럼 혼합물 중 각 성분의 위치를 찾기 어려운 경우는 혼합시료의 성분수와 같거나 이보다 많은 수만큼의 m/z값에서 봉우리 세기를 측정하여 분석할 수 있다. 이 방법에서 정확한 결과를 얻기 위해서는 각 성분은 같은 m/z값에서 다른 성분보다 훨씬 큰 세기의 봉우리가 있어야 하고, 그 세기는 직선적 가감성이라야 되며, 적당한 표준물이 있어야 하고 감도(부분압 당 이온전류)가 1 % 이내에서 재현성이 있어야 한다.

질량분석법의 정량분석에 대한 응용에 관한 문헌은 상당히 다양하다. Melpolder와 Brown[6)]에 의해 그들의 전형적인 응용에 관해 수집되었다.

---

6) F. W. Melpolder and R. A. Brown, in *Treatise on Analytical Chemistry*, I. M. Kolthoff and P. J. Elving, Eds., Part I, vol. 4, p. 2047, Interscience, New York, 1963; A. L. Burlingame, et. al., *Anal. Chem.*, 1984, 56, 417R; 1982, 54, 363R; 1980, 52, 214R.

13.1 전자 충격법과 화학적 이온화법의 스펙트럼은 어떻게 다른가?

13.2 포화탄화수소에서 분자이온의 m/z값은 짝수와 홀수 중 어느 것인가?

13.3 다음 화합물의 봉우리들을 분리하는 데 필요한 분해능은 얼마나 되어야 하는가? 여기서 각 화합물의 분자량은 괄호 안의 값이다.

    (a) $C_2H_4^+$ (28.0313)와 CO^+ (27.9949)

    (b) $C_3H_7N_3^+$ (85.0641)와 $C_5H_9O^+$ (85.0653)

    (c) $C_2H_6^+$ (30)와 $CH_3NH_2^+$ (31)

    (d) $^{12}C_5H_4NCl^+$ (113)과 $^{13}CC_4H_4NCl^+$ (114)

13.4 고분해능 질량분석기로 얻은 스펙트럼에서 분자이온 봉우리의 m/z는 28.0187이었다. 이 화합물은 CO, N_2, CH_2N, C_2H_4 중에서 어느 것인가?

13.5 기체이온화법과 탈착이온화법은 어떻게 다른가? 각각의 장점은 무엇인가?

13.6 이중초점 질량분석기가 높은 분해능을 나타내는 이유를 설명하라.

13.7 분자식이 (a) C_7H_8 와 (b) C_4H_8O 인 두 가지 방향족 화합물의 전자충격 이온화에 의한 질량 스펙트럼을 보고, 화합물을 확인하라.

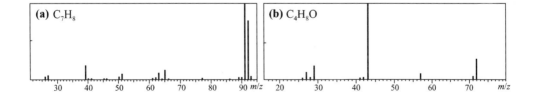

● 참고문헌

1. I. Howe, D. H. Williams and R. D. Bowen, *Mass Spectrometry: Principles and Applications*, 2d ed., McGraw—Hill, New York, 1981.

2. F. W. McLafferty, *Interpretation of Mass Spectra*, 3d ed., University Science Books, Mill Valley, CA, 1980.

3. A. Harrison, *Chemical Ionization Mass Spectrometry*, CRC Press, Boca Raton, Fla., 1983.

4. H. H. Willard, L.L. Merritt and J. A. Dean, *Instrumental Methods of Analysis*, 6th ed., D. Van Nostrand, New York, 1981.

5. R. M. Silverstein, G. C. Bassler and T. C. Morrill, *Spectrometric Identification of Organic Compounds*, 5th ed., Wiley, New York, 1991.

CHAPTER 14 ● 분리와 크로마토그래피

14.1 물질의 분리법

화학분석에서는 분석하려는 성분을 다른 방해물질로부터 부분적으로 또는 완전히 분리하는 과정이 선행되어야 하는 경우가 있다. 이것은 분석에 이용되는 물리적 및 화학적 성질 중에 완전히 선택적인 경우는 거의 없고, 한 성질은 몇 가지 화학종에 공통적으로 나타나기 때문이다. 일반적으로 혼합물에서 어떤 성분의 분리방법에는 화학 또는 전기적 침전법 그리고 증류법, 용매추출법 등이 전통적으로 사용되어 왔으며, 오늘날에는 크로마토그래피법이 널리 이용되고 있다. 이들 분리법 중 가장 효과적인 것은 크로마토그래피법으로 오늘날 가장 널리 사용되고 있다.

분리법은 목적성분을 포함하는 새로운 상(phase)을 만들어 이것을 분리하는 것과 목적성분과 그 밖의 물질이 2개의 상 사이에 분배되는 정도의 차이를 이용하는 방법으로 분류할 수 있다. 고체 또는 액체로부터 기화되기 쉬운 성분을 기체로 분리하는 증발법, 액체로부터 끓는점의 차이에 따라 기화하여 분리하는 증류법이나 액체상에서 목적성분을 포함한 고체상을 새로 생성시켜 분리하는 침전법 등이 전자에 속하고, 섞이지 않는 두 가지 액체상으로의 분배를 이용하는 용매추출법과 정지상과 이동상 간의 성분의 분배를 이용하는 크로마토그래피가 후자에 속한다.

현대의 기기분석 기술이 발전되고, 더불어 미량분석이 가능해짐에 따라 분석감도도 매우 향상되었으나 아직도 감도가 부족하여 정량이 어려운 분석대상이 적지 않다. 이와 같은 경우에 정량 조작 이전에 미리 목적성분을 농축시킬 필요가 생긴다. 이런 농축을 예비농축이라고 부르고, 농축의 원리는 각 분리법에서 말하는 것과 다르지 않으나 시료의 형태 또는 최종 정량법의 종류에 따라서 적당한 분리법을 짜 맞추어 목적성분의 예비농축계가 만들어진다.

⊃ 증류와 증발에 의한 분리

이것은 액체상이나 고체상으로부터 기체상을 생성시키는 증류 또는 증발하는 것과 승화를 이용하는 방법들이다. 기체상을 생성시키려면 수소, 질소, 수은, 영족 기체, 일부의 할로겐원소와 같이 단체로 증발시키거나 수소화물, 할로겐화물 등의 휘발성 화학종으로 변화시키는 방법이 있으며, 예를 들면 공업적으로 핵연료가 되는 농축 우라늄($^{235}U/^{238}U$ 가 큰 것)을 만드는 한 가지 방법으로 휘발성인 UF_6 을 생성시켜 각 우라늄의 근소한 질량 차에 기인되는 휘발성의 차이로 ^{235}U 을 상대적으로 농축하는 방법이 있다.

⊃ 침전에 의한 분리와 농축

고체상을 생성시켜 용액 중의 목적하는 성분을 분리하는 것이 침전에 의한 분리법이다. 이 방법의 장점은 다량의 시료용액으로부터 목적성분을 고체상으로 농축할 수 있다는 것이다. 그러나 침전의 용해도곱에 의해 목적성분을 완전하게 침전시켜 고체상으로 분리하는 것은 침전의 소량이 용해되기 때문에 극미량의 성분을 고체상으로 분리하기에는 부적합하다.

용액 중의 은 이온을 염화은(AgCl)으로 침전시켜 분리하는 예를 생각해 보자.

$$Ag^+ + Cl^- \rightleftharpoons AgCl(s) \qquad K_{sp} = [Ag^+][Cl^-] = 1.80 \times 10^{-10}$$

이와 같은 침전평형에서 AgCl 침전의 용해도를 구하면 1.34×10^{-5} M이다. 결국 이 정도 농도의 Ag^+ 이온이 용액에 남게 된다. 이것을 더 줄이려면 침전제(Cl^-)를 약간 과량 가하면 공통이온 효과에 의해 용해도는 감소하게 된다. 그러나 공통이온을 너무 많이 가하면 침전은 $AgCl_2^-$, $AgCl_3^{2-}$ 와 같은 착이온으로 되어 더 녹을 수 있다.

침전에 의한 분리의 문제점은 다른 성분이 공침될 수 있다는 점이다. 침전과정에서 용해도곱으로 볼 때 침전되지 않을 정도의 미량의 다른 성분이 주 침전에 공침된다. 불순물의 공침은 침전입자가 작아서 흡착표면적이 클수록 현저하다.

분석에서는 공침현상을 역이용하여 미량성분의 포집에 사용하는 경우도 있다. 특히 방사성 동위원소를 사용하는 실험에서 용액 중에서 목적 이외의 방사능을 제거하려고 할 때 철(III)이나 망간(II)을 가하여 입자가 극히 작은 $Fe(OH)_3$ 나 MnO_2 와 같은 침전을 만들고, 이 목적 이외의 방사성 물질을 흡착시켜 포집하는 방법이 자주 이용되며 이때 가하는 철(III)이나 망간(II)의 화합물을 스캐빈저(scavenger)라고 부른다. 또 하천 수를 음용수로 만들기 위해서 명반에 의한 처리는 $Al(OH)_3$ 에 불순물을 공침시켜 이것을 걸러 제거시켜서 물을 깨끗하게 하는 방법이 사용된다.

⊃ 추출에 의한 분리와 농축

추출법은 서로 섞이지 않는 두 액체상에 용질의 분배에 기초를 둔 분리법으로 유기물이나 무기물의 신속하고 깨끗한 분리에 응용된다. 추출에서는 용질이 두 액체상으로 분배되는 성질의 차로부터 목적성분을 다른 성분들에서 분리하거나 농축할 수 있다. 이 방법이 금속이온의 분리 정량에 많이 응용되는 것은 제2차 대전 이후 원자력 산업의 발전에 따라 희토류 원소 분리법의 요구와 착화학의 발전에 힘입은 바가 크다.

증발에 의한 분리는 휘발성을 갖는 극히 특정한 화합물에만 응용될 뿐이며 침전에 의한 분리에서도 용해도곱상수로 볼 때 극미량 화학종을 대상으로 할 수밖에 없는 동시에 공침 현상이라는 미량 화학종의 정량적 분리에는 큰 결점이 있다. 이에 비하여 추출에 의한 분리는 극미량의 화학종 분리에도 효과적일 때가 많다.

실제로 방사성 핵종을 추적자로 하여 물속의 목적하는 원소를 유기층으로 추출하여 물 층의 방사능을 측정하면 극미량의 목적 원소가 정량적으로 유기층으로 옮겨간 것을 알 수 있다. 또 용매추출은 침전에서 공침에 상당하는 추출 현상도 거의 없고 분리조작도 신속하고 간편하다. 많은 경우에 추출할 때 분액깔때기 속의 물과 유기층을 5분 정도 흔들어 섞고 2~3분 정치하면 분리가 이루어진다.

14.2 용매추출

용매추출(solvent extraction)은 어떤 용질을 한 액체상에서 다른 액체상으로 이동시키는 것을 말하고, 용매추출의 가장 보편적인 경우는 수용액 중의 용질을 유기용매로 추출하는 것이다. 다이에틸이써(diethyl ether), 벤젠 및 몇 가지 탄화수소들은 물보다 밀도가 작은 용매이며 이들은 수용액상 위에 층을 형성한다. 클로로포름, 다이클로로메테인(dichloromethane) 및 사염화탄소 등은 물과 섞이지 않는 밀도가 큰 용매들이다. 두 가지 용매를 혼합할 때 각 용매가 약간씩 서로 섞이게 되지만 한쪽 상은 주로 물이며, 다른 상은 주로 유기용매이다. 혼합한 후 각 상의 부피는 혼합 전의 부피와 정확히 같지는 않지만 편의상 각 상의 부피는 혼합해도 변화되지 않는 것으로 가정하자.

그림 14.1에서 용질, S 가 상1과 상2 사이에 분배된다고 하면 분배에 대한 평형상수를 분배계수(partition coefficient), K 라고 한다.

$$S(phase\,1) \rightleftharpoons S(phase\,2) \tag{14.1}$$

$$K = \frac{A_{S2}}{A_{S1}} \approx \frac{[S]_2}{[S]_1} \tag{14.2}$$

여기에서 A_{S1} 은 상1에 있는 용질(S)의 활동도이고 A_{S2} 는 상2에서 용질의 활동도이다. 묽은 용액에서는 이와 같은 활동도 비를 농도 비로 대치할 수 있다. m 몰의 용질을 포함하는 부피, V_1 의 용매1이 부피V_2 의 용매2로 추출된다고 하자. 평형에 도달하였을 때 상1에 남아있는 S 의 분율을 q 라고 하면 상1에서 S의 몰농도는 qm/V_1 로 나타낼 수 있을 것이다. 상2로 이동된 전체 용질의 분율은 $(1-q)$ 로 되고 상2에서의 몰농도

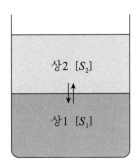

그림 14.1 두 액상 사이의 용질의 분배.

는 $(1-q)m/V_2$ 가 된다. 이 몰농도 값을 식 (14.2)에 대입하면 다음과 같다.

$$K = \frac{(1-q)m/V_2}{qm/V_1} \tag{14.3}$$

이 식을 q에 대해 풀면 다음과 같다.

$$q = \frac{V_1}{V_1 + KV_2} \tag{14.4}$$

이 식에서 상1에 남아있는 용질의 분율은 분배계수와 두 상의 부피에 의존함을 알 수 있다. 만약 두 상을 분리한 후에 용매1에 용매2를 새로 처음과 같은 양을 가해 혼합한다면 평형에서 상1에 남아있는 용질의 분율은 다음과 같이 표시된다.

$$2회\ 추출\ 후\ 상1에\ 남은\ 용질의\ 분율 = q \cdot q = \left(\frac{V_1}{V_1 + KV_2}\right)^2 \tag{14.5}$$

상2의 부피를 V_2로 하여 n회 추출 후 상1에 남은 용질의 분율은 다음과 같다.

$$n회\ 추출\ 후\ 상1에\ 남은\ 용질의\ 분율 = q^n = \left(\frac{V_1}{V_1 + KV_2}\right)^n \tag{14.6}$$

예제 수용액에 포함된 용질, A를 벤젠으로 추출하였다. 이때 분배계수, K는 3이다. A의 0.01 M 수용액 100 mL를 600 mL의 벤젠을 사용하여 (a) 벤젠 600 mL로 1회 추출할 때와 (b) 벤젠을 100 mL씩 나누어 6회 추출할 때 수용액에 남아있는 A의 분율을 계산하라.

풀이 (a) 물을 상1로 하고 벤젠을 상2로 하였다. 식 (14.4)를 이용하여 계산한다.

$$q = \frac{100}{100 + (3)(600)} = 0.053 (약\ 5\ \%)$$

(b) 식 (14.6)을 이용하여 계산한다.

$$q = \left(\frac{100}{100 + (3)(100)}\right)^{1/6} = 2.4 \times 10^{-4} (약\ 0.02\ \%)$$

이와 같은 계산 결과로부터 같은 부피의 추출용매를 사용할지라도 그것을 나누어서 여러 번 추출하는 경우가 더 효과적임을 알 수 있다.

⊃ 추출에서 pH의 영향

상1과 상2 사이에 분배되는 용질을 해리상수가 K_b인 아민이라고 하자. 또한, BH^+는 단지 수용액상인 상1에서만 녹는다고 하자. 중성형, B 는 상 사이에서 분배계수, K 를 갖는다고 하면 분포계수, D 는 다음과 같다.

$$D = \frac{\text{상2 중의 전체농도}}{\text{상1 중의 전체농도}} \tag{14.7}$$

따라서 이것은 다음과 같이 표시할 수 있다.

$$D = \frac{[B]_2}{[B]_1 + [BH^+]_1} \tag{14.8}$$

이 식에 $K = [B]_2/[B]_1$ 과 $K_a = [H^+][B]/[BH^+] = K_w/K_b$ 관계를 대입하면 다음 식을 유도할 수 있다. 따라서 두 상 사이의 용질 분포는 pH 의존성이다.

$$D = \frac{K \cdot K_a}{K_a + [H^+]} \tag{14.9}$$

해리상수가 K_a 인 산, HA 가 수용액인 상1과 유기용매인 상2 사이에 분배된다고 할 때 HA 에 대한 분배계수를 K 라 하고, A^- 가 유기상에 용해되지 않는다고 할 때 산, HA 에 대한 분포계수는 염기에서와 같은 방법으로 유도하면 다음과 같다.

$$D = \frac{K[H^+]}{[H^+] + K_a} \tag{14.10}$$

⊃ 금속 킬레이트제에 의한 추출

금속이온들의 혼합용액에서 각 금속이온을 분리할 수 있는 방법은 한 금속이온에 선택적으로 착물을 형성하는 유기리간드를 첨가하여 한 이온을 선택적으로 착화시켜 그것을 유기용매 속으로 추출하는 것이다. 이런 목적에 보편적으로 사용되는 리간드에는 다이티존(다이페닐싸이오카바존), 8 - 하이드록시퀴놀린, 쿠페론 등이 있다. 각 리간드를 약한 산, HL 로 표시할 수 있으며, 이것이 금속이온과 결합할 때 다음 반응과 같이 양성자 한 개를 잃는다.

$$HL(aq) \rightleftharpoons H^+(aq) + L^-(aq) \qquad K_a = \frac{[H^+]_{aq}[L^-]_{aq}}{[HL]_{aq}} \qquad (14.11)$$

$$nL^-(aq) + M^{n+}(aq) \rightleftharpoons ML_n(aq) \qquad \beta = \frac{[ML_n]_{aq}}{[M^{n+}]_{aq}[L^-]_{aq}^n} \qquad (14.12)$$

이러한 각 리간드는 여러 가지의 서로 다른 금속이온들과 반응할 수 있지만 pH 조절에 의해 약간의 선택성을 갖게 된다. 유기용매로 추출될 수 있는 대부분의 착물은 중성이어야만 한다. 그것은 $Fe(EDTA)^-$ 또는 $Fe(1,10-phenanthroline)_3^{2+}$ 과 같이 전하를 띤 착물은 유기용매에서 용해도가 대단히 작기 때문이다. 특수한(그러나 보편적인) 상황에서 두 상 사이에 금속의 분포계수에 대한 식을 유도하기로 한다. 수용액상의 금속은 모두 M^{n+} 형태로 존재하고 유기상에서는 모두 ML_n 형태로 존재한다고 가정한다 (그림 14.2). 이렇게 하면 분배계수를 다음과 같이 정의할 수 있는데 여기에서 org는 유기상을 의미한다.

$$HL(aq) \rightleftharpoons HL(org) \qquad K_L = \frac{[HL]_{org}}{[HL]_{aq}} \qquad (14.13)$$

$$ML_n(aq) \rightleftharpoons ML_n(org) \qquad K_M = \frac{[ML_n]_{org}}{[ML_n]_{aq}} \qquad (14.14)$$

따라서 여기에서 구하려는 분포계수는 다음과 같이 나타낼 수 있다.

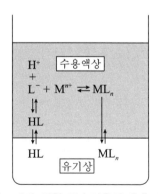

그림 14.2 킬레이트제에 의한 금속이온의 추출. 금속은 수용액에서 M^{n+} 의 형태로, 유기용매에서 ML_n 로 존재한다고 가정.

$$D = \frac{[\text{전체 금속}]_{org}}{[\text{전체 금속}]_{aq}} \approx \frac{[ML_n]_{org}}{[M^{n+}]_{aq}} \tag{14.15}$$

식 (14.12)와 (14.14)로부터 다음을 유도할 수 있다.

$$[ML_n]_{org} = K_M[ML_n]_{aq} = K_M\beta[M^{n+}]_{aq}[L^-]_{aq}^n \tag{14.16}$$

$[L^-]_{aq}$값을 이용하여 식 (14.11)로부터 다음을 얻을 수 있다.

$$[ML_n]_{org} = \frac{K_M\beta[M^{n+}]_{aq}K_a^n[HL]_{aq}^n}{[H^+]_{aq}^n} \tag{14.17}$$

이 값을 식 (14.15)에 대입하여 D를 구할 수 있다.

$$D \approx \frac{K_M\beta K_a^n[HL]_{aq}^n}{[H^+]_{aq}^n} \tag{14.18}$$

일반적으로 HL의 대부분은 유기상에 존재하므로 식 (14.13)을 이용해서 식 (14.18)을 유용한 형태로 정리할 수 있다.

$$D \approx \frac{K_M\beta K_a^n[HL]_{org}^n}{K_L^n[H^+]_{aq}^n} \tag{14.19}$$

이 식으로부터 금속이온의 추출에 대한 분포계수가 pH와 리간드의 농도에 의존한다는 것을 알 수 있다. 각 금속이온에 대한 여러 가지의 평형상수는 서로 다르기 때문에 한 금속에 대해 D 값이 크지만 다른 금속에 대해서는 D 값이 작은 pH를 선택하는 것이 가능하다.

예를 들면 **그림 14.3**은 Cu^{2+}을 pH 5에서 다이티존으로 추출할 때 구리이온을 Pb^{2+}와 Zn^{2+}로부터 분리할 수 있음을 보여준다.

⊃ 몇 가지 추출법

용매추출법으로 물질의 분리를 위해서는 필요한 조건들(용매, pH, 킬레이트제 등)을 찾아내는 예리한 기술과 시행착오를 필요로 한다. 몇 가지 예를 소개하고자 한다. 때로는 이온쌍들이 수용액상으로부터 유기용매상으로 추출될 수가 있다.

예로써 $FeCl_4^-$ 이온은 6 M HCl용액 중에서 전하가 없는 $FeCl_4^- \cdot H^+$를 형성하여

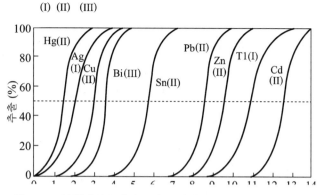

그림 14.3 사염화탄소에서 금속―다이티존의 정성적 추출곡선.

Diethyl ether 속으로 추출된다. 이때 HCl의 농도가 너무 진하거나 묽은 경우에는 $FeCl_4^- \cdot H^+$를 완전하게 추출할 수 없으므로 분포계수는 농도조건등에 민감한 함수이다. 최적조건은 시행착오에 의해서만 알아낼 수 있다. 선택성이 없는 킬레이트제에 의해 추출되어 착물을 형성하는 이온을 유지시키기 위해서는, 다른 이온들을 먼저 가림제로 가리어 줄 필요가 있다. 예를 들면 citric acid나 tartarate 이온은 여러 가지의 이온들과 강한 극성 착물을 형성한다. 따라서 이들은 많은 이온을 가리는 효과를 줄 수 있다. 이들 극성 착물은 수용액상에 남아있는 반면에 분석 이온은 다른 킬레이트제와 착물을 형성하여 유기용매 상으로 추출된다. 이 때는 상대적 안정도상수가 매우 중요하다. 때로는 상대적으로 극성인 이온은 소수성 상대이온의 존재 하에 유기상으로 추출될 수도 있다.

Tetrabutyl ammonium 양이온, $(C_4H_9)_4N^+$은 이런 목적에 보편적으로 사용된다. 또 다른 방법은 금속이온의 배위자리 중 하나를 차지할 수 있는 하나의 좋은 리간드 원자를 가진 비극성 분자를 사용하는 것인데 이 분자는 유기상에 용해되어 있으면서 금속이온을 잡아당기므로 포함한 유기상으로 금속을 추출할 수 있다. Trioctyl phosphine oxide와 Dioctyl sulfoxide는 이들 분자에 포함한 산소와 금속이온이 서로 작용할 수 있는 소수성 리간드의 예이다.

$$[CH_3\,(CH_2)_7]_3\ P^+ - \ddot{O}{:}^- \qquad\qquad [CH_3\,(CH_2)_7]_2\ \ddot{S}^+ - \ddot{O}{:}^-$$
$$\updownarrow \qquad\qquad\qquad\qquad\qquad \updownarrow$$
$$[CH_3\,(CH_2)_7]_3\ P = \ddot{O} \qquad\qquad [CH_3\,(CH_2)_7]_2\ \ddot{S} = \ddot{O}$$

Trioctyl phosphine oxide   Dioctyl sulfoxide

⤷ 역류분포

역류분포(countercurrent distribution)는 1949년 L. C. Craig에 의해 고안된 연속적인 추출과정이다. 이 과정은 액체−액체 추출법을 획기적으로 개선시켰다. 역류분포는 거의 모두 크로마토그래피 분리법으로 대치되어 버렸지만 역류분포의 원리는 크로마토그래피의 원리를 이해하는 데 기본이 되므로 공부할 가치가 있다. 상들을 분리하기 위한 원심 장을 사용한 자동화된 역류분포 장치는 아직도 까다로운 의약품이나 생물분자의 대규모 분리에 이용되고 있다. 역류분포의 목적은 두 가지 이상의 용질을 두 액체상에 연속적으로 분배시켜 각각을 분리하는 데 있다. 이 방법의 원리를 **그림 14.4**에 나타내었다.

단계 0에서는 단순한 추출이 수행된다. 각 용질의 일부가 각 상에 나타날 것이다. 분리에 필요한 조건은 두 용질에 대한 분포계수가 서로 달라야 한다는 점이다. 예를 들면 두 가지 용질이 다음의 모양처럼 분포된다고 가정하자.

$$D_A = \frac{[A]_{upper\ phase}}{[A]_{lower\ phase}} = 4 \qquad D_B = \frac{[B]_{upper\ phase}}{[B]_{lower\ phase}} = 1 \qquad (14.20)$$

만약 각 용질이 1 mmol씩 존재한다면 단계 0에서 흔든 후 평형에 도달하였을 때 각상에 존재하는 양들은 다음과 같게 될 것이다.

A: 위층 상(U 0) − 0.8 mmol   B: 위층 상(U 0) − 0.5 mmol

하층 상(L 0) − 0.2 mmol   하층 상(L 0) − 0.5 mmol

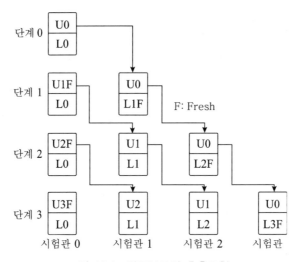

그림 14.4 역류분포의 추출모형.

단계 1에서 상 U0은 새로운 아래층 상을 포함하는 두 번째 시험관으로 옮겨지고 같은 방법으로 L0은 새로운 위층 상 U1과 접촉된다.

두 시험관을 흔들어주면 다음과 같은 평형이 성립된다.

A: U1 − 0.16 mmol   전체 =
   L0 − 0.04 mmol   0.2 mmol

B: U1 − 0.25 mmol   전체 =
   L0 − 0.25 mmol   0.5 mmol

   U0 − 0.64 mmol   전체 =
   L1 − 0.16 mmol   0.8 mmol

   U0 − 0.25 mmol   전체 =
   L1 − 0.25 mmol   0.5 mmol

단계 2에서 U0은 새로운 L2를 포함하는 시험관으로 옮겨진다. 상 U1은 이전에 평형이 이루어졌던 L1을 포함하는 시험관으로 옮겨진다. 새로운 상 U2는 전에 평형이 이루어졌던 L0을 포함하는 시험관에 넣는다. 평형에 도달된 후 각 시험관에서 용질 A는 4:1(위층:아래층) 비율을 나타낼 것이고 용질, B는 각 시험관에서 1:1(위층:아래층) 비율을 나타낼 것이다.

표 14.1에 이 과정의 5단계를 역류 추출을 계속한 결과를 나타냈다. 그리고 표 14.1에서 단계 1, 3, 5 과정을 수행한 후의 각 시험관 중(위층+아래층 상의 합계)의 용질의 백분율을 **그림 14.5**에 보였다. 그림에서 알 수 있는 것은 용질, A와 B가 연속적 단계가

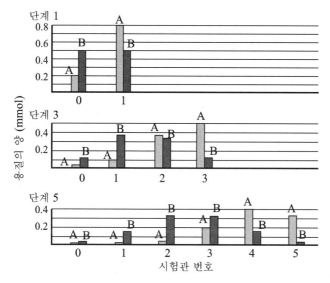

그림 14.5 단계별 역류분포를 거친 후 각 시험관에 있는 용질의 양(mmol).

표 14.1 분포계수가 D_A=4와 D_B=1인 용질의 역류분포

단계 횟수	상	용질	0	1	2	3	4	5
0	위층상	A	0.8					
		B	0.5					
	하층상	A	0.2					
		B	0.5					
1	위층상	A	0.16	0.64				
		B	0.25	0.25				
	하층상	A	0.04	0.16				
		B	0.25	0.25				
2	위층상	A	0.032	0.256	0.512			
		B	0.125	0.25	0.125			
	하층상	A	0.008	0.064	0.128			
		B	0.125	0.25	0.125			
3	위층상	A	0.0064	0.0768	0.3072	0.4096		
		B	0.0625	0.1875	0.1875	0.0625		
	하층상	A	0.0016	0.0192	0.0768	0.1024		
		B	0.0625	0.1875	0.1875	0.0625		
4	위층상	A	0.00128	0.02048	0.12288	0.32768	0.32768	
		B	0.03125	0.125	0.1875	0.125	0.03125	
	하층상	A	0.00032	0.00512	0.03072	0.08192	0.08192	
		B	0.03125	0.125	0.1875	0.125	0.03125	
5	위층상	A	0.000256	0.00512	0.04096	0.16384	0.32768	0.262144
		B	0.015625	0.078125	0.15625	0.15625	0.078125	0.015625
	하층상	A	0.000064	0.00128	0.01024	0.04096	0.08192	0.065536
		B	0.015625	0.078125	0.15625	0.15625	0.078125	0.015625
*		A	0.00032	0.0064	0.0512	0.2048	0.4096	0.32768
		B	0.03125	0.15625	0.3125	0.3125	0.15625	0.03125

* 5단계 후에 각 시험관에 포함된 각 용질의 양(mmol)

계속됨에 따라 오른쪽 시험관으로 옮겨진다는 것이다. 그러나 A의 분포계수가 더 크므로 용질, A가 더 빠르게 옮겨진다. 결과적으로 몇 단계를 거친 후 A와 B가 서로 분리되기 시작한다는 것이다. 예를 들면 혼합물은 처음에 A와 B를 각각 1 mmol씩 함유하였으나 5단계의 역류분포 후 시험관 0, 1, 2의 내용물을 한 플라스크에 모으고, 시험관 4, 5의 것은 두 번째 플라스크에 모은다. 첫 번째 플라스크에는 0.5 mmol의 B와 0.05792 mmol의 A를 포함할 것이다. 따라서 B는 처음의 50 %를 포함하는데 이것은 89 % 순수한 B의 회수율이고, 두 번째 플라스크에는 0.73728 mmol의 A와 0.1875 mmol의 B를 함유한다. 이 분율은 순도 80 %인 A의 회수율이 74 %임을 나타낸다. 이런 추출단계를 수십 또는 수백 단계까지 계속한다면 B로부터 A를 완전히 분리하여 회수할 수 있을 것이다.

⊃ 이론적 분포

역류분포의 일부로서 용질의 분포를 설명하는 몇 가지 식을 유도하여 보자. 역류추출의 형식을 아래에 도시하였다.

위층 상은 고정된 아래층 상을 따라서 미끄러지는 상으로 이동상이라 부르고 아래층 상은 정지상이라 부른다. 상 L0에 있는 한 개의 용질을 생각해 보자. U0과 평형을 이루기 전에 L0에서의 농도를 1이라 하고, U0에서의 농도를 0이라 하자.

U9 fresh	U8 fresh	U7 fresh	U6 fresh	U5	U4	U3	U2	U1	U0	→ 이동상		
→ 정지상				L0	L1	L2	L3	L4	L5	L6 fresh	L7 fresh	L8 fresh	L9 fresh

0번째 평형 전

0	0	0	0	0				
				1	0	0	0	0

시험관 번호(r):   0   1   2   3   4

0번째 평형에 도달된 후 용질의 분율을 위층에서 p, 아래층에서 q라고 하자. 이때 $p+q=1$이다. 따라서 0번째 평형 이후의 시험관에 있는 용질의 농도는 다음과 같다.

0번째 평형 후

0	0	0	0	p				
				q	0	0	0	0
시험관 번호(r):				0	1	2	3	4

여기서 한 개의 시험관에 이동상을 이동시키자. 첫 번째 이동을 $n=1$이라 부르면 시험관 1 중의 p와 시험관 0 중의 q가 구해진다.

첫번째 평형 전(표 14.2에서 $n=1$)

0	0	0	0	p				
				q	0	0	0	0
시험관 번호(r):				0	1	2	3	4

상들이 평형을 이룬 후 분율 p는 각 위층에, 분율 q는 각 아래층에 있어야 한다. 시험관 0은 전체량이 q이므로 위층과 아래층의 양은 각각 $p \cdot q$ 및 $q \cdot q$가 된다.

첫 번째 평형 후

0	0	0	pq	p^2				
			q^2	pq	0	0	0	
시험관 번호(r):			0	1	2	3	4	

두 번째 이동($n=2$로 정의)하면 평형 전후의 분포는 다음과 같다.

두 번째 평형 전(표 14.2에서 $n=2$)

0	0	0	pq	p^2				
			q^2	pq	0	0	0	
시험관 번호(r):			0	1	2	3	4	

두 번째 평형 후

0	0	pq^2	$2p^2q$	p^3		
	q^3	$2pq^2$	p^2q	0	0	
시험관 번호(r):	0	1	2	3	4	

한 번 더 이동하면 다음과 같이 된다.

세 번째 평형 전(표 14.2에서 $n=3$)

0	0	pq^2	$2p^2q$	p^3	
	q^3	$2pq^2$	p^2q	0	0
시험관 번호(r):	0	1	2	3	4

세 번째 평형 후

0	pq^3	$3p^2q^2$	$3p^3q$	p^4	
	q^4	$3pq^3$	$3p^2q^2$	p^3q	0
시험관 번호(r):	0	1	2	3	4

각 이동된 각 시험관의 용질분율을 **표 14.2**에 나타내었다. 표에서 계수들은 이항전개 $(p+q)n$ 임을 고려해야 한다. 각 단계 n의 각 시험관 r 중의 용질 분율 f는 다음과 같다.

$$f = \frac{n!}{(n-r)!\, r!}\, p^r q^{n-r} \tag{14.21}$$

표 14.2 각각 진행된 후 각 시험관 중의 용질분율

단계 횟수(n)	시험관 번호(r)					
	0	1	2	3	4	...
1	q	p				
2	q^2	$2pq$	p^2			
3	q^3	$3pq^2$	$3p^2q$	p^3		
4	q^4	$4pq^3$	$6p^2q^2$	$4p^3q$	p^4	
...						

예제 표 14.1에서 5단계(n=5) 추출한 후 시험관 4(r=4)에 포함된 각 용질의 양을 식 (14.21)으로 계산하여 표의 값과 비교하라.

풀이 식 (14.20)에서 용질, A의 경우 분포계수는 4이다. 이것은 p=4/5, q=1/5임을 의미한다. 이들 값을 식 (14.21)에 대입하여 계산하면 다음과 같다.

$$f_A = \frac{5!}{(5-4)!\,4!}\left(\frac{4}{5}\right)^4\left(\frac{1}{5}\right)^{5-4} = \frac{(5\cdot4\cdot3\cdot2\cdot1)}{(1)(4\cdot3\cdot2\cdot1)}\left(\frac{4}{5}\right)^4\left(\frac{1}{5}\right) = 0.4096$$

또한, 식 (14.20)에서 용질, B의 경우 분포계수는 1이므로 p=q=1/2이다. 식 (14.21)에 의해 계산하면 이들 결과는 표 14.1의 값과 같음을 알 수 있다.

$$f_B = \frac{5!}{(5-4)!\,4!}\left(\frac{1}{2}\right)^4\left(\frac{1}{2}\right)^{5-4} = \frac{(5\cdot4\cdot3\cdot2\cdot1)}{(1)(4\cdot3\cdot2\cdot1)}\left(\frac{1}{2}\right)^4\left(\frac{1}{2}\right) = 0.15625$$

역류분포 단계 n의 숫자가 많으면 이동상 중의 분율, P인 용질의 최대량을 함유한 시험관 r_{max}은 대략 아래와 같이 주어진다고 볼 수 있다.

$$r_{max} \approx np \tag{14.22}$$

⊃ 띠나비와 분리능

만약 100단계 역류분포를 한 후 A의 최대치가 80번째 시험관이라면 두 개의 띠는 서로 잘 분리되고, 각 용질은 고순도로 유리될 수 있음을 기대할 수 있다. 여기서 분리정도를 계산하는 데 필요한 식을 고찰해보자. 식 (14.21)의 이항식 분포는 n과 r이 클 때 Gauss 분포에 가깝다. 이 식은 다음과 같이 표현할 수 있다.

$$f \approx \frac{1}{\sqrt{npq}\,\sqrt{2\pi}}e^{-(r-np)^2/2npq} \tag{14.23}$$

여기서 Gauss 분포를 다시 생각해 보자.

$$y = \frac{1}{\sigma\sqrt{2\pi}}e^{-(x-\mu)^2/2\sigma^2} = \frac{1}{\sigma\sqrt{2\pi}}e^{-z^2/2}$$

여기서 표준편차는 σ이고 평균값은 μ이다. 식 (14.23)과 위 식을 비교해 보면 역류분포에서 용질띠의 "표준편차"는 다음과 같이 됨을 알 수 있다.

$$\sigma \approx \sqrt{npq} \tag{14.24}$$

이제 두 띠의 겹치는 정도를 계산해보자. 만약 분포계수가 $D_A = 4$, $D_B = 1$, 그리고 단계 $n=100$일 때 다음과 같은 인자들이 적용된다.

용질 A: $p=4/5$　　　　용질 B: $p=1/2$

$\quad\quad q=1/5$　　　　　　　　$q=1/2$

$\quad\quad \sigma_A = \sqrt{npq} = 4$　　　　$\sigma_B = \sqrt{npq} = 5$

$\quad\quad r_{max} = np = 80$　　　　$r_{max} = np = 50$

이들 띠를 설명하는 Gauss 곡선은 **그림 14.6**의 위쪽에 나타내었다. 실제 실험에서는 각 상을 한 시험관으로부터 다음 시험관으로 옮길 때마다 각 상의 일부가 남게 되므로 각 띠들은 계산한 것보다 덜 순수하다는 것은 의심할 여지가 없다.

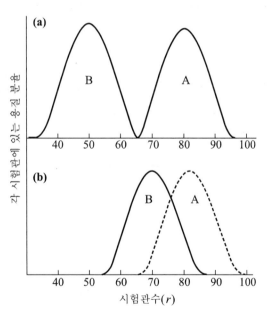

그림 14.6 100단계를 수행한 용질, A와 B의 역류분포 분리.
(a) $D_A=4$, $D_B=1$, (b) $D_A=4$, $D_B=7/3$.

• 띠 넓어짐

분리에 관한 중요한 식은 식 (14.22)와 식 (14.24)로부터 얻을 수 있다.

(1) $n_{\max} \approx np$ 이므로 각 용질은 용매의 "앞부분(새로운 이동상이 이동한 위치)"의 일정 분율과 같은 거리를 이동한다.

(2) $\sigma \approx \sqrt{npq}$ 이므로 띠나비는 단계 횟수의 제곱근에 비례한다. 용매의 앞부분이 멀리 이동되면 이동될수록 그만큼 n이 더 커지고 용질의 띠는 더 넓어질 것이다.

(3) 각 띠가 이동한 거리는 n에 비례하기 때문에 n이 증가될 때 더 잘 분리된다. 그러나 띠의 넓어짐은 $\sqrt{n}$ 에만 비례한다.

이런 물리적 성질은 역류분포와 같이 모든 분배 크로마토그래피에 적용된다.

14.3 크로마토그래피 서론

크로마토그래피(chromatography)는 1906년 러시아의 식물학자 M. S. Tswett에 의해 처음으로 시작되었다. 그는 탄산칼슘 분말을 채운 관에 엽록소를 넣고 석유이써로 용리 시켰더니 전에는 단일 물질로만 생각되었던 엽록소가 클로로필$-\alpha$, 클로로필$-\beta$, 카로틴, 크산토필과 같은 몇 가지 성분으로 분리된다는 사실을 알았다. 이때 탄산칼슘 관에 이들 각 성분의 색깔 층이 나타났는데 이것으로 크로마토그래피라는 이름을 붙이게 되었다. 크로마토그래피는 물질을 분리하는 좋은 방법으로 혼합시료를 탄산칼슘과 같은 정지상(또는 고정상, stationary phase)을 통해 이써와 같은 이동상(mobile phase)으로 녹여 흘러내리면, 정지상에 대하여 친화력이 센 성분은 느리게 친화력이 약한 성분은 빠르게 흘러내리므로 혼합물이 각각 분리된다.

크로마토그래피는 이동상과 정지상에 따라 분류한다. 이동상이 기체일 때는 기체 크로마토그래피라 하며 액체일 때는 액체 크로마토그래피라 한다. 이들은 다시 정지상의 종류에 따라 여러 가지로 분류된다. 또 크로마토그래피는 실험하는 방법에 따라 두 가지로 나눌 수 있다. 그 하나는 유리관과 같은 칼럼에 정지상을 채우고 여기에 시료를 넣고 이동상으로 사용하는 용매를 용리시키는 방법이고 이것은 관 또는 용리 크로마토그래피라 한다. 다른 하나는 유리판과 같은 판에 정지상을 도포시키고 여기에 이동상을

표 14.3 크로마토그래피의 종류

일반분류	종류	정지상	평형*
기체	기체-액체 크로마토그래피(GLC)	고체에 흡착된 액체	분배
	기체-고체 크로마토그래피(GSC)	고체 흡착제	흡착
	기체-결합상 크로마토그래피(GBC)	고체표면에 결합된 유기화학종	분배/흡착
액체	액체-액체 크로마토그래피(LLC)	고체에 흡착된 액체	분배
	액체-고체 크로마토그래피(LSC)	고체에 흡착제	흡착
	액체-결합상 크로마토그래피(LBC)	고체표면에 결합된 유기화학종	분배/흡착
	이온교환 크로마토그래피(IEC)	이온교환 수지	이온교환
	젤 투과 크로마토그래피(GPC)	고체인 중합체의 간격에 들어있는 액체	분배/거름
	얇은 막 크로마토그래피(TLC)	유리판 위에 입힌 분말	흡착
	종이 크로마토그래피(PC)	거름종이	분배

* 정지상과 이동상 사이에서 이루어지는 평형을 뜻한다.

전개시키는 방법으로 평면 크로마토그래피라 한다.

　표 14.3에 여러 가지 종류의 크로마토그래피를 분류하여 수록했다.

⊃ 용리 크로마토그래피

　A 물질(성분)을 포함하고 있는 용액에 정지상을 넣으면 A는 정지상과 용액 사이에 흡착반응 또는 분배반응이 일어나고 일정한 조건에서는 다음과 같은 평형상수, 즉 분배 계수, K 를 갖는다.

$$K = C_s / C_m \tag{14.25}$$

　여기에서 C_s 는 정지상에서의 성분, A의 농도이고 C_m은 액체상에서의 A의 농도이다. 지금 정지상이 채워진 유리관 위층에 같은 양으로 섞여있는 A와 B 두 용질의 혼합시료 를 넣어 흡착시키고 적당한 용매 또는 용액을 계속 흘러내리면 A와 B는 각각의 분배계 수, K_A와 K_B에 따라 정지상과 이동상 사이에 분배된다. K_A가 K_B보다 큰 경우에는 B보다 A가 정지상에 더 많이 흡착 또는 분배된다. 새로운 용매가 위에서 흘러오면 고체에 흡착된 것은 그 위치에 머물고 용액 중의 A와 B만이 아래층으로 흘러내린다. 이때 A는 위층에 많고 B는 아래층에 많다. 위층과 아래층에서 다시 평형이 이루어지고 정지상에 A가 B보다 더 많이 존재하게 되므로 새 용매가 다시 내려오면 역시 B가 아래층으로 많이 흘러내리게 되고 A는 위층에 많이 남아 있게 된다. 이와 같은 과정이 계속되면 A와 B는 두 층으로 나뉘고 B가 먼저 크로마토그래피 관 밑으로 용출된다.

이 경우에 위에서 흘러내리는 용매를 용리액(eluent)이라 하고 용질이 정지상과 용매 사이로 분배반응을 계속 반복하면서 분리되며 내려가는 과정을 용리(elution)라 한다. 용출되어 나오는 용출액(eluate)을 받아서 계속적으로 분석하여 용액의 부피에 대하여 용질농도의 관계를 그린 것을 크로마토그램(chromatogram) 또는 용리곡선이라 한다. 이것은 이상적인 경우 **그림 14.7**과 같이 Gauss 곡선의 모양으로 나타난다.

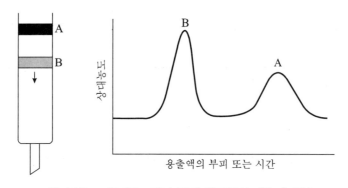

그림 14.7 크로마토그래피 관과 용리곡선. ($K_A > K_B$)

⊃ 크로마토그래피의 이론

그림 14.8은 초기와 마지막 단계에서 크로마토그래피 관에 있는 용질, A와 B에 대한 농도의 종단면도이다. A의 분배계수는 B보다 크다. 따라서 A는 이동과정에서 뒤로 처지게 된다. 관 아래로 이동함에 따라 두 봉우리 사이의 거리는 증가하게 된다. 그러나 동시에 두 띠의 넓힘 현상이 일어나서 분리수단으로서 관의 효율을 감소시킨다.

띠넓힘 현상은 피할 수 없으나 다행히도 띠의 분리속도보다는 띠의 넓힘이 느리게 일어난다. 그러므로 그림 14.8에 보인 바와 같은 분리관의 길이를 충분히 길게 하면 화학종을 완전히 분리할 수 있다.

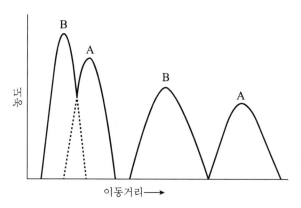

그림 14.8 관 속에서 용질, A와 B가 용리되며 분리되는 상태.

크로마토그래피에 관한 이론은 용질이 흘러내리는 속도뿐만 아니라 이동하는 동안 띠가 넓어지는 속도도 고려하여야 한다. 단 이론(plate theory)은 용리 크로마토그래피 관을 이론단이라 불리는 얇은 단들이 연속적으로 싸여 있는 것으로 생각한다. 각 단에서 이동상과 정지상 사이에 용질의 평형이 일어난다고 가정한다. 또 용질과 용매의 이동은 한 단에서 다음 단으로 단계적으로 연속적으로 일어난다고 생각한다. 크로마토그래피 관에서 평형이 일어나는 수, 즉 이론단이 많으면 관의 분리효율은 증가하게 된다. 이론단수 N 과 이론단 높이, H 사이에는 다음 관계가 성립한다.

$$N = \frac{L}{H}$$ (14.26)

여기에서 L 은 관에 충전한 충전제의 길이이다. H 는 관의 효율이 커질수록 감소함을 알 수 있다. 즉, H 가 작아질수록 주어진 길이의 관에서 분리평형이 일어나는 수는 많아지게 된다. 단 이론은 용질의 이동속도와 용리 띠의 모양을 계산하는 식을 제공해 주지만 용리 띠가 용리 도중에 넓혀지는 현상에 대해서는 충분하게 설명할 수 없다. 이에 관해서는 속도이론으로 설명이 가능하다.

속도이론(rate theory)

속도이론은 용리 띠가 분리칼럼의 끝에 나타날 시간에 영향을 주는 변수뿐만 아니라 용리 봉우리의 나비에 영향을 주는 변수를 성공적으로 설명한다.

• 관 효율의 척도

대표적인 크로마토그램의 봉우리를 잘 살펴보면 반복 측정하여 얻어지는 측정값을 그것이 나타나는 빈도의 함수로 도시할 때 얻어지는 Gauss 곡선과 비슷한 점을 알 수 있다. Gauss 곡선은 어떤 단일 측정값의 불확정성이 작고 개별적으로는 예측할 수 없으며 이들 각자는 양 또는 음의 부호일 수도 있는 마구잡이로 나타난다. 이러한 측정값의 한 무리의 불확정성을 취하여 통계적으로 종합한 것이 이 곡선이다. 이와 같이 크로마토그램의 정규곡선은 관에서 용리되는 무수히 많은 용질입자의 마구잡이 운동의 통계적인 결과라고 볼 수 있다. 크로마토그램은 가장 대표적인 입자의 평균속도 값 주위에 각 입자들의 속도의 대칭분포가 나타난 것이다. 용질이 마구잡이 운동하는 시간이 길기 때문에 밑으로 띠가 더 움직여 갈수록 띠의 나비는 증가한다. 따라서 띠나비는 관에 머무는 시간에 정비례하며 이동상의 속도에 반비례한다.

Gauss 곡선의 폭은 측정의 표준편차(σ) 또는 분산(σ^2)과 직접 관계가 있다. 크로마토그래피의 띠는 원칙적으로 Gauss 곡선이므로 관의 단위 길이당의 분산으로서 관 효율을 정의하는 것이 편리하다. 그러면 정의에 따라서

$$H = \frac{\sigma^2}{L} \tag{14.27}$$

여기에서 H 는 cm 단위의 단 높이로서 관 효율의 척도를 나타내며 L 은 cm로 나타낸 관의 길이이다. 식 (14.27)을 식 (14.26)에 대입하여 정리하면 아래와 같고, 이 식에서 N 은 길이가 L 인 관에 들어있는 이론단의 수이고 관 효율은 단의 수가 증가할수록, 또 단의 높이가 감소할수록 증가하리라는 것은 당연한 일이다.

$$N = \frac{L^2}{\sigma^2} \tag{14.28}$$

• N과 H의 실험적 측정

그림 14.9는 실험으로 얻은 크로마토그램으로서 가로축을 시간으로 나타낸 것이다. 머무른 시간(retention time), t_r 은 시료를 주입한 후 관의 끝에 봉우리가 나타나는 데 걸리는 시간이다. 용질입자의 평균속도는 L/t_r 이다. 따라서 시간으로 나타낸 표준편차, τ는 cm로 나타낸 표준편차, σ를 이동속도로 나누어 얻는다.

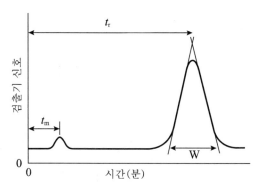

그림 14.9 이상적인 크로마토그램. $W = 4\sigma = 4\tau$, t_r : 정지상에 용질의 머무른 시간, t_m : 이동상의 관에서 머무른 시간.

$$\tau = \frac{\sigma}{L/t_r} \tag{14.29}$$

이 크로마토그램에서 W 의 크기는 띠넓힘 현상의 편리한 정량적 척도가 된다. 이것의 대략 96 % 면적은 $\pm 2\sigma$ 범위에 들어가므로 $W = 4\tau$ 가 된다. 이것을 식 (14.29) 에 대입하여 정리하면 $\sigma = LW/4t_r$ 가 된다. 이것을 식 (14.27)에 대입하면 다음과 같다.

$$H = \frac{LW^2}{16\,t_r^2} \tag{14.30}$$

N 을 얻기 위하여 식 (14.30)을 식 (14.26)에 대입하여 정리하면 다음과 같다.

$$N = 16\left(\frac{t_r}{W}\right)^2 \tag{14.31}$$

따라서 t_r 과 시간으로 측정한 W 로부터 N 을 계산할 수 있다. 따라서 N 을 알 수 있으면 $N = L/H$ 로부터 H 를 구할 수 있다.

⊃ 띠넓힘 현상

용리 띠는 일반적으로 소용돌이 확산, 종축확산 및 비평형 질량이동 때문에 넓어진다. 이들 인자는 유속, 충전제 입자의 크기, 확산속도 및 정지상의 두께와 같은 조건의 변수로 결정된다. 관의 분리효율과 이들 세 과정이 일어나는 관계를 나타내는 가장 간단한 식은 van Deemter식이고 기체−액체 크로마토그래피에서 유도한 것이다. 이 식은 유속, u 와 단 높이 사이의 관계를 설명하고 있다.

$$H = A + \frac{B}{u} + Cu \tag{14.32}$$

여기서 A 는 소용돌이 확산, B 는 종축확산, C 는 비평형 질량이동에 관한 상수이다.

• 소용돌이 확산

소용돌이 확산으로 유발되는 띠넓힘 현상은 용질입자가 **그림 14.10**과 같이 충전관에서 흘러내리는 방법이 여러 가지이기 때문에 나타난다.

따라서 같은 화학종이라도 관 속에서 머무는 시간이 달라지므로 용리 띠를 넓게 하고 관 끝에 도달하는 시간에도 차이가 나게 된다. van Deemter식의 A 는 소용돌이 확산의 효과를 나타내며 이것은 정지상으로 충정된 입자의 크기, 기하학적 구조 및 정지상의 충전정도에 관계가 있다. 또 이로 인한 띠넓힘 현상은 크기가 일정한 작은 구형 입자로 관을 조심스럽게 충전하면 최소화할 수 있다. 용리도중에 충전관에 통로가 뚫리지 않도록 특별히 조심해야 한다.

• 종축확산

종축확산은 용질이 농도가 진한 띠의 중심부분에서 묽은 영역인 앞뒤로 확산하려는 성질에서 생긴다. 이것은 이동상이 기체인 경우에는 확산속도가 액체상에서보다 몇 단위 더 크기 때문에 더 중요하고, 확산에 의한 용질이동은 머무른 시간에 따라 증가한다. 따라서 띠넓힘 정도는 유속이 늦어질수록 증가한다. 즉, 종축확산은 유속에 반비례

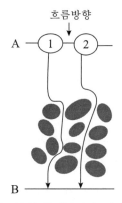

그림 14.10 용리하는 동안 용질분자가 지나가는 대표적인 경로.
분자 2가 지나간 거리가 크므로 B에 늦게 도착한다.

한다. 상수, B 는 이동상에 있는 용질의 확산계수에 의존된다. 따라서 이동상에 있는 용질의 확산계수를 감소시키기 위해 온도를 낮추고 유속을 증가시키면 종축확산에 의한 넓힘 현상은 감소하게 된다.

• **비평형 질량이동**

크로마토그래피에서 이동상의 흐름은 보통 빠르다. 따라서 정지상과 이동상 사이에 충분하게 평형이 이루어질 수 없으므로 용리 띠는 넓어지게 된다. 예를 들면 용질을 포함하는 이동상이 새로운 정지상과 만나도 평형은 순간적으로 이루어지지 않으므로 용질은 완전한 평형조건하에서 예상되는 것보다 약간 뒤로 미루어진다.

정지상에 있는 용질이 새로운 이동상과 접하게 되는 경우에도 용질입자의 이동은 순간적으로 일어나지 않는다. 따라서 완전한 평형이 이루어지는 경우보다 띠의 꼬리가 더 쳐지게 되어 용리 띠가 양쪽 끝에서 넓어지는 결과를 가져온다. 평형이 이루어지는 데 시간이 필요하기 때문에 유속이 느리면 비평형 질량이동의 효과는 감소하게 된다. 또 정지상의 입자를 작게 하고 조밀하게 충전하면 이 사이를 흐르는 이동상에 있는 용질이 쉽게 정지상 표면에 도달하고 평형이 잘 이루어질 것이고 고체에 입힌 액체 정지상을 매우 얇게 하면 쉽게 평형에 도달하게 되어 관 효율을 높일 수 있다. 평형은 역시 온도가 높을 때와 용매의 점도가 낮을 때 더 잘 일어난다.

• **띠넓힘의 알짜효과**

그림 14.11은 van Deemter식의 각 항이 기여하는 정도를 이동상 속도의 함수(점선)

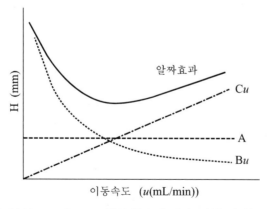

그림 14.11 van Deemter식의 변수가 단 높이에 미치는 영향.

로 나타낸 것이다. 여기에서 기여도는 단의 높이 H로 표시하였고 동시에 H에 미치는 이들의 알짜효과(실선)를 나타내었다. 최적의 효율은 실선의 극소점에 해당하는 유속에서 나타난다. 이와 같은 실험곡선에서 A, B 및 C가 계산된다. 이 값들을 이용하여 충전관의 기능을 개량할 수 있다.

⊃ 용질 이동속도, 머무름 계수와 용량인자

크로마토그램에서 시간 축은 관 충전제에 의해 저지당하지 않는 화학종(보통 공기)을 나타낸 것이다. 이것은 이동상의 평균속도와 같을 것이다. 용질의 머무른 시간 t_r은 봉우리가 관 끝에 있는 검출기에 도착할 때까지 걸린 시간이다. 용질의 평균이동속도 v는 다음과 같다.

$$v = \frac{L}{t_r} \tag{14.33}$$

이것과 마찬가지로 이동상의 평균이동속도, u는 다음과 같다.

$$u = \frac{L}{t_m} \tag{14.34}$$

용리액의 이동속도에 대한 시료용질의 이동속도 비를 머무름 계수라 하고, R로 표시하며 다음과 같다.

$$R = \frac{L/t_r}{L/t_m} = \frac{t_m}{t_r} \tag{14.35}$$

그리고 시료용질의 머무름 부피, V_r는 다음과 같다.

$$V_r = t_r F$$

여기서 F는 이동상의 유속이다. 그리고 정지상에서 지체되지 않는 성분의 머무름 부피, V_m은 다음과 같고 머무름 계수, R은 다음과 같이 표시된다.

$$V_m = t_r F$$

$$R = V_m / V_r \tag{14.36}$$

용질의 이동속도, v는 다음과 같이 이동상속도, u의 분율로 나타낼 수 있다.

$$v = u \, (\text{용질이 이동상에 머무는 시간분율})$$

그러나 이 분율은 관 속에 있는 용질의 전체 몰수에 대한 어느 한 순간에 이동상에 있는 용질의 평균 몰수의 비와 같다. 즉,

$$v = u \times \frac{\text{이동상에 있는 용질의 몰수}}{\text{용질의 전체 몰수}}$$

다시 정리하면

$$v = u \times \frac{C_m V_m}{C_m V_m + C_s V_s} = u \left(\frac{1}{1 + C_s V_s / C_m V_m} \right)$$

여기에서 C_m 과 C_s 는 각각 이동상과 정지상에 들어 있는 용질의 농도이며, V_m 과 V_s 는 관에 포함되어 있는 두 상의 전체 부피이다.

식 (14.25), $K = C_s / C_m$ 를 이 식에 대입하면,

$$v = u \left(\frac{1}{1 + K V_s / V_m} \right)$$

즉,

$$v = u \left(\frac{1}{1 + k'} \right) \tag{14.37}$$

여기서 k'는 용량인자라 하고 용질의 분배계수, K 와 관계가 있다. 즉,

$$k' = \frac{K V_s}{V_m} \tag{14.38}$$

식 (14.33)과 (14.34)를 식 (14.37)에 대입하여 정리하면 다음과 같다.

$$t_r = t_m (1 + k') = t_m \left(1 + \frac{K V_s}{V_m} \right) \tag{14.39}$$

용질의 머무른 시간은 분배계수와 이동상에 대한 정지상 부피가 커지면 증가한다. 식을 다시 정리하면 실험 파라미터인 t_r 과 t_m 에서 용량인자를 계산할 수 있다.

$$k' = \frac{t_r - t_m}{t_m} \tag{14.40}$$

관의 분리능

두 용질, A와 B를 분리하는 관의 능력, 즉 관의 분리능 R_s 는 **그림 14.12**에서 다음과 같이 정의된다. 여기에서 W_A 와 W_B 는 A와 B 용질의 용리곡선 봉우리에서 밑면의 나비이고(시간 단위로 표시함), $\triangle Z$ 는 검출기에 도착하는 그들의 시간차이다.

$$R_s = \frac{2\triangle Z}{W_A + W_B} = \frac{2[(t_r)_B - (t_r)_A]}{W_A + W_B} \tag{14.41}$$

만약 W가 두 봉우리의 평균나비라면 식 (14.41)은 다음과 같이 간단해진다.

$$R_s = \frac{\triangle Z}{W} \tag{14.42}$$

분리능, R_s 가 1.5이면 A와 B가 0.3 %의 겹칠 정도로 완전히 분리되며 0.75이면 분리되지 못하고 1.0이면 띠 A는 약 4 %의 B를 함유한다. 같은 충전물로 채운 관의 길이를 증가시키면 이론단수(N)가 증가하여 분리 능력을 개선시킬 수 있다.

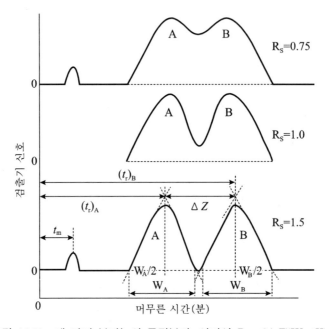

그림 14.12 세 가지 분리능의 물질분리. 여기서 $R_s = 2\Delta Z/(W_A + W_B)$.

• R_s 와 관 성질의 관계

R_s 와 $(t_r)_A$ 및 $(t_r)_B$ 사이의 관계를 유도하여 보자. 여기에서 $(t_r)_A$ 와 $(t_r)_B$ 는 그림 14.12에 보인 측정된 머무른 시간이다. 만약 $W = W_B \cong W_A$ 라고 가정한다면 식 (14.42)를 다음과 같이 쓸 수 있다.

$$R_s = \frac{(t_r)_B - (t_r)_A}{W_B}$$

여기에 식 (14.31)을 대입하면 다음을 얻는다.

$$R_s = \frac{(t_r)_B - (t_r)_A}{W_B} \times \frac{\sqrt{N}}{4}$$

식 (14.39)를 대입하면 R_s 를 A와 B에 대한 용량인자로 나타낼 수 있다.

$$R_s = \frac{(k_B' - k_A')}{(1 + k_B')} \times \frac{\sqrt{N}}{4}$$

k_B'/k_A' 를 선택인자, α 라고 정의하자.

$$\alpha = \frac{k_B'}{k_A'} \tag{14.43}$$

이 관계식을 위 식에 대입하여 정리하면 다음을 얻는다.

$$R_s = \frac{\sqrt{N}}{4} \left(\frac{\alpha - 1}{\alpha} \right) \left(\frac{k_B'}{1 + k_B'} \right) \tag{14.44}$$

$$N = 16 R_s^2 \left(\frac{\alpha}{\alpha - 1} \right)^2 \left(\frac{1 + k_B'}{k_B'} \right)^2 \tag{14.45}$$

식 (14.45)를 이용하면 A, B를 분리하는 데 필요한 단수를 구할 수 있다.

• 선택인자 α의 성질

그림 14.12에 보인 바와 같은 크로마토그램으로부터 α 는 쉽게 구할 수 있다. 이것은 식 (14.40)을 식 (14.43)에 대입하면 알 수 있게 된다.

$$\alpha = \frac{(t_r)_B - t_m}{(t_r)_A - t_m} \tag{14.46}$$

또, 식 (14.38)을 식 (14.43)에 대입하면 다음과 같이 된다.

$$\alpha = \frac{K_B}{K_A} \tag{14.47}$$

• 분리능과 용리시간

분리를 완전히 하는 데 걸리는 시간을 생각해 보자. 천천히 움직이는 용질, B의 속도
식을 식 (14.33)과 같이 취하면 다음과 같다.

$$v_B = \frac{L}{(t_r)_B}$$

이 관계를 식 (14.37)과 식 (14.26)에 대입하면 다음과 같이 된다.

$$(t_r)_B = \frac{NH(1 + k_B')}{u}$$

여기서 $(t_r)_B$ 는 이동상의 속도가 u일 때 B를 용리시키는 데 걸리는 시간이다. 식
(14.45)를 위 관계식에 대입하여 정리하면 다음 식을 얻는다.

$$(t_r)_B = \frac{16R_s^2 H}{u} \left(\frac{\alpha}{\alpha - 1}\right)^2 \frac{(1 + k_B')^3}{(k_B')^2} \tag{14.48}$$

예제 30 cm의 분리관을 사용하여 물질, A와 B를 분리할 때 머무른 시간은 각각 16.40
과 17.63분이었다. 머물지 않는 화학종은 1.30분 안에 관을 통과하였고 A와 B의 봉우리의
나비는 1.11과 1.21분이었다. (a) 관의 분리능, (b) 관의 평균 단층 수, (c) 단층의 높이,
(d) 분리능이 1.5 정도 되는 데 필요한 관의 길이, (e) 더 긴 관으로 물질 B를 용리하는
데 걸리는 시간을 계산하라.

풀이 (a) 식 (14.41)을 이용하면

$$R_s = 2(17.63 - 16.40)/(1.11 + 1.21) = 1.06$$

(b) 식 (14.31)에서 N을 계산할 수 있다.

$$N_1 = 16(16.40/1.11)^2 = 3,493$$

$$N_2 = 16(17.63/1.21)^2 = 3,445$$

$$N_{av} = (3,493 + 3,397)/2 = 3,397$$

(c) $H = L/N = 30.0/3,445 = 8.71 \times 10^{-3}\,cm$

(d) k' 와 α 는 N 과 L 의 증가에 따라 변하지 않는다.

따라서 N_1 과 N_2 를 식 (14.45)에 넣고 얻은 식 중 하나를 다른 것으로 나눈다.

$$N_1/N_2 = (R_s)_1^2/(R_s)_2^2$$

여기에서 아래첨자, 1과 2는 원래의 관과 긴 관을 각각 나타낸다. N_1, $(R_s)_1$ 및 $(R_s)_2$ 에 적당한 값을 넣으면 다음과 같이 된다.

$$\frac{3,445}{N_2} = \frac{(1.06)^2}{(1.5)^2} \text{—}$$

$$N_2 = 3,445 \times 2.25/1.124 = 6,900$$

$$L = N \times H = 6,900 \times 8.71 \times 10^{-3} = 60.1\,cm$$

(e) 식 (14.48)에서 다음을 얻는다.

$$\frac{(t_r)_1}{(t_r)_2} = \frac{(R_s)_1^2}{(R_s)_2^2} = \frac{17.63}{(t_r)_2} = \frac{(1.06)^2}{(1.5)^2}$$

$$(t_r)_2 = 35.3분$$

14.4 기체 크로마토그래피

기체 크로마토그래피에서는 기체 혼합시료가 관에 채운 정지상과 이동하는 기체상 사이에 분배하면서 분리된다. 기체－고체 크로마토그래피는 정지상이 고체이며 기체의 흡착평형에 의해 분리과정이 이루어지고, 기체－액체 크로마토그래피는 액체 정지상이 비활성 고체기질에 입혀져 있으며 기체－액체 사이에 평형이 이루어진다.

기체－고체 크로마토그래피는 용리봉우리에 꼬리가 생기고 용리곡선에서 표면적의

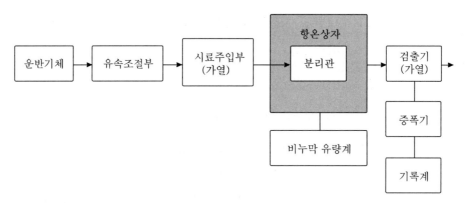

그림 14.13 기체 크로마토그래피 장치의 약도.

재현성이 없고, 고체표면에 활성기체가 반영구적으로 흡착하는 등의 이유로 실제 응용에 있어서 많은 제한을 받는다. 이와는 달리 기체-액체 크로마토그래피는 가장 널리 이용되는 분리법이다. 기체 크로마토그래피 장치의 계통도를 **그림 14.13**에 나타냈다.

⊃ 운반 기체와 시료 취급

운반기체로는 He, N_2, CO_2 및 H_2 등이 가장 널리 사용되고, 수소는 폭발할 위험성이 있어 조심하여 사용해야 된다. 기체를 공급하는 적당한 밸브가 필요하며 유속은 재현성 있게 조절해야 한다. 시료를 빠른 속도로 주입해야 하고 시료의 양이 많으면 분리 띠가 퍼지고 분리 상태가 좋지 않게 된다. 기체 또는 액체시료는 마이크로 주사기로 실리콘 고무막을 통하여 1~20 μL 정도를 주입할 수 있다. 시료 주입부분은 시료의 끓는점보다 높은 온도로 유지하여 시료가 빨리 증발하게 한다. 고체 시료의 경우에는 석영관에 넣고 전열기로 가열 증발시켜 운반기체로 밀어 넣는 방법을 이용한다.

⊃ 분리관

기체 크로마토그래피에는 두 종류의 분리관이 사용된다. 첫째는 대단히 얇은 액체막으로 관속을 입힌 모세관이다. 이것은 운반기체의 압력강하가 대단히 적게 생기므로 긴 관을 사용할 수 있고 이론단수가 수십만 정도 되는 것도 있다. 이런 관은 시료 수용능력이 대단히 적다. 다른 하나는 내경 약 1~8 mm, 길이 2~20 m의 유리 또는 금속관 (구리, 스테인리스, 강철관)이고 이것을 굽히거나 나선형으로 감아 항온상자 속에 넣는다. 관은 충전물로 채운다. 보통 이런 관은 30 cm당 100~1000의 이론단을 갖는다.

• 고체 지지체

이상적인 지지체는 입자가 작고(20~40 μm) 균일하며 잘 부서지지 않는 구형으로 되어있다. 또 높은 온도에서 비활성이고 그 표면이 액상으로 쉽고 균일하게 입혀져야 한다. 널리 사용되는 것으로는 규조토로 만든 것이며 Celite, Dicalite, Chromosorb, Sterchamo 등이 시판되고 있다. 또 테이프론, 알루미나, 카보런담 등의 분말 또는 작은 유리구슬 등이 지지체로 사용되기도 한다.

• 액체 정지상

기체-액체 크로마토그래피의 관에 사용되는 액체상은 분리관의 최고 작업온도보다 적어도 20 °C 더 높은 끓는점을 갖는 낮은 휘발성의 물질이어야 하고 열에 대해 안정성이 있고 화학적으로 비활성이어야 하며 용매로서 분리하려는 용질에 대한 분배계수, K 값이 적당한 크기를 가져야 한다.

실제 실험에서는 몇 개의 각기 다른 정지상이 충전된 분리관을 준비하여 물질에 따라 알맞은 것을 선택하여야 한다. 용질의 머무른 시간은 정지상의 분배계수에 따라 결정된다. 액체 정지상은 용질에 따라 적당한 분배계수를 가져야 하며 너무 크거나 작지 않아야 한다. 용매의 분배계수는 특히 중요하며 이것이 너무 작으면 용질은 너무 빨리 분리관을 통과하므로 분리되지 않는다. 이와 반대로 분배계수가 너무 크면 용질이 분리관을 통과하는 데 너무 많은 시간이 걸린다.

분리관에서 적당한 머무름 시간을 가지려면 용매에 대한 용질의 용해도가 적당해야 한다. 즉, 이들의 극성이 서로 비슷해야 한다. Squalane(분자량이 큰 포화탄화수소) 또는 Dinonyl phthalate와 같은 정지상은 탄화수소, 이써, 에스터 같은 비극성 계열의 물질분리에 이용된다. 이와는 반대로 polyethlene glycol과 같은 비극성 물질은 알코올 또는 아민과 같은 물질의 분리에 좋고 방향족 탄화수소물의 분리에는 benzyl diphenyl이 적당하다. 수소결합이 형성될 때에도 역시 선택도를 증가시킨다. 이 효과가 나타나려면 용질은 극성인 수소원자를 가져야 하며 용매는 전기음성도가 높은 작용기(산소, 불소, 질소)를 가져야 한다.

• 분리관 준비

고체 지지물을 만들 때는 일정한 크기를 얻기 위해서 체로 친다. 그 다음 모든 입자에 얇게 입힐 수 있을 정도로 미리 계산된 정지상 액체를 녹인 휘발성 용매와 섞는다. 용매를 증발시킨 후 입자를 건조시킨다. 분리관은 유리, 스테인리스, 강철, 구리 또는 알루미늄으로 만든다. 작은 입자의 고체표면에 액상을 입힌 지지체는 분리관을 가볍게 치고 흔들면서 여기에 천천히 넣어 충전한다. 이때 입자 사이에 빈 공간이 생기지 않도록 주의해야 한다. 분리관이 충전되면 기체 크로마토그래피 장치의 항온상자에 맞도록 적당한 모양으로 구부리거나 나선형으로 만든다. 이와 같이 만든 분리관은 수백 번을 사용할 수 있다.

• 분리관의 온도 조절

분리관의 온도는 정확한 분석에서 10분의 몇 도 범위 내에서 정밀하게 조절해야 한다. 항온상자의 온도는 공기 환류장치, 전기가열장치 또는 일정 끓는점의 액체에서 나오는 증기 재킷 등을 이용하여 조절한다. 분리관의 최적온도는 시료의 끓는점과 분리되는 정도에 따라 각기 다르다. 용리할 때(10~30분) 시료의 평균 끓는점과 같게 또는 보다 높게 분리관 온도를 조절해야 한다. 시료의 각 성분의 끓는점이 넓은 범위를 가질 때는 분리작업을 하는 동안 온도를 계속적으로 또는 단계적으로 증가시켜 주는 것이 바람직하다. 일반적으로 분리는 가급적 낮은 온도에서 작업할 때 얻는다. 그러나 온도가 낮으면 용리시간이 길고 분석하는 데 시간이 걸리게 된다.

⊃ 검출기

검출기는 분리관에서 나오는 묽은 용질의 농도에 대해 빠르고 재현성 있게 감응해야 한다. 여러 가지 검출기가 개발되어 있지만 그중에서 가장 널리 사용되는 검출기는 열전도 검출기, 불꽃 이온화 검출기이다.

• 열전도 검출기

열전도 검출기(thermal conductivity detector, TCD)는 기체 흐름의 열전도 변화를 이용하는 것이고 일정한 전류로 가열되는 저항선(백금선)의 온도는 둘러싸고 있는 기체의 열전도도에 따라 달라진다. 항상 두 개의 검출기를 짝지어 사용하며 한 개는 시료의 분리관에서 나오는 기체에 닿게 하고 다른 한 개는 시료가 포함되지 않는 기준관에 연결한다. 이러한 방법으로 연결하면 운반기체의 열전도도, 관의 압력 및 전력의 변화에 의한 영향은 상쇄되고 다만 시료가 들어 있는 효과만이 나타나게 된다. 수소와 헬륨의 열전도도는 대부분의 유기화합물보다 6~10배 정도 크므로 소량의 유기화합물 시료가 이들 기체 중에 포함되어 있으면 열전도도는 크게 감소되며 검출기의 온도는 증가한다. 질소와 이산화탄소의 열전도도는 유기물과 거의 비슷하므로 이들 기체를 운반기체로 사용할 때는 열전도에 의한 감도는 줄게 된다. 열전도도 검출기는 간단하고 견고하며 값이 싸고 시료를 파괴하지 않고 검출하는 장점이 있다. 하지만 다른 검출기에 비해서 감도가 낮은 단점이 있다.

• 불꽃 이온화 검출기

불꽃 이온화 검출기(flame ionization detector, FID)는 대부분의 유기물이 수소−공기 불꽃에서 연소될 때 전하를 띤 중간체가 생겨 불꽃을 통해 전류가 흐르게 되는데 이 전류를 측정하여 검출한다.

그림 14.14와 같은 장치를 이용하여 이온을 모으고 생성된 이온전류를 측정한다. 불꽃 중에서 탄화수소물이 이온화하는 현상은 확실하게 알려져 있지 않지만 생성된 이온의 수는 불꽃 중에서 환원된 탄소 수에 비례한다는 것이 알려져 있다. CO, CO_2, 카보닐,

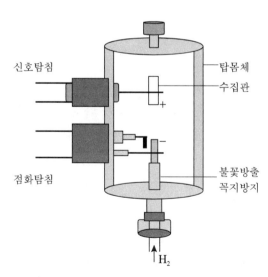

그림 14.14 대표적인 수소불꽃 이온화 검출기.

알코올, 아미노산과 같은 탄소의 산화물이 들어 있는 경우에는 약간의 이온만이 생성되거나 또는 전혀 이온을 생성하지 않는다.

일반적으로 수소 불꽃 검출기는 가장 널리 이용되며 가장 예민하고 넓은 농도 범위에 걸쳐 선형범위 감응을 하며 시료는 검출되는 동안 파괴된다.

- β—선 검출기

이 검출기는 분리관에서 용출되는 물질에 스트론튬-90 또는 삼중수소에서 방출하는 β-선이 닿을 때 운반기체인 아르곤은 β-선에 의해 들뜨게 된다. 들뜬 아르곤원자는 시료분자와 충돌하여 시료분자를 이온화시키고 이때 수소불꽃 검출기와 같은 원리로 이온전류를 측정하게 한다. 이 검출기는 매우 예민하며 시료를 파괴하지 않는 이점이 있지만 값비싼 아르곤을 운반기체로 사용하는 것이 단점이다.

⊃ 기체 크로마토그래피의 응용

이 크로마토그래피는 첫째 물질의 분리 수단으로 이용하며 복잡한 유기혼합물, 금속유기물, 생화학 물질 등을 훌륭하게 분리할 수 있다. 둘째는 분석을 완결하는 수단으로서 이용된다. 용리할 때 머무른 시간과 부피는 정성분석에 응용되며 용리봉우리의 높이와 면적은 정량분석에 이용된다. 근래에는 기체 크로마토그래피를 질량분석기, 자외선 분광기, 적외선 분광기, NMR 등과 연결시켜 사용하고 있다.

- 정성분석

기체 크로마토그래피는 유기화합물의 순도 측정에 사용할 수 있고 유기물에 불순물이 포함되어 있으면 불순물에 상당하는 봉우리가 나타나며 봉우리의 면적으로부터 그 함유량 정도를 알 수 있다. 또 물질의 정제에도 이용되며 이론상으로 머무른 시간은 혼합물의 성분을 확인하는 데 이용된다. 그러나 재현성 있는 머무름 시간을 얻기 위하여 여러 가지 실험조건을 일정하게 조절하는 것은 대단히 어렵다. 혼합물 중에 섞여있는 어떤 성분물질의 존재를 표준물질을 이용함으로써 쉽게 알 수 있다. 즉, 순수한 화합물을 시료에 첨가하면 혼합물의 크로마토그램에 새로운 봉우리가 나타나지 않아야 하며 그중 한 봉우리의 높이가 증가하게 된다. 다른 분리관과 다른 농도에서 조작하여도 결과가 같으며 그 결과는 더욱 신빙성이 높아진다.

• **정량분석**

분리관에 연결한 검출기에서 얻는 신호로부터 얻은 크로마토그램에서 봉우리의 높이나 면적으로부터 물질의 정량분석에 이용되며 이때 약 1 % 정도의 상대오차로 분석할 수 있고 분석한 값의 신뢰도는 검정선 작성에 소비한 노력, 조건의 조절 및 시료의 성질 등에 따라 결정된다.

정량분석에는 용리봉우리의 높이 또는 면적이 이용되며 봉우리의 높이는 측정하기 편리하지만 실험조건의 영향을 많이 받으므로 정확하지 않은 편이다. 용리봉우리는 용질의 머무른 시간이 클수록 더 퍼지고 낮게 되므로 유속은 특히 봉우리의 높이에 큰 영향을 준다. 또 봉우리의 높이는 특히 분리관의 온도 및 충전제의 조건에 의해 영향 받는다. 봉우리의 면적은 일반적으로 유속의 역수에 대해 직선적으로 증가하므로 이 조건에 대한 보정을 해주기도 한다. 두 화합물의 용리봉우리의 상대면적은 높이의 경우와 다르게 그리고 유속과 무관하게 일정한 값을 가진다. 봉우리의 면적은 일반적으로 기계적 또는 전자식 적분기로 측정하여 기록한다. 그리고 정밀한 분석결과를 요구할 때는 각 성분의 용리봉우리 면적은 그 성분의 표준물을 이용하여 보정해야 한다.

14.5 고성능 액체 크로마토그래피

기체 크로마토그래피는 그의 신속성과 감도 때문에 액체 크로마토그래피보다 널리 사용되고 있으나 화합물 중의 약 85 %는 기화되지 않고 이 방법에 의해 분리될 만큼 안정하지도 않기 때문에 액체 크로마토그래피가 많이 사용된다.

액체 크로마토그래피에서는 직경이 비교적 큰 관을 사용하고 중력이나 낮은 압력에 의한 낮은 유속을 사용하였다. 따라서 분리시간은 몇 시간씩 걸리며 수집된 분액들을 분석하는 데 시간이 많이 걸린다. 최근엔 축적된 크로마토그래피의 발달로 몇 분 이내로 분리와 정량을 할 수 있는 고성능 액체 크로마토그래피(high performance liquid chromatography, HPLC)의 방법과 장치가 개발되었다.

⊃ **원리**

전형적인 액체 크로마토그래피에서 정지상과 이동상에 용질의 분배 속도는 확산에 의해 주로 이루어졌다. 액체에 있어서 확산은 기체 확산에 비해 대단히 느리다. 확산과 관내에서 시료 성분이 작용기까지 또는 작용기로부터 이동할 때 필요한 시간을 최소로 하기 위해서는 두 가지 문제가 해결되어야 한다. 첫째는 충전 물질의 입자크기가 작고 충전 밀도와 최적의 균일성을 갖도록 균일하게 채워야 한다. 둘째는 액체 고정상이 얇고 균일한 피막의 형태로 되어야 한다. 전자는 van Deemter식에서 A 값을 작게 하고 후자는 C 값을 작게 한다.

몇 개의 관 지지체들이 최근에 시판되고 있다. 한 예로 duPont의 Zipax는 고체 중심부에 SiO_2의 얇은 다공성층으로 구성된 표면 다공성 지지체이다 다공성층은 비교적 열린 구조이고 흡착제의 얇은 피막(고정 액체상)은 여기에 균일하게 분산되어 있다. 일반적으로 Zipax 형태의 입자를 포함해서 몇 가지 형태의 입자가 고성능 액체 크로마토그래피에 사용된다. 이들 중에는 화학결합상 충전제도 있다. 미세한 다공성 입자는 교차결합 그물구조를 가지고 있다. 그들은 직경이 5~10 μm 이다. 작은 용질분자만이 정지상과 반응할 수 있는 기공에 접근한다. 큰 다공성 입자는 미세한 구멍 이외에 큰 구멍을 갖는다. 작은 구멍은 직경이 수백 Å 정도이며 입자의 직경은 60 μm 이상이다. HPLC의 효율은 수정된 van Deemter식을 사용하여 설명할 수 있다. B항은 이동상 속도가 매우 느린 경우를 제외하면 거의 0에 가깝다. 실험적으로 HPLC에서 이론단의 높이 H는 다음과 같다.

$$H = A + C \cdot u^{-n} \tag{14.49}$$

이 식에서 n은 0.3~0.6 정도인 상수이고, A항은 작고 상수에 가까워 무시할 수 있으므로 H는 $C u^{-n}$ 에 접근한다. 아주 낮은 속도에서 분자확산은 커지고 H는 약간 증가한다.

⊃ HPLC의 장치

미세한 분말을 충전한 관을 사용하여 더 빠르고 더 효율적인 분리를 하기 위하여 중요한 것은 압력과 이를 다룰 수 있는 특수 장치이다. 2~4 mm 직경과 10~50 cm 길이의 관에서 1~2 mL/min의 유속을 얻기 위해 100~3,000 psi의 압력이 필요하다. 80~90 % 정도의 HPLC에서는 1,200 psi 이하의 압력에서 실험된다. 어떤 폴리우레탄관에서는 대기압 정도의 낮은 압력이면 된다. **그림 14.15**에 고성능 액체 크로마토그래피 장치의 계통도를 나타냈다.

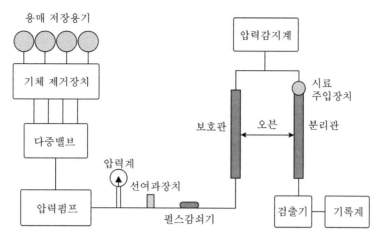

그림 14.15 고성능 액체 크로마토그래피의 기본구조.

• 이동상 공급계

이동상 공급계는 필요한 높은 압력을 얻기 위한 펌프와 단계적 용리를 할 수 있는 장치가 포함되어 있다. 용매저장실은 여러 가지 극성의 용매혼합물 또는 여러 가지 pH의 용액 또는 완충용액의 혼합물로 채워진다. 용매는 순수하고 기체가 녹지 않아야 한다. 따라서 HPLC 장치에는 기체 제거장치가 부착되어 있다. 그리고 HPLC에서는 분리효율을 높이기 위하여 기울기 용리법(gradient elution)을 이용한다.

기울기 용리법은 성질이 서로 다른 두 가지 또는 그 이상의 용매를 섞어서 연속적으로 용리액의 농도를 변화시키면서 용리하는 방법이고, 용매의 혼합비는 연속적으로 또

1. Benzene
2. Monochlorobenzene
3. Orthodichlorobenzene
4. 1,2,3,-tetrachlorobenzene
5. 1,3,5,-tetrachlorobenzene
6. 1,2,,4,-tetrachlorobenzene
7. 1,2,3,4,-tetrachlorobenzene
8. 1,2,4,5,-tetrachlorobenzene
9. Pentachlorobenzene
10. Hexachlorobenzene

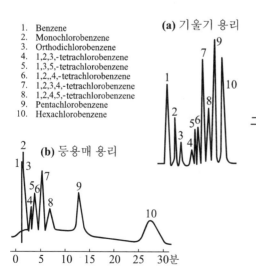

그림 14.16 기울기 용리법에 의한 분리효율의 개선.
· **시료와 시료량 :** 아이소프로필 알코올에 녹인 클로로벤젠 $5\mu L$
· **스테인리스 관 :** 1 m×2.1 mm(id), 충전물: 1 % permaphase® ODS
· **검출기 :** 자외선광도계(254 nm), 온도: 60 ℃, 압력 : 1,200 psi(84 atm)

는 단계적으로 정해진 프로그램에 의해 변화시킬 수 있다. 보통의 용리에서 한 가지 용매로 용리하는 등용매 용리법(isocratic elution)과 기울기 용리법에서 얻은 크로마토그램의 차이점을 **그림 14.16**에 나타냈다.

• 시료 주입계

일반적인 시료 주입계는 **그림 14.17**에서 보는 바와 같이 여섯 개의 밸브로 이루어진 스테인리스강의 링으로 되어 있다. 그중 하나는 분리관으로 향한다. 링 안에 있는 이동성 테이프론 원추는 세 개의 연결부를 가지고 있다. 그 연결부의 각각은 한 쌍의 외부와 연결되어 있다. 두 부분은 고정 부피나 기지의 외부 시료루프에 의해 연결된다. 한 배열에서 원추를 돌리면 용리액이 분리관으로 통하게 되고 루프는 시료로 채워진다. 원추를 30° 돌리면 루프는 이동상에 연결되고 시료는 분리관으로 들어간다. 몇 μL 의 시료가 6,000 psi의 압력까지 주입된다.

• 분리관

곧은 스테인리스강 관은 좋은 분리관이다. 분리관의 온도조절은 액체−고체 크로마토그래피에서는 항상 필요한 것은 아니다. 그러나 다른 형태(액체−액체, 이온교환, 크기배제)의 액체 크로마토그래피에서는 온도조절이 필요하다. 특히, 굴절계 같은 검출기는 온도변화에 민감하다. 분리관의 온도가 높을 때는 냉각 재킷을 분리관 끝과 검출기 사이에 달아서 이동상을 임의 온도까지 내려야 한다.

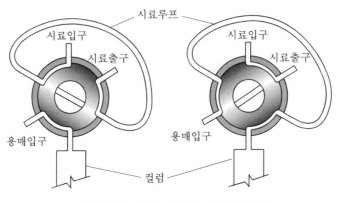

그림 14.17 HPLC 장치의 시료 주입부.

• 검출기

HPLC에서는 감도가 높은 검출기가 필요하다. 널리 사용되는 검출기는 굴절률 검출기와 자외선 검출기이다. 시차굴절계 검출기는 만능검출기라고도 하며, 이것은 용질이 용출액에 나타날 때 용리액의 굴절률 변화를 측정한다. 그러나 기울기 용리법에서는 효과적으로 사용할 수 없고 온도변화에 민감하고 $10 \sim 1$ ppm까지 검출할 수 있다. 이에 비하여 자외선 검출기는 더 예민해서 0.01 ppm까지 검출할 수 있다. 자외선 검출기는 온도에 민감하지 않고 비교적 값이 싸며 기울기 용리법에도 사용할 수 있다. 또 이 검출기는 많은 유기물에 민감하다. 대부분의 자외선 검출기는 몇몇 선택파장에서 흡광도를 측정할 수 있는 간단한 간섭필터 장치이다. 더 비싼 검출기는 특수파장을 선택할 수 있는 단색화장치이다.

형광검출기는 형광을 내는 유기물이 많지 않기 때문에 자외선 검출기보다 더 선택적이다. 주입부와 분리관, 분리관과 검출기 사이의 빈 공간이 최소가 되도록 장치를 배열해야 한다. 이렇게 해야 봉우리의 넓힘은 최소로 하고 분리 효율을 증가시킬 수 있다. 스테인리스강 모세관의 길이가 20 cm이면 분리관 수행에 지장 없이 분리관을 검출기에 연결할 수 있다. 검출기 부피는 띠넓힘 현상이 없도록 작아야 되며, 보통 $20~\mu L$ 미만이다. 가연성 유기용매는 높은 압력과 밀폐된 공간에서 사용되기 때문에 안전장치가 있어야 한다.

⊃ HPLC용 분리관 물질의 선택

고성능 액체-고체 흡착 크로마토그래피, 액체-액체 분배 크로마토그래피, 분자 배제 크로마토그래피 및 이온교환 크로마토그래피 등이 이용된다. 분리관을 만들 때 사용하는 물질의 선택과 분리관의 준비에 관한 일반 규칙을 설명하면 다음과 같다.

• 분리관 준비

지지체는 사용 전에 오븐에서 건조하고, 고체흡착제는 가열하여 활성화시킨다. 보통 지지체나 흡착제의 입자가 작을수록 분리효율이 높고 필요한 압력도 크다. 분리관 내의 정체부분을 줄이기 위해 지지체의 충전상태가 균일해야 한다. 즉, 지지체의 구멍은 정지상으로 완전히 채워져야 한다. 규조토에서는 $35 \sim 40$ %를 피복한다. 고체흡착제는 기체 크로마토그래피에서와 같이 건조하여 충전한다. 충전한 후 이동상을 약 2시간 동안 0.5 mL/min의 유속으로 흘려주어, 분리관을 통해 공기를 몰아내고 흡착제 이동상과 평형을 이루게 한다. 높은 압력과 빠른 속도에서는 지지체에서 정지상 액체를 기계적으로 제거하는 경향이 있다. 예를 들면 duPont에서 생산된 permaphase이다.

• 지지체의 선택

액체 크로마토그래피에서 여러 가지 지지체 물질들이 사용된다. Corasil, Zipax 또는 실리카 젤 같은 물질은 액체－액체의 지지체로 사용된다. 극성액체는 비극성 이동상과 같이 정지상으로 사용된다. 비극성 정지상이 사용되면(역상 액체－액체 크로마토그래피) 지지체를 건조용기에서 며칠간 클로로실란 증기에 노출시켜 실란화하고 알코올로 씻는다.

• 이동상의 선택

정지상과 이동상을 잘 선택하거나 단계적 용리 과정을 쓰면 고성능 액체 크로마토그래피법으로 대부분의 혼합물을 분리할 수 있다. 이때 중요한 문제는 적당한 이동상을 선택하는 것이다. 대부분의 경우 이는 실험적으로 결정된다. 액체－액체(분배)와 액체－고체(흡착) 과정은 흡착 용해도에 영향을 주는 것은 극성이므로 극성 차이에 따라 분리된다. 액체－액체 분배는 용질의 분자량 차에 따라 대단히 민감하게 영향을 받고 많은 수의 동족 계열의 물질을 분리하는 데 좋다. 한편 흡수 과정은 입체효과에 민감하고 입체구조가 다른 유사화합물의 분리에 좋다. 실험적으로 흡착 크로마토그래피는 분배의 경우보다 이용하기 쉽고 이는 극성 범위가 큰 화합물 분리에 좋으며 분배 크로마토그래피는 극성 범위가 미세한 화합물의 분리에 좋다. 보통 흡착 크로마토그래피는 여러 가지 혼합물의 일차적인 큰 규모 분리를 하는 데 이용되고 분배 크로마토그래피는 마지막 분리에 이용된다. 분배 크로마토그래피를 사용할 때 흡착제는 항상 일정해야 하고 용리액의 극성은 용리가 끝날 때까지 증가한다. 극성을 증가하기 위해 사용되는 용매 중 극성의 크기순서는 다음과 같다.

(헥세인, 헵테인, 석유이써) < 사이크로헥세인 < 트라이클로로헥세인 < 톨루엔 < 다이클로로 메테인 < 클로로포름 < 에틸 < 에틸이써 < 에틸아세톤 < 아세톤

< 프로판올 < 에탄올 < 물

일반적으로 극성이 큰 물질은 분배 크로마토그래피를 사용하여 잘 분리된다. 한편 극성이 대단히 적은 물질은 흡착 크로마토그래피를 사용하여 분리한다. 이런 극단적인 물질이 아닌 것은 어느 과정을 택해도 된다. 화합물의 극성은 대략 다음과 같은 순서를 갖는다.

탄수화물과 그 유도체 < 산소화된 탄수화물 < 양성자 주게 < 이온 화합물

단계적 용리 분석이 이루어지려면 간단한 실험을 하여 용매의 극성 범위를 선택한다. 실리카 젤의 액체−고체 크로마토그래피에서 중간 정도의 극성을 갖는 용매로 용리할 때 용질 10 mL 용액은 2∼3 g의 실리카젤과 평형을 이룬다. 용매에 남은 용질의 농도는 무게분석법으로 분석된다. 예를 들면 무시될 만큼의 용질이 제거되면 아세트산에틸과 같은 극성이 약간 적은 용매에서 용리된다. 만약 과량이 제거되면 극성이 더 큰 이동상, 예를 들어 알코올을 용리액으로 사용한다. 이 과정에서 이동상에 있는 모든 용질을 이동하는 데 필요한 최소 극성용매가 결정될 수 있다. 이것은 단계적 용리 실험에서 최종 용매가 될 것이다. 단계적 용리 실험에서 최초 용매는 시료를 녹이나 실리카 젤에 완전히 흡착시키는 가장 비극성인 용매이어야 한다. 분리관 흡착제를 사용할 때 얇은 막 크로마토그래피는 주어진 혼합물 성분을 분리하는 가능한 용매계를 확산시키는 데 사용될 수 있다.

액체−고체 크로마토그래피 사용에서 생기는 문제는 분리관을 재현성 있게 하기 위해 활동도나 흡착력을 일정히 유지하는 것이다. 이것은 물과 같은 극성이 큰 용매를 일정농도 이동상에 가해서 이루어질 수 있다. 이것은 충전 시 활성자리에 더 잘 흡착된다. 분배 크로마토그래피에서는 극성 정지상과 비극성 정지상이 보통 사용된다. 위에서 언급한 것처럼 비극성 정지상의 사용은 역상 크로마토그래피로 알려져 있다. 정지상의 극성을 변화시킴으로 액체−액체 계는 극성이나 비극성물질에 선택적으로 될 수 있다. 액체 크로마토그래피는 분자량이 크고 극성이 큰 화합물의 분리와 분석에 이용된다.

그림 14.18은 보통 액체 크로마토그래피와 HPLC에 의해 분리한 크로마토그램의 분리효율의 차를 보여준다. HPLC에서는 μg 정도의 시료면 충분하다. 액체 크로마토그래피는 얇은 막 크로마토그래피보다 분리능이 3∼10배 정도 더 크다.

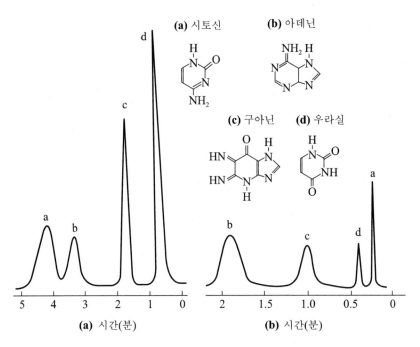

(a) 시토신 (b) 아데닌

(c) 구아닌 (d) 우라실

(a) 시간(분)

(b) 시간(분)

그림 14.18 핵산의 분리. (a) HPLC의 크로마토그램. 관 충전제: Zipax(양이온교환),
(b) 일반적인 이온교환 크로마토그래피 용리곡선.

분자 배제 크로마토그래피

분자 배제(molecular exclusion) 크로마토그래피는 정지상을 분자체(molecular sieve)를 사용하는 크로마토그래피의 일종이다. 이들은 중합체 사슬이 횡단 연결에 의해 생기고 열린 그물구조를 탄수화물과 아크릴아마이드의 중합체이다. 그들은 친수성이고 흡수성이 있어 팽윤하기 때문에 그의 구조가 열린다.

횡적 연결도가 구멍의 크기를 결정한다. 팽윤된 젤의 가장 큰 구멍보다 용매화된 분자가 더 크면 젤 입자를 투과할 수 없다. 따라서 큰 분자는 각 입자 사이의 공간을 통해 분리관을 곧바로 통과한다. 그러나 작은 분자들은 입자에 있는 열린 그물구조에 그 분자의 크기와 모양에 따라 서로 다르게 침투될 것이다. 따라서 지연정도가 달라지고 분자크기가 감소하는 순서로 느리게 용리될 것이다. 크게 팽윤되는 젤은 큰 분자량(일반적으로 고분자 물질)의 물질들을 분리하는 데 사용되고 팽윤도가 적어 치밀한 젤들은 분자량이 적은 화합물의 분리에 이용된다. 이 크로마토그래피는 생화학자들에게는 젤 거르기 크로마토그래피(gel filtration, 이동상: 물), 고분자화학자들에게는 젤 투과 크로마토그래피(gel permeation, 이동상: 유기용매)란 어휘가 바람직하다. 이 방법은 중합체의 분자량 분포를 얻을 수 있고 단백질, 효소, 펩타이드, 핵산, 홀몬, 다량체 등을 분리할 수 있다.

배제한계는 젤의 겨우 투과하여 지체될 수 있는 그 분자의 분자량을 말한다. 이것은 젤에 따라 분자량 1,000에서 수백만까지의 범위를 가진다. 분리는 분자량뿐만 아니라 분자의 크기와 배열에 따라 이루어진다. 그러나 일반적으로 배제한계보다 작은 분자들은 어떤 한계크기로 분류할 수 있다. 젤들은 사용하는 용매와 용매의 흡수력에 따라 몇 시간에서 하루 또는 그 이상 평형을 시켜야 한다. 고분자 물질을 분리시키는 데 사용되는 느슨한 횡적 연결을 갖는 젤들은 담가두는 기간이 더 걸린다. Sephadex는 단백질의 분리에 사용되는 분자체 물질이다. 이것은 중합체 사슬에 −OH기가 있는 중합 탄수화물이기 때문에 상당히 극성이 크며 물을 흡수한다. 제조할 때 횡적 연결도를 잘 조절하여 여러 가지 크기와 배제한계를 갖는 젤을 만든다. 이는 팽윤될 때 젤이 흡수한 물질의 양을 의미한다. Sephadex G−10은 1 mL/g dry gel의 물을 흡수하는 젤이고 Sephadex G−200은 20 mL/g dry gel의 값을 갖는다.

몇 가지 종류의 Sephadex 젤과 분자의 분류범위는 **표 14.4**에 나타냈다.

이들 젤은 물에 녹지 않고 염기와 약한 산 또는 산화−환원제에도 안전하다. 0.1 M의 진한 염산에서는 점점 젤 구조가 분해된다. 젤은 물 이외의 다른 용액에서 팽윤되기

표 14.4 Sephadex gel

Sephadex의 형태	재흡수량 gH$_2$O/g dry	입자부피 mL/g dry	펩타이드와 단백질의 분리범위 MW
G−10	1.0±0.1	2~3	700 이상
G−15	1.5±0.2	2.5~3.5	1,500 이상
G−26	2.5±0.2	4~6	1,000~5,000
G−50	5.0±0.3	9~11	1,500~30,000
G−75	7.5±0.5	12~15	3,000~70,000
G−100	10.0±1.0	15~20	4,000~150,000
G−150	15.0±1.5	20~30	5,000~400,000
G−200	20.0±2.0	30~40	5,000~800,000

때문에 이들 용매를 사용할 수 있다. 이들 용매로는 포름아마이드, 다이메틸설폭사이드 및 글리콜 등이 있다. 용매 흡수량은 물 흡수량과 다르다. 그들은 메탄올, 에탄올 또는 빙초산과 같이 사용할 수 없다. 그러나 중합체에 있는 어떤 –OH기를 프로필기로 알킬화 한 젤은 친수성과 같이 친유기성으로 되고 수용성 극성 유기용매에서 팽윤된다. 이런 젤을 Sephadex LH–20이라 하고 메탄올, 에탄올, $n-$ 부탄올, 아세톤, 에틸아세테이트, 염화메틸렌, 테트라하이드로푸란, 톨루엔 또는 그들의 혼합물에서 사용된다. 이들은 센 산 이외의(pH=2 이하) 모든 용매에서 안정하며 강력한 산화제에서는 불안정하다.

Sephadex LH–20은 염화메틸렌, 메탄올을 섞은 용매에서 지질(lipids)들의 분리와 정제 그리고 추출에 사용된다. Sephadex LH–20은 극성용매를 많이 흡수하며 분배 크로마토그래피에서 서로 섞이지 않는 이동상에서 정지상으로 사용할 수 있다. 이동상으로는 극성용매를 사용할 수도 있다. 그러나 이 경우에는 분리 메카니즘의 설명이 비극성 이동상에서보다 어렵다.

바이오–젤은 폴리아크릴아마이드로 이루어진 화학적으로 안정한 분자체의 일종이다. 이들은 물과 일반용매에 녹지 않으며 pH 2~11 범위에서 사용된다. 이 불활성 젤은 극성물질의 흡착 가능성을 감소시킨다.

Styragel은 염화메틸렌, 톨루엔, 트라이클로로벤젠, 테트라하이드로푸란, 크레졸, 다이메틸설폭사이드 같은 순수한 비수용액 분리에 사용되는 폴리스타이렌 젤이다. 이것

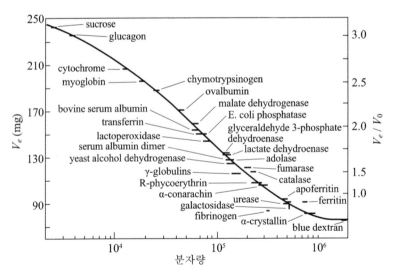

그림 14.19 pH 7.5에서 Sephadex LH—20 관에서 단백질의 분자량에 따른 용리부피.

의 배제한계를 갖도록 준비할 수 있다. 분자체는 진한 염 용액에서 단백질을 분리하는 데 사용될 수 있다.

Sephadex 25와 같이 낮은 배제한계를 갖는 젤은 염들을 잡고 단백질은 곧 통과시킨다. 분리될 단백질 혼합물은 **그림 14.19**에서 보는 것과 같이 다양하다.

여기서는 Sephadex G-20 관으로 단백질의 분자량에 따라 용리부피가 다름을 나타내었다. 작은 배제한계를 갖는 젤에서 유사한 평행곡선 군을 얻는다. 유사화합물에서 넓은 범위의 분자량을 갖는 단백질의 용리 부피는 다음 식으로 주어질 수 있다.

$$V_e = a + b\ \log(MW)$$

이 식에서 a와 b는 각 분리관에서 측정되는 상수이다. 분자 배제 크로마토그래피의 구조는 여러 이론으로 설명된다. 분리관을 통해 용질의 통과속도는 이동상에서 소모한 분자의 시간에 비례한다. 이 시간은 이동상과 정지상의 부피로 측정되며 특정 용질의 분배계수에 의존된다. 방해효과 설에서 젤 입자와 틈새 액체간의 용질분자의 분배는 전적으로 방해효과로 생각된다. 분자가 작을수록 구멍으로 침투되는 정도는 증가한다.

방해효과 설은 흡착효과, 즉 젤 기질과 용질 간의 친화력을 생각하지 않았다. 물을 흡수하는 성질이 적은 젤(팽윤이 적은)에서는 흡착효과가 방해효과만큼 크다.

14.6 이온교환 크로마토그래피

이온교환 크로마토그래피는 특히 무기이온, 즉 양이온과 음이온의 분리에 적당하다. 이때는 정지상에서 이온교환이 일어난다. 이 방법은 아미노산의 분리에도 유용하게 사용된다. 이온교환 크로마토그래피에서 사용하는 정지상은 divinylbenzene으로 교차결합된 스타이렌 중합체로 된 입자로 되어 있고 이들 중합체(수지)는 페닐기가 사슬에 붙어있고 이것은 이온기능기를 쉽게 붙일 수 있다. 분석에서 사용되는 이온교환수지는 기본적으로 4가지 형태가 있으며 이들을 **표 14.5**에 종합했다.

⤵ 양이온 교환수지

수지의 방향족 고리에는 산성 기능기가 붙어있는데 센 산성 양이온 교환체는 $-SO_3H$

표 14.5 이온교환수지의 형태

교환체(수지)의 형태	교환기	상품명
센 산성 양이온교환	$-SO_3H$	Dowex 50, Amberlite IR 120, Ionac CGC-240, Rexyn 101, Permutit Q
약한 산성 양이온교환	$-CO_2H$	Amberlite IRC 50, Ionac CGC-270, Rexyn 102, Permutit H-70
센 염기성 음이온교환	4차 암모늄 이온	Dowex 1, Amberlite IRA 400, Ionac AGA-542, Rexyn 201, Permutit S-1
약한 염기성 음이온 교환	아민기	Dowex 3, Amberlite IR 45, Ionac AGA-316, Rexyn 203. Permutit W

와 같은 센 산성기가 붙어있고 약한 산성 양이온 교환체는 부분적으로 이온화하는 카복실산기, $-CO_2H$가 붙어 있다. 이들 교환수지의 양성자는 다른 양이온과 교환될 수 있다.

$$n\mathrm{RSO_3^- H^+} + \mathrm{M}^{n+} \rightleftharpoons (\mathrm{RSO_3})_n\mathrm{M} + n\mathrm{H^+} \tag{14.50}$$

$$n\mathrm{RCO_2^- H^+} + \mathrm{M}^{n+} \rightleftharpoons (\mathrm{RCO_2})_n\mathrm{M} + n\mathrm{H^+} \tag{14.51}$$

여기서 R은 수지의 본체를 나타낸다. $[\mathrm{H^+}]$이나 $[\mathrm{M}^{n+}]$을 증가시키거나 감소시키면 평형은 왼쪽이나 오른쪽으로 이동한다. 양이온 교환수지는 항상 $\mathrm{H^+}$형으로 공급되지만 그들은 소듐염으로 처리하여 $\mathrm{Na^+}$형으로 바꿀 수 있다. 그리고 $\mathrm{Na^+}$는 다른 양이온과 교환반응을 한다. 수지의 교환능은 수지의 단위 무게나 부피당 치환될 수 있는 수소의 전체 당량수이다. 이는 수지의 고정이온기의 수와 세기에 의해 결정되고 이것은 용질머물기에 영향을 주며 큰 교환능의 교환체는 복잡한 혼합물 분리에 주로 사용된다. 약한 산성 양이온 교환수지는 사용되는 pH가 5~14로 규제되며 센 산성 수지에서는 사용 pH가 1~14이다. 낮은 pH에서는 약한 산성 교환체는 양성자를 붙잡고 있으므로 교환이 일어나지 못한다.

또한, 약한 산성 양이온 교환체는 매우 약한 염기의 양이온을 완전히 제거하지 못하지만 센 산성 수지는 완전히 제거한다. 약한 산성 수지는 단백질이나 펩타이드와 같은 센 염기 또는 다기능 이온성 물질에 일반적으로 사용된다.

⊃ 음이온 교환수지

염기성의 OH^- 이온이 음이온 교환수지에 붙어 있어 다른 음이온을 교환할 수 있다. 이들은 센 염기(4차 암모늄기)이거나, 약한 염기(아민기)이다. 교환반응은 다음과 같이 표시할 수 있다. 센 염기성 교환체는 pH 0~12에서 사용되고, 약한 염기성은 pH 0~9에서 사용된다.

$$nRN(CH_3)_3^+OH^- + A^{n-} \rightleftharpoons [RN(CH_3)_nA + nOH^- \tag{14.52}$$

$$nRNH_3^+OH^- + A^{n-} \rightleftharpoons (RNH_3)_nA + nOH^- \tag{14.53}$$

• 교차결합

수지의 교차결합이 많으면 많을수록 선택성의 차가 크다. 교차결합의 크기는 divinylbenzene의 함유량 %로 제조회사에서 표시한다.

일반적으로 교차결합이 많을수록 수지의 강도가 증가하고 팽윤과 다공성 및 수지의 용해도는 감소한다. 일반적으로 중간 정도의 다공성 물질은 분자량이 적은 이온 화학종에 사용되고 다공성이 큰 물질은 고분자량 이온화학종에 사용된다. 일반적으로 8~10 %의 교환결합이 사용된다.

⊃ 아미노산의 pH-분리효과

많은 이온의 형태는 용리액의 pH에 영향을 받는다. 금속이온의 가수분해와 약한 산과 약한 염기의 염은 pH 조절에 의해 용리에 영향을 받는다. 약한 산은 산성 용액에서는 해리되지 않으므로 교환반응이 일어나지 않을 것이다. 약한 염기는 염기성 용액에서 해리되지 않으므로 교환반응이 일어나지 않을 것이다. 아미노산을 분리하는 데는 용리액의 pH 조절이 특히 중요하다. 아미노산은 양쪽성 물질이며 세 가지의 가능한 형태가 있다.

$$
\begin{array}{ccccc}
R-CH-CO_2H & & R-CH-CO_2^- & & R-CH-CO_2^- \\
| & \xrightleftharpoons{+H^+} & | & \xrightleftharpoons{-H^+} & | \\
NH_3^+ & & NH_3^+ & & NH_2 \\
\textbf{(a)} & & \textbf{(b)} & & \textbf{(c)}
\end{array}
$$

여기서 (b)형은 쯔비터(zwitter) 이온이라고 하며 아미노산의 등전점(isoelectric point)에 해당하는 pH에 주로 존재한다. 등전점은 분자에서 알짜전하(net charge)가 0이 되는 pH이다. 등전점보다 더 산성 용액에서는 $-CO_2^-$ 기가 양성자를 받아 (a)형의 양이온이 되며 알칼리성 용액에서는 $-NH_3^+$ 기가 양성자를 잃고 (c)형과 같은 음이온이 형성된다. 등전점 pH는 아미노산마다 다르다. 따라서 등전점에 기초를 둔 아미노산 분리는 pH 조절에 의해 가능하다. 주어진 pH에서 아미노산은 음이온과 양이온 교환수지관을 연속적으로 통과시키면 세 부분으로 분리할 수 있다. 전하가 없는 쯔비터 이온은 두 분리관을 통해 통과될 것이고 양이온 교환수지에서는 음이온이, 음이온 교환수지에서는 양이온이 통과될 것이다. 부분분리는 pH를 변화시키면 더 세분화 할 수 있다.

음이온 교환수지에 의한 금속이온의 분리

많은 금속이온은 착이온을 만들므로 음이온 교환수지관에서 분리할 수 있다. 착화제에는 Cl^-, Br^-, F^-와 같은 음이온이 있고 많은 착화제는 약한 산 또는 약한 염기이거나 그들이 염이기 때문에 pH에 따라 크게 영향을 받는다. 금속이온은 음이온 교환수지관에 의해 성공적으로 분리할 수 있다. 착화제의 산을 가해 금속이온을 음이온성 착이온으로 만든다. 진한 염산은 많은 금속과 음이온성 염화 착이온을 만들어 4차 암모늄 음이온 교환수지관에서 흡착된다.

이온교환 크로마토그래피의 응용

이온교환 크로마토그래피법은 물질의 분리에 주로 이용되지만 물질의 정제와 농축 등에도 이용된다.

• 물질의 정제와 농축

이온교환 크로마토그래피에 의한 물질의 정제의 예로써 가장 중요한 응용의 하나는 물의 탈 이온화이다. 센 산성의 양이온과 센 염기성 음이온 교환수지에 물을 통과시키면 물속에 들어 있는 $CaCl_2$와 같은 염의 Ca^{2+} 이온은 2개의 H^+와 교환되고 2개의 Cl^- 이온은 2개의 OH^-와 교환되어 제거시킬 수 있다. 이렇게 하여 몇 메가옴(mega ohm)의 저항을 갖는 순수한 물을 얻을 수 있다. 그러나 유기성분은 제거되지 않으며 이를 제거하기 위해서는 활성탄 관을 통과시켜 제거해야 한다.

이온교환 크로마토그래피에 의한 물질의 농축은 매우 낮은 농도로 존재하는 이온성 물질은 이온교환 수지관에 그들을 모아 농축할 수 있다. 이온교환 수지를 이용하여 해수에 있는 흔적 정도로 있는 원소를 분리 농축할 수 있다.

• 분석목적을 위한 분리

이온교환 크로마토그래피의 중요한 응용은 분석목적을 위한 분리에 있다. 대표적인 예로써 할로겐화이온은 Dowex-2 수지통에서 pH 10.4의 1.0 M NaNO$_3$ 용리액으로 용리하면 F$^-$, Cl$^-$, Br$^-$, I$^-$ 순으로 용리되어 분리된다. 알칼리금속은 Dowex-50이나 Amberlite IR-120의 센 산성 양이온 교환수지에서 0.7 M HCl로 용리하면 Li$^+$, Na$^+$, K$^+$의 순서로 분리되며 H$^+$이온이 용리액으로 작용한다. 알칼리 토금속의 Ca^{2+}, Sr^{2+}, Ba^{2+}이온은 Dowex-50 수지관에서 1.2 M ammonium lactate를 용리액으로 사용하면 원자량 순서대로 용리되어 분리할 수 있다.

⊃ 이온 크로마토그래피

이것은 이온교환 크로마토그래피를 고성능으로 개선시킨 것이다. 장치는 근본적으로 HPLC와 동일하지만 분리관은 이온교환 수지를 사용한다. 여기서 검출방법으로는 전도도 검출기를 사용한다. 전도도는 용액 중에 이온들의 공통 성질이므로 이 방법은 모든 이온들에 대해 예민하다.

그림 14.20은 음이온 혼합물을 분리하여 전도도로 검출하는 음이온 크로마토그래피의 기본 개념을 도시한 것이다.

그림(a)에서 KNO$_3$ 및 CaSO$_4$을 함유한 시료를 분리관(CO$_3^{2-}$형의 음이온교환 관)에 주입하여 Na$_2$CO$_3$로 용리했다. NO$_3^-$와 SO$_4^{2-}$는 수지와 평형을 이루고 CO$_3^{2-}$용리에 의해 천천히 대치된다. K$^+$ 및 Ca^{2+}와 같은 양이온들은 머물지 않고 그냥 씻겨서 통과된다. 일정한 시간 후에 Na$_2$NO$_3$와 Na$_2$SO$_4$는 그림(a)의 위쪽 그래프에 도시된 바와 같이 첫 번째 칼럼으로부터 용리된다. 용매는 고농도의 Na$_2$CO$_3$을 함유하고 그 높은 전도도는 분석성분 화학종의 전도도와 혼돈되기 때문에 이들 화학종은 쉽게 검출되지 않는다. 다음에 용액은 H$^+$형의 양이온 교환체인 억압관을 통과한다. 모든 음이온은 그

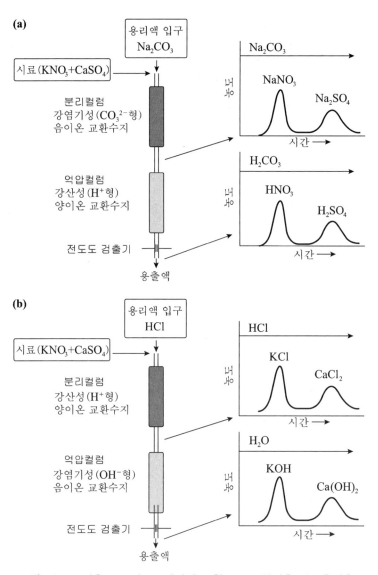

그림 14.20 이온 크로마토그래피의 모형도. (a) 양이온, (b) 음이온.

냥 씻겨서 통과되고 양이온은 H^+이온으로 대치된다.

그림(a) 아래쪽 그래프처럼 이때의 용출액은 HNO_3, H_2SO_4, $H_2CO_3(H_2O + CO_2)$ 를 함유한다. 질산과 황산은 높은 전도도를 가진 강전해질이지만 탄산은 매우 약하게 해리되며 전도도에 기여하는 것도 작다. 여기서 분석성분인 음이온들은 쉽게 검출될 수 있다. 그림(b)는 양이온 크로마토그래피에 대한 비슷한 조작을 보여주고 있다. 동일한 시료를 H^+형 양이온 교환관에 주입하여 HCl로 용리했다. K^+ 및 Ca^{2+}은 HCl의

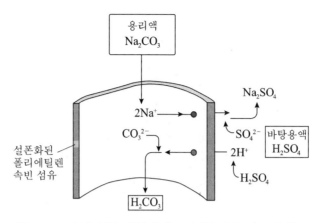

그림 14.21 속빈 섬유 억압장치는 바탕용액의 H^+와 용출액의 Na^+를 이온교환시키기 위해 양이온 교환막을 사용한다.

센 바탕으로 된 분리관에 도달한다. 억압관은 HCl을 OH^-로 중화시켜 H_2O를 생성해 전도도를 낮추고, 양이온들은 OH^-와 함께 전도도가 높은 상태로 용리된다. 불용성의 OH^-를 형성하는 양이온들은 검출할 수 없기 때문에 이 기술은 음이온 크로마토그래피보다 더 제한받는다.

이온 크로마토그래피의 한 가지 제약점은 억제칼럼의 이온교환 용량이 용리액에 의해 신속히 소비되어 분리관의 낮은 농도 용출액과 함께 사용한다. 억압관을 속빈 이온교환 섬유로 대치시켜 더욱 개선한 것을 **그림 14.21**에 나타내었다. 용출액이 분리관으로부터 빠져 나올 때 이온교환막으로 만들어진 합성 모세관 섬유를 통과한다. 그림에서 양이온은 자유롭게 통과시키지만 음이온은 막으로부터 배제시키는 설폰산기($-SO_3^-$)가 막에 붙어 있다. 용출액 중의 음이온은 모세관 섬유 안쪽에 머물지만 양이온(Na^+)은 속빈 섬유둘레의 욕조 매질 중에서 H^+와 교환된다. 이와 같은 수단에 의해 속빈 섬유 내부에서 Na_2CO_3는 H_2CO_3로 전환된다. Na_2SO_4는 속빈 섬유 바깥쪽으로 흐르는 욕조 매질과 함께 씻겨 내려간다.

그림 14.22는 이온 크로마토그래피의 강력한 분리능을 보여주고 있다. 이온 크로마토그래피의 분명한 제약점은 전도도 측정을 위한 이온성 용리액의 억제가 어렵다는 점이다. 가장 일반적인 음이온들은 강한 자외선 흡광도를 나타내지 않으므로 액체 크로마토그래피에 사용되는 재래식 분광광도법 검출기로 검출할 수 없다.

간접 분광광도법에 의해 흡광도가 없는 음이온들을 검출하여 용리액의 억제 필요성

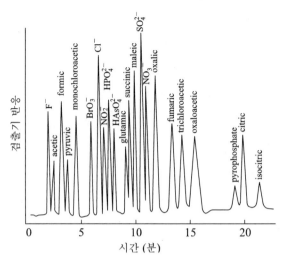

그림 14.22 음이온 크로마토그래피의 분리능을 나타내는 크로마토그램.

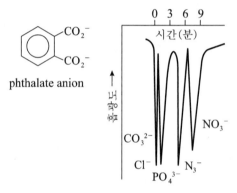

phthalate anion

그림 14.23 투명이온의 간접 분광법에 의한 검출. 1mM sodium phthalate와 pH=10인 borate buffer 1mM로 용리함.

을 줄이는 재치 있는 방법이 **그림 14.23**에 도시되었다. 이 방법에서는 용리액으로 사용하는 방향족의 음이온, phthalate를 용리액으로 사용한다. 이 phthalate 이온은 자외선을 강하게 흡수하기 때문에 일정한 자외선 흡광도를 갖는다. 만약 분리하고자 하는 음이온들이 phthalate와 이온교환 되어 관에서 빠져 나올 때 각 분석하려는 음이온의 당량에 해당하는 양만큼의 phthalate 이온이 교환되어 관에 머물게 되고, 분석하려는 음이온이 교환되어 용출된다.

따라서 분석하려는 음이온의 양에 해당하는 정도로 자외선 흡광도가 감소하게 된다. 따라서 자외선 검출기는 분리관의 아래에서 분석성분의 감소된 흡광도로부터 검정선을 작성하여, 이것으로부터 간접적으로 음이온을 분석할 수 있다.

14.7 평면 크로마토그래피

얇은 막이나 종이를 사용하는 평면 크로마토그래피가 있다. 이때는 정지상이 평면으로 되어있고 자체-지지체 또는 유리, 플라스틱, 금속판 위에 지지되어 있는 얇은 물질 층으로 되어있다. 이동상으로 사용하는 용매는 모세관 작용을 통하여 때로는 중력이나 전기적 전위의 도움을 받아 정지상을 통하여 이동한다. 역사적으로 거름종이를 정지상으로 사용하는 종이 크로마토그래피는 19세기 중반에 처음으로 사용되었다. 그러나 이 방법이 물질 분리법으로서의 유용성을 평가받게 된 것은 1940년대 후반부터였다.

얇은 막 크로마토그래피(thin layer chromatography, TLC)에서는 정지상이 유리판 위의 표면에 도포된 혹은 도포되지 않고 가는 분말의 얇은 막으로 구성되었고, 1928년에 처음으로 소개된 방법이지만 오늘날에는 가는 유리관에 실리카 젤을 얇게 도포시켜서 사용하기도 하며 여기에서 분리된 성분은 불꽃이온화 검출기로써 자동적으로 검출되어 크로마토그램을 얻을 수 있도록 자동화된 것도 가능하다.

현대의 대부분의 평면 크로마토그래피는 얇은 막 크로마토그래피에 바탕을 두고 있으며 이것은 분석시간이 빠르고 분해능이 좋은 것으로 알려졌다.

⊃ 얇은 막 크로마토그래피의 원리

TLC의 정지상과 이동상의 종류, 응용 면에서는 이론적으로 액체 크로마토그래피와 대단히 비슷하다. 실제로 TLC는 액체 크로마토그래피에서 분리의 최적조건을 개발하는 데 유용하게 응용할 수 있다. TLC의 빠른 용리속도와 낮은 비용은 대단히 큰 장점이다. TLC는 제약업계에서 중요 생산품의 순도측정 및 임상의학, 생화학, 생물체 연구, 화학공장의 실험실에서 널리 쓰이고 있다.

TLC의 고체 정지상 입자는 액체 크로마토그래피의 대부분의 충전제와 비슷한 형태이고 보통 얇은 막으로 도포된 전개판에 휘발성 용매에 녹인 $0.1 \sim 1 \ \mu g / \mu L$ 정도의 묽은 용액시료를 소량 묻힌다. 모세관이나 마이크로피펫으로 시료 한 방울을 전개판의 끝에서 $1 \sim 2 \ cm$ 지점에 점적한다. 점적이 끝나면 그 위치를 표시하고 용매를 증발시킨 후에 이것을 이동상 용매가 들어있는 전개장치 속에 시료의 위치가 용매에 잠기지 않도록 위치시킨다. 이렇게 하면 모세관 현상에 의하여 이동상이 흐르게 되어 크로마토그램을 전개한다. 이때 전개과정은 액체 크로마토그래피의 분리칼럼에서의 용리단계와 비슷하다. 전개가 완료되었다고 판단되면 이동상의 흐름을 정지하고 용매흐름의 최고점을 표시한 다음 꺼내어 용매를 증발시킨 다음에 분리된 성분의 위치를 확인한다.

분리된 각 성분의 위치를 확인하는 방법은 일반적으로 성분의 위치가 눈에 보이도록 발색시약을 전개판에 분무하는 간단한 방법이 가능할 때가 있다. 이 경우에는 분리되어 발색된 지점을 떼어내어 적당한 용매에 녹이고 이것을 적당한 분석방법으로 정량한다. 이보다 좀 더 자동화된 방법으로는 분석성분이 유기물질일 경우 불꽃이온화 검출기와 같은 적당한 검출기로 검출하여 크로마토그램을 직접 얻을 수도 있다.

그림 14.24에 TLC에 의해 크로마토그램을 얻는 방법을 나타냈다.

• TLC의 머무름 인자, 용량인자 및 분해능

여기서도 크로마토그래피의 이론과 관계식이 약간만 수정하면 TLC에서의 머무름 시간이나 머무름 부피에 상당하는 것을 머무름 인자(지연인자), R_f 로 표시한다. 이것은 다음과 같이 나타낸다.

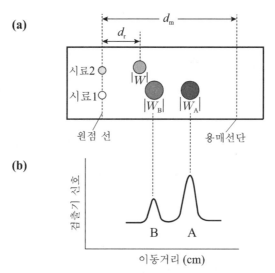

그림 14.24 TLC에 의한 크로마토그램. (a) 전개판에 분리된 성분의 위치, (b) 검출기에 의한 크로마토그램.

$$\mathrm{R_f} = \frac{d_r}{d_m} \tag{14.54}$$

여기에서 d_m 과 d_r 은 시료의 점적위치로부터 측정한 이동상의 흐름거리와 성분의 흐름거리이다.

만약 성분의 발색된 모양이 대칭이 아니라면 d_r 은 극대세기의 위치까지 측정한 거리이다. TLC에서도 전개판의 효율을 $\mathrm{H} = \sigma^2/\mathrm{L}$ 로 정의할 수 있다. σ^2 은 길이 단위의 변수이다. d_r 까지 거리를 관 크로마토그래피에서 관의 길이로 생각하면 단의 높이 H 는 다음과 같다.

$$\mathrm{H} = \sigma^2/d_r \tag{14.55}$$

따라서 길이, d_r 에 들어있는 단의 수는 d_r/H 이고, 단 높이는 $\mathrm{H} = d_r/\mathrm{N}$ 과 같다. 이 관계를 식 (14.55)에 대입하여 정리하면,

$$\mathrm{N} = d_r^2/\sigma^2 \tag{14.56}$$

관 크로마토그래피에서처럼 TLC에서 봉우리의 넓이(또는 반점의 넓이) W 는 4σ 이다. 따라서 이 관계를 식 (14.56)에 대입하여 정리하면 얇은 막의 이론단수는 다음 식으로 구할 수 있다.

$$\mathrm{N} = 16\left(\frac{d_r}{\mathrm{W}}\right)^2 \tag{14.57}$$

TLC에서도 관 크로마토그래피의 모든 식이 적용된다. 얇은 막의 경우에는 d_r 과 d_m 을 t_r 와 t_m 에 연관시킬 필요가 있다. 따라서 얇은 막의 경우에는 t_m 와 t_r 가 이동상과 용질이 일정한 거리(d_r)까지 이동하는 데 필요한 시간에 상당한다. 이동상에 대한 시간은 선형속도로 나눈 거리와 같고 이동상이 거리, d_r 까지 이동할 때 용질은 이동상과 같은 지점에 도달하지 못하므로 다음과 같이 나타낸다.

$$t_m = d_r/u \tag{14.58}$$

$$t_r = d_m/u \tag{14.59}$$

이 두 식을 식 (14.40)에 대입하면 다음과 같다.

$$k' = \frac{d_\mathrm{m} - d_\mathrm{r}}{d_\mathrm{r}} \tag{14.60}$$

따라서 용량인자, k'는 식 (14.59)로부터 머무름 인자로 나타낼 수 있다.

$$k' = \frac{1 - d_\mathrm{r}/d_\mathrm{m}}{d_\mathrm{r}/d_\mathrm{m}} = \frac{1 - \mathrm{R_f}}{\mathrm{R_f}} \tag{14.61}$$

얇은 막 방법에서의 분리능도 관 크로마토그래피에서의 식 (14.41)과 비슷한 식으로 정의된다. 따라서 두 성분의 경우에 분리능, R_s는 다음과 같다.

$$\mathrm{R_s} = \frac{2\triangle \mathrm{Z}}{\mathrm{W_1} + \mathrm{W_2}} = \frac{2[(d_\mathrm{r})_1 - (d_\mathrm{r})_2]}{\mathrm{W_1} + \mathrm{W_2}} \tag{14.62}$$

식 (14.44)를 이용하면 다음과 같다.

$$\mathrm{R_s} = \frac{\sqrt{\mathrm{N}}}{4}\left(\frac{\alpha - 1}{\alpha}\right)\left(\frac{k'}{1 + k'}\right) \tag{14.63}$$

여기에서 선택인자는 다음과 같이 나타낸다.

$$\alpha = \frac{k_2{}'}{k_1{}'} = \frac{d_\mathrm{m} - (d_\mathrm{r})_2}{d_\mathrm{m} - (d_\mathrm{r})_1} \times \left(\frac{(d_\mathrm{r})_1}{(d_\mathrm{r})_2}\right) \tag{14.64}$$

⊃ 전개판과 정지상의 종류

TLC에서 분리효율은 얇고 조밀하며 균일한 두께의 층에 균일하게 분포된 일정한 크기의 입자에 의존한다.

전개판을 만드는 방법은 표면이 균일한 유리, 플라스틱, 알루미늄 등의 판에 얇은 막의 두께는 $100 \sim 200~\mu\mathrm{m}$ 정도로 만들 수 있으나 가장 널리 사용되는 것은 100, 200, $250~\mu\mathrm{m}$의 두께를 갖는 것이다. 또, 시판되는 전개판은 보통형과 고성능형의 두 종류가 있다. 보통형은 도포된 입자의 직경이 $20~\mu\mathrm{m}$ 이상이고 막의 두께는 $200 \sim 250~\mu\mathrm{m}$ 정도 된다. 고성능 전개판은 막의 두께가 $100~\mu\mathrm{m}$ 이고 입자의 직경은 $5~\mu\mathrm{m}$ 이하이고 입자크기가 균일하다. 보통형 전개판의 시료 부피는 $0.5 \sim 5~\mu\mathrm{L}$ 정도인 반면에 고성능 전개판에서는 $0.05 \sim 0.5~\mu\mathrm{L}$ 정도이다. 이와 같은 이유로 보통형에서는 전형적으로 12 cm 전개판의 이론단수는 2,000 정도이고 전개시간은 25분 정도이다. 고성능에서는 3 cm의 전개판의 경우 4,000의 이론단수를 가지며 전개에 10분 정도 걸린다. 그러나 고성능 전개판에서는 소량의 시료를 취급해야 한다는 단점이 있다.

TLC에서 사용하는 정지상은 흡착, 정상 분배, 역상 분배, 이온교환, 분자 배제 크로마토그래피에서 사용하는 것과 비슷하다. 그러나 그 밖에도 셀룰로오스−바탕 정지상이 있고 이것은 탄수화물, 아미노산, 핵산유도체, 무기화합물 화학종과 같은 친수성 성분의 분리에 유용하다. 셀룰로오스 전개판과 종이 위에서의 분리는 셀룰로오스의 간격에 고정되어 있는 물이 정지상으로 작용한다. 물은 소수성이면서 역상분리에 사용할 수 있도록 화학 처리한 셀룰로오스와 이온교환 형태의 셀룰로오스도 시판된다.

TLC의 실험과 분석법

일반적으로 TLC에서는 0.01~1 %의 시료용액을 전개판의 끝에서 1~2 cm 되는 위치에 점적의 직경이 최소가 되도록 점적하여야 하고 이것은 분리효율과 크게 관계가 있다. 점적의 직경은 정성분석에서는 약 5 mm이지만 정량분석일 때에는 더 작아야 한다. 또 묽은 용액일 경우에는 건조시키면서 3~4회 반복해서 점적하도록 한다. 보통 시료의 점적은 모세관이나 마이크로주사기를 사용해서 하지만 정확하고 정밀하게 점적할 수 있는 기계적 분배기가 시판되고 있다. 전개판은 전개액(용매)으로 용매증기가 포화된 밀폐된 용기 속에서 전개한다. 어떤 경우에는 전개하기 전에 전개판을 용매 증기로 평형시키는 것이 바람직하다. 전개판을 설치할 때에는 시료가 전개액에 잠기지 않도록 주의한다. 혼합물의 성분수가 많거나 잘 분리가 되지 않을 때에는 우선 한 가지 용매로 전개하고 전개판의 용매를 증발시킨 후에 전개판의 90° 각도에서 다른 전개액으로 2차원으로 전개시키는 방법도 있다.

• 성분의 위치 확인법

분리된 성분이 닌히드린과 같은 발색제로 발색될 경우는 발색제를 전개판에 분무하여 발색시킨 후에 각 성분의 위치를 확인할 수 있다. 적당한 발색제가 없어 발색시킬 수 없는 경우가 많다. 이런 때는 물리적 방법을 이용한다. 이것은 어두운 곳에서 전개판에 자외선이나 가시선을 쪼여 흡광과 형광현상을 보는 방법이다. 이때는 254 nm나 365 nm의 수은등 및 텅스텐 램프(tungsten lamp)가 사용된다. 자외선으로 흡광화학종을 편리하게 확인하기 위해서 전개판의 도포제 속에 처음부터 황화카드뮴이나 아연과 같은 인광물질을 섞어두도록 한다. 이런 전개판에 자외선을 쪼이면 자외선 흡광화학종은 노랑-파랑색 바탕 위에 검은 점으로 나타난다. 이런 종류의 시각 확인 방법을 형광소광법이라 한다. 또 분석물질을 형광성 유도체로 변환시켜 확인하는 방법도 있다. 전개판의 반점을 확인하는 여러 가지 화학적 방법이 알려졌다.[1]

이것은 전개판에 화학적으로 반응하여 발색하는 시약을 가해 확인하는 것이다. 가장 보편적인 시약은 대부분의 유기화합물과 반응하여 연한 갈색을 만드는 아이오딘일 것이다. 아이오딘이 든 용기에 전개판을 넣고 승화되는 아이오딘에 쪼이거나 1 %의 아이오딘 용액을 전개판에 분무하여 아이오딘과 유기화합물을 반응시켜 확인하는 것이다.

• 정성적 확인

얇은 막 크로마토그래피에서 정성적 정보를 주는 것은 머무름 인자 R_f값이다. 그런데 R_f값은 시료 양, 전개판, 전개조건 등에 따라 변하기 때문에 혼합물 중의 성분을 확인하는 데 일반적으로 충분한 정보를 제공하지 못한다. 또, 다른 성분의 R_f값이 같은 실험조건에서도 똑같거나 비슷할 경우가 있다. R_f를 결정하는 가장 중요한 인자는 정지상의 두께, 이동상과 정지상의 수분함량, 온도, 전개실의 이동상 포화도, 시료 양 등이다. 실제로 이러한 변수를 완전히 같게 조절할 수는 없다. 그러나 이러한 영향은 상대머무름 인자 즉, 표준물질의 이동거리에 대한 분석물질의 이동거리의 비, R_f로 대치하므로 부분적으로 개선할 수 있다. 혼합물에 포함된 성분을 알고 있거나 존재하리라고 여겨지는 성분을 알고 있을 때에는 시료와 표준물에 대하여 R_f를 얻어서 비교함으로써 각 성분의 확인이 가능하다. 그러나 항상 확인시험이 필요하다. 한 가지 편리한 확인시험은 다른 정지상과 다른 발색시약을 이용하여 같은 물질에 대하여 되풀이하는 방법이다. 더 확실한 방법은 분리된 부분을 정지상과 함께 긁어내어 적당한 용매에 녹이고 원심분리 또는 걸러서 정지상으로부터 분리한 후에 분광화학적인 방법으로 정성분석하는 것이다. 이때 자외선, 적외선, 핵자기 공명분광법 및 질량분석법 등이 이용된다.

• 정량분석

가장 간단한 방법은 미지 물질과 표준물질을 동시에 전개한 반점에 대하여 그 크기와

---

1) J. C. Touchstone and M.F. Dobbins, *Practice of Thin Layer Chromatography*, pp.170~214, Wiley, New York, 1978.

색깔을 대조하는 것이다.

이 방법은 일반적으로 20~50 %의 상대불확정성을 갖는 반정량법이다. 이때 반점의 면적은 평면측정기, 제도용지에 반점의 윤곽을 그려서 이것을 절단하여 그 무게를 다는 방법, 그래프지에 반점의 윤곽을 그려서 모눈의 수를 세는 방법 등이 이용되고 이렇게 하면 상대불확정성을 3~5배 더 감소시킬 수 있다. 좀 더 정확한 정량법은 전개반점으로부터 흡광도, 형광세기 및 형광소광 정도를 측정하여 검정선법으로 정량하는 것이다. 이러한 측정을 위하여 덴시토미터가 이용된다. 이것은 수은등과 같은 광원으로부터 얻는 254 nm 또는 365 nm의 빛살을 전개판에 쪼일 때 전개판에서 반사되거나 투과되는 빛살의 세기를 광전관으로 검출하여 흡광도 또는 형광세기를 측정하는 기기이다. 이렇게 하여 흡광도나 형광세기를 시료와 표준물질에 대하여 같은 조건에서 얻고 이것으로부터 정량분석한다. 이때 반사광에 의한 것보다 투과광에 의한 방법의 감도가 더 높다. 그러나 투과광에 의할 때에는 유리로 된 얇은 막 전개판이 흡광하므로 400 nm 이상의 파장에 제한된다. 덴시토미터를 사용하여 전개반점을 측정하는 방법은 상대정밀도가 1~5 % 범위로 가능하다. 얇은 막 크로마토그래피에서는 10~100 pg 범위의 형광화학 종의 양을 측정할 수 있다. 그러나 분광광도법은 이보다 10~100배 이상의 농도를 측정할 수 있다.

최근에는 기체 크로마토그래피에서 사용하는 불꽃이온화 검출기(FID)를 얇은 막 크로마토그래피에 적용하여 정량분석하는 경우도 있다. 이 방법의 정확도는 기체 크로마토그래피에서와 비슷하다. 불꽃이온화 검출기를 사용하기 위해서는 앞에서 설명한 것과 같은 전개판을 사용하지 않고, 길이가 15 cm 정도이고 직경이 2~3 mm 정도인 가는 유리관을 사용한다. 이같이 가는 유리관의 외벽에 실리카젤과 같은 정지상을 얇게 도포시킨다. 시료의 점적이나 전개방법은 전개판의 경우에서와 같은 방법으로 하고 분리된 성분의 검출은 유리관 아래쪽으로 불꽃이온화 검출기가 지나가면서 검출하도록 되어 있다. 이때 검출의 원리는 기체 크로마토그래피에서와 유사하다. 이런 기기에서는 검출 결과에 의해 크로마토그램을 직접 얻을 수 있고 전자적분기에 의해 봉우리의 면적을 적분할 수 있도록 되어 있다.

⥀ TLC의 응용

고성능의 전개판과 검출장치를 구비한 얇은 막 크로마토그래피를 보통은 고성능 얇은 막 크로마토그래피(high performance thin layer chromatography, HPTLC)라고 할 수 있다. 이런 HPTLC는 분배, 흡착, 이온교환, 배제에 의한 HPLC와 비슷하다. HPTLC는 신속하고 간단하며 비용이 적게 드는 방법이며 적당한 정지상과 이동상을 알아내기 위해서 자주 사용된다. 또 시료의 수가 많을 때에는 이 방법이 더 유리하다. 그 이유는 여러 개의 전개판으로 20~30개의 시료를 동시에 분석할 수 있기 때문이다. 그 밖에도 검출이 어려운 시료일 경우에는 간단하고 신속한 실험으로 분리하여 확인할 수 있다는 이점이 있다. 그러나 복잡한 혼합물이거나 다른 여러 가지 이유 때문에 이론단수가 많은 상태에서 분리해야 할 경우에는 긴 분리칼럼과 입자크기가 작은 충전제를 사용할 수 있는 HPLC가 더 유용하다. 또한, 현대의 HPLC는 한 가지 시료를 1~2분 또는 그보다 짧은 시간 내에 분석할 수 있으므로 10분이나 그 이상의 시간을 요하는 얇은 막 크로마토그래피에서보다 좋다.

전개방법의 정량적 측정방법은 근래에 많이 개선되어 고성능 얇은 막 크로마토그래피에서의 정밀도와 정확도는 HPLC의 경우와 거의 같게 되었다. 얇은 막 크로마토그래피에서는 표준물질과 시료를 동시에 병행하여 처리하고 측정하기 때문에 관 크로마토그래피보다 더 정확하게 분석할 수 있을 때도 있다.

⊃ 종이 크로마토그래피

종이 크로마토그래피는 얇은 막과 같은 전개판 대신에 거름종이를 사용한다. 따라서 점적, 전개, 성분의 확인법 등은 얇은 막 크로마토그래피에서와 비슷하다. 다만 분리된 성분의 검출은 성분의 위치를 오려내어 적당한 용매에 녹여서 분광화학적인 방법 등으로 정량분석할 수 있다. 종이 크로마토그래피에서는 종이에 흡수된 물이 정지상의 역할을 하므로 원리상으로 액체-액체 크로마토그래피와 같다.

오늘날에는 종이 크로마토그래피를 거의 이용하지 않고 이것보다 성능이 훨씬 좋은 얇은 막 크로마토그래피를 주로 사용하고 있다.

14.1 이동상과 정지상에 따라 크로마토그래피를 분류하라.

14.2 다음을 간단히 설명하라.
    (a) 분배계수   (b) 소용돌이 확산
    (c) 비평형 질량이동   (d) 종축확산
    (e) 용량인자   (f) 선택인자

14.3 기울기 용리의 이점을 설명하라.

14.4 액체 크로마토그래피에서 사용하는 중요한 검출기를 설명하라.

14.5 금속 A는 pH=6에서 디티존으로 염화메틸렌 상으로 95 % 추출하여 정량된다. 수용액과 비수용매를 같은 부피로 사용할 때, 금속 B가 같은 조건에서 5 % 추출된다. pH 6에서 두 금속의 분포계수는 얼마인가?

14.6 7M HCl에서 같은 부피의 톨루엔으로 As^{3+} 가 70 % 추출된다. 톨루엔으로 3회 추출한 후에 추출되지 않고 남은 것은 몇 %인가?

14.7 금속—ABCD 킬레이트는 pH가 3인 수용액에서 메틸아이소부틸키톤(MIBK)으로 추출할 때 분포계수가 5.96였다. pH 3에서 5 mL의 소변에서 99.9 %의 금속을 추출하기 위해서는 MIBK를 25 mL씩 사용하여 몇 번 추출해야 하는가?

14.8 실리카젤 관에서 이동상으로 톨루엔을 사용할 때 어떤 화합물의 머무름 시간이 25분이었다. CCl_4 와 $CHCl_3$ 중 어느 것이 머무름 시간을 더 단축시키겠는가?

14.9 비극성 용매를 사용하는 분배 크로마토그래피에서 ethylacetate, diethyl ether, nitrobutane 의 용리순서를 예측하라.

14.10 극성용매를 사용하는 역상분배 분리에서 n—hexane, n—hexanol, benzene의 용리순서를 예측하라.

14.11 분배 크로마토그래피에서 용질의 머무른 시간은 28.2분이고 머물지 않는 성분의 머무른 시간은 1.1분이었다. 용질의 용량인자를 구하라.

14.12 TLC로 세 성분 혼합시료를 분리하기 위해 toluene/iso—propyl ether의 7:3 혼합용매로 d_m 9.8 cm 까지 전개하여 얻은 자료로부터 계산하라.

(a) 각 용질의 머무름 인자(R_f)

(b) 각 용질의 용량인자

(c) 각 용질 쌍에 대한 분리능

$(d_r)_1$	$(d_r)_2$	$(d_r)_3$	W_1	W_2	W_3
1.6	2.5	3.8	0.58	0.54	0.77

참고문헌

1. Heftmann, *Chromatography*, 3d ed., Van Nostland Reinhold, New York, 1975.

2. J. A. Perry, *Introduction to Analytical Gas Chromatography*, Marcel Dekker, New York, 1981.

3. J. M. Miller, *Separation Methods in Chemical Analysis*, Wiley, New York, 1975.

4. L. R. Snyder and J. J. Kirkland, *Introduction to Modern Liquid Chromatography*, 2nd ed., Wiley−Interscience, New York, 1979.

5. R. J. Hamilton and P. A. Sewell, *Introduction to High Performance Liquid Chromatography*, 2nd ed., Chapman and Hall, New York, 1982.

6. N. A. Parris, *Instrumental Liquid Chromatography*, 2d ed., Elsevier, New York, 1984.

7. H. Engelhardt, *High Performance Liquid Chromatography*, Springer Verlag New York, 1978.

8. *Microcolumn High Performance Liquid Chromatography*, P. Kucera, Ed., Elsevier, New York, 1984.

9. A. M. Krstulovic and P. R. Brown, *Reversed−Phase High Performance Liquid Chromatography*, Wiley, New York, 1982.

10. F. C. Smith, Jr. and R. C. Chang, *The Practice of Ion Chromatography*, Wiley, New York, 1983.

11. J. S. Fritz, D. T. Gjerde and C. Phalandt, *Ion Chromatography*, Huthing, Heidelberg, 1982.

12. W. Yau, J. Kirkland and D. Bly, *Modern Size−Exclusion Liquid Chromatography*, Wiley, New York, 1979.

CHAPTER 15 ● 전기화학적 분석법

15.1 전극과 전위차법

전기분석화학이란 전기화학전지를 구성하는 분석용액의 전기적 성질을 이용하는 일련의 분석방법을 취급하는 학문을 일컫는다.

전기분석법에서는 전해질 시료용액에 적당한 전극을 담가서 전지를 만들고 이 전지의 전극전위를 측정해 물질을 정량분석하는 것을 전위차법, 전극에 고체 상태로 산화 또는 환원되어 석출된 물질의 무게를 측정해 정량분석하는 전기무게분석법, 전기분해할 때 전극을 통해 흐르는 전기량을 측정하는 분석법을 전기량법, 전극 사이의 전기전도도를 측정하는 법을 전기전도도법 및 전류를 측정하는 방법을 전류법이라고 한다. 또, 두 가지의 전기적 성질을 동시에 측정하는 전압－전류법이 있고 전압－전류법의 한 가지가 폴라로그래피법이다.

⊃ 전극전위와 Nernst식

일반적인 반쪽전지 반응, $aA + bB = cC + dD$ 에서 자유에너지 변화량, $\triangle G$ 는 다음과 같이 쓸 수 있다.

$$\triangle G = \triangle G^{\circ} + RT \ln \frac{(a_C)^c (a_D)^d}{(a_A)^a (a_B)^b} \tag{15.1}$$

여기에서 $\triangle G^{\circ}$는 표준자유에너지 변화량(각 화학종의 활동도가 1인 표준상태에서 자유에너지 변화량)이고 이것은 열역학적 평형상수와 다음과 같은 관계가 있다.

$$\triangle G^{\circ} = - RT \ln K^{\circ} \tag{15.2}$$

화학반응이 일어날 때 얻을 수 있는 자유에너지 변화량은 그 반응을 진행시키는 추진력이다. $\triangle G$를 실질적으로 구하는 방법은 이 물질계가 반응할 때 얻을 수 있는 최대 유효에너지를 측정해서 구한다. 산화－환원 반응의 추진력은 그 산화－환원 반응을 이용하여 만든 전기화학전지의 기전력 E를 뜻한다. 따라서 자유에너지 변화량과 기전력 사이에는 다음과 같은 관계가 있다.

$$\triangle G = - nFE \tag{15.3}$$

여기에서 n은 산화－환원 반응에서 주고받는 전자의 수이고 F는 전지에서 1당량의 물질이 산화－환원 반응할 때 흐르는 전기량의 Faraday로서 96,487 Coulomb (또는 23.060 cal)이다. 또, 전극반응에 관여하는 화학종의 활동도가 1인 경우의 표준전극전위 E°와 표준자유에너지 변화량 $\triangle G^{\circ}$와는 다음 관계가 있다.

$$\triangle G^{\circ} = - nFE^{\circ} \tag{15.4}$$

따라서 식 (15.1)은 다음과 같이 표현된다.

$$- nFE = - nFE^{\circ} + RT \ln \frac{(a_C)^c (a_D)^d}{(a_A)^a (a_B)^b}$$

이 관계를 정리하면,

$$E = E^{\circ} - \frac{RT}{nF} \ln \frac{(a_C)^c (a_D)^d}{(a_A)^a (a_B)^b} \tag{15.5}$$

식 (15.5)를 Nernst식이라 한다. 이 식은 열역학적으로 유도한 것이고 산화－환원 반응의 전극전위와 전극반응에 관여하는 물질의 활동도의 관계를 표시한다. 그리고 이 식은 $T = 298$ K에서 자연대수를 상용대수로 바꾸고 $R = 1.987$ cal/(mol·K), $R = 1.987$ cal/(mol·K)과 $F = 23.060$ cal/mol을 대입하여 정리하면 다음과 같다.

$$E = E° - \frac{0.0591}{n} \log \frac{(a_C)^c (a_D)^d}{(a_A)^a (a_B)^b}$$

Nernst식의 대수항을 표현할 때 일반적으로 기체가 관여하는 경우에는 활동도 대신 분압(atm)을 사용하고, 순수한 고체 또는 액체가 관여할 때에는 활동도의 기준이 되는 상태이기 때문에 1로 두고 계산한다. 물의 활동도는 순수한 경우에 1이지만 용질이 녹아서 농도가 진해질수록 수증기압은 감소하고 물의 활동도도 1보다 작아진다. 그러나 일반적으로 묽은 수용액에서는 물의 활동도를 편의상 활동도 대신에 화학종의 몰농도를 사용하는 경우가 많다. 따라서 25 ℃에서 Nernst식은 다음과 같다.

$$E = E° - \frac{0.0591}{n} \log \frac{[C]^c [D]^d}{[A]^a [B]^b}$$

어떤 금속을 그것의 이온용액에 담갔을 때 금속과 용액 사이에서 전위차가 발생된다. 전극반응에 대한 전위차 E 는 25 ℃에서 Nernst으로 다음과 같이 표현된다.

$$M^{n+} + ne \rightleftharpoons M(s)$$

$$E = E° - \frac{0.0591}{n} \log \frac{1}{a_{M^{n+}}} \tag{15.6}$$

여기에서 $E°$ 는 금속의 종류에 의존하는 상수이다. 정량분석의 목적을 위하여 활동도를 몰농도로 표시하면 다음과 같다.

$$E = E° - \frac{0.0591}{n} \log \frac{1}{[M^{n+}]} \tag{15.7}$$

만약 식 (15.6)에서 M^{n+}의 활동도가 1이라고 하면 E 는 $E°$ 와 같아진다. $E°$ 는 그 금속의 표준전극전위라고 부르며 E 와 $E°$ 는 볼트로 나타낸다.

어떤 전극의 전극전위를 측정하려면 전극전위가 정확히 알려진 기준전극과 볼타전지를 구성하여 그 전지의 기전력을 측정하여 가능하다. 일차 기준전극으로는 **그림 15.1**과 같은 표준수소전극이 있다. 표준수소전극은 전기적으로 백금흑을 코팅한 백금박으

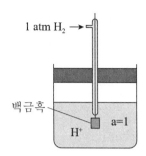

1 atm H₂ →

백금흑

H⁺ a=1

그림 15.1 표준수소전극.

로 구성되어 있고, 이것은 수소이온의 활동도가 1인 염산 용액(25 ℃에서 1.18 M HCl 에 상당함)에 담겨 있다. 협약에 의해 표준수소전극의 전위는 모든 온도에서 0.000 V로 정한다. 어떤 금속을 그 금속이온의 활동도가 1인 용액에 담근 금속전극과 표준수소전 극으로 전지를 구성하여 측정한 전지의 기전력을 그 금속전극의 표준전극전위라 한다.

이 전지는 보통 다음과 같이 표시한다.

$$M \mid M^{n+}(a=1) \parallel H^+(a=1) \mid H_2, Pt$$

여기에서 |는 전위차가 발생하는 금속–전해질의 경계를 나타내고 ‖는 전위가 무시 되거나 염다리에 의해 제거되도록 한 액체 사이의 접촉을 나타낸다. 기준전극이 아연전 극과 연결되었을 때의 전지전위는 반쪽전지 $Zn^{2+} \mid Zn$의 기전력을 의미한다.

$$Zn \mid Zn^{2+} \parallel H^+(a=1) \mid H_2, Pt$$

이때 전지반응은 다음과 같다.

$$2H^+(a=1) + Zn \rightarrow H_2 + Zn^{2+}$$

협약에 의해 반쪽전지 반응은 다음과 같은 환원형으로 쓰도록 되어 있다.

$$Zn^{2+} + 2e \rightleftharpoons Zn$$

따라서 금속전극에 대한 일반적인 반쪽전지 반응은 다음과 같이 쓴다.

$$M^{n+} + ne \rightleftharpoons M$$

M^{n+}의 $a=1$ (근사적으로 1 M 용액)이면 전극전위는 표준전위 E°와 같다.

표 15.1 25 ℃에서 표준전극전위*

전극반응	E°(V)	전극반응	E°(V)
$Li^+ + e = Li$	−3.045	$Tl^+ + e = Tl$	−0.336
$K^+ + e = K$	−2.925	$Co^{2+} + 2e = Co$	−0.277
$Ba^{2+} + 2e = Ba$	−2.90	$Ni^{2+} + 2e = Ni$	−0.25
$Sr^{2+} + 2e = Sr$	−2.89	$Sn^{2+} + 2e = Sn$	−0.136
$Ca^{2+} + 2e = Ca$	−2.87	$Pb^{2+} + 2e = Pb$	−0.126
$Na^+ + e = Na$	−2.714	$2H^+ + 2e = H_2$	0.000
$Mg^{2+} + 2e = Mg$	−2.37	$Cu^{2+} + 2e = Cu$	+0.337
$Al^{3+} + 3e = Al$	−1.66	$Hg^{2+} + 2e = Hg$	+0.789
$Mg^{2+} + 2e = Mg$	−1.18	$Ag^+ + e = Ag$	+0.799
$Zn^{2+} + 2e = Zn$	−0.763	$Pd^{2+} + 2e = Pd$	+0.987
$Fe^{2+} + 2e = Fe$	−0.440	$Pt^{2+} + 2e = Pt$	+1.20
$Cd^{2+} + 2e = Cd$	−0.403	$Au^{3+} + 3e = Au$	+1.50

* A. J. Bard, R. Parsons and J. Jordan, *Standard Potentials in Aqueous Solution*, IUPAC Publication, Marcel Dekker Inc., New York, 1985.

25 ℃(수용액에서) 표준수소전극과 비교한 몇 가지 표준전극전위를 **표 15.1**에 나타냈다. 표준수소전극은 조작하기가 상당히 어려워 사용하기가 불편하므로 실제로 어떤 전극전위는 포화칼로멜 또는 Ag/AgCl 과 같은 기준전극과 전지를 구성하여 간접적으로 측정할 수 있다. 표준전극전위는 원소가 전자를 잃는 용이성을 수소를 기준으로 하여 정량적으로 측정한 것이다. 즉, 수용액에서 환원제로서의 원소의 세기를 측정한 것이다. 원소의 전위가 큰 음의 값이면 환원제로서 더 세게 작용한다. 여기서 강조되어야 할 것은 표준전극전위가 금속전극과 용액간의 평형조건에 관계한다는 점이다. 어떤 조건하에서 측정되거나 계산된 전위는 보통 "가역전극전위"로 부르고 그것은 그 조건에서 Nernst식이 직접 응용된다는 것을 기억해야만 한다.

• 전지전위의 측정

기전력은 일반적으로 전압계를 사용하지 않고, **그림 15.2**와 같은 전위차계를 이용한다. 여기서 XY 는 가늘고 균일한 일정한 길이의 저항선이다. 이것을 일정한 전압 E_V 를 갖는 전지 B 에 도선으로 연결하면 XY 에 걸리는 전압 E_{XY} 는 E_V 와 같다. 기전력을

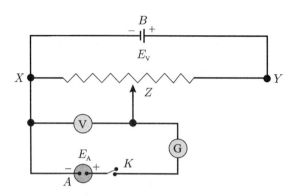

그림 15.2 전위차계에 의한 전지전위의 측정.

측정하고자 하는 전지 A 를 그림과 같이 연결하고 접촉점 Z 를 이동시켜 검류계 G 에 전류가 흐르지 않는 위치 Z 를 찾는다. 이렇게 하면 측정하려는 전지 A 의 기전력 E_A 는 XZ 사이에 걸리는 전압 E_{XZ} 와 같다.

그리고 이때 저항선 XY 를 통하여 흐르는 전류를 i 라 하고 XY 와 XZ 의 저항을 R_{XY} 와 R_{XZ} 라 하면 Ohm의 법칙에 의해 다음과 같은 관계식이 성립한다.

$$E_{XY} = i R_{XY} \qquad E_{XZ} = i R_{XZ}$$

$$E_A = E_{XZ} = \frac{R_{XZ}}{R_{XY}} E_{XY} = \frac{XZ}{XY} \times E_V$$

여기에서 XZ 는 균일한 저항선이므로 R_{XZ}/R_{XY} 는 길이의 비, XZ/XY 와 같고 E_{XY} 는 E_V 와 같다. 따라서 Z 위치만 정밀하게 측정하면 XZ/XY 를 알 수 있기 때문에 측정하고자 하는 E_A 를 정밀하게 산출할 수 있다.

전기화학전지와 전극

전위차법에서 보통 기준전극과 지시전극의 두 전극이 필요하다. 측정하고자 하는 화학종의 활동도(또는 농도)에 따라 그 전극전위가 결정되는 전극을 지시전극(indicator electrode)이라고 한다. 보통 가장 널리 이용되는 기준전극에는 포화칼로멜 전극 (saturated calomel electrode, SCE)과 Ag/AgCl 전극이 있다. **그림 15.3**에 전위차법 분석의 전형적인 전지를 나타내었다. 이것은 다음과 같이 표시된다.

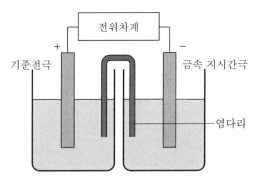

그림 15.3 전위차법 분석에 사용되는 전지.

기준전극 | 염다리 | 분석용액 | 지시전극
E_{ref} E_j E_{ind}

여기에서 기준전극은 용액에 존재하는 분석물질이나 다른 이온의 농도에 관계없이 항상 정확히 알려진 일정한 전위를 갖는 반쪽전지(전극)이다.

그림 15.3과 같은 전지에서 염다리는 기준전극의 용액과 분석용액이 혼합되는 것을 막고 두 액체 간의 작은 전위를 최소화하는 구실을 한다. E_j는 염다리에 의해 거의 제거되는 두 용액이 접촉할 때 발생하는 작은 양의 액간 접촉전위를 나타낸다.

전위차 측정 전지에서 전지전위는 다음과 같이 표시된다.

$$E_{cell} = E_{ind} - E_{ref} + E_j$$

여기에서 E_{ind}는 분석용액의 농도에 의해 지배되는 지시전극의 전위이고 E_{ref}는 기준전극의 전위를 표시한다.

기준전극

이상적인 기준전극은 그 전위가 정확히 알려지고 일정하며 분석용액의 구성 물질에 전혀 감응하지 않는 것이어야 하고 전극을 만들기와 사용하기가 편리해야 한다. 또 작은 전류가 흐르는 동안 일정한 전위를 유지해야 한다.

• 칼로멜 전극

칼로멜 전극은 대표적인 기준전극이고 금속 수은, 고체 염화수은(I) 그리고 염화포타슘 용액으로 구성되어 있다. 여기서 편의상 활동도를 농도로 표시하기로 한다. **그림 15.4(a)**와 같은 칼로멜 전극은 다음과 같은 반응으로 구성된다.

$$Hg_2Cl_2(s) + 2e \rightleftharpoons 2Hg(l) + 2Cl^- \qquad E^\circ = 0.268\,V$$

$$E = E^\circ - \frac{0.0591}{2} \log[Cl^-]^2$$

$$= E^\circ - 0.0591 \log[Cl^-] \tag{15.8}$$

이 전극전위는 염화이온의 농도에 따라 변하고 전지가 25 ℃에서 KCl로 포화되면 Cl^-의 활동도는 전극전위가 +0.2444 V로 일정한 값을 유지한다. 이 전극을 포화칼로멜 전극이라 하고, KCl을 포화시키는 것은 용액이 증발해도 KCl의 농도가 변하지 않기 때문에 이 칼로멜 전극은 안정하고 만들기도 쉬워 가장 널리 사용된다.

• 은-염화은 전극

이것은 **그림 15.4(b)**와 같은 은(Ag) 금속, 염화은(AgCl) 및 염화포타슘 용액으로 구성되어 있고 다음 반반응에 의하여 전극전위가 나타난다.

$$AgCl(s) + e \rightleftharpoons Ag(s) + Cl^- \qquad E^\circ = 0.222\,V$$

$$E = E^\circ - 0.0591 \log[Cl^-] \tag{15.9}$$

이 전극의 전위도 AgCl과 평형이 된 염화이온 농도에 따라 결정되고 이 농도가

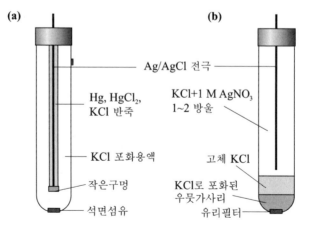

그림 15.4 기준전극의 종류. (a) 포화칼로멜 전극, (b) 은—염화은 전극.

표 15.2 일반적인 기준전극의 전위

전 극	표준수소전극에 대한 전위(V)			
	15 ℃	20 ℃	25 ℃	30 ℃
칼로멜 전극				
KCl 포화(SCE)	0.2512	0.2477	0.2444	0.2409
1.0 M KCl	0.2852	0.2838	0.2824	0.2810
0.1 M KCl	0.3365	0.3360	0.3358	0.3356
Ag/AgCl 전극				
KCl 포화(Ag/AgCl)	0.2091	0.2040	0.1989	0.1939
1.0 M KCl	−	−	0.2272	−
0.1 M KCl	−	−	0.2901	−

일정할 때 전극전위는 일정하고, 이 전극의 표준환원전위는 25 ℃에서 0.222 V(Cl^- 의 활동도가 1일 때)이다. 그러나 25 ℃에서 KCl로 포화용액에서 Cl^- 의 활동도는 1이 아니며 KCl로 포화된 Ag/AgCl 전극의 전위는 표준수소전극에 대하여 +0.1989 V로 알려져 있다. 온도에 따른 기준전극의 전위를 **표 15.2**에 나타냈다.

⊃ 지시전극

가장 일반적인 지시전극은 백금전극이며 이것은 많은 화학반응에 직접 관여하지 않고 전자만 전달해주는 비활성이기 때문에 전극으로 자주 이용된다.

만일 백금이 전해질 용액과 반응하는 경우에는 금 전극을 대신 사용할 수도 있다. 여러 종류의 탄소들도 그 표면에서 여러 가지의 산화−환원 반응이 빨리 진행되기 때문에 지시전극으로 사용된다. 금속전극은 그 표면이 넓고 깨끗한 경우에 유효하다. 진한 질산 용액에 잠깐 담근 뒤 증류수로 씻으면 표면을 깨끗하게 할 수 있다. 더 만족할 만한 금속전극은 전기분해에 의해 특정 금속의 얇은 막을 백금−선에 코팅하여 만들 수도 있다. 지시전극의 전위가 용액 내의 어떤 화학종의 농도에 의존하느냐에 따라 1차 전극, 2차 전극 및 3차 전극으로 나뉜다.

• 1차 전극

어떤 금속과 그 금속이온으로 된 전극을 1차 전극이라 하고 이 전극은 금속이온의

농도에 따라 전극전위가 직접 결정되는 전극이다. 이와 같은 전극계는 $M^{n+}|M$ 으로 표시하고 전극전위 E 는 M^{n+} 의 농도에 따라 결정되므로 M^{n+} 의 지시전극으로 사용된다. 예를 들면 $AgNO_3$ 용액에 담긴 Ag^- 전극은 1차 전극이고, $Ag^+|Ag$ 로 표시하며 이것의 전위 E 는 25 ℃에서 다음과 같이 나타낼 수 있다.

$$Ag^+ + e \rightleftharpoons Ag(s), \qquad E^\circ = 0.799\,V$$

$$E = E^\circ + 0.0591 \log[Ag^+] \tag{15.10}$$

Ag, Hg 은 가역적인 전극반응을 하므로 가장 많이 사용되며 Pb, Cd, Cu, Bi 등의 전극전위도 재현성이 좋다. 그러나 Fe, Ni, Co, W, Cr 과 같은 전극은 금속의 결정형태와 산화피막에 의한 전극전위가 재현성을 갖지 못한다. 만약 산화−환원 반응에서 산화형과 환원형이 모두 가용성 물질인 경우는 이들 혼합용액에 Pt 이나 Au 과 같은 전극을 담그면 전위는 25 ℃에서 다음과 같이 나타난다.

$$Ox + ne \rightleftharpoons Red$$

$$E = E^\circ - \frac{0.0591}{n} \log \frac{[Red]}{Ox} \tag{15.11}$$

이 경우에 전극전위는 환원형과 산화형의 농도비값으로 결정되고 이런 전극은 전위차법에 의한 산화−환원 적정에 가장 널리 이용된다. 예로써 Fe^{2+} 와 Fe^{3+} 가 혼합된 용액에 담근 백금전극의 전위는 $[Fe^{2+}]/[Fe^{3+}]$ 비에 따라 결정되므로 Fe^{2+} 또는 Fe^{3+} 의 농도의 지시전극으로 이용된다.

• 2차 전극

2차 전극은 금속과 그 금속의 난용성염 그리고 그 염의 음이온으로 구성되는 전극으로서 $X^-, MX_n|M$ 와 같이 나타낼 수 있고 그 반반응은 다음과 같다.

$$MX_n(s) + ne \rightleftharpoons M(s) + nX^-$$

여기에서 M은 금속, X^- 는 음이온이며 MX 는 그 난용성염이다. 예로써 Ag/AgCl (여기에서 X^- 는 Cl^-, Br^-, I^-)와 $Hg|Hg_2Cl_2$ 전극은 기준전극으로 쓰이지만 지시전극으로도 사용된다. 이 경우 전극전위는 다음과 같이 음이온의 농도에 따라 결정된다.

$$AgX + e \rightleftharpoons Ag(s) + X^-$$

$$E = E^{\circ}_{AgX} - 0.0591 \log[X^-]$$

따라서 이 전극은 음이온(할로겐화이온)의 지시전극으로서 음이온의 농도(또는 활동도)를 측정하는 데 이용할 수 있다. 실제로 Ag − 선을 염화물 용액에 담그면 Ag − 선 표면에 AgCl의 얇은 층이 생기고 Ag|AgCl과 같은 2차 전극으로 작동된다.

$$AgCl + e \rightleftharpoons Ag(s) + Cl^- \qquad E^{\circ} = 0.222\,V$$

$$E = E^{\circ} - 0.0591 \log[Cl^-] \tag{15.12}$$

따라서 이 전극은 염화이온의 농도를 측정하는 데 사용된다.

Ag|AgCl 전극의 전극전위는 1차 전극인 Ag − 전극의 전극전위와 AgCl의 용해도 곱상수로부터 유도할 수 있다.

$$Ag^+ + e \rightleftharpoons Ag(s) \qquad E^{\circ} = 0.799\,V$$

$$E = 0.799 + 0.0591 \log[Ag^+]$$

이 식에 $K_{sp(AgCl)} = [Ag^+][Cl^-]$ 관계를 대입하여 정리하면,

$$E = 0.799 + 0.0591 \log[Ag^+]$$

$$= 0.799 + 0.0591 \log K_{sp}/[Cl^-]$$

$$= 0.799 + 0.0591 \log K_{sp} - 0.0591 \log[Cl^-]$$

$$= 0.222 + 0.0591 \log[Cl^-]$$

여기에서 다음 관계가 있음을 알 수 있다.

$$E^{\circ}_{AgCl} = E^{\circ}_{Ag} + 0.0591 \log K_{sp(AgCl)} \tag{15.13}$$

이 관계로부터 만약 동일한 금속의 1차 전극과 2차 전극의 표준전위를 알면 그 금속의 난용성염의 용해도곱상수를 계산할 수 있다.

• 3차 전극

금속이온의 EDTA 적정에서 적정이 진행되면 용액 중의 금속이온의 농도는 감소하

게 되고 이 농도변화를 측정하는 데 수은전극을 지시전극으로 이용한다. 이것은 분석하려는 금속의 1차 전극전위가 일반적으로 불안정하기 때문이다. 포화칼로멜 전극과 수은전극을 짝지어 전지를 구성하여 칼슘이온을 EDTA로 적정하는 경우를 생각해 보자. 이때 칼슘이온의 용액에 소량의 $Hg^{2+}-EDTA$ 착물을 첨가하면 전지는 다음과 같다.

$$SCE \| Ca^{2+}, CaY^{2-}, HgY^{2-} | Hg$$

이 전극의 전위는 일차적으로 수은(Ⅱ)의 농도에 따라 결정된다.

$$Hg^{2+} + 2e \rightleftharpoons Hg$$

$$E = E^{\circ} + \frac{0.0591}{2} \log [Hg^{2+}]$$

그런데 용액 중의 수은(Ⅱ)의 농도, $[Hg^{2+}]$ 는 $Hg^{2+}-EDTA$ 착물의 안정도상수에 따라 지배된다.

$$Hg^{2+} + Y^{4-} \rightleftharpoons HgY^{2-}$$

$$K_{HgY} = \frac{[HgY^{2-}]}{[Hg^{2+}][Y^{4-}]} = 6.3 \times 10^{21}$$

따라서 수은전극의 전위는 다음과 같이 표시된다.

$$E = E^{\circ} + \frac{0.0591}{2} \log \frac{[HgY^{2-}]}{K_{HgY}[Y^{4-}]}$$

이 경우 $Hg^{2+}-EDTA$ 착물은 대단히 안정하고 칼슘이온에 의해 교환반응이 일어나지 않기 때문에 $[HgY^{2-}]/K_{HgY}$ 는 거의 일정한 값을 갖는다. 그러므로 전극전위는 EDTA의 농도 $[Y^{4-}]$ 에 의해 지배를 받고 2차 전극으로 작동한다. 그러나 용액 중의 EDTA의 농도 $[Y^{4-}]$ 는 다음에서 보는 바와 같이 칼슘이온의 농도에 의해 지배된다.

$$Ca^{2+} + Y^{4-} \rightleftharpoons CaY^{2-}$$

$$K_{CaY} = \frac{[CaY^{2-}]}{[Ca^{2+}][Y^{4-}]} = 5.0 \times 10^{10}$$

결과적으로 수은전극의 전위는 다음과 같이 된다.

$$E = E^\circ + \frac{0.0591}{2} \log \frac{[\mathrm{HgY^{2-}}] \, K_{\mathrm{CaY}} \, [\mathrm{Ca^{2+}}]}{K_{\mathrm{HgY}} [\mathrm{CaY^{2-}}]}$$

여기에서 안정도상수는 모두 일정한 값이고, $\mathrm{Hg^{2+}}$ −EDTA는 대단히 안정하기 때문에 그 농도가 변하지 않고 $\mathrm{Ca^{2+}}$ −EDTA의 농도도 당량점 부근에서는 거의 일정할 것이다. 따라서 당량점 부근에서는 다음과 같은 관계를 얻을 수 있다.

$$E = K - \frac{0.0591}{2} pCa \tag{15.14}$$

따라서 지시전극인 수은전극의 전위, E 는 칼슘이온의 농도에 의해 지배된다. 이와 같이 전극전위가 2단계의 평형관계를 거치면서 다른 화학종의 농도변화의 지배를 받는 전극을 3차 전극이라 한다.

⤵ 액간 접촉전위

액간 접촉전위는 농도가 다른 두 전해질 용액의 경계에서 발생하는 전위이다. 만약 어떤 막을 경계로 0.1 M과 0.01 M HCl이 놓여 있다면 수소이온과 염화이온은 다공질 경계를 통하여 농도가 진한 쪽에서 묽은 쪽으로 확산된다. 각 이온의 이동하려는 힘은 두 용액 사이의 농도 차에 비례한다. 수소이온은 염화이온에 비해 이동도가 크므로 더 빨리 확산된다. 그 결과 농도가 진한 쪽은 수소이온이 부족하여 전기적으로 음성을 띠고 묽은 쪽은 양성을 띠게 되어 전하분리가 일어난다. 이러한 전하분리로 생기는 전위 차는 수십 mV 정도로 되는 수가 있다. 그러나 이 전위차는 두 이온의 확산속도 차이에 역작용을 하여 곧 평형이 성립되게 된다. 액간 접촉전위는 간단한 용액의 경우에 이온들의 이동도와 농도로서 계산할 수도 있지만 복잡한 용액에서는 어려운 문제이다. 그러나 이러한 두 용액 사이에 진한 전해질 용액을 삽입한 염다리를 설치하면 이 전위를 최소화시킬 수 있다. 만약 염다리에 채운 양이온과 음이온의 이동도가 거의 같고 그들의 농도가 진하면 액간 접촉전위를 줄이는 데 효과적이다. 이런 관점에서 염화포타슘을 포화시킨 염다리는 접촉전위를 효과적으로 줄이고, 수 mV 정도까지 감소되어 무시할 수도 있다.

보통 접촉전위는 분석용액과 염다리 사이의 접촉전위와 기준전극 용액과 접촉하는 접촉전위의 두 부분으로 구성되어 있고 이 두 전위는 서로 상쇄된다고도 볼 수 있지만 반드시 그렇게 되지는 않는 것이 보통이다. 따라서 직접 전위차법 분석에서는 기준전극과 분석용액 사이에 염다리를 설치한다.

⊃ 막전극과 pH 측정용 유리전극

유리막전극은 1906년 Cremer에 의해 처음으로 개발되었고, 오늘날에는 수소이온에 감응하는 유리막전극뿐만 아니라 Na^+, K^+ 등과 같은 각종 이온에 선택적으로 감응하는 막전극들이 개발되었다. 막전극은 얇은 막의 양쪽에 있는 한 가지 화학종의 활동도 차이로 인해 전위차가 나타나는 전극을 말하고, 이런 전위차를 막전위라 한다. 막을 사이에 두고 농도가 진한 용액과 묽은 용액이 접하게 되면 진한 쪽의 화학종이 묽은 쪽으로 확산하여 농도평형에 도달하려 한다. 이 확산하려는 에너지가 바로 막전위로 나타난다. 막전극에서 얻는 농도는 pH, pCa, pNO_3 등과 같이 p−함수로 나타내므로 막전극을 p−이온전극이라고도 부른다. 막전극을 만드는 데 사용되는 막은 결정막과 비결정막으로 나누고 비결정막에는 유리막, 액체막 등이 있다.

막전극의 원리는 근본적으로 금속지시전극과 다르다. 막전극은 전극과 화학종 사이에 전자를 주고받는 현상이 없고 화학종의 산화−환원 전위와 관계가 없다. 막전극의 원리는 전극 면에 대한 화학종의 흡착력 크기의 차이를 생각하면 이해하기 쉽다. 이들 막전극은 일반적으로 전기저항이 크기 때문에 전류측정이 어렵고 정밀한 측정을 위해 증폭장치를 구비한 전자전위차계가 필요하다. 막전극 중에 가장 널리 알려지고 중요한 것은 용액의 pH 측정에 이용되는 유리막전극이다. 유리막전극은 **그림 15.5**와 같다. 이 전극에서 가장 중요한 부분은 밑바닥에 붙은 대단히 얇은 유리막이며 이 막의 안쪽에는 일정한 농도의 염산 표준용액(H^+의 활동도=a_2)이 채워져 있고 여기에 내부기준전극으로 $Ag|AgCl$ 전극이 꽂혀 있다. 이 기준전극은 일정한 전위를 갖는 역할을 한다. 유리

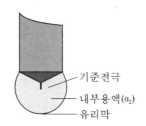

기준전극
내부용액(a_2)
유리막

그림 15.5 pH 측정용 유리전극.

전극을 수소이온의 활동도가 a_1인 용액에 담그면 다음과 같은 농도전지가 성립되고 얇은 유리막을 통하여 막전위 E_m가 나타난다는 사실을 실험적으로 발견했다.

$$내부기준용액\,(a_2)\,|\,유리막\,|\,외부기준용액\,(a_1)$$

$$E_m = E_{asy} + 0.0591 \log \frac{a_1}{a_2} \;(25\,℃\,에서)$$

여기서 E_{asy}는 유리막의 조성에 따라 다르고 막 양쪽면의 물리적, 화학적 성질과 오염상태에 의해 결정되는 상수로 이를 유리전극의 비대칭전위라 한다. 이것은 유리막이 건조하여 탈수되면 크게 변하고 물에 담가두어 원상으로 다시 돌아오는 데 오랜 시간이 걸린다. 그러므로 유리전극은 항상 물에 담가서 보관해야 한다.

유리막 내부용액의 활동도, a_2는 일정하기 때문에 다음과 같이 된다.

$$E_m = K + 0.0591 \log a_1$$

$$= K - 0.0591 \,\mathrm{pH} \tag{15.15}$$

• 유리막전극의 원리

유리전극에서 가장 중요한 부분은 수소이온에 감응하는 유리막이고 널리 이용되는 Corning 015 유리는 SiO_2 72 %, Na_2O 22 %, CaO 6 %의 조성을 갖는다. 이 유리막은 pH 1~9 범위에서는 수소이온에 대해 잘 감응한다. 막의 두께는 0.03~0.1 mm이고, 전기저항은 50~500 mega ohm 정도로 크다. 유리막을 수용액에 담가두면 표면에 있는 규산염은 수화되고 규산염 구조 속에 들어 있는 2가와 3가 양이온은 대단히 강하게 결합되어 있으나 Na^+와 같은 1가 양이온은 용액에 존재하는 수소이온과 다음과 같은 교환반응이 일어난다.

$$H^+ + Na^+Gl^- \rightleftharpoons Na^+ + H^+Gl^-$$
$$\;\;\;용액 \quad\;\; 유리 \qquad\;\; 용액 \quad\;\; 유리$$

여기에서 Gl^-은 유리 중의 규산의 작용기를 표시한다. 따라서 수화된 규산 젤의 외각 표면에는 수소이온이 결합되어 있고, 표면에서 내부로 들어갈수록 수소이온의 수는 감소하고 소듐이온의 수가 많다. 한편 이 유리막의 내부 표면에서도 같은 교환반응이 일어난다. 유리막 양쪽에서 일어나는 교환반응의 평형위치는 두 용액의 수소이온 농도에 의해 결정된다. 따라서 유리막의 외부와 내부 접촉면에서 각각 접촉전위가 발생하게 된다. 만약 외부용액과 젤 사이의 접촉전위를 $E_{j(1)}$ 이라 하고 내부용액과 젤 사이의 접촉전위를 $E_{j(2)}$ 라 하면 유리막 전체를 통한 경계전위, E_b는 다음과 같다.

$$E_b = E_{j(1)} - E_{j(2)} \tag{15.16}$$

만약 a_1과 a_2를 외부와 내부용액 중의 H^+의 활동도라 하고 $a_1{}'$과 $a_2{}'$를 외부용액과 내부용액에 접하는 젤 층에 있는 H^+의 활동도라 하면 다음이 성립할 것이다.

$$E_{j(1)} = j_1 + 0.0591 \log \frac{a_1}{a_1{}'}$$

$$E_{j(2)} = j_2 + 0.0591 \log \frac{a_2}{a_2{}'}$$

여기에서 유리막의 안쪽과 바깥쪽 표면에 젤의 작용기의 자리밀도와 상태가 같다고 보면 $j_1 = j_2$, $a_1{}' = a_2{}'$일 것이므로 막의 경계전위, E_b는 다음과 같고,

$$E_b = E_{j(1)} - E_{j(2)} = 0.0591 \log \frac{a_1}{a_2}$$

내부용액의 H^+의 활동도 a_2는 고정되어 있으므로 다음처럼 표시할 수 있다.

$$E_b = 상수 + 0.0591 \log a_1$$

$$= K - 0.0591\,\mathrm{pH} \tag{15.17}$$

그러므로 막전위는 외부분석용액의 수소이온 활동도의 척도가 된다.

어떤 유리전극은 수소이온뿐만 아니라 알칼리 금속이온에도 감응한다. 알칼리 금속 이온에 감응하는 정도를 알칼리 오차라고 하며 만약 높은 pH에서는 더 큰 음의 오차가 발생되는데 이것은 바로 유리막이 수소이온뿐만 아니라 소듐이온에도 감응하는 것을 암시하는 것이다. 모든 1가 양이온은 알칼리 오차를 일으킨다. 그리고 오차의 크기는 금속이온의 종류와 유리 막의 조성에 따라 다르다. 알칼리 오차는 다음과 같이 유리표 면의 수소이온과 용액 중의 양이온 사이의 교환평형을 고려하여 잘 설명할 수 있다.

$$H^+Gl^- + B^+ \rightleftharpoons B^+Gl^- + H^+$$
유리   용액   유리   용액

여기에서 B^+ 는 Na^+ 와 같은 1가 양이온을 나타내고 이 경우에 수소이온의 활동도에 대한 소듐이온의 활동도의 비는 두 화학종에 대한 전극이 감응하는 크기의 비이다. 유리막에 대한 알칼리 금속이온의 영향은 식 (15.17)에 다음과 같은 인자를 대입하여 나타낼 수 있다.

$$E_b = K + 0.0591 \log (a_1 + b_1 k_{H,B}) \tag{15.18}$$

여기서 $k_{H,B}$ 는 전극의 선택계수(selectivity coefficient)로서 b_1 은 Na^+ 또는 K^+ 와 같은 1가 양이온의 활동도를 의미한다. 식 (15.18)은 수소이온에 감응하는 유리지시전극 뿐만 아니라 다른 모든 종류의 막전극에도 적용된다. 선택계수는 다른 이온들에 대한 이온선택전극의 감응을 측정한 것이고 전극이 수소이온에만 감응할 때 $k_{H,B}$ 는 0이고 그렇지 않을 때에는 0보다 크다.

pH 유리전극에 대한 $b_1 k_{H,B}$ 항은 pH가 9보다 작은 경우에는 a_1 에 비해 무시할 수 있을 정도로 작고 식 (15.18)은 식 (15.15)와 같이 간단해진다. 그러나 pH가 9보다 높고 1가 양이온의 농도가 클 경우에는 식 (15.18)에서 $b_1 k_{H,B}$ 항은 경계전위 E_b 를 결정하는 데 중요한 작용을 한다. 그리고 알칼리 오차에 직면하게 된다.

전형적인 유리전극은 pH가 0.5보다 작을 때 양의 오차를 나타낸다. 즉, 이 지역에서 읽은 pH값은 실제 값보다 크다. 이러한 오차를 산 오차라고 하고 이 오차의 크기는 여러 인자에 의존하고 일반적으로 재현성이 적은 편이지만 산의 농도가 높을수록 오차는 커진다. 산 오차의 원인은 분명하지 않은데 다만 진한 산 용액에서는 물의 활동도가 작아지며 따라서 유리막의 수화된 층에 물의 양을 변화시키고 그 결과 나타난다고 생각된다.

⊃ 양이온 선택성 유리전극

유리전극에서 유리의 조성은 알칼리 오차의 크기에 관계가 있고, 알칼리 오차를 줄이는 연구가 많이 진행되어 오늘날에는 pH 12보다 낮은 용액에서 식 (15.18)의 $b_1 k_{H,B}$ 항을 무시해도 좋을 정도로 선택계수가 작은 유리전극을 개발하였다.

한편 이와는 반대로 $b_1 k_{H,B}$ 항의 값을 증가시키는 연구를 하여 수소이온보다 다른 양이온에 감응하는 유리전극을 개발하는 연구도 진행되었다. 유리에 Al_2O_3 나 B_2O_3 를 섞으면 이런 효과가 나타남을 알게 되었다. 유리의 조성을 계통적으로 변화시키는 연구에 의해 1가 양이온에 대해 선택적으로 감응하는 유리전극을 개발하게 되었다. 그리하여 Na^+, K^+, NH_4^+, Rb^+, Cs^+, Li^+ 및 Ag^+ 과 같은 +1가 화학종의 농도를 pH 미터에서와 같이 직접 측정할 수 있는 이온선택성 유리전극이 개발되었다.

⊃ 액체막 전극

다가 양이온과 음이온을 직접 전위차법으로 분석하기 위한 여러 종류의 액체막 전극이 개발되었다. 액체막 전극에서 막전위는 분석이온과 선택적으로 결합하는 액체－이온교환체 사이의 경계에서 나타난다. **그림 15.6**에 칼슘이온 액체막 전극의 모형도를 나타내었다. 이러한 액체막 전극에서는 용매에 이온교환체를 녹이고 이것을 다공질 소수성 플라스틱 원판에 분포되어 있는 가는 구멍에 모세관 작용에 의하여 채워서 만든다.

이 원판은 내부용액을 분석용액과 분리시키는 구실을 한다. 최근에는 단단한 PVC젤에 이온교환체를 고정시켜 만들기도 한다. 액체막의 양쪽 경계에서 다음과 같은 해리평형이 이루어진다.

$$[(RO)_2POO]_2Ca \rightleftharpoons 2(RO)_2POO^- + Ca^{2+}$$

유기층   유기층   수용액

여기에서 R은 분자량이 큰 지방족기를 의미한다. 유리전극에서처럼 액체막의 한 쪽 표면에서 해리되는 양이 다른 쪽과 다를 때 막을 통해 전위차가 발생한다. 이 전위는 내부표준용액과 외부분석용액에서 칼슘이온의 활동도차 때문에 나타난다. 액체막 전위와 칼슘이온의 활동도와 관계는 유리전극에서와 같이 다음과 같이 표시할 수 있다.

$$E_b = E_1 - E_2 = \frac{0.0591}{2} \log \frac{a_1}{a_2} \tag{15.19}$$

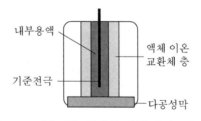

그림 15.6 칼슘이온 선택성 액체 막전극의 모형.

여기에서 a_1 과 a_2 는 각각 외부와 내부용액의 칼슘이온 활동도이고 내부용액의 a_2 는 일정하므로 다음과 같이 된다.

$$E_b = K' + \frac{0.0591}{2} \log a_1$$

$$= K' - \frac{0.0591}{2} pCa \tag{15.20}$$

이 전극은 pH 5.5~11에서 칼슘이온에 감응하며 마그네슘이온에 대한 감응보다 50배 정도 더 크고, Na^+ 또는 K^+ 에 대한 감도보다 1,000배 정도 크다. 이 전극은 칼슘이온 농도가 5×10^{-7} M 정도일 때까지도 사용할 수 있고 pH 5.5 이하에서는 수소이온에 감응하므로 칼슘이온에 대한 선택성이 떨어진다. Ca 전극에 가장 큰 방해이온은 Zn^{2+}, Fe^{2+}, Pb^{2+}, Cu^{2+} 등이고 높은 농도의 Sr^{2+}, Mg^{2+}, Ba^{2+}, Na^+ 등도 방해이온이 된다.

표 15.3에 몇 가지 액체막 이온선택성 전극의 특성을 수록했다.

표 15.3 몇 가지 액체막 이온선택성 전극의 특성*

이온	농도(M)	교환체	용매	pH 범위	방해이온
Ca^{2+}	$10^{-5} \sim 1$	(a)	dioctylphenyl-phosphate	6~10	$Zn^{2+}, Pb^{2+}, Fe^{2+}, Cu^{2+}$
NO_3^-	$10^{-5} \sim 1$	(b)	octyl-2-nitro-phenyl ether	3~8	$ClO_4^-, I^-, Br^-,$ ClO_3^-, HS^-, CN^-
ClO_4^-	$10^{-5} \sim 1$	(c)	p-nitrocymene	4~8	I^-, NO_3^-, Br^-
Cl^-	$10^{-5} \sim 1$	(d)		3~10	$ClO_4^-, I^-, NO_3^-, SO_4^{2-}, Br^-,$ OH^-, HCO_3^-, F^-, Ac^-

(a) calcium didecylphosphate, (b) tridodecylhexadecylammonium nitrate, (c) tris (substituted 1,10-phenanthroline) iron(II) perchlorate, (d) dimethyldioctadecylammonium chloride.
* P. L. Bailey, *Analysis with Ion-Selective Electrode* (London Heyden, 1976, pp. 127~130; Orion Research Analytical Methods Guide (Cambridge, Mass.: Orion Research Inc., 1975).

고체상태 전극

그림 15.7은 무기 결정을 사용한 몇 가지 고체상태 이온선택전극에 대한 그림이다. 이런 형태로 널리 쓰이는 것이 불소전극인데 결정의 전도도를 높이기 위해 LaF_3 결정

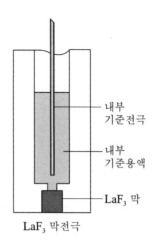

내부
기준전극

내부
기준용액

LaF₃ 막

LaF₃ 막전극

그림 15.7 고체상태 이온선택성 전극.

의 La^{3+} 자리에 Eu^{2+}를 소량 가해 혼입된 결정을 사용한다.

내부용액에는 0.1 M NaF 와 0.1 M NaCl이 들어있다. 용액의 F^- 이온은 결정표면에 선택적으로 흡착되어 pH 선택성 유리전극의 H^+과는 달리 **그림 15.8**처럼 실제로 LaF_3 결정을 통해 이동한다. LaF_3를 EuF_2로 혼입시키면 결정 내에 음이온의 빈자리가 생긴다.

여기에서 빈자리 주변의 F^- 이온이 빈자리로 이동하고 원래의 자리에는 새로운 빈자리가 생긴다. 이런 방법으로 F^-가 한쪽에서 다른 쪽으로 이동하고 따라서 전극이 작동할 수 있도록 결정 사이에 전위차가 생긴다. pH 전극과 같이 불소전극의 전위도 다음과 같이 쓸 수 있다.

$$E = K'' - 0.0591 \log a_1 \tag{15.21}$$

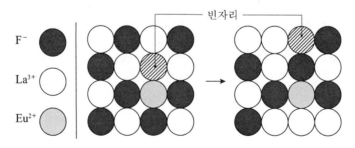

빈자리

F^-

La^{3+}

Eu^{2+}

그림 15.8 불소전극.

여기서 a_1은 분석용액 중 F^-의 활동도이다. 전극은 F^- 농도가 $10^{-6} \sim 1\,M$ 사이일 때 거의 Nernst식에 적용된다. 그리고 F^- 이온에 1,000배 정도 더 감응한다. 유일한 방해이온은 OH^-인데 그 선택계수, $k_{F,OH} = 0.1$정도이다. pH가 낮을 때 F^-는 HF로 바뀌고(p$K_a = 3.17$) 전극은 감응할 수 없게 된다. 이 전극은 상수도에서 F^-의 양을 감지하고 조절하는 데 사용된다. 또 다른 무기 결정전극으로는 막으로 Ag_2S를 사용하는 전극이 있는데 이 전극은 As^+와 S^{2-}에 감응한다. 이 전극에 CuS, CdS, PbS 등을 혼입하면 각각 Cu^{2+}, Cd^{2+}, Pb^{2+}에 감응하는 전극을 만들 수 있다. **표 15.4**에 무기 결정을 사용한 몇 가지 이온선택성 전극을 수록했다.

표 15.4 몇 가지 고체상태 이온선택성 전극의 특성*

이온	측정농도(M)	막의 재질	pH 범위	방해물질
F^-	$10^{-6} \sim 1$	La_2F	$5\sim8$	OH^-
Cl^-	$10^{-4} \sim 1$	AgCl	$2\sim11$	$CN^-, S^{2-}, I^-, S_2O_8^{2-}, Br^-$
Br^-	$10^{-5} \sim 1$	AgBr	$2\sim12$	CN^-, S^{2-}, I^-
I^-	$10^{-6} \sim 1$	AgI	$3\sim12$	S^{2-}
SCN^-	$10^{-5} \sim 1$	AgSCN	$2\sim12$	$S^{2-}, I^-, CN^-, Br^-, S_2O_8^{2-}$
CN^-	$10^{-6} \sim 0.01$	AgI	$11\sim13$	S^{2-}, I^-
S^{2-}	$10^{-5} \sim 1$	Ag_2S	$13\sim14$	

* R. L. Bailey, Analysis with Ion-Selective Electrode(London, Heyden, 1976), pp. 95-99; Orion Research Analytical Mothods Guide (Cambridge, Mass.: Orion Research Inc., 1975).

⊃ 기체감응 전극

기체를 분석할 수 있는 기체감응 전극의 모형도를 **그림 15.9**에 보였다. 이 장치는 그림과 같이 플라스틱 관의 밑바닥에 기체가 투과할 수 있는 막을 붙이고 이 안에 전해질 용액을 넣고, 기준전극과 특수 이온선택성 지시전극이 내장되어 있다. 얇은 기체투과막은 고무, 테이프론 또는 폴리에틸렌으로 만든 반투막으로서 분석용액에 이 장치를 담갔을 때 내부의 전해질 용액과 분석용액을 격리하는 구실을 한다. 이 다공질의 얇은 막은 평균 구멍 크기가 $1\,\mu m$ 이하이고 두께가 0.1 mm 정도이며 방수성이 있어 물과

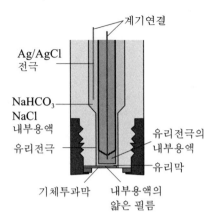

그림 15.9 기체감응 전극의 모형도.

전해질 이온은 막의 구멍을 침입할 수 없고 이산화탄소를 함유하는 분석용액이 막과 접촉하면 용액 속의 CO_2 기체가 미세한 구멍 속으로 들어가게 되고 내부용액에서도 같은 현상이 나타난다.

$$\underset{\text{분석용액}}{CO_2(aq)} \rightleftharpoons \underset{\text{막 구멍}}{CO_2(g)} \rightleftharpoons \underset{\text{내부용액}}{CO_2(aq)} \qquad \underset{\text{내부용액}}{CO_2(aq) + 2H_2O} \rightleftharpoons \underset{\text{내부용액}}{HCO_3^- + H_3O^+}$$

마지막 평형반응은 내부용액의 pH를 변화시키는 구실을 한다. 이 변화는 막의 내부에 있는 유리전극/칼로멜 전극계(또는 $Ag|AgCl$ 전극계)에 의해 검출된다. 이들 반응의 총괄과정은 세 가지 평형을 합하면 다음과 같다.

$$\underset{\text{분석용액}}{CO_2(aq) + 2H_2O} \rightleftharpoons \underset{\text{내부용액}}{HCO_3^- + H_3O^+}$$

이때 내부전지의 전위는 다음과 같음을 알 수 있다.

$$E_{cell} = K + 0.0591 \log [CO_2(aq)]_{외부} \tag{15.22}$$

여기서 K는 상수이고 내부용액에서 유리전극과 기준전극 간의 전위는 외부용액에서 CO_2의 농도에 의해 결정된다. 이때 전극은 분석용액과 직접 접촉하지 않기 때문에 이런 장치는 기체감응 전극이라기보다는 기체감응전지(또는 탐침기)이다. 막을 통과할 수 있는 다른 기체가 녹아 있을 때는 방해작용을 할 수 있고 그때 내부용액의 pH에 영향을 주게 된다. 기체감응전극의 선택성은 내부 지시전극의 선택성에 의존한다. 또 NO_2, H_2S, SO_2, HF, HCN 및 NH_3 등에 감응하는 전극들이 개발되었다.

◯ 직접 전위차법

　pH 미터로 수소이온 농도를 측정하는 것과 같이 지시전극이 분석하려는 화학종에 대하여 선택적으로 감응하면 그 전극전위를 측정하여 정량분석할 수 있다. 이 방법은 분석물질의 표준용액과 분석용액에 대한 전지전위를 비교하는 방법이고 지시전극의 선택성이 높은 경우에는 분석할 화학종을 분리할 필요가 없기 때문에 빠르고 편리한 분석법이다. 그러나 항상 액간 접촉전위의 불확실성이 문제가 된다. 이온선택성 전극을 포함하는 대부분의 전지는 10^8 Ohm 또는 그 이상의 매우 높은 저항을 가진다. 이와 같이 높은 저항의 회로에서 전위를 정확하게 측정하기 위해서는 전지의 저항보다 1,000배 이상의 저항을 갖는 볼트미터 즉, 전위차계가 필요하다. 만약 볼트미터의 저항이 너무 낮으면 전지로부터 전류가 흐르기 때문에 미터에서 출력되는 전위를 낮추는 효과가 나타난다. 따라서 측정된 전위 값은 부의 오차를 가진다. 내부저항이 $10^{11} \sim 10^{12}$ Ohm 정도 되는 전위차계를 시중에서 구할 수 있고 일반적으로 pH미터로 불린다. 그러나 이러한 전위차계는 수소이온뿐만 아니라 다른 이온의 농도를 측정할 수 있으므로 p−이온미터 또는 이온미터로 부르는 것이 더 정확한 표현이다. 전위차법에서 지시전극은 항상 음극(cathode)으로, 기준전극은 양극(anode)으로 취급한다. 직접 전위차법 측정을 위한 전지전위는 다음과 같이 나타낼 수 있다.

$$E_{cell} = E_{ind} - E_{ref} + E_j \tag{15.23}$$

25 ℃에서 양이온 선택전극의 양이온 X^{n+} 에 대한 전위는 다음과 같이 표시된다.

$$E_{ind} = K - \frac{0.0591}{n} p$$

$$= K + \frac{0.0591}{n} \log a_x \tag{15.24}$$

　여기에서 K는 상수이고 a_x 는 양이온의 활동도이다. 금속 지시전극(1차 전극)에서는 K는 표준전극전위에 해당한다. 막전극에서 K는 여러 가지 상수의 합으로 불확실한 크기의 시간−의존성 비대칭전위를 포함한다. 식 (15.23)에 (15.24)를 대입하여 정리하면,

$$pX = -\log a_x = -\frac{E_{cell} - (E_j - E_{ref} + K)}{0.0591/n}$$

여기서 $E_j - E_{ref} + K$ 는 거의 일정한 값이므로 상수 K'로 표시하면,

$$pX = -\log a_x = -\frac{E_{cell} - K'}{0.0591/n} \tag{15.25}$$

식 (15.25)는 음이온 A^{n-}에 대해서 다음과 같다.

$$pA = \frac{E_{cell} - K'}{0.0591/n} \tag{15.26}$$

직접 전위차법에서는 식 (15.25)와 (15.26)에 기초를 두며 두 식에서 부호의 차이는 이온선택전극을 pH 미터나 p-이온미터에 연결하는 방법에 따라 다르다. 두 방정식을 E_{cell}에 관한 식으로 변화시키면,

$$E_{cell} = K' - \frac{0.0591}{n} pX \tag{15.27}$$

$$E_{cell} = K' + \frac{0.0591}{n} pA \tag{15.28}$$

전지전위를 측정하기 위하여 높은 저항을 갖는 볼트미터의 (+)단자에 양이온 선택성 지시전극을 연결하면 pA가 증가할 때 미터의 눈금은 감소하게 된다. 그러나 양이온 선택전극을 미터의 (−)단자에 연결하면 pX가 증가함에 따라 미터의 눈금도 증가하게 된다. 반면 지시전극이 음이온의 선택전극일 때는 지시전극을 미터의 (+)단자에 연결해야 pA의 증가에 따라 미터의 눈금도 증가하게 된다. 식 (15.27)과 (15.28)에서 상수 K'는 몇 가지 상수를 합한 것이다. 그중 접촉전위는 직접 측정하거나 이론적으로 계산하기 곤란하다. 따라서 직접 전위차법으로 pX나 pA를 구하기 위해서는 분석물질의 표준용액을 사용하여 실험적으로 K'를 측정해야 한다. K'를 구하는 방법은 pX나 pA가 알려진 하나 이상의 표준용액에 대한 E_{cell}를 측정하여 구한다. 이때는 표준용액과 분석용액에서 K'는 일정하다는 가정이 필요하다. 원칙적으로 시간이 지나면 전극의 비대칭전위가 변하므로 미지시료를 측정할 때마다 재보정이 필요하다.

전극의 보정법은 간단하고 빠르며 pX나 pA를 연속적으로 측정할 때 편리한 방법이다. 그러나 접촉전위에서 약간의 불확정성이 포함되므로 정확성이 제한되는 때가 있다. 접촉전위는 염다리를 설치하면 최소화시킬 수 있다. E_j는 측정과정에서 수 mV 변할 가능성이 있다.

• pH 측정의 원리

pH 미터는 대표적인 직접 전위차법 분석장치이고 용액의 pH를 측정하는 가장 정확하고 정밀한 방법이다. pH 미터는 수소이온의 지시전극인 유리전극과 항상 일정한 전위를 갖는 포화칼로멜 기준전극을 짝지어 분석용액에 담그고 두 전극 사이의 전지전위를 전위차계를 이용해서 측정하여 pH를 구하는 장치이다. 그러나 유리전극은 대단히 큰 전기저항을 가지기 때문에 이 전기회로에 흐르는 전류가 너무 작아서 보통 방법으로는 측정하기 어렵고, 반드시 큰 증폭장치를 이용해야 pH를 정확하게 측정할 수 있다. 전형적인 pH 측정 전극계는 다음과 같이 표시할 수 있다.

$$
\begin{array}{c}
\overbrace{\hspace{12em}}^{\text{유리전극}} \\
\text{외부기준전극 \quad 외부용액} \qquad \text{내부기준용액}
\end{array}
$$

$$
\underset{E_{SCE} \quad E_j}{SCE} \mid \underset{}{[H_3O^+] = a_1} \mid \underset{E_{j(1)}}{\text{유리막}} \mid \underset{E_{j(2)}}{[H_3O^+] = a_2}, [Cl^+] = 0.1M, \; AgCl(\text{포화}) \mid \underset{\text{내부기준전극}}{Ag}
$$

$$
E_b = E_{j(1)} - E_{j(2)} \qquad\qquad E_{Ag/AgCl}
$$

이 전극계는 외부 칼로멜 기준전극과 유리전극 내부의 A/AgCl 기준전극을 포함한다. 내부 기준전극은 유리전극의 일부분으로서 pH에 감응하는 것이 아니고 유리전극의 밑에 위치한 얇은 유리막이 pH에 감응한다.

유리전극은 경계전위, 내부기준전극 전위 및 작은 양의 비대칭전위를 가진다.

$$
E_{ind(gl)} = E_b + E_{Ag/AgCl} + E_{asy}
$$

여기에 식 (15.24)를 대입하여 정리하면,

$$
\begin{aligned}
E_{ind(gl)} &= K + 0.0591 \log a_1 + E_{Ag/AgCl} + E_{asy} \\
&= K + 0.0591 \log a_1 \\
&= K - 0.0591 \, pH
\end{aligned} \tag{15.29}
$$

이 식을 식 (15.25)에 대입하여 정리하면,

$$
pH = -\log a_1 = \frac{E_{cell} - (E_{SCE} - E_j + K)}{0.0591} -
$$

$$
pH = -\log a_1 = \frac{E_{cell} - K'}{0.0591} \tag{15.30}
$$

따라서 전지전위 E_{cell} 만 측정하면 분석용액의 pH를 구할 수 있다.

• 결합전극

하나의 본체 속에 유리전극과 기준전극을 함께 넣은 전극을 결합전극이라고 하고
이 전지의 표현은 다음과 같다. 이와 같은 결합전극을 사용할 때에도 SCE−유리전극계
의 pH 미터와 같은 방법으로 pH를 측정할 수 있다.

$$\overset{\displaystyle\text{외부기준전극}}{} \qquad \overset{\displaystyle\text{외부용액}}{} \qquad \overset{\overbrace{\qquad\qquad\text{유리전극}\qquad\qquad}}{\text{내부기준용액}}$$

$$\underset{E_{Ag/AgCl}(\text{외부})}{Ag} \mid Ag(s) \mid Cl^-(aq) \underset{E_j}{\|} [H_3O^+] = a_1 \mid \underset{E_{j(1)}}{\text{유리막}} \mid \underset{E_{j(2)}}{[H_3O^+] = a_2}, [Cl^-] = 0.1M, AgCl(s) \mid Ag$$

내부기준전극

$$E_b = E_{j(1)} - E_{j(2)} \qquad\qquad E_{Ag/AgCl}(\text{내부})$$

⊃ 전위차법 적정

시료에 적정용액을 가해 적정반응이 진행되면 어떤 화학종의 농도가 감소 또는 증가
하게 된다. 적정시약에 적당한 지시전극과 기준전극을 꽂아서 적정시약의 부피변화에
따른 지시전극의 전위변화를 측정하여 적정곡선을 얻고 이 적정곡선으로부터 당량점을
구하여 분석하는 방법을 전위차법 적정이라 한다.

이 방법은 지시약을 사용하지 않고 적정의 당량점을 구하여 물질을 정량할 수 있으
며, 진한 색깔을 띤 용액으로서 지시약의 색변화를 구별할 수 없는 경우, 적당한 지시약
이 없는 경우 및 비수용매에서 적정하는 경우에 적정에 이용될 수 있다. 그리고 지시약
을 사용하여 적정할 때는 지시약의 변색범위와 당량점을 일치시켜야 하지만 전위차법
적정에서는 적정 도중의 전위만 측정하면 되므로 모든 적정에 적용할 수 있다. 또 한
가지 중요한 것은 적정곡선을 이용하여 적정반응에 관여하는 화학반응의 평형상수를
구할 수 있고 금속이온을 착화제의 표준용액으로 적정한 결과를 이용하면 그 착물의
안정도상수를 구할 수 있다.

그림 15.10에 수동식으로 전위차법 적정할 때의 전형적인 적정장치를 보였다. 이 장
치는 적정시약을 가할 때 전지전위를 pV 또는 pH 단위로 측정하며, 초기에는 적정시약
을 많이 가하고 전위를 측정해도 되지만 종말점 가까이에서는 적정시약을 아주 조금씩
가할 때마다 전위를 측정해야 한다.

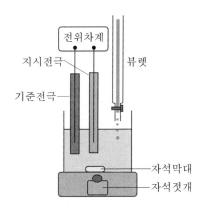

그림 15.10 전위차법 적정장치.

• 당량점 구하는 방법

적정에 소비된 적정시약의 부피와 전위차 값을 이용하여 당량점을 구하는 방법에는 **그림 15.11**에서 보는 바와 같이 세 가지의 방법이 가능하다.

첫째 방법은 그림과 같이 적정시약의 부피에 대해 측정된 전위값으로 적정곡선을 얻고 적정곡선에서 전위변화가 가장 급한 점, 즉 변곡점을 찾는다. 이 방법으로는 당량점 부근에서 상당히 급격한 변화가 일어나지 않는 경우에는 정확한 결과를 얻기 어렵다.

둘째 방법은 실험값으로부터 도함수, $\triangle E/\triangle V$ 값을 계산하고 이것을 도시하여 외삽법으로 최대값의 점을 찾는다. $\triangle E/\triangle V$ 값을 계산하기 위하여 적정시약의 부피를 작게 일정량씩 취하는 것이 편리하지만 이것도 역시 그다지 좋은 방법이라 할 수 없다.

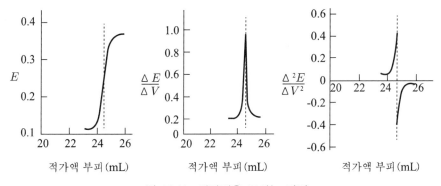

그림 15.11 당량점을 구하는 방법.

셋째 방법은 가장 정확하고 빠른 방법으로서 여기서는 이차도함수 $\Delta^2 E / \Delta V^2$를 이용한다. 당량점은 $\Delta^2 E / \Delta V^2$ 값이 영으로 되는 자리, 즉 변곡점이고 이 점을 비례식으로 결정한다. 그러나 이러한 방법은 반응하는 화학종의 수가 서로 같은 경우에만 적당하고 그렇지 않은 경우에는 $\Delta E / \Delta V$ 값이 최대가 되는 자리와 당량점은 일치하지 않는 경우도 있다. 그러므로 당량점의 이론적 전위를 계산하고 정확한 전위측정법을 이용하여 이 당량점 전위를 얻을 때까지 적정하는 것이 올바른 방법이라 할 수 있다.

당량점을 구하는 이들 방법은 전위차 적정뿐만 아니라 산-염기 적정, 산화-환원 적정 등 다른 적정법에서도 이용할 수 있다.

15.2 전기무게분석법

⊃ 전기분해전위

전기화학전지에 전류가 흐를 때 다음의 세 가지 요인, 즉 Ohm 농도편극 및 반응속도 편극에 의한 과전압에 의해 볼타전지의 출력전압을 떨어뜨리거나 전기분해에 필요한 전압을 높인다. Ohm 전압은 전지에서 용액 중의 양이온과 음이온이 양쪽 전극으로 이동하는 데 추진력이 필요하기 때문에 전지를 통해 전류(이온)를 흐르게 하는 데 필요한 전압 즉, 저항전압이 필요하다.

$$E_{Ohmic} = IR \tag{15.31}$$

여기에서 I는 전류이고 R은 전지저항이다. 저항전압은 Nernst식으로 계산된 전지의 기전력보다 IR만큼 적은 값이므로 IR 강하라고도 한다. 평형상태의 볼타전지에서는 $I = 0$이므로 저항전압은 없다. 전지에 전류가 흐를 때 산화-환원 반응에 의해 방출된 자유에너지의 일부가 전지 자체의 저항을 극복하기 위해 사용되기 때문에 전지전압은 떨어진다. 또 전해전지에 가해 주는 전압은 반응에 필요한 자유에너지를 공급하고 전지 저항을 극복하기 위해 충분히 커야 한다. 다른 효과가 없는 상태에서 전류가 흐르려면 볼타전지의 전압은 IR만큼 떨어지고 전기분해 전지에 걸어 주어야 할 전압은 IR만큼 커야 한다.

$$E_{cell} = E_c - E_a - IR \tag{15.32}$$

여기에서 E_c와 E_a는 Nernst식으로 계산한 환원전극과 산화전극의 전위이다.

전기화학전지에서 흐르는 전류가 대단히 적은 경우에는 일반적으로 전지전위와 전류는 직선관계를 갖지만 흐르는 전류가 증가하면 직선관계에서 벗어나게 되는데 이 현상을 편극이라 한다. 이 결과 전지전위는 Nernst식에 의해 계산된 이론적인 전극전위차(기전력)와 IR 값 이외에 전극표면의 농도경사로 인해 변화를 받게 된다. 이 농도경사로부터 일어나는 전압을 농도과전압이라고 하고 이 현상을 농도편극이라 한다. 따라서 전해전지에서는 Ohm 전압강하를 고려한 전압보다 농도경사에 의한 농도과전압만큼 더 높은 전압을 걸어 주어야 전기분해가 일어나게 되고 볼타전지의 경우는 그 전지전위가 농도과전압만큼 감소하게 된다.

전기분해할 때 전극반응이 빠르고 가역적인 경우에 전극 표면층의 반응화학종의 농도는 용액 내부의 농도에 관계없이 원칙적으로 Nernst식에 의해 걸어 준 전극전위에 따라 결정된다. 그래서 전극전위가 변하면 전극표면에서 산화 또는 환원반응이 일어나므로 전극표면층의 화학종 농도도 변하게 된다. 전극반응에 관여하는 물질이 전극표면으로 또는 전극표면에서 이동하는 현상을 확산이라 하고 그 이동속도는 농도 차의 크기에 비례한다. 전기분해가 일어나서 전극에 물질이 석출되면 전극표면 용액 층의 농도는 용액 내부의 농도보다 감소하게 되므로 용액 내부에서 그 물질은 전극 쪽으로 확산하게 된다. 즉, 확산속도는 농도 차에 비례한다. 예를 들면 카드뮴이온이 외부에서 가하는 전류에 의해 음극에서 분해될 때 전극표면에서 카드뮴이온의 농도, $[Cd^{2+}]_s$는 매우 작다. 또, 전극표면에서의 농도와 용액 내부에서의 농도, $[Cd^{2+}]_o$와의 차이는 농도경사를 발생한다. 따라서 Cd^{2+}가 전극표면을 향하여 확산된다.

$$확산속도 = k([Cd^{2+}]_o - [Cd^{2+}]_s) \tag{15.33}$$

여기에서 $[Cd^{2+}]_o$는 용액 내부에서 반응물의 농도이고 $[Cd^{2+}]_s$는 환원전극표면에서의 농도이다. 그리고 k는 비례상수이다.

어떤 순간에 $[Cd^{2+}]_s$ 값은 전극전위에 의해 일정하게 되고 Nernst식으로부터 계산할 수 있다. 이 예에서 카드뮴이온의 전극표면 농도는 다음과 같다.

$$E_c = E^\circ - \frac{0.0591}{2} \log \frac{1}{[Cd^{2+}]_s}$$

여기에서 E_c 는 외부에서 음극에 걸어준 전압이고 이 전압이 음($-$)의 방향으로 커지면 $[Cd^{2+}]_s$ 는 더 줄어든다. 결과적으로 확산속도와 전류는 마찬가지로 커진다. 이온과 전극 사이에는 정전기적 힘이 작용하고 서로 다른 전하의 경우에는 인력이 작용하며 같은 전하끼리는 반발력이 작용한다. 그리고 이 정전기적 힘은 용액 중의 모든 이온에 골고루 작용한다. 용액 중에 여러 가지 이온이 많이 있어서 전극반응에 관여하는 이온이 전체 이온의 양에 비하여 극히 작은 부분을 차지하는 경우에는 이 이온이 받는 정전기적 힘은 그 만큼 작고 무시할 수 있게 된다. 이와 같은 농도편극 현상을 감소시키기 위해서 용액을 기계적으로 잘 저어 주어 농도경사를 줄이고 용액의 온도를 높여 대류현상이 일어나게 되면 확산속도가 빨라져 농도편극이 줄어든다. 또, 금속을 석출시켜 전극의 표면적을 넓힌 전극을 사용하고 전극과 이온 사이의 정전기적 상호작용을 높이거나 줄이기 위해 이온세기를 바꾸는 방법들이 이용된다. 전기분해전지에서 전지의 기전력, IR강하 및 농도과전압을 합한 값만큼의 전압을 걸어주어도 전기분해가 일어나지 않는 경우가 있다. 이것은 전극표면에서 일어나는 산화 또는 환원반응이 큰 활성화 에너지를 필요로 하는 느린 반응인 경우이다. 이런 때 전극반응을 어느 정도 빠르게 진행시키려면 외부에서 더 높은 전압을 걸어줘야 한다. 이렇게 여분으로 더 걸어주어야 할 전압을 활성화과전압이라고 하고 이것은 전기분해 하는 데 여분으로 필요한 최소의 전압을 의미한다. 또, 이 전압은 다분히 실질적인 값이고 이것을 이론적으로 설명하기는 어렵다. 활성화과전압은 전류밀도가 증가할수록 크게 증가하고 온도가 높아지면 감소한다. 기체가 발생하는 반응, 유기물의 산화-환원, 산화-환원 반응에 여러 개의 전자가 관여하는 반응 등에는 일반적으로 큰 활성화과전압이 필요하다. 또, 금속이온이 다른 금속전극에 석출될 때는 활성화과전압이 크다. 백금, 금, 이리듐과 같은 귀금속의 전극보다 아연, 납, 주석, 비스무트, 수은과 같은 연한 금속으로 된 전극에서는 더 큰 활성화과전압이 필요하다.

실험에 의하면 활성화과전압은 물이 전기분해 되어 산소와 수소기체를 발생하는 전극반응은 중요한 현상이고 이때의 활성화과전압의 크기를 **표 15.5**에 나타내었다.

표에서 매끈한 백금과 백금을 석출시킨 전극에서 과전압의 차는 주로 두 전극의 표면적 크기의 차 때문에 나타나는 것이다. 또 수은은 수소의 발생에 대한 과전압이 특별히 크므로 수은전극을 사용하면 물이 분해되어 수소가 발생하는 것에 의해 방해를 받지 않고 여러 가지 금속을 전기분해할 수 있다. 카드뮴-구리 전해전지에서 전기분해가 일어나는 데 실제로 필요한 전압 즉, 전지전압 E_{cell} 는 다음과 같이 네 가지 항으로 나타낼 수 있다.

$$E_{cell} = E_c - E_a - IR - W \tag{15.34}$$

여기에서 W 는 전극의 농도과전압과 활성화과전압을 합한 것이다.

표 15.5   25 ℃에서 기체 발생에 대한 과전압(V)

전류밀도	$0.001\,A/cm^2$		$0.01\,A/cm^2$		$1\,A/cm^2$	
전극	H_2	O_2	H_2	O_2	H_2	O_2
매끈한 Pt	0.024	0.0721	0.068	0.85	0.676	1.49
석출시킨 Pt	0.015	0.348	0.030	0.521	0.048	0.76
Au	0.241	0.673	0.391	0.963	0.798	1.63
Cu	0.479	0.422	0.584	0.580	1.269	0.793
Ni	0.563	0.353	0.747	0.519	1.241	0.853
Hg	0.9		1.0		1.2	
Zn	0.718		0.766		1.229	

⊃ 전기무게분석

분석물질을 고체 상태로 작업전극에 석출시켜 그 무게를 달아 분석하는 것을 전기무게분석이라 한다. 이때 작업전극은 분석물질이 반응하는 전극으로 보통 백금망을 환원전극 또는 산화전극으로 사용한다.

구리, 카드뮴, 니켈, 은, 주석, 아연과 같은 금속은 백금망 환원전극(음극)에 금속으로 환원시켜 그 무게를 달아 분석한다. 질산용액에 녹아있는 납(Ⅱ)은 백금 양극에서 다음과 같이 PbO_2 로 석출시켜 분석한다.

$$Pb^{2+} + 2H_2O \rightleftharpoons PbO_2(s) + 4H^+ + 2e$$

수은을 음극으로 사용하는 전기분해법을 이용하면 용액 중에 불순물로 존재하는 구리, 철, 니켈, 카드뮴과 같은 성분을 쉽게 제거할 수 있다.

전기무게분석법에는 일정한 전압에 의한 전기분해, 일정한 전류에 의한 전기분해 및 작업전극의 전위를 조절하여 전기분해하는 방법의 세 가지 형태의 방법이 있다.

전기분해가 끝난 지점의 확인법은 색깔을 띠는 이온(Co^{2+} 또는 Cu^{2+}와 같은)이 용액으로부터 제거되는 경우 용액의 색이 없어지는 것을 보거나 전기분해가 끝났다고 생각되면 비커를 높이든지 물을 더 넣어서 지금까지 잠기지 않았던 전극표면이 용액에 잠기도록 하고 약 15분 정도 더 전기분해를 계속하여 새 표면에 석출된 금속이 있는가를 관찰하는 방법이다.

다른 한 가지 방법은 전기분해가 끝났다고 생각되는 지점에서 용액을 조금 떠내서 분석물질이 있는지를 정성분석하는 것이다.

• 전기분해 중 전류−전압의 변화

전기무게분석법이 가장 일반적으로 적용되는 분야는 구리 분석이다. 1.0 M 산 용액에서 0.10 M 구리용액을 전기분해하여 구리는 환원전극(백금망)에 석출되고 백금 산화전극에서 산소를 방출했다고 가정해 보자.

환원전극 : $Cu^{2+} + 2e \rightleftharpoons Cu(s)$ $E° = 0.337 V$

산화전극 : $1/2\,O_2(g) + 2H^+ + 2e \rightleftharpoons H_2O$ $E° = 1.229 V$

알짜반응 : $H_2O + Cu^{2+} \rightleftharpoons Cu(s) + 1/2\,O_2(g) + 2H^+$ $E° = -0.892 V$ (15.35)

산소가 0.20 atm의 압력으로 방출된다고 가정하면 전기분해에 필요한 전압은 다음과 같이 간단히 계산할 수 있다.

$$E = E° - \frac{0.0591}{n} \log \frac{P_{O_2}^{1/2}[H^+]^2}{[Cu^{2+}]}$$

$$= -0.892 - \frac{0.0591}{2} \log \frac{(0.20)^{1/2}(1.0)^2}{(0.10)}$$

$$= -0.911 V \tag{15.36}$$

편극에 의한 영향이 없을 때 걸어준 전압이 −0.911 V보다 더 양의 값이면 반응이 일어나지 않을 것이 예상된다. 구리(Ⅱ)를 전기분해할 때의 전류−전압곡선을 **그림 15.12**에 나타냈다.

낮은 전압에서는 전류가 흐르지 않을 것이 예상되나 잔류전류라고 하는 작은 전류가

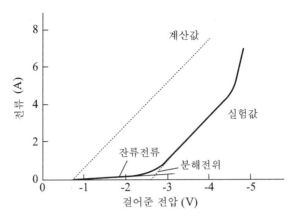

그림 15.12 질소분위기에서 $1\,M\,HClO_4$에 녹인 $0.1\,M\,CuSO_4$의 전기분해에 대한 전류—전압관계.

$-0.911\,V$에서는 특별한 현상이 보이지 않지만 $1\,V$ 정도 더 음$(-)$인 전압, 즉 분해전위에서는 반응이 일어나기 시작하는 것처럼 나타난다. 이때 반응을 눈에 띌 정도의 속도로 일으키기 위해서는 $-0.911\,V$보다 더 큰 음의 전압을 걸어야 한다. 이것의 가장 큰 이유는 Pt 전극 표면에서 산소가 발생되는 것에 대한 과전압이다. 표 15.5에서 보듯이 백금전극에서의 물을 산화시켜 산소를 발생하는 반응의 활성화 에너지는 $1\,V$ 정도의 전압이 더 필요하다. 작은 전압에서 잔류전류가 관찰된다. 잔류전류가 흐르려면 산화전극에서는 얼마간의 산화가 일어나고 환원전극에서도 같은 양만큼의 환원이 일어나야 한다. 아마도 이 반응들은 주로 불순물과 관련되어 있을 것이다. 예를 들면 환원전극에서는 용해된 산소가 H_2O_2로 환원되거나 Fe^{3+}가 Fe^{2+}로 환원될 수 있고 또, 전극표면의 불순물의 산화물이 환원될 수도 있다. 산화전극에서는 적은 양의 물이 산화되거나 산화될 수 있는 불순물이 반응할 수도 있다. 식 (15.36)의 계산이 맞지 않는 또 다른 이유는 구리가 백금전극에 석출될 때 $Cu(s)$의 처음 활동도가 무한히 작기 때문이다. 이 계산에서는 백금표면에 구리가 석출된다고 생각하고 구리의 활동도는 1이라고 가정하였으나 백금표면에 구리가 석출되는 초기단계에서는 $Cu(s)$의 활동도가 10^{-6}이라고 가정하자. 그러면 반응 (15.35)에 대한 좀 더 현실적인 전위는 다음과 같다.

$$E = E^\circ - \frac{0.0591}{2} \log \frac{P_{O_2}^{1/2}[H^+]^2[Cu(s)]}{[Cu^{2+}]}$$

$$= -0.892 - \frac{0.0591}{2} \log \frac{(0.20)^{1/2}(1.0)^2(10^{-6})}{(0.10)}$$

$$= -0.734\,\text{V} \tag{15.37}$$

즉, 구리가 거의 석출되지 않았을 때 $Cu(s)$의 활동도는 1보다 훨씬 작다. 이 경우에는 Cu^{2+}를 전기분해하기 위해 전압을 크게 걸어줄 필요가 없다. 그러므로 그림 15.12의 곡선은 다음과 같이 설명할 수 있다.

(1) 분해전위에 도달하기 전에는 불순물의 산화－환원과 분석목적성분의 전기분해가 조금씩 일어나는 것에 의해 적은 양의 잔류전류가 존재한다.

(2) 분해전류에 도달했을 때 원하는 전기분해가 주반응이 된다. 산소 발생에 대한 과전압으로 인하여 분해전위는 계산된 전압 값보다 크다.

(3) 분해전위보다 더 음의 전압에서 전류는 Ohm의 법칙에 따라 전압에 비례한다. 전류와 전압의 비에서 전지저항을 알 수 있다.

(4) 충분히 높은 전압($-4.6\,\text{V}$)에서 곡선은 Ohm의 법칙에 벗어난다. 이것은 환원전극에서 물이 H_2로 환원되므로 전류가 매우 증가하기 때문이다.

위와 같은 전기분해에서 전지저항이 $0.50\,\Omega$이고 두 전극의 표면에서 일어나는 농도 과전압은 용액을 잘 저어 주면 무시할 수 있을 정도로 줄일 수 있고 매끈한 백금양극의 전류밀도를 $0.01\,\text{A/cm}^2$라 보고 $2.0\,\text{A}$의 전류를 계속 흐르게 하는 데 필요한 전압을 계산하면 다음과 같다.

$$\begin{aligned} E_{app} &= E_c - E_a - IR - W \\ &= -0.911 - (2.0\,\text{A})(0.50\,\Omega) - 0.85 \\ &= -2.76\,\text{V} \end{aligned}$$

이 전위는 그림 15.12에서 분해전위보다 약간 크다.

• 일정전압 전기분해

간단한 가역전지에 대하여 계산한 전압은 Ohm 전압과 과전압에 의한 영향을 포함시켜야 한다는 것을 알았다.

$$E_{app} = E_c - E_a - IR - W \qquad\qquad (15.38)$$

전기분해할 때 외부에서 일정전압을 걸어준다고 가정하자. 예로써 $1.0\,M\,HNO_3$ 중의 $0.10\,M\,Cu^{2+}$ 를 $-0.2\,V$에서 전기분해한다. 작업전극(환원전극)에서 구리가 석출되므로 용액 중의 구리이온의 농도는 감소된다. 최후에는 용액 중에 구리이온이 너무 적어서 전지의 최초 전류를 유지할 정도로 구리이온이 환원전극(음극)으로 이동되지 않는다. 따라서 전류가 감소하므로 식 (15.38)의 Ohm 전압과 과전압이 감소된다. E_a 는 산화전극(양극)에서 산화되는 용매의 농도가 높기 때문에 비교적 일정하다(산화전극 반응은 $H_2O \rightarrow 1/2\,O_2 + 2H^+ + 2e$임을 상기하라).

식 (15.38)을 생각해 보자. 만약 E_{app}와 E_a가 일정하고 IR과 W(과전압)의 크기가 감소한다면 식의 양변이 같아지기 위해 E_c는 보다 더 음의 값이 되어야 한다. 구리이온이 소비되면 농도편극이 일어나므로 E_c는 시간이 지남에 따라 점점 음의 값으로 커진다. E_c는 H^+을 H_2로 환원시킬 수 있을 만큼 음의 값이 될 때까지 계속 낮아진다.

$$H^+ + e = 1/2\,H_2(g) \qquad\qquad (15.39)$$

이 식에서 과전압은 그림 15.12의 곡선이 평평하게 되는 곳을 결정한다. $-0.4\,V$ 부근의 전압에서는 H^+의 계속적인 환원이 일어난다. E_c가 초기의 $0.3\,V$로부터 $-0.4\,V$ 부근의 거의 일정한 값으로 떨어지는 사이에 용액 중의 다른 이온들이 반응할 수 있다. 예를 들어 만약 Co^{2+}, Sn^{2+}, Ni^{2+}등이 존재한다면 이들이 환원될 것이다. 따라서 일반적으로 일정전압 전기분해는 선택성이 적은 편이다. H^+보다 쉽게 환원될 수 있는 용질은 전기분해된다. H_2의 생성은 때때로 환원전극에 석출된 것을 약화시켜 전극에서 부스러지고 떨어지게 하는 원인이 된다. 이것을 방지하고 원하지 않는 이온들이 환원될 정도로 환원전극의 전위가 너무 음(−)의 값이 되지 않게 하기 위해서 NO_3^-와 같은 환원전극 감극제를 용액에 첨가시킨다. 감극제는 용매보다 먼저 선택적으로 환원된다. 이것은 물과 불순물이 환원될 정도로 E_c가 (−)의 값이 되는 것을 방지한다. 그리고 산화반응에 대한 양극감극제로는 하이드록실아민(NH_2OH), 하이드라진(N_2H_4) 등이 사용된다.

NO_3^- 감극제는 H^+보다 더 쉽게 환원되어 방해되지 않는 생성물을 만든다.

$$NO_3^- + 10H^+ + 8e \rightleftharpoons NH_4^+ + 3H_2O \tag{15.40}$$

환원전위를 보면 Cu^{2+} 가 $Cu(s)$ 로의 환원에 대한 E° 는 0.337 V인데 비해 식 (15.40)에 대한 E° 가 0.88 V이므로 NO_3^- 가 Cu^{2+} 보다 먼저 환원되리라고 예측된다. 그러나 NO_3^- 의 환원에 대한 과전압이 매우 높기 때문에 Cu^{2+} 이온의 환원이 먼저 일어나게 된다.

또한, pH를 조절함으로써 어느 정도 선택성을 갖는 전기분해를 할 수도 있다. 매우 센 산성에서는 H^+ 가 Zn^{2+}, Ni^{2+} 또는 Cd^{2+} 보다 더 쉽게 환원되기 때문에 Zn^{2+}, Ni^{2+} 또는 Cd^{2+} 와 같은 방해이온의 환원없이 Cu^{2+} 을 환원시킬 수 있다. 만약 H^+ 의 농도가 충분히 크지 않다면 금속이온들이 H^+ 보다 먼저 환원될 것이다. 각종 분석성분의 산화-환원 거동은 킬레이트제에 의해서도 또한 영향 받는다. 킬레이트제는 양이온을 안정화시켜 환원되기 어렵게 만든다. 한 전해질에서는 분리할 수 없는 성분도 서로 다른 배위능력을 갖는 다른 전해질 속에서는 분리시킬 수 있다.

표 15.6에 일전전압 전기무게분석의 예를 나타냈다.

표 15.6 일정전압법에 의한 전기무게분석의 예

분석성분	무게다는 형태	음극	양극	분석조건
Ag^+	Ag	Pt	Pt	알칼리성 CN^- 용액
Br^-	AgBr(양극)	Pt	Ag	
Cd^{2+}	Cd	Cu(Pt)	Pt	알칼리성 CN^- 용액
Cu^{2+}	Cu	Pt	Pt	H_2SO_4/HNO_3 용액
Mn^{2+}	MnO_2(양극)	Pt	Pt 접시	HCOOH/HCOONa 용액
Ni^{2+}	Ni	Cu(Pt)	Pt	암모니아성 용액
Pb^{2+}	PbO_2	Pt	Pt	진한 HNO_3 용액
Zn^{2+}	Zn	Cu(Pt)	Pt	Citric acid성 용액

Cu(Pt)는 백금에 구리를 코팅한 전극을 의미함.

• 일정전류 전기분해

   일정전류 전기분해는 선택성이 가장 낮은 전기분해법으로 이 방법은 전기분해를 하는 도중 외부에서 걸어주는 전압을 적당히 조절하여 전류를 일정하게 한다. $1.0 \, M$ H_2SO_4 에 녹아 있는 구리를 전기분해하는 예를 생각해 보자. 전기분해가 진행되면 구리이온의 농도가 감소하여 환원전극의 전극전위가 점점 감소하기 때문에 일정전류를 흐르게 하기 위해서는 외부전압을 증가시켜 주어야 한다. 이 방법으로는 일정전압 전기분해의 경우보다 짧은 시간에 전기분해를 완결시킬 수 있다. 그러나 환원전극에서 수소의 발생이 많고 석출된 구리의 질이 좋지 않다. 이러한 수소기체의 발생을 방지하기 위해 일정전압 전기분해에서와 같이 H^+ 보다 쉽게 환원되는 NO_3^- 이온을 첨가하여 전기분해한다. 일정전류 전기분해법은 선택성이 작기 때문에 수소이온보다 쉽게 환원하는 금속에서 알칼리토류 금속 및 알칼리 금속과 같이 수소이온보다 환원되기 어려운 금속을 분리하는 정도의 일밖에 할 수 없다.

• 조절전위 전기분해

   일정전압 또는 일정전류 전기분해법은 선택성이 적다는 것을 알았다. 두 방법에서 환원전극전위는 점점 더 음의 값이 되어서 원하는 분석물질이 아닌 다른 화학종들을 환원시키게 된다.

   그러나 **그림 15.13**과 같은 세 전극전지를 사용하면 환원전극전위를 일정한 값으로 유지시킬 수 있고 따라서 전기분해의 선택성을 상당히 높일 수 있다. 원하는 반응이

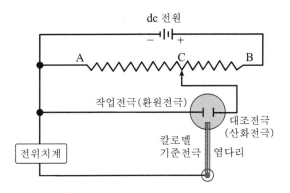

그림 15.13 조절전위 전기분해를 위한 환원전극전위 조절장치.

일어나는 전극을 작업 전극이라 부른다. 칼로멜전극은 작업 전극의 전위를 측정할 수 있는 기준전극 역할을 한다. 세 번째 전극(작업전극의 전류 보조 짝)을 보조전극이라 부른다. 전류는 대부분 작업 전극과 보조전극에서 흐르고 기준전극에서는 무시될 정도의 전류만이 흐른다.

조절전위 전기분해에서 작업 전극과 보조전극 사이에 걸어주는 전압은 작업전극과 기준전극 사이의 전압이 일정하게 유지되도록 변한다. 일정전위기(potentiostat)라는 전자장치를 이용하여 환원전극전위를 일정한 값으로 유지시킬 수 있다. 일정한 환원전극 전위에 의해 분석목적 성분이 선택적으로 석출되는(환원되는) 까닭을 알아보기 위해서 0.1 M Cu^{2+}와 0.1 M Sn^{2+}을 함유한 용액을 생각해 보자. 다음의 표준전위로부터 구리 이온이 주석이온보다 더 쉽게 환원될 것을 예상할 수 있다.

$$Cu^{2+} + 2e \rightleftharpoons Cu(s) \qquad E^\circ = 0.337\,V$$

$$Sn^{2+} + 2e \rightleftharpoons Sn(s) \qquad E^\circ = -0.133\,V$$

구리이온이 환원되기 위해 필요한 환원전극 전위는 다음과 같이 계산한다.

$$E_c = 0.337 - \frac{0.0591}{2} \log \frac{1}{0.1} = 0.3\,V \qquad (15.41)$$

만약 Cu^{2+}의 99.99 %가 석출되었다면 용액에 남아있는 Cu^{2+}농도는 10^{-5} M이고 계속 환원시키는 데 필요한 환원전극 전위는 다음과 같다.

$$E_c = 0.337 - \frac{0.0591}{2} \log \frac{1}{10^{-5}} = 0.19\,V \qquad (15.42)$$

환원전극전위가 0.19 V일 때 구리가 거의 전부 석출될 것이 예상된다. 이 전위에서 Sn^{2+}가 환원되겠는가를 알아보자. 0.1 M Sn^{2+}를 포함하는 용액에서 $Sn(s)$을 석출시키려면 $-0.17\,V$의 환원전극전위가 필요하다.

$$\begin{aligned} E_c(Sn^{2+}) &= -0.136 - \frac{0.0591}{2} \log \frac{1}{[Sn^{2+}]} \\ &= -0.136 - \frac{0.0591}{2} \log \frac{1}{0.1} \\ &= -0.17\,V \end{aligned} \qquad (15.43)$$

따라서 $-0.17\,V$ 양(+)의 전위에서는 Sn^{2+}가 거의 환원되지 않을 것이 예상된다.

만약 환원전극전위를 0.19 V에 가까운 값으로 일정하게 유지하면 Sn^{2+}의 석출이 거의 없이 Cu^{2+}의 99.99 %가 반응할 것으로 예측된다.

한편 만약 작업전극과 보조전극 사이의 전압을 일정하게 유지한다면 환원전위가 그림 15.12와 같이 거동하게 되고 Sn^{2+}가 환원되어 석출될 것이다.

조절전위 전기분해에서는 일정한 환원전극전위에 의해 선택적인 환원을 수행할 수 있다는 대가로 전류가 감소되므로 반응이 일정전압 전기분해 때보다 더 느릴 것이다.

식 (15.41)~(15.43)에서 계산한 환원전극전위 값은(표준전위표로부터 E^o를 취하였기 때문에) 표준수소전극을 기준으로 한 것이다. 포화칼로멜 전극에 대해 측정된 값을 계산하려면 다음 관계를 이용한다.

$$E(SCE에 대한) = E(SHE에 대한) - E(칼로멜 전극)$$
$$= E(SHE에 대한) - 0.24 V$$

따라서 0.19 V(SHE에 대한)의 환원전극전위를 얻으려면 그림 15.13의 세 전극전지에서는 포화칼로멜 전극에 대해 0.19 - 0.241 = - 0.05 V 의 환원전극전위를 유지해야 한다.

환원반응은 작업전극 전위(기준전극에 대해 측정)가 반응을 시작하는 데 필요한 전위보다 더 음수일 때 일어난다. 산화반응은 작업전극 전위가 반응을 시작하는 데 필요한 전위보다 더 양수일 때 일어난다.

15.3 전기량법

전기화학전지를 통해 흐르는 전기량은 전극에서 산화 또는 환원되는 물질의 양에 비례한다. 이것을 이용하여 전기분해할 때 소비된 전기량을 측정하여 물질의 양을 구하는 분석법을 전기량법이라 한다. 전기량법에는 일정전류법과 조절전위법이 흔히 사용되며 일정 전류법은 반응이 완결될 때까지 일정한 전류를 계속 유지시키는 방법으로서 일반적으로 전기량법 적정에 이용된다. 이 경우에 흐른 전체 전기량은 $q = I \cdot t$ 와 같이 반응이 완결되는 데 걸린 시간과 전류를 곱하여 계산한다. 전기량법 적정에서는 전원공급 장치가 전극에 연결될 때마다 일정전류가 공급된다.

조절전위 전기량법은 일정전류 전기량법보다 본질적으로 선택성이 더 높다. 이것은 전기무게분석법에서 조절전위법이 일정전압법보다 선택성이 더 높다는 이유와 같다.

조절전위 전기량법에서는 전극전위를 일정한 값으로 머무르게 조절하여 전기분해를 계속하면 시간이 지남에 따라 전류가 감소하여 0에 접근하게 되는데 이때가 분석이 완결되는 지점이다. 이 경우에는 전류가 일정하지 않기 때문에 전류를 시간에 대해 적분하여 소비된 전기량을 구하여야 한다. 따라서 이때 사용되는 전원공급 장치는 공급한 전기량을 자동적으로 적분하는 회로를 포함하고 있다.

전기분해할 때 전극에서 반응한 물질의 양과 소비된 전기량의 관계는 Faraday의 전기분해법칙에 따른다. 이 법칙에서는 전극에서 반응한 물질의 양은 통과시킨 전기량에 비례하고 일정량의 전기량이 흐를 때 전극에서 산화나 환원되는 물질의 양은 어떤 물질이나 모두 같은 당량이다. 1 A의 전류가 1초 동안에 흐르는 경우의 전기량을 1쿨롱(coulomb, C)이라 하고 1쿨롱이 흐를 때 전극에서 반응하는 물질의 양을 전기화학당량이라 한다. 1 Faraday는 대략 96,500쿨롱인데 이것은 Avogadro수의 전자가 가지는 전기량에 해당한다. 1 F는 모든 물질 1그램당량이 반응하는 데 필요한 전기량이다.

⊃ 내부생성전극 전기량법 적정

전기량법 적정은 Fe^{2+}이 Fe^{3+}로 산화되는 경우와 같이 적정반응 전후의 물질이 가용성 형태일지라도 유효하게 이용된다. 예를 들면 백금 산화전극(양극)을 사용하여 시료 중의 Fe^{2+}을 산화시키는 경우를 생각해 보자. 양극에서 산화반응이 일어나면 Fe^{2+}의 농도는 점차 감소하게 되고 양극 표면에서 농도편극이 일어나서 양극전위가 더 높아져야 하는데 양극전위가 점점 증가하면 다음과 같이 물의 전기분해가 일어나기 때문에 산소가 발생하게 된다.

$$H_2O \rightleftharpoons 2H^+ + 1/2 O_2(g) + 2e$$

이와 같이 물이 산화되는 반응은 부반응이고 이것은 철을 정량할 때 오차의 원인이 된다. 이와 같은 부반응을 막기 위해 내부생성전극법이 이용된다. 예를 들면 위의 적정에서 시료용액에 Ce^{3+}를 미리 충분히 넣어 주면 양극에서 물이 산화되는 것보다 Ce^{3+}가 Ce^{4+}로 산화되기가 더 쉽고 이렇게 생성된 Ce^{4+}은 곧 Fe^{2+}를 산화시킨다. 결과적으로 전극을 통과하는 전기는 직접 또는 간접적으로 완전히 Fe^{2+}를 산화시키는 데 소비되게 된다. 그리고 Ce^{3+}의 농도는 항상 일정하게 머물러 있기 때문에 일정전류가 흐르게 된다. 이와 같이 시료화학종 Fe^{2+} 과 반응하는 화학종 Ce^{4+}을 용액 중에서 전극반응으로 생성하여 시료와 반응시키고, 당량점까지 흐른 전기량을 측정하여 적정하는 방법을 내부생성 전극법이라 한다.

전기량법 적정에서 쓰이는 장치에는 일정전류원, 정확한 시계장치, 적정전지(적정용기) 및 종말점 검출 장치(전위차계) 등이 포함된다. 이런 장치에서 백금 생성전극은 생성물질에 따라 산화전극 또는 환원전극으로 작용한다. 생성전극과 짝지은 전극은 유리필터가 부착되어 있어 이 전극에서 발생되는 기체가 분석용액과 섞이지 않고 위로 날아가도록 생성전극과 격리되어 있어야 한다. 그 이유는 만약 생성전극에서 산화제를 생성하는 경우에 다른 전극은 환원전극으로 작용하여 수소를 발생하는 수가 있다. 그런데 이 수소기체를 적정시약에서 제거하지 않으면 생성전극에서 생성된 산화제와 반응할 가능성이 있고 적정에 지장을 주기 때문이다. 또 종말점 검출을 위한 두 지시전극도 생성전극과 분리되도록 장치해야 한다.

⊃ 외부생성전극 전기량법 적정

생성전극이 적정시약에서 원하는 물질 이외의 다른 화학종과 반응할 경우 적정에 지장을 주는 수가 있다. 예로 산을 전기량법 적정할 때 생성전극을 환원전극으로 작동하여 다음과 같이 염기를 생성할 수 있다.

$$2H_2O + 2e = H_2 + 2OH^-$$

만약 적정시약 중에 환원되기 쉬운 물질이 존재하면 이것이 이 반응에서 생성되는 수소기체에 의해 환원되는 부반응이 일어난다. 이와 같은 경우 **그림 15.14**와 같은 외부생성전극을 이용하면 필요한 물질을 적정시약 밖에서 만들어 시료에 주입할 수 있다.

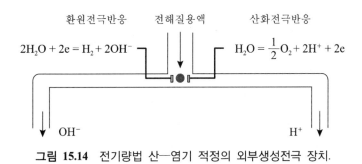

그림 15.14 전기량법 산—염기 적정의 외부생성전극 장치.

예를 들면 외부 생성전극에 Na_2SO_4 용액을 0.2 mL/sec 정도로 공급하면 산화전극에서 생성된 수소이온은 T 관의 다른 쪽으로 흘러가고 환원전극에서 생성된 OH^- 이온은 산 시료용액에 흘러 들어가게 되어 적정이 이루어진다.

⊃ 전기량법 적정의 특징과 응용

전기량법 적정은 몇 가지 이점들이 있다.

(1) 전기량법 적정에서는 표준용액을 만들고 보관할 필요가 없다. 특히 안정도가 낮고 보관하기 어려운 염소, 브롬, Ti^{3+} 과 같은 표준용액은 보통의 적정에서 이용할 수 없지만 전기량법 적정에서는 가능하다.

(2) 대단히 적은 시료를 사용하는 미량분석을 할 때 전기량법이 유효하다. 이 경우 부피분석을 이용하면 대단히 묽은 표준용액이 필요하기 때문에 표준용액을 만들기와 보관하기가 어려우므로 정확한 결과를 얻기가 어렵다. 예를 들면 10^{-6} M 의 용액 0.1 mL 에는 $0.1 \times 10^{-3} \times 10^{-6}$ mol $= 10^{-10}$ mol 의 분석물을 포함하는데 이 것은 전기량으로 $10^{-10} \times 96,494 \times n$ 쿨롱에 해당하며, 만약 반응에 관여하는 전자 수가 1이고 생성시간이 10초일 때 흐르는 전류는 다음과 같다. 이 정도의 전류는 쉽게 측정할 수 있으므로 미량분석에 응용할 수 있다.

$$I = 10^{-10} \times 96,494 \text{ C}/10 \sec = 0.964 \ \mu A$$

(3) 전기량법 적정은 보통의 부피분석보다 더 정확하고 정밀한 결과를 얻을 수 있다. 전기량은 전류와 시간으로 구할 수 있는데 이 두 가지 값을 대단히 정밀하게 측정하는 기기가 개발되어 있다.

전기량법 적정은 보통 산-염기, 침전법, 착물화법, 산화-환원 적정 등에 유용하게 이용된다. 이때 생성전극에서 만들어지는 OH^- 이온으로 대단히 정확하게 산을 적정할 수 있다. 이 적정에서 가장 편리한 방법은 Pt-전극을 환원전극으로 사용하는 내부 생성전극법인데 이 경우에는 산화전극에서 생성되는 H^+ 이온이 지장을 주기 때문에 적정시약과 격리해야 한다. 그러나 적정시약에 Cl^- 이나 Br^- 이온이 있을 경우는 산화전극으로 Ag-선을 사용하여 다음과 같은 반응이 일어나게 하면 적정에 지장을 주지 않는다. 그리고 이때 종말점은 지시약이나 전위차법을 이용하여 검출한다.

$$Ag + Br^- \rightleftharpoons AgBr + e$$

전기량법 적정에 의해서 착물화법 적정도 정확하게 할 수 있다. 예로써 Zn^{2+} 시료용액은 전극에서 EDTA를 생성시켜 적정할 수 있다. 이와 같은 적정에서 암모니아—암모늄 완충용액으로 시료용액의 pH를 조절하고 여기에 안정한 Hg^{2+}—EDTA 착물을 충분히 가한 다음에 다시 수은과 백금전극을 설치하고 적당한 전위를 걸어주어 적정한다. 이때 수은 환원전극에서 다음과 같은 환원반응이 일어나게 되어 EDTA를 생성되고 이것이 적정시약의 구실을 한다.

$$HgNH_3Y^{2-} + NH_4^+ + 2e \rightleftharpoons Hg + 2NH_3 + HY^{3-} \tag{15.44}$$

이렇게 생성된 EDTA는 용액 중의 아연이온과 다음과 같이 반응한다.

$$Zn(NH_3)_4^{2+} + HY^{3-} \rightleftharpoons ZnY^{2-} + NH_4^+ + 3NH_3$$

적정의 종말점은 전위차법을 이용할 수 있다. 산화전극으로 작용하는 백금전극은 생성되는 산소를 제거하기 위해 적정시약에서 격리시켜야 한다.

전기량법에 의한 적정의 예를 **표 15.7**과 **15.8**에 나타냈다.

표 15.7 전기량법 적정에 의한 산화—환원 적정

시약	생성전극반응	분석물질
Br_2	$2Br^- \rightleftharpoons Br_2 + 2e$	As^{3+}, Sb^{3+}, U^{4+}, Tl^+, I^-, SCN^-, NH_3, N_2H_2, NH_4OH, 8-hydroxyguinoline 페놀, 아닐린, 머캅탄, 올레핀
Cl_2	$2Cl^- \rightleftharpoons Cl_2 + 2e$	As^{3+}, I^-, styrene, 지방산
I_2	$2I^- \rightleftharpoons I_2 + 2e$	As^{3+}, Sb^{3+}, $S_2O_3^{2-}$, H_2, 바이타민—C
Ce^{4+}	$Ce^{3+} \rightleftharpoons Ce^{4+} + e$	Fe^{2+}, Ti^{3+}, U^{4+}, As^{3+}, I^-
Mn^{3+}	$Mn^{2+} \rightleftharpoons Mn^{3+} + e$	$H_2C_2O_4$, Fe^{2+}, As^{3+}
Ag^{2+}	$Ag^+ \rightleftharpoons Ag^{2+} + e$	Ce^{3+}, V^{4+}, $H_2C_2O_4$, As^{3+}
Fe^{2+}	$Fe^{3+} + e \rightleftharpoons Fe^{2+}$	Cr^{6+}, Mn^{7+}, V^{5+}, Ce^{4+}

표 15.8 전기량법에 의한 산—염기, 침전 및 착물화법 적정의 예

분석물질	생성전극반응	적정반응
산	$2H_2O + 2e \rightleftharpoons 2OH^- + H_2$	$OH^- + H^+ \rightleftharpoons H_2O$
염기	$2H_2O \rightleftharpoons 2H^+ + 1/2O_2 + 2e$	$H^+ + OH^- \rightleftharpoons H_2O$
Cl^-, Br^-, I^-	$Ag(s) \rightleftharpoons Ag^+ + e$	$Ag^+ + Cl^- \rightleftharpoons AgCl(s)$
머캅탄	$Ag(s) \rightleftharpoons Ag^+ + e$	$Ag^+ + RSH \rightleftharpoons AgSR(s) + H^+$
Cl^-, Br^-, I^-	$2Hg(l) \rightleftharpoons Hg_2^{2+} + 2e$	$Hg_2^{2+} + 2Cl^- \rightleftharpoons Hg_2Cl_2(s)$
Ca^{2+}, Cu^{2+}	$HgNH_3Y^{2-} + NH_4^+ + 2e$	$HY^{3-} + Ca^{2+} \rightleftharpoons CaY^{2-} + H^+$
Zn^{2+}, Pb^{2+}	$\rightleftharpoons Hg(l) + 2NH_3 + HY^{3-}$	

15.4 전기전도도법 분석

전도도법은 시료용액의 전도도를 측정하여 분석하는 것으로 직접 전도도법과 전도도적정이 있다. 이 방법은 간단하고 감도가 좋다는 이점이 있으나 용액에 존재하는 이온은 모두 전도도에 관해 선택성이 없기 때문에 중화적정 및 침전법 적정 등 몇 가지 경우에만 이용되고 그리 널리 이용되지는 않는다. 전해질 용액의 전도도는 이온이 이동함으로써 나타나며 용질의 농도 이외에 용질의 해리정도, 유전상수가 작은 유기용매에서의 이온쌍 생성상태 이온의 용매화에 따라 결정되는 이온의 크기, 용매 자체의 구조, 점도, 온도 등이 용액의 전도도를 결정하는 주요한 요인이 된다. 전도도, G는 Ohm(Ω)으로 나타낸다. 전기저항(R)의 역수인 전도도는 그 단위가 Ohm^{-1}(mho, 또는 ℧) 또는 지멘스(siemens)이다. 전도도는 균일한 도체의 단면적, A 에 정비례하고 길이, L 에 반비례한다.

$$G = \frac{1}{R} = k\frac{A}{L} \tag{15.45}$$

여기에서 비례상수 k 는 비전도도라고 한다. 이것은 한 변의 길이가 1 cm인 입방체의 전도도에 해당한다. k 의 단위는 mho/cm이다.

비전도도는 강전해질의 묽은 용액에서는 농도에 비례한다. 그러나 농도가 어느 정도 이상으로 진하면 이온 사이에 상호 작용하는 힘이 커서 이온의 자유행동에 지장을 주고

농도에 비례하여 전기가 통하지 않게 된다. 또 약한 전해질의 경우에는 농도에 따라 해리가 다르고 복잡한 관계를 가진다. 여기에서 L/A 는 순전히 사용하는 전도도전지에서 두 전극의 모양에 의하여 결정되는 값이고 이것을 전지상수라 한다.

⊃ 당량전도도

전해질의 농도와 전도도와의 관계를 정량적으로 취급하고자 하면 당량전도도를 측정해야 한다. 당량전도도 Λ는 1 그램당량의 전해질을 녹인 용액을 1 cm 거리에 놓여 있는 두 평면전극 사이에 넣었을 때의 전도도를 말하고 이때의 전극의 면적 A 는 다음과 같이 표현된다.

$$A = \frac{1,000}{C}$$

여기에서 C 는 eq/L 단위로 표시한 용액의 농도이다. 따라서 이 식을 식 (15.45)에 대입하면 전기전도도 G 는 다음과 같다.

$$G = k\frac{A}{L} = \frac{1,000\,k}{L\,C} \tag{15.46}$$

이 경우에 당량전도도의 정의에 따라 L = 1이고 전기전도도 G 는 Λ 라면,

$$\Lambda = \frac{1,000\,k}{C} \tag{15.47}$$

따라서 어떤 용액의 당량전도도는 그 용액의 농도 C (eq/L)와 비전도도 k 를 알면 구할 수 있다. 전해질 용액이 무한히 묽은 용액이라면 그 용액의 비전도도 k 는 농도 C, 즉 1 cm^3 용액 중의 전하의 수에 비례할 것이다. 그러므로 식 (15.47)과 같이 당량전도도 Λ 는 농도가 변하여도 변하지 않고 일정한 값에 머무를 것이다. 그러나 전해질 용액의 농도가 진하면 이온 간에 상호작용이 증가하여 이온들의 행동에 제한을 주고 Λ 는 농도에 따라 변한다. 용액이 묽어지면 Λ 는 점점 증가하는데 이것을 농도 0에 외연장하면 한계당량전도도 Λ° 를 얻는다. 염산의 경우 Λ° 는 426.1 ℧·cm^2 이다. 전해질 용액의 당량전도도는 용액에 존재하는 양이온과 음이온이 같이 전하를 운반하는 데서 생기며 염산의 당량전도도는 다음과 같이 표시된다.

표 15.9 몇 가지 이온의 한계당량이온전도도(25 ℃)

양이온	$\lambda^\circ(\mho \cdot cm^2)$	음이온	$\lambda^\circ z(\mho \cdot cm^2)$
H^+	349.8	OH^-	198
Li^+	38.7	F^-	55
Na^+	50.1	Cl^-	76.3
K^+	73.5	Br^-	78.4
NH_4^+	73.4	I^-	76.8
$(1/2)\,Ca^{2+}$	59.5	IO_3^-	40.8
$(1/2)\,Mg^{2+}$	53.1	ClO_4^-	67.3
$(1/2)\,Pb^{2+}$	73	CH_3COO^-	40.9

$$\Lambda_{HCl} = \lambda_{H^+} + \lambda_{Cl^-}$$

$$\Lambda_{HCl}^\circ = \lambda_{H^+}^\circ + \lambda_{Cl^-}^\circ$$

여기에서 λ 는 당량이온전도도이고 λ° 는 한계당량이온전도도이다. 몇 가지 이온의 한계당량이온전도도를 **표 15.9**에 나타냈다.

식 (15.47)을 식 (15.46)에 대입하여 정리하면 다음과 같다.

$$G = \frac{A \Lambda C}{1,000\,L}$$

용액 중에 몇 가지 전해질이 섞여 있는 경우에 전도도는 다음과 같이 각 성분이온의 당량이온전도도의 합으로 표시된다.

$$G = \frac{A}{1,000\,L} \sum_i \lambda_i C_i \tag{15.48}$$

◗ 전기전도도의 측정

전도도는 저항의 역수이므로 전해질 용액에 전류를 통하여 줄 때 Ohm 법칙으로 그 저항을 측정하면 된다. 전기전도도 측정에는 각종 전도도전지를 사용한다. 직류전류를 사용하면 전기분해가 일어나서 전극표면 근처의 용액의 조성이 변하기 때문에 전기분해가 일어나지 않도록 고주파의 교류를 사용한다.

그림 15.15의 Wheatstone 브리지는 저항 측정에 흔히 쓰는 장치이다. 이것의 전원, S 에서 교류전류를 공급받는데 이 전류는 6~10 V의 전압이고 60~100 Hz 사이의 주파수를 가진다. R_1, R_2, R_3 는 정밀하게 조절되는 저항이다. C 는 가변 커패시터로서 전도도전지의 커패시턴스를 상쇄하여 측정감도를 높이는 구실을 한다. R_x 는 미지용액의 저항이고 ND는 전류의 흐름을 확인하는 0점 검출기이다. 저항을 측정하려는 용액을 R_x에 넣고 각 저항과 C를 조절하여 ND에 전류가 흐르지 않고 0점을 가리키면 N과 P사이의 전압은 같고 다음 관계가 성립되므로 용액의 전도도, G_x 는 계산할 수 있다.

$$\frac{R_1}{R_2} = \frac{R_x}{R_3} \;\rightarrow\; R_x = \frac{R_1 R_3}{R_2}$$

$$G_x = \frac{1}{R_x} = \frac{R_2}{R_1 R_3}$$

• 전기전도도 전지

전도도 측정에 흔히 쓰이는 전도도전지를 **그림 15.16**에 나타내었다. 이들 전지는 한 쌍의 전극을 지니고 있는데 두 전극은 백금을 도금한 백금전극으로서 일정한 거리에 고정되어 있다. 전도도법 적정에서는 적정 도중의 전기전도도의 변화만을 측정하면 당량점을 구할 수 있기 때문에 전극의 면적, A 와 거리 L 은 알 필요가 없다.

그러나 절대 전도도를 측정하고자 할 때는 비전도도, k를 알아야 하며, 전지상수 L/A 값을 알아야 한다. 전도도전지의 전지상수 L/A 를 구하는 데는 비전도도가 확실히 알려진 용액의 전도도를 측정하고 이것을 이용하여 전지상수를 계산한다. 이런 목적

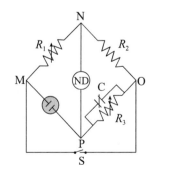

그림 15.15 Wheatstone 브리지.

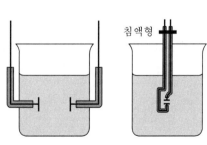

그림 15.16 전도도 측정용 전지.

표 15.10 전도도전지 보정에 필요한 염화포타슘의 비전도도

용액 1000 g 당의 KCl의 g 수	$k : \mho/cm$
71.1352	0.111342
7.41913	0.0128560
0.745363	0.00140877

에 흔히 염화포타슘 용액을 사용하고 있다. 이 염화포타슘 용액의 비전도도 값을 **표 15.10**에 나타냈다.

전도도 측정에서 온도계수는 1 ℃ 당 약 2 % 정도이다. 그러므로 전도도 측정에는 보통 온도조절이 필요하다. 그러나 전도도법 적정 때는 어떤 특정온도에 고정시킬 필요가 없고 다만 일정온도로 유지하기만 하면 된다.

⊃ 직접 전도도법 분석

직접 전기전도도 측정법은 모두 전하를 띤 각종 성분 화학종이 용액의 총 전기전도도에 기여하기 때문에 선택적으로 분석해 내지 못한다. 그러나 이 방법의 가장 일반적인 응용은 증류수 또는 탈염수의 순도를 측정하는 것이다. 순수한 물의 비전도도는 $5 \times 10^{-8} \, \mho/cm$ 이다. 만약 이온성 불순물이 미량만 들어 있어도 전도도는 1 단위 또는 그 이상 증가한다.

직접 전도도 측정법의 중요한 최근의 응용은 이온 크로마토그래피법으로 이온을 분리한 후 이온을 검출하는 데 이용하는 것이다. 또 전도도 측정법은 알칼리나 산과 같은 한 가지의 강전해질만이 녹아있는 용액의 농도를 측정하는 데 사용된다. 용액의 전도도는 용질의 무게가 20 %까지의 범위에서 농도에 따라 거의 직선적으로 증가한다. 이런 분석은 검정곡선을 이용하여 정량하도록 한다. 전도도 측정은 어떤 종류의 원소분석을 하는데 이용된다. 예를 들면 탄화수소 중의 황은 이것을 연소하여 생긴 이산화황을 과산화수소에 흡수시키고 이때 생성된 황산 때문에 나타나는 전도도 증가를 측정하면 황의 농도를 알 수 있다. 또, 생체에 포함되어 있는 적은 양의 질소는 보통 Kjeldahl법에 따라 분해시켜 암모니아로 만들고 이것을 증류하여 붕산 용액에 흡수시키고 이때 생긴 붕산암모늄 용액의 전도도는 시료 속의 질소의 함량과 관계 지을 수 있다. 또 전도도

측정은 해양학 연구에서 바닷물의 염도를 측정하는 데도 널리 응용되며 마지막으로 반응화학종이 이온성인 수용액에서 회합 및 해리 평형에 관한 정보를 많이 제공해준다. 물론 이 경우 반응화학종의 한 개 또는 그 이상이 이온성이여야 한다.

⊃ 전도도법 적정

이 방법은 당량점 전후에 3~4회 전도도를 측정하여 적정곡선 작성이 가능하고 당량점을 쉽게 알 수 있다. 측정된 전도도 값에 부피변화에 대한 보정을 하여 전도도 대 부피변화를 도시하여 두 직선부분을 외연장해서 서로 만나는 점을 당량점을 구한다. 이렇게 얻은 당량점은 화학종에 따라 특수하게 나타나지는 않는다. 이 방법은 모든 종류의 적정에 적용할 수 있지만 산화-환원 적정에는 곤란한 경우가 많다. 즉, H^+ 이온이 많이 포함되어 있으면 전도도 변화를 뚜렷하게 나타나는 것을 방해하기 때문이다. 그러나 산-염기 반응에서는 수소이온과 수산화이온의 전도도가 적정시약에서 이것과 대치되는 다른 이온들의 전도도에 비하여 대단히 높기 때문에 산-염기 적정에 적용하기가 좋다.

• 센 산과 센 염기의 적정

그림 15.17은 염산을 수산화소듐으로 적정할 때 전도도를 측정하여 얻은 적정곡선이다. 여기서는 부피변화에 대해 보정하였고 각종 이온이 용액의 전도도에 기여하는 정도를 계산하여 점선으로 나타내었다. 중화반응이 일어나는 동안 수소이온은 같은 수의

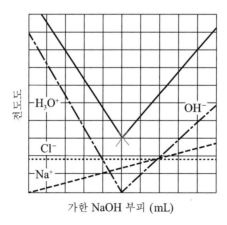

그림 15.17 센 산을 센 염기로 적정할 때 전기전도도법 적정곡선.
실선: 부피를 보정한 곡선. 점선: 각 화학종의 기여도.

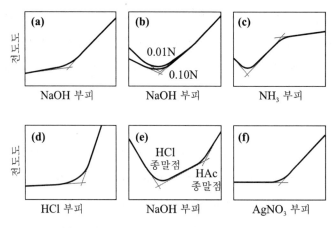

그림 15.18 여러 가지 전기전도도법 적정곡선.

소듐이온으로 치환되므로 전도도는 낮아진다. 이때 수소이온과 수산화이온의 농도는 당량점에서 최소로 되며 용액은 가장 낮은 전도도를 나타낸다.

종말점을 지나면 기울기가 바뀌고, 그 이후에는 소듐과 수산화이온의 농도가 증가한다. 당량점 부근을 제외하고는 전도도와 가한 염기의 부피 사이에 분명한 직선관계가 성립한다. 이 결과 당량점 전후에서 2~3번씩 측정하면 종말점을 검출할 수 있다. 센 산이나 센 염기를 적정하는 동안 전도도의 변화 백분율은 용액의 농도와 무관하고 같게 나타나므로 매우 묽은 용액도 진한 용액과 같은 정도로 정확히 분석할 수 있다.

• 약한 산 또는 약한 염기의 적정

대표적인 여러 종류의 전도도법 적정곡선을 **그림 15.18**에 나타내었다.

그림에서 (a)는 $K_a = 6 \times 10^{-10}$인 붕산을 센 염기로 적정하는 것으로 이때 중화반응은 대단히 불완전하다. 따라서 전위차법이나 지시약을 사용하여 적정하면 만족스럽게 종말점을 찾을 수 없지만 전도도법으로 적정하면 초기에는 완충용액이 생성되어 용액에는 비교적 적고 거의 일정한 수소이온을 공급하므로 가한 수산화이온은 완충용액에 의해 소비되고 전도도에 기여하지 못하지만 소듐과 붕산이온의 농도가 증가하면 전도도는 점차 증가한다. 당량점에 도달하면 붕산이온은 더 이상 생기지 않고 적정시약을 더 가하면 수산화이온이 증가되어 전도도는 급격히 증가하게 된다.

(b)는 $K_a = 1.75 \times 10^{-5}$인 아세트산을 NaOH 용액으로 적정한 것으로 초기에는 직선이 나타나지 않아 종말점을 정하기 어렵지만 진한 용액을 사용하면 적정이 가능하다.

이 곡선은 적정할 때 일어나는 조성변화로 해석할 수 있다. 처음에는 수소이온의 농도가 상당히 크고($\approx 10^{-8} M$) 적정시약을 가하면 완충계가 형성되어 수소이온이 감소되어 산의 짝염기와 소듐이온의 농도가 증가하게 된다. 이런 효과는 서로 반대로 작용하여 처음에는 수소이온의 감소가 우세하여 전도도는 감소하지만 적정이 진행됨에 따라 완충지역에 생기므로 pH는 안정화된다. 적정이 진행되어 염의 농도가 증가하면 전도도가 직선적으로 증가되고 당량점을 지나면 수산화이온의 전도도가 크므로 적정곡선은 급격히 증가한다. 원칙적으로 약한 산이나 약한 염기의 적정곡선은 이와 같은 모양을 갖는다. 그러나 매우 약한 산 또는 염기의 경우는 해리가 대단히 적고 완충지역이 성립되므로 적정곡선의 굽힘이 적거나 또는 전혀 굽히지 않는다. 그렇지만 산이나 염기의 세기가 강하면 적정곡선의 굽힘도 커지고 해리상수가 10^{-5} 보다 큰 약한 산이나 약한 염기의 경우에는 굽힘이 뚜렷하여 종말점을 쉽게 구별할 수 있다.

(c)는 아세트산과 같은 약한 산을 약한 염기인 암모니아수로 적정하는 것이다. 적정시약이 약한 염기이므로 곡선은 당량점을 지나도 수평이다. 그러나 적정시약으로 수산화소듐을 사용하는 경우보다는 더 명확하고 외연장될 수 있는 적정곡선이 얻어진다.

(d)는 아세트산이온과 같은 매우 약한 염기를 염산용액으로 적정한 적정곡선이다. 적정시약을 가하면 염화소듐과 아세트산이 생성된다. 아세트산이온과 치환하는 염화이온은 더 큰 이동도를 가지기 때문에 총 전도도는 약간 증가하게 되고 종말점을 지나면 과량의 수소이온이 가해지기 때문에 전도도는 급격히 증가한다. 이와 같이 매우 약한 산이나 염기와 같이 지시약으로 종말점을 만족하게 얻을 수 없는 경우에도 전도도법으로는 적정이 가능하다.

(e)는 해리도가 다른 두 가지 산의 혼합물을 전도도법으로 적정한 예로써 전위차법 적정보다 더 정확한 결과를 얻을 수 있다.

• 침전법 적정

그림 15.18 (f)는 염화소듐을 질산은 용액으로 적정한 것이다. 처음에 적가액을 가하면 염화이온은 다소 느리게 질산이온으로 치환되며 전도도는 약간 감소하게 된다. 반응이 완결된 후에는 과량으로 가해지는 질산은 때문에 전도도가 급격히 증가한다. 침전 생성반응에 대한 전도도법은 중화적정의 경우만큼 유용하지는 않다. 이것은 어떠한 이온의 전도도일지라도 수소이온이나 수산화이온의 전도도보다 작기 때문이고, 또 반응

이 느리고 공침이 생기는 요인이 침전법 적정을 더욱 곤란하게 한다. 적정에서는 적정시약을 가하는 만큼 용액의 전체 부피는 증가하게 되어 적정시약은 묽어진다. 따라서 전도도는 작아진다. 이 결과 적정곡선은 직선이 아니고 다소 굽어진다.

이것을 묽힘 효과라 하며, 이것을 보정하려면 적정할 때 적정시약을 가급적 진한 것을 사용하든지 또는 측정한 전도도 값에 $(V+v)/V$를 곱해준 전도도로 적정곡선을 작성한다. 여기에서 V는 시료용액의 원래부피이고 v는 적정시약의 적가부피이다. 이 비 값을 보정계수라 한다.

15.5 폴라로그래피

폴라로그래피는 보통 적하수은전극(dropping mercury electrode, DME)을 사용할 때의 전압-전류 곡선을 이용하는 방법이고 여기서는 전지를 통해 흐르는 전류를 작업전극 전위의 함수로써 측정하며 이 전류는 분석물질의 농도에 정비례한다.

이 방법에 의한 분석은 1~2 mL의 용액으로도 가능하며 조금만 노력하면 한 방울 정도의 부피로도 충분하다. 또 수용액뿐만 아니라 유기용매에서도 가능하다. 따라서 이 방법은 여러 가지 무기, 유기 및 생화학 물질의 농도를 측정하는 데 비교적 감도가 높은 분석법이다. 가장 감도가 좋은 경우는 검출한계가 10^{-9} M에 가까우며 이때의 정밀도는 5 % 정도이다. 고전적 폴라로그래피법의 검출한계는 10^{-5} M 정도이고 보통 2~3 %의 정밀도 또는 1 % 미만의 정밀도로도 측정할 수 있다.

직류 폴라로그래피의 장치를 **그림 15.19**에 나타내었다. 여기에서 작업전극은 유리모세관 끝에 매달린 수은방울이고 분석물질은 수은방울의 표면에서 환원되거나 산화된다. 이때 전류를 운반하는 보조전극은 백금도선이고 기준전극으로는 포화칼로멜전극이 이용된다. 수은방울의 전압은 전류흐름을 무시할 수 있는 칼로멜전극에 대해 측정된다.

⊃ 적하수은전극

이 전극은 높이 조절이 가능한 수은 저장용기로부터 수은을 한 방울 떨어뜨리는 매우 작은 모세관으로 되어있고 모세관의 출구로부터 수은주의 높이는 전형적으로 약 30 cm이다. 모세관의 길이는 10~20 cm이고 모세관의 지름은 0.05 mm이고, 0.05 mm의 수

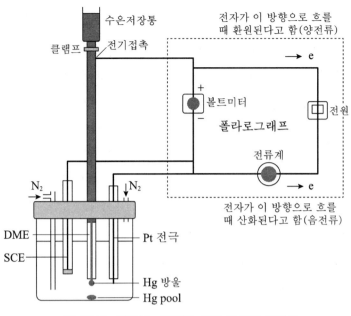

그림 15.19 폴라로그래피를 위한 장치의 단면도.

은방울이 1분에 10~20 방울의 속도로 형성된다. 그러므로 수은방울의 적하간격은 3~6초이다. 방울의 적하속도는 저장용기를 높이거나 낮추어 조절한다.

폴라로그래피에서는 작업전극으로 작은 백금선도 사용하지만 일반적으로 적하수은전극을 많이 사용한다.

적하수은전극의 특성은 첫째, 수은방울이 계속 새로 생성되어 적하되므로 항상 깨끗한 전극표면이 시료용액과 접촉하게 되고 시료 양이온이 환원되어 금속으로 되고 수은방울에 녹아 수은아말감이 형성되어 제거된다. 따라서 전극반응은 항상 같은 조건에서 반복되어 일어날 수 있다. 둘째, 수은전극에서 수소기체의 발생에 대한 과전압은 대단히 크므로 이 전극은 수소이온의 방해를 받지 않고 대부분의 금속이온의 환원반응에 환원전극으로 사용할 수 있다. 셋째, 이 전극에 의해 얻은 전압-전류 곡선은 다른 전극을 사용할 때에 비하여 대단히 재현성이 좋다.

수은 전극의 한 가지 큰 한계점은 수은이 쉽게 산화되기 때문에 수은을 산화전극으로 사용하는 것을 크게 제한한다. 수은은 +0.4 V보다 더 높은 전위에서는 수은(I)으로 산화된다. 수은(I)과 침전 또는 착물을 형성하는 이온이 존재하면 이 거동은 더 낮은 전위에서도 나타난다.

$$2\,\mathrm{Hg}+2\,\mathrm{Cl^-} \;\rightleftharpoons\; \mathrm{HgCl_2(s)}+2\,\mathrm{e}$$

그러나 이 산화파는 염화이온을 측정하는 데 사용될 수도 있다. 또, 한 가지 단점은 비패러데이적 잔류전류(축전전류)가 있고 이 때문에 고전적 폴라로그래피법의 감도를 10^{-5} M 농도로 제한한다는 점이다. 이보다 더 낮은 농도에서는 잔류전류가 확산전류보다 더 커지므로 확산전류의 정확한 측정을 방해하게 된다. 마지막으로 수은이 모세관에 엉겨 붙어 모세관이 막히는 수가 있다. 그러나 합리적으로 조심하여 관리하면 수개월 또는 수년을 쓸 수 있다. 따라서 대단히 깨끗한 수은을 사용해야 하며 수은주 높이를 언제나 철저하게 관리하고 실험이 끝나면 전극을 수은이 유출되는 상태로 깨끗한 수은에 담근 상태에서 수은주를 낮추어 주도록 한다.

종래의 적하수은전극에서 발생하게 되는 축전전류를 제거 또는 최소화하기 위한 현대의 개량된 폴라로그래피에서는 자동적으로 수은방울의 크기와 적하시간을 정확하게 조절할 수 있는 장치를 이용하고 있다. 이 장치는 위쪽의 플라스틱으로 입힌 통에 수은을 저장하고 그 밑에 모세관을 연결하도록 되어 있고 압축용수철, 플렌져, 솔레노이드, 자동조절 장치 등이 내장되어 있다. 이때 사용하는 모세관은 종래의 것보다 그 지름이 훨씬 크다(0.15 mm 정도). 따라서 수은방울의 형성은 대단히 빠르고 방울의 형성도 50, 100 또는 200 msec 동안에 대, 중, 소 등의 크기로 만들 수 있게 되어 있고 방울이 완전히 성장하였을 때 떨어뜨리고 전류의 측정도 방울의 표면적이 안정하고 일정하게 될 때까지 지연시킬 수 있게 설계되어 있어 축전전류를 최소화할 수 있는 장점이 있고 사용하기도 매우 편리하다.

➲ 폴라로그램

특별한 형태의 전해전지에서 흐르는 전류를 외부전위의 함수로써 기록하여 데이터를 얻는다. 그 결과로 얻은 전압–전류곡선을 폴라로그램이라고 하고 이것으로부터 정성 및 정량분석에 관한 정보를 얻는다.

그림 15.20과 같은 대표적인 폴라로그램(polarogram)에서 A는 1.0 M의 HCl에 Cd^{2+} 이온이 5×10^{-4} M 녹아 있는 용액의 폴라로그램이고 B는 카드뮴이 들어 있지 않은 염산에 대한 것이다. 이와 같은 폴라로그램을 얻을 때 적하수은전극은 전해전지의 환원전극으로 작용하고 전원의 음의 단자에 연결되어 있다. 이러한 경우는 관례적으로 외부

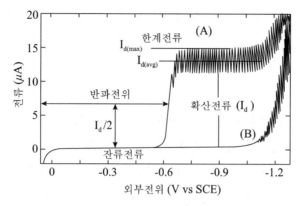

그림 15.20 전형적인 폴라로그램. (A) 1 M HCl 중의
5×10^{-4} M Cd^{2+} 용액, (B) 1 M HCl 용액.

전위에 음(−)의 부호를 붙이고 전원에서 수은전극으로 전자가 흐른다면 역시 전류에
양의 부호를 붙이게 되어 있다. 그림에서 S자 모양의 A곡선을 폴라로그래피 파라고
하며 이것은 다음 반응에서 생긴 것이다.

$$Cd^{2+} + 2e = Cd(Hg) \tag{15.49}$$

여기에서 Cd(Hg)는 카드뮴 금속이 수은에 녹아 아말감을 만든 것을 나타낸다. 두
폴라로그램에서 −1 V 부근에서 전류의 급격한 증가는 수소이온의 환원에 의해 수소가
발생하기 때문에 나타난 것이다. 분석에 적당한 폴라로그래피 파는 지지전해질이 과량
으로 들어 있는 경우에만 나타난다고 보면 된다.

A곡선에서는 염산이 지지전해질의 역할을 한다. 지지전해질만의 폴라로그램(B)을
보면 잔류전류라는 적은 전류가 흐른다는 것을 알 수 있다. 폴라로그래피 파의 특징은
급격히 증가한 후에 전류가 외부의 전압과 무관하게 일정하게 되는 영역이 있고, 이것
을 한계전류라고 하며 이것은 전극반응에 참여하는 물질이 수은방울의 표면으로 운반
되는 속도에 어떤 한계가 있기 때문에 나타나는 결과이다. 실험조건을 적당히 조절하면
이 속도는 전적으로 파가 나타나는 모든 점에서 반응물질이 확산하는 속도에 의해 결정
된다. 이와 같이 확산−조절 한계전류는 특별히 확산전류라고 하며 I_d 라는 기호로 표시
한다. 보통 확산전류는 반응화학종의 농도에 정비례하며 따라서 분석의 관점에서 가장
중요한 것이다. 확산전류는 한계전류와 잔류전류 사이의 차가 된다. 또, 다른 중요한
값으로 반파전위가 있는데 이것은 전류가 확산전류의 반이 되는 전위를 말하고 이것은

보통 $E_{1/2}$ 라는 기호로 표시한다. 이 값은 전극반응을 하는 화학종에 따라 다르므로 정성분석에 이용된다.

• 확산전류

이 전류는 전극반응 화학종이 전극표면에 도달하는 속도에 의해 제한될 때 관찰된다. 전기분해 될 때는 정전기적 힘, 기계적 힘(진동, 저어줌, 대류) 및 확산과 같은 세 가지 힘이 전극표면의 반응물에 작용한다. 폴라로그래피에서는 처음의 두 가지를 제거하도록 모든 노력을 기울이며 전류가 완전히 확산에 의해 지배되도록 조건을 조정한다. 정전기적 인력의 최소화를 위해서는 비활성인 지지전해질을 가한다. 지지전해질의 농도가 분석물질의 50~100배를 넘으면 분석물질은 높게 하전된 환경에 둘러싸이게 되어 전극의 전하를 효과적으로 가로막게 된다. 전극표면으로 이온의 기계적 이동은 전지의 진동과 온도변화를 막으면 된다. 이런 조치를 취하면 전류는 확산속도에만 의존하게 되고 이 전류를 확산전류라 한다. 적하수은전극과 같은 미소전극 표면에서 환원하는 전극반응을 다음과 같다고 하자.

$$Ox + ne \rightleftharpoons Red \qquad E° \tag{15.50}$$

이 반응은 가역적이고 충분히 빨라야 한다. **Red**는 환원된 상태이고 금속인 경우에는 수은아말감이 된다. 또 가용성 이온이나 가용성 분자가 될 수도 있다. 그리고 Ox 는 산화상태의 화학종이다. 이 반응은 수은방울과 같은 미소전극의 표면에서 일어나고 따라서 첫 단계에서는 전극표면의 대단히 얇은 액체 층에 있는 물질만이 이 반응에 관여하게 되어 농도편극이 일어난다. 이 얇은 액체 층에 있는 물질의 농도, 즉 $[Ox]_o$ 및 $[Red]_o$ 와 전극전위와의 관계는 25 ℃에서 다음과 같다.

$$E = E° - \frac{0.0591}{n} \log \frac{[Red]_o}{[Ox]_o} \tag{15.51}$$

전극과 전극 사이의 IR강하 등을 무시하면 기준전극이 포화칼로멜 전극이므로 외부에서 걸어주는 전위 E_{app} 와 다음 관계가 성립한다.

$$E_{app} = E - E_{SCE}$$

$$= E° - \frac{0.0591}{n} \log \frac{[Red]_o}{[Ox]_o} - E_{SCE}$$

여기에서 $E°$와 E_{SCE}는 일정한 값이다. 이 식을 정리하면 다음과 같다.

$$\frac{n(E_{app} + E_{SCE} - E°)}{0.0591} = \log \frac{[Ox]_o}{[Red]_o} \tag{15.52}$$

여기에서 E_{app}를 점점 증가시켜 수은전극의 전위, E를 점점 $(-)$쪽으로 증가시키게 되면 $[Red]_o/[Ox]_o$ 비는 점점 더 커진다. 즉, 환원전위가 낮아지면 반응 (15.50)이 더 진행하여 $[Red]_o/[Ox]_o$ 비가 커진다는 뜻이다. 계속하여 식 (15.50)의 반응이 진행하여 Ox의 농도가 감소되면 식 (15.52)의 관계를 유지하기 위해서 바탕용액에서 Ox는 농도가 묽은 전극표면으로 확산하게 되기 때문에 전극 표면의 용액 층으로 이동하게 된다.

전극전위가 충분히 $(-)$의 큰 값으로 변하면 $[Red]_o/[Ox]_o$ 비는 0에 접근하게 되어 실제로 전극의 표면에서는 화학종, Ox가 거의 없어지게 된다. 따라서 전극표면에서 Ox가 환원되는 속도는 바탕용액에서 Ox를 공급해 주는 확산속도에 따라 결정된다. 따라서 전극을 통하여 흐르는 전류, I는 Ox가 전극표면에 가까운 용액 층으로 확산하는 속도에 비례하게 된다.

$$I = k(\text{Ox의 확산속도}) \tag{15.53}$$

처음에 지적한 바와 같이 Ox가 오직 농도 차에 의한 확산만으로 전극표면층에 이동되게 함으로써 식 (15.53)의 관계가 성립되도록 실험조건을 잘 조절해야 한다. 여기서 Ox의 확산속도는 바탕용액의 농도, $[Ox]$와 전극표면층의 농도, $[Ox]_o$의 농도 차에 지배되므로 다음과 같다.

$$\text{Ox의 확산속도} = k'([Ox] - [Ox]_o) \tag{15.54}$$

충분히 전극전위가 음$(-)$의 큰 값이 되면 $[Ox]_o = 0$이 되기 때문에 식 (15.53)과 (15.54)는 다음과 같이 표현된다.

$$I = k[Ox] \tag{15.55}$$

이 경우 미소전극은 편극된 전극이라고 부르며 전위와 용액농도가 식 (15.51)과 같은 Nernst식에 따르지 않게 된다. 그런데 이와 같이 수은 미소전극 면(수은방울 표면)에서 실제로 전기분해 되는 물질의 양은 대단히 적다. 예를 들면 $10~\mu A$ 의 전류가 10분 동안 흐른다면 6×10^{-5} meq 정도의 반응물질이 아말감을 형성하여 제거된다는 말이고 10^{-3} M 농도의 10~20 mL 용액에서는 무시할 수 있는 농도변화에 해당한다. 그러므로 실험 도중에 시료용액의 농도는 변화하지 않고 일정하게 머무른다. 따라서 전극전위가 대단히 큰 음(−)의 값으로 되는 경우에 전류는 일정한 값의 한계전류 또는 확산전류 (I_d) 가 흐르게 된다. 그리고 다음 관계가 성립한다.

$$I_d = k[Ox] \tag{15.56}$$

여기에서 I_d 는 전위와 무관하고 용액 중의 분석물질 농도 $[Ox]$ 에 정비례한다. 정량적 폴라로그래피는 바로 이 식에 근거를 둔다. 폴라로그래피 파의 진동은 수은방울이 성장하여 떨어짐으로써 표면적이 주기적으로 변화하기 때문에 생긴다.

• Ilkovic식

폴라로그래피에 의해 물질을 정량할 수 있다는 것은 확산전류가 분석용액 중의 반응 물질의 농도에 비례하기 때문이다. 1934년에 Ilkovic은 적하수은전극을 사용하여 측정하는 확산전류, I_d 를 여러 가지 조건을 변화시키며 실험하여, 이론적으로 다음 식을 유도했다.

$$I_d = 607 n D^{1/2} m^{2/3} t^{1/6} C \tag{15.57}$$

여기에서 I_d 는 μA 단위의 확산전류이고, n 은 전극반응에 관여하는 전자의 수, D 는 확산계수(cm^2/sec), m 은 수은방울의 유출속도(mg/sec), t 는 수은방울 수명(sec), C 는 시료용액의 농도(mmol/L), 607은 여러 가지 상수의 합이다.

이 식을 유도하는 데는 몇 가지 가정이 필요하고 실험값과 이론값이 정확히 맞지 않는 경우가 많다. 그러나 그 형식이 간단하고 전류에 영향을 주는 여러 가지 조건을 잘 표현하고 있다. 이 식에서 $m^{2/3} t^{1/6}$ 값을 모세관상수라 하는데 다른 조건은 같아도 모세관이 다르면 측정하는 확산전류가 다르다는 사실을 알 수 있다. 그리고 같은 모세관을 사용하는 경우에도 수은주의 높이를 변화시키면 m 과 t 가 변하고 확산전류는 수은주 높이의 평방근에 비례함을 알 수 있다. 수은과 용액 사이의 경계면에서 표면장력이 수은방울의 전하량에 따라 다소 변하기 때문에 수은방울의 적하시간 t 는 외부전위에 의해 영향을 받는다. 일반적으로 t는 $-0.4\,V$(SCE에 대한)에서 최대가 되며 -2.0 V에서 t는 최대값의 절반 정도밖에 되지 않는다. 다행히도 확산전류는 적하시간의 1/6 제곱으로 변하므로 적은 전위범위에서는 이 변화에 의한 전류의 감소가 무시할 정도로 작다. 이것은 외부에서 걸어주는 전위가 0~15 V 범위일 때 확산전류에 주는 영양은 1 % 정도이다. 용액의 온도가 변하면 확산계수 등이 변하므로 가급적으로 일정한 온도에서 실험해야 한다. Ilkovic식은 확산전류를 폴라로그램의 진동의 중간, 즉 평균전류 $I_{d(avg)}$로 나타낸 것이지만 확산전류를 최대전류 $I_{d(max)}$로 나타내면 607 대신에 706을 사용해야 한다.

• 잔류전류

잔류전류가 나타나는 원인의 하나는 바탕용액에 거의 불가피하게 들어 있는 미량의 불순물들이 환원(또는 산화)되기 때문에 생기는 것이며 여기에는 적은 양의 용존산소 또는 물속에 들어 있을 수 있는 중금속이온 및 지지전해질로 사용되는 염에 들어 있는 불순물 등이 해당된다. 다른 한 가지는 충전전류 또는 축전전류라는 것이고 이것은 시약의 순도에 관계없이 모든 폴라로그래피 실험에서 나타나는 것으로서 수은방울이 전하를 가지고 적하하기 때문에 흐르는 전류이다.

수은방울이 새로 생길 때마다 전위에 비례하는 전하를 띠게 되고 방울이 떨어질 때 함께 운반된다. 이와 같은 축전전류는 전극전위가 $-0.4\,V$보다 낮은 경우에는 음전하를 운반한다. 용액중 화학종의 산화나 환원 반응의 결과로 흐르는 전류를 패러데이 전류라 한다. 불순물에서 오는 잔류전류는 작은 패러데이 전류에 속하며 지지전해질의 농도가 매우 진하기 때문에 미량의 불순물이 포함되어 있어도 적은 양의 패러데이 전류는 생기게 되므로 주의해야 한다. 그러나 충전전류는 산화-환원 반응에 의하지 않고 전기가 전극용액 경계면을 통하여 운반된다는 관점에서 보면 비패러데이 전류라고 할 수 있고 이것은 정확성과 감도를 제한시키므로 기계적으로 조절되는 적하수은전극을 사용함으로써 최소화시키도록 해야 한다.

• 전류 극대현상

폴라로그램에서 때로는 **그림 15.21**과 같이 이상전류가 나타나는 경우가 있다.

이것을 전류 극대현상이라고 하며 확산전류와 반파전위를 정확하게 구하는 데 지장

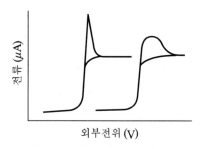

그림 15.21 대표적인 전류 극대현상.

을 준다. 그 원인은 명확하게 밝혀져 있지 않으나 이것은 경험적 방법으로 제거시킬 수 있다. 일반적으로 젤라틴, Triton X-100(표면활성제), 메틸레드 또는 다른 염료와 같은 고분자 물질을 미량 첨가하면 극대현상이 없어진다. 이러한 첨가제를 극대 억제제라 하며 보통 0.01 % 정도 첨가하는데 과량의 억제제는 확산전류를 감소시킬 수 있기 때문에 너무 많이 가하지 않도록 주의해야 한다. 보통 억제제의 사용량은 시행착오법으로 결정하며 그 양은 분석물질의 종류에 따라 다르다.

• 반파전위

환원반응에서 전극전위가 충분히 큰 음(-)의 값으로 되면 확산전류가 흐르게 되고 환원반응만 일어나는 비가역반응이 진행하여 전극전위와 전극표면에 있는 물질의 활동도 간에는 Nernst식이 성립되지 않게 되어 편극현상이 일어난다. 그러나 일정한 한계전류가 흐르기 전, 즉 폴라로그램 중의 S자형의 부분에 해당하는 전위범위에서는 식 (15.51)과 같은 Nernst식이 성립하는 가역반응이 일어난다. 그리고 이 범위의 전극전위에서 흐르는 전류, I 는 항상 다음과 같은 관계를 가진다.

$$I = k([Ox] - [Ox]_o) \qquad (15.58)$$

이 식에 식 (15.56)의 $I_d = k[Ox]_o$를 대입하여 정리하면 다음과 같다.

$$[Ox]_o = \frac{I_d - I}{k} \qquad (15.59)$$

반응 (15.50)에서 Red가 가용성 화학종인 경우에는 전극표면층에서 생성된 Red의 농도, 즉 $[Red]_o$는 $[Ox] - [Ox]_o$ 와 같고, 역시 전류에 비례할 것이다.

$$I = k_r \, [\text{Red}]_o \qquad\qquad (15.60)$$

따라서 식 (15.51)에 식 (15.59)와 (15.60)을 대입하면 다음과 같다.

$$E = E^\circ - \frac{0.0591}{n} \log \frac{k}{I_d - I} \cdot \frac{k}{k_r}$$

이때 전해전지에서 기준전극으로 포화칼로멜 전극을 사용하였으므로 외부에서 걸어 주는 전위 E_{app}와는 다음 관계가 성립한다.

$$E_{app} = E - E_{SCE}$$

$$E_{app} = E^\circ - E_{SCE} - \frac{0.0591}{n} \log \frac{I}{I_d - I} \cdot \frac{k}{k_r} \qquad\qquad (15.61)$$

정의에 의하면 $I = I_d/2$ 일 때의 전위가 반파전위이므로 이 식에서 다음을 얻는다.

$$E_{1/2} = E^\circ - E_{SCE} - \frac{0.0591}{n} \log \frac{k}{k_r} \qquad\qquad (15.62)$$

이것으로 보아 반파전위는 물질의 농도에는 관계없고 표준전위 E°에만 의존하는 그 물질 특유의 값임을 알 수 있다. 따라서 반파전위는 정성분석의 근거가 된다. 식 (15.62)를 식 (15.61)에 대입하면 다음과 같다.

$$E_{app} = E_{1/2} - \frac{0.0591}{n} \log \frac{I}{I_d - I} \qquad\qquad (15.63)$$

이것이 폴라로그래피의 전압－전류 관계식이다. 반응속도가 느려서 비가역적인 전 극반응이 일어나는 경우에는 반파전위가 농도에 따라서 상당히 변한다는 것을 알 필요 가 있다. 식 (15.63)에 따르는 거동은 그 반응의 가역성을 조사하는 기준으로서 사용하 는 수가 있다. 전극반응이 가역적으로 진행하는 경우에 E_{app}와 $\log I/(I_d - I)$의 관계를 도시하면 기울기가 $-0.0591/n$ 인 직선이 된다. 여기에서 n을 구할 수 있다.

• 착물형성과 반파전위

금속이온의 산화 또는 환원에 대한 전위는 그 이온과 착물을 형성하는 화학종의 존재 에 크게 영향을 받는다. 그러므로 반파전위도 비슷한 영양을 받게 되리라는 것을 예상 할 수 있다. 표 15.11에 보인 자료는 금속착물의 환원에 대한 반파전위가 그 금속이온만

표 15.11 적하수은전극에서 폴라로그램의 $E_{1/2}$에 미치는 착화제의 효과

이온	비착화 매체	1 M KCN	1 M KCl	1 M KCl + 1 M HC
Cd^{2+}	−0.59	−1.1	−0.64	−0.81
Zn^{2+}	−1.00	NR^*	−1.00	−1.35
Pb^{2+}	−0.40	−0.72	−0.44	−0.67
Ni^{2+}	−	−1.36	−1.20	−1.10
Co^{2+}	−	−1.45	−1.20	−1.29

* 지지전해질이 없으면 환원이 일어나지 않는다.

의 환원전위보다 더 음(−)의 값이라는 것을 보여준다. 실제로 전극반응이 가역적이라면 이와 같은 음(−)전위 값으로의 이동을 이용하여 착이온의 조성과 형성상수를 구할 수 있다. 착화제가 존재할 때,

$$M^{n+} + ne + Hg \rightleftharpoons M(Hg)$$

$$M^{n+} + xA^- \rightleftharpoons MA_x^{(n-x)+}$$

Lingane은 착화제를 첨가한 경우에 착화제의 농도와 착물의 형성상수에 따라 반파전위가 이동한다는 다음과 같은 관계식을 유도했다.[1]

$$(E_{1/2})_C - E_{1/2} = -\frac{0.0591}{n}\log K_f - \frac{0.0591\,x}{n}\log C_A \qquad (15.64)$$

여기에서 $(E_{1/2})_C$ 는 착화제 A^- 의 농도가 C_A 일 때의 반파전위이고, $E_{1/2}$ 는 착화제가 없을 때 금속이온만의 반파전위이다. K_f 는 착물의 형성상수이며 x 는 양이온에 대한 착화제의 몰 결합비이다. 여기서 식 (15.64)로 착물의 화학식과 형성상수를 구할 수 있다. 즉, 실험적으로 착화제의 농도, C_A 를 변화시키면서 반파전위의 차 $(E_{1/2})_C - E_{1/2}$ 를 구하고, 이것을 $\log C_A$ 에 대해 도시하면 직선이 얻어지고 그 기울기는 $-0.0591\,x/n$ 이다. 따라서 n 을 아는 경우에는 x 를 구할 수 있다. 만약 n 값을 모른다면 식 (15.63)에 의한 실험으로부터 구할 수 있다. 따라서 식 (15.64)로부터 K_f 도 계산할 수 있다.

---

1) J. J. Lingane, *Chem. Rew.*, **1941**, 29, 1.

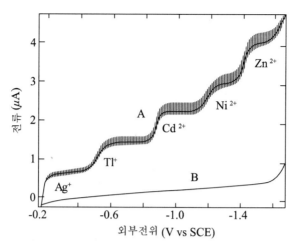

그림 15.22 A: 0.002 %의 트리톤 X—100을 함유하는 1 M NH_3/NH_4Cl의 지지전해질 용액에 각각 0.1 mM의 Ag^+, Tl^+, Cd^{2+}, Ni^{2+}및 Zn^{2+}이 들어있는 혼합물의 폴라로그램, B: 지지전해질.

• 혼합물의 폴라로그램

만약에 시료용액에 반파전위가 적당히 서로 다른 두 가지 이상의 성분이 섞여 있으면 가장 환원되기 쉬운 성분부터 먼저 환원되기 시작하여 확산전류가 흐르고 그 다음으로 환원되기 쉬운 성분이 환원되는 순서로 진행되어 각각 분리된 단계적인 폴라로그램을 얻을 수 있을 것이다. 각 성분의 반파전위의 차가 전자 수 n이 2인 화학종의 경우에는 0.2 V 정도, $n=1$인 화학종의 경우에는 0.3 V 정도의 차만 있으면 각각의 폴라로그램은 선명하게 분리되어 나타나게 된다. **그림 15.22**는 다섯 가지 양이온 혼합물의 폴라로그램을 나타낸 것이다.

• 산화파와 환원파

작업전극이 환원전극으로 작용하는 경우에는 환원파 폴라로그램을 얻고 산화전극으로 작용하는 경우에는 산화파 폴라로그램을 얻는다. 적하수은전극은 수은이 0.2~0.45 V 정도에서 산화되므로 산화 폴라로그래피에 적용할 수 있는 전위범위가 좁다. **그림 15.23**의 A는 Fe^{2+}의 산화 폴라로그램이고 Fe^{2+}는 사이트르산(citric acid) 용액에서 전극전위를 높여가면 -0.02 V(SCE에 대해) 정도에서 산화가 시작되어 전류가 증가하게 된다. 0.1 V에서 산화가 거의 완전히 일어나고 확산전류가 흐르게 된다. 곡선 C는

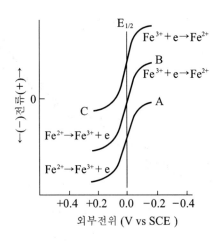

그림 15.23 Citric acid 매질에서 Fe^{2+}와 Fe^{3+}의 폴라로그램. A: $[Fe^{2+}]$의
산화파, B: $[Fe^{2+}]=[Fe^{3+}]$ 산화—환원파, C: $[Fe^{2+}]$의 환원파

같은 매질에서 Fe^{3+}의 환원 폴라로그램을 나타낸 것이고 이때의 반파전위는 산화파의
반파전위와 같다. 즉, 두 가지 철 화학종의 산화와 환원반응이 완전히 가역적임을 나타
내고 있다.

그림 15.23에서 곡선 B는 같은 몰수의 Fe^{2+}과 Fe^{3+}의 혼합물의 폴라로그램이다.
폴라로그래피 파의 아래 부분은 Fe^{2+}의 산화파이고 윗부분은 Fe^{3+}의 환원파이다. 이
반응은 외부전위가 반파전위와 같은 데서 끝난다.

• 산소파

공기로 포화된 수용액은 두 가지 독특한 파를 나타낸다. **그림 15.24**의 폴라로그래피
파에서 첫 번째는 용존산소가 적하수은전극에서 과산화수소로 환원되면서 생긴 것이
고, 두 번째는 과산화수소가 더 환원되면서 나타난 것이다.

$$O_2(g) + 2H^+ + 2e \rightleftharpoons H_2O_2$$

화학량론적으로 고찰하여 보면 파의 높이는 동일할 것이다. 이러한 폴라로그래피 파
는 용존산소의 농도를 측정하는 데 이용될 수 있다. 그러나 용액 중에 산소가 존재하게
되면 다른 화학종의 폴라로그램을 얻는 데 방해되기 때문에 폴라로그래피 분석에서는
반드시 산소를 제거하고 실험해야 한다.

보통 질소와 같은 비활성 기체를 사용해 수분간 탈공기화시키면 된다. 분석할 때는

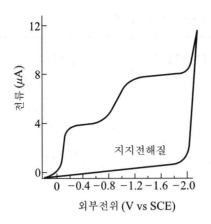

그림 15.24 공기로 포화된 0.1 M KCl 용액에서
산소의 환원으로 생긴 폴라로그램.

$$H_2O_2 + 2H^+ + 2e \rightleftharpoons 2H_2O$$

용액의 위를 질소가 가볍게 흐르게 하여 산소의 재흡수를 막도록 한다. 이때 용액이
흔들리지 않도록 주의해야 한다.

⬭ 변형된 전압−전류법

보통의 적하수은전극을 사용하는 고전적 폴라로그래피는 약 10^{-5} M 보다 진한 농도
의 용액에서만 가능하다. 이런 제한은 수은방울이 형성될 때 수은방울이 축전하므로 비
패러데이 전류가 생기기 때문이다. 따라서 분석물의 환원으로부터 생기는 패러데이와
비패러데이 전류의 비가 1에 접근할 때는 확산전류의 측정에 큰 불확실성이 수반된다.

최근에 비패러데이 전류를 억제하여 패러데이전류 대 비패러데이 전류의 비를 증가
시킴으로써 10^{-5} M 보다 더 낮은 농도의 화학종을 정량분석할 수 있는 방법들이 개발
되어 있다. 이러한 방법들을 변형된 전압−전류법이라 하며, 이들 변형된 몇 가지의
폴라로그래피법들을 **표 15.12**에 나타냈다.

• 전류채취 폴라로그래피법

이 방법은 일반적으로 재현성이 대단히 좋은 개량된 적하수은전극 장치를 사용하여
일정한 시간간격(보통 0.5~5초)으로 수은방울을 떨어뜨리도록 되어 있고 외부전압은

표 15.12 몇 가지 전압—전류법(폴라로그래피법)

전압—전류법의 종류 (검출한계, $\triangle E_{1/2}$)	전류측정법	전압주사법	전압전류곡선
(a) 고전(선형주사) 폴라로그래피법 $(2 \times 10^{-6}$ M, 0.2 V$)$	연속적	E 5 mV/sec 시간	$+$ i 0 $E \rightarrow$
(b) 전류—채취 폴라로그래피법 $(1 \times 10^{-6}$ M, 0.2 V$)$	각 방울의 마지막 5~20 msec	E 5 mV/sec 시간	$+$ i 0 $E \rightarrow$
(c) 정상—펄스 폴라로그래피법 $(5 \times 10^{-7}$M, 0.2 V$)$	각 방울의 마지막 5~20 msec	E 0.06 sec 2 sec 시간	$+$ i 0 $E \rightarrow$
(d) 시차—펄스 폴라로그래피법 $(1 \times 10^{-7}$M, 0.05 V$)$	그림 15.25 참조	E 0.06 sec 2 sec 시간	$+$ $\varDelta i$ 0 $E \rightarrow$
(e) 순환 전압전류법	계속적	E 3 sec 시간	$+$ i 0 $E \rightarrow$

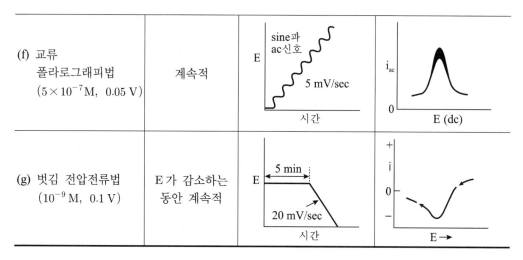

| (f) 교류 폴라로그래피법 $(5 \times 10^{-7}\text{M}, \ 0.05\text{ V})$ | 계속적 | E sine파 ac신호 5 mV/sec 시간 | i_{ac} 0 E (dc) |
| (g) 벗김 전압전류법 $(10^{-9}\text{ M}, \ 0.1\text{ V})$ | E가 감소하는 동안 계속적 | E 5 min 20 mV/sec 시간 | + i 0 − E → |

$\triangle E_{1/2}$는 두 성분의 폴라로그램이 서로 분리되어 나타날 수 있는 최소의 반파전위차를 말함.

고전법과 같이 0.5 mV/sec의 속도로 선형적으로 증가시면서 전류를 측정하는 방법이다. 이때 전류를 측정하는 방법은 수은방울이 떨어지기 바로 전에 5~20 msec 동안 전류를 채취한다. 전류채취 기간 사이에 기록기는 채취 보유회로에 의하여 전류채취의 마지막 전류수준에 유지되어 있다. 이와 같은 방법의 이점은 적하전극에서 일어나는 방울의 계속적인 성장과 떨어짐에 기인한 큰 전류 변동을 실질적으로 감소시킨다는 데 있다. 방울이 떨어지려는 순간의 끝 부분 전류는 거의 일정함을 알 수 있고, 이 전류만을 기록하도록 되어 있다. 그 결과 정상 폴라로그래피에서 나타나는 전류진동보다 더 작은 진동이 나타나는 평탄한 폴라로그램을 얻을 수 있다. 이 방법의 정밀도와 검출한계의 개선이 크지 않다.

• 펄스 폴라로그래피법

정상과 시차펄스 폴라로그래피에서 dc 전압펄스는 기계적인 방울 떨어뜨리기에 의해 모세관에서 매 번의 방울이 떨어지기 전에 60 msec (또는 더 짧게)의 기간 동안 가해진다. 정상펄스 폴라로그래피법에서 펄스의 크기는 시간에 따라서 선형적으로 증가한다.

전류측정은 전류채취법과 같이 전극표면적의 성장에 기인한 전류의 증가가 최소로 되는 방울의 마지막 5~20 msec 동안에 전류가 채취된다. 따라서 고전적 폴라로그램에서 나타나는 큰 전류변화가 제거되며 전류채취법으로 얻는 것과 유사한 곡선이 기록되고 감도가 증가한다.

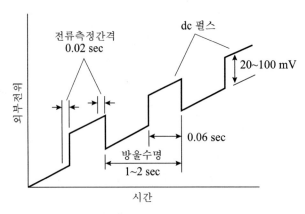

그림 15.25 시차펄스 폴라로그래피법의 전압주사 프로그램.

시차펄스 폴라로그래피법은 시간에 따라 직선적으로 증가하는 dc 전위가 폴라로 그래피 전지에 가해지게 되어 있다. 전위의 증가속도는 고전법과 같이 대략 5 mV/sec이다. 그러나 여기서는 20~100 mV의 dc 펄스를 수은방울이 떨어지기 바로 전에 60 msec 동안 전극에 가해주게 되어 있다. 또, 펄스를 이용하여 방울의 낙하와 시간을 맞추기 위하여 방울을 기계적으로 적당한 시간에 떨어뜨린다.

그림 15.25에 보인 것처럼 전류측정은 교대로 두 번 하도록 한다. 한 번은 펄스 바로 전에 그리고 또 한 번은 펄스가 끝나는 부근에서 측정한다. 매 펄스마다 전류의 차($\triangle i$)를 직선적으로 증가하는 전압의 함수로 기록한다. 이때 폴라로그램은 봉우리로 나타나는데 봉우리 높이가 농도에 정비례한다. 이와 같은 미분형 폴라로그램의 한 가지 이점은 전극에서 반응하는 두 성분의 반파전위의 차가 0.04~0.05 V 정도의 작은 차이가 나는 물질들의 극대점이 잘 관찰될 수 있다는 데 있다. 이에 비하여 앞에서 다룬 폴라로그래피법에서는 두 성분의 폴라로그램이 분리되기 위한 반파전위차는 적어도 0.2 V는 되어야 한다. 그러나 더 중요한 것은 시차펄스 폴라로그래피의 이점은 감도가 증가하는 데 있다. 이러한 현상을 **그림 15.26**에 나타내었다. 그림에서 항생물질인 테트라사이클린 1801 ppm을 함유하고 있는 용액에 대한 고전 폴라로그램은 겨우 구별되는 두 개의 파로 되어 있는 데 비하여 시차 펄스법에서는 고전법에서의 농도보다 2×10^{-3} 배, 즉 0.36 ppm 수준에서도 뚜렷하게 분리된 두 개의 봉우리를 나타낸다. 시차 펄스법에서는 전류의 눈금이 $\triangle i$로서 nA(나노암페어) 또는 10^{-3} μA이다. 정상 또는 시차펄스 폴라로그래피법에서 감도가 높아지는 이유는 두 가지이다. 그 첫째 원인은 패러데이 전류가

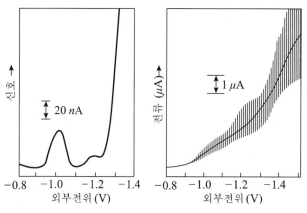

그림 15.26 (a) 시차펄스 폴라로그램 : pH 4의 0.1 M 아세트산염 완충용액에 녹인 0.36 ppm의 테
트라사이클린·염산염.(PAR Model 174 폴라로그래프, 적하수은전극, 60 mV 펄스,
방울수명 1 sec)

(b) DC 폴라로그램 : pH 4의 0.1 M 아세트산 완충용액에 녹인 180 ppm의 테트라사
이클린·염산염 용액, 분석조건은 (a)와 비슷함.

[J. B. Flato, *Anal. Chem.*, 1972, 44(11), 75A].

증가되기 때문이고 둘째는 비패러데이의 충전전류가 감소되기 때문이다. 패러데이 전
류의 증대효과를 설명하기위하여 전위가 20~100 mV 정도로 갑자기 증가하는 경우 전
극주위의 표면층에서 일어나야 하는 상황을 고려해 보자.

만약 전극반응 화학종이 이 층에 있다면 반응물의 농도를 새로운 전위가 요구하는 정도
까지 낮추기 위하여 전류가 갑작스럽게 크게 흐르게 될 것이다. 그러나 그 전위에 대한
평형농도가 이루어지면 전류는 확산을 소멸시키는 데 충분한 수준으로 감소하게 된다.
즉, 확산 조절전류로 된다. 고전법에서는 초기에 갑작스런 큰 전류의 증가가 관찰되
지 않는데 그 이유는 측정의 시간척도가 순간적 전류의 수명에 비하여 길기 때문이
다. 한편 펄스법의 전류측정은 갑작스런 증가파동이 완전히 없어지기 전에 이루어진다.
따라서 측정된 전류는 확산조절 성분과 Nernst식이 요구하는 표면층 농도로 감소시키
는 성분 모두를 포함하고 있다. 즉, 전체 전류는 보통 확산 전류보다 수배 더 크다. 방울
이 떨어지면 다시 용액의 분석물질은 균일하게 된다는 것을 꼭 주시하여야 한다. 따라
서 어떤 주어진 전압에서도 각각 전압 펄스에 대하여 전류 급상승 양은 같게 나타난다.
전압펄스가 전극에 처음 가해지면 방울의 전하가 증가함에 따라 비패러데이 전류의
급상승도 역시 일어난다. 그러나 이 전류는 시간에 따라 지수함수적으로 감소하며 방울
의 표면적이 거의 변하지 않는 방울이 떨어지려는 부근에서 0이 된다. 따라서 이 시각에

서만 전류를 측정하면 비패러데이 잔류전류를 크게 감소시킬 수 있다. 신호 대 잡음비를 크게 할 수 있다. 그 결과로 감도가 증가된다.

• 순환 전압전류법

　순환 전압전류법(cyclic voltammetry)은 보통 정량분석에 이용되지 않지만 화합물의 산화－환원 특성 및 산화－환원 반응의 메카니즘을 연구하는 데 이용된다. 특히 유기 및 유기－금속의 연구에 중요한 도구가 되고 있다. 가끔 순환 전압전류곡선은 산화－환원 반응의 중간체의 존재를 알려준다. 보통 이 방법에는 백금미소전극을 사용하고 있다. 이 방법에서는 표 15.12(e)와 같이 삼각파 형태의 전압이 작업전극에 가해진다. 초기 전위는 봉우리까지 선형적으로 증가하다가 같은 속도로 원점까지 감소시키다가 다시 처음과 같이 증가시키는 방법을 되풀이한다. 일반적으로 순환은 10분의 수 초 내지 몇 초 내에 완성하도록 한다. 작업전극이 적하수은전극이면 비패러데이 전류의 최소화를 위해 방울의 수명 마지막 부근까지 전위주사를 하도록 맞추어져 있다.

　그림 15.27는 순환 전압전류법에 의한 세 가지 환원성 물질의 전압－전류 곡선을 나타낸 것이다. 여기서 실선은 가역반응을 나타낸 것이고 환원 봉우리 A의 원인은 빠른 선형주사 폴라로그래피에서 나타난 봉우리와 같다. 전위를 처음 반전시켰을 때에도 (점 B) 전류는 양의 값을 지니는데 이것은 주로 분석물의 확산 조절 환원에 따르는 것이다. 그러나 마지막에 가서 분석물이 더 이상 환원되지 않는 전위 C에 도달하게 되고 여기서 전류는 0이 된다. 더 나아가서 전위가 양으로 변하면 환원된 화학종이 산화

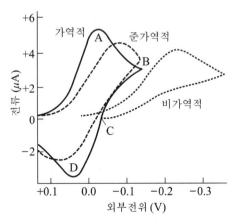

그림 15.27　순환 전압—전류곡선.

하기 시작하여 그 농도가 0에 도달할 때까지 계속된다. 그리하여 산화봉우리가 생기게 된다. 준가역적과정의 곡선은 전자이전이 순간적으로 일어나지 않는 계의 전압전류 곡선으로 환원과 산화 봉우리간의 전위차는 각 반응의 상대속도의 척도를 나타낸다. 비가역적 반응의 경우는 환원봉우리만이 관찰되는데 그 이유는 처음에 환원되어 생긴 생성물이 뚜렷한 속도로 다시 산화되지 않기 때문이다.

• 벗김 분석법

벗김 분석(stripping analysis)은 처음에 수은방울 또는 고체 미소전극에 일정전위로 조절하는 전기분해법에 의해 분석성분이 석출되게(모아지게) 한다. 그 다음 이 전극으로부터 다시 녹여(벗겨)낸다. 분석측정은 이 벗김 과정이 진행되는 동안 앞에서 설명한 전압전류법 중의 한 가지로 측정할 수 있다.

벗김법으로는 $10^{-6} \sim 10^{-9}$ M 범위 용액의 미량분석도 간단하고 빠르게 분석할 수 있다. 가장 널리 응용되는 것은 석출과정에 수은미소전극을 사용하고 다음에 분석물질을 산화 전압전류법으로 측정하게 되어 있다. 전기 석출과정에서 분석물질은 일부만이 석출되는 것이 보통이다. 그러므로 정량적 석출결과는 전극전위의 조절뿐 아니라 전극의 크기, 석출시간 및 시료와 표준용액을 저어주는 속도 등에 의존된다. 따라서 이들 조건을 일정하게 설정한다는 것이 중요하다. 벗김법에는 금, 백금 등의 미소전극을 사용하는 경우도 있지만 수은전극을 널리 사용한다. 일반적으로 석출된 화학종의 농도를 증가시키기 위하여 수은방울을 작게 하는 것이 좋다. 재현성 있게 수은방울을 만들기 위해서 **그림 15.28**과 같은 매달린 방울법을 사용한다.

매달린 수은방울을 이용할 경우에는 보통 적하수은모세관을 이용하여 테이프론 주걱에 재현성있는 수은방울(보통 1~3방울)을 받도록 한다. 이 주걱에 받은 수은방울을 이동하여 유리관에 봉입한 백금선 끝에 접촉시켜 붙인다. 방울은 충분히 강하게 달라붙어 있어 용액을 저을 때 떨어지지 않아야 한다. 그러나 전기분해가 모두 끝나면 전극을 툭 쳐서 방울을 떨어뜨리게 할 수 있다.

방울이 만들어졌으면 용액을 젓기 시작하여 분석할 이온의 반파전위보다 십 분의 몇 볼트 더 음(−)으로 조절한 전위를 외부에서 가해준다. 조심하여 일정한 시간 동안 분석이온의 석출이 일어나게 한다. 이와 같은 방법에 의해서 10^{-7} M 또는 그보다 더 진한 용액에 대해서는 보통 5분, 10^{-8} M일 때에는 15분, 10^{-9} M인 용액에 대해서는

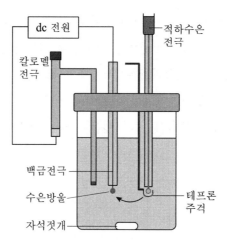

그림 15.28 벗김법 분석에 사용되는 장치.

60분이면 석출이 충분하다.

분석단계는 매달린 수은방울전극에 모아진 분석물질은 전압전류법으로 정량한다. 석출을 끝낸 후에 용액의 젓기를 약 30초간 정지한다. 그리고 전압을 원래의 환원전극 전위에서 산화전극전위로 일정한 속도로 증가시킨다. 예를 들면 Cd^{2+}은 처음에 약 −0.9 V(SCE에 대해)의 전위를 가하여 10^{-7} M 용액에서 석출시켰는데 이 전위는 이온의 반파전위보다 0.3 V 더 음(−)의 값이다. 15분간 전기분해한 후에 젓기를 정지하고 30초 후에 전위를 매초 21 mV의 속도로 증가시킨다. 약 −0.65 V에서 산화전극 전류의 급격히 상승되는데 이것은 $Cd(Hg) \rightarrow Cd^{2+} + Hg + 2e$와 같은 반응의 결과이다. 이때 극대점에 도달한 후 매달린 방울에서 카드뮴이 줄어들기 때문에 전류는 감소하게 된다. 잔류전류를 보정하면 봉우리 전류는 $10^{-6} \sim 10^{-9}$ M에서 카드뮴의 농도에 정비례하며 석출시간에 반비례한다. 이 분석은 시료와 비슷한 농도의 카드뮴의 표준용액으로 검정하도록 한다. 적당히 조심하면 이 분석결과의 상대정밀도는 약 2 % 정도가 될 수 있다. 이런 농도범위의 분석은 보통 폴라로그래피법으로는 불가능하다. 다른 전압−전류법의 대부분이 벗김법에 이용된다.

폴라로그래피의 응용

폴라로그래피는 전기활성 화학종의 정성, 정량분석, 화학평형에 관한 연구, 화학반응 속도론의 연구 등에 응용된다. 폴라로그래피에 의한 성분의 정성적 확인은 반파전위에 근거를 두고, 정량분석은 확산전류에 근거를 두고 있다. 폴라로그래피법은 무기물, 유기물 및 생화학적 물질의 분석에 널리 응용된다.[2] 일정전위법의 기술 개발로 전도도가 낮은 비수용성 용매로부터도 만족스런 폴라로그램을 얻을 수 있고 유기물에 대한 폴라로그래피의 응용이 확대되고 있다.[3]

반파전위만으로 폴라로그래피에서 완전한 정성적 확인은 어렵고 다른 여러 가지 분석방법이 이용되어야 한다. 그러나 전극반응에 관여하는 성분이 한정되어 있을 때는 폴라로그래피법으로 어느 정도의 성분확인이 가능하다. 이때는 예상되는 이온들의 반파전위 목록을 작성하고 용액의 매질, 즉 지지전해질을 다른 것으로 바꿨을 때 나타나는 반파전위를 측정하여 그 값으로부터 가능한 목록을 줄여나갈 수 있다. 예로써 0.1 M 타타르산(tartaric acid) 용액에서 비슷한 반파전위를 갖는 두 물질이 암모니아 용액에서는 서로 다른 반파전위를 가질 수 있기 때문이다. 만약 환원화학종이 하나 이상의 산화－환원 과정을 거치면 연속적인 폴라로그래피 파의 위치와 그 상대적 높이가 정성적 판단에 도움이 된다.

2) L. Meites, ed., *Handbook of Analytical Chemistry*, McGraw－Hill, New York, 1963.

3) N. L. Weinberg, ed., *Technique of Electroorganic Synthesis*(New York 1974); J. Chang, R. F. Large, and G. Popp in A.Weissberger and B. H. Rossiter, eds., *Physical Methods of Chemistry*, Vol. Ⅰ, Part ⅡB(New York: Wiley, 1971); Z. Nagy, *Electrochemical Synthesis of Inorganic Compounds*: A Bibliography (New York: Plenum Press, 1985); and J. H. Wagenknecht, *J. Chem. Educ.*, **1983**, 60, 271.

15.1 다음 갈바니 전지의 이론적인 기전력을 계산하라. $E^{o}_{Fe^{3+}, Fe^{2+}} = 0.770\,V$ 이다.

$$Zn\,|\,Zn^{2+}(0.000750\,M)\,\|\,Fe^{2+}(0.0450\,M),\;Fe^{3+}(0.0700\,M)\,|\,Pt$$

15.2 다음 전지의 기전력은 —0.271 V이다.

Mg^{2+} 에 대한 막전극 $|\,Mg^{2+}(a = 3.32 \times 10^{-3}\,M)\,\|\,SCE$

(a) Mg^{2+} 표준용액을 미지의 시료용액으로 바꾸었을 때 —0.190 V이었다면 미지 시료용액에서 마그네슘의 농도를 계산하라.

(b) 액간 접촉전위의 불확실성이 ±0.02 V라면 Mg 의 활동도 값의 범위는?

15.3 pH 측정용 유리전극의 알칼리 오차와 선택계수에 대하여 설명하라.

15.4 $Ag\,|\,Ag_2Cl(포화),\;Cl^{-}(x\,M)\,\|\,SCE$ 와 같은 전지에서 전지전위를 측정했더니 —0.305 V이었다. 시료용액 중의 pCl 을 계산하라. 접촉전위는 무시할 것.

15.5 전기량법으로 Fe^{2+} 을 Fe^{3+} 로 적정하는 데 30.1 C(쿨롬)의 전기가 흘렀다. 시료의 부피가 40.00 mL이었다면 철의 농도는 얼마인가?

15.6 전기전도도법 적정의 특징과 직접 전도도법에 의한 분석의 예를 설명하라.

15.7 벗김법 분석(stripping analysis)의 특징을 설명하라.

15.8 Hg^{2+}—EDTA 착물의 환원전위가 $HgY^{2-} + 2e = Hg(l) + Y^{4-}$, $E^{o} = 0.210\,V$ 와 같을 때 다음 전지의 전지전위를 계산하라.

$$SCE\;\|\;HgY^{2-}(1.500 \times 10^{-4}\,M),\;H^{+}(1.00 \times 10^{-5}\,M),\;EDTA\,(0.0200\,M)\,|\,Hg$$

15.9 SCE $\|$ HA $(0.240\ \mathrm{M})$, NaA $(0.170\ \mathrm{M})\,|\,\mathrm{H_2}\,(1.00\ \mathrm{atm})$, Pt와 같은 전지의 전위가 $0.150\ \mathrm{V}$일 때 약산의 해리상수를 계산하라. 단, 접촉전위는 무시하라.

15.10 $0.0010\ \mathrm{M}$ NaOH $50.00\ \mathrm{mL}$를 $0.1000\ \mathrm{M}$ $\mathrm{HClO_4}$로 전도도법 적정한다. 이때 전지상수 $(\mathrm{L/A})$는 $0.150\ \mathrm{cm^{-1}}$ 이다. 묽힘은 무시하고 적정시약을 0, 0.1000, 0.5000, 1.000 mL 가했을 때 각각의 전기전도도를 계산하라. 단, 각 이온의 당량전도도는 한계당량이온전도도라고 가정하라.

● 참고문헌

1. A. J. Bard and L. R. Faulker, *Electrochemical Methods*, Wiley, New York, 1980

2. J. A. Plambeck, *Electranalytical Chemistry*, Wiley, New York, 1982.

3. *Ion Selective Electrodes in Analytical Chemistry*, H. Freiser, Ed., Plenum Press, New York, 1978.

4. E. P. Sergeant, *Potentiometry and Potentiometric Titrations*, Wiley, New York, 1984.

5. G. W. C. Miller and G. Phillips, *Coulometry in Analytical Chemistry*, Pergamon Press, New York, 1967.

6. A. M. Bond, *Modern Polarographic Methods in Analytical Chemistry*, Mercel Dekker, New York, 1980.

7. H. W. Nurnberg, Ed., *Electroanalytical Chemistry*, New York: John Wiley & Sons, Inc., 1974.

CHAPTER 16 ● 표면의 화학적 분석

16.1 표면 분광법의 종류
16.2 X─선 광전자 및 Auger 전자분광법
16.3 이차이온 질량 및 이온산란 분광법
16.4 표면 분광법의 기기장치와 응용

16.1 표면 분광법의 종류

최근에 많은 신소재의 개발과 함께 표면분석에 대한 관심도가 증대되고 있다.

여러 종류의 표면분석법 중에서 널리 응용되는 것으로는 X─선 광전자와 Auger 분광법과 같은 전자 분광법과 이차이온 질량분광법, 이온산란 분광법 등이다.

전자 분광법은 수소와 헬륨을 제외한 모든 원소를 확인하는 아주 강력한 방법으로 기체와 고체뿐만 아니라 용액과 액체 상태에도 응용할 수 있다.

표면분석에서는 금속과 같이 단단한 물질의 경우에는 표면에서 20 Å, 유기물이나 고분자물질의 경우에는 100 Å 정도의 깊이까지 표면과 계면을 구성하는 원소, 화학적 결합상태 및 에너지준위 등을 알아내는 분석기술로 모든 첨단재료의 연구에 중요한 역할을 한다. 이 장에서는 몇 가지 표면분석법에 관한 기초와 응용에 관해 배우기로 한다.

표면 분광법이란 고체표면에 X─선, 자외선, 전자 및 이온과 같은 에너지의 입자를 쪼일 때 이들 입자와 표면층 간의 상호작용에 의해 방출되는 광전자, 전자 및 이온을 검출하고 측정하여 이들 결과로부터 표면층의 원소조성이나 구조, 전자구조, 결합상태, 흡착구조 및 원소를 분석하는 것을 말한다. 물질의 표면층의 조성은 전체 시료의 평균 조성과 상당히 다르다. 실제로 표면 분광법은 금속, 합금, 촉매, 반도체, 소자재료, 세라믹스, 박막, 고분자 피막 등과 같은 고체의 표면화학에 관한 측정에 널리 응용된다.

표면 분광법은 고체 표면에 입사되는 에너지의 형태에 따라 X-선 또는 자외선과 같은 전자기 복사선에 의한 방법, 전자에 의한 방법 및 이온에 의한 방법으로 분류되며 또, 입사 에너지가 표면과 상호작용한 후에 방출되는 측정신호에 따라 그 표면 분광법이 세분화된다.

그림 16.1에 입사 에너지와 표면 사이의 상호작용의 형태를 나타내고 **표 16.1**에 표면 분석법의 종류와 특성을 비교하여 놓았다.

표면분석법 중에서 가장 널리 사용되는 것은 X-선 광전자 분광법, Auger 전자 분광법, 이온산란 분광법 및 이차이온 질량분광법이며, 이들은 각각 독특한 특징을 갖고 있어 함께 사용함으로써 서로 상호보완적으로 표면의 상태를 잘 설명해줄 수가 있게 된다.

X-선 광전자 분광법이나 Auger 전자 분광법은 표면에서 방출되는 전자를 분석함으로써 표면의 성분 및 분자의 결합상태, % 정도의 정량분석을 할 수 있으며 이온산란 분광법과 이차이온 질량분광법은 에너지가 낮은(수 keV~수십 keV) 이온빔(ion beam)을 표면에 충돌시킬 때 산란되어 나오는 이온의 에너지를 분석하거나 이차이온의 질량분포를 분석함으로써 표면층의 성분 및 구조, 화학적 결합상태를 밝혀준다.

높은 에너지의 X-선 광자는 고체 표면 속으로 깊숙이 침투한다. 1 keV의 광자는 1,000 nm 이상까지도 침투한다. 이와는 대조적으로 전자나 이온과 같이 낮은 에너지

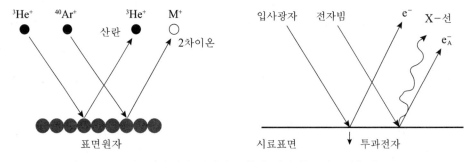

그림 16.1 표면분석법에서 에너지 교환이 일어나는 상호작용의 종류.

표 16.1 대표적인 표면분석법의 특성 비교

방법	입사광	측정신호	분석깊이	분석면적	감도	분석원소	원리	취득 정보
XPS	X-선	광전자	수십	100 μm	0.1%	all	광전자의 측정으로 에너지준위 결정	화학결합상태, 원소분석
UPS	자외선	광전자	수십	100 μm	0.1%	all	광전자의 측정으로 에너지준위 결정	진동주파수, 화학결합상태
AES	전자	Auger 전자	수십	50 nm	0.1%	Li ~	오제이전자의 측정에 의한 원소분석	표면 원소분석
SIMS	이온	2차이온	1 nm	1 mm	1 ppb	all	2차 이온에 의한 질량분석	표면층의 고감도 원소분석
ISS	이온	산란이온	1 nm	1 mm	100 ppm	Li ~	일정 각도로 산란된 이온의 측정	표면 원소분석
SEM	전자	2차전자, X-선	100	100	100 ppm	C ~	가속전자에 대한 2차 전자나 X-선	표면의 형상, 원소조성
TEM	전자	투과전자	50	10	100 ppm	C ~	투과전자의 세기에 따른 명암영상	격자구조, 결함의 관찰
STEM	전자	투과전자	10	50	100 ppm	C ~	투과전자와 방출 X-선의 영상	미소영역의 화학조성
RBS	He, H입자	산란이온	100	1 mm	1 ppm	Li ~	후방 산란된 이온의 세기 측정	정성, 정량분석
LEED	전자	산란전자	수원자층	수백 μm	0.01원자층	all	표면 2차원 격자에 의한 산란	표면구조, 흡착원자 배열
EMPA	전자	X-선	1 μm	1 μm	50 ppm	C ~	특성 X-선에 의한 원소분포	원소 정량
SAM	전자	Auger전자	수십	0.1 μm	0.1%	Li ~	방출된 오제이 전자로 영상구성	화학성분 분포 측정

XPS : X-ray Photoelectron Spectroscopy, UPS : Uv-Photoelectron Spectroscopy, AES : Auger Elecrton Spectroscopy, SIMS : Secondary Ion Mass Spectroscopy, ISS : Ion Scattering Spectroscopy, SEM : Scanning Electron Microscopy, TEM : Transmission Electron Microscopy, STEM : Scanning Transmission Electron Microscopy, RBS : Rutherford Backscattering Spectroscopy, LEED : Low Energy Electron Diffractron, EPMA : Electron Probe X-ray Micro Analyzer, SAM : Scanning Auger electron Microscopy.

입자의 경우는 1~2 nm 정도를 침투하지만 입사 에너지를 1 keV로부터 10,000 keV까지 증가시키면 침투깊이는 2.0 nm에서 10 μm 까지 증가된다.

이 장에서 다루게 될 몇 가지 표면 분광법에서 표면의 정보를 얻게 되는 상대적인 침투깊이를 **그림 16.2**에 나타내었다. 그림에서 보는 바와 같이 표면에서 2.0 nm 또는 그 이하의 깊이에서 표면을 분석하려면 낮은 에너지의 전자나 이온을 사용하는 이온산란 분광법이나 이차이온 질량분광법이 사용되고 그 이상의 깊이에서 정보를 얻기 위해서는 X-선 광전자 분광법이나 Auger 전자 분광법을 사용한다.

일반적으로 광전자와 같은 전자기 복사선에 의한 분광법은 화학적 정보의 제공이 많고, 감도는 낮지만 유기물이나 민감한 표면의 파괴가 적다는 이점이 있다. 이온의 입사에 의한 방법은 감도가 가장 높지만 화학적 정보의 제공은 적고 시료를 파괴하는 시험에 사용될 수 있다.

한편, 전자의 입사에 의한 방법은 시료 표면의 원소 분포도를 제공하고 전자기 복사선에 근거한 방법보다 감도가 좋고 비파괴분석에 사용될 수 있다.

표면분석법에서 중요한 문제점의 하나는 고체표면에 진공실의 잔류기체가 흡착될 수 있다는 점이다. 따라서 이러한 문제를 해결하기 위해서는 10^{-7} torr 이하의 높은 진공에서 실험해야 하고, 시료를 아르곤기체로 미리 충분히 씻어서 사용해야 한다. 또 진공펌프의 오일로부터 오염되는 것에도 주의해야 한다.

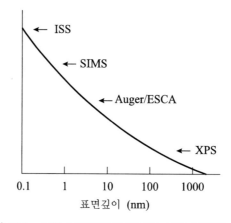

그림 16.2 표면 분광법에서 정보를 표면 깊이의 비교.

16.2 X-선 광전자 및 Auger 전자분광법

▷ X-선 광전자 분광법

이 방법은 전자분광화학분석법(Electron Spectroscopy for Chemical Analysis, ESCA) 으로 알려졌다. X-선 광전자 분광법(X-ray Photoelectron Spectroscopy, XPS)은 **그림 16.3(a)**에서 보는 것처럼 X-선 광원에서 나오는 특성 X-선을 표면의 원자나 분자에 조사(충돌)시킬 때 원자의 내부전자로부터 방출되는 광전자의 운동에너지를 전자 분광계로 측정한 스펙트럼으로부터 표면의 조성이나 결합상태를 알아내는 분석법이다.

따라서 XPS는 원자핵에 가까운 전자의 결합에너지를 측정하는 것과 관계가 있다. 입사 X-선의 에너지보다 낮은 결합에너지를 갖는 모든 전자는 떨어진다. 이때 입사되는 X-선은 보통 Al의 K_α-선(1,486.6 eV) 또는 Mg 의 K_α-선(1,253.6 eV)을 사용하며, 이것을 원자나 분자에 쪼이면 들뜬 이온과 광전자를 발생한다.

$$A + h\nu \rightarrow A^+ + e^- \tag{16.1}$$

이때 방출된 광전자의 운동에너지, E_k 는 X-선 광자의 에너지에서 전자의 결합에너지, E_b 와 분광계의 일함수, ϕ 를 뺀 값과 같다.

$$E_k = h\nu - E_b - \phi \tag{16.2}$$

이때 조사된 X-선 광자, $h\nu$ 는 알 수 있고 E_k 는 측정할 수 있으며, ϕ 는 전자가 형성되고 측정되는 정전기적 환경을 보정해주는 인자로 이것도 측정 가능하므로 원자

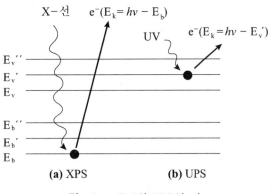

그림 16.3 XPS와 UPS의 비교.

내에서 전자의 결합에너지, E_b 는 계산할 수 있다. 이것은 원자의 고유한 값(C : 1s전자 284 eV, O : 1s전자 532 eV, Si : $2p_{3/2}$ 99.15 eV 등)을 갖기 때문에 표면에서 방출되는 광전자의 스펙트럼을 측정함으로 표면의 조성 및 결합상태를 분석할 수 있다.

⊃ 자외선 광전자 분광법

이 방법은 X-선 광전자 분광법뿐만 아니라 자외선 광전자 분광법(Ultraviolet Photoelectron Spectroscopy, UPS)에도 적용된다. 이때 $h\nu$는 진공자외선 에너지에 해당한다. 이런 에너지를 갖는 자외선은 그림 16.3(b)에서 보는 것처럼 일반적으로 외각이나 원자가전자를 방출시킬 수 있는 정도의 에너지에 상당한다. 따라서 UPS는 원소 간의 화합결합에 관한 정보를 준다.

분자에서 결합전자는 식 (16.1)에 의한 이온화과정에 따라 여러 가지 들뜬 진동과 회전 상태에 있는 이온을 생성하게 되고 결합에너지는 다음과 같다.

$$E_b = h\nu - E_k - E_v - E_r - \phi \tag{16.3}$$

여기서 E_v 와 E_r 은 들뜬 이온의 진동과 회전에너지를 뜻하며 E_k 보다 상당히 작다. 분리능이 높은 분광계를 사용하면 이 정도의 작은 에너지 차이도 발광 스펙트럼의 미세 구조의 형태로 확인할 수 있다.

⊃ Auger 전자분광법

Auger 전자 분광법(Auger Electron Spectroscopy, AES)은 시료 물질의 표면에 X-선이나 전자빔(electron beam) 조사시키면 전자적으로 들뜬 이온 $A^{+\prime}$가 생성된다. 이 반응은 광원이 X-선일 경우는 식 (16.1)과 같고 전자빔 e_i^-으로 들뜨게 할 경우에는 식 (16.4)와 같다.

$$A + e_i^- \rightarrow A^{+\prime} + e_i^{-\prime} + e_A^- \tag{16.4}$$

여기에서 $e_i^{-\prime}$는 입사 전자가 시료물질과 상호작용한 후 약간의 에너지를 잃은 전자를 의미한다. 또, e_A^- 는 시료원자의 한 가지의 내부궤도에서 방출된 전자로 Auger 전자라 한다. Auger 전자의 방출은 X-선 형광과는 메카니즘이 다르다.

그림 16.4에 나타낸 것과 같이 X-선이나 전자빔이 시료 표면에 충돌될 때 원자 내부 궤도의 빈 궤도(E_b)에 E_b' 궤도의 전자가 채워지고 E_b 궤도의 다른 전자 하나가 방출되는데 이것을 오제이 전자(Auger electron, e_A^-)라 하고 이것을 들뜬 이온 $A^{+\prime}$의 이완 과정이라 하며 다음과 같이 표시할 수 있다.

$$A^{+\prime} \rightarrow A^{2+} + e_A^- \tag{16.5}$$

오제이 전자방출과 함께 E_b'에서 E_b로 전이할 때 X-선 형광도 일어날 수 있다.

$$A^{+\prime} \rightarrow A^+ + h\nu_f \tag{16.6}$$

여기에서 $h\nu_f$는 형광광자를 나타내고 이것의 에너지는 들뜨기 에너지와 무관하다. 따라서 다색복사선을 들뜨기 단계에 사용할 수 있다.

식 (16.5)에 의한 오제이 전자의 방출은 비복사이완 과정이고 이 이완과정의 에너지에 의해 운동에너지가 E_k인 전자, 즉 e_A^- 을 방출하게 된다. 오제이 전자의 에너지는 에너지준위 E_b에서 빈 궤도 자리를 만드는 원래의 광자나 전자에너지와 무관하다. 따라서 형광 분광법에서와 같이 단일 에너지의 들뜨기 광원이 필요하지 않고, 이런 전자의 운동에너지는 들뜬 이온의 이완과정에서 방출하는 에너지, $E_b - E_b'$와 그의 궤도에서 제2전자를 방출하는 데 필요한 에너지(E_b)의 차이이다.

$$E_k = E_b - 2E_b' \tag{16.7}$$

만약 투과거리가 큰 X-선이 입사될 경우에는 표면내부의 깊은 곳에서 전자가 방출되어도 초기의 에너지를 잃지 않고 표면 밖으로 나올 수 있지만 3 keV 이하의 에너지를

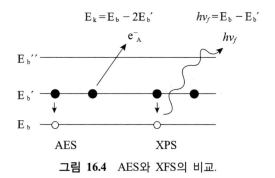

그림 16.4 AES와 XFS의 비교.

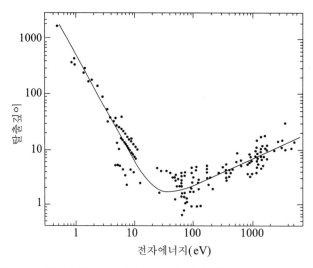

그림 16.5 전자가 떨어져 나가는 표면 깊이(탈출 깊이)의 측정 결과.

갖는 대부분의 Auger 전자를 비롯한 전자의 경우는 **그림 16.5**에서 보는 것처럼 약 10개 원자층(monolayer) 이하의 투과거리(inelastic mean free path 또는 escape depth, IMFP*) 때문에 표면층에서 발생하는 것만 초기 에너지를 보유한 채 표면 밖으로 나올 수 있게 된다. 이러한 특성을 AES의 표면선택성(surface selectivity)이라 할 수 있다.

오제이 전자의 방출은 궤도전이로 설명할 수 있다. 예를 들면 KLL 오제이 전자는 먼저 K전자가 방출된 다음 L전자가 K궤도로 이동하며 동시에 제2의 L전자가 방출되는 과정이다. 또 다른 형태의 궤도전이에는 LMM과 MNN 같은 것이 있다.

XPS 스펙트럼과 같이 Auger 스펙트럼은 200~1,000 eV의 영역 내에서 몇 개의 특성 봉우리로 이루어져 있다. **그림 16.6**에 은, 카드뮴, 인듐 및 안티몬의 MNN 궤도전이에 해당하는 전형적인 오제이 스펙트럼을 나타내었다.

세로축은 전자의 운동에너지의 함수로 나타낸 계수속도의 미분값, dN(E)/dE로 나타 낸다. 작은 봉우리를 돋보이게 하고 산란전자의 바탕복사선의 영향을 줄이기 위해 미분 스펙트럼을 Auger 분광법의 기준으로 사용한다. 오제이 전자와 X-선 형광의 방출과정 은 서로 경쟁하는 반응과정이고 그들의 상대적 반응속도는 관련된 원소의 원자번호에 달려 있으며 원자번호가 큰 원소는 형광과정이 더 잘 일어나고 원자번호가 작은 원소는

---

* IMFP는 100개의 전자가 고체 시료를 통과할 때 운동에너지를 잃어버리는 비탄성 충돌이 없이 통과하는 전자수가 100/e개일 때의 깊이를 말한다. 여기서 e는 자연로그의 밑 2.7183이다.

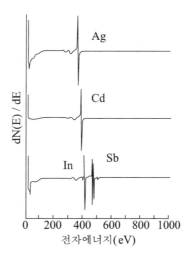

그림 16.6 은, 카드뮴, 인듐 및 안티몬의 Auger 미분형 스펙트럼(MNN 전이).

Auger 방출이 더 우세하다. 따라서 X−선 형광법은 원자번호가 10보다 적은 원소의 검출에 민감하지 못하다.

16.3 이차이온 질량 및 이온산란 분광법

⭆ 이차이온 질량분광법

이 방법에서는 1~20 keV의 에너지를 갖는 일차이온을 시료의 표면에 충돌시킨다. 이때 일차이온은 표면내부의 원자와 연속적인 충돌을 일으키며 표면 속으로 침투된다. 침투되는 이온은 연속적 충돌에 의해 그 에너지를 표면내부의 원자들에 전달하면서 충돌의 확산을 일으키고 표면 결합에너지보다 큰 운동에너지를 갖고 바깥 방향으로 운동하는 입자는 표면 밖의 진공 속으로 떨어져 나간다(이것을 sputtering). 이때 방출되는 입자를 이차입자라 하고 이들의 대부분은 바닥상태 또는 들뜬상태의 중성원자나 분자상태인데 일부는 양이온 또는 음이온의 이온상태이다. 이러한 이온을 이차이온이라 하며 이들의 질량 대 전하비(m/z)와 세기를 측정하여 시료표면에 있는 원소의 종류와 표면조성 및 흡착구조를 측정하는 것이 이차이온 질량분광법(Second Ion Mass Spectroscopy, SIMS)이다.

SIMS의 장점은 감도가 높고 ppm~ppb의 검출한계를 갖기 때문에 극미량의 분석에 유용하고 또 전자 분광법에서는 가능하지 않은 수소를 직접 측정할 수 있고 동위원소의 측정이 가능하다는 점이다. 또한 SIMS의 특성은 쉽고 빠르게 분석할 수 있으며 고체 표면에 흡착된 분자들의 일부는 일차이온의 충돌과정에서 분해되지 않고 튀어나오므로 표면에 흡착된 분자를 확인할 수 있다는 점이다. 이런 특성은 열적으로 불안정하거나 증기압이 낮은 유기생체분자들을 기화시키지 않고 고체 또는 액체 상태에서 떼어내어 직접 기체상의 이온을 발생시키는 데 유용하다. 이 방법은 질량분석법에서 빠른 원자 충격에 의해 유기생체분자의 질량분석에 널리 사용되고 있으며 SIMS는 주로 금속과 반도체의 표면분석에 응용되고 유리, 희토류 화합물 및 광물의 분석에 사용된다.

　　SIMS에서 이온수율은 이온이 형성되는 화학적 환경에 의존하고 매우 민감하다. 충격 화학종으로서 산소를 사용하면 $^{40}Ar^+$ 이온과 같은 불활성 기체의 이온을 사용할 때보다 양이온 수율을 상당히 증가시킬 수 있다. 그러나 Ar^+ 이온도 시료의 표면에서 가까운 곳에서는 산소 압력의 증가에 의해 양이온 수율을 증가시킬 수 있다. 시료와 일차이온과의 상호작용은 매우 복잡하다. 매트릭스 효과는 극히 크고 측정된 원소의 백분율을 10^5배 정도의 범위에 걸쳐 심하게 변화시키는 원인이 된다. SIMS의 문제점은 검출되는 이차이온의 세기가 매질의 조성과 구조에 극히 민감하므로, 즉 매트릭스 효과 때문에 정량분석에 어려움이 있으며 또 시료의 표면이 분석하는 도중에 파괴된다는 점이다. 검출되는 이차이온의 세기의 변화에 가장 크게 영향을 미치는 것은 이차입자가 떨어져 나오는 수율(sputtering yield)과 이온화 확률이다. 이차입자가 떨어지는 수율은 일차이온의 종류, 에너지, 입사각, 표면원자의 종류 등에 의존한다. 그들 영향은 일반적으로 실험값에 근거를 두고 있고 실험에 의하면 이차입자의 수율은 5 keV 근처에서 최대치에 이르고 수십 keV를 지나면서 천천히 감소된다. 또한 입사각에 비례하여 이차입자의 수율은 증가하다가 $70°$ 근처에서 최대치를 갖고 그 이상으로 입사각이 증가되면 감소한다. 입사각이 증가하면 일차이온의 에너지가 표면 근처에서 소모되기 때문에 이차입자의 수율이 증가하며 입사각이 $70°$를 넘어서면 표면 원자로의 에너지 전달이 비효과적이 되어 오히려 이차입자의 수율이 감소한다. 이차이온의 수율은 표면의 조성, 전자상태, 화학결합 상태, 이차이온의 속도와 이온화 전위에 따라 변한다.

⤷ 이온산란 분광법

이온산란 분광법(Ion Scattering Spectroscopy, ISS)은 고체표면의 첫 원자 층의 구성요소와 구조에 대한 정보를 준다. 이 방법의 원리는 **그림 16.7**에서 보는 것처럼 300~3,000 eV의 에너지로 가속된 영족 기체 이온의 빔이 표면의 원자나 이온에 탄성충돌될 때 나타나는 현상을 측정하는 것이다.

충돌이온의 일부는 표면원자와 단지 한 번의 탄성충돌이 일어난 후에 약간의 에너지를 잃게 되며 표면을 떠나 산란된다. 운동량 보존에 의해 특정 각도로 산란된 이온은 일차이온의 에너지와 표면원자의 질량에 의존하는 특정한 에너지를 갖게 된다. 산란된 이온의 에너지를 에너지분석기로 측정함으로써 이온산란 스펙트럼을 얻고 이로부터 충돌된 원소의 질량을 얻을 수 있다. 알고 있는 일차이온의 질량 M_1 과 에너지 E_1 는 90°각도에서 산란된 특정 이온의 에너지 $E_1{}'$ 와 표면 원자의 질량 M_2 과의 관계는 다음과 같이 표현된다.

$$\frac{E_1{}'}{E_1} = \frac{M_2 - M_1}{M_2 + M_1} \tag{16.8}$$

ISS의 독특한 특성은 표면의 특이성에 있는데 다른 표면 분석법이 대개 3~5 이상의 표면 원자 층의 정보를 한꺼번에 제공하는 데 비해 ISS는 오직 첫 원자 층의 원소에 대한 정보를 준다. 이는 주로 일차이온으로 사용되는 영족 기체 이온(He^+, Ne^+, Ar^+)이 두 번째 이상의 표면 원자 층과 충돌하게 되면 중성화가 일어나게 되어 검출될 수 없기 때문이다. ISS는 화학적 정보를 포함하고 있지 않으며 원소분석을 위한 정량 또는 반정성적인 표면 분석법으로 사용되며 그 스펙트럼의 해석은 간단하다.

ISS는 충격시키는 영족 기체 이온보다 원자번호가 큰 모든 원소에 대해 민감하고

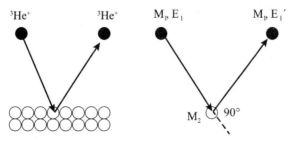

그림 16.7 영족 기체 이온과 표면원자의 탄성충돌.

시료의 매질에 따른 감도의 변화가 그다지 크지 않으므로 SIMS와 결합하여 사용하면 매트릭스 효과에 의한 SIMS의 정량분석의 문제점을 보완할 수 있다.

ISS에서 검출한계는 대략 10^{-4} 원자 층이고 전체 감도는 대부분의 원소에 대해 원자 층의 약 1%이다. ISS는 표면의 거칠기나 흡착구조에 따라 그 세기의 변화가 크므로 산란의 각도를 변화시킴으로써 표면의 구조에 대한 정보를 얻을 수 있게 된다. 분석속도는 빠른 편이며 SIMS의 속도와 비슷하다. 대부분의 스펙트럼을 얻는 시간은 보통 5~10분 정도이다. 원자량이 큰 원소에 대해서는 헬륨이온 대신에 아르곤이온으로 스퍼터링하여 반응을 개선한다. ISS에서는 원소 충격과 질량분해를 최소화하기 위해 여러 가지 불활성 이온 화학종을 사용한다. 따라서 산란과정에서 입사 이온의 질량보다 작고 유사한 질량의 원소를 분해하는 능력을 약화시킨다.

질량 M_2의 특정 원소는 특정 에너지에서 영족 기체 이온의 산란을 가져온다. 예를 들면 입사에너지가 E_1인 $^3He^+$으로 충돌할 때 90° 각도로 산란된 후의 계산된 에너지 (E_1'/E_1) 는 ^{16}O 에서 0.684, ^{18}O 에서 0.714이다. 산란봉우리의 세기는 산란이온의 수에 비례한다. 따라서 표면에 존재하는 물질의 양과 직접 관계가 있다.

입사이온은 표면을 깨끗하게 씻고 분석하기 위한 이중목적으로 사용할 수 있다. 일반적으로 $^3He^+$에 대한 제거속도는 3~50 원자층/시간 범위이다. 그러나 더 높은 속도로 표면을 씻고자 하면 더 질량이 큰 영족 기체 이온인 아르곤이 사용된다. 이 경우의 제거속도는 거의 10배로 증가된다.

ISS에 의해 입사이온의 전류밀도를 조절하여 깊이분포 조성분석을 할 수 있고 촉매 반응의 메카니즘, 자체 확산과정, 흡착-탈착 현상, 고체표면과 공기오염물의 상호작용과 같은 연구에 널리 응용된다.

16.4 표면 분광법의 기기장치와 응용

이 절에서는 표면 분광법에 사용되는 기기장치로서 XPS, UPS 및 AES와 같은 전자분광법에 사용되는 전자분광계와 SIMS 또는 ISS와 같이 이온에 의한 표면 분광법 기기장치와 표면분광법의 응용에 관한 기초를 배우기로 한다.

표면분광법의 기기장치는 몇 개의 기기회사에서 제작하여 공급하고 있으며 이들 기기는 부분장치의 형태, 배열 및 가격에서 큰 차이가 있다. 어떤 것은 XPS와 같은 전자 분광법에서만 사용할 수 있게 설계되어 있으나 부분장치만 변화시키면 XPS, UPS 및 AES와 같은 방법에서도 함께 사용할 수 있게 설계된 것도 있다.

ISS와 SIMS와 같이 이온에 의한 표면 분광법에서 사용하는 기기는 전자 분광법 기기 와는 다르다. 그리고 두 방법의 기기는 검출기를 제외하고는 입사이온의 발생장치와 다른 부분장치는 원리상으로 서로 비슷하다.

⊃ 전자 분광계

이것은 일반적인 광학 분광법에서 사용하는 장치와 비슷한 기능을 하는 부분 장치, 즉 광원, 시료집게(또는 용기), 단색화장치와 같은 기능을 하는 분별기, 검출기 및 신호 변환기와 기록기로 되어 있다.

그림 16.8에 이들 부분장치의 전형적인 배열을 나타내었다. 대부분의 전자 분광계에 서는 광원과 시료집게는 함께 결합되어 설치되어 있고 시료로부터 광전자 또는 전자를 떼어내기에 충분한 에너지를 갖는 광원과 방출된 전자를 수집하고 계수하여 그들의 운동에너지를 측정하는 분석기로 되어 있다. 시료에서 방출된 전자를 검출기까지 에너 지의 손실이 없이 안전하게 통과시키기 위해 최소의 작동 압력을 약 5×10^{-6} torr 정도 유지하는 펌프계가 필요하다. 시료에서 생성된 불연속 에너지의 전자는 에너지분석기 의 입구슬릿으로 향하게 되어 있다.

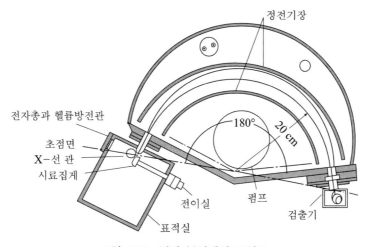

그림 16.8 전자 분광계의 구성도.

• 광원

들뜨기 광원은 전자 분광법의 형태, 즉 XPS, UPS 및 AES에 따라 X-선 관, 기체방전관 및 전자총(electron gun)으로 되어있다. XPS의 가장 일반적인 X-선 광원은 Mg 이나 Al 과녁을 갖는 X-선 관이다. 이들 두 원소의 K_α-선은 원자번호가 큰 원소의 과녁에서 얻는 것보다 상당히 좁은 띠나비(0.75~0.9 eV)를 갖는다. 좁은 띠는 분리능을 향상시키기 위해 필요하다. 어떤 기기에서는 0.3 eV 이하의 띠나비를 갖는 광원을 사용한다. UPS의 광원은 낮은 압력으로 헬륨, 네온 또는 아르곤을 충전한 기체 방전등이다. 이 등에서 나온 스펙트럼은 전기적으로 들뜬 완자나 이온이 이완될 때 생기는 몇 개의 예리한 선으로 되어 있다. 가장 많이 사용되는 것은 He^+의 58.4 nm (21.22 eV) 선이다. AES에서 사용하는 전자총은 1~10 keV의 에너지를 가진 전자빔을 방출하여 시료표면에 집속시킨다. Auger 분광법의 특수한 장점 중의 하나는 고체표면을 주사하여 대단히 큰 분리능을 나타낼 수 있다는 점이다. 일반적으로 직경이 500~5 μm인 전자빔이 이런 목적에 사용된다. 또 5~10 μm의 빔을 내는 전자총을 가진 것은 Auger 마이크로분석기라 하고 조성원소의 불균일성을 검출하고 정량하기 위해 고체표면을 주사하는 데 사용된다.

Auger 전자 봉우리로부터 광전자 봉우리를 구별하기 위하여 최소한 두 가지 광원을 선택하는 것이 필요하다. 즉, 다른 X-선 광원이 사용될 때 광전자 봉우리는 운동에너지의 이동이 나타나지만 Auger 봉우리의 운동에너지는 일정하게 유지되고 같은 위치에서 스펙트럼이 나타난다. 선 나비가 작은 광원은 여러 가지 산화상태의 원소가 존재하는 시료에서 유리하고 이들 각 산화상태의 결합에너지를 추출하는 것이 가능하다.

• 시료집계(용기)

고체 시료는 광원과 분광계의 입구슬릿에서 가까운 곳에 고정시켜 설치한다. 시료에서 발생된 광전자나 전자의 속도감소를 피하기 위해 시료상자는 적어도 10^{-6} torr 또는 그 이하의 진공으로 해야 한다. 그러나 시료와 반응하는 산소나 물 또는 표면에 흡착되는 물질에 의한 시료표면의 오염을 막기 위해서는 $10^{-9} \sim 10^{-10}$ torr 정도의 더 높은 진공이 필요하다. 또 시료표면은 깨끗이 해야 한다. 시료표면을 깨끗하게 하기 위해서 이온총에서 나오는 헬륨이온으로 충격하기도 하고 고온에서 시료를 굽거나 기계적으로 깎아내고, 또는 10^{-4} torr의 아르곤 압력하에서 높은 전압을 시료에 튀게 하는 방법을 이용한다. 어떤 경우에는 시료를 환원 분위기에서 씻어 산화물을 제거한다. 기체시료는 슬릿을 통해 시료상자를 스며들어 약 10^{-2} torr의 압력이 얻어지도록 한다. 더 높은 압력에서는 비탄성 충돌 때문에 전자빔이 크게 감속된다. 한편 시료 압력이 너무 낮으면 신호가 약하게 나타난다. 액체 시료는 저온 탐침기에서 냉각시켜 사용하거나 증발시켜 기체 상태로 만들어 기체 시료와 같이 취급한다.

　　시료 처리실의 진공도는 일반적으로 10^{-7} torr로 유지해야 하고, 에너지 측정실에서 10^{-9} torr 이하의 진공도를 유지해야 한다. 진공 배기장치는 거친 펌프(10^{-2} torr), 터보 분자펌프(10^{-7} torr), 이온 펌프(10^{-11} torr), 크리오 펌프(10^{-11} torr)들을 조합해서 사용함으로써 기름오염이 없고 초고진공을 얻도록 한다.

• 전자 에너지분석기와 검출기

　　전자 에너지분석기는 방출되는 광전자를 운동에너지에 따라 분리한다. 분석기의 형태는 감속전극을 사용하는 감속전압 방식과 자기형 또는 정전기형을 이용하는 분산 방식이 있다.

　　여러 가지의 분석기가 개발되어 있고 가장 널리 사용되는 것은 **그림 16.9**에 나타낸 것과 같은 CMA(Cylindrical Mirror Analyzer)와 CHA(Concentric Hemispherical Analyzer)이다. 이들은 모두 정전기형으로서 전기장에 의해 전자의 운동경로를 바꿈으로써 일정한 에너지를 갖는 전자만이 검출기에 도달하게 한다.

　　고분해능 스펙트럼을 얻기 위해서는 분석기를 외부자기장으로부터 보호해야 한다. 이러한 자기장을 줄이기 위해서 희토류와 철 원소로 된 마이크로메탈의 합금으로 분석

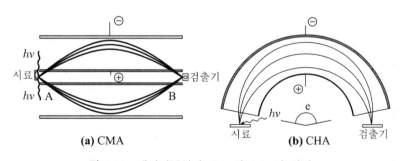

그림 16.9　에너지분석기 CMA와 CHA의 단면도.

기 부분을 감싸주어야 한다. CMA는 분산형의 분석 장치로써 두 개의 실린더-형으로 되어 있다. 들뜨기 입자($h\nu$ 또는 e−)가 시료를 들뜨게 하여 나오는 전자의 운동에너지 E_k 값을 갖는 전자들의 개수를 측정한다. CMA의 단점을 보완하면서 감도와 분해능을 높이기 위해 전기장을 두 번 통과시킨 후 측정할 수 있는 이중통과 CMA도 고안되었다.

CHA 분석기는 통과에너지를 분석기의 앞부분에 설치한 감속전극으로 일정하게 변화시키면서 분해능을 조절할 수 있으며, 스펙트럼의 전 영역에 걸쳐 분해능이 좋다. 일반적으로 XPS와 UPS에서는 스펙트럼 분해능이 좋아야 하므로 CHA가 잘 사용된다. 그러나 높은 감도를 요구하는 AES에서는 CMA가 주로 사용된다. 이 외의 분석기로서 비분산형인 에너지필터 분석기도 있다. 이것은 스펙트럼의 강도가 높아 측정시간을 단축할 수 있으나 다른 분석기보다 분해능이 떨어지므로 그렇게 많이 사용되지는 않는다.

방출전자를 계수하기 위한 검출기로는 불연속 다이노드(discrete dynode)형이나 연속 채널형의 전자증배관이 많이 사용된다. 연속채널 검출기는 매우 낮은 에너지까지 높은 효율로 전자를 계수한다. 그리고 다이노드 증배기와 비교하여 대기와 다른 기체에 대해 더 안정하다. 최근에는 감도 증가를 위해 다중채널 검출기나 이차원적 배열을 한 위치 감응 검출기들을 많이 사용한다. 특히 단색화장치를 사용하거나 면적이 좁은 시료를 분석할 경우 감도가 떨어지므로 감도가 좋은 검출기를 사용할 필요가 있다.

• 시료 준비

XPS에서 분석이 가능한 시료는 고체, 액체 및 기체이다. 그러나 고진공에서 실험해야 하므로 대부분이 증기압이 낮은 고체 시료를 사용한다. 시료의 준비는 청결한 실험실에서 장갑을 끼고 작업해야 하며 시료주입 후에도 항상 분광계의 장치는 초고진공을 유지하도록 해야 한다.

(1) 고체 시료이면 블록, 판상, 분말의 어느 것이라도 가능하지만 반도체, 세라믹스, 유리, 금속, 합금 및 고분자 재료 등의 시료 표면에 오염이 없어야 한다. 시료의 기름때는 아세톤이나 아이소-프로판올(iso-propanol)로 씻어서 제거한 후 건조시키고 분말의 경우에는 200 mesh 정도로 분쇄하여 양면테이프를 사용하여 시료대에 부착하거나 인듐 호일에 채워 사용한다.

(2) 시료는 10^{-9} torr의 진공에서 측정하기 때문에 시료는 시료실에 주입하기 전에

매우 다공질의 물질이나 쉽게 증발하는 수분 등의 휘발성 물질은 확산펌프로 시료로부터 제거하는 것이 바람직하다.

(3) X-선의 조사에 의해 가열되어 분해되기 쉬운 물질이나 액체시료의 경우에는 시료대에 액체질소를 유입시키면서 저온에서 측정해야 한다.

(4) 흡습성 화합물이나 공기산화가 되기 쉬운 물질은 공기, 습기, 빛에 의해서 그 성질이 변화되므로 유리 앰플이나 프루브에 불활성 기체와 함께 봉입하여 시료실에 프루브를 연결한 다음 이것을 열어 분석한다.

⊃ SIMS의 분석장치

질량분석법에 의한 표면 분석법 기기로는 이차이온 질량분석기(Secondary Ion Mass Spectrometer, SIMS)와 미량분석기의 두 가지 형태가 있다. 이들 두 기기는 모두 Ar^+, N_2^+ 또는 O_2^+ 같은 5~20 keV의 이온빔으로 시료의 표면을 충격하여 분석한다. 이온빔은 기체상태의 원자나 분자를 전자충격으로 이온화시켜 만든다. 이때 생긴 양이온은 높은 dc 전위를 걸어 가속시킨다. 이들 일차이온빔이 시료의 표면원자 층을 때리면 주로 중성원자가 튕겨나간다. 그러나 이때 양의(또는 음의) 이차이온이 작은 분율로 생성되고 이것이 분석계로 들어가 분석된다.

SIMS는 일반적으로 표면의 깊이에 따른 원소의 농도 변화를 측정하는 데 사용되고 이때 일차이온빔의 직경은 0.3~5 mm 범위이다.

SIMS에서는 이중초점, 단일초점 및 사중극 질량분석기 등이 질량분석에 사용된다. 이들 기기는 표면에 있는 모든 동위원소(수소에서 우라늄)에 관한 정성 및 정량적 정보를 준다. 보통 10^{-15} g 또는 그 이상의 감도를 갖는다. 시간의 함수로서 하나 또는 몇 개의 동위원소 봉우리를 관측하면 50~100 Å 깊이에서 높은 분리능으로 농도 정보를 얻을 수 있다.

이온 미량분석기는 1~2 μm의 직경을 갖는 일차이온의 집속된 이온빔을 사용하는 정교한 기기로 X와 Y 방향으로 약 300 μm 정도의 표면을 따라 움직일 수 있다. 이온빔 위치를 정확히 보기 위해 현미경이 달려 있고 질량분석은 이중초점 분석계로 한다. 어떤 기기에서는 일차이온빔도 역시 낮은 분해능 질량분석기를 통하게 함으로써 단일 형태만으로 이루어진 일차이온으로 시료를 때린다. 따라서 이온 미량분석기로는 표면의 상세한 연구가 가능하다. 다른 표면 분석법과 같이 SIMS 측정에서도 10^{-6} torr의 진공이 필요하며 잔류기체에 의한 시료의 오염과 분자방해에 따른 H, C, O 등의 검출한계의 영향을 줄이기 위해 $10^{-6} \sim 10^{-10}$ torr의 초고진공을 사용하기도 한다.

• 이온총

이온총의 구조는 이온을 발생시키는 장치, 가속계, 원하는 빔의 크기로 조절하는 이온렌즈, XY 방향으로 빔을 주사하는 장치 등으로 되어 있고 흔히 차등펌핑 장치가 되어 있다. 중성원자를 제거하기 위한 장치나 질량분석을 위한 필터가 있는 이온총도 개발되어 있다. SIMS에서 일차이온을 발생시키는 방법은 전자충격 방식, 표면이온화 방식, 장이온화 방식 등이 이용된다. 이차이온의 세기를 100~1,000배 증가시키기 위해 O_2^+, O^- 이온을 사용하거나 분석용기 내의 산소분압을 증가시키는 방법도 이용되며 Cs^+는 이차 음이온의 세기를 증가시키는 데 사용된다.

사중극 질량분석기를 갖는 SIMS는 흔히 XPS, AES 등의 다른 표면분석계와 같이 사용하는 경우에 편리하다. 최근에는 비행−시간 질량분석기를 이용하는 SIMS 질량분석법도 활발히 연구되고 있다.

◘ ISS의 분석장치

이것은 일정하고 에너지분포가 적은 일차이온을 발생시키는 이온총과 산란된 이온에너지를 측정하기 위한 에너지분석기와 검출기로 구성된다. 이온총은 SIMS에서와 같은 것을 사용할 수 있고 일반적으로 He^+, Ne^+, Ar^+과 같은 영족기체 이온을 사용한다. 가속전압은 보통 1~3 keV이다. 에너지분석기로는 XPS 또는 AES에서 사용하는 CMA를 사용한다. 보통 ISS는 이온과 표면의 상호작용 자체 연구를 위한 목적을 제외한 분석목적을 위해서는 SIMS, XPS 및 AES와 같이 이온총이나 분석기를 함께 사용하면 다른 방법의 보완적인 성격을 갖는다.

ISS에서 사용하는 기기는 **그림 16.10**에 나타낸 것과 같고 장치 내의 초진공을 유지하고 압력을 모니터할 수 있는 시스템이 부착되어 있고, 이온펌프로서 10^{-9} torr의 잔류진공이 얻어진다. 이온총에서는 약 1 mm 직경의 이온빔을 생성하고 직경은 단계적으로 최소 100 μm까지 감소시킬 수 있다.

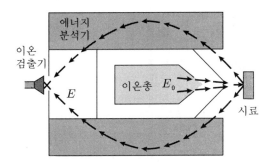

그림 16.10 CMA 분석기를 갖는 ISS의 분석 시스템.

표면분광법의 응용

XPS, UPS 및 AES와 같은 전자분광법에서는 특히 고체 표면의 원소조성에 관한 정성 및 정량적 정보와 유용한 구조적 정보를 얻을 수 있다.

SIMS는 감도가 가장 높은 표면 분석법으로 표면의 미량 오염물질의 측정에 특히 유용하다. 또 표면으로부터 μm 정도까지의 깊이에 따른 원소의 농도변화 측정에 극히 유용한 분석방법이며 열적으로 불안정하고 가열에 의해 기화되기 힘든 생화학 물질의 질량분석에 응용된다. ISS는 표면의 첫째 층만 측정할 수 있는 특성을 이용하여 표면의 미량 오염상태 등의 표면 연구에 이용된다.

XPS의 응용

XPS에 의한 표면분석은 표면의 구성 원소분석, 원소의 산화상태와 화학적 결합상태 및 표면을 구성하는 무기물 및 유기물의 정량에 응용된다.

• 원소분석

원소의 확인을 위해서는 **그림 16.11**에 나타낸 것과 같은 넓은 에너지 영역(0~1,100 eV)을 주사하여 스펙트럼을 얻음으로써 가능하다. 이때 구성 원소들은 고유한 광전자 선을 나타내므로 수소와 헬륨을 제외하고 모든 원소를 분석할 수 있다. 마그네슘이나 알루미늄의 K_α −광원은 수소와 헬륨을 제외한 모든 원소의 특성 결합에너지를 갖는 중심전자를 방출시킨다. 일반적으로 넓은 주사스펙트럼은 0~1,250 eV의 결합에너지에 상당하는 250~1,500 eV의 운동에너지 영역을 나타낼 수 있다.

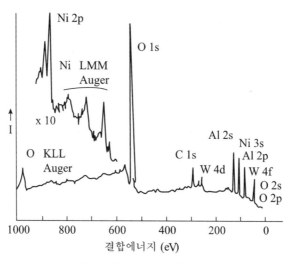

그림 16.11 Ni-W-Al$_2$O$_3$촉매의 XPS 스펙트럼.

주기율표에 있는 모든 원소는 이 영역에서 봉우리가 생기는 하나 또는 그 이상의 에너지준위를 갖는다. 대부분의 경우 봉우리는 잘 분리되고 농도가 약 0.1 % 이상만 되면 확실하게 확인할 수 있다. 때때로 O 1s/Sb 3d 또는 Al 2s, 2p/Cu 3s, 3p 같은 것은 서로 봉우리가 겹치는 수가 있다. 그러나 스펙트럼의 겹쳐서 오는 문제는 다른 에너지에서 생기는 다른 봉우리를 조사하여 해결할 수 있다. 흔히 Auger 전자에 의한 봉우리가 XPS 스펙트럼에서 발견된다. 그런 봉우리는 두 X-선 광원(일반적으로 Mg과 Al의 K$_\alpha$-선)으로 얻은 스펙트럼을 비교하면 쉽게 확인이 가능하다. 이것은 Auger 봉우리는 운동 에너지의 눈금에 변화가 없지만 XPS의 광전자 봉우리는 변화하기 때문이다. 시료에 따라서는 광전자 방출에 의한 전자 부족으로 하전현상이 일어나 봉우리들이 조금씩 이동하는 수가 있다. 이런 때에는 공기오염에 의한 C 1s 봉우리 위치(284.6 eV)로 내부표준으로 사용할 수 있다. 또 탄소의 화학적 결합상태에 따라서도 조금 변화될 수 있다. 이런 경우에는 기준봉우리인 Au $4f_{7/2}$ 봉우리 위치(83.8 eV), 또는 Cu $2p_{3/2}$ 봉우리 위치(932.4 eV)를 이용하여 보정한 후 원소를 확인해야 한다.

• 화학적 이동과 상태분석

XPS 스펙트럼에서는 원소의 화학적 결합상태에 따라 전자의 결합에너지에 있어서 화학적 이동이 나타난다. 전체 스펙트럼 중의 봉우리 하나를 더 높은 에너지의 분해능의 조건하에서 조사해 보면 최고위치의 봉우리가 해당하는 원자의 화학적 환경에 따라 약간 변화하는 것을 알 수 있다. 즉, 광전자가 떨어지는 원자에서 원자가전자의 수가 변하여 그 원자의 주위에 원자배열이 변하면 화학적 환경이 변하므로 내부전자의 결합에너지에 영향을 준다는 것을 알 수 있다. 원자가전자가 변하여 산화상태가 더 양의 값으로 될수록 내부전자의 결합에너지는 더 증가된다. 이것은 외각전자가 있을 때 내부전자에 대한 핵의 인력이 감소한다고 가정하면 화학적 이동이 일어날 수 있다는 것을 쉽게 이해할 수 있을 것이다. 즉, 외각전자 하나가 제거되면 내부전자의 유효 핵전하는 증가되고 따라서 결합에너지는 증가하게 될 것이다. 일반적으로 전자밀도에 영향을 주는 것은 산화상태, 리간드의 전기음성도 또는 배위결합 등이고, 이들은 전자의 결합에너지에서 화학적 이동이 일어나는 요인이 된다. 분석에서 XPS의 특성은 화학적 이동이 수소와 헬륨을 제외한 주기율표의 모든 원소에서 원소에 따라 다양하게 나타난다는 점이다. 따라서 XPS의 가장 중요한 응용 중 하나가 여러 종류의 무기화합물에 포함된 원자의 산화상태를 확인할 수 있다는 것이다.

그림 16.12는 한 가지 원소의 구조가 봉우리 위치에 미치는 영향을 보여준 것이다. 그림에서 탄소의 1s 전자에 해당하는 각 봉우리는 구조식에 있는 탄소의 바로 아래에 위치하고 있다. 여기에서 결합에너지의 이동은 여러 가지 작용기의 영향에 의해 1s 중심전자가 받는 유효핵전하의 크기를 고려하면 쉽게 이해할 수 있을 것이다. 예를 들어 결합된 모든 작용기 중에서 불소(F)는 전기음성도가 가장 큰 원소이므로 탄소원자에서 전자밀도를 끌어내는 능력이 가장 클 것이다. 따라서 탄소의 1s 전자가 받는 유효핵전

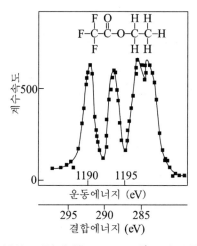

그림 16.12   Ethyltrifluoroacetate의 XPS 스펙트럼.

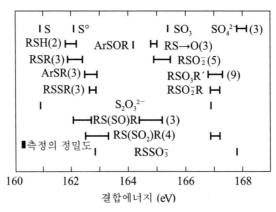

그림 16.13 황을 포함하는 화합물에서 황의 2s 전자의 결합에너지.
( )는 실험한 화합물의 수를 표시함.

하는 최고가 되므로 결합에너지가 가장 클 것이고 즉, 결합에너지가 가장 큰 곳에서 봉우리가 나타난다.

그림 16.13은 산화상태가 다른 황을 포함하고 있는 몇 가지 유기화합물에서 황 원자의 봉우리 위치를 나타낸 것이다. 그림에서 가장 윗줄에 표시된 것은 산화상태의 효과를 말해주는 것이고, 아래쪽에서 네 줄은 단독이온이나 분자에 포함된 두 개의 황 원자를 식별할 수 있음을 보여준다. 따라서 $S_2O_3^{2-}$ 이온에서는 두 개의 봉우리가 관측되고, 이들 두 개의 황 원자가 서로 다른 산화상태를 가진다는 것을 알 수 있다.

XPS 스펙트럼에서 화학적 이동의 크기를 측정하면 산화물의 형태를 식별할 수 있다. 예를 들면 **그림 16.14**는 Cu_2O, CuO 및 Cu 의 XPS 스펙트럼의 일부를 나타낸 것인데 여기서 금속상태 구리와 CuO 는 쉽게 구별되지만 금속 구리와 Cu_2O 를 구별하기는 어렵다. 그러나 더 낮은 결합에너지 지역에서 산소의 1s 스펙트럼을 측정하면 Cu_2O 의 산소에 대한 것은 530.8 eV에서, CuO 의 산소에 대한 봉우리는 530.1 eV에서 나타나므로 금속 구리와 두 가지의 산화물을 식별할 수 있다.

XPS에서 방출되는 광전자는 고체표면에서 10~50 Å보다 더 깊은 곳을 통과할 수 없다. 따라서 전자 분광법의 가장 중요한 응용은 X-선 미량분석 분광법에서와 같이 표면에 관한 정보를 얻는 데 있다. 몇 가지 예를 들면 이 방법은 촉매표면의 활성자리의 확인, 반도체 표면의 오염정량, 사람 피부의 조성분석 그리고 금속과 합금의 산화표면층의 연구 등에 응용된다.

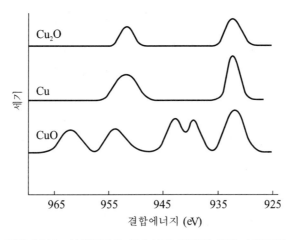

세기

965   955   945   935   925
결합에너지 (eV)

그림 16.14 산화구리와 금속상태 구리의 XPS 스펙트럼.

• 정량분석

XPS에 의해 얻은 스펙트럼의 넓이나 높이를 이용하여 표면을 구성하는 원소의 조성비나 원소를 정량할 수 있다. 이때에는 표준시료에 대한 검정선법과 내부표준법이 이용되는데 3~10 %의 상대오차가 생길 때도 있다. 따라서 이 방법은 아직 정량분석의 목적에 널리 응용되지 못하고 있다. 그 이유는 각 원소의 광전자 봉우리의 상대세기가 서로 다르고, 어떤 원소는 표면에서의 농도가 같을지라도 시료의 결합형태에 따라 방출되는 광전자의 양이 다르고, 장치를 오래 사용하면 X−선 관이나 측정실이 오염되어 시간에 따라 X−선의 세기가 감소하기 때문이다.

⊃ UPS의 응용

UPS는 대부분 증기상태에 있는 시료에 대해 연구한다. 이 방법은 전자궤도 구조에 관한 중요한 정보를 알려주기 때문에 이러한 연구의 대부분은 분자 내에서 전자의 영향을 밝히는 데 이용된다. 지금까지 UPS의 분석적 응용에는 많은 제한이 있었으며 이런 형태의 전자 분광법이 정성이나 정량분석의 중요한 수단방법이 되기에는 많은 문제점이 있다.

⊃ AES의 응용

AES와 XPS는 상호보완적인 성질을 갖는 분석방법으로 물질의 조성에 관하여 비슷한 정보를 준다. 그러나 응용적인 면에서는 각각 장점과 단점이 있다. Auger 분광법의 특수한 장점은 원자번호가 낮은 원자에 대하여 감도가 높고, 매트릭스 효과가 적으며 무엇보다도 그의 공간 분해능이 높다는 점이다. 따라서 고체표면을 자세히 조사할 수 있다.

• **고체표면의 정성분석**

보통 AES에서는 전자총의 전자빔으로 직경이 $5\sim500\ \mu m$ 정도 되는 좁은 면적을 충격하여 스펙트럼을 얻는다. 표면연구에서 Auger 분광법의 이점은 $20\sim1,000$ eV의 낮은 에너지의 Auger 전자는 고체의 몇 개 원자층($3\sim20$ Å)만 투과할 수 있다는 것이다. 즉, 전자총에서 나오는 전자는 시료표면의 상당히 깊은 곳까지 투과되지만 Auger 전자는 첫째 $4\sim5$ 원자층에서 나온 것만이 분석기에 도달된다. 따라서 Auger 스펙트럼은 XPS보다 고체의 표면조성을 잘 나타낼 수 있다.

그림 16.15와 같은 구리─니켈(Cu : 70 %, Ni : 30 %) 합금의 Auger 스펙트럼을 이용함으로써 해수의 부식저항을 필요로 하는 구조물에 사용되는 재료에 대한 표면의 성질을 알아낼 수 있다. 이 합금의 부식저항은 염소이온의 진한 용액에서 미리 양극산화 처리를 하면 크게 향상된다. 그림 16.15에서 (a)는 양극산화에 의해 부동태로 만든 합금 표면의 스펙트럼이고, (b)는 양극의 산화전위가 부동태로 만들기에 충분하지 못한 경우에 상당하는 이 합금의 다른 시료에 대한 스펙트럼이다. 두 스펙트럼을 비교하여 보면

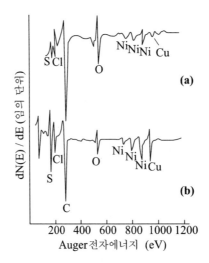

그림 16.15 구리─니켈(70 %:30 %) 합금의 Auger 스펙트럼.
(a) 양극산화에 의해 부동화됨, (b) 부동화되지 않음.

(a)의 시료가 부식저항이 크다는 것을 알 수 있다. 즉, 부동태가 되지 않은 시료의 표면 층에는 구리와 니켈의 비가 시료 본체의 그것과 거의 같은 데 비하여 부동태 시료에서는 니켈 봉우리는 구리 봉우리를 완전히 압도하고 있다. 더구나 부동화된 시료에서 산소 대 니켈의 비는 높은 부식저항을 갖는 순수한 양극산화 니켈의 그것과 비슷하다. 따라서 합금의 부식에 대한 저항은 주로 산화니켈 표면의 생성에서 나타남을 알 수 있다.

•표면 깊이에 따른 농도분포 분석

이것은 depth profilling이라고도 하며 이 방법에서는 고체 시료의 표면을 에너지가 큰 아르곤이온으로 충돌시켜 표면을 분당 수 Å씩 부식시켜 깎아내면서 수천 Å까지의 깊이에 따른 원소조성 변화와 화학적 상태변화를 측정하는 것이다. 이 방법은 XPS, AES 및 SIMS에서 가능하다.

Auger 분광법에서 표면의 깊이에 따른 원소분석에서는 Auger 마이크로분석기를 사용하여 정밀하게 초점이 맞추어진 약 5 μm의 직경을 갖는 전자빔을 이용하여 측정한다. 마이크로분석기와 부식이온 빔(beam)은 동시에 작동되고 시간에 따라 Auger 봉우리의 하나 또는 그 이상(6개까지)을 기록한다. 부식속도는 시간과 관계가 있으므로 표면의 깊이에 따른 원소조성을 얻을 수 있다. 이런 정보는 부식화학, 촉매행동, 반도체 접촉점의 성질 등의 연구에 응용된다.

그림 16.16은 그림 16.15에서 설명한 구리/니켈 합금에서 표면의 깊이에 따른 원소의 농도 분포를 분석한 결과를 나타낸 것이다. 그림에서 세로축은 부식시간에 따른 구리와 니켈의 봉우리 세기의 비를 기록한 것이고, A는 화학적으로 부식한 태반(bulk) 시료에, B는 비부동태 시료에 대한 것이며 C는 양극산화에 의해 부동태가 된 합금시료에 대한 농도분포를 분석한 값이다. 부동태 시료에 대한 곡선 C를 보면 처음 10분간의 부식시간에는 구리/니켈 비는 0에 가깝고 이때의 표면 깊이는 약 500 Å에 해당한다. 10분이 지난 후에는 구리/니켈 비가 증가하여 화학적으로 부식된 합금시료의 비에 접근한다. 즉, 표면에서는 원소조성이 다르지만 더 깊은 곳에서는 태반시료의 표면과 거의 같다.

비부동태 시료의 경우에는 니켈산화물의 얇은 피복이 있는 것 같은 어떤 증거는 있지만 화학적으로 부식한 시료의 구리/니켈 비와 거의 같다. Auger 분광법은 이와 같은 표면의 깊이에 따른 농도 분포의 분석이 가능할 뿐만 아니라 표면의 10 μm 또는 그

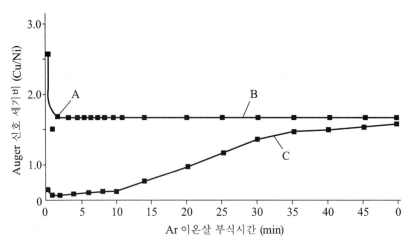

그림 16.16 구리/니켈 합금의 Auger 표면 깊이에 따른 농도분포 분석.
A: 화학적 부식한 태반시료, B: 비부동태 시료, C: 부동태 시료.

이상의 직선에 따라 거리의 함수로 고체의 표면조성을 측정하는 선(line) 주사 분석도
가능하다. 이러한 목적을 위한 Auger 마이크로분석기는 재현성 있는 방법으로 표면을
횡단하여 움직일 수 있는 전자빔을 내는 것이어야 한다. 이러한 선 주사법은 반도체와
같은 재료의 표면연구에 특히 유용하다.

SIMS의 응용

앞에서도 설명한 바와 같이 SIMS는 감도가 가장 높은 표면분석법으로서 표면의 미
량오염물질을 분석하는 데 아주 유용하다. 한 예로서 **그림 16.17**에 고순도 실리콘 웨이
퍼(wafer) 표면의 SIMS 스펙트럼을 나타냈다.[1]

이때 사용한 웨이퍼 시료는 99.995 % 순도의 것이지만 표면은 웨이퍼의 성능에 영향
을 미치는 Na 과 K 로 오염되어 있음을 알 수 있다. 일반적으로 집적회로는 고순도
실리콘 기판 위에 B, P, As 등을 주입해 제조되며 극미량의 오염물은 완성품의 성능
에 지대한 영향을 미친다. 이런 오염물질을 규명하고 그 농도를 측정하는 데 SIMS가
가장 효과적인 방법이다. 그림을 보면 수소로부터 질량 100에 이르는 극미량 오염물의
대략의 농도를 알 수 있다. 또한, SiOH 의 강한 봉우리는 SiOH 의 결합이 표면 위에
존재함을 알려준다.

---

1) KRATS, *SIMS Application Data Sheet*, No. 220.

16.1 다음을 간단히 설명하라.

(a) X—선 광전자 분광법(XPS)

(b) Auger 분광법(AES)

(c) 이차이온 질량분석법(SIMS)

(d) LMM Auger 전자 생성메카니즘

(e) 이온산란 분광법(ISS)

(f) IMFP(inelastic mean free path)

16.2 전자 분광법으로 얻은 스펙트럼에서 XPS와 Auger 전자의 확인은 어떻게 하는가?

16.3 Mg 의 K_α—선을 광원($(\lambda = 9.8900$ Å$)$ 으로 사용할 때 XPS 전자의 운동에너지가 1,073.5 eV이고 전자분광계의 일함수가 14.7 eV이라고 할 때 방출전자의 결합에너지를 계산하라.

16.4 Al 의 K_α—선 $(\lambda = 8.3393$ Å$)$ 을 광원으로 사용할 때 XPS 전자가 방출되고 전자 분광계의 일함수가 27.8 eV였다면 운동에너지가 1,052.6 eV를 가졌다. 이 전자는 $NaNO_3$ 에 있는 N 의 1s 전자라고 생각된다.

(a) 전자의 결합에너지를 계산하라.

(b) 광원으로 마그네슘의 K_α—선$(\lambda = 9.8900$ Å$)$을 사용하였을 때, 전자의 운동에너지를 계산하라.

16.5 $^3He^+$ 이온으로 표면의 ^{16}O 을 충돌할 때, 90° 각도로 산란된 헬륨이온의 에너지 $(E_1{}'/E_1)$는 0.684이다. 이것은 어떻게 계산된 것인가?

16.6 XPS, AES 및 SIMS 에서는 표면으로부터의 깊이에 따른 원소의 농도변화를 측정할 수 있다. 이런 분석을 AES(오제이) 전자 분광법으로 어떻게 하는가?

● 참고문헌

1. A. W. Czanderna, Ed., *Methods of Surface Analysis*, Elsevier, New York, 1975.

2. Electron Spectroscopy : *Theory, Technique and Application*, 4 Vols., C. R. Brundle and A. D. Baker, Eds., Academic Press, New York, 1977−81.

3. T. A. Carlson, *Photoelectron and Auger Spectroscopy*, Plenum Press, New York, 1975.

4. H. Windawi and F. F. L. Ho, *Applied Electron Spectroscopy for Chemical Analysis*, Wiley, New York, 1982.

5. P. K. Ghosh, *Introduction to Photoelectron Spectroscopy*, Wiley, New York, 1983.

6. R. J. Day, S. E. Unger and R. G. Cooks, *Molecular Secondary Ion Mass Spectrometry*, Anal. Chem., 1980, 52, 557A.

7. C. A. Evans, Jr., *Secondary Ion Mass Analysis, Anal. Chem.*, **1972**, 44, 67A.

8. L. A. Harris, *Auger Electron Emission Analysis, Anal. Chem.*,**1968**, 40, 24A.

9. K. F. Heinrich and D. E. Newbury, Eds., *Secondary Ion Masss Spectrometry*, NBS Special Publ. No. 427, GPO, Washington, D.C. 1975.

CHAPTER 17 ● 열법 분석

17.1 열 무게분석법

　최근에 많은 신소재의 개발과 함께 열법 분석에 대한 관심도가 증대되고 있다.

　열법 분석은 여러 가지 재료의 열적 성질 즉, 물질의 질량, 반응열, 부피와 같은 어떤 계의 성질과 온도간의 동적 관계의 측정에 근거를 두는 것으로 열 무게분석법, 시차 열법 분석, 시차 주사열량 분석법 및 열법 적정 등의 10여 가지 종류가 있다. 이 장에서는 여러 가지 물질과 신소재들의 열적 특성을 분석하는 열적 분석법에 관한 기초와 응용에 관해 배우기로 한다.

　열법 분석법[1] 중 열 무게분석법(Thermogravimetry, TG)에서는 분석시료를 실온에서 1,200 ℃ 정도의 높은 온도까지 직선적으로 가열할 때 시료의 질량 변화를 측정하여 도시한 서모그램(Thermogram)으로부터 분석에 관한 정보를 얻는다.

---

1) W. W. Wendlandt, *Thermal Methods of Analysis*, 2nd ed., Wiley, New York, 1974; Meisel and Seybold, Crit. Rev. *Anal. Chem.*, **1981**, 12, 267.

⊃ 기기 장치

열 무게분석에 필요한 기기는 일반적으로 예민한 분석저울, 전기로, 전기로의 온도조절기와 온도 프로그램 장치 및 온도 변화에 따른 시료의 질량 변화를 기록하는 기록기 등으로 구성되어 있으며, 또 어떤 경우에는 시료를 비활성 분위기에서 분석할 수 있는 보조 장치가 필요하다.

열 분석저울은 최근에 몇 가지 종류가 개발되어 시판되고 있으며 이들 중의 한 가지를 **그림 17.1**에 나타냈다. 이 장치에서 시료 집게는 저울의 다른 부분과 단열 처리되게 하여 전기로의 내부에 설치되어 있다. 만약 시료를 가열할 때 시료의 무게가 감소하면 저울대가 기울어진다. 이 기울어짐을 두 개의 광다이오드 중 한 개와 램프 사이에 빛 셔터를 끼워서 확인하도록 되어있고 이렇게 하여 발생된 광다이오드 전류의 불균형은 증폭되어 영구자석의 두 전극 사이에 놓인 코일 속으로 보내진다. 코일 속을 흐르는 전류에 의해 생긴 자기장은 저울대를 원래 위치로 돌려보낸다. 또, 증폭된 광다이오드 전류는 기록기의 펜의 위치를 결정한다. 이러한 장치는 1, 10, 100 및 1,000 mg 정도의 무게 영역을 가지며 ±10 μg의 재현성을 갖도록 되어있다. 이 방법에서 사용되는 전기로는 미리 정해 놓은 속도로 온도가 선형적으로 증가하게 프로그램 되어있다. 이때 대표적인 가열속도는 0.5~25 ℃/min이고 대부분의 기기에서 가열온도는 실온으로부터 1,200 ℃ 까지다. 온도는 가능한 한 시료에 가깝게 설치한 열전기쌍으로 측정하고 저울

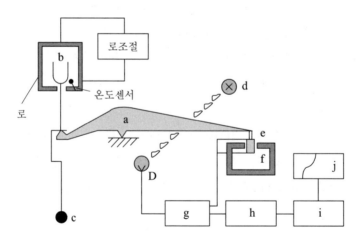

그림 17.1 열 무게분석저울의 구성도. a: 저울대, b: 시료용기와 고정장치,
c: 균형추, d: 램프와 광다이오드, e: 코일, f: 자석, g: 제어 증폭기,
h: 용기무게 계산기, i: 증폭기, j: 기록기.

쪽에 열이 전달되지 않도록 전기로의 외부는 단열시키고 냉각시키도록 되어 있다.

➲ 응용

옥살산칼슘·수화물($CaC_2O_4 \cdot H_2O$)의 전형적인 서모그램을 **그림 17.2**에 나타내었다. 여기서 온도 증가의 속도는 5 $^\circ C$/min이고 뚜렷한 수평부분은 그 위에 기록한 칼슘화합물이 안정한 온도영역을 나타낸다. 그림에서 열 무게분석에 관한 중요한 정보를 얻을 수 있다. 즉, 분석에 적용할 무게의 형태를 얻기 위해 필요한 온도를 알 수 있다.

그림 17.3(a)는 열 무게분석법에 의해 작성한 칼슘, 스트론튬 및 바륨의 옥살산염 혼합물에 대한 서모그램이다. 그림에서 세 가지 금속의 옥살산염·일수화물은 낮은 온도에서 수분(결정수)을 잃고, 320~400 $^\circ C$의 온도에서는 3가지의 무수화합물 CaC_2O_4,

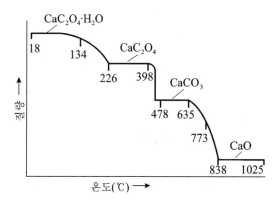

그림 17.2 옥살산칼슘·수화물의 분해 서모그램.

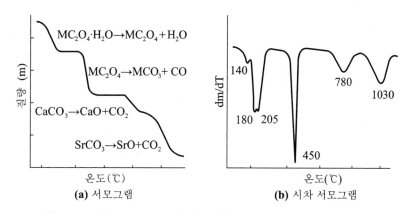

그림 17.3 칼슘, 스트론튬 및 바륨의 옥살산염·수화물의 열분해곡선.

SrC$_2$O$_4$ 및 BaC$_2$O$_4$의 질량이고 580~620 ℃ 사이에서의 질량은 3가지 금속의 탄산염 (MCO$_3$) 형태의 질량에 해당한다. 그 다음 두 단계의 무게변화는 CO$_2$를 잃으면서 순서대로 CaO 와 SrO 가 형성되기 때문에 나타나는 결과로 볼 수 있다. 따라서 시료에 존재하는 3가지 원소의 무게를 계산하기 위해 충분한 실험값을 이 서모그램에서 얻을 수 있다.

그림 17.3 (b)는 (a)의 서모그램을 미분하여 얻은 시차 서모그램이다. 현대적 기기에는 서모그램과 그 도함수 곡선도 함께 얻는 전자회로를 갖추고 있다. 이때 미분곡선은 보통 서모그램에서 얻을 수 없는 정보를 얻을 수 있기 때문에 유용하다. 예로써 140, 180 및 205 ℃에서 나타나는 세 봉우리는 3가지 수화물이 서로 다른 온도에서 결정수를 잃는다는 것을 암시하고 있다. 그러나 이들은 모두 일산화탄소를 동시에 잃는 것 같고 따라서 450 ℃에서 한 개의 예리한 봉우리를 보인다.

열법 분석은 중합체 연구에 유용하게 응용된다. 이 방법으로 얻은 서모그램에서 여러 가지 중합체의 열분해에 대한 메카니즘에 관한 정보를 얻을 수 있고, 분해 형태는 각종 중합체의 특성이기 때문에 중합체를 확인하기 위하여 사용할 수 있다.

17.2 시차 열법 및 시차 주사열량 분석법

시차 열법 분석(Differential Thermal Analysis, DTA)은 화학 물질계를 일정한 속도로 가열할 때 흡열되거나 발열되는 상태를 비활성 기준물질(알루미나, 탄화실리콘 또는 유리구슬)과 비교하여 이들 사이의 온도 상승 차이를 측정하여 얻은 결과를 관찰함으로써 정보를 얻는 분석방법이다.[2]

그림 17.4는 공기 속에서 CaC$_2$O$_4$·H$_2$O를 가열할 때 얻은 시차 서모그램이다. 여기에서 두 개의 극소점은 시료에서 두 번의 흡열반응이 일어나서 열을 흡수한 결과 기준물질보다는 시료가 더 차가워진다는 것을 나타낸다. 이들 해리반응에 대한 반응식은 해당하는 극소점 밑에 기록하였다. 한 개의 극대점이 나타났고 이것은 탄산칼슘과 이산화탄소로 분해될 때의 반응이 발열반응이라는 것을 나타낸다.

---

2) M. I. Pope and M. D. Judd, *Differential Thermal Analysis*, Heyden, Philadelphia, 1977.

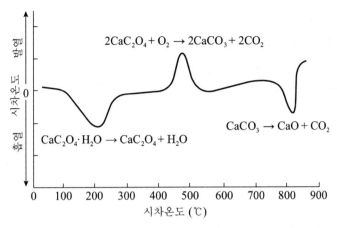

그림 17.4 공기 속에서 $CaC_2O_4 \cdot H_2O$의 시차 서모그램. 온도증가: 8 ℃/min.

만약 이런 시차 서모그램을 비활성의 기체 속에서 얻을 때에는 세 반응 모두가 흡열반응으로써 세 개의 극소점으로 나타난다. 즉, 이때 옥살산칼슘의 분해에서 생긴 생성물은 이산화탄소로 보기보다는 오히려 일산화탄소이다(그림 17.2 참조).

그림 17.4의 극대점이나 극소점이 나타나는 봉우리 중에서 0보다 위에 나타나는 것은 발열 변화의 결과이고 이와 같은 열 변화는 물리 또는 화학 현상의 결과이다.

흡열과정인 물리과정은 용융, 증발, 승화, 흡착 및 탈착 등이다. 여기에서 흡착은 보통 발열적인 물리변화인 반면에 결정 전이는 발열 또는 흡열 중의 어느 하나이다. 화학반응도 역시 시차 봉우리를 나타내는데 이때는 흡열과 발열이 모두 가능하다. 그림 17.4와 같은 시차 서모그램에서 봉우리 면적은 시료의 질량, 화학 또는 물리적 반응열, 엔탈피 및 기하학적 또는 열전도 요인의 지배를 받는다. 이들 변수들은 다음 관계식으로 표시된다.[3]

$$A = \frac{G\,m\,\triangle H}{k} = -k'\,m\,\triangle H \tag{17.1}$$

여기에서 A 는 봉우리의 면적($\triangle T \times$시간), G 는 시료의 기하학적 위치에 의해 변하는 보정계수이며 m 은 시료의 질량이다. k 는 시료의 열전도도에 관계되는 상수이며 엔탈피 $\triangle H$ 는 발열반응의 경우 (−)부호이며 흡열반응에 대해서는 (+)부호이다. k' 는 한 화학종에 대해 가열속도, 시료입자의 크기 및 열전기쌍의 위치와 같은 변수를 정밀하게

---

3) W. W. Wendlandt, *Thermal Methods of Analysis*, 2nd ed., Wiley, New York, p. 172, 1974.

조절한다면 일정하게 유지되는 상수이다.

이런 상황에서 얻은 봉우리의 면적으로부터 분석물의 질량, m 을 구할 수 있다. 이때 $k'\triangle H$ 는 표준시료를 이용해서 검정하여 얻을 수 있고 k'와 m 이 측정된 경우는 식 (17.1)로부터 화학종의 $\triangle H$ 를 측정할 수 있다.

⊃ 기기 장치

시차 열법 분석에 사용되는 기기인 전기로의 가열 프로그램과 기록 장치는 열법 무게 분석에서 사용한 것과 비슷하다.

그림 17.5는 대표적인 시차 열법 분석 장치의 구조를 나타낸 것이다. 그림과 같이 시료와 기준물질을 정확히 달아 S와 R의 위치에 놓인 작은 백금접시 위에 놓고 열전기쌍(TC)은 로의 온도를 선형적으로 증가시키기 위한 가열속도를 조절한다.

시료와 기준물질의 열전기쌍은 병렬로 연결되어 있고 두 개의 열전기쌍 사이의 온도 차이에 의해 생긴 전류는 증폭되어 기록기 펜의 위치를 결정하도록 되어 있다. 이때 스위치를 T_s 의 위치에 두면 시료 열전기쌍은 기준 열전기쌍에 연결되어 있을 뿐 아니라 실온 또는 얼음중탕의 온도에 있는 기준 접촉과도 연결된다. 이 회로의 출력은 시료의 어떤 순간의 온도도 알려준다.

보통 시차 열법 기기의 시료와 기준물질이 들어 있는 곳은 공기와 같은 활성기체 또는 비활성기체를 순환시키도록 되어 있다.

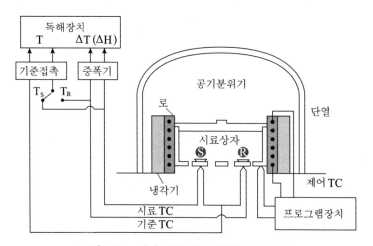

그림 17.5 시차 열법 분석 장치의 구성도.

⊃ 응용

시차 열법 분석은 자연적으로 생성된 물질과 인위적으로 만든 각종 물질의 조성을 측정하기 위해 널리 응용되고 있다. 이 방법의 응용에 관한 각종 유용한 정보들은 최근의 Analytical Chemistry(*Anal. Chem.*) 총설과 단행본[4])에서 얻을 수 있다.다음은 이 방법의 응용에 관한 몇 가지 예들이다.

• 무기물질

시차 열법 분석은 규산염, 페라이트, 점토, 산화물, 요업 제품, 유리 등과 같은 무기물질의 열적 거동에 관한 연구에 널리 응용된다. 이들 물질의 용융, 탈 용매화, 탈수, 산화−환원, 흡착, 분해 및 고체 상태 반응과 같은 과정의 정보를 얻을 수 있다. 이 중에서 중요한 것의 하나는 상−도표(phase diagram)의 작성과 상전이 연구에 관한 것이다.

그림 17.6에 보인 순수한 황의 시차 열법 분석에 관한 예는 113 ℃의 봉우리는 사방황에서 단사황으로 고체상 변화에 관한 것이고 124 ℃의 것은 황의 녹는점에 해당한다. 액체상태의 황은 적어도 3가지 형태로 존재하며 179 ℃의 봉우리는 액체 상태 황 사이의 전이에 관한 것으로 본다. 446 ℃의 것은 황의 끓는점에 해당한다.

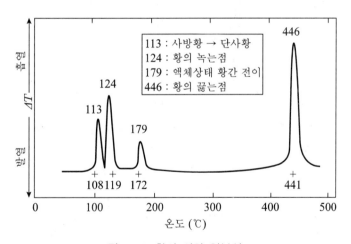

그림 17.6 황의 시차 열분석도.

4) *Differential Thermal Analysis*, R. C. Mackenzie, ed., vols. 1 and 2, Academic Press, New York 1970; W. W. Wendlandt, *Anal. Chem.*, **1984**, 56, 250R; **1982**, 54, 97R; P. S. Gill, *Amer. Lab.*, **1984**, 16(1), 39.

·유기화합물

시차 열법 분석은 유기물의 녹는점, 끓는점, 분해점 등을 측정하는 간단하고 정확한 방법이다. 이 방법에 의해 측정한 결과는 일반적으로 고온이나 모세관법보다 일관성과 재현성이 있다. **그림 17.7**은 대기압과 200 psi에서 얻은 벤조산에 대한 열 분석도이다. 처음 봉우리는 벤조산의 녹는점이고 두 번째는 끓는점에 해당한다.

·중합체

DTA는 중합체 연구에 널리 응용된다. **그림 17.8**은 중합체를 가열할 때 여러 종류의 전이를 보인 것으로 이상적인 열 분석도이다. **그림 17.9**는 중합체의 물리적 혼합물의 열 분석도이다. 여기서 각 봉우리는 각 중합체의 녹는점에 해당하고 폴리테트라플루오르에틸렌(PTFE)의 경우는 낮은 온도에서 봉우리 하나가 더 나타나는데 이것은 결정 전이에 의한 것이다. 이와 같은 방법을 이용하면 중합체의 정성도 가능하다.

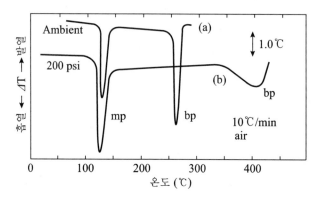

그림 17.7 벤조산의 시차 열분석도. (a) 대기압, (b) 200 psi.

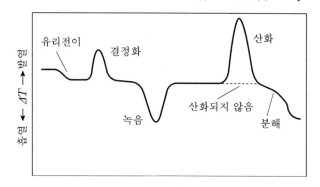

그림 17.8 중합체의 시차 열분석도에 나타나는 변화의 종류.

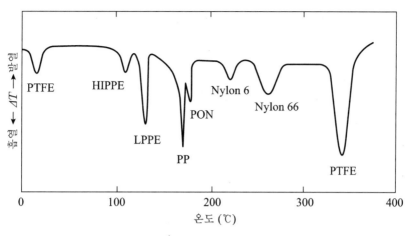

그림 17.9 중합체 혼합물의 시차 열분석도.

•시차 주사열량 분석법

시차 주사열량 분석(Differential Scanning Calorimetry, DSC)에서도 DTA와 비슷한 기기를 사용하는데 이때도 시료와 기준물질의 온도를 계속하여 증가시킨다. 그러나 여기서는 시료와 기준물질에 열을 가할 때 두 가지 물질의 온도를 같게 유지하도록 한다. 기록기에 나타나는 열량은 시료에서 일어나는 발열 또는 흡열 반응의 결과로 얻은 열 또는 잃은 열을 상쇄한 것이다. 시차 주사열량 분석법에서 얻은 서모그램은 TG에서 얻은 시차 서모그램의 모양과 비슷하다. 그러나 이 경우에는 식 (17.1)의 상수 k'는 반응이 일어나는 온도와 무관하다.

⊃ 기기 장치

DSC에서는 DTA에서 사용되는 기기와 거의 같지만 시료와 기준물질을 가열하는 별도의 가열기가 각각 시료와 기준물질의 용기에 가능한 한 가깝게 설치되어 있다. 열전기쌍이 온도차를 나타낼 때에는 열은 시료와 기준물질 중에서 온도가 낮은 쪽에 가해져서 온도가 같아지게 한다. 온도를 같게 유지하는 데 필요한 가열속도는 시료 온도의 함수로써 기록된다. 시차 서모그램의 가로축은 cal/sec 또는 mcal/sec로 표시된다. DSC로 얻은 서모그램은 그림 17.4의 모양과 유사하다.

현대적인 열분석 기기들은 일반적으로 모듈(module) 형식으로 되어 있고 TG, DTA

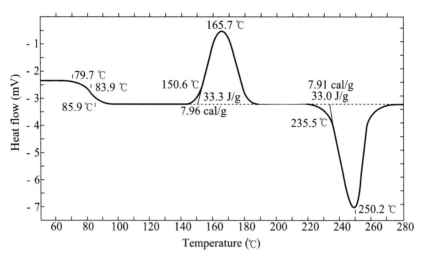

그림 17.10 현대적 시차 주사열량법 기기로 얻은 폴리에틸렌테레프탈산염의 열전이.

및 DSC뿐만 아니라 열 기계적 분석도 가능하다. 이런 기기들은 모든 장치가 컴퓨터로 조절되고 있으며 사용자가 프로그램을 만들 수 있게 되어 있다. 따라서 기기를 사용하는 분석자는 기기의 작동조건을 선정하고 시료의 정보를 입력하여 바탕선 신호를 제거한다. 그리고 열 분석도를 저장하거나 또는 다시 불러내어 봉우리 온도의 에너지 분석을 실행하고, 시차곡선을 그리게 하며 두 곡선을 비교하여 봉우리 넓이[5]를 측정할 수 있어야 한다. 열분석 데이터를 컴퓨터로 처리한 자료집도 개발되고 있다.[6]

그림 17.10은 현대적인 분석기기로 얻은 것으로 폴리에틸렌테레프탈산염에서 나타나는 열 전이를 시차 주사 열량법으로 측정한 것이다. 여기에서 3가지 주된 전이 봉우리가 뚜렷하게 나타나며, 82 ℃의 것은 유리전이(glass transition), 166 ℃에서는 결정화 때문에 나타나는 발열전이, 250 ℃의 것은 흡열 녹음전이에 해당한다. 이런 전이는 중합체의 조성과 분자량에 관한 정성적 정보를 제공하고 또, 봉우리의 면적을 적분하면 용융열과 결정화열을 정량적으로 측정할 수 있다.

• **응용**

DSC는 의약품 순도를 검사하기 위해 제약산업에서 널리 사용된다. 한 가지 예를 **그림 17.11**에 나타내었다. 이것은 페나세틴의 순도를 측정하기 위해 얻은 DSC 곡선이

5) R. L. Fyans, *Amer. Lab.*, **1981**, 13(1), 101.; and W. P. Brennan, et. al., *ibid.*, **1983**, 15(1), 50.
6) B. Wunderlich, *ibid.*, **1982**, 14(6), 28.

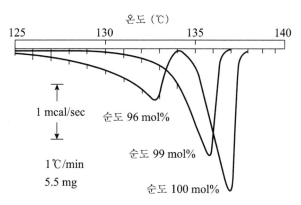

그림 17.11 의약품 페나세틴의 시차 주사열량법 분석도.

며 보통 이런 곡선은 순도에 관한 데이터의 상대불확실성이 ±10 % 정도를 나타낸다. 이 외에도 DSC를 응용하는 예는 상당히 많고 이에 관해서는 DTA에서 소개한 문헌을 참고하면 될 것이다.

17.3 엔탈피법 분석

  엔탈피법은 열법 적정과 직접주입 엔탈피법으로 나뉜다. 열법 적정은 엔탈피 적정이라고도 부르며 여기에서는 적정의 종말점을 구하기 위해 적정용기의 온도 변화를 측정함으로써 적정시약의 부피를 구한다. 그러나 직접주입 엔탈피법에서는 과량의 시약을 가능한 한 빨리 가하고 분석물질의 농도에 비례하는 온도변화를 측정하여 분석한다. 두 방법에서 사용하는 기기는 시료를 주입하는 장치를 제외하고는 거의 같다. 엔탈피법의 이점은 다음과 같다.

  (1) 무기, 유기 및 생물계에 널리 적용할 수 있다.
  (2) 수용액, 비수용액, 기체 또는 용융염 매체에도 다양하게 적용할 수 있다.
  (3) 반응에 대한 기본적인 열역학적 데이터인 $\triangle$H, $\triangle$G 및 $\triangle$S를 얻을 수 있다.
  (4) 이 방법의 정밀성은 1~50 mmol 영역의 분석물질에 대해 1 % 정도이다.

  직접주입 엔탈피 측정은 일반적으로 적정보다 정밀도가 약간 떨어지지만 대단히 빠르며 표준화된 시약이 필요 없고 여러 번 연속적으로 측정할 수 있다. 열법 적정할 때 나타나는 온도 변화는 분석물질과 시약의 반응에 의해서 발열 또는 흡열되기 때문이다. 반응열 또는 반응 엔탈피 $\triangle H$ 는 유명한 열역학 표현으로 주어진다.

$$\triangle H = \triangle G + T \triangle S \tag{17.2}$$

여기에서 T 는 온도, $\triangle G$ 는 자유에너지 변화량, $\triangle S$ 는 엔트로피 변화량이다.

전위차 적정법과 같은 대부분의 적정에서 종말점은 식 (17.2)의 $\triangle G$ 가 큰 음수이기를 요구한다. 즉, 분석물질과 적가시약 사이의 반응평형이 충분히 오른쪽에 놓여 있게 된다. 화학당량의 정확한 위치를 알기 위해 이런 조건은 당량점 부근에서 전위변화를 충분히 크게 하기 위해 필요하다. 그러나 열법 적정에서는 적정의 성공여부가 $\triangle G$ 의 크기뿐만 아니라 $T \triangle S$ 에도 의존한다. 만약 $T \triangle S$ 가 큰 음수라면 성공적인 종말점이 $\triangle G$ 가 0 또는 음의 수라고 해도 현실화될 수 있다. 이런 상황의 고전적 예는 **그림 17.12**에 나타낸 붕산과 염산의 전위차법 적정과 열법 적정의 종말점의 비교로 설명된다. 붕산의 경우 $\triangle G$ 는 대단히 적어 화학당량점에서 중화반응이 불완전하기 때문에 전위차법으로 종말점 검출이 곤란하다. 그러나 붕산에 대한 $\triangle H$ 는 -10 kcal/mol이며, 이것은 염산에 대한 -13.5 kcal/mol과 비슷하다. 따라서 열법 적정에서는 종말점 검출이 예민하다. 열법 적정할 때 온도변화 $\triangle T$ 는 다음과 같다.

$$\triangle T = -\frac{n \triangle H}{R} = \frac{Q}{k} \tag{17.3}$$

여기에서 n 은 반응물의 몰수, k 는 계의 실제 열용량, Q 는 발열 또는 흡열한 총열량이다. 따라서 온도의 총 변화는 분석물질의 몰수에 비례하게 된다. 직접 주입법은 분석

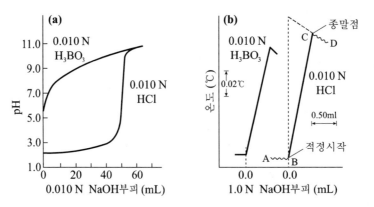

그림 17.12 전위차법(a)과 열법 적정(b)의 비교. 시료부피: 50.0 mL

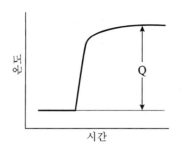

그림 17.13 대표적 직접 주입 엔탈파법 적정에서의 온도 변화.

용액에 시약의 마개를 첨가한 다음 식 (17.3)의 $\triangle T$ 를 측정하도록 되어 있다. 보통 과량의 시약을 가하며 정밀한 부피 측정은 우선조건이 아니다. 따라서 주사기로 시약을 첨가한다. 이런 분석으로 구한 데이터는 **그림 17.13**에 나타낸 형태이다.

⤷ 기기 장치

재현성 있는 데이터를 얻기 위해서는 시약 배급계, 반응용기 및 온도 측정을 정교하게 할 수 있는 자동기기를 사용해야 한다. 이들 각 부분의 특성은 다음과 같다.

• 시약 배급계

열법 적정에서 시약은 기록기의 종이 움직임과 같게 한 모터로 움직이는 나사식 주사기로 주입한다. 보통 시약은 시료보다 50~100배 더 진한 농도의 것을 사용한다. 따라서 적정 표준용액의 부피는 많아야 1~2 mL 정도이다. 이렇게 하면 적가부피에 따른 묽힘 효과와 온도 차에 대한 보정은 필요하지 않다.

• 반응 용기

엔탈피법에서는 주위로부터 열이 전달되지 않도록 단열 조건에서 실험해야 한다. 따라서 적정용기는 일반적으로 Dewar 플라스크 또는 스티로폼과 같은 단열재로 싸서 잘 단열시킨 비커를 사용한다. 적정할 때에는 잘 저어주고 가하는 시약은 5분 이내의 짧은 시간에 완전하게 해야 한다.

• 온도 측정

온도를 감지하려면 서미스터를 사용하는데 이것은 열전기쌍보다 약 100배 정도 큰 온도계수를 갖고 크기가 작고 온도변화에 민감하게 감응하기 때문이다. 이것은 소결한 금속산화물 반도체이고 다른 온도 감지기와는 달리 저항이 음의 온도계수를 갖는다. 이때 저항변화는 전압차로 나타난다. 이 차를 증폭기로 증폭하여 기록한다. 약 $2.0\,k\Omega$의 저항을 갖는 서미스터에 대해 출력은 약 $0.01\,℃$당 $0.16\,mV$ 정도이다.

⊃ 응용

그림 17.12(b)는 대표적인 열법 적정곡선인데 여기에서 시약을 가하기 전인 A~B에서 아주 약한 온도변화가 나타나는 것은 저어줌과 불완전한 단열에 기인된 열의 득실이 나타나기 때문이다. B점부터 시약을 몇 $\mu L/min$의 속도로 조절하면서 첨가한다. 점 C는 적정의 종말점에 해당하고 보통 조건을 잘 조절하여 과량의 열을 주위로 뺏기지 않게 하기 위해서 5분 이내에 D점에 도달되게 한다. 직선 BC의 기울기는 묽힘 과정이 발열인가 또는 흡열인가에 따라 음(−) 또는 양(+)의 값을 갖는다. **표 17.2**는 열법 적정과 직접주입 엔탈피법의 대표적인 예[7]를 나타낸 것이다. 또한, 열법 적정에 의해 혼합

표 17.2 엔탈피법의 대표적인 응용

분석물질	적정시약	최소적정농도(M)	상대정밀도	$\triangle H\,(kcal/mol)$
산 $(K_a \geq 10^{-10})$	센염기	0.005	1	$-10 \sim -15$
염기 $(K_b \geq 10^{-10})$	센산	0.005	1	−
2가 양이온	EDTA	$0.001 \sim 0.01$	$0.1 \sim 1$	$-13 \sim +5$
Ag^+	HCl	0.1	0.3	−
Ca^{2+}	$(NH_4)_2C_2O_4$	0.01	1	-6.1
Fe^{2+}	Ce^{4+}	0.001	1	-24
	$Cr_2O_7^{2-}$	0.006	0.5	-27
	MnO_4^-	0.003	1	-28
$Fe(CN)_6^{4-}$	Ce^{4+}	0.001	1	-10
Ti^{3+}	Ce^{4+}	0.002	2	-30

---

7) G. A. Vaughan, *Thermometric and Enthalpimetric Titrimetry*, Chapter 3, Van Nostrand, New York, 1973.

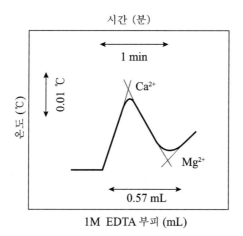

그림 17.14 0.00505 M의 Ca^{2+}와 0.00541 M의 Mg^{2+} 혼합용액을
1.000 M의 EDTA로 열법 적정할 때의 적정곡선.

물을 유용하게 분석할 수 있는 예를 **그림 17.14**에 나타냈다.

이것은 칼슘과 마그네슘의 혼합용액을 EDTA로 열법 적정하는 것인데 EDTA가 칼슘과 반응할 때에는 발열반응($\triangle H = -6.5$ kcal/mol)인 반면에 마그네슘과의 반응은 흡열반응($\triangle H = +5.5$ kcal/mol)이기 때문에 각 이온에 대한 종말점이 서로 분리되어 나타난다는 사실을 이용한 것이다. 그러나 $Ca^{2+} - EDTA$ 착물의 형성상수는 마그네슘에 대한 것에 비해 100배 정도밖에 차이가 나지 않는다. 따라서 이 정도의 차이로는 전위차 또는 분광광도법 적정에서는 종말점이 서로 분리되지 않으므로 두 이온의 혼합물은 전위차 적정 또는 분광광도법 적정으로는 가능하지 않다.

엔탈피법은 생화학이나 생물학적으로 흥미가 있는 화학종을 측정하기 위해서도 응용되고 있다. 따라서 효소-촉매화로 이루어지는 혈청 반응으로, 또한 어떤 경우에는 탈단백질화를 수행하지 않고도 전체 혈액을 분석할 수 있다는 이점이 있다.[8] 이 방법은 역시 효소 활성을 측정하고 단백질과 지질의 연구에도 응용할 수 있다.[9],[10]

---

8) C. D. McGlouthlin and J. Jordan, *Anal. Chem.*, **1975**, 47, 1479; *Clin. Chem.*, **1975**, 21, 741.

9) J. K. Grime, *in Comprehensive Analytical Chemistry*, Vol. XII, Part B, Chapter 8, N. D. Jespersen, ed., Elsevier, New York, 1982.

10) D. J. Eatough, et. al., in *Comprehensive Analytical Chemistry*, Vol. XII, Part B, Chapter 7, N. D. Jespersen, ed., Elsevier, New York, 1982.

17.1 다음을 간단히 설명하라.
    (a) 열 무게분석   (b) 시차 열법 분석
    (c) 시차 주사열량법 분석   (d) 열법 적정

17.2 칼슘과 바륨을 포함하는 시료 0.3013 g을 산에 녹이고, 여기에 옥살산염을 가하여 두 가지 금속이온을 옥살산염의 수화물로 침전시킨 후에 열 무게분석했다. 300~400 ℃ 영역에서 강열 찌꺼기의 무게가 0.2851 g이고 580~620 ℃ 영역에서는 0.2337 g이었다. 시료 중의 칼슘과 바륨의 함유량 %를 구하라.

17.3 알루미늄과 니켈을 포함하는 시료용액에서 이들 이온을 열법 적정으로 분석하기 위해서 시료용액 50 mL를 취하여 1.000 M EDTA로 열법 적정하였더니 0.35 mL와 0.40 mL에서 두 개의 당량점을 얻었다. 알루미늄과 니켈의 농도를 ppm으로 계산하라. Al^{3+} —EDTA 간의 반응은 10.9 kcal/mol의 발열반응이고 Ni^{2+}—EDTA의 경우에는 7.2 kcal/mol의 흡열반응이었다.

17.4 그림 17.7을 보면 대기압에서의 저온에서 일어나는 흡열곡선은 200 psi에서의 흡열곡선과 일치하는데 그 이유는 무엇인가?

참고문헌

1. H. H. Willard, L. L. Merritt and J. A. Dean, *Instrumental Methods of Analysis*, 6th ed., D. Van Nostrand, New York, 1981.

2. D. A. Skoog, *Principles of Instrumental Analysis*, 3rd ed., Saunders College Publishing, P. A. Winston, 1985.

3. W. W. Wendlandt, *Thermal Methods of Analysis*, 2d ed.,Wiley, New York, 1974.

4. G. A. Vaughan, *Thermometric and Enthalpimetric Titrimetry*, Chapter 3, Van Nostrand, New York, 1973.

화합물	화학식	K_{sp}
Aluminum hydroxide	$Al(OH)_3$	2×10^{-32}
Barium carbonate	$BaCO_3$	8.1×10^{-9}
Barium chromate	$BaCrO_4$	2.1×10^{-10}
Barium sulfate	$BaSO_4$	1.1×10^{-10}
Beryllium hydroxide	$Be(OH)_2$	7×10^{-22}
Cadmium oxalate	CdC_2O_4	1.5×10^{-8}
Calcium carbonate	$CaCO_3$	6.0×10^{-9}
Calcium fluoride	CaF_2	3.9×10^{-11}
Calcium hydroxide	$Ca(OH)_2$	6.5×10^{-6}
Calcium oxalate	CaC_2O_4	1.3×10^{-8}
Copper(II) sulfide	CuS	8×10^{-37}
Iron(III) hydroxide	$Fe(OH)_3$	1.6×10^{-39}
Iron(II) sulfide	FeS	8×10^{-19}
Lead chromate	$PbCrO_4$	1.8×10^{-14}
Lead oxalate	PbC_2O_4	4.8×10^{-10}
Lead sulfate	$PbSO_4$	6.3×10^{-7}
Lead sulfide	PbS	3×10^{-28}
Magnesium hydroxide(amorphous)	$Mg(OH)_2$	5.9×10^{-10}
Magnesium oxalate	MgC_2O_4	9×10^{-5}
Manganese(II) hydroxide	$Mn(OH)_2$	1.6×10^{-13}
Manganese(II) sulfide(green)	MnS	3×10^{-14}
Mercury(II) sulfide(black)	HgS	2×10^{-53}
Silver bromide	$AgBr$	5.0×10^{-13}
Silver chloride	$AgCl$	1.8×10^{-10}
Silver chromate	Ag_2CrO_4	1.1×10^{-12}
Silver iodide	AgI	8.3×10^{-17}
Silver sulfide	Ag_2S	8×10^{-51}
Silver thiocyanate	$AgSCN$	1.1×10^{-12}
Zinc sulfide(α)	ZnS	2×10^{-25}

반쪽반응	E°, V	포르말전위, V
$O_3+2H^++2e \rightleftharpoons O_2+H_2O$	2.07	
$H_2O_2+2H^++2e \rightleftharpoons 2H_2O$	1.77	
$Ce^{4+}+e \rightleftharpoons Ce^{3+}$		1.70 $(1\,M\,HClO_4)$
		1.61 $(1\,M\,HNO_3)$
		1.44 $(1\,M\,H_2SO_4)$
$PbO_2+4H^++2e \rightleftharpoons Pb^{2+}+2H_2O$	1.455	
$NO_3^-+3H^++2e \rightleftharpoons HNO_2+H_2O$	0.94	
$H_2O_2+2e \rightleftharpoons 2OH^-$	0.88	
$Ag^++e \rightleftharpoons Ag$	0.799	0.228 $(1\,M\,HCl)$
		0.792 $(1\,M\,HClO_4)$
$O_2+2H^++2e \rightleftharpoons H_2O_2$	0.682	
$MnO_4^-+e \rightleftharpoons MnO_4^{2-}$	0.564	
$I_3^-+2e \rightleftharpoons 3I^-$	0.5355	
$Cu^++e \rightleftharpoons Cu$	0.521	
$Ag_2CrO_4+2e \rightleftharpoons 2Ag+CrO_4^{2-}$	0.446	
$Hg_2Cl_2(s)+2e \rightleftharpoons 2Hg+2Cl^-$	0.268	0.242 $(sat'd.\,KCl-SCE)$
		0.282 $(1\,M\,KCl)$
$AgCl+e \rightleftharpoons Ag+Cl^-$	0.222	0.228 $(1\,M\,KCl)$
$Sn^{4+}+2e \rightleftharpoons Sn^{2+}$	0.154	0.14 $(1\,M\,HCl)$
$AgBr+e \rightleftharpoons Ag+Br^-$	0.095	
$2H^++2e \rightleftharpoons H_2$	0.000	
$CrO_4^{2-}+4H_2O+3e \rightleftharpoons Cr(OH)_3+5OH^-$	-0.13	
$AgI+e \rightleftharpoons Ag+I^-$	-0.151	
$N_2+5H^++4e \rightleftharpoons N_2H_5^+$	-0.23	
$Ag(CN)_2^-+e \rightleftharpoons Ag+2CN^-$	-0.31	
$Ti^{3+}+e \rightleftharpoons Ti^{2+}$	-0.37	
$Cr^{3+}+3e \rightleftharpoons Cr$	-0.74	
$Fe^{3+}+3e \rightleftharpoons Fe^{2+}$	0.77	0.73 $(1\,M\,HClO_4)$
		0.70 $(1\,M\,HCl)$
		0.68 $(1\,M\,H_2SO_4)$

화합물(산)	화학식	해리상수 25 ℃			
		K_{a1}	K_{a2}	K_{a3}	K_{a4}
Acetic	CH_3COOH	1.75×10^{-5}			
Arsenic	H_3AsO_4	6.0×10^{-3}	1.0×10^{-7}	3.0×10^{-12}	
Benzoic	C_6H_5COOH	6.3×10^{-5}			
Boric	H_3BO_3	6.4×10^{-10}			
Carbonic	H_2CO_3	4.3×10^{-7}	4.8×10^{-11}		
Ethylenediamine -teraacetic	$(HO_2C)_2NCH_2CH_2N(CO_2H)_2$	1.0×10^{-2}	2.2×10^{-3}	6.9×10^{-7}	5.5×10^{-11}
Hydrocyanic	HCN	7.2×10^{-10}			
Hydrofluoric	HF	6.7×10^{-4}			
Oxalic	HO_2CCO_2H	6.5×10^{-2}	6.1×10^{-5}		
Phenol	C_6H_5OH	1.1×10^{-10}			
Phosphoric	H_3PO_4	1.1×10^{-2}	7.5×10^{-8}	4.8×10^{-13}	
o-Phthalic	$C_6H_4(COOH)_2$	1.2×10^{-3}	3.9×10^{-6}		
Salicylic	$C_6H_4(OH)CO_2H$	1.0×10^{-3}			

화합물(염기)	화학식	해리상수(25 ℃)	
		K_{b1}	K_{b2}
Ammonia	NH_3	1.75×10^{-5}	
Aniline	$C_6H_5NH_2$	4.0×10^{-10}	
Ethanolamine	$HOC_2H_4NH_2$	3.2×10^{-5}	
Ethylenediamine	$NH_2C_2H_4NH_2$	8.5×10^{-5}	7.1×10^{-8}
Hydroxylamine	$HONH_2$	9.1×10^{-9}	
Pyridine	C_5H_5N	1.7×10^{-9}	

이온(mM)	지지전해질	$E_{1/2}$(vs. SCE)	I (μA)
Cd^{2+}	0.12M KCl	-0.60	3.51
	1.0M NH_3+1M NH_4^+	-0.81	3.68
Co^{2+}	1.0M KSCN	-1.03	
	0.1M KCl	-1.20	
	0.1M pyridine+0.1M pyridinium ion	-1.07	
Cu^{2+}	0.1M KCl(HCl)	+0.04	3.23
	0.5M tartrate, pH=4.5	-0.09	2.37
Fe^{3+}	0.5M citrate, pH=5.8(1st wave)	-0.17	0.90
	(2nd wave)	-1.50	
Ni^{2+}	0.01M KCl	-1.1	
	1M NH_3+1M NH_4^+	-1.09	3.56
	1.0M KSCN	-0.70	
	0.5M pyridine+1M KCl	-0.78	
Pb^{2+}	0.1M KCl	-0.40	3.80
	1.0M HNO_3	-0.40	3.67
	1.0M NaOH	-0.75	3.39
Sn^{4+}	1.0M HCl+4M NH_4^+(1st wave)	-0.25	2.84
	(2nd wave)	-0.52	3.49
Zn^{2+}	0.1M KCl	-1.00	3.42
	1.0M NaOH	-1.50	3.14
	1M NH_3+1M NH_4^+	-1.33	3.82
	0.5M tartrate, pH=9	-1.15	2.30

* 용액은 0.01%을 포함하고, $I_d/C\,m^{2/3}t^{1/6}$에서 m은 mg·sec^{-1}이고, t는 second임.
** 표의 데이터는 25℃에서의 값임.

연습문제 해답 및 풀이

◉ 제1장 서 론

1.1 본문 참조

1.2 (a) 10.2 (b) 8.49 (c) 10.7 (d) 5.30

1.3 (a) $\dfrac{0.360 \times 1.18\,(\text{g/mL}) \times 1{,}000\,(\text{mL/L})}{36.46\,(\text{g/mol})} = 11.7\,\text{M}\,(= \text{mol/L})$

    (b) $\dfrac{0.280 \times 0.900\,(\text{g/mL}) \times 1{,}000\,(\text{mL/L})}{17.03\,(\text{g/mol})} = 14.8\,\text{M}\,(= \text{mol/L})$

    (c) $\dfrac{0.950\,(\text{g}) \times 1.83\,(\text{g/mL}) \times 1{,}000\,(\text{mL/L})}{98.06\,(\text{g/mol})} = 17.7\,\text{M}\,(= \text{mol/L})$

1.4 $0.500\text{M} \times 50.0\,\text{mL} + 0.200\text{M} \times x\,\text{mL} = 0.300 \times (50 + x)$ $x = 100\,\text{mL}$

1.5 (a) 무게 다는 종이 사용   (b), (c) : 무게 다는 병을 사용(뚜껑 닫을 것)

    (d) 무게 다는 병을 사용

1.6 본문 참조

1.7 $\dfrac{0.360 \times 1.18\,(\text{g/mL}) \times 1{,}000\,(\text{mL/L})}{36.46\,(\text{g/mol})} = 11.7\,\text{M}$

    $0.1\,\text{M} \times 1{,}000\,\text{mL} = 11.7\,\text{M} \times x\,\text{mL}$ $x = 8.55\text{mL}$

    이 염산 8.55 mL를 눈금피펫으로 취해 증류수에 녹인 후에 1 L 부피플라스크에 정량적으로 옮기고, 표선까지 증류수를 채운다.

1.8 아세트산은 약한 산이므로 100% 해리하지 않는다. 따라서 아세트산 이온의 평형 농도는 분석농도 0.100 M보다 약간 작다.

1.9 $m = \dfrac{m'(1 - d_a/d_w)}{1 - d_a/d}$ 에서

    $0.4900 = \dfrac{m'[1 - 0.0012\,(\text{g/mL})/8.0\,(\text{g/mL})]}{1 - 0.0012\,(\text{g/mL})/0.714\,(\text{g/mL})}$

    $m' = 0.4892\,\text{g}$

1.10 $2\text{Al} + 3\text{H}_2\text{SO}_4 \rightarrow \text{Al}_2(\text{SO}_4)_3 + 3\text{H}_2$

    (a) $2.6982\,\text{g Al} \times \dfrac{1\,\text{mol Al}}{26.982\,\text{g Al}} = 0.1000\,\text{mol Al}$

$1\,mol\,Al \Rightarrow Al^{3+}\,3\,eq$에 상당하므로 $0.3000\,eq/0.500\,L = 0.600\,N$

(b) 사용한 황산의 농도 : $\dfrac{0.247 \times 1.18\,(g/mL) \times 1,000\,(mL/L)}{98.08\,(g/mol)} = 2.97\,M$

처음에 가한 황산의 mol수 : $2.97\,M \times 80\,mL = 237.6\,mmol$

소비된 황산의 mol수 : $0.1000\,mol\,Al \times \dfrac{3\,mol\,H_2SO_4}{2\,mol\,Al} = 0.1500\,mol$

남은 황산의 mmol수 : $237.6 - 150.0 = 87.6\,mmol$

$5.00\,M \times x\,mL = 87.6\,mmol \times 2 \Rightarrow x = 35.0\,mL$

(c) $0.1000\,mol\,Al \times \dfrac{1\,mol\,Al(OH)_3}{1\,mol\,Al} \times \dfrac{77.98\,g\,Al(OH)_3}{1\,mol\,Al(OH)_3}$

$\quad = 7.798\,g\,Al(OH)_3$

1.11 (a) $NaOH$: eq wt=FW=40.00

$\quad H_2C_2O_4$: eq wt=FW/2=45.02

(b) HCl : eq wt=FW=36.46

$\quad Ba(OH)_2$: eq wt=FW/2=85.67

1.12 (a)~(d) : 모두 측정 가능한 오차,

(a) 시약오차 　　(b) 작동오차 　　(c), (d) 기기오차

1.13 (a) 1.0, 1.0_1 　　(b) 2.02, 2.01_5 　　(c) 4.5, 4.4_7

(d) -6.983, -6.982_9 　　(e) 2.82, 2.81_8 　　(f) -0.102, -0.102_3

(g) 1.07×10^2, $1.06_5 \times 10^2$

x_i	d_i	d_i^2
95.44	0.22	0.0484
95.00	0.22	0.0484
95.34	0.12	0.0144
95.10	0.12	0.0144
95.22	0.00	0.0000
평균 95.22		합계 0.1256

1.14

표준편차 : $s = \sqrt{\dfrac{\sum d_i^2}{(n-1)}} = \sqrt{\dfrac{0.1256}{4}} = \pm\,0.18$

상대표준편차 : $\pm\,(0.18/95.22) \times 1,000 = \pm\,1.9\,ppt$

1.15 측정-A에 대하여 상대표준편차를 구한다.

x_i	d_i	d_i^2
7.031	0.025	6.3×10^{-4}
7.126	0.070	49×10^{-4}
7.039	0.017	2.9×10^{-4}
7.027	0.029	8.4×10^{-4}
평균 7.056		합계 61.6×10^{-4}

표준편차 : $s = \sqrt{\dfrac{61.6 \times 10^{-4}}{3}} = \pm 0.045$

상대표준편차 : $(\pm 0.045/7.056) \times 1{,}000 = 6.4\,\text{ppt}$

이와 같은 방법으로 구한 상대표준편차를 비교하여 판단한다.

측정법	상대표준편차	비고
측정-A	6.4 ppt	
측정-B	12.6 ppt	
측정-C	2.1 ppt	가장 잘 측정됨

1.16 $Q = \dfrac{5.17 - 4.00}{5.71 - 4.00} = 0.68 > Q_{0.90(5회)} = 0.64$ 측정값 4.00은 버린다.

x_i	d_i	d_i^2
5.71	0.38	0.1444
5.23	0.10	0.0100
5.20	0.13	0.0169
5.17	0.16	0.0256
평균 5.33		합계 0.1969

표준편차 : $s = \sqrt{\dfrac{0.1969}{3}} = \pm 0.26\,(0.25_6)$

1.17 $m = \dfrac{n\sum\limits_{i=1}^{n} x_i y_i - \left(\sum\limits_{i=1}^{n} x_i \sum\limits_{i=1}^{n} y_i\right)}{n\sum\limits_{i=1}^{n} x_i^{\,2} - \left(\sum\limits_{i=1}^{n} x_i\right)^2} = \dfrac{5 \times 46.58 - (1.50 \times 83.6)}{5 \times 0.850 - 1.5^2} = 53.8$

$b = \overline{y} - m\overline{x} = (83.6/5) - 53.8 \times (1.50/5) = 0.58$

직선식 : $y = 53.8x + 0.58$

Riboflavin의 농도 : $17.8 = 53.8x + 0.58 \Rightarrow x = 0.32\,\mu\text{g}/\text{mL} (= \text{ppm})$

● 제2장 침전에 의한 무게분석법

2.1 $\mu = (1/2)[(0.2 \times (+3)^2 + 0.2 \times 3 \times (-1)^2] = 1.2\,\text{M}$

2.2 본문 참조

2.3 $\log f_{\text{Na}^+} = \dfrac{-0.51\,z^2\sqrt{\mu}}{1+(\alpha\sqrt{\mu}/305)} = \dfrac{-0.51\,(+1)^2\sqrt{0.010}}{1+(450\sqrt{0.010}/305)} = -0.044$

$f_{\text{Na}^+} = 10^{-0.044} = 0.903, \ a_{\text{Na}^+} = [\text{Na}^+]f_{\text{Na}^+} = 0.010 \times 0.903 = 9.0 \times 10^{-3}$

$\log f_{\text{Cl}^-} = \dfrac{-0.51\,z^2\sqrt{\mu}}{1+(\alpha\sqrt{\mu}/305)} = \dfrac{-0.51\,(-1)^2\sqrt{0.010}}{1+(300\sqrt{0.010}/305)} = -0.046$

$f_{\text{Cl}^-} = 10^{-0.046} = 0.899, \ a_{\text{Cl}^-} = [\text{Cl}^-]f_{\text{Cl}^-} = 0.010 \times 0.899 = 9.0 \times 10^{-3}$

2.4 본문 참조

2.5 $a = [i]f_i, \ 0.24\,\text{M} = 0.30\,\text{M} \times f_i,$ 활동도계수 : $f_i = 0.80$

2.6 $\text{Hg}_2\text{Cl}_2 \rightleftharpoons \text{Hg}_2^{2+} + 2\text{Cl}^-, \ \text{K}_{sp} = [\text{Hg}_2^{2+}][\text{Cl}^-]^2$

$1.20 \times 10^{-18} = s(2s)^2 = 4s^3 \Rightarrow s = 6.69 \times 10^{-6}\,\text{M}$

염화이온의 용해도 : $[\text{Cl}^-] = 2s = 2 \times 6.69 \times 10^{-6} = 1.34 \times 10^{-5}\,\text{M}$

2.7 $\text{CaF}_2 \rightleftharpoons \text{Ca}^{2+} + 2\text{F}^-, \ \text{K}_{sp} = [\text{Ca}^{2+}][\text{F}^-]^2 = s(2s)^2 = 4s^3$

$\text{K}_{sp} = (2.0 \times 10^{-4})(4.0 \times 10^{-4})^2 = 3.2 \times 10^{-11}$

2.8 $\text{AgCl} \rightleftharpoons \text{Ag}^+ + \text{Cl}^-, \ \text{K}_{sp} = [\text{Ag}^+][\text{Cl}^-]$

(a) $s^2 = 1.80 \times 10^{-10} \Rightarrow s = 1.34 \times 10^{-5}\,\text{M}$

(b) $s(0.010 + s) \simeq 0.010x \Rightarrow s = 1.8 \times 10^{-8}\,\text{M}$

2.9 $\text{AgCl} \rightleftharpoons \text{Ag}^+ + \text{Cl}^-, \ \text{K}_{sp} = [\text{Ag}^+][\text{Cl}^-] = s^2 = 1.8 \times 10^{-10} \Rightarrow s = 1.34 \times 10^{-5}\,\text{M}$

$\text{Ag}_2\text{CrO}_4 \rightleftharpoons 2\text{Ag}^+ + \text{CrO}_4^{2-}, \ \text{K}_{sp} = [\text{Ag}^+]^2[\text{CrO}_4^{2-}]$

$\text{K}_{sp} = (2s)^2 s = 4s^3 = 1.1 \times 10^{-12} \Rightarrow s = 6.5 \times 10^{-5}\,\text{M}$

AgCl 의 용해도가 더 적으므로 먼저 침전된다.

2.10 (a) $\text{Mg(OH)}_2 \rightleftharpoons \text{Mg}^{2+} + 2\text{OH}^-, \ \text{K}_{sp} = [\text{Mg}^{2+}][\text{OH}^-]^2$

$5.9 \times 10^{-12} = s(2s)^2 = 4s^3 \ \ s = 1.1 \times 10^{-4}\,\text{M}$

$1.1 \times 10^{-4}\,\text{M} \times 0.1\,\text{L} = 1.1 \times 10^{-5}\,\text{mol}$

$$1.1 \times 10^{-5}\,\text{mol} \times 58.30\,\text{g/mol} = 6.4 \times 10^{-4}\,\text{g}\ \text{Mg(OH)}_2$$

(b) $\text{Ag}_2\text{CrO}_4 \rightleftharpoons 2\text{Ag}^+ + \text{CrO}_4^{2-}$, $\text{K}_{\text{sp}} = [\text{Ag}^+]^2[\text{CrO}_4^{2-}]$

$$1.1 \times 10^{-12} = (2s)^2 s = 4s^3 \ \Rightarrow\ s = 6.5 \times 10^{-5}\,\text{M}$$

$$6.5 \times 10^{-5}\,\text{M} \times 0.1\,\text{L} = 6.5 \times 10^{-6}\,\text{mol}$$

$$6.5 \times 10^{-6}\,\text{mol} \times 331.73\,\text{g/mol} = 2.2 \times 10^{-3}\,\text{g}\ \text{Ag}_2\text{CrO}_4$$

2.11 $\log f_{\text{H}^+} = \dfrac{-0.51 z^2 \sqrt{\mu}}{1 + (\alpha \sqrt{\mu}/305)} = \dfrac{-0.51(+1)^2 \sqrt{0.005}}{1 + (900 \sqrt{0.005}/305)} = -0.030 \quad f_{\text{H}^+} = 0.93$

$\log f_{\text{Cl}^-} = \dfrac{-0.51(-1)^2 \sqrt{0.005}}{1 + (300 \sqrt{0.005}/305)} = -0.030 \Rightarrow f_{\text{Cl}^-} = 0.93$

$f_{\pm}^2 = f_{\text{H}^+}^1 \times f_{\text{Cl}^-}^1 = 0.93 \times 0.93 = 0.86 \Rightarrow f_{\pm} = 0.93\,(0.92_7)$

2.12 $09934\,\text{g sample} \times 0.0207 = 0.02056\,\text{g Ni}$

$$0.02056\,\text{g Ni} \times \frac{1\,\text{mol Ni}}{58.69\,\text{g Ni}} \times \frac{2\,\text{mol DMG}}{1\,\text{mol Ni}} = 7.006 \times 10^{-4}\,\text{mol DMG}$$

$$\text{DMG의 농도} = \frac{1{,}000\,(\text{mL/L}) \times 0.0215 \times 0.790\,(\text{g/mL})}{116.12\,(\text{g/mol})} = 0.146\,\text{M}\,(= \text{mol/L})$$

$$0.146\,\text{M} \times x\,\text{mL} = 0.7006\,\text{mmol} \Rightarrow x = 4.80\,\text{mL}$$

2.13 $2.378\,\text{mg CO}_2 \times \dfrac{12\,\text{mg C}}{44\,\text{mg CO}_2} = 0.6485\,\text{mg C}$

$0.6485\,\text{mg C}/6.2348 \times 10^{-3}\,\text{kg} = 104.0\,\text{ppm C}$

2.14 (a) $1.00\,\text{g AgBr} \times \dfrac{79.91\,\text{g Br}}{187.77\,\text{g AgBr}} = 0.426\,\text{g Br}$

(b) $1.00\,\text{g BaSO}_4 \times \dfrac{32.07\,\text{g S}}{233.39\,\text{g BaSO}_4} = 0.137\,\text{g S}$

(c) $1.00\,\text{g AgBr} \times \dfrac{156.90\,\text{g C}_6\text{H}_5\text{Br}}{187.77\,\text{g AgBr}} = 0.836\,\text{g C}_6\text{H}_5\text{Br}$

(d) $1.00\,\text{g BaSO}_4 \times \dfrac{174.26\,\text{g K}_2\text{SO}_4}{233.39\,\text{g BaSO}_4} = 0.747\,\text{g K}_2\text{SO}_4$

제3장 적정법의 원리와 침전법 적정

3.1 본문 참조

3.2 $AgBr \rightleftharpoons Ag^+ + Br^-$, $K_{sp} = [Ag^+][Br^-]$

$$pK_{sp} = pAg + pBr = -\log(4.0 \times 10^{-13}) = 12.40$$

(a) $0\,mL : [Br^-] = 0.010\,M$, $pBr = -\log[Br^-] = -\log(0.010) = 2.00$

$$pAg = pK_{sp} - pBr = 12.40 - 2.00 = 10.40$$

(b) $50.0\,mL : [Br^-] = \dfrac{0.010 \times 100 - 0.010 \times 50}{100 + 50} = 3.33 \times 10^{-3}$

$$pBr = -\log(3.3 \times 10^{-3}) = 2.48 \quad pAg = 12.40 - 2.48 = 9.92$$

(c) $99.9\,mL : [Br^-] = \dfrac{0.010 \times 100 - 0.010 \times 99.9}{100 + 99.9} = 5.0 \times 10^{-6}$

$$pBr = -\log(5.0 \times 10^{-6}) = 5.30 \quad pAg = 12.40 - 5.30 = 7.10$$

(d) $100.0\,mL : pAg = (pK_{sp}/2) = 12.40/2 = 6.20$

(e) $100.1\,mL : [Ag^+] = \dfrac{0.010 \times 0.1 \times 0.010}{100 + 100.1} = 5.0 \times 10^{-6} \Rightarrow pAg = 5.30$

3.3 Cl^-의 mol수 : $0.1234\,M \times 40.0\,mL - 0.0930\,M \times 13.20\,mL = 3.71\,mmol$

$$Cl^-\text{의 함유량} = \dfrac{3.71\,mmol \times 35.45\,mg/mmol}{314.0\,mg} \times 100 = 41.89\%$$

3.4 $SO_4^{2-} + Ba^{2+} \rightarrow BaSO_4$

$$SO_4^{2-}\text{의 양} : 0.010\,M \times 10.60\,mL \times \dfrac{96.07\,mg\ SO_4^{2-}}{1\,mmol\ SO_4^{2-}} = 10.2\,mg\ SO_4^{2-}$$

$$S\text{의 양} : 10.2\,mg\ SO_4^{2-} \times 32.07\,mg\ S/96.07\,mg\ SO_4^{2-} = 3.40\,mg\ S$$

$$C_2H_8SO_x : \dfrac{32.07}{64.15 + 16.0x} \times 12.64\,mg = 3.40\,mg\ S$$

$$x = 3.44$$

3.5-3.6 본문 참조

제4장 산–염기 평형과 중화적정

4.1 (a) NH_3 (b) NO_2^- (c) $C_2H_2CO_2HCO_2^-$ (d) HCN

(e) $NH_2NH_3^+$ (f) $C_5H_5NH^+$

4.2 (a) $HA + C_2H_5OH \rightleftharpoons HA + C_2H_5OH$

$$B + C_2H_5OH \rightleftharpoons BH^+ + C_2H_5O^-$$

(b) $HA + CH_3CO_2H \rightleftharpoons A^- + CH_3CO_2H_2^+$

$$B + CH_3CO_2H \rightleftharpoons BH^+ + CH_3CO_2^-$$

(c) $HA + HCO_2H \rightleftharpoons A^- + HCO_2H_2^+$

$$B + HCO_2H \rightleftharpoons BH^+ + HCO_2^-$$

4.3 (a) $CH_3CO_2H \rightleftharpoons CH_3COO^- + H^+$

(또는 $CH_3CO_2H + H_2O \rightleftharpoons CH_3COO^- + H_3O^+$)

(b) $NH_3 + H_2O \rightleftharpoons NH_4^+ + OH^-$

(c) $CH_3COONa + H_2O \rightleftharpoons CH_3COOH + OH^-$

(d) $NH_4Cl + H_2O \rightleftharpoons NH_3 + H_3O^+$

4.4 (a) $H_2O \rightleftharpoons H^+ + OH^-$, $K_w = [H^+][OH^-] = 1.01 \times 10^{-14} = (x + 10^{-8})x$

$$x^2 + 10^{-8}x - 1.01 \times 10^{-14} = 0 \implies x = 9.56 \times 10^{-8}$$

$$pH = -\log(10^{-8} + 9.56 \times 10^{-8}) = 6.98(6.97_6)$$

(b) $pOH = -\log(0.010) = 2.00$, $pH = pK_w - pOH = 14.0 - 2.00 = 12.0$

(c) $CH_3CO_2H \rightleftharpoons CH_3CO_2H + H^+$, $K_a = \dfrac{[CH_3CO_2^-][H^+]}{[CH_3CO_2H]} = \dfrac{x^2}{0.10 - x}$

$$1.75 \times 10^{-5} = \frac{x^2}{0.10 - x} \simeq \frac{x^2}{0.10} \implies x = 1.32 \times 10^{-3}$$

$$pH = 2.88$$

(d) $CH_3CO_2^- + H_2O \rightleftharpoons CH_3CO_2H + OH^-$, $K_b = \dfrac{[CH_3CO_2H][OH^-]}{[CH_3CO_2^-]} = \dfrac{x^2}{0.10 - x}$

$$\frac{K_w}{K_{a(CH_3CO_2H)}} = \frac{1.01 \times 10^{-14}}{1.75 \times 10^{-5}} = \frac{x^2}{0.10 - x} \simeq \frac{x^2}{0.10}$$

$$x^2 = 5.77 \times 10^{-11} \implies x = 7.60 \times 10^{-6}$$

$$pOH = -\log(7.60 \times 10^{-6}) = 5.12$$

$$pH = pK_w - pOH = 14.0 - 5.12 = 8.88$$

(e) $NH_4^+ + H_2O \rightleftharpoons NH_3 + H_3O^+$, $K_a = \dfrac{[NH_3][H^+]}{[NH_4^+]} = \dfrac{x^2}{0.10 - x}$

$$\frac{K_w}{K_{b(NH_3)}} = \frac{1.01 \times 10^{-14}}{1.75 \times 10^{-5}} = \frac{x^2}{0.10 - x} \simeq \frac{x^2}{0.10}$$

$$pH = -\log(7.60 \times 10^{-6}) = 5.12$$

(f) $NH_3 + H_2O \rightleftharpoons NH_4^+ + OH^-$, $\quad K_b = \dfrac{[NH_4^+][OH^-]}{[NH_3]} = \dfrac{x^2}{0.10 - x}$

$$1.75 \times 10^{-5} = \frac{x^2}{0.10 - x} \simeq \frac{x^2}{0.10} \implies x = 1.32 \times 10^{-3}$$

$$pOH = 2.88, \quad pH = pK_w - pOH = 14.0 - 2.88 = 11.12$$

4.5 (a) $pH = -\log K_{a(NH_4^+)} + \log\dfrac{[NH_3]}{[NH_4^+]} = -\log\dfrac{K_w}{K_{b(NH_3)}} + \log\dfrac{[NH_3]}{[NH_4^+]}$

$$pH = -\log\frac{1.01 \times 10^{-14}}{1.75 \times 10^{-5}} + \log\frac{0.50}{0.50} = -\log(5.77 \times 10^{-10}) = 9.24$$

(b) $pH = -\log K_{a(CH_3CO_2H)} + \log\dfrac{[CH_3CO_2^-]}{[CH_3CO_2H]}$

$$pH = -\log(1.75 \times 10^{-5}) + \log\frac{0.05}{0.10} = 4.76 - 0.30 = 4.46$$

4.6 $CO_3^{2-} + H_2O \rightleftharpoons HCO_3^- + OH^-$

$$K_{b1} = \frac{[HCO_3^-][OH^-]}{[CO_3^{2-}]} = \frac{K_w}{K_{a2}} = \frac{1.01 \times 10^{-14}}{4.80 \times 10^{-11}} = 2.10 \times 10^{-4}$$

$$2.10 \times 10^{-4} = \frac{x^2}{0.10 - x} \simeq \frac{x^2}{0.10} \implies x = 4.58 \times 10^{-3}$$

$$pOH = 2.34, \quad pH = pK_w - pOH = 14.0 - 2.34 = 11.66$$

4.7 $H_2O \rightleftharpoons H^+ + OH^-$, $\quad K_w = 1.01 \times 10^{-14} = [H^+][OH^-]$

$$1.01 \times 10^{-14} = [H^+] \times 0.83 \times [OH^-] \times 0.76 \quad 1.6 \times 10^{-14} = [H^+][OH^-]$$

$$[H^+] = 1.3 \times 10^{-7}, \quad pH = -\log(1.3 \times 10^{-7}) = 6.89$$

4.8-4.9 본문 참조

4.10 A법 : 부피플라스크를 사용하여 0.2 M의 CH_3CO_2H 용액 500 mL와 0.44 M CH_3CO_2Na 용액 500 mL를 만들어 혼합하여 만든다.

$$5.10 = -\log(1.75 \times 10^{-5}) + \log\frac{x}{0.2} = 4.76 + \log\frac{x}{0.2}$$

$$\log x = -0.36 \implies x = 0.44 = [CH_3CO_2Na]$$

B법 : 0.2 M CH_3CO_2H 용액 500 mL에 NaOH 를 8.8 g(0.22 mol) 녹인 후 이것을

1 L 부피플라스크에 정량적으로 옮기고 증류수를 표선까지 채워 만든다.

$$CH_3CO_2H + NaOH \rightleftharpoons CH_3CO_2Na + H_2O$$

$$CH_3CO_2H : \ 0.2\,M \times 500\,mL = 100\,mmol$$

$$CH_3CO_2Na(=NaOH) : \ 0.44\,M \times 500\,mL = 220\,mmol$$

$$0.220\,mol \times 40.0\,g/mol = 8.8\,g \ NaOH$$

4.11 A법 : 부피플라스크를 사용하여 0.2 M의 NH_4OH 용액 500 mL와 0.17 M

NH_4Cl 용액 500 mL 를 만들어 혼합하여 만든다.

$$9.30 = -\log\left(\frac{1.01 \times 10^{-14}}{1.75 \times 10^{-5}}\right) + \log\frac{0.2}{x} = 9.24 + \log\frac{0.2}{x}$$

$$\log x = -0.76 \quad x = 0.17 = [NH_4Cl]$$

B법 : 0.2 M NH_4OH 500 mL에 진한 염산(비중 1.18, 36%) 7.26 mL를 녹이고,

1 L 부피플라스크에 옮기고, 증류수를 표선까지 채워 만든다.

$$NH_4OH + HCl \rightleftharpoons NH_4Cl + H_2O$$

$$NH_4OH : \ 0.2\,M \times 500\,mL = 100\,mmol$$

$$NH_4Cl(=HCl) : 0.17\,M \times 500\,mL = 85\,mmol$$

$$85\,mmol = \frac{1{,}000\,(mL/L) \times 0.36 \times 1.18\,g/mL}{36.45\,g/mol\ HCl} \times x\,mL = 11.7\,M \times x\,mL$$

$$x = 7.26\,mL\ HCl$$

4.12 (a) 50.0 mL 가했을 때

남은 CH_3CO_2H 농도 : $[CH_3CO_2H] = \dfrac{0.10 \times 100 - 0.100 \times 50.0}{100 + 50.0} = \dfrac{5}{150}$

생성된 $CH_3CO_2^-$ 농도 : $[CH_3CO_2^-] = \dfrac{0.10 \times 50.0}{100 + 50.0} = \dfrac{5}{150}$

$$pH = -\log(1.75 \times 10^{-5}) + \log\frac{5/150}{5/150} = 4.76$$

99.9 mL 가했을 때

$$pH = -\log(1.75 \times 10^{-5}) + \log\frac{9.99/199.9}{0.01/199.9} = 4.76 + 3.00 = 7.76$$

100.0 mL 가했을 때

생성된 $CH_3CO_2^-$ 의 농도 : $[CH_3CO_2^-] = \dfrac{0.10 \times 100}{200} = 0.050$

$CH_3CO_2^- + H_2O \rightleftharpoons CH_3CO_2H + OH^-$

$K_b = \dfrac{K_w}{K_{a(CH_3CO_2H)}} = 5.77 \times 10^{-10} = \dfrac{[CH_3CO_2H][OH^-]}{[CH_3CO_2^-]} = \dfrac{[OH^-]^2}{0.050}$

$[OH^-] = (2.89 \times 10^{-11})^{1/2} = 5.38 \times 10^{-6}$,　$pOH = 6 - \log 5.38 = 5.27$,

$pH = 14.0 - 5.27 = 8.73$

100.1 mL 가했을 때

$[OH^-] = \dfrac{0.100 \times 0.1}{100 + 100.1} = 5.0 \times 10^{-5}$

$pOH = 4.30$　$pH = 14.0 - 4.30 = 9.70$

(b) 50.0 mL 가했을 때

남은 NH_3 농도 : $[NH_3] = \dfrac{0.10 \times 100 - 0.100 \times 50.0}{100 + 50.0} = \dfrac{5}{150}$

생성된 NH_4^+ 농도 : $[NH_4^+] = \dfrac{0.10 \times 50.0}{100 + 50.0} = \dfrac{5}{150}$

$pH = -\log \dfrac{K_w}{K_{b(NH_3)}} + \log \dfrac{5/150}{5/150} = -\log \dfrac{1.01 \times 10^{-14}}{1.75 \times 10^{-5}} = 9.24$

99.9 mL 가했을 때

$pH = -\log \dfrac{1.01 \times 10^{-14}}{1.75 \times 10^{-5}} + \log \dfrac{0.01/199.9}{9.99/199.9} = 6.24$

100.0 mL 가했을 때

생성된 NH_4^+ 의 농도 : $[NH_4^+] = \dfrac{0.10 \times 100}{200} = 0.050$

$NH_4^+ + H_2O \rightleftharpoons NH_3 + H_2O^+$

$K_a = \dfrac{K_w}{K_{b(NH_3)}} = 5.77 \times 10^{-10} = \dfrac{[NH_3][H^+]}{[NH_4^+]} = \dfrac{[H^+]^2}{0.050}$

$[H^+] = (2.89 \times 10^{-11})^{1/2} = 5.38 \times 10^{-6}$

$pH = 5.27$

100.1 mL 가했을 때

$$[\mathrm{H}^+] = \frac{0.100 \times 0.1}{100 + 100.1} = 5.0 \times 10^{-5}$$

$$\mathrm{pH} = 4.30$$

%	50.0	99.9	100.0	100.1	Indicator
(a)	4.76	7.76	8.73	9.70	phenolphthalein
(b)	9.24	6.24	5.27	4.30	phenolphthalein

4.13 $x\,\mathrm{M} \times 39.20\,\mathrm{mL} \times 2 = (412.1\,\mathrm{mg\ Na_2CO_3})/(106.0\,\mathrm{mg/mmol})$ $x = 0.04958\,\mathrm{M}$

HCl : 0.04958 M, 브롬크레졸그린을 사용하면 HCl 78.40 mL가 소비된다.

4.14 $\mathrm{M} \times 41.96\,\mathrm{mL} = (836.2\,\mathrm{mg})/(204.10\,\mathrm{mg/mmol})$ M = 0.09764

4.15 $\dfrac{18.022\,\mathrm{g} \times 0.20245\,(= 20.245\%)}{36.45\,\mathrm{g/mol}} = 0.1001\,\mathrm{M\ HCl}$

4.16 $\mathrm{Na_2CO_3}$: $0.1000\,\mathrm{M} \times 17.50\,\mathrm{mL} \times 106.0\,\mathrm{mg/mmol} = 185.5\,\mathrm{mg}$

$$[(185.5\,\mathrm{mg})/(1{,}000\,\mathrm{mg/mmol})] \times 100\% = 18.55\%$$

$\mathrm{NaHCO_3}$: $0.1000\,\mathrm{M} \times (40.10 - 17.50 \times 2)\,\mathrm{mL} \times 84.0\,\mathrm{mg/mmol} = 42.85\,\mathrm{mg}$

$$[(42.85\,\mathrm{mg})/(1{,}000\,\mathrm{mg})] \times 100\% = 4.29\%$$

4.17 $\mathrm{NH_3}$ 의 mol수 : $0.1000\,\mathrm{M} \times 50.0\,\mathrm{mL} - 0.1200\,\mathrm{M} \times 24.60\,\mathrm{mL} = 2.048\,\mathrm{mmol}$

N 의 함량 : $[(2.048\,\mathrm{mmol} \times 14.0\,\mathrm{mg/mmol})/(1{,}000\,\mathrm{mg})] \times 100\% = 2.87\%\ \mathrm{N}$

● 제5장 EDTA에 의한 착화법 적정

5.1 $\mathrm{H_2Y^{2-}}$ $(\mathrm{Na_2H_2Y})$, pH가 높으면 pM 급변범위가 커서 좋지만 너무 높으면 금속 이온이 수산화물로 침전되는 경우가 있으므로 금속이온의 EDTA 착물이 안정 하게 생성되는 최소의 pH가 있다. 따라서 pH를 조절한 후 적정해야 한다.

5.2 $[\mathrm{Zn^{2+}}] = \dfrac{1.00 \times 10^{-3} \times 15.00}{50} = 3.00 \times 10^{-4}\,\mathrm{M}$

5.3 (a) pH = 10일 때 : $\mathrm{K_d}' = \dfrac{1}{\alpha_4 \mathrm{K_{CaY}}} = \dfrac{1}{0.35 \times 10^{10.7}} = 5.70 \times 10^{-11}$

$\mathrm{CaY^{2-}} \rightleftharpoons \mathrm{Ca^{2+}} + \mathrm{Y^{4-}}$ 에서

$$5.70 \times 10^{-11} = \frac{x^2}{0.0050 - x} \simeq \frac{x^2}{0.0050} \implies x = 5.34 \times 10^{-7}$$

$$pCa = -\log(5.34 \times 10^{-7}) = 6.27$$

(b) $pH = 5$일 때 $K_d' = \dfrac{1}{\alpha_4 K_{ZnY}} = \dfrac{1}{3.5 \times 10^{-7} \times 10^{16.5}} = 9.01 \times 10^{-11}$

$ZnY^{2-} \rightleftharpoons Zn^{2+} + Y^{4-}$ 에서

$$9.01 \times 10^{-11} = \frac{x^2}{0.0050 - x} \simeq \frac{x^2}{0.0050} \implies x = 6.71 \times 10^{-7}$$

$$pZn = -\log(6.71 \times 10^{-7}) = 6.17$$

5.4 $Ni^{2+} + 3C_2O_4^{2-} \rightleftharpoons Ni(C_2O_4)_3^{4-}$, $\quad K = \dfrac{[Ni(C_2O_4)_3^{4-}]}{[Ni^{2+}][C_2O_4^{2-}]^3} = \beta_1 \beta_2 \beta_3 = 10^{19.8}$

$Ni(C_2O_4)_3^{4-} \rightleftharpoons Ni^{2+} + 3C_2O_4^{2-}$

$\quad 0.001 \qquad\qquad x \qquad\quad 3x$

$$\frac{1}{10^{19.8}} = 10^{-19.8} = \frac{x(3x)^3}{0.001 - x} = \frac{27x^4}{0.001 - x} \simeq \frac{27x^4}{0.001} \implies x = 8.75 \times 10^{-7}$$

$$pNi = -\log(8.75 \times 10^{-7}) = 6.06$$

5.5 $MgY^{2-} \rightleftharpoons Mg^{2+} + Y^{4-}$, $\quad K_d = \dfrac{[Mg^{2+}][Y^{4-}]}{[MgY^{2-}]}$

$$K_d = \frac{1}{\alpha_4 K_f} = \frac{1}{1.0 \times 10^9} = \frac{x^2}{0.10 - x} \simeq \frac{x^2}{0.10} \implies x = 1.0 \times 10^{-5} (= [Mg^{2+}])$$

5.6 Ni^{2+}의 mol수 : $0.01000\,M \times 15.00\,mL - 0.01500\,M \times 4.37\,mL = 0.0845\,mmol$

Ni의 농도 : $0.0845\,mmol/10.00\,mL = 8.45 \times 10^{-3}\,M$

5.7 $0.0100\,M \times 4.08\,mL \times \dfrac{100.08\,mg\ CaCO_3}{1\,mmol\ CaCO_3} = 4.08\,mg\ CaCO_3$

$CaCO_3$ 농도 : $4.08\,mg/0.050\,L = 81.6\,mg/L (= ppm)$

5.8 본문 참조

● 제6장 산화-환원 적정

6.1 환원제의 표준용액은 공기산화에 민감하기 때문에 사용에 약간의 제약이 따른다.

6.2 염화이온의 유발산화 반응 때문이며, 대처 방안 : 본문 참조

6.3-6.6 본문 참조

6.7 $2KMnO_4 + 5Na_2C_2O_4 + 16H^+ \rightarrow 10CO_2 + 2Mn^{2+} + 8H_2O$ 반응에서

$Na_2C_2O_4$ 의 mol수 : $\dfrac{0.006700\,g\,Na_2C_2O_4}{146.01\,(g/mol)\,Na_2C_2O_4} = 4.589 \times 10^{-5}\,mol\,Na_2C_2O_4$

$4.589 \times 10^{-5}\,mol\,Na_2C_2O_4 \times \dfrac{2\,mol\,KMnO_4}{5\,mol\,Na_2C_2O_4} = 1.823 \times 10^{-5}\,mol\,KMnO_4$

$KMnO_4$ 의 농도 : $1.823 \times 10^{-2}\,mmol\,KMnO_4/1\,mL = 0.01823\,M\,KMnO_4$

$5Fe^{2+} + MnO_4^- + 8H^+ \rightarrow 5Fe^{3+} + Mn^{2+} + 4H_2O$ 반응에서

Fe^{2+} 의 양 : $0.01823\,M \times 48.06\,mL \times \dfrac{5\,mol\,Fe^{2+}}{1\,mol\,KMnO_4} = 4.3807\,mmol\,Fe^{2+}$

$4.3807\,mmol\,Fe \times \dfrac{55.85\,mg\,Fe}{1\,mmol\,Fe} = 244.7\,mg\,Fe$

Fe 의 함유량(%) : $(244.7\,mg/710.0\,mg\,Sample) \times 100\% = 34.46\%\,Fe$

6.8 관계 반응식 : $As_4O_6(s) + 6H_2O \rightleftharpoons 4H_3AsO_3$

$H_3AsO_3 + I_3^- + H_2O \rightleftharpoons H_3AsO_4 + 3I^- + 2H^+$

H_3AsO_3 의 농도:

$0.3663\,g\,As_4O_6 \times \dfrac{1\,mol\,As_4O_6}{395.68\,g\,As_4O_6} \times \dfrac{4\,mol\,H_3AsO_3}{1\,mol\,As_4O_6} \times \dfrac{1}{0.100\,L}$

$= 0.03703\,M\,H_3AsO_3$

I_3^- 농도 : $M_{I_3^-} \times 31.77\,mL = 0.03703\,M \times 25.00\,mL$　$M_{I_3^-} = 0.02914\,M\,(= I_3^-)$

지시약은 적정용액 I_3^- 을 적가하기 전 처음에 가해도 관계없다.

6.9 관계 반응식 : $La_2(C_2O_4)_3(s) \rightarrow 2La^{3+} + 3C_2O_4^{2-}$

$5C_2O_4^{2-} + 2MnO_4^- + 16H^+ \rightarrow 10CO_2 + 2Mn^{2+} + 8H_2O$

소비된 $KMnO_4$ 의 mol수 : $0.006363\,M \times 18.04\,mL = 0.1148\,mmol\,KMnO_4$

$C_2O_4^{2-}$ 의 mol수 :

$$0.1148\,\text{mmol KMnO}_4 \times \frac{5\,\text{mol C}_2\text{O}_4^{2-}}{2\,\text{mol KMnO}_4} = 0.2870\,\text{mmol C}_2\text{O}_4^{2-}$$

침전된 $La_2(C_2O_4)_3$의 mol수 :

$$0.2870\,\text{mmol C}_2\text{O}_4^{2-} \times \frac{1\,\text{mol La}_2(\text{C}_2\text{O}_4)_3}{3\,\text{mol C}_2\text{O}_4^{2-}}$$

$$= 0.09567\,\text{mmol La}_2(\text{C}_2\text{O}_4^{2-})_3$$

La^{3+}의 mol수 :

$$0.09567\,\text{mmol La}_2(\text{C}_2\text{O}_4^{2-})_3 \times \frac{2\,\text{mol La}^{3+}}{1\,\text{mol La}_2(\text{C}_2\text{O}_4^{2-})_3} = 0.1934\,\text{mmol}$$

La^{3+}의 농도 : $0.1934\,\text{mmol} \times \dfrac{1}{50.0\,\text{mL}} = 3.87 \times 10^{-3}\,\text{M}$

6.10 관계 반응식 : $IO_3^- + 8I^- + 6H^+ \rightleftharpoons 3I_3^- + 3H_2O$

$$I_3^- + 2S_2O_3^{2-} \rightleftharpoons 3I^- + S_4O_6^{2-}$$

처음에 가한 I_3^-의 mol수 :

$$1.0000\,\text{g KIO}_3 \times \frac{1\,\text{mol KIO}_3}{214.00\,\text{g KIO}_3} \times \frac{3\,\text{mol I}_3^-}{1\,\text{mol KIO}_3} \times \frac{50\,\text{mL}}{500\,\text{mL}}$$

$$= 1.402 \times 10^{-3}\,\text{mol I}_3^-$$

$S_2O_3^{2-}$로 역적정한 I_3^-의 양 :

$$0.1000\,\text{M} \times 15.00\,\text{mL S}_2\text{O}_3^{2-} \times \frac{1\,\text{mol I}_3^-}{2\,\text{mol S}_2\text{O}_3^{2-}} = 0.7500\,\text{mmol I}_3^-$$

바이타민-C의 산화를 위해 소비된 I_3^-의 양 :

$$1.402\,\text{mmol} - 0.7500\,\text{mmol} = 0.6520\,\text{mmol I}_3^-$$

바이타민-C의 양 :

$$0.6520\,\text{mmol I}_3^-$$

$$\times \frac{1\,\text{mol Vit}-\text{C}}{1\,\text{mol I}_3^-} \times \frac{176.12\,\text{mg Vit}-\text{C}}{1\,\text{mmol Vit}-\text{C}} = 114.8\,\text{mg Vit}-\text{C}$$

바이타민-C의 함량 :

$$(114.8\,\text{mg}/200.0\,\text{mg}) \times 100\% = 57.40\%\ \text{Vitamin}-\text{C}$$

● 제7장 자외선－가시선 분광광도법

7.1 용매의 극성이 증가하므로 단파장으로 이동한다.

7.2 166 nm : $\sigma \rightarrow \sigma^*(\text{C}-\text{H})$, 189 nm : $n \rightarrow \sigma^*(\text{C}=\text{O})$, 279 nm : $n \rightarrow \pi^*(\text{C}=\text{O})$

7.3 $\text{A}=ab\text{C}$ 에서 $-\log(0.705)=0.152=a\times 1\,\text{cm} \times 10\,\text{ppm}\,(=1\,\text{mg}/100\,\text{mL})$

$a=0.152/(1\,\text{cm} \times 10\,\text{ppm})=0.0152\,\text{cm}^{-1} \times \text{ppm}^{-1}$

$\text{A}=0.0152\,\text{cm}^{-1} \times \text{ppm}^{-1} \times 1\,\text{cm} \times 10 \times 4\,\text{ppm}=0.608$

7.4 1.5절의 최소제곱법에 의해 검정선의 직선식을 얻는다.

Fe^{3+} 농도(mg/L), x_i	흡광도(y_i)	x_i^2	$x_i \times y_i$
0.00	0.215	0.00	0.00
5.00	0.425	25.0	2.13
10.0	0.685	100	6.85
15.0	0.826	225	12.5
20.0	0.967	400	19.3
합계 50.0	3.12	750	40.9

$$m = \frac{n\displaystyle\sum_{i=1}^{n} x_i y_i - \left(\displaystyle\sum_{i=1}^{n} x_i \sum_{i=1}^{n} y_i\right)}{n\displaystyle\sum_{i=1}^{n} x_i^{\,2} - \left(\displaystyle\sum_{i=1}^{n} x_i\right)^2}$$

$b = \bar{y} - m\bar{x}$

$m = \dfrac{5 \times 40.9 - 50.0 \times 3.12}{5 \times 750 - 50.0^2} = 0.0388 \quad b = 0.624 - 0.0388 \times 10.0 = 0.236$

$y = 0.0388x + 0.236$

식 (7.15)에 의해서 시료 중의 철의 농도(C_x)는 다음과 같다.

$\text{C}_x = \text{IC}_\text{s}/m\text{V}_x = (0.236 \times 11.1\,\text{ppm})/(0.0388\,\text{mL}^{-1} \times 10.0\,\text{mL}) = 6.75\,\text{ppm}$

7.5 $2.0\,\mathrm{mg/L} \Rightarrow (2.0\times10^{-3}\,\mathrm{g/L})/(140\,\mathrm{g/mol}) = 1.43\times10^{-5}\,\mathrm{mol/L}$

$A = \epsilon bC$ 에서

$-\log(0.654) = 0.184 = \epsilon \times 1.00\,\mathrm{cm} \times 1.43\times10^{-5}\,\mathrm{mol/L}$

$\epsilon = (0.184/1.43\times10^{-5})L/\mathrm{mol\cdot cm} = 1.29\times10^{4}\,\mathrm{L/mol\cdot cm}$

7.6 $A = \epsilon bC \Rightarrow C = A/\epsilon b = A/(\epsilon\,\mathrm{L/mol\cdot cm} \times 1.00\,\mathrm{cm}) = (A/\epsilon)M$

$C_{90\%} = (-\log 0.90)/(2.87\times10^{3}) = 1.59\times10^{-5}\,\mathrm{M}\,(=\mathrm{mol/L})$

$C_{10\%} = (-\log 0.10)/(2.87\times10^{3}) = 3.48\times10^{-4}\,\mathrm{M}\,(=\mathrm{mol/L})$

농도 범위 : $1.59\times10^{-5}\,\mathrm{M} \sim 3.48\times10^{-4}\,\mathrm{M}$

7.7 (a) $7.50\times10^{-5}\,\mathrm{mol/L} \Rightarrow (7.50\times10^{-5}\,\mathrm{mol/L})\times(158.04\,\mathrm{g/mol})$

$= 1.19\times10^{-2}\,\mathrm{g/L} = 11.9\,\mathrm{mg/L}$

$A = 0.668 = abC = a\times1.50\,\mathrm{cm}\times11.9\,\mathrm{mg/L}$

$a = 0.668/(1.50\,\mathrm{cm}\times11.9\,\mathrm{mg/L}) = 0.0374\,\mathrm{L/cm\cdot mg}$

(b) $A = abC = (0.0374\ \mathrm{L/cm\cdot mg})(1.00\ \mathrm{cm})(11.9\,\mathrm{mg/L}) = 0.445$

$-\log T = 0.446 \Rightarrow T = 0.358\,(=35.8\%)$

7.8 $10.0\,\mathrm{ppm}\times15.0\,\mathrm{cm} = x\,\mathrm{ppm}\times20.0\,\mathrm{cm} \Rightarrow x = 7.50\,\mathrm{ppm}$

7.9 파장 $475\,\mathrm{nm}$ 에서 A 성분의 몰흡광계수($\epsilon_{475,A}$)를 구한다.

$A_{475} = 0.128 = \epsilon_{475,A}\times1.00\,\mathrm{cm}\times C_A (= 8.50\times10^{-5}\mathrm{M})\ \epsilon_{475,A} = 1.51\times10^{3}\,\mathrm{L/cm\cdot mol}$

이와 같은 방법으로 각 파장에서 각 성분의 몰흡광계수를 구하면 다음과 같다.

$\epsilon_{700,A} = 9.00\times10^{3}\,\mathrm{L/cm\cdot mol}$

$\epsilon_{475,B} = 1.22\times10^{3}\,\mathrm{L/cm\cdot mol}$

$\epsilon_{700,B} = 1.76\times10^{3}\,\mathrm{L/cm\cdot mol}$

혼합용액에 대해서 각 파장별 몰흡광계수와 흡광도로부터 방정식을 세운다.

$A_{475} = (1.51\times10^{3}\,\mathrm{L/cm\cdot mol})(1.25\ \mathrm{cm}C_A) + (1.22\times10^{3}\,\mathrm{L/cm\cdot mol})(1.25\mathrm{c\ m}C_B)$

$A_{700} = (9.00\times10^{3}\,\mathrm{L/cm\cdot mol})(1.25\ \mathrm{cm}C_A) + (1.76\times10^{3}\,\mathrm{L/cm\cdot mol})(1.25\ \mathrm{cm}C_B)$

이 두 식을 정리하면 다음과 같다.

$0.453 = 1.89\times10^{3}C_A + 1.53\times10^{3}C_B$

$0.892 = 1.13\times10^{4}C_A + 2.20\times10^{3}C_B$

이 두 식을 풀면, $A : 2.75 \times 10^{-5} M$, $B : 2.62 \times 10^{-4} M$

7.10 (a) $Fe^{2+} + x\,Phen \rightleftharpoons Fe(Phen)_x^{3+}$

$$x = \frac{7.45\,mL}{2.55\,mL} = 2.92 \simeq 3 \Rightarrow Fe(Phen)_3^{2+}$$

(b) Fe^{3+}의 초기농도 : $6.71 \times 10^{-4} \times \dfrac{2.55}{20} = 8.56 \times 10^{-5}$

Phen의 초기농도 : $6.71 \times 10^{-4} \times \dfrac{7.45}{20} = 2.50 \times 10^{-4}$

생성된 착물의 농도 : $8.56 \times 10^{-5} \times \dfrac{0.80}{0.89} = 7.69 \times 10^{-5}$

남은 철의 농도 : $8.56 \times 10^{-5} - 7.69 \times 10^{-5} = 8.70 \times 10^{-6}$

남은 Phen 농도 : $2.50 \times 10^{-4} - (3 \times 7.69 \times 10^{-5})^3 = 2.50 \times 10^{-4}$

$$K_f = \frac{[Fe(Phen)]_3^{3+}}{[Fe^{2+}][Phen]^3} = \frac{7.69 \times 10^{-5}}{(8.70 \times 10^{-6})(2.50 \times 10^{-4})^3} = 5.67 \times 10^{11}$$

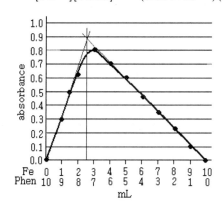

(c) $A = 0.80 = \epsilon\,bC = 1.0\ cm \times 7.69 \times 10^{-5}\ mol/L$

$\Rightarrow \epsilon = 1.04 \times 10^4\ L/cm \cdot mol$

🌑 제8장 분자 형광분광법

8.1 본문 참조

8.2 형광법의 원리 : 본문 참조

분광형광법에서는 광원의 세기를 증가시키거나 분석신호를 증폭하여 감도를 증폭시킬 수 있다. 이 방법은 측정값의 차이에 근거를 두는 $(A = \log P_o - \log P)$ 흡광광도법에 이용할 수 없고, 이것은 광원세기의 증가나 증폭은 P_o와 P를 모두 같이 증가시키지만 그 차이를 증가시키지 못하기 때문이다.

8.3 1-chloropropane에서 형광이 더 세다. 1-iodopropane에서 아이오딘 원자는 무거운 원소이므로 계간전이를 촉진하므로 들뜬상태(S_1)의 분포를 감소시킨다.

8.4 본문 참조

8.5 pH 10에서는 형광을 발하지 않는 anilinum 이온으로 존재하지만 pH 3에서는 형광세기가 큰 aniline으로 존재하므로 낮은 pH에서 형광세기가 더 크다.

8.6 본문 참조

제9장 적외선 분광법

9.1 $\mu = \dfrac{m_1 m_2}{m_1 + m_2} = \dfrac{(12.01)/(6.02 \times 10^{23})(35.45)/(6.02 \times 10^{23})}{(12.01)/(6.02 \times 10^{23}) + (35.45)/(6.02 \times 10^{23})}$

$= 1.48 \times 10^{-23}$

$\sigma = \dfrac{1}{2\pi c} \sqrt{\dfrac{k}{\mu}} = \dfrac{1}{2 \times 3.14 \times 3.0 \times 10^{10}} \sqrt{\dfrac{3.4 \times 10^5}{1.48 \times 10^{-23}}} = 805 \text{ cm}^{-1}$

9.2 $\mu = \dfrac{m_1 m_2}{m_1 + m_2} = \dfrac{(12.01)/(6.02 \times 10^{23})(16.00)/(6.02 \times 10^{23})}{(12.01)/(6.02 \times 10^{23}) + (16.00)/(6.02 \times 10^{23})}$

$= 1.14 \times 10^{-23}$

$\sigma = \dfrac{1}{2\pi c} \sqrt{\dfrac{k}{\mu}}$ 에서 $2,170 \text{ cm}^{-1} = \dfrac{1}{2 \times 3.14 \times 3.0 \times 10^{10}} \sqrt{\dfrac{k}{1.14 \times 10^{-23}}}$

$k = 1.90 \times 10^6 \text{ dyne/cm}$

9.3 3개$(3N - 6 = 3 \times 3 - 6 = 3)$

9.4 (a) 활성 (b) 비활성 (c) 활성 (d) 비활성

9.5 (a) 에틸알코올 : $3,600 \text{ cm}^{-1}$에서 $O-H$의 넓은 흡수띠 존재

다이에틸이써 : $1,300 \sim 1,000 \text{ cm}^{-1}$에서 $C-O$ 흡수띠 존재

(b) 두 성분이 모두 $1,820 \sim 1,660 \text{ cm}^{-1}$에서 $C=O$의 강한 흡수띠가 나타나고, 알데하이드는 $C-H$의 우측의 $2,850 \sim 2,750 \text{ cm}^{-1}$ 가까이에서 약한

봉우리 두 개가 나타나고, 아세톤은 그렇지 않다.

(c) amine의 $N-H$ 는 3,500 cm^{-1} 근처에서 흡수띠가 나타나는데 1차 아민은 2개의 $N-H$ 기가 흡수띠 2개로 나타나고, 2차 아민은 1개의 흡수띠가 나타나며, 3차 아민은 $N-H$ 띠가 없고, 1차 아민은 1,640~1,560 cm^{-1} 에서, 2차 아민은 1,500 cm^{-1} 근처에서 때로는 비동일 평면 굽힘진동에 의해 800 cm^{-1} 에서 나타난다. $C-N$ 신축진동은 1,350~1,000 cm^{-1} 에서 나타남.

(d) $C-H$ 신축진동의 봉우리는 서로 비슷하지만 $-C-H$ 굽힘진동은 헥세인에서는 $-CH_3$ 와 $-CH_2-$ 를 가지고 있으므로 1,470과 1,380 cm^{-1} 에서 2개의 봉우리가 존재한다. cyclohexane은 $-CH_3$ 기가 없으므로 1,465 cm^{-1} 에서 한 봉우리만 존재한다. $-C-H$ 굽힘진동 : 1,450, 1,375 cm^{-1}, $-CH_2-$ 굽힘진동 : 1,465 cm^{-1}

(e) 두 가지 모두 1,820~1,660 cm^{-1} 에서 $C=O$ 의 강한 흡수띠가 나타나지만 산의 $O-H$ 는 약 3,400~2,400 cm^{-1} 에서 넓은 흡수띠가 존재한다.

9.6 (a) butyl phthalic acid

(b) $CH_3-CH_2-CH=C(CH_3)-CHO$

(c) $\phi_2 C=CH-CH=CH\phi$

● 제10장 핵자기 공명 분광법

10.1 $\nu = \dfrac{\mu_p H_o}{h I} = \dfrac{(1.41 \times 10^{-23}\,\text{erg} \cdot \text{G}^{-1})(94{,}000\text{G})}{(6.62 \times 10^{-27}\,\text{erg} \cdot \text{sec})(1/2)} = \dfrac{1.33 \times 10^{-18}\,\text{erg}}{3.31 \times 10^{-27}\,\text{erg} \cdot \text{sec}}$

$= 4.00 \times 10^8\,\text{Hz/sec} = 400\,\text{MHz}$

(별법: $\nu = \dfrac{\gamma H_o}{2\pi} = \dfrac{(2.68 \times 10^4\,\text{G}^{-1} \cdot \text{sec}^{-1})(94{,}000\text{G})}{2 \times 3.14} = 400\,\text{MHz}$)

10.2 $\nu = \dfrac{\gamma H_o}{2\pi} \Rightarrow 100 \times 10^6 \text{Hz} = \dfrac{3.0 \times 10^8\,T^{-1}s^{-1} H_o}{2 \times 3.14} = 2.1\,\text{T}(= \text{Tesla})$

10.3 Ethanol : δ 1.17에서 삼중선, δ 3.62에서 사중선, δ 5.18에서 단일선, Dimethyl ether : δ 3.65에서 단일선, Acetone : δ 2.1에서 단일선

10.4 (a) δ 1.1에서 사중선, 2.6에서 사중선, 6.5~8에서 단일선

(b) δ 2.2에서 이중선, 9.7~9.8에서 사중선

(c) δ 1.2~1.4에서 단일선

(d) δ 2.2에서 단일선, 11~12에서 단일선

(e) δ 2.2와 6.5~8에서 단일선

(f) δ 2.1에서 단일선, 2.4에서 사중선, 1.1에서 삼중선

10.5 (a) $CH_3CH_2CHBrCOOH$ (2-bromobutanoic acid)

(b) $CH_3COCH_2CH_3$ (methyl ethyl ketone)

(c) $CH_3COOC_2H_5$ (ethyl acetate)

(d) $C_6H_5C_2H_5$ (ethylbenzene)

(e) $C_2H_5OOCCH_2CH_2COOC_2H_5$ (ethyl succinate)

● 제11장 원자 분광법

11.1-11.2 본문 참조

11.3 $\dfrac{N_j}{N_o} = \dfrac{p_j}{p_o} \exp(\dfrac{-E_j}{kT})$

$E_j = 1.986 \times 10^{-16} \, \text{erg·cm} \times 1.697 \times 10^4 \, \text{cm}^{-1} = 3.375 \times 10^{-12} \, \text{erg}$

$\dfrac{N_j}{N_o} = \dfrac{6}{2} \exp(\dfrac{-3.375 \times 10^{-12} \, \text{erg}}{1.38 \times 10^{-16} \, \text{erg/deg} \times 3{,}000 \, \text{K}}) = 3 \exp(-8.152)$

$\qquad = 8.64 \times 10^{-4}$

11.4-11.9 본문 참조

11.10 원자 형광이나 흡광법은 원자화된 중성원자에 바탕을 두고 원자 발광법은 들뜬 원자 상태에 바탕을 두므로 온도에 따라 들뜬 상태의 원자수가 변하기 때문에 원자 발광법에서는 온도에 더 민감하다.

11.11 전열 원자화법은 시료가 적어도 되며, 불꽃법에서보다 시료가 측정 빛살에 더 오래 머무르게 한다.

11.12 $E = h\nu = hc/\lambda$에서

$2.107 \, \text{eV} \times 1.60 \times 10^{-19} \, \text{J/eV} = (6.63 \times 10^{-34} \, \text{J·s}) \times (3.0 \times 10^8 \, \text{m/s})/\lambda$

$\lambda = 5.90 \times 10^{-7} \, \text{m} \, (= 590 \, \text{nm})$

11.13 본문 참조

11.14 $2.0 \times 10^{-3} \%$ Mg

최소제곱법으로 검정선식을 구한다.

Mg 농도(μg/mL)	흡광도(y_i)	x_i^2	$x_i \times y_i$
0.00	0.000	0.000	0.000
0.25	0.074	0.063	0.019
0.50	0.142	0.250	0.071
0.75	0.213	0.563	0.160
계 1.50	0.429	0.876	0.250

식 (1.22)에 의하여 기울기(m)를 구한다.

$$m = \frac{4 \times 0.250 - (1.50 \times 0.429)}{4 \times 0.876 - 1.5^2} = 0.284$$

$$b = 0.107 - 0.284 \times 0.375 = -0.0005$$

$$y = 0.284 x - 0.0005 \Rightarrow 0.087 = 0.284 x - 0.0005 \Rightarrow x = 0.31 \, \text{ug/mL}$$

Mg 함량 :

$$\frac{(0.31 \, \mu\text{g/mL}) \times (100 \, \text{mL}) \times (10^{-6} \text{g}/\mu\text{g})}{1.5500 \, \text{g}} \times 100\% = 2.0 \times 10^{-3} \% \text{ Mg}$$

11.15 본문 참조

11.16 불꽃 원자 흡광법에서는 각 원소의 광원이 필요하므로 다원소의 분석에 불편하지만 ICP는 광원이 아르곤 플라스마이므로 또 발광선을 측정하므로 다원소의 분석에 유용하다.

◉ 제12장 X−선 분광법

12.1 $\lambda_o = \dfrac{h\,c}{\text{eV}} = \dfrac{12{,}398}{\text{V}} = \dfrac{12{,}398}{100 \times 10^3} = 0.124 \, \text{Å}$

12.2 Bragg식 $n\lambda = 2d\sin\theta (n=1)$에 의해서 계산한다.

LiF 결정과 Ag($0.56\,\text{Å}$) 사용할 때 표12.3에서 $d = 2.014\,\text{Å}$ 이므로

$0.56\,\text{Å} = 2 \times 2.014\sin\theta \Rightarrow \sin\theta = 0.14 \quad 2\theta = 16.1°$

이와 같은 방법으로 NaCl($d = 2.821\,\text{Å}$)에 대해서도 계산한다.

결정	Ag(0.56 Å)	Cu(1.54 Å)	Fe(1.94 Å)
LiF	16.1°	45.0°	57.6°
NaCl	11.4°	31.7°	40.2°

12.3 본문 참조

12.4 W의 $K_\alpha(0.21 \text{Å})$ $\lambda_o = \dfrac{12{,}398}{V}$ $0.21 \text{Å} = \dfrac{12{,}398}{V} \Rightarrow V = 59.0 \text{kV}$

W의 $K_\beta(1.28 \text{Å})$ $1.28 \text{Å} = \dfrac{12{,}398}{V} \Rightarrow V = 96.9 \text{kV}$

12.5 Ca : 4.05 kV, Mg : 25.0 kV

Ca : $\lambda_o = \dfrac{hc}{eV} = \dfrac{12{,}398}{V} = 3.064 \text{Å}$, $V_{Ca} = 4.05 \text{kV}$

Mg : $\dfrac{12{,}398}{V} = 0.496 \text{Å}$, $V_{Mg} = 25.0 \text{kV}$

12.6 (a) Sr : $\dfrac{12{,}398}{V} = 0.770 \text{Å}$, $V_{Sr} = 16.1 \text{kV}$

Y : $\dfrac{12{,}398}{V} = 0.727 \text{Å}$, $V_Y = 17.1 \text{kV}$

(b) Bragg식 $n\lambda = 2d\sin\theta$ $(n = 1)$과 LiF의 $d = 2.014 \text{Å}$ (표12.3)를 사용

Sr : $0.877 \text{Å} = 2 \times 2.014 \text{Å} \sin\theta$, $2\theta = 25.2°(K_{\alpha1})$

$0.783 \text{Å} = 2 \times 2.014 \text{Å} \sin\theta$, $2\theta = 22.4°(K_\beta)$

Y : $0.831 \text{Å} = 2 \times 2.014 \text{Å} \sin\theta$, $2\theta = 23.8°(K_{\alpha1})$

$0.740 \text{Å} = 2 \times 2.014 \text{Å} \sin\theta$, $2\theta = 21.2°(K_\beta)$

(c)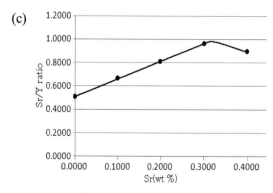

Sr/Y= 1.495 $C_{Sr\%}$ + 0.5131

시료 A에서 : $C_{Sr} = 0.249\%$, $0.8860 = 1.495C_{Sr\%} + 0.5131$

시료 B에서 : $C_{Sr} = 0.179\%$, $0.7802 = 1.495C_{Sr\%} + 0.5131$

● 제13장 질량분석법

13.1 전자충격 이온화법은 조각내기가 많이 일어나므로 대단히 복잡한 스펙트럼이 생긴다. 화학적 이온화법은 이온화과정에서 결합의 끊어짐이 생기기 어렵고, 유사분자 이온의 상대세기가 크고 조각 이온이 적은 단순한 질량 스펙트럼이 얻어진다.

13.2 홀수

13.3 (a) $R = m/\triangle m$ 에서 $\dfrac{(28.0313 + 27.9949)/2}{28.0313 - 27.9949} = \dfrac{28.0131}{0.0364} = 769.6 (\simeq 770)$

(b)~(d)도 같은 방법으로 계산한다.

(a) 770   (b) 7.09×10^4 (c) 30   (d) 113

13.4 표 13.2에서 자연에 가장 많이 존재하는 동위원소의 질량을 합하여 본다.

CH_2N : $12.0000 + 1.0078 \times 2 + 14.0031 = 28.0187 \Rightarrow CH_2N$

13.5 기체 이온화법에서는 시료가 첫째 기화되고(필요하면 가열) 다음 이온화 지역으로 이동되어 이온화된다. 탈착법에서는 시료를 장치에 붙이고 이온화는 응축형태의 시료에서 직접 일어난다. 탈착 이온화법의 이점은 고분자량과 열에 불안정한 시료에 적용할 수 있다. 기화법의 장점은 간단하고 신속함이다(시료용기를 사용할 필요가 없고 용기 내부 시료기체를 퍼내기 위해 기다릴 필요가 없다).

13.6 단일초점 기기에서는 이온원으로부터 나오는 이온군은 가속전압이 일정하더라도 여러 원인에 의해서 에너지는 일정하지 않고, 약간 넓혀진다. 따라서 에너지가 다른 이온은 같은 질량이라도 자기장 중의 궤도반경이 다르므로 이온수집기에 도달하는 이온띠를 넓히는 원인이 되고, 분해능을 감소시킨다. 그러나 이중초점 질량분석기는 이온살이 처음에 정전기장을 통과하게 되고, 동일한 에너지를 갖는 입자만을 슬릿에 집속시키는 역할을 하므로 분해능을 높이고, 띠넓힘을 제거시킨다.

13.7 (a) $\phi - CH_3$ (toluene)

      (b) $CH_3CO - CH_2CH_3$ (methyl ethyl ketone)

◉ 제14장 분리와 크로마토그래피

14.1-14.4 본문 참조

14.5 $D_A = \dfrac{C_{phase\,2}}{C_{phase\,1}} = \dfrac{95}{5} = 19, \ D_B = \dfrac{5}{95} = 0.0526$

14.6 $K = \dfrac{70}{30} = 2.33,$ n회 추출 후 상1에 남은 용질의 분율 : $(\dfrac{V_1}{V_1 + KV_2})^n$

      $q = (\dfrac{100}{100 + (2.33)(100)})^3 = 0.027, \ \dfrac{0.027}{1} \times 100\% = 2.7\%$

14.7 $q = (\dfrac{V_1}{V_1 + KV_2})^n = (\dfrac{5}{5 + 5.96 \times 25})^n = (0.0325)^n = 1 - 0.999 = 0.001$

      n=2회 추출

14.8 용리세기가 CCl_4보다 큰 $CHCl_3$에서 머무름 시간이 단축된다.

14.9 diethylether(극성 낮음) → ethylacetate → nitrobutane(극성 큼)

14.10 n-hexanol(극성 큼) → benzene → n-hexane(극성 낮음)

14.11 $k' = \dfrac{t_r - t_m}{t_m} = \dfrac{28.2 - 1.1}{1.1} = 24.6$

14.12 (a) $R_{f1} = \dfrac{d_r}{d_m} = \dfrac{1.6}{9.8} = 0.16, \ R_{f2} = 0.26, \ R_{f3} = 0.39$

      (b) $k_1' = \dfrac{d_m - d_r}{d_r} = \dfrac{9.8 - 1.6}{1.6} = 5.1, \ k_2' = 2.9, \ k_3' = 1.6$

      (c) $R_{s21} = \dfrac{2[(d_r)_2 - (d_r)_1]}{W_2 + W_1} = \dfrac{2(2.5 - 1.6)}{0.58 + 0.54} = 1.6, \ R_{s32} = 2.0, \ R_{s31} = 3.3$

◉ 제15장 전기화학적 분석법

15.1 $Fe^{3+} + e \rightleftharpoons Fe^{2+} \quad E^\circ = 0.77\,V$

$$Zn^{2+} + 2e \rightleftharpoons Zn \quad E^\circ = -0.763\,V$$

$$E = E^\circ - 0.0591 \log \frac{[Fe^{2+}]}{[Fe^{3+}]} = 0.770 - 0.0591 \log \frac{0.0450}{0.0700} = 0.781\,V$$

$$E = E^\circ - \frac{0.0591}{2} \log \frac{1}{[Zn^{2+}]} = -0.763 - \frac{0.0591}{2} \log \frac{1}{0.000750} = -0.855\,V$$

$$E_{cell} = E_{cathde} - E_{anode} = 0.781 - (-0.855) = 1.64\,V$$

15.2 (a) $E_{cell} = E_{SCE} - E_{Mg} + E_j$

$$-0.271 = 0.2444(25\,℃\,에서) - (K - \frac{0.0591}{2} \log \frac{1}{a_{Mg^{2+}}}) + E_j$$

$$K - E_j = 0.515 - \frac{0.0591}{2} \log (a_{Mg^{2+}})$$

$$= 0.515 - \frac{0.0591}{2} \log (3.32 \times 10^{-3}) = 0.588$$

$$-0.190 = 0.2444 - (K - \frac{0.0591}{2} \log \frac{1}{[Mg^{2+}]}) + E_j$$

$$K - E_j = 0.588 = 0.434 - \frac{0.0591}{2} \log [Mg^{2+}]$$

$$\log [Mg^{2+}] = -5.21 \Rightarrow [Mg^{2+}] = 6.17 \times 10^{-6}\,M$$

(b) $K - E_j = 0.588 - 0.02 = 0.586 = 0.434 - \frac{0.0591}{2} \log [Mg^{2+}]$

$$\log [Mg^{2+}] = -5.14 \Rightarrow [Mg^{2+}] = 7.24 \times 10^{-6}\,M$$

$$K - E_j = 0.588 + 0.02 = 0.590 = 0.434 - \frac{0.0591}{2} \log [Mg^{2+}]$$

$$\log [Mg^{2+}] = -5.28 \Rightarrow [Mg^{2+}] = 5.25 \times 10^{-6}\,M$$

$$[Mg^{2+}] = 5.25 \times 10^{-6}\,M \sim 7.24 \times 10^{-6}\,M$$

15.3 본문 참조

15.4 $Ag_2Cl(s) + e \rightleftharpoons Ag(s) + Cl^-, \quad E^\circ_{AgCl} = 0.222\,V$

$$E_{AgCl} = E^\circ_{AgCl} - 0.0591 \log [Cl^-] = 0.222 - 0.0591 \log [Cl^-]$$

$$E_{cell} = E_{SCE} - E_{AgCl} = E_{SCE} - (E^\circ_{AgCl} - 0.0591 \log [Cl^-])$$

$$-0.305 = 0.2444 - 0.222 + 0.0591 \log [Cl^-]$$

$$[Cl^-] = 2.88 \times 10^{-6} \Rightarrow pCl = 5.54$$

15.5 Fe^{3+}의 양 $= \dfrac{30.1\,C}{96,500\,C} \times \dfrac{55.85\,g\,Fe}{1\,mol\,Fe} = 0.0174\,g\,Fe$

Fe의 농도 : $0.0174\,g\,Fe \times \dfrac{1\,mol\,Fe}{55.85\,g\,Fe} \times \dfrac{1}{0.04000\,L} = 7.79 \times 10^{-3}\,M$

15.6-15.7 본문 참조

15.8 $E_{HgY} = E° - \dfrac{0.0591}{2} \log \dfrac{[Y^{4-}]}{[HgY^{2-}]} = 0.210 - \dfrac{0.0591}{2} \log \dfrac{[Y^{4-}]}{[HgY^{2-}]}$

$E_{cell} = E_{Hg} - E_{SCE} = E° - \dfrac{0.0591}{2} \log \dfrac{[Y^{4-}]}{[HgY^{2-}]} - 0.2444$

$\quad = 0.210 - \dfrac{0.0591}{2} \log \dfrac{0.0200}{1.500 \times 10^{-4}} - 0.2444 = -0.0972\,V$

15.9 $2H^+ + 2e \rightleftharpoons H_2, \quad E_{cell} = E_{anode} - E_{SCE}$

$E_{cell} = (0.000 - \dfrac{0.0591}{2} \log \dfrac{P_{H_2}}{[H^+]^2}) - E_{SCE}$

$0.150 = \dfrac{0.0591}{2} \log \dfrac{1.00}{[H^+]^2} - 0.2444 = -0.0591 \log[H^+] - 0.2444$

$[H^+] = 2.14 \times 10^{-7}, \quad K_a = \dfrac{2.14 \times 10^{-7} \times 0.170}{0.240} = 1.52 \times 10^{-7}$

15.10 $G = \dfrac{A}{1,000\,L} \sum \lambda_i C_i = 6.67 \times 10^{-3} \sum \lambda_i C_i$

$0\,mL : \quad 6.67 \times 10^{-3} (\lambda_{Na^+}^o C_{Na^+} + \lambda_{OH^-}^o C_{OH^-})$

$\quad 6.67 \times 10^{-3} (50.1 \times 0.0010 + 198 \times 0.0010) = 1.7 \times 10^{-3} \; (\mho \cdot cm)$

$0.1000\,mL : \quad 6.67 \times 10^{-3} (\lambda_{Na^+}^o C_{Na^+} + \lambda_{OH^-}^o C_{OH^-} + \lambda_{ClO_4^-}^o C_{ClO_4^-})$

$\quad 6.67 \times 10^{-3} (50.1 \times + 0.0010 + 198 \times 0.00080 + 67.3 \times 0.0002000)$

$\quad = 1.5 \times 10^{-3} \; (\mho \cdot cm)$

$0.5000\,mL : \quad 6.67 \times 10^{-3} (\lambda_{Na^+}^o C_{Na^+} + \lambda_{ClO_4^-}^o C_{ClO_4^-})$

$\quad 6.67 \times 10^{-3} (50.1 \times 0.0010 + 67.3 \times 0.001000) = 7.8 \times 10^{-4} \; (\mho \cdot cm)$

$1.000\,mL : \quad 6.67 \times 10^{-3} (\lambda_{Na^+}^o C_{Na^+} + \lambda_{H^+}^o C_{H^+} + \lambda_{ClO_4^-}^o C_{ClO_4^-})$

$\quad 6.67 \times 10^{-3} (50.1 \times 0.0010 + 349.8 \times 0.001000 + 67.3 \times 0.002000)$

$\quad = 3.6 \times 10^{-3} \; (\mho \cdot cm)$

제16장 표면의 화학적 분석

16.1 (a) XPS는 특성 X-선 광자를 시료 표면에 조사시켜 표면 원자의 내부궤도의 전자를 방출시켜 이 광전자의 운동 에너지를 측정하는 방법.

(b) AES는 시료 표면에 전자빔을 노출시키면 들뜬 이온이 생성되고, 원자의 내부궤도에서 전자가 떨어지며, 이것을 Auger 전자라고 하며, 이 전자의 운동 에너지를 측정하는 전자 분광법을 말한다.

(c)~(f) : 본문 참조

16.2 일반적으로 금속과녁이 Al과 Mg으로 된 X-선 관(tube)과 같은 여러 가지 에너지의 광원으로 얻은 봉우리를 관측할 때 Auger 봉우리는 두 광원에서 다른 운동 에너지의 봉우리를 가지지 않지만 XPS의 봉우리는 위치가 변화한다.

16.3 $E_b = h\nu - E_k - \phi = h\,c/\lambda - E_k - \phi$에서

$$E_k = 1{,}073.5\,\text{eV} \times 1.60 \times 10^{-19}\,\text{J/eV} = 1.72 \times 10^{-16}\,\text{J}$$

$$h\,c = (6.63 \times 10^{-34}\,\text{J·s})(3.0 \times 10^8\,\text{m/s}) = 2.0 \times 10^{-25}\,\text{J·m}$$

$$\lambda = 9.8900\,\text{Å} \times 10^{-10}\,\text{m/Å} = 9.89 \times 10^{-10}\,\text{m}$$

$$\phi = 14.7\,\text{eV} \times 1.60 \times 10^{-19}\,\text{J/eV} = 2.35 \times 10^{-18}\,\text{J}$$

$$E_b = \frac{2.0 \times 10^{-25}\,\text{J·m}}{9.89 \times 10^{-10}\,\text{m}} - 1.72 \times 10^{-16}\,\text{J} - 2.35 \times 10^{-18}\,\text{J} = 2.78 \times 10^{-17}\,\text{J}$$

$$E_b = 2.78 \times 10^{-17}\,\text{J} \times 6.24 \times 10^{18}\,\text{eV/J} = 173.4\,\text{eV}$$

16.4 (a) $E_b = h\nu - E_k - \phi = h\,c/\lambda - E_k - \phi$

$$E_k = 1{,}052.6\,\text{eV} \times 1.60 \times 10^{-19}\,\text{J/eV} = 1.68 \times 10^{-16}\,\text{J}$$

$$\lambda = 8.3393\,\text{Å} \times 10^{-10}\,\text{m/Å} = 8.34 \times 10^{-10}\,\text{m}$$

$$\phi = 27.8\,\text{eV} \times 1.60 \times 10^{-19}\,\text{J/eV} = 4.45 \times 10^{-18}\,\text{J}$$

$$E_b = \frac{2.0 \times 10^{-25}\,\text{J·m}}{8.34 \times 10^{-10}\,\text{m}} - 1.68 \times 10^{-16}\,\text{J} - 4.45 \times 10^{-18}\,\text{J} = 6.76 \times 10^{-17}\,\text{J}$$

$$E_b = 6.76 \times 10^{-17}\,\text{J} \times 6.24 \times 10^{18}\,\text{eV/J} = 673.6\,\text{eV}$$

(b) $E_k = h\nu - E_b - \phi = h\,c/\lambda - E_b - \phi$에서

$$E_b = 2.78 \times 10^{-17}\,\text{J} \quad (\text{문제 } 16.3\text{에서})$$

$$E_k = \frac{2.0 \times 10^{-25}\,\text{J·m}}{9.89 \times 10^{-10}\,\text{m}} - 2.78 \times 10^{-17}\,\text{J} - 4.45 \times 10^{-18}\,\text{J} = 1.30 \times 10^{-16}\,\text{J}$$

$$E_k = 1.30 \times 10^{-16}\,\text{J} \times 6.24 \times 10^{18}\,\text{eV/J} = 811.2\,\text{eV}$$

16.5 $E_1'/E_1' = (M_2 - M_1)/(M_2 + M_1) = (16\text{-}3)/(16\text{+}3) = 0.684$

16.6 본문 참조

● 제17장 열법 분석

17.1 본문 참조

17.2 $300 \sim 400\,℃ : CaC_2O_4 + BaC_2O_4 = 0.2851\,\text{g}$

$580 \sim 620\,℃ : CaCO_3 + BaCO_3 = 0.2337\,\text{g}$

$Ca = x\,\text{g}, \qquad Ba = y\,\text{g}$이라고 하면

$$x\,\text{g Ca} \times \frac{128.10\,\text{g CaC}_2\text{O}_4}{40.08\,\text{g Ca}} + y\,\text{g Ba} \times \frac{215.34\,\text{g BaC}_2\text{O}_4}{137.33\,\text{g Ba}} = 0.2851\,\text{g}$$

$$x\,\text{g Ca} \times \frac{100.09\,\text{g CaCO}_3}{40.08\,\text{g Ca}} + y\,\text{g Ba} \times \frac{197.34\,\text{g BaCO}_3}{137.33\,\text{g Ba}} = 0.2337\,\text{g}$$

두 식을 정리하면

$$3.196x + 1.568y = 0.2851 \ldots\ldots (1)$$

$$2.497x + 1.437y = 0.2337 \ldots\ldots (2)$$

식 (1)과 (2)를 연립하여 풀면 $x = 0.04790\,\text{g}, \quad y = 0.05142\,\text{g}$

Ca의 함량 : $(0.04790\,\text{g}/0.3013\,\text{g}) \times 100\% = 15.90\%$

Ba의 함량 : $(0.05142\,\text{g}/0.3013\,\text{g}) \times 100\% = 17.07\%$

17.3 Al의 양 : $0.35\,\text{mL} \times 1.000\,\text{M} \times \dfrac{26.98\,\text{mg Al}^{3+}}{1\,\text{mmol Al}^{3+}} = 9.4\,\text{mg Al}^{3+}$

Al의 농도 : $9.4\,\text{mg}/0.050\,\text{L} = 188\,\text{ppm Al}$

Ni의 양 : $(0.40 - 0.35)\,\text{mL} \times 1.000\,\text{M} \times \dfrac{58.69\,\text{mg Ni}^{2+}}{1\,\text{mmol Ni}^{2+}} = 2.9\,\text{mg Ni}^{2+}$

Ni의 농도 : $2.9\,\text{mg}/0.050\text{L} = 58\,\text{ppm Ni}$

17.4 벤조산의 녹는점은 압력의 영향을 별로 받지 않지만 압력이 증가할 때 끓는점은 증가하기 때문이다.

찾아보기

화학분석기사를 대비한
최신 분석화학

초판 1쇄 발행 | 2021년 10월 15일
초판 2쇄 발행 | 2023년 02월 15일

지은이 | 유은순 · 차상원 · 최재성
펴낸이 | 조 승 식
펴낸곳 | (주)도서출판 북스힐

등 록 | 1998년 7월 28일 제22-457호
주 소 | 서울시 강북구 한천로 153길 17
전 화 | (02) 994-0071
팩 스 | (02) 994-0073

홈페이지 | www.bookshill.com
이메일 | bookshill@bookshill.com

정가 29,000원

ISBN 979-11-5971-392-7